KB135959

열두 달 숲 관찰일기

가까운 작은 숲을 천천히 그리다

열두 달 숲 관찰일기

초판 1쇄 발행 | 2012년 8월 25일
초판 3쇄 발행 | 2016년 2월 5일

글 · 그림 | 강은희
펴낸이 | 조미현

편집주간 | 김현림
교정교열 | 이진경
디자인 | 02정보디자인연구소

펴낸곳 | (주)현암사
등록 | 1951년 12월 24일 · 제10-126호
주소 | 04029 서울시 마포구 동교로12안길 35
전화 | 365-5051 · 팩스 | 313-2729
전자우편 | editor@hyeonamsa.com
홈페이지 | www.hyeonamsa.com

ISBN 978-89-323-1634-5 03480

이 도서의 국립중앙도서관 출판시도서목록(CIP)은
e-CIP 홈페이지(http://www.nl.go.kr/ecip)와
국가자료공동목록시스템(http://www.nl.go.kr/kolisnet)에서 이용하실 수 있습니다.
(CIP제어번호: CIP2012003686)

열두 달 숲관찰일기

가까운 작은 숲을 천천히 그리다

강은희 글 · 그림

현암사

일러두기

1. 이 책에 담긴 관찰 시기는 2009년 3월부터 2010년 2월까지이다. 그 기간에는 (겨울의 폭설을 제외한) 맑음, 흐림, 비, 바람, 가뭄, 폭우, 기온차 등 기상 변화의 폭이 적어 꽃과 잎, 열매의 생육 상태가 대체로 좋았기 때문에 그때의 기록을 골라 작업하였다.
2. 관찰 장소는 서울특별시에 위치한 북한산 정릉탐방센터의 숲 한 자락이다.
3. 관찰 대상인 식물들은 그 일대에서 군집과 군락을 이루는 종들로 선정하였다.
4. 중국굴피나무, 리기다소나무, 영산홍 등이 있는 인위적 조림지 주변은 가급적 피하고 개망초, 서나물 등 인위적인 영향을 계속 받고 있는 초본류(주로 외래, 귀화식물), 탐방객들의 인위적인 식재로 자라는 초롱꽃 등의 관찰 과정은 원고에 넣지 않았다.

머리말

순박한 아름다움이 가득한 작은 숲

야생식물의 씨를 채종하러 다니면서 바라보는 산과 들의 세계는 늘 동경의 대상이었습니다. 채종 작업은 같은 장소를 해마다 찾아가는 일이 될 때도 있는데 그런 작업 과정 속에서 바라보는 식물들의 세계는 경외감이 가득한 곳이었습니다.

'언젠가는 씨뿌림상자 속이 아닌 자연이 품은 씨가 새싹이 되어 자라는 모습을 살펴볼 수 있기를!' 그러나 사람 사는 일이 결코 녹록하지 않다 보니, 이 바람이 언제 이루어질지 별다른 희망은 보이지 않습니다. 그러던 차에 운 좋게 매일 잠깐 동안이라도 짬을 내어 순수한 자연의 세계를 훔쳐볼 수 있는 기회가 생겼습니다.

커다란 산 속에 나만의 '아주 작은 숲'을 만들고 그 숲 앞에 처음 섰던 날, 금빛으로 빛나던 귀룽나무와 가랑잎 더미를 뚫고 올라온 산괴불주머니의 꽃봉오리가 가슴을 설레게 하던 그 느낌이 아직도 생생합니다. 그 설렘은 눈을 동그랗게 뜨고 반디지치나 백선의 꽃에 떨리는 손끝을 처음으로 갖다 대던 어린 시절의 마음을 다시 살아나게 했습니다.

'이런 마음으로 바라보는 숲은 어떨까?' 내 마음을 따라가며 바라보는 숲은 연구 대상이나 교육 대상의 숲이 아니라 교감의 대상으로 만나는 숲이었기에 숲이 큰 숨을 한번 들이마시고 내쉴 때마다 내 마음도 나뭇가지처럼 흔들리고 꽃처럼 활짝 피었습니다. 이 숨결을 따라 걸으며 미숙하지만 기분 좋은 손놀림으로 숲의 풀과 나무들을 그려 보고 들여다본 시간들이 여기에 담겨 있습니다.

자연을 관찰하고 그것을 일기로 쓰는 일은 부지런한 사람만이 할 수 있는 것이 아닙니다. 1년에 단 몇 번을 가더라도 사랑하는 마음으로 주변을 살펴보고 사진을 찍거나 글로 기록해 둔 다음 잊지 않고 가끔씩 찾아 읽어 보는 것만으로도 충분히 멋진 생태일기가 됩니다. 세월이 아주 많이 흐른 뒤 가끔씩 찾아가는 그곳이 어떻게 달라지는지 문득 깨닫게 되는 날이 올 것입니다. 그때 우리는 그 자리, 그 지역에 남다른 사랑과 관심을 갖게 되고 자연에 대한 폭넓은 이해력과 함께 자신이 부지런히 해온 (사진, 일기 등의) 작업 속에서 스스로 만든 창작품이 주는 미학적인 즐거움을 만끽하게 될 것입니다.

솜씨가 없어도 걱정하지 마세요. 저 역시 씨뿌림상자 속의 어린 새싹들을 작은 종잇조각에 바삐 그려 호주머니 속에 접어 넣던 시간들이 모여 꽃과 잎을 그럭저럭 그려 낼 수 있는 힘이 되었습니다. 좀 더 많은 사람과 순박한 아름다움이 가득한 숲길을 함께 걸으며 그 아름다움에 감탄하고 행복해지고 싶습니다. 우리는 이들과 함께 살고 있으니 서로를 열심히 아름답다 칭찬해 주고 존중해 주어야 하니까요! 숲과 들판의 풀숲과 모래밭에 들어서면 자연은 변함없이 나를 사랑하고 있다는 것을 느낍니다.

자연에게서 실컷 사랑받는 그 기쁨 속에서 문득 그동안 자연에게 어리광만 잔뜩 부렸다는 생각을 합니다. '철도 좀 들어야겠구나.' 이런 마음으로 바라보니 가슴 속이 뜨끔하기도 합니다. 간결하고 성실한 삶 하나만으로 최상의 아름다움을 보여 주는 삼각산의 맑은 생명에게 깊이 머리 숙여 고마운 마음을 전합니다. 얼마나 행복한 시간을 보냈는지 모른답니다. 정말 고맙습니다. 그리고 귀한 사진을 기꺼이 내어 주신 김태정 소장님과 허난영 님, 원고를 읽고 좋은 말씀 주신 조영숙 님, 숲으로 들어설 때마다 따뜻한 인사로 맞아 주시던 정릉탐방센터의 유영민 님, 저자에게 여러 가지 알뜰한 도움을 준 강숙희 님 고맙습니다. 작은 풀들이 서로 어울리듯 이렇게 여러분들이 함께 어울려 주셔서 큰 힘이 되었습니다. 구슬이 서 말이라도 꿰어야 보배라고 하지요. 구슬 서 말이 되기엔 터무니없이 모자라서 어쩌면 펴내기 난감한 내용일지도 모르는 원고를 기꺼이 받아서 꼼꼼히 살펴 주시고 좋은 책으로 엮어 주신 현암사의 조미현 사장님과 여러분들 모두 고맙습니다!

비 갠 여름 한낮, 귀룽나무 곁에 서서

강은희 두 손 모아

차례

가을 서늘하고 시린 날들의 노래

겨울 두렵고도 아름다운

부록

살며시
그리고
느리게

봄이 시작될 무렵 숲에 들어가면, 어떤 신비한 섬에 온 것만 같다. 숲 안으로 몇 발자국만 내디디면, 차디찬 겨울바람이 여유롭게 나무들 사이를 거닐고 두 눈에 보이는 거라곤 마른 가랑잎과 나뭇가지들뿐. 숲은 아직도 겨울이다. 몇 걸음 밖의 도시에는 꽃봉오리를 터트린 나무들이 지천인데, 섬 같은 이 작은 숲에서는 누구나 마른 가랑잎 앞에 쭈그려 앉아 가만 들여다보고 살며시 만져 보아야 봄을 만날 수 있다. 가랑잎들은 뜻밖에도 빳빳하다. 부스러질 때도 '와삭와삭' 거친 소리를 낸다. 이 거칠고 요란한 것은 참나무들의 마른 잎이다. 숲의 봄은 여기에서 올라온다. 부스러질 듯 가련한 것들이 드문드문 살며시 고개를 내민다. '아, 올라오는구나'라고 생각하는 그때, 내 머리 위 허공에 팔을 벌리고 선 것들에게서도 연하고 둥글고 봉긋한 것들이 느릿느릿 터져 나온다. 나무들은 가지마다 온갖 형상을 한 손을 달고는 손가락 하나하나에 온 신경을 곤두세운 춤꾼처럼 느릿한 춤을 추기 시작한다. 나뭇가지들이 춤을 추기 시작하면 나는 바쁜 걸음으로 숲 입구를 벗어난다. 조금만 벗어나면 품종으로 개량되지 않은 야생의 나무들이 벌이는 춤 동작에 흠뻑 빠져 함께 놀 수 있으니까. 나무들이 이때처럼 숨 막히게 아름다운 때는 없다. 나는 춤추는 나무들 아래 쭈그려 앉아 가랑잎 더미 위로 올라오는 봄을 들여다본다. 가랑잎 더미를 들여다보는 사람은 아직 많지 않다. 사람들은 허공에 팔 벌리고 선 것들에게서 터져 나오는 노랑과 연분홍을 보고서야 '봄'이라고 말한다. 그러나 봄은 풀과 나무가 늘 함께 만든다. 서로 으스대듯 나서서 내가 먼저라고 앞장서지 않는다. 둘이서 살며시, 그리고 느리게.

3월

3일 마을에는 '투두둑 툭툭' 가랑비가 내리는데 숲에는 곱게 빻은 쌀가루 같은 봄눈이 내린다. 봄눈은 마르고 헝클어진 채 겨울을 난 국수나무 덤불을 숲의 정령들이 살 법한 궁전으로 만들었다. 희고 포근한 가지마다 숲의 정령들이 정답게 앉아 있을 것 같다. 갑자기 '포르르르르' 소리와 함께 궁전이 통째로 흔들린다. '붉은머리오목눈이'들이다. 그렇지. 동그랗고 통통한 '붉은머리오목눈이'들이야말로 겨우내 국수나무 덤불을 쓸쓸하지 않게 만들어 준 귀여운 정령들이다.

5일 당단풍나무와 단풍나무의 야윈 가지에서 윤기가 흐르고 탄력이 느껴진다. 줄기에 물이 오르기 시작하는 것이다.

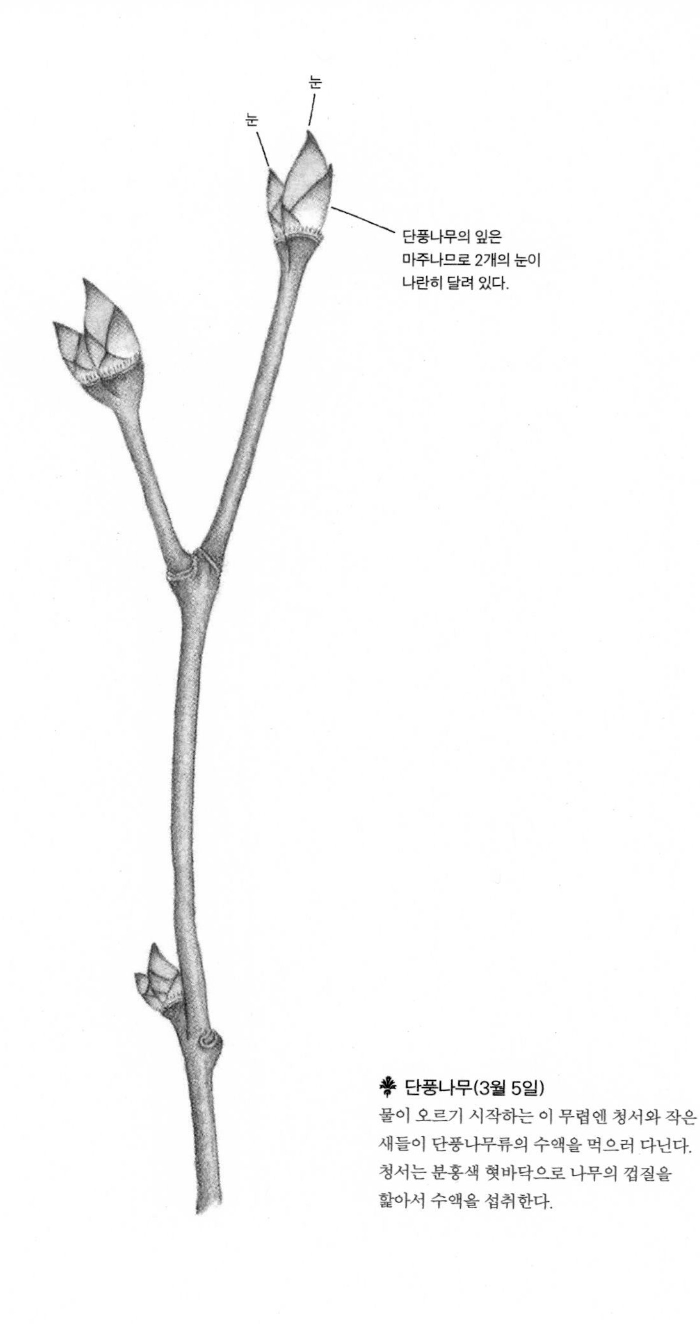

단풍나무(3월 5일)

물이 오르기 시작하는 이 무렵엔 청서와 작은 새들이 단풍나무류의 수액을 먹으러 다닌다. 청서는 분홍색 혓바닥으로 나무의 껍질을 핥아서 수액을 섭취한다.

8일 봄의 입김을 느낄 수 있을까. 아직은 마른 열매가 더 많이 눈에 띈다. 겨우내 팥배나무 가지에 매달려 있던 마른 열매가 이따금 길바닥으로 툭툭 떨어진다. 팥배나무의 마른 열매가 여기저기에서 떨어지기 시작하면 봄이 시작된 것이나 다름없다. 나무들은 겨울난 눈들을 통통하게 부풀리면서 아린[01]도 함께 부풀린다. 이 무렵의 아린들이 얼마나 귀여운지!

01 나무의 겨울눈을 감싸고 있는 비늘 모양의 단단한 조각. 꽃이나 잎이 될 부분을 추위로부터 보호한다.

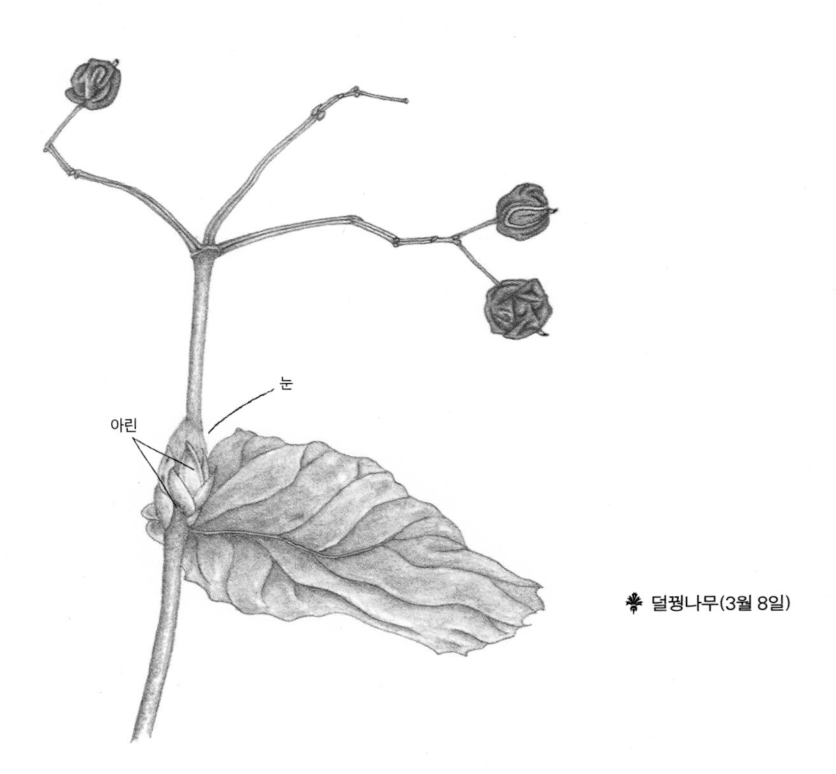

덜꿩나무(3월 8일)

길모퉁이를 돌다가 쭈글쭈글하게 마른 붉은 열매가 언뜻 보여 나뭇가지를 헤치고 달려가 보니 덜꿩나무의 열매가 마른 잎과 함께 아직 매달려 있다. 벌써 아린이 둥그렇게 부풀기 시작하고 솜털을 뒤집어쓴 눈이 노란 불꽃처럼 피어나고 있다.

13일 어제저녁 무렵부터 후드득후드득 비가 내렸다. 비는 아침에도 줄기차게 후드득거렸다. 집에서 바라본 숲은 검은 구름과 비에 덮여 어두컴컴하다.

14일 맑게 갠 오후, 쌀쌀한 바람이 코끝에 와 닿지만 기분은 좋다. 개울 건너편에 황금빛으로 빛나는 나무 두 그루가 보인다. 귀룽나무이다. 이 무렵에 금빛 후광을 두른 나무를 숲에서 만난다면 그건 보나마나 귀룽나무이다.

'봄이 오긴 오나 보다.' 귀룽나무의 금빛 후광은 봄이 숲에 곧 도착할 것이라 알리는 전광판 같은 역할을 한다. 옛날의 귀룽나무는 지표목 역할을 해서 새잎이 피는 것을 보고 농사 준비를 시작했다고 한다. 자연의 들숨 날숨에 모든 것을 맞추어 살던 시절, 귀룽나무는 봄을 알리는 기특한 나무 역할을 톡톡히 했으리라.

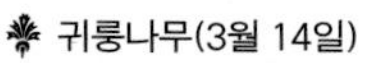

귀룽나무(3월 14일)
지리산 이북의 산에서 흔히 자란다. 습도가 높은 곳을 좋아해
개울 근처에서 쉽게 볼 수 있다.

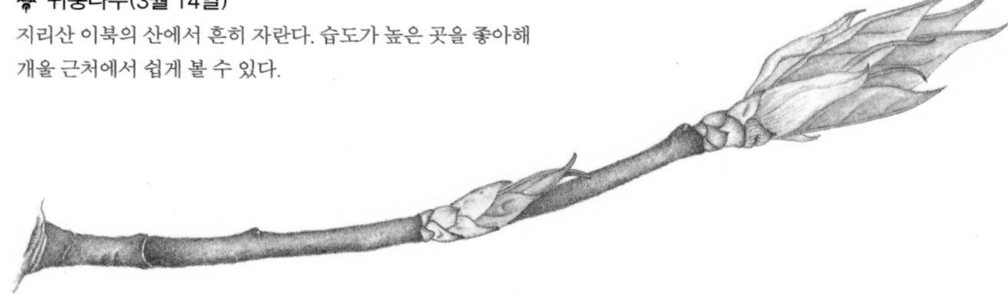

15일

봄나들이를 나왔습니다. 가 봐야지 가 봐야지 하며 아직 한 번도 가 보지 않은 동네. 작은 집들이 조개껍데기처럼 옹기종기 귀엽게 모인, 봄이면 분홍색, 노란색, 하얀색 꽃들이 꽃구름처럼 몽실거리며 피어올라 지붕을 덮는 동네.

햇살 아래를 살살 걸으며 그 동네 구경을 합니다. 골목들은 유난히 정갈하거나, 그늘지거나, 눈이 녹아내린 자국이 아직 남아 있거나 합니다. 어느 골목에서는 사람들의 말소리가 담장을 넘기도 하지만 대개는 그냥 조용한 동네.

철거한다는 소문이 돌면서 금방이라도 철거할 듯 어수선했는데, 불경기와 어떤 뜻모를 일들이 맞물렸는지 아직 평온하게 자리를 지키고 있는 동네.

조금 높은 언덕배기에 올라 동네를 살펴보고 밭이 많은 오른쪽으로 방향을 틉니다. 밭 앞에는 소박하고 아담한 집 한 채가 있고 밭고랑 검은 흙에 주둥이를 묻고 자는 흰 강아지를 보니 나도 몰래 웃음이 머금어집니다. 무언가 노란 꽃이 하나 반짝이기에 가까이 가서 들여다보니 복수초입니다. 채소밭의 복수초. 이런 복수초는 태어나서 처음 보지만 참 예쁩니다.

고개를 넘어 다른 동네로 들어서니 초라한 형상의 집들이 나타납니다. 어떤 집들은 벌써 이사를 갔나 봅니다. 깨지고 부서진 어떤 집 안에서 노란 털 고양이가 어슬렁거립니다. 누군가 먹이를 주었는지 신선한 식빵 조각이 놓여 있습니다. 대문이 활짝 열린 집들이 있어 빈 집이려니 싶어 그중 한 곳을 들여다봅니다. 이키, 빨랫줄에 빨래가 펄럭이고 기침 소리, 스테인리스 냄비 뚜껑 여는 소리도 들립니다.

그러다가 옛날엔 흔하던 정겨운 집 한 채를 만납니다. 맑은 분홍빛을 띠며 올라오는 앵두나무 꽃봉오리가 사랑스러운 집, 시멘트를 바르지 않은 마당이 깨끗하게 쓸려 있는 집, 바지랑대가 빨랫줄을 감고 있는 집, 가지런한 장독 곁에 꽃밭이 있는 집, 그 꽃밭에(당연하게도) 아직은 아무 꽃도 피지 않은 집, 툇마루가 있는 소박한 집. 집이 달랑 한 채뿐인 지붕이 넓고 낮은 집.

이 정겨운 집을 지나, 비에 젖은 연탄재 부스러기 틈에서 핀 서울제비꽃과 이런저런 새싹들 사이를 지나 떠돌듯 걷습니다. 산자락 어디에선가 시작되었을 작은 물줄기 하나를 사이에 두고, 오른쪽 마을에는 천막으로 앞을 가린 두 칸짜리 공중변소가 보이고 진달래들이 피어 있습니다. 왼쪽 마을로 들어서니 정갈하게 손질한 집들 너머 큰 바위 곁에 진달래들이 피어 있습니다. 물끄러미 바라보는 동안 두 눈에는 나도 모를 눈물이 고이고 저녁 햇살은 바위 곁으로 맨 먼저 찾아와 진달래들을 발그레하게 물들입니다.

발길을 돌리다가 진달래를 다시 한 번만 더 보려고 고개를 돌리니 저녁 햇살이 진달래를 아주 활활 태워 아무것도 남기지 않을 것처럼 불꽃 같은 분홍으로 바꾸어 놓았습니다. 오늘은 정말 예쁜 것을 참 많이 만났습니다. 그런데 왜 이리도 춥고 힘겨운지. 가고 싶은 곳에 놀러 가서 하루 종일 예쁜 것들만 만났는데 말입니다.

개울 건넛마을에게 보냅니다.

숲의 깊은 골짜기에서 시작된 개울 하나를 사이에 두고 만들어진 두 마을. 아파트와 상가들이 모여 있는 내가 사는 마을을 홀가분하게

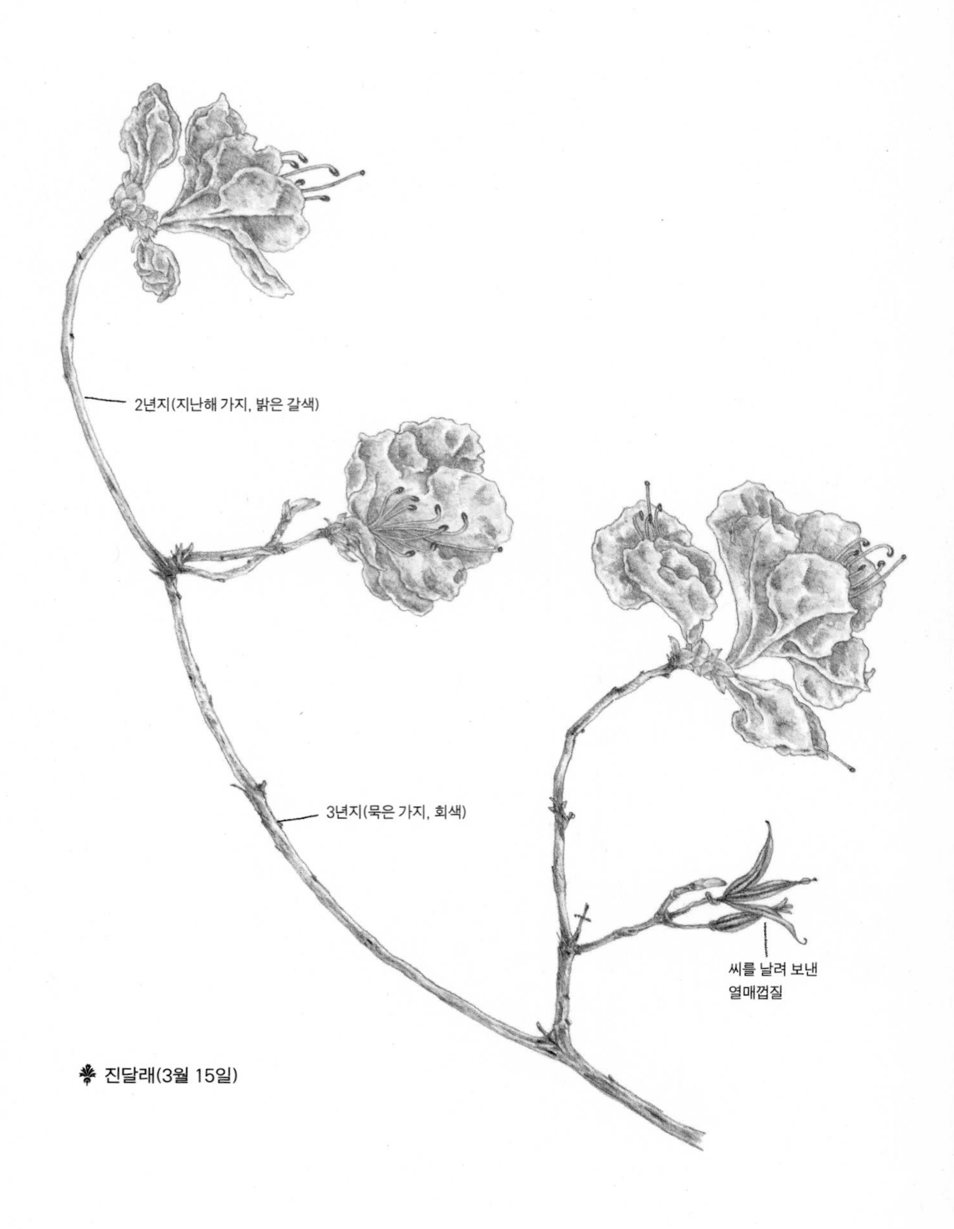

진달래(3월 15일)

벗어나, 나지막한 집들이 모여 있는 개울 건너로 구경을 나갔다. 마을은 포클레인 삽날이 닿기 전에 만들어져 삽으로 깎아 내린 산자락의 흔적이 남아 있고 벌써 진달래가 피어 있다. 사람 사는 집 곁에 핀 진달래들을 바라보는 동안 몸과 마음이 덜덜 떨리기 시작했다. 방금 지나온 마을들에게 편지를 쓰며 몸을 추슬러 보지만……, 그래도 감기에 걸리고 말았다. 식물들이 꽃 피우려는 의지로 날씨를 이겨 보려는 때, 지난해 봄부터 가을까지 숲에 뿌려진 온갖 씨들이 잠에서 깨어 새싹이 되려고 몸부림치는 때, 그걸 느끼는 사람의 몸과 마음도 힘겹고 어지러워지는 그런 때, 사람들이 '환절기'라고 부르는 이 무렵은 낮과 밤의 기온차가 커서 풀도 나무도 몸살감기에 걸린 것처럼 보인다. 풀과 나무가 이 몸살을 견뎌 내는 동안 계절이 바뀌면서 꽃봉오리가 열리고 씨앗 껍질도 열린다.

17일 이틀 동안 찬바람이 '위-이-이-이-잉' 소리를 내며 누런 먼지와 함께 지나갔다. 바람이 내는 소리는 정말로 꽃 피는 것을 시샘하는 것처럼 들린다. 그 바람 속에 산괴불주머니의 꽃줄기와 양지꽃의 새잎이 마른 가랑잎들을 헤치고 살며시 올라왔다.

18일 오늘도 어두운 숲. 탁한 먼지와 그 냄새가 걸음을 옮길 때마다 얼굴과 옷에 들러붙는다. 새꽃봉오리, 새잎도 뿌연 먼지를 뒤집어쓴 채 움츠렸고 새소리도 들리지 않으며 다람쥐 한 마리도 보이지 않는다. 새나 다람쥐보다 열다섯 배쯤 더 많이 만나는 그냥 지나가는 사람도 없다. '꽃샘추위'라는 녀석은 '봄은 좀 어렵게 만나야 더 반갑고 귀한 대접을 받는다'라고 생각하는 걸까. 사흘째 심술을 부리며 숲과 함께하는 모든 것을 힘들게 한다.

20일 꽃샘추위를 보낸 숲은 준비하고 있었다는 듯, 귀룽나무의 금빛 나는 새잎과 가랑잎 위로 솟아오른 산괴불주머니의 꽃이삭들을 보여 준다. 산괴불주머니의 귀여운 꽃봉오리들과 섬세하게 갈라진 잎사귀들은 귀여운 종달새[02] 같고 괴불주머니[03] 같다. 이런 생각을 하는 동안 봄바람이 귀룽나무 가지를 슬렁슬렁 흔들고 지나가다 내게 날아와 땀이 밴 이마를 시원하게 쓸어 주었다. 바로 이때, 이 숲처럼 담백한 설렘이 가슴 속에서 찰랑거렸다.

금빛 후광을 두른 귀룽나무를 바라보며 아주 작은 숲을 1년 동안 그냥 걸어 보기로 마음먹었다.

02 산괴불주머니의 속명 코리달리스(Corydalis)는 그리스 어로 종달새라는 뜻이다. 꽃의 생김새가 작은 새를 닮았다.

03 고운 색깔 천에 수를 놓고 세모꼴로 접어 바느질한 다음 솜을 넣어 볼록하게 만든 노리개로, 어린아이가 차는 주머니끈 끝에 단다.

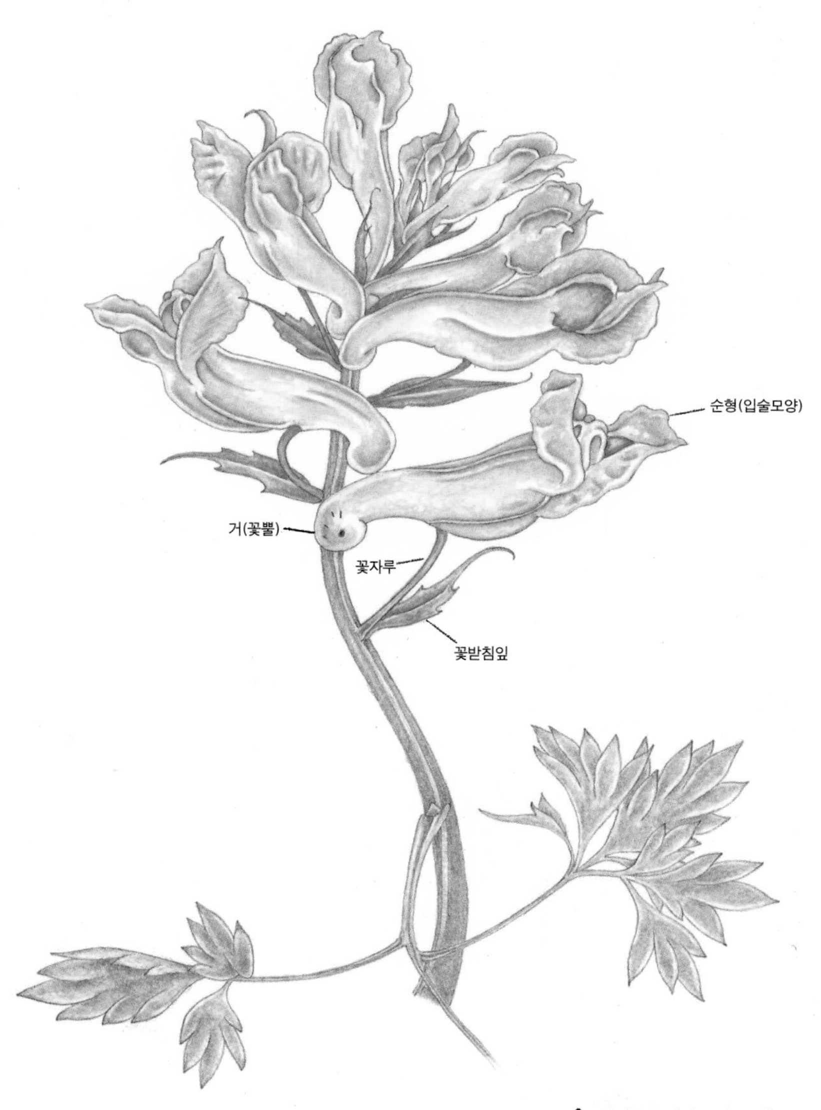

산괴불주머니(3월 20일)

귀룽나무를 기준목 삼아 숲길을 걷기로 하고 사람들이 만들어 낸 오솔길에 발을 내디딘다. 한참 걷다가 〈자 모양으로 자란 커다란 굴참나무에 등을 기대고는 앞으로 펼쳐질 숲 이야기의 기준을 정한다. 크게 고심할 필요도 없다.

- 조사구의 크기- 사람들이 오랫동안 걸어서 만들어 낸 작은 오솔길 주변의 숲으로 한다. 이름하여 '아주 작은 숲'.
- 조사 방법- 아주 작은 숲을 둘러싼 길을 따라 그냥 걸으며 바라보고, 헛생각도 하면서 마음 가는 대로 그림 그리고 가끔 사진도 찍는다.
- 주의 사항- 이 장소가 주는 특징을 최대한 존중한다. 이곳은 숲 속 깊은 곳에서 시작된 물길이 산비탈의 많은 물길과 합쳐져 큰 개울을 이루는 곳이니 개울가에서 사는 생명들에게 가능하면 많은 지면을 할애한다.
- 기대하는 것- 숲은 내가 미처 보지 못하던 것, 무심히 넘겨 버린 것을 아낌없이 보여 줄 것이니 나도 편안한 마음으로 숲이 보여 주는 순박한 아름다움을 마음껏 바라 보련다.

과한 욕심 따윈 시작하기 전에 미련 없이 버리기로 한다. 욕심을 버리는 것이야말로 내가 이 숲과 만나 가장 행복해지는 방법이고 가장 즐겁게 놀 수 있는 지름길이다.

21일 어젯밤에 꼼꼼히 싸 둔 배낭을 메고 급한 걸음으로 걷는다. 귀룽나무를 지나 덜꿩나무가 많은 그늘진 곳을 오른다. 고비의 마른 잎들이 소리도 없이 스러지고 진달래와 철쭉의 가지가 모자와 배낭을 쓸어내리며 튕겨 나갔다가 자기들끼리 부딪히는 소리가 들린다. 사람들이 안 보일 만큼 높이 올라오자, 허겁지겁 배낭을 열고 도구들을 꺼냈다. 지금 시작해서 정말 다행이다. 덜꿩나무가 붉게 물든 아린

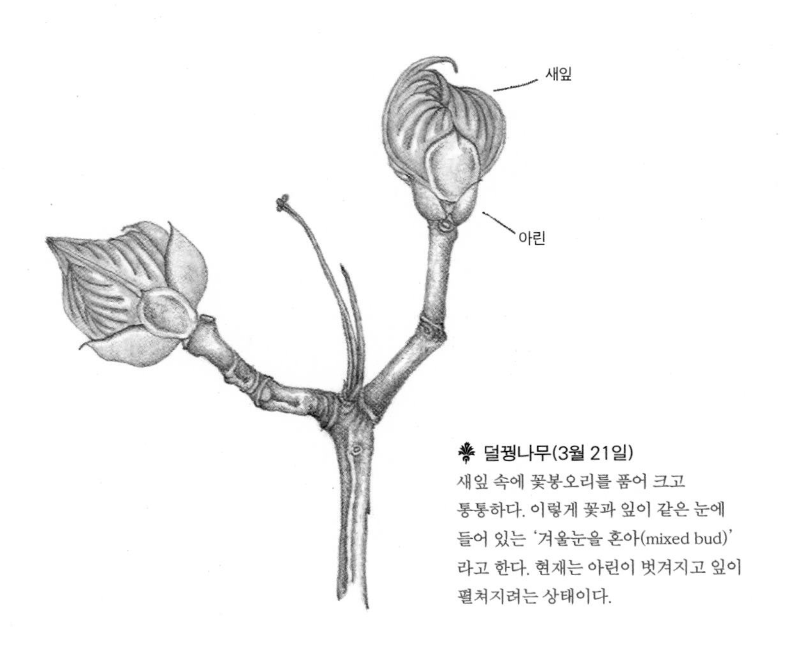

덜꿩나무(3월 21일)
새잎 속에 꽃봉오리를 품어 크고 통통하다. 이렇게 꽃과 잎이 같은 눈에 들어 있는 '겨울눈을 혼아(mixed bud)'라고 한다. 현재는 아린이 벗겨지고 잎이 펼쳐지려는 상태이다.

들을 열어젖히고 은빛 나는 새잎을 내보이니 말이다. 크고 도톰한 것들은 꽃봉오리를 새잎 속에 꼭 품었고 날렵한 것들은 잎 두 장뿐인 가볍고 단출한 모습이다. 잎 뒷면에 난 부드러운 흰털들이 햇살에 반짝이니 꼭 두툼한 은빛 날개를 단 것 같다. 어떤 가지들은 그대로 가지째 날아갈 것 같다.

25일 어제는 진눈깨비가 날렸고 오늘은 세찬 바람과 검은 구름이 함께 숲 위로 몰려다닌다. 바람은 이제 막 펼치려 하는 꽃눈들을 모두 말려 버릴 것처럼 드세고 거칠다. 바람을 거스르며 좀 더 오르니 생강나무에 핀 노란 꽃이 보인다. 마을에 심는 산수유보다 좀 더 그윽한 노란 꽃을 피우는 생강나무는 아직 잎도 꽃도 보이지 않는 이른 봄 숲을 환하게 한다. 이른 봄, 적막한 숲에 핀 노란 불빛 같은 꽃이 참 좋다.

26일 어제, 이른 저녁에 주룩주룩 내리던 비가 한밤중부터 함박눈으로 변했다. 오후 3시 무렵 눈이 그치고 해가 밝게 빛난다. 이 비와 눈은 하늘이 봄 숲에게 주는 달콤한 선물이다. 무언가 달라졌겠거니 기대하는 마음으로 숲으로 달려가 보니 진달래 꽃눈이 몽실몽실하다. 내일이면 몇 송이쯤 필 것 같다.

27일 따뜻한 둥우리 같은 가랑잎 더미 속에서 둥근털제비꽃이 고개를 내민다. 꽃봉오리를 단 참개별꽃들도 가랑잎 둥우리 속에서 한 움큼씩 몰려나온다. 이맘때처럼 봄이 사랑스러운 때가 있을까. 숲이 이제 막 걸음마를 시작하는 아기발처럼 귀엽고 가슴 두근거리게 하는 시절이 딱 지금이다.

28일 개암나무 꽃이 한창이다. 개암나무는 이 숲에서 가장 먼저 봄꽃을 선보이는 봄의 전령이다. 생강나무보다 좀 더 먼저 꽃이 피었을 텐데 살펴볼 시간을 내지 못하고 있다가 오늘 부랴부랴 찾아가 보니 조금 먼발치에서도 주렁주렁 달린 노란 수꽃 무리들이 보인다.

개암나무 암꽃을 처음 보았을 때의 신선함이 떠오른다. 잎눈, 꽃눈 둘 다 둥글납작하게 생겼는데, 꽃 피기 전의 동백꽃이 꽃받침잎으로 꽃을 꽁꽁 감싸듯 개암나무 암꽃도 포(苞)[04]로 암술들을 꽁꽁 감싸고 있다가 아직 매서운 봄바람 속에서 포를 열고 고운 색실 같은 암술대를 내보낸다. 맨 처음엔 암술대 하나가 살며시 나와 세상을 엿본다. 닷새쯤 지나 들여다보면 3~5개가 나와 있다.

암꽃이 피기 시작하면 수꽃도 다람쥐 꼬리 같은 꽃이삭을 길게 늘

04 잎이나 꽃대, 꽃꼭지 아래 붙어 있는 비늘 모양 잎으로 대체로 반투명하다.

어뜨리고 물고기 비늘 같은 포를 열어 노란 꽃들을 차근차근 풀어낸다. 날씨가 따뜻한 봄엔 속도가 빨라지기도 한다. 꽃이 귀한 이른 봄에 이렇게 정성스럽게 꽃을 피워도 개암나무 꽃이 피었다고 환호성을 지르는 사람을 아직 이 숲에서 보지 못했다. 보고 싶어도 눈에 띄지 않으니 아무도 들여다보지 않고 그냥 지나치는 나무인 거다. 그러

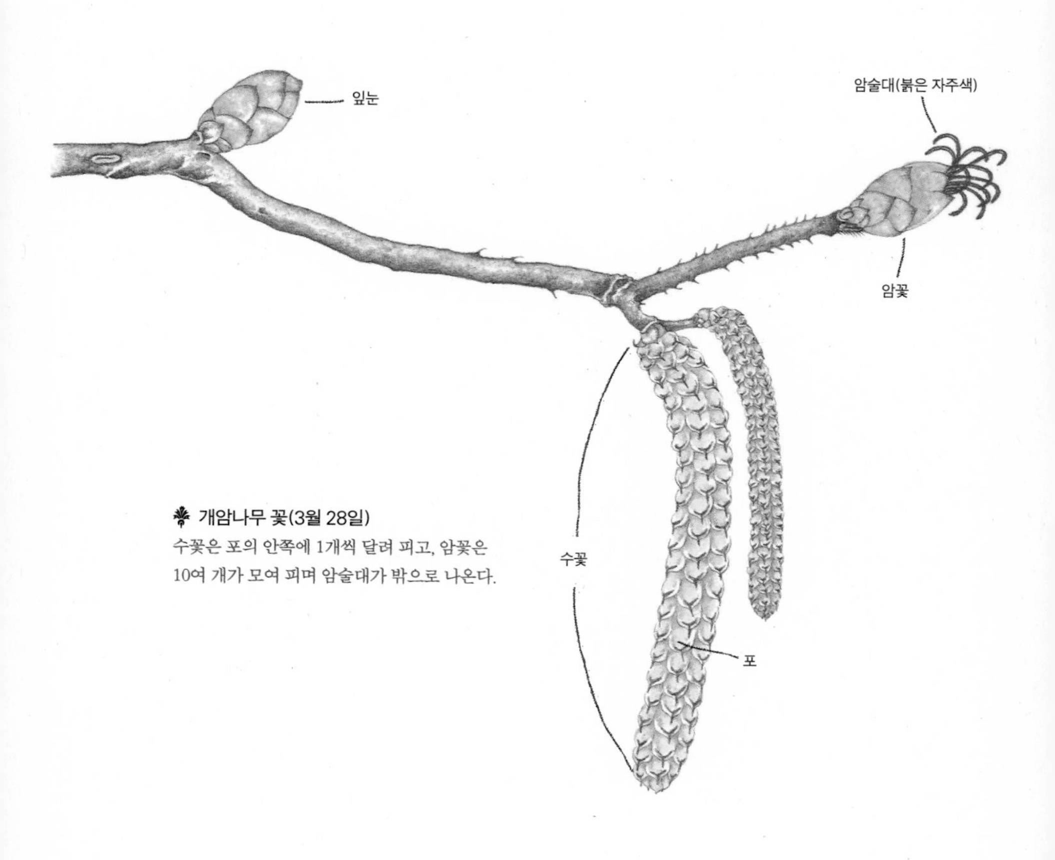

개암나무 꽃(3월 28일)
수꽃은 포의 안쪽에 1개씩 달려 피고, 암꽃은 10여 개가 모여 피며 암술대가 밖으로 나온다.

나 개암나무에게는 특별한 매력이 있다. 하나, 꽃다운 꽃을 상상하는 보통 사람의 감정을 미묘하게 건드리는 독특한 디자인의 꽃을 선보인다는 것. 꽃의 다양한 멋을 즐기고 싶다면 이른 봄의 개암나무를 살펴보라고 권하고 싶다. 둘, 개암나무의 아기자기한 변화이다. 이 변화는 사철 내내 개암나무를 들여다보는 재미를 선물한다. 이 키 작은 덤불나무(관목)는 자신이 가진 매력을 마음껏 발산하되 그 매력을 사철 내내 균일하게 드러낸다. 개암나무는 습도가 높은 곳에서 잘 자란다. 개울이 가까운 자리, 숲 그늘 어딘가 도랑물이 흐른 흔적이 있다면, 그 근처 어딘가에 개암나무가 살고 있으리라 기대해도 좋다.

29일 산철쭉의 꽃봉오리가 봉긋해지고 새잎이 나오기 시작한다.

30일 진달래와 생강나무의 꽃이 만발했다. 이 둘은 아침에 보면 회갈색 숲에 노랑과 분홍으로 무늬를 짜 넣은 것 같고, 저녁 햇빛에 보면 분홍과 노랑 물감이 아련하게 번진 것도 같다. 아침엔 노랑이 더 돋보이고 저녁엔 분홍이 흠빽 번지는 것 같은 느낌이 든다. 진달래의 분홍은 어서 빨리 봄이 오라고 재촉하듯 발그레하게 들떠 어쩔 줄 모르는 것 같고 생강나무의 노랑은 들뜬 분홍 곁에서 차분히 가라앉는 듯한 빛깔을 낸다. 이 아름다운 두 빛깔이 조금씩 들떠오르는 봄 숲의 균

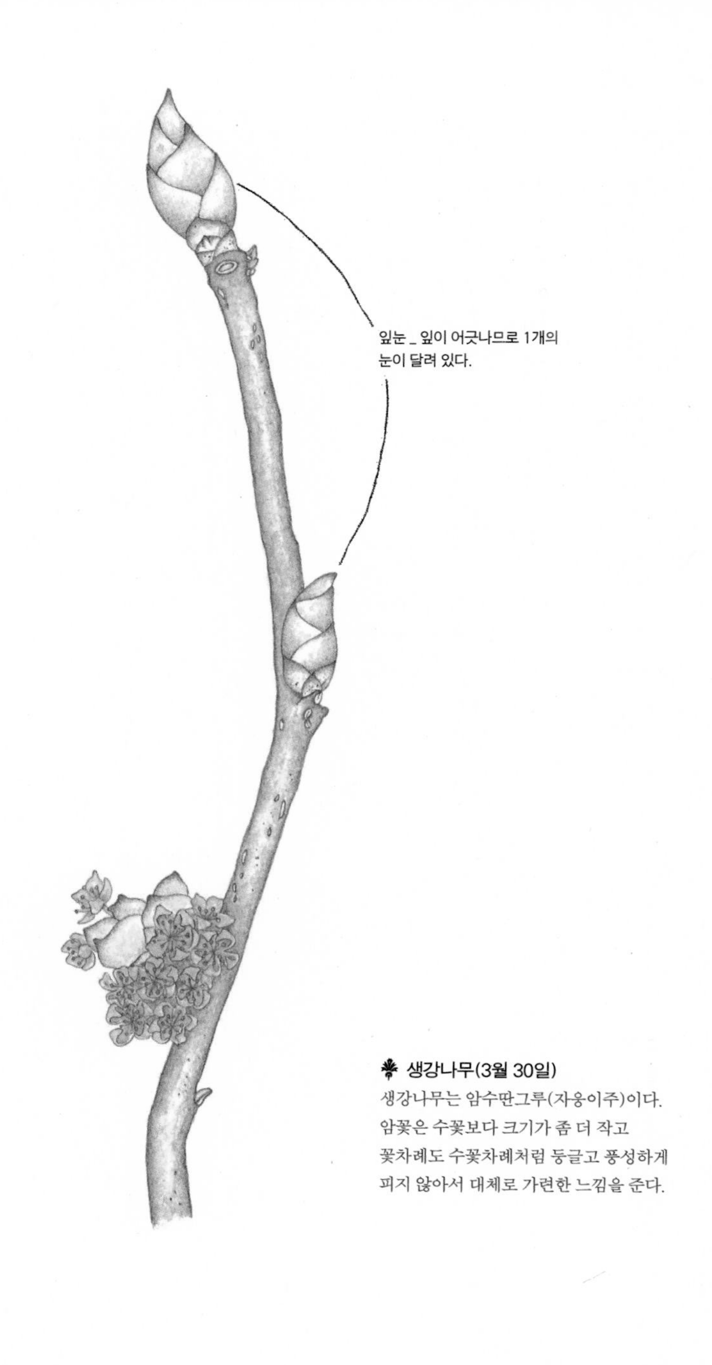

✤ 생강나무(3월 30일)

생강나무는 암수딴그루(자웅이주)이다.
암꽃은 수꽃보다 크기가 좀 더 작고
꽃차례도 수꽃차례처럼 둥글고 풍성하게
피지 않아서 대체로 가련한 느낌을 준다.

형을 맞추는 것 같다. 그 어울림이 보기에 참 좋다. 분홍과 노랑이 아니었으면 이른 봄의 사랑스러움과 활기가 많이 부족했겠지. 이래저래 우리 산의 이른 봄을 물들이는 색은 역시 분홍과 노랑이다.

4월

2일 귀여운 제비꽃들이 가랑잎을 헤치고 피어나 숲바닥의 분위기를 바꾸기 시작한다. 노랑제비꽃, 태백제비꽃, 고깔제비꽃, 남산제비꽃. 그리고 얼핏 보면 똑같은데 이리저리 살펴보면 생김새(꽃, 줄기, 잎, 꿀주머니, 포엽, 뿌리)가 조금씩 달라 이름을 불러 줄 수 없는 여러 제비꽃들. 봄의 숲바닥은 이름을 아는 제비꽃들과 이름이 알쏭달쏭한 제비꽃들로 늘 예쁘다.

태백제비꽃을 닮은 아주 큰 제비꽃은 이틀도 채 지나지 않아 사라지고 만다. 큰 꽃을 탐내는 사람들이 맨손으로 쥐어뜯듯 덥석 뽑아가기 때문이다.

제비꽃들의 향연 속에서 노랑제비꽃은 단연코 여왕이다. 둥근 꽃송이의 귀여움, 심장꼴의 잎사귀, 보통의 제비꽃들에겐 없는 줄기가 만들어 낸 은근한 조형미에 짙은 노란색, 어두운 녹색, 자주색 등을 잘 어울리게 배치한 멋진 제비꽃이다.

고깔제비꽃은 선홍색과 진분홍 사이에 있을 법한, 콕 찍어 무슨 색이라고 정확히 말하기 힘든 아주 기품 있는 색의 꽃을 피운다. 잎은 분홍과 아주 잘 어울리는 유록색으로 잎 가장자리가 고깔처럼 도르르 말린 채 올라와 심장 모양으로 펼쳐진다.

남산제비꽃이나 태백제비꽃처럼 흰 꽃이 피는 제비꽃들은 무명이나 광목이 바래면서 나타나는 흰색으로 핀다. 이 색은 희다 못해 푸르기까지 해 눈이 피곤한 요즘의 흰색과는 다른 맛이 난다. 제비꽃처럼 흰색 무명으로 지은 저고리에는 고개를 숙이고 가녀린 것들을 들여다보게 하는 힘이 있다. 이 힘은 냉이, 꽃다지, 제비꽃, 광대나물, 개불알풀 같은 조그만 풀꽃들을 들여다보느라 허리를 굽힐 때 한결 더 맛나고 따사로워진다. 봄볕에 폭삭하게 잘 마른 풀먹인 무명이 만들어 내는 이 맛은 무명저고리를 입는 사람이 누리는 호사이기도 하다.

옛날엔 제비꽃이 피면 오랑캐가 쳐들어온다 하여 제비꽃을 오랑캐꽃이라고 불렀다고 한다. 지금은 제비꽃이 만발하면 쓰레기가 는다. 제비꽃들이 필 무렵이면 날씨가 따뜻해지니 숲길을 걷는 사람도 많아지고 결국 그만큼 쓰레기도 늘어나는 것이다. 봄에 버려지는 쓰레기는 대체로 까만 비닐봉지이거나 과자봉지들인데 대개 길가 돌

잎 조각들은 서로 조금씩 다르게
갈라진 비대칭 구조이다.

제비꽃 구별하기

꽃이 피어 있어도 구별하기 어려운데 봄잎이 여름잎으로 바뀌면 더 어렵다. 봄에 어떤 제비꽃 하나를 눈여겨보다가 계속 살펴보면 그 크기와 변화하는 모습에 깜짝 놀랄 것이다.

틈에 쑤셔 박혀 있다. 비닐봉지들이 쑤셔 박힌 자리는 다람쥐의 은신처일 수 있고 제비꽃의 씨가 날아가 새싹을 틔우는 곳이다. 쓰레기를 버리려는 사람들에게 조동진의 노래 '제비꽃'을 추천해 주고 싶다. 어쿠스틱 기타 소리에 실리는 따뜻한 목소리를 들으면 사랑스러운 제비꽃들이 눈앞에서 흔들릴 텐데……. '내가 마지막 너를 보았을 때……' 가슴 저미는 3절 가사 뒤편에서 울리는 하프 소리는 귀여운 보라색 꽃송이들을 토닥거리고 가는 봄바람 소리 같을 텐데…….

8일 새로 돋은 국수나무의 연한 잎에서 햇빛을 쬐는 작은 나비를 만났다. 올해 처음 보는 나비이자 태어나서 처음 보는 특이한 나비이다. 나비는 검은색, 갈색, 푸른 회색이 물결무늬처럼 새겨진 윤기나는 날개를 가지런히 접고 가만히 앉아 있다. 날개의 아름다운 무늬와 색깔이 햇빛에 반짝이며 변화하는 것에 홀려, 카메라 들이대는 걸 잊고 넋을 놓고 점점 더 가까이 들여다본다. 한참 동안 쉰 나비는 이제 날개를 접었다 폈다 한다. 그제야 정신을 차리고 카메라가방을 부스럭거리는 사이, 나비는 날아가 버린다. 나비가 날아간 다음에도 눈앞에서 날개가 팔랑이는 것 같다. 카메라 들이대는 것에 게으른 것을 이렇게 후회해 보기는 처음이다.

9일 개별꽃이 핀다. 철쭉의 꽃눈과 잎눈도 눈에 띌 만큼 자랐다. 숲바닥에서 듣기 좋게 부스럭거리는 소리가 더 자주 들려온다. 이 듣기 좋은 부스럭거림은 박새나 쇠딱따구리 같은 작은 새들이 가랑잎 더미를 뒤적이거나 나무줄기를 오르락내리락하며 내는 것이다. 부스럭 소리가 들릴 때마다 무언가 튀어나올까 봐 무섭다는 이들도 있지만, 이렇게 많은 사람이 드나드는 숲에서 무언가가 튀어나올 확률은 참 드물다. 이 숲에서 위협적일 만큼 커다란 발소리로 부스럭 소

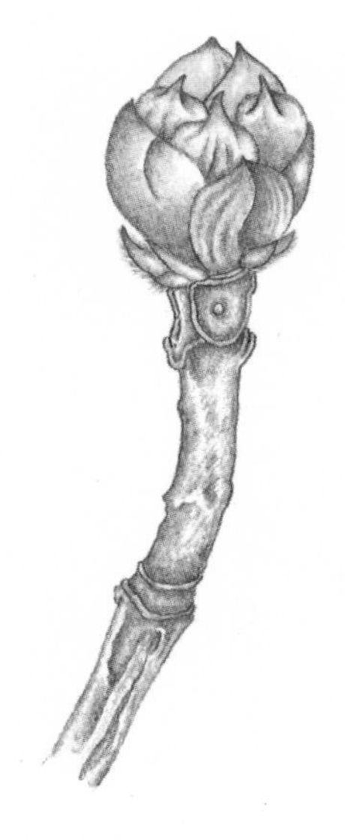

꽃눈(실물 크기)

철쭉(4월 9일)
겨울눈이라고 부르던 것들이 꽃과 잎으로 구별할 수 있을 만큼 훌쩍 자랐다.

잎눈(실물 크기)

리를 내는 동물이 있다면? 그건 바로 가을에 도토리 주우러 다니는 사람들이다.

10일 개암나무가 겹겹으로 둘러싼 아린들을 풀어내고 아기장수의 날개 같은 잎들을 펼치기 시작한다. 할 일을 모두 마친 수꽃과 암술대가 갈색으로 변해 간다. 개암나무 꽃이 갈색으로 시들 무렵이면, 숲의 나무들은 일제히 꽃과 잎으로 만든 폭죽을 터뜨릴 준비를 하고 긴장감으로 가득 차 있다. 분홍빛 긴장감은 늘 행복하지만 한편으론 조마조마하다. 언제일까? 오늘 밤? 내일 밤? 내가 보지 못하는 날 터지면 어떡하지?

11일 밤에 폭죽이 터졌다. 소리 없이 터진 폭죽은 숲을 꽃구름 덩어리로 만들었다. 나는 두둥실 뜬 분홍 꽃구름 속에 은빛이 감도는 연두색을 드문드문 섞어 꾸민 우아하고 으리으리한 꽃대궐로 들어간다. 꽃구름들이 하늘을 가리고 눈을 어지럽게 만드는 좋은 날이 계속되는 이 무렵, 도토리들도 크고 두툼한 떡잎을 펼치기 시작한다. 도토리는 바닥에 떨어지면 곧 뿌리를 내린다. 보름 전후로 뿌리를 내린다고 하는데 도토리의 종류와 떨어진 자리의 환경 등에 따라 얼마만큼 시간 차이를 보이는지는 모르겠다. (그러나 궁금하다.)

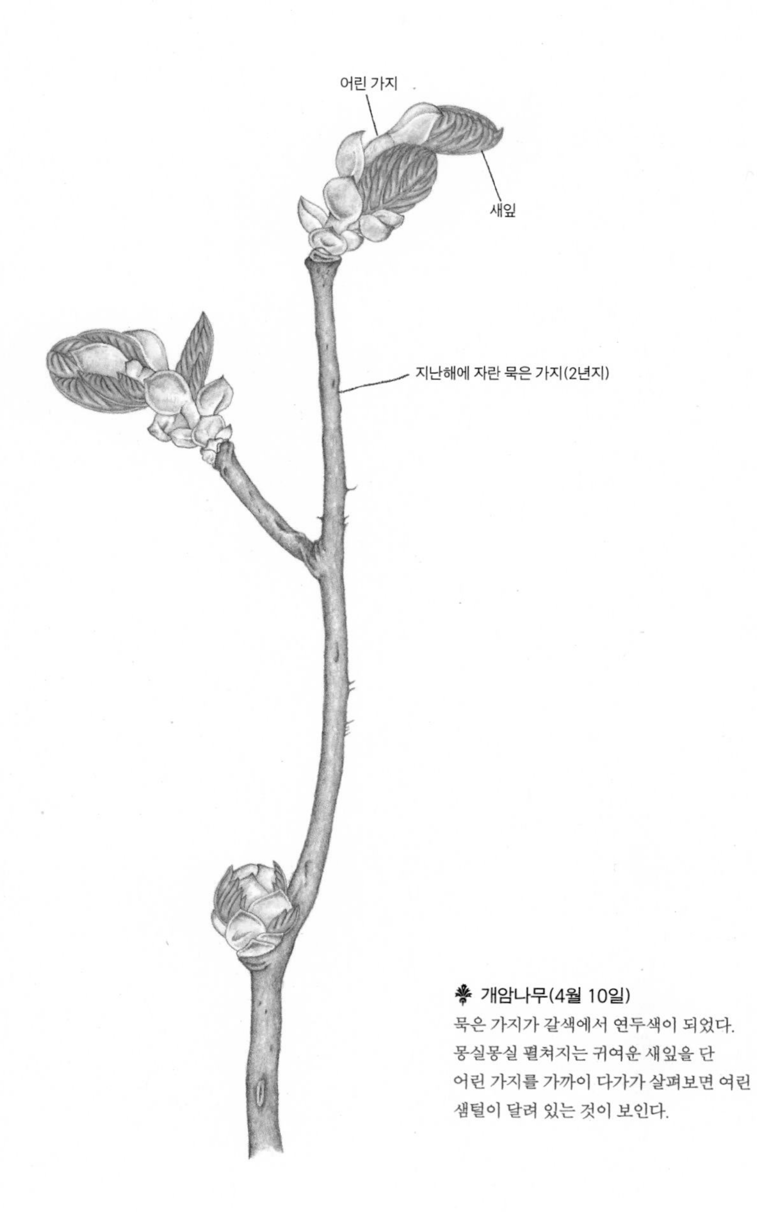

개암나무(4월 10일)

묵은 가지가 갈색에서 연두색이 되었다.
몽실몽실 펼쳐지는 귀여운 새잎을 단
어린 가지를 가까이 다가가 살펴보면 여린
샘털이 달려 있는 것이 보인다.

예전에 꽃농사를 지을 때의 일이다. 해마다 가을이면 비닐하우스 안에 늘어놓은 씨뿌림상자 속에 다람쥐들이 도토리(간혹 밤톨도 하나쯤 들어 있다.)를 파묻어 놓곤 했는데, 집요하게 도토리를 파묻어 대는 다람쥐들과 숨 가쁜 숨바꼭질을 하면서 상자 속 흙을 뒤적여 보면 어떤 도토리 꼭지에서는 희고 통통한 뿌리가 쑥 나와 있곤 했다.(다람쥐

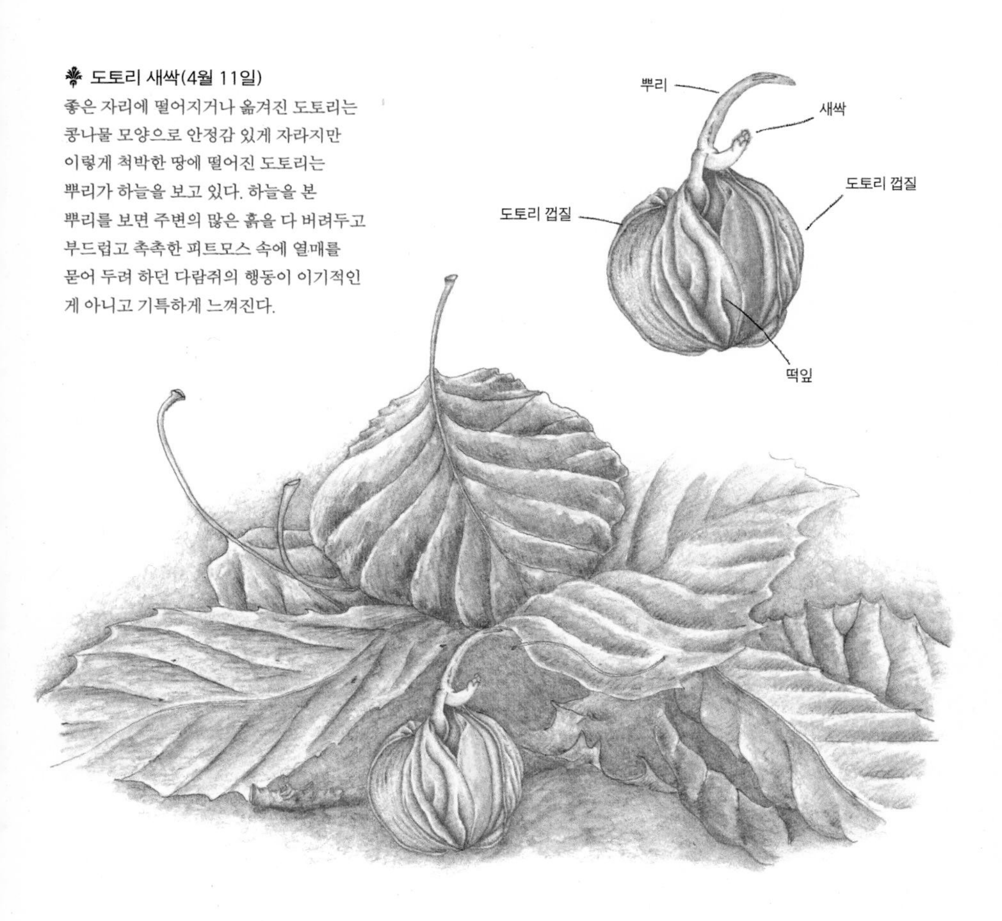

도토리 새싹(4월 11일)
좋은 자리에 떨어지거나 옮겨진 도토리는 콩나물 모양으로 안정감 있게 자라지만 이렇게 척박한 땅에 떨어진 도토리는 뿌리가 하늘을 보고 있다. 하늘을 본 뿌리를 보면 주변의 많은 흙을 다 버려두고 부드럽고 촉촉한 피트모스 속에 열매를 묻어 두려 하던 다람쥐의 행동이 이기적인 게 아니고 기특하게 느껴진다.

들은 완벽하게 잘생기고 깨끗한 도토리와 밤을 물어다 저장했다는 것을 또렷이 기억한다. 다람쥐는 안목이 무척 까다롭다.) 도토리는 그 커다란 열매 속에 양분을 넉넉하게 저장하고 있으므로 떨어지면 곧 뿌리를 내려 열매에 저장된 양분을 뿌리로 보낸다. 젖은 흙이나 축축한 가랑잎 속에서 길고 통통한 흰 뿌리를 깊게 내리고 차디찬 겨울을 보내는 동안 열매껍질이 조금씩 갈라지는데, 덮고 있던 가랑잎이 겨울바람에 날아가 버린 운 나쁜 도토리는 겨울 추위에 맨몸이 그대로 드러나기도 한다. 떡잎 두 장이 겨울 햇볕에 벌겋게 달궈진 헐벗은 도토리가 무사히 겨울을 나고 봄을 기다리는 모습은 오장을 그대로 뭉클하게 녹여 내는 명장면인데, 이 천하의 명장면은 노루귀 꽃이 필 무렵에 어렵지 않게 볼 수 있다.

12일 생강나무 꽃이 졌다. 꽃이 진 자리에 반달 같은 잎눈이 생겨났다. 귀룽나무 꽃차례도 쑥쑥 자라 점점 아래로 늘어지기 시작한다. 덜꿩나무의 꽃봉오리는 먼발치에서도 알아볼 만큼 커졌다. 이 무렵의 꽃과 잎들은 몹시 바쁘다. 밤새도록 잎과 꽃을 키워 내는 바람에 이들을 쫓아가는 나도 덩달아 힘들어 숨이 턱에 닿는 날이 이어진다.

13일 늘 지나다니는 길가 바위 틈에 오래 묵은 사초과 식물 한 포

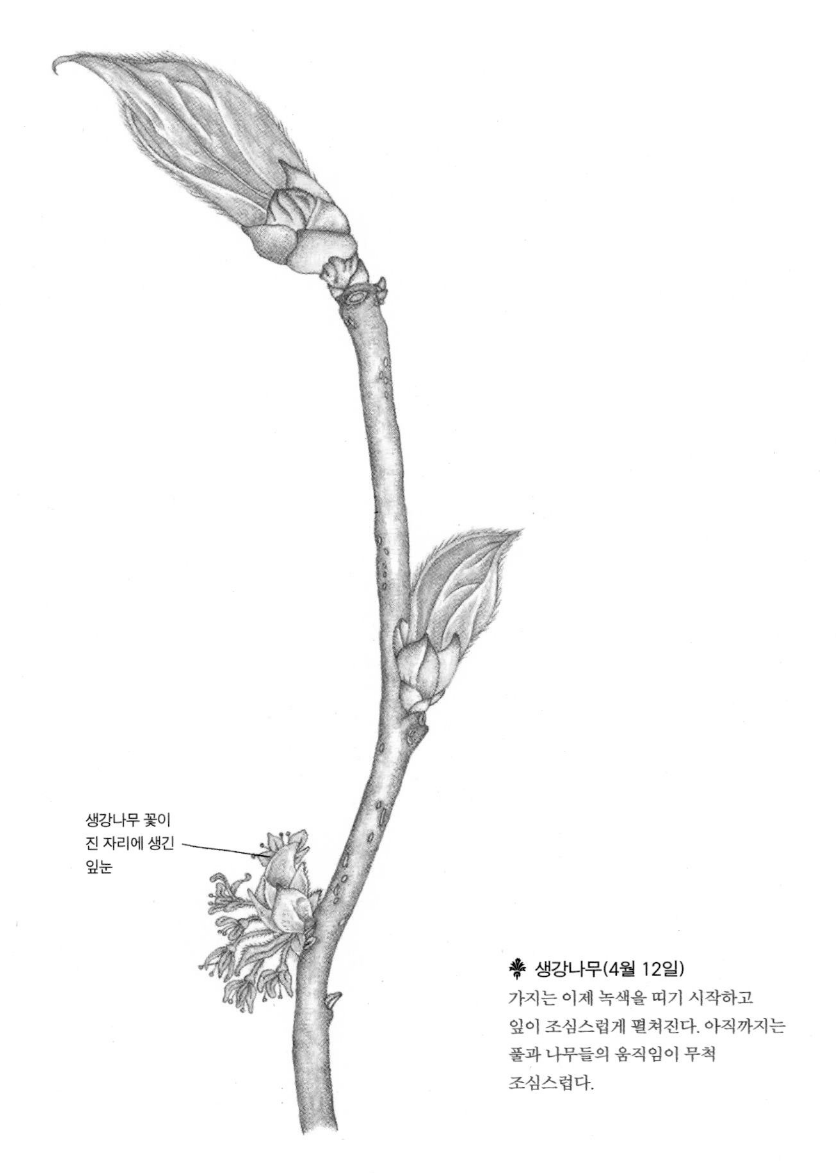

생강나무(4월 12일)
가지는 이제 녹색을 띠기 시작하고
잎이 조심스럽게 펼쳐진다. 아직까지는
풀과 나무들의 움직임이 무척
조심스럽다.

기가 사는데, 왕관처럼 솟아오른 연두색 새잎 아래로 해를 넘긴 묵은 잎이 로커(Rocker)의 머리카락처럼 길게 늘어져 있다. 늦은 새벽에 무심히 그 곁을 지나치려는데 참나무에서 갑자기 새까만 솜뭉치 같은 것이 휙! 내려왔다. 새까만 솜뭉치는 이내 사초과 식물의 늘어지고 마른 잎 속으로 돌진한다. 오호, 청서로구나. 녀석은 엉덩이와 꼬리만 내놓고 있다. 풀잎들은 들썩들썩, 새카만 꼬리도 꿈틀꿈틀……. 대체 무얼 하는 거지? 억지로 뜨고 있던 눈이 저절로 커다래지고 잠은 만 리 밖으로 달아났다.

와! 청서의 입이 저렇게 큰 줄 처음 알았다. 묵은 잎을 한 아름 입에 물고, 먹이를 먹을 때처럼 꼬리에 힘을 꽉 주고 등을 구부린 채 잠깐 멈춰 있다. 저도 많이 힘들었나 보다.

청서는 자기가 내려온 참나무 쪽으로 몸을 돌린 다음,(나와 거의 정면으로 마주 본다.) 앞발로 마른 잎을 가지런히 정리해 둥글게 만다. 달걀 모양으로 정교하게 마는 모습을 보며 나도 모르게 침을 꼴깍 삼킨다. 청서는 마른 잎을 한입 가득 물고 태연하게 내 앞을 지나 참나무 위를 어적거리며 올라간다. 사초는 이제 시원해져서 좋고 태어날 청서 새끼들은 포근해서 좋겠다. 넋을 놓고 바라보던 사람들 눈에 눈물이 괸다. 눈물 괸 눈으로 곁에 선 아주머니를 보니 그녀도 울고 있다. 둘 다 눈물이 그렁그렁한 눈으로 마주 보며 씩 웃고 만다.

청서(4월 13일)

14일 애기나리의 새싹들이 일제히 솟아나와 얇은 이불처럼 숲바닥을 덮기 시작한다. 좋다. 숲은 솟아난 애기나리의 새싹들로 숲바닥을 초록으로 바꾸고서야 비로소 싱그럽고 평온한 분위기를 연출한다.

애기나리(4월 14일)
애기나리의 새싹이 이만큼 자라면 숲은 늦서리가 내릴지도 모른다는 두려움에서 벗어나 한숨을 돌린다. 모두가 바빠지는 시간이 되었다.

15일 철쭉과 산철쭉의 꽃봉오리가 분홍물이 들면서 봉긋해졌다. 산철쭉은 이 숲에 사는 나무 가운데 가장 화려한 아린을 가진 멋쟁이다. 아린은 앞면은 연두색이고 뒷면은 연한 녹색으로, 윤기 나는 다갈색 털이 나 있다. 아린이 펼쳐지면 연한 녹색 새싹이 은빛 털에 싸

철쭉(4월 15일)
가지 끝에 난 잎과 꽃이 나란히 올라와 펼쳐지기 시작한다. 가지 끝에 돋은 잎은 모여난다. 꽃이 아직 활짝 피지 않아서 꽃받침에 돋은 샘털을 살펴보기에도 좋다.

여 올라온다.

산철쭉의 호사스럽고도 섬세한 치장은 꽃과 잎에서도 드러난다. 잎이 막 펼쳐질 무렵에는 잎에 돋은 희고 매끄러운 털이 시선을 잡아끈다. 꽃색은 진달래처럼 덥석 만져 보고 싶은 부드러운 분홍도 아닌, 철쭉처럼 우아하고 고상한 분홍도 아닌, 좀 되바라진 듯한 솔직한 진분홍이다. 꽃잎 끝은 진달래나 철쭉처럼 둥글지 않고 조금 뾰족한데, 다섯 갈래로 갈라진 꽃잎 가장자리는 바탕색보다 조금 짙은 진분홍색이 좁은 간격을 두고 I자 모양으로 새겨져 있다. 이것이 꽃잎에 찍힌 반점과 어울려 진달래나 철쭉보다 꽃잎을 더 날렵하게 보이게 하면서 산철쭉의 진분홍에 화려한 기품을 불어넣는다. 이 화려한 진분홍을 받쳐 주는 꽃받침은 아주 고운 녹색인데 여기에 희고 매끄러워 보이는 털을 달았다.

새잎과 꽃봉오리가 자랄 무렵부터 꽃이 활짝 피기까지 이어지는 산철쭉의 화려한 치장에 사람의 손이 덥석 갈 법하다. 그렇다고 산철쭉이 그리 호락호락한 것은 아니다. 어린 가지나 꽃줄기에 끈적이는 선점이 있어 함부로 만지지 못하게 하는 것이다.(꽃 필 무렵이면 까맣고 작은 날벌레들이 끈적이는 꽃줄기에 붙어 죽어 있는 게 보인다.) 산철쭉의 잘생긴 꽃과 화려한 색에서 느껴지는 당당함은 바라보는 사람을 즐겁고 속 시원하게 해 준다.

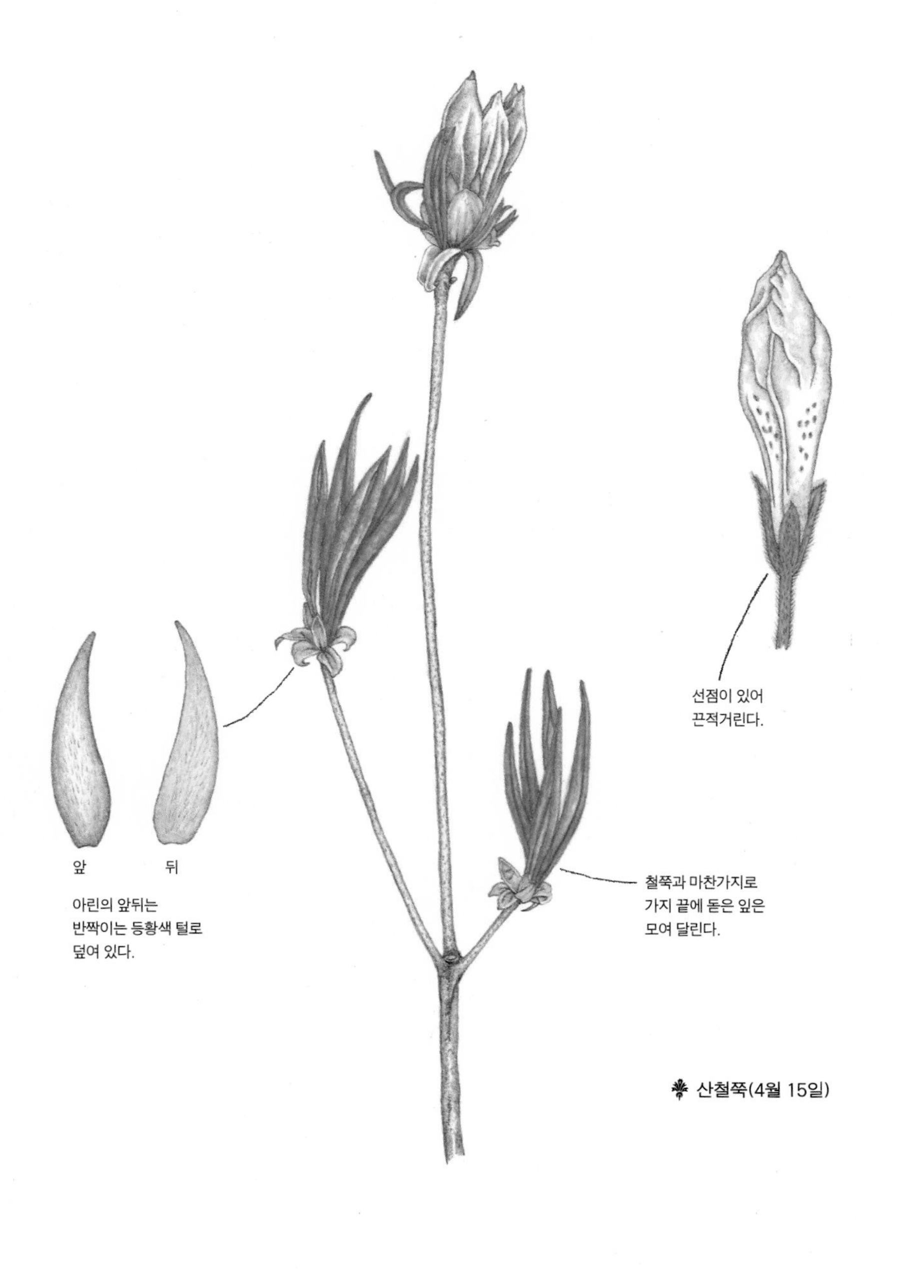
선점이 있어
끈적거린다.
앞
뒤
아린의 앞뒤는
반짝이는 등황색 털로
덮여 있다.
철쭉과 마찬가지로
가지 끝에 돋은 잎은
모여 달린다.

산철쭉(4월 15일)

16일 진달래꽃이 거의 다 졌다. 꽃 진 자리에 새잎이 돋는다. 새잎 표면에는 점 모양의 돌기(인모)가 점점 돋아 있다. 만지면 좀 오톨도톨한 질감이 손가락 끝에 느껴진다. 인모는 잎이 자라는 동안 흰색으로 변하고 단풍 들 무렵에는 흔적만 겨우 느낄 정도로 옅어진다. 진

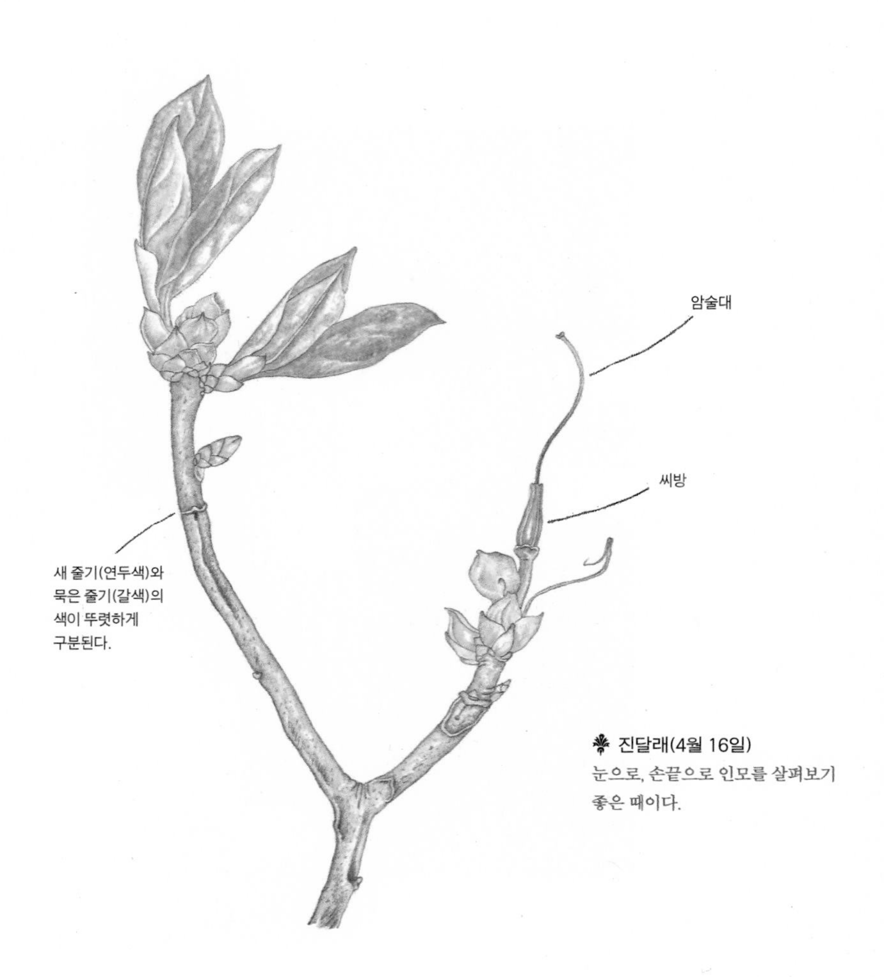

진달래(4월 16일)
눈으로, 손끝으로 인모를 살펴보기 좋은 때이다.

달래 잎에 단풍이 들 무렵 꽃향유의 꽃이 만발하는데, 지금 새로 돋는 진달래 잎 아래로 귀여운 것들이 우르르 몰려나와 있다. 코흘리개 개구쟁이처럼 씩씩한 이 귀염둥이들은 숲길 어디에서나 볼 수 있는 꽃향유의 새싹들이다. 곧 비가 쏟아질 듯한 하늘을 향해 동그란 떡잎 두 장을 날개처럼 활짝 펼치고 있다.

17일 선밀나물이 오동통하고 연한 새싹을 쑥 밀어 올렸다. 선밀나물의 새싹은 무척 섬세하다. 반투명한 잎집 속에서 나온 어린줄기는 통통하고 매끄러운데, 점묘법을 써서 색을 입힌 것 같은 붉은 자주색이 감돈다. 서로 어긋나게 돋아난 연한 잎은 활짝 펼쳐지기 이전의 평행맥이 주는 윤곽이 아주 뚜렷하며 앞면은 연두색, 뒷면은 큰바다 물빛이 섞인 듯한 녹색을 띤다. 이 어린잎의 잎겨드랑이에서 붉은 자주색이 감도는 연두색 꽃봉오리들이 진주알처럼 와글와글 몰려나온다. 선밀나물은 줄기, 잎, 꽃, 어디에도 털이 없어 매끄럽다. 귀엽고 통통한 줄기가 곧게 서 있는 모습은 큰 숨 한번 들이쉬고 서 있는 듯한 긴장감을 엿보게 한다. 그 긴장감 덕분일까. 잎과 꽃이 만들어 내는 섬세하고 고급스러운 치장을 단순미가 돋보이는 매력적인 모습으로 느끼게 하는 것은.

선밀나물은 씹히는 맛이 좋은 나물이기도 하다. 때문에 누군가는 숲 속을 부스럭거리며 선밀나물을 꺾으러 다닌다. 나는 집에서 기르

선밀나물(4월 17일)
옛날 사람들은 나물을 캐거나 꺾을 때 다음 해를 생각하며 잎과 줄기를 조금씩 남겨 두었다고 한다.

는 선밀나물에게 매년 가장 좋은 흙과 거름을 주고 최적의 환경을 만들어 준다. 그래도 맛은 숲 속 선밀나물보다 못할 것이다. 자연이 만드는 섬세하고 완벽한 야생의 맛을 내가 무슨 수로 따라잡을 수 있겠는가. 그래도 숲 속 선밀나물의 새순을 꺾지 않는 것은 선밀나물은 줄기 하나로 1년을 버티는 풀이기 때문이다. 어느 날 갑자기 나타난 무심한 손에 줄기가 툭 꺾인 선밀나물의 아픔은 나뭇가지 몇 개를 잃어버리는 것과는 차원이 다른 고통이다. 광합성을 못하게 된 풀은 그해 봄이 삶의 마지막이 될 수도 있기에, 꺾인 선밀나물을 볼 때면 마음이 몹시 씁쓸해진다.

18일 제비꽃들의 열매가 여물기 시작한다. 야생벚나무의 꽃잎들이 봄바람이 내쉬는 작은 한숨에도 눈송이처럼 흩어지고 아직 꽃봉오리를 단 귀룽나무는 꽃차례를 우아하게 흔든다. 꽃폭죽이 터진 것이 엊그제 같은데……. 벌써 봄이 가려나 보다.

19일 오래전 이 골짜기엔 작은 집들이 다닥다닥 붙어 있고, 밥집과 술집들이 흥성했다 한다. 그런 흔적의 일부인지 아니면 누가 심어놓았는지 알 수 없지만 숲길 가장자리에 앵두나무가 몇 그루 있다. 숲이 우거진 탓에 이 앵두나무들은 햇빛을 충분히 받지 못하는 데다

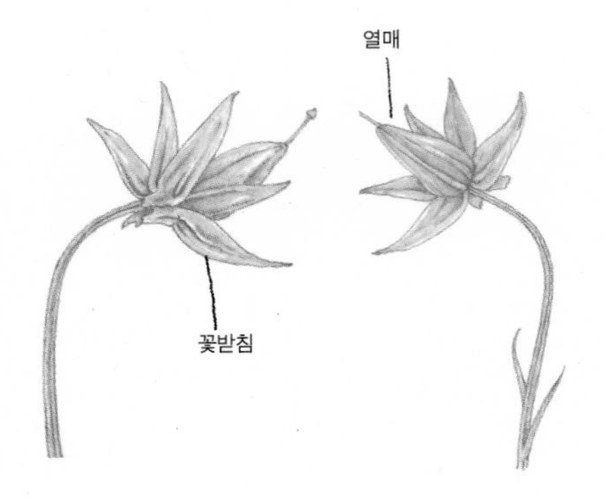

♣ 태백제비꽃(4월 18일)

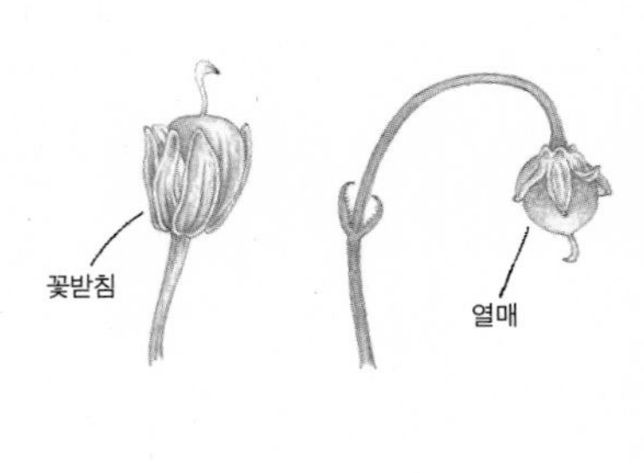

♣ 둥근털제비꽃(4월 18일)

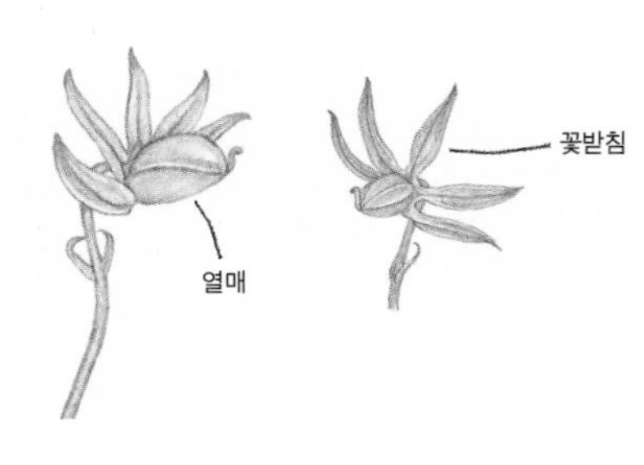

♣ 노랑제비꽃(4월 18일)

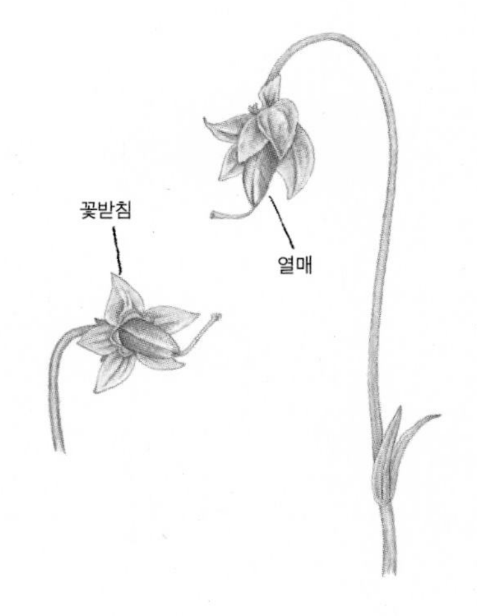

♣ 고깔제비꽃(4월 18일)

많은 경쟁자 나무에게 둘러싸여 있어 줄기가 옆으로 퍼지지 못하고 하늘로 훌쭉히 솟아올라 날씬한 모양새이다. 그래도 봄이면 앵두꽃을 예쁘게 피운다.

오늘 아침, 다람쥐 한 마리가 꽃이 잔뜩 핀 앵두나무 가지를 바삐 타고 돌아다니며 재주넘기를 한다. 다람쥐의 희고 보얀 배가 보일 때마다 앵두꽃잎이 우수수 떨어진다. 꽃잎을 실컷 떨어뜨린 다람쥐는 이제 조금 굵은 줄기에 앉아 입으로 뒷발도 닦고 꼬리도 손질한 다음 앞발을 들어 올려 귀와 머리도 쓰다듬듯 매만진다. 함께 나란히 서서 숨죽이고 다람쥐 재롱을 구경하던 젊은 엄마가 여섯 살쯤 되어 보이는 아들에게 갑자기 한마디 한다.

"봐, 다람쥐도 아침엔 세수를 하잖니?"

20일 봄비가 여름비처럼 주룩주룩 내리고 바람은 태풍처럼 요란한 소리를 내며 지나간다. 이렇게 춥고 비 오는 이틀 동안 귀룽나무의 흰 꽃이 우아하게 피기 시작하고 야생벚나무의 꽃잎들은 하염없이 지기 시작한다. 꽃잎이 눈처럼 휘몰아치면 어떤 사람은 낮은 탄성을 지르기도 하고 어떤 사람은 문득 멈춰 서서 고개를 들어 올리고 날리는 꽃잎들을 바라본다. 뭐 그저 가던 길만 열심히 걸어가는 사람이 대부분이지만. 나도 모처럼 가벼운 배낭을 메고 두 팔을 벌린 채 낮은 탄성을 지르거나 가만히 서서 고개를 들어 올리기도 한다. 아무 것도 안 해도 되는 날은 어른이 되어도 여전히 즐겁다.

21일 야생벚나무의 꽃잎들이 흩날리는 날이 계속된다. 숲 입구의 왕벚나무부터 시작해서 이런저런 벚나무가 많아서 정확하게 어떤 이름을 불러 주어야 할지 망설이다가 그냥 '야생벚나무'로 부르기로 한

야생벚나무(4월 21일)
숲을 꽃대궐로 만들어 준 1등공신. 꽃이 일찍 피는 나무도 있고 뒤늦게 피는 나무도 있어 꽃대궐의 영화가 제법 오래 간다. 노랑쐐기나방의 고치를 단 야생벚나무는 꽃이 늦게 핀다.

다. 가장 섬세한 꽃을 피우는 야생벚나무는 꽃받침잎의 가장자리가 갈라지고 침 같은 돌기가 있는 종류이다. 꽃은 그다지 많이 달고 있지 않지만 꽃그늘 지는 나무 아래 서서 가만히 바라보면 운치가 그만이다. 엉성하게 쌓아 와르르 무너진 돌무더기에도, 주인이 안 보이는 허름한 거미줄에도, 내 모자 위에도……, 두루두루 공평하게 뿌려 주는 꽃잎들을 눈으로 쫓다가 노랑쐐기나방의 벌레알집이 붙은 부러진 꽃가지 하나를 줍는다. 어제 내린 비가 이 꽃가지를 꺾어 떨어뜨린 것이다. '혹시나' 하는 마음에 알집 붙은 가지를 어린 개암나무의 가지 사이에 걸쳐 놓고 무명실로 묶어 놓는다.

22일 아침부터 여름처럼 후덥지근하다. 카메라가 오늘따라 유난히 무겁다는 생각을 하며 산길을 걷다가 보니, 날벌레와 개미로 장사진을 이룬 빨간 덩어리가 눈에 들어온다. 벌레알집이다. 벌레알집도 진딧물처럼 개미와 날벌레들을 끌어들이는 달콤한 무엇인가가 있는 걸까? 짐을 풀고 스케치를 막 시작하는데 소나기가 확 쏟아진다. 도구들을 배낭 안에 와르르 쏟아 넣고 허겁지겁 방수커버를 씌우는 동안 비에 흠뻑 젖고 만다. 돌아오는 길에 눈에 뭐가 들어가서 손거울을 잠깐 보니 꼭 비 맞은 개꼴이다. 거울을 보며 혼자 낄낄 웃는다.

❀ 벌레알집(4월 22일)
줄기를 타고 올라온 개미들이 와글와글 몰려 있었는데 3마리만 그렸다. 근처에는 벌레알집이 2개 더 있었는데 모두 개미 떼가 새카맣게 몰려 있었다. 나무들은 모두 어린 참나무였다.

23일 쉿! 숨을 죽이고 천천히, 느릿느릿, 살금살금, 조금씩 움직이는 거야. 추위가 가실 때까지. 조록싸리와 산초나무가 꼭 이러는 것 같더니 이제야 새 줄기와 새잎을 펼쳐낸다. 조록싸리의 새잎은 바람따라 깃발처럼 나부끼고 산초나무 새잎은 하늘을 향해 잎을 펼친 채 햇빛을 마음껏 쪼이고 있다.

조록싸리(4월 23일)

바쁜 사람은 동네 어느 집 감나무에
새잎이 나와 자라면 산에 가서 조록싸리와
산초나무 잎을 살펴보면 된다. 모두 그만큼
새잎이 늦게 나오고 비슷한 시기에 나온다.

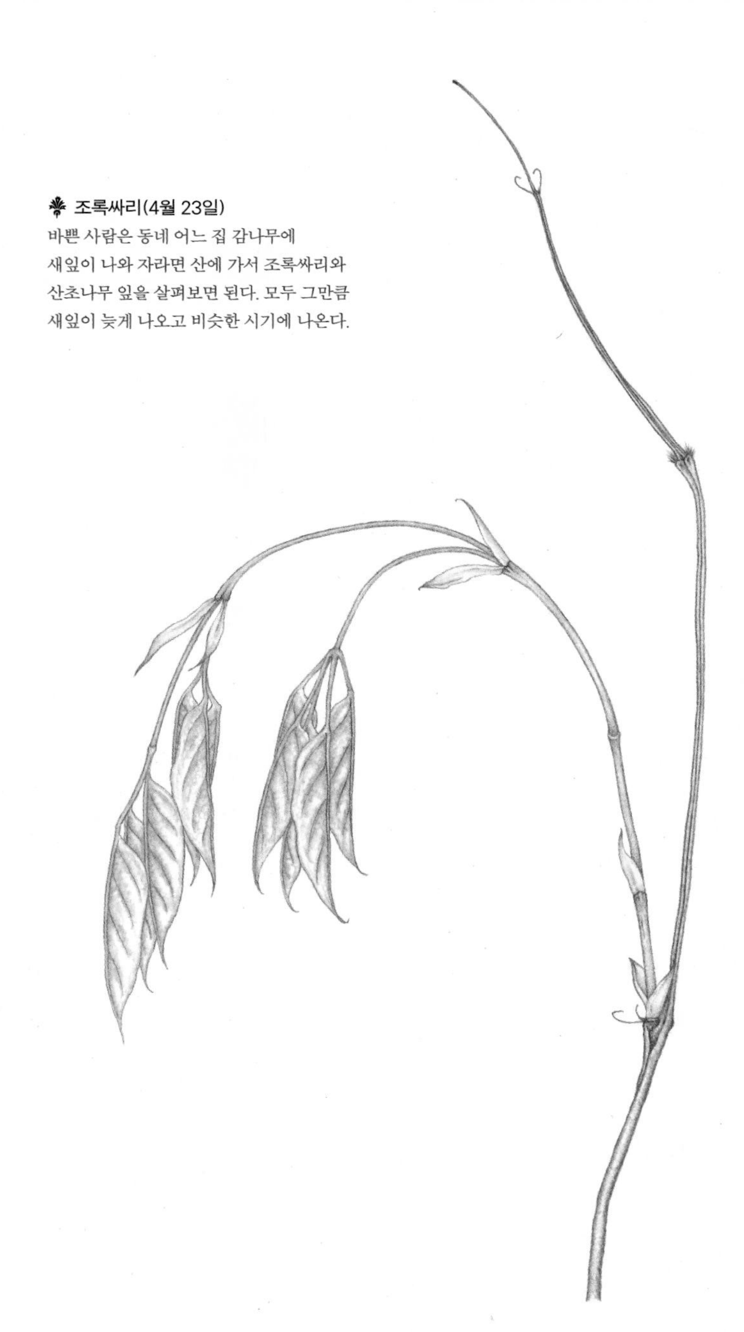

24일 당단풍나무 새잎이 춤을 추듯 올라오기 시작한다. 당단풍나무는 봄에 돋는 새잎도 매력이 넘친다. 선명한 붉은색 포엽 속에서 도르르 말린 채 불꽃 모양으로 펼쳐지는 새잎은 예쁜 초록인데, 이 초록 새잎과 새 가지에 돋은 새하얀 털의 어울림이 기가 막히다. 여기에 붉은 꽃송이까지 늘어지면 그 사랑스런 모습에 '녹의홍상(하얀 동정을 단 초록저고리에 선홍색 치마)'이 절로 떠오른다. 이렇게 멋진 당단풍나무와 나란히 서서 행복해하고 있는데, 숲해설사와 한 무리의 사람이 당단풍나무 곁으로 온다. 사람들은 숲해설사에게 단풍나무류의 속명 에이서(Acer)[05]를 배운다. 나는 이제 당단풍나무와 조금 멀찍이 떨어져 서서 그 이야기를 듣는다. 에이서라……. 단풍나무 종류들은 먼발치에서 보면 이기적일 만큼 현란하고 매혹적인 단풍으로 주변 나무들을 기죽인다. 하지만 가까이 다가가 바라보면 가느다란 잎자루, 여럿으로 갈라진 얇은 잎사귀, 붉고 노란색이 잎에 새겨지듯 물드는 섬세한 모습이 청순가련하기 이를 데 없어 보인다. 그러나 이 청순가련한 잎의 힘은 대단하다. 갑자기 일찍 된서리가 내려 단풍 흉년이 든 해에도 단풍에 대한 기대를 저버리지 않고 끝까지 버텨 주어 '단풍 들었다'는 말이 나오게 하는 나무가 있는데, 바로 단풍나무이다. 단풍도 나무가 가진 내공에서 나오는 것 같다. 잎만 그럴까? Acer라는 이

05 라틴어로 강하다는 뜻으로, 나무의 재질이 단단함을 표현했다.

름을 얻은 나무답게 재질이 단단하고 치밀하다. 단풍나무는 내게 매혹으로 다가와 강인함으로 남는 나무가 되었다.

29일 와! 혼자 있는 거미고사리이다. 이 숲의 거미고사리들은 다닥다닥 붙어 있어서 과연 어떤 포기를 바라봐야 할지 망설이던 차에 혼자 있는 씩씩한 포기 하나가 눈에 띈다. 새잎 한 장이 지금 막 나선 모양으로 둥글게 말린 채 나오기 시작한다. 나는 돌돌 말린 연두색 새싹을 단 씩씩한 거미고사리 앞에 자리를 펴고 말을 건다.

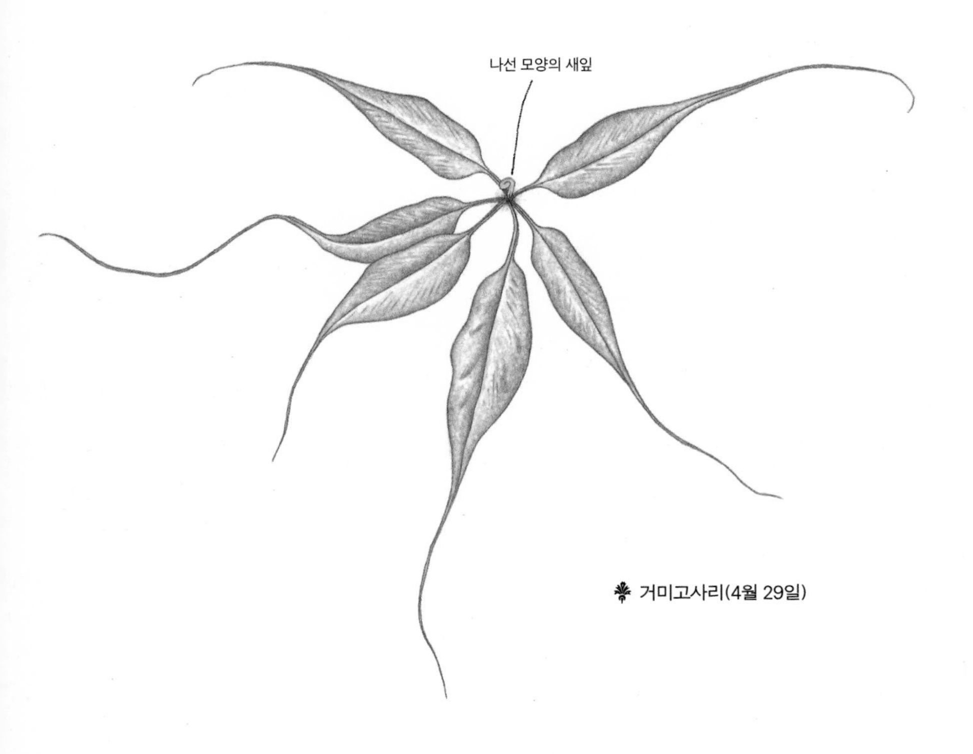

거미고사리(4월 29일)

"작은 거미고사리야, 언제쯤 다시 만나러 올까?"

거미고사리는 좀깨잎나무 덤불 밑동 바로 아래에서 자라고 있으니 좀깨잎나무 덤불이 시드는 가을에 오면 다시 만날 수 있겠지. 가을에 찾아오면, 좀깨잎나무가 만들어 준 어두운 그늘과 여름볕이 준 높은 기온과 장맛비가 준 축축함이라는 아주 적절한 환경에서 작은 무성아[06]를 만들어 열심히 기른 것을 자랑스레 보여 주겠지. 무성아는 몇 개나 생겨날까? 거미고사리를 재빨리 그린 다음 부드러운 아침 햇빛과 서늘하게 부는 바람 속을 걸으며 철쭉꽃을 본다. 철쭉꽃들은 수로부인[07]이 다시 한 번 반할 만큼 멋지게 피었다. 철쭉꽃이 만발한 숲은 더없이 우아해졌으며 나무들 아래마다 싱싱한 분홍 꽃송이가 통째로 떨어져 있다. 이 덕분에 작은 숲도 1년 중 가장 아름다운 때를 맞이했으며 나도 가장 눈부신 길을 여러 날째 걷고 있다.

06 잎 끝 부분이나 아래쪽, 또는 잎 가장자리 등에서 생기는 어린눈. 땅에 닿으면 뿌리를 내린다. 어미 포기에 붙어 있어도 뿌리가 생겨난 다음 땅에 떨어지면 곧 자라기 시작한다. 어미 식물과 같은 유전자를 가졌다. 거미고사리는 잎 끝 부분에서 무성아가 생긴다.

07 신라 성덕왕 때 순정공의 부인. 강릉태수로 부임하던 남편을 따라가다 바닷가 절벽에 핀 철쭉꽃을 보고 반해 갖고 싶어 하자 소를 몰고 가던 노인이 이를 꺾어 주며 「헌화가」를 지어 바쳤다고 한다.

5월

1일 숨이 턱턱 막힐 만큼 더워졌다. 좀깨잎나무 아래 풀덤불 속에서 뱀딸기 줄기들이 왕성하게 뻗어 나오고 노란 꽃들이 만발했다. 가까이 들여다보니 벌써 꽃잎이 모두 떨어지고 꽃턱[08]이 부풀어 오르는 것들도 있다. 뱀딸기의 꽃턱은 씨를 둘러싸지 않고 씨앗과 함께 부풀어 오르면서 자라나 열매가 된다. 뱀딸기는 동그랗고 빨간 알갱이가 붙어 있는 헛열매에 의지하지 않는다. 일찌감치 기는줄기를 사방으로 뻗어 내고, 턱잎 달린 마디에서 재빨리 뿌리를 내려 얼른 하나의 개체로 독립한다. 살아가는 모습은 이렇게 억척스럽지만 노란 꽃은 정감 있게 예쁘다. 정겨워서 가만 들여다보는 노란 꽃에 어느 샌가 벌들이 날아와 윙윙거린다. 꽃이 많이 피었으니 열매도 많이

08 꽃자루 끝의 볼록한 부분으로 암술, 수술, 꽃잎, 꽃받침이 달려 있다.

뱀딸기(5월 1일)

풀밭에서 흔히 보는 풀이니 아무 데서나 잘 자라는 것 같지만 뱀딸기는 물기가 많고 비옥한 흙에 뿌리를 내린다. 또한 밝은 그늘 아래서 줄기를 뻗어 나가는 걸 좋아한다.

달릴 것이다. 초록 풀덤불에서 빨간 열매가 퐁퐁 솟듯 올라오는 것을 상상하는 것도 즐겁다.

2일 비가 내리고 바람도 윙윙 소리를 내며 분다. 세찬 바람은 높은 가지에 달려 있던 묵은 열매와 마른 잎들을 모두 떨어뜨려 개울가에 잔뜩 쌓아 놓았다. 팥배나무 열매와 잎이 가장 많이 떨어져 쌓였다.

4일 밝고 시원한 아침. 숲은 분홍에서 연두색으로 바뀌어 간다. 잎 가장자리 양쪽이 도르르 말려 있던 산철쭉과 철쭉의 잎이 펴지기 시작한다. 떡갈나무 잎은 벌써 내 발바닥보다 더 길고 넓어져서 큼직한 떡 하나는 너끈히 쌀 수 있겠다. 내가 그간 열심히 살펴보던 선밀나물을 안타깝게도 누군가가 꺾어 가 버렸다. 이 길에서 가장 멋진 선밀나물이었는데……. 선밀나물은 꽃을 줄기 맨 아래에 달린 첫 번째 잎겨드랑이에서부터 피워 내니 그 부분은 좀 남겨 두어도 좋으련만 참 야박스럽게도 밑동까지 확 꺾어 놓았다. 상심한 마음에 터덜터덜 숲길을 내려오다가 노린재나무 꽃봉오리를 만난다. 아직은 꽃줄기가 길게 자라지 않아서 땡글땡글한 꽃망울들만이 뭉쳐 있는데 맑고 윤기 나는 옥색 꽃망울을 윤기 없고 소박한 연두색 잎이 품어 안은 듯한 모습이 사랑스럽다.

노린재나무(5월 4일)
이 무렵은 숲의 나뭇잎들이 쑥쑥 커지기 시작하는 때이다. 노린재나무도 잎사귀들을 바삐 펼쳐 대느라 잎 가장자리가 울룩불룩하다.

5일 당단풍나무의 연한 잎들이 벌레투성이가 되었다. 길가에서 자라는 당단풍나무들은 벌레의 피해가 그다지 크지 않은데, 길 안쪽에서 자라는 이 나무는 해마다 이맘때면 벌레들이 우글거린다.

옛날엔 이 무렵의 연한 단풍잎을 데쳐 만든 나물에 은어(銀魚)를 넣어 튀겨 먹는 요리가 있었다고 한다. 단풍나무는 물이 흐르는 계곡 주변에서 잘 자라고 그 물은 흘러내려가 강과 합쳐질 터이니 마을 앞의 강에서 몰려다니는 은어 떼와 제법 조화를 이룰 듯하다. 무척 호사스런 별식이자, 아름다운 나무와 맑은 물을 즐기는 풍류 요리라 할 수 있겠다.

이 젊은 당단풍나무 곁에서 이제 막 새싹을 낸 어린 당단풍나무가 함께 자라고 있다. 숲의 어린 나뭇잎, 꽃송이, 새싹 들을 설레게 하는 봄바람이 일기 시작한다. 이 부드러운 바람에 숲의 연두색이 일제히 너울거리다 멈추고 다시 너울거린다. 올해 처음 세상 구경을 하는 새싹 당단풍나무도 가볍게 스치듯 부는 봄바람에 어쩔 줄 몰라 하며 춤추듯 너울거린다.

6일 덜꿩나무의 꽃들이 피기 시작하니 숲에는 독특한 향기가 떠다닌다. 눈을 감고 향기를 더듬어 보면 향기에서 초록색이 느껴진다. 초록 향기가 떠다니는 숲을 나와 개울가를 지나치다가 돌 틈 사이에

당단풍나무 새싹(5월 5일)

어린 새싹의 잎은 다 자란 나무의 잎 모양과 조금 다르다. 2년차가 되면 당단풍나무 성목과 같은 잎 모양을 갖춘다.

시선을 두니, 살며시 돋아나 있던 산괴불주머니의 새싹들이 제법 자랐다. 먼바다의 물빛 같은 초록 떡잎 사이로 고운 연두색 본잎이 펼쳐지기 시작한다.

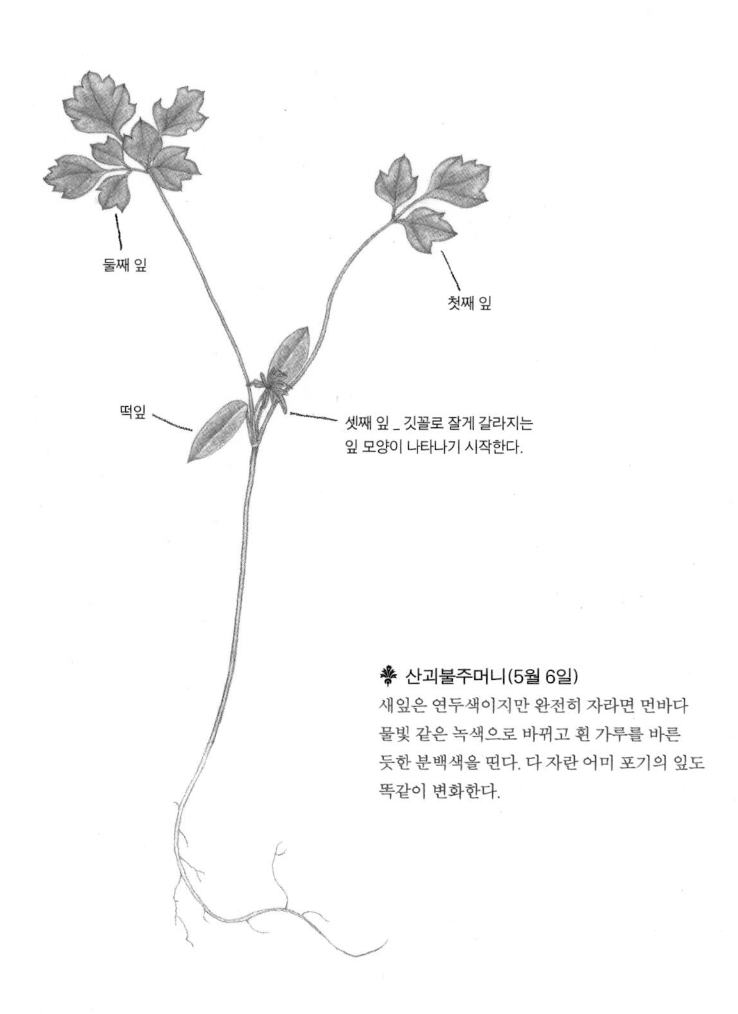

산괴불주머니(5월 6일)
새잎은 연두색이지만 완전히 자라면 먼바다 물빛 같은 녹색으로 바뀌고 흰 가루를 바른 듯한 분백색을 띤다. 다 자란 어미 포기의 잎도 똑같이 변화한다.

7일 애기나리의 꽃들이 지기 시작한다. 발목쯤에서 찰랑거릴 만큼 자란 줄기도 바라보기 적당하고 가련하게 흔들리는 순한 꽃도 좋다.

노린재나무 꽃이 피기 시작한다. 사흘 전만 해도 너울거리던 봄바람이 광풍이 되었다. 참나무 꽃들이 피기 시작할 무렵엔 꼭 세찬 바람이 일고, 집 안 구석구석에 누런 꽃가루가 가득 쌓인다. 꽃가루 바람은 아까시나무 꽃이 진 다음에야 멈출 것이다.

8일 야생 오리가 개울가에서 새끼를 기른다는 이야기가 들려온다. 한낮에 가면 대개 개울가 자갈돌 사이나 바위틈에서 낮잠을 자는데 돌과 아기 오리의 털 색깔 구별이 어려우니 잘 살펴봐야 한다나. 신이 나서 오리 구경을 나갔으나 없다. 어미 오리가 한창 무성해지기 시작하는 고마리 덤불 속에 귀여운 것들을 꽁꽁 숨겨 놓았나 보다. 뒤늦게 씨가 익어 가는 자주괴불주머니만 들여다보고 돌아온다. 자주괴불주머니 열매도 내가 숲길에서 늘 보는 산괴불주머니 열매처럼 스스로 열매껍질을 터뜨리고 씨앗을 날려 보낸다. 잘 익은 열매는 껍질이 힘차게 터지면서 도르르 말리고, 윤기 나는 새까만 씨앗이 톡 튀어 나간다. 유난히 통통한 열매 하나가 눈에 들어온다. 아직 익지 않았지만 너무 궁금하여 껍질을 슬쩍 까 보니 아주 작은 애벌레 한 마리가 들어 있다. 몸집이 얼마나 작은 나방이 알을 낳았을까?

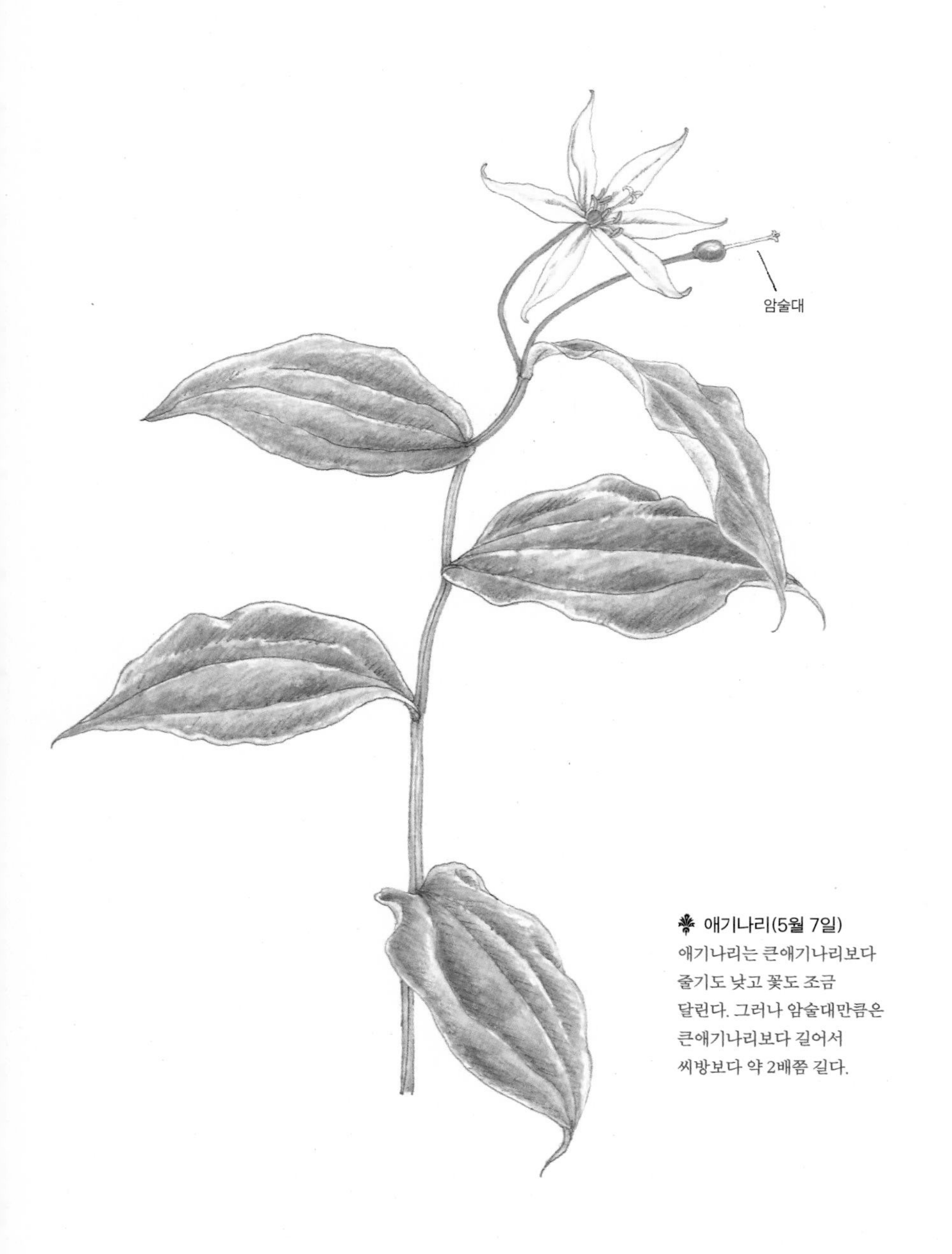

❦ 애기나리(5월 7일)
애기나리는 큰애기나리보다
줄기도 낮고 꽃도 조금
달린다. 그러나 암술대만큼은
큰애기나리보다 길어서
씨방보다 약 2배쯤 길다.

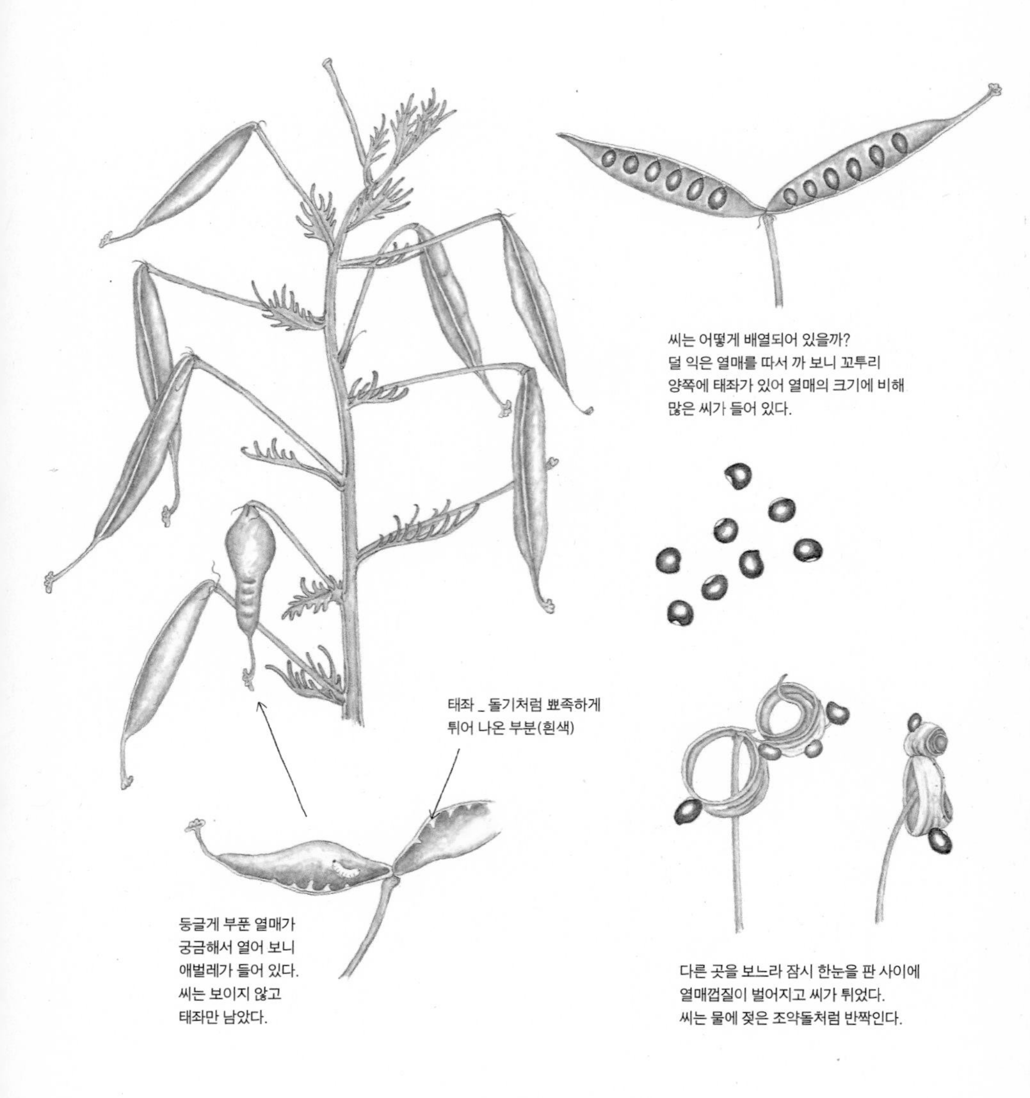

✾ 자주괴불주머니(5월 8일)

9일 선밀나물 암그루의 꽃잎들이 거의 떨어졌다. 줄딸기 꽃이 한창이다. 국수나무 꽃이 피기 시작한다. 참나무들은 말라 버린 수꽃을 끊임없이 떨어뜨린다. 떨어진 수꽃들은 한 덩이씩 둥글게 뭉쳐져 숲길 가장자리에 쌓였다가 바람을 따라 이리저리 굴러다닌다.

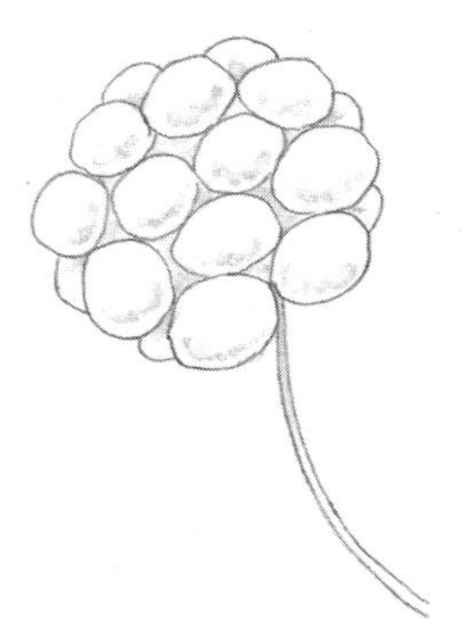

암꽃 _ 꽃자루가 보이지 않을 만큼 꽃이 꽉 차게 핀다.

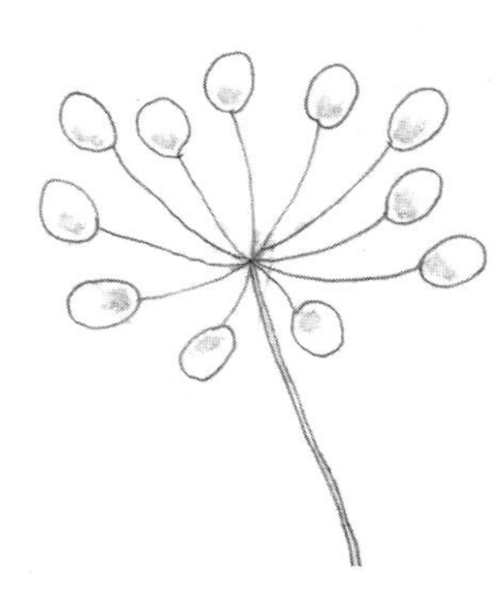

수꽃 _ 암꽃보다 꽃이 좀 빈약하고 성글게 달려 있어 꽃자루가 잘 보인다.

선밀나물 암꽃(5월 9일)

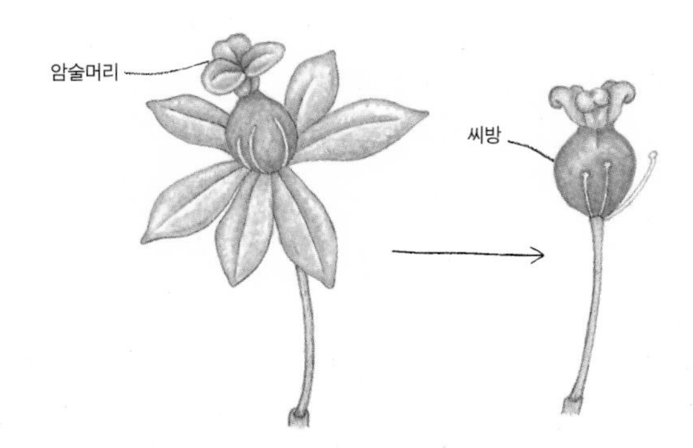

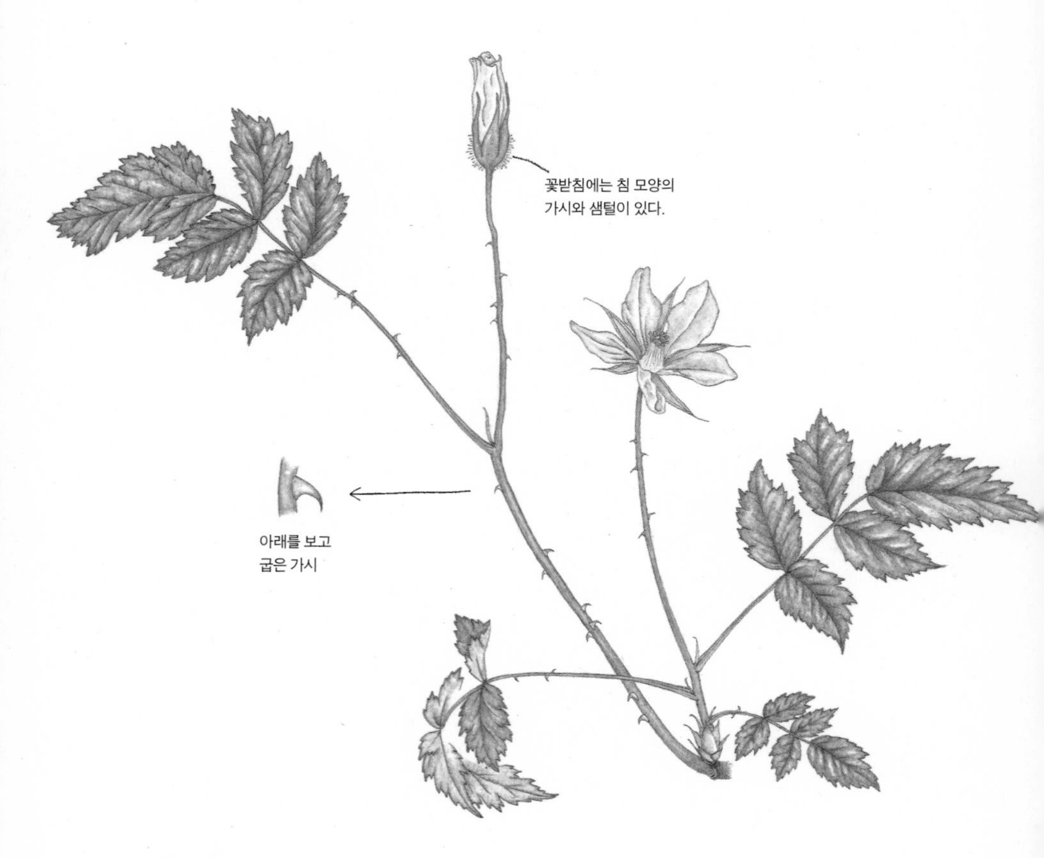

줄딸기(5월 9일)

둥글게 구부러지듯 옆으로 뻗어 나가는 줄기에 돋은 새 가지 끝에서 꽃이 한 송이씩 줄줄이 핀다 하여 줄딸기라고 한다. 갈고리 모양의 가시가 달려 있지만 아래로 굽은 가시여서 긁혀도 별 탈은 없다.

10일 정수리로 빛이 쏟아지는 것 같아 고개를 드니 꽃 핀 팥배나무 아래를 걷고 있다. 이 숲길의 팥배나무들은 햇빛에 굶주려 줄기가 너무 길고 가늘어졌다. 그래서 꽃도 저 높은 가지에 피어 있어 꽃송이 한번 마음껏 들여다보기 어렵다. 내려오는 길에 숲을 굽어보니 야들야들한 밝은 녹색 숲에 핀 팥배나무의 흰 꽃 덩어리들이 겨울 달밤에 보는 눈처럼 서늘하게 느껴진다. 아……, 벌써 떨어진 꽃 하나가 졸졸졸 개울물을 따라 아래로 내려온다. 이 숲에서 팥배나무 꽃을 가까이에서 보고 싶다면 개울물을 따라 내려오는 꽃송이 하나를 건져 손바닥에 올려놓으면 된다. 통꽃인 팥배나무는 다섯으로 갈라진 둥글고 오목한 꽃잎과 함께 20개 안팎의 수술을 그대로 단 채 떨어지는데 암술대도 여전히 남아 있다. 5조각으로 갈라진 오목한 꽃잎에 물 한 방울이라도 실리면 가볍게 떠내려가지 못하고 큼직한 돌덩이나 작은 자갈 앞에 툭 걸리면서 꽃송이는 그 자리에서 물결에 흔들리다가 꽃잎 가장자리가 갈색으로 변하면서 좋았던 한때를 마감한다.

11일 졸방제비꽃이 피기 시작한다. 노랑제비꽃과 졸방제비꽃은 줄기가 있는 제비꽃이다. 노랑제비꽃이 산뜻하고 세련된 색에 단순한 생김새라면, 졸방제비꽃은 수수한 색에 빗살 모양의 긴 톱니가 있는 턱잎을 가지고 있다. 졸방제비꽃이 피면 날씨가 더워지기 시작한다. 더

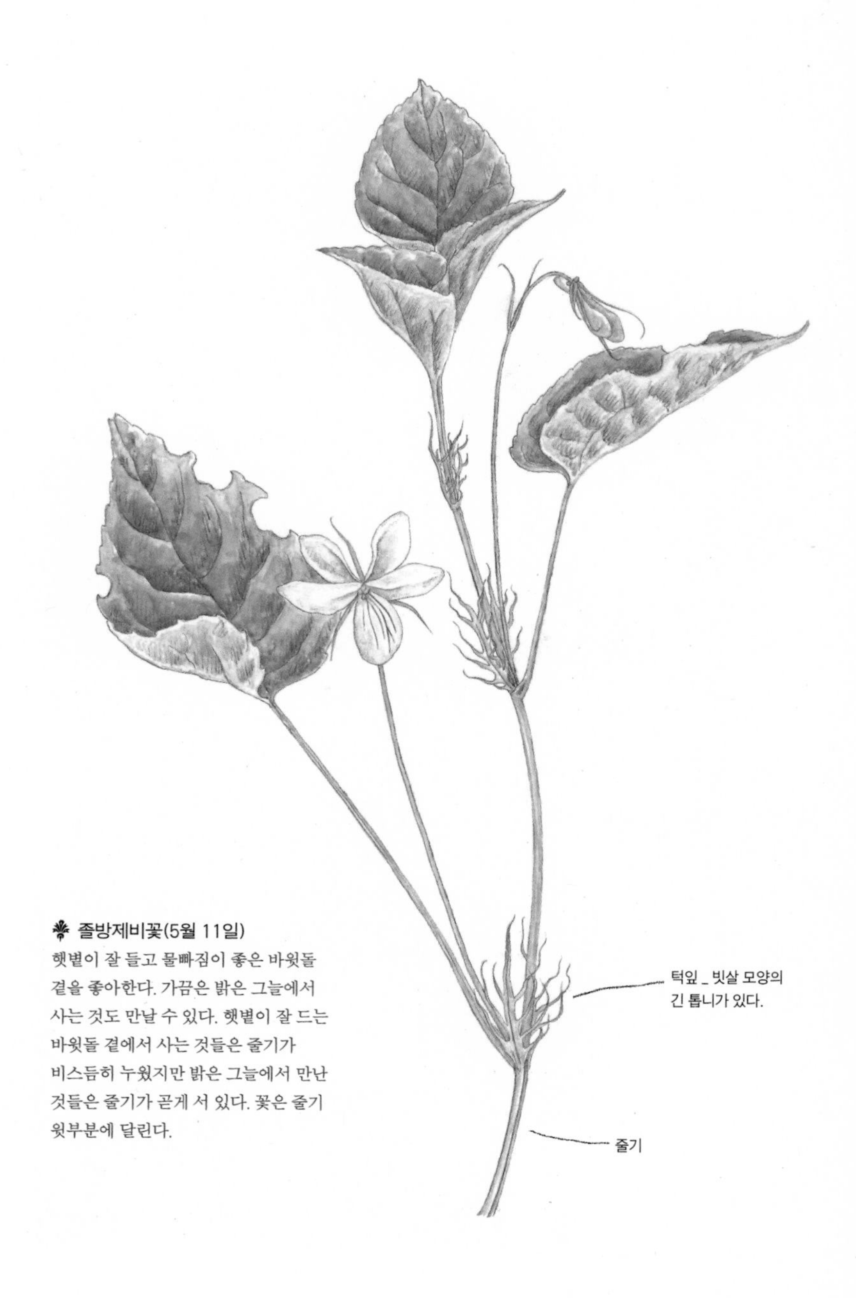

졸방제비꽃(5월 11일)

햇볕이 잘 들고 물빠짐이 좋은 바윗돌 곁을 좋아한다. 가끔은 밝은 그늘에서 사는 것도 만날 수 있다. 햇볕이 잘 드는 바윗돌 곁에서 사는 것들은 줄기가 비스듬히 누웠지만 밝은 그늘에서 만난 것들은 줄기가 곧게 서 있다. 꽃은 줄기 윗부분에 달린다.

위 탓인지, 카메라를 가지고 다닐까 말까 하는 생각이 점점 많이 든다.

12일 노린재나무 꽃이 만발한 날인데 비가 내린다. 노린재나무가 꽃을 선보이는 시간은 너무 짧은지라 비 오는 숲으로 일부러 꽃을 보러 간다. 노린재나무는 무척 소박한 흰 꽃이 피지만, 뜻밖의 화사한 연출이 돋보인다. 원뿔 모양의 꽃차례에 많은 꽃이 촘촘하게 달리면서 활짝 피고 수술이 꽃잎보다 훨씬 더 길게 밖으로 나와 있는데 꽃잎 밖으로 나온 수술의 위치가 꽃의 분위기를 이렇게 바꾸는 것이다. 이 화사함은 마음이 들떠 어쩔 줄 모르는 철부지 아가씨 같은 사랑스러움이 있어 좋은데, 비 오는 날 보니 얌전한 모범생 같은 표정을 하고 있다.

13일 여물지 못하고 떨어진 야생벚나무 열매들이 길바닥에 어지러이 널려 있다. 벚나무 열매는 쭉정이(낙과)도 예쁘장하다. 잎은 이제 완전히 자랐다. 이 숲에서 볼 수 있는 장미과 식물 몇 종은 잎에 꿀샘[09]을 달고 있는데 야생벚나무 잎에도 있다. 야생벚나무는 잎자루 윗부분이나 잎몸 밑부분에 흔히 꿀샘을 달고 있는데 구멍 난 잎이 많

09 꿀을 내는 기관으로, 개미를 유인해서 잎을 갉아 먹는 벌레를 쫓게 만든다. 꽃이 아닌 곳에서 꿀을 만드는 꿀샘은 꽃자루, 잎, 잎자루, 턱잎, 줄기 등 뜻밖의 부분에서 발견할 수 있다.

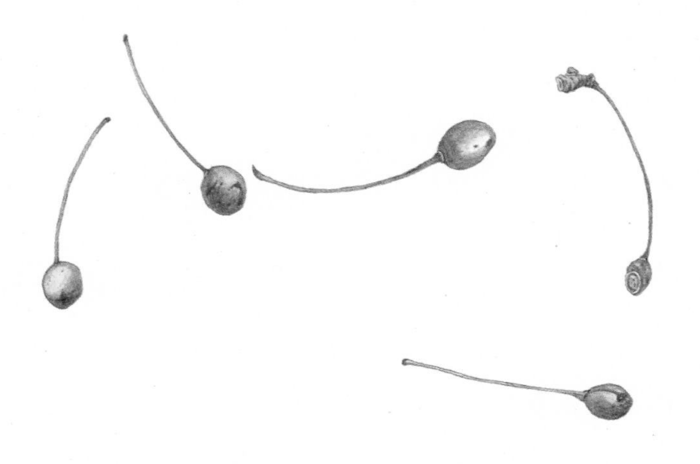

❦ 야생벚나무 열매(5월 13일)
처음엔 꽃이 지듯, 꽃덮이조각에 싸인 아주 작은 열매를 떨어뜨렸다. 어린 풋열매가 두 번째, 지금이 세 번째이다.

❦ 야생벚나무의 잎(5월 13일)

은 걸 보면 꿀샘에도 유효 기간이 있는 건지 고개를 갸웃거리게 된다. 꿀샘의 애벌레 퇴치 효과는 어느 정도일까. 잎이 떨어지지 않게 줄기 쪽만 방어하는 걸까. 꿀샘의 수량과 능력에 비해 벌레가 너무 많은 것일지도 모른다.

18일 초피나무 꽃이 피기 시작한다. 잎 표면에 노란 무늬(반점)가 조금씩 생겨나고, 특유의 향기도 풍기기 시작한다. 아, 반가워라. 복잡한 일 때문에 머리를 좀 상쾌하게 하고 싶을 때, 나는 초피나무 곁에 가서 머리를 식히기도 한다. 초피나무에서 풍기는 독특한 향기를 흠뻑 들이마시고 나면 무겁고 답답하던 머리가 날아갈 듯 가볍고 개운해진다. 나만 그런가.

19일 개별꽃 줄기 아랫부분에서 닫긴꽃(폐쇄화)이 생겨나고 있다. 어린 새싹일 때는 더없이 사랑스럽던 선밀나물은 이제 줄기가 길고 가늘어졌으며 잎은 어른 손바닥만큼 넓어졌고 턱잎은 한 쌍의 덩굴손이 되어 곁에 있는 국수나무 가지를 감았다. 줄기 끝에는 어린순을 갉아 먹는 애벌레 한 마리가 몸을 가락지처럼 둥글게 구부리고는 정신없이 야금거린다. 무성하고 거친 풀 한 포기로 자란 선밀나물을 바라보고 있자니, 머리 위로 덜꿩나무 꽃들이 떨어진다.

초피나무(5월 18일)

초피나무 수그루에 핀 수꽃. 수꽃의 수술은 꽃받침조각보다 길다.

20일 진달래의 풋열매가 제법 자랐다.

21일 참나무 어린 가지들이 길가에 떨어져 뒹군다. 꽃이 한창인 국수나무에 벌들이 몰려 있다. 흰불나방이 국수나무 잎에 엎드려 한낮을 여유로이 보내는 것이 자주 보인다. 국수나무 꽃이 필 무렵은 봄꽃은 가고 여름 꽃은 아직 찾아오지 않은 철이다. 꽃이 없어 난감한 이 시절에 국수나무 꽃들이 피고 벌들은 온통 국수나무에 몰려 있다. 국수나무 꽃은 아주 많이, 그리고 오래도록 피어 있다. 나는 국수나무가 좋다. 처음엔 여러 가지 이유를 붙여 가며 좋아했으나 이제는 그냥 좋다. 정들었나 보다.

22일 길가의 고사리 곁에서 자라는 노루발의 새잎이 완전히 자랐다. 그 잎 사이에서 꽃줄기 2개가 나란히 7센티미터쯤 올라와 귀여운 꽃송이들을 조롱조롱 달았다. 동갑내기처럼 사이좋게 올라와 자라는 꽃줄기 2개는 아직 어린데도 무척 사랑스럽다. 조그마한 꽃봉오리 끝에 연두색이 많이 남아 있어 꽃이 피려면 아직 한참을 기다려야 하는데 벌써 이렇게 예쁘니 누군가가 꺾어 갈 것만 같아 조바심이 든다. 고사리 잎으로 가려 보지만 이제는 훌쩍 커서 가려지지 않는다.

23일 남산제비꽃 열매가 곧게 선 것이 여기저기에서 보인다. 오래지 않아 씨앗들이 튕겨 나가겠다. 거의 날마다 이 길을 걷는 나도, 지나가는 수많은 사람도 몰랐겠지만 남산제비꽃들은 열심히 제 할 일을 한 것이다. 눈앞에서 까투리가 푸드덕 날아간다. 좀깨잎나무 새싹이 늙은 좀깨잎나무 아래서 조금씩 돋아난다.

24일 5월의 숲은 숲바닥을 새싹들의 세상으로 만들고 숲에 떨어진 씨앗도 모두 자라게 한다. 새싹 세상에 발을 디딘 나는 개울물이 스미듯 흐르는 자갈 더미 틈에서 어린 물봉선을 만난다. 물봉선의 뿌리를 덮은 자갈과 가랑잎 부스러기들을 핀셋으로 조심스레 들어내니, 물봉선의 통통하고 귀여운 뿌리가 드러난다. 붓 끝에 물을 조금 적셔 뿌리에 붙은 검은 흙알갱이(숲의 모든 생물이 내놓은 유기물의 부식과 점토와 토양 미생물의 점액 등으로 공들여 빚은 단립구조의 향긋한 흙)를 씻어낼 때는 나도 모르게 가슴을 두근거리며 숨을 죽이곤 한다.

"후아!"

작업을 마치고 큰 소리로 숨을 내뱉으며 물봉선을 바라본다. 물봉선은 물을 좋아하는 식물인 만큼 수분이 부족해지면 민감하게 반응한다. 벌써 잎을 축 늘어뜨리고 다 죽어 가는 시늉을 한다.

"내 뿌리는 한 번도 햇빛을 본 적이 없어요. 이건 너무 가혹하잖아

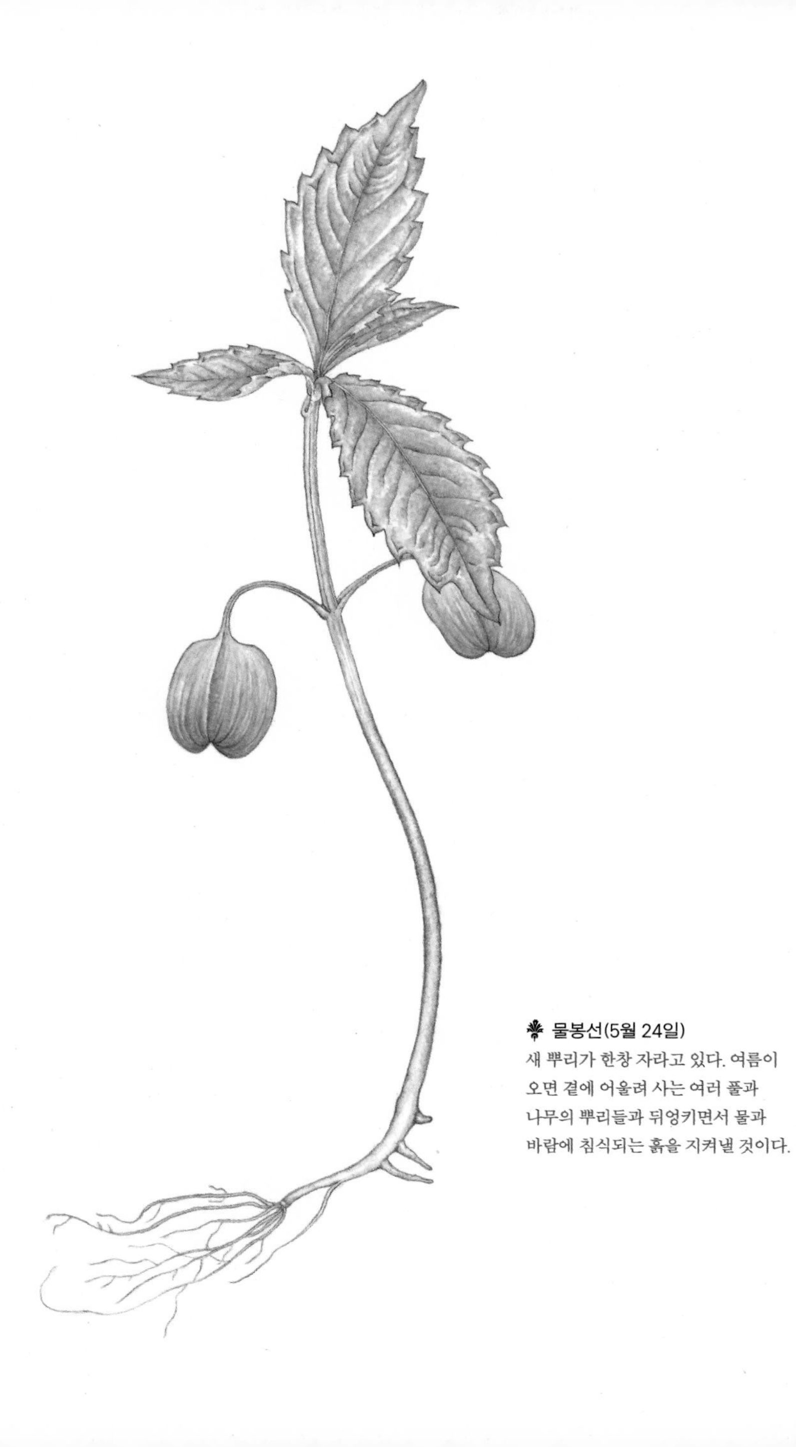

물봉선(5월 24일)
새 뿌리가 한창 자라고 있다. 여름이 오면 곁에 어울려 사는 여러 풀과 나무의 뿌리들과 뒤엉키면서 물과 바람에 침식되는 흙을 지켜낼 것이다.

요. 난 지금 목이 바짝바짝 타들어 가는 것 같다고요."

어이쿠! 나는 냉큼 움직인다. 뿌리에 조심스레 물을 적셔 주고, 가랑잎 부스러기와 자갈들을 다시 감쪽같이 덮은 다음 물병의 물을 떨어뜨려 촉촉하게 해 주니 엄살쟁이는 곧바로 생기발랄해진다. 생기발랄해지기 직전에 카메라를 꺼내 엄살쟁이의 처진 잎을 찍어 둔다.

물봉선 새싹도 봉숭아 새싹만큼 귀엽다. 꽃밭에 옹기종기 돋아난 봉숭아 새싹이나 개울가에서 옹기종기 돋아난 물봉선 새싹을 보면 어린이집에서 요리조리 뛰어다니며 조잘대는 귀염둥이들 같다. 어린이집 아이들이 뭐 그리 중요한 일이 있을까 싶은데 이야기를 가만히 들어 보면 나름 심오하고도 심각한 생각을 하고 있으며 제법 씩씩하게 삶을 헤쳐 나가고 있다. 열심히 말을 익히고 글씨를 익혀 더듬거리며 책을 읽어 내려가고, 나름대로 눈치를 보며 낯선 사람에게 굉장(!)한 비밀을 털어놓기도 한다. 물봉선이나 봉숭아 새싹들을 볼 때면 이 귀염둥이들이 절로 떠오른다.

26일 이런! 노루발의 꽃줄기 2개를 누군가가 꺾어 가 버렸다. 아직 이른 아침이어서 그리 메마르진 않겠지만 그래도 꽃줄기는 꺾어 간 사람이 집에 도착할 무렵이면 갈색으로 마르기 시작할 것이고 꽃이 피려면 한참 더 기다려야 하니 끝내 꽃을 보진 못할 것이다. 꽃줄기

노랑제비꽃 열매와 씨(5월 27일)

꼬투리 하나가 벌어지고 씨가 모두 튀어 나가는 시간은 2시간 남짓이다. 씨가 튀어 나가는 것이 꽃 피는 것보다 더 진지해 보일 때가 있다.

는 지금 많이 힘들어하며 시들어 가겠구나.

27일 노랑제비꽃의 열매가 터지고 씨가 날아가기 시작한다. 씨앗을 튕겨 보낸 열매껍질을 바라보고 있으려니 노랑제비꽃의 씨앗이 날아가지 않는데도 귓가에서 '톡' 소리가 들린다. 씨앗이라고 쓰거나 말하면 반사적으로 마음속에서 들리는 소리이다.

28일 개별꽃의 씨앗이 익어 간다. 줄기 끝에 달린 열린꽃[10]이 만든

10 개방화. 우리가 흔히 꽃이라고 부르는 부분.

씨는 다갈색으로 익고, 줄기 밑부분에 생긴 닫긴꽃의 씨는 아직 익지 않아 보라색이다. 어떤 애벌레가 닫긴꽃의 열매껍질을 갉아 먹어서

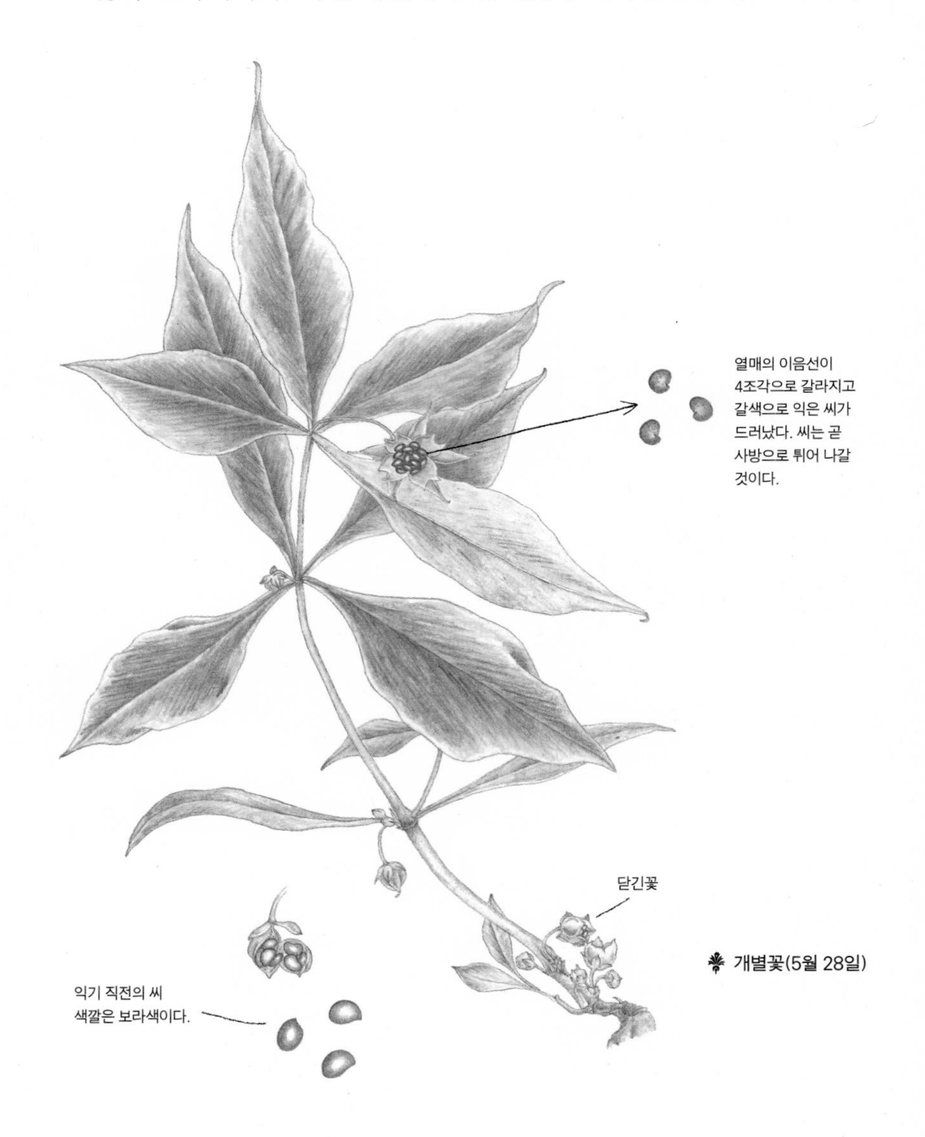

개별꽃(5월 28일)

덜 익은 씨의 고운 보라색이 살짝 보인다.

날씨가 많이 더워졌다. 그림 그리는 시간이 점점 길고 힘들게 느껴진다. 날파리들은 극성스럽게 날아다니며 자꾸 얼굴에 들러붙는다.

29일 산괴불주머니의 열매가 여기저기에서 터지기 시작한다. 개울가 바윗돌에 잠깐 앉아 산괴불주머니의 열매를 그리는 동안에도 잘 익은 열매는 윤기 나는 새까만 씨를 톡톡 튕겨 보낸다. 씨들은 개울가 돌 틈이나 가랑잎 더미 속으로 들어가 그대로 여름, 가을, 겨울 동안 긴 잠을 나고 봄에 새싹이 트는데, 빨리 자라는 것은 이렇게 열매가 터질 무렵에 벌써 꽃이 피기도 한다.

30일 개울가에서 오리를 기다린다. 늘 그렇듯 보이지 않는다. 갈퀴덩굴의 여문 열매, 소리쟁이 열매 위에서 쉬는 푸른부전나비, 지칭개꽃에 내려앉은 흰나비를 그림 공책에 그리며 오리를 기다린다. 점심을 먹으러 가기도 좀 그렇고 해서 3년에 한 개 먹을까 말까 한 아이스크림 하나를 근처 구멍가게에 가서 사 온다. 더운 날씨, 땀으로 축축해진 옷, 흘깃거리는 시선들로 한껏 불편해진 마음에 실낱 같은 희망이 더러 섞이기도 하는 지루한 시간……, 그렇게 다섯 시간쯤을 보냈다.

여름

저만치
혼자서
피어 있네

여름이 막 시작되는 숲을 멀리서 바라보니 풋풋하다. 이야! 좋아라! 신이 나서 걷다 보니 어느 샌가 배낭을 멘 등줄기에서 땀이 배어 나오기 시작한다. 땀도 식힐 겸 나무 그늘에 슬쩍 앉아 고개를 들면 연초록 잎사귀들이 하늘보다 먼저 보인다. 연초록들은 바람이 지나갈 때마다 가볍게 살랑이면서 웃고 속삭인다. 이럴 때 숲 속은 온통 풋풋한 연초록 단물이 뚝뚝 떨어지는 것 같다.
이렇게 달콤하게 시작된 여름 숲에 진짜 여름이 찾아오면 나무와 풀과 나, 모두 지독한 여름 맛을 본다. 달궈진 땅에서 훅 끼쳐 오르는 기습적인 더운 맛. 뜨겁고도 뜨거워 따끔하게 아픈 맛, 땀에 밴 옷자락이 몸뚱이에 들러붙는 끔찍한 맛까지 덤으로 따라온다. 이 가공할 만한 맛 속에서 걷고 움직이다가 가끔 맛보는 산들바람 한 점은 고마운 맛이다. 그늘의 서늘한 맛, 물방울이 주는 숨통 틔우는 시원한 맛, 퍼붓는 소나기가 주는 당황스러운 맛, 비바람 몰아치는 어두운 숲에 울리는 우렛소리의 두려운 맛……. 벌레들은 이 모든 맛 어디에나 뛰어들어 견딜 수 없을 만큼 가려운 맛과 펄쩍 뛸 만큼 뜨끔한 맛을 양념처럼 치고 달아난다. 내가 여름의 온갖 맛에 시달리며 손과 발과 입으로 감정을 표현하는 동안 나무와 풀은 그저 묵묵하다. 이 숙연함에 매료되어 나도 모르게 마음을 가다듬고 나무와 풀들 사이로 난 길을 걷다 보면 깊고 어두운 초록 동굴로 빨려 들어가는 것 같다. 도대체 얼마나 많은 잎사귀들이 달려 있기에 초록 어둠이 만들어지는 걸까. 한 자료를 보니 한여름 숲에는 1헥타르당 3~4톤의 나뭇잎이 나무에 달려 있다고 나온다. 여기서 애벌레에게 먹히는 나뭇잎은 약 5퍼센트. 집에서 읽을 때는 좀 따분하던 사실도 숲에 들어와 떠올리면 신선하게 다가온다. 숲에서 허겁지겁 내려오는 해질 무렵, 무성한 초록과 청록 속에서 분홍이나 다홍, 때로는 하얀 꽃 한 송이가 조금 먼발치에 피어 있는 것을 본다. 나는 급히 지나치다가 문득 멈춰 선다. '저만치 혼자서 피어 있네' 소월의 시구가 꽃 곁에서 영화자막처럼 나타났기 때문이다. 소월 시인은 아마 오래전에 알고 있었나 보다. 저녁별을 등진 채 저만치 혼자서 핀 꽃 한 송이가 여름 숲에서 제일 아름답다는 것을. 꽃 한 송이에 그 지독한 여름 맛도, 깊고 깊은 초록의 놀라움도 모두 뒤로 물러났다. '저만치 혼자서' 피어 있는 꽃을 '저만치 혼자 서서' 바라본다.

6월

1일 기다리던 오리 가족을 만났다! 흰뺨검둥오리이다. 어미 오리는 한눈에 봐도 아주 총명하고 야무지게 생긴 것이 새끼들을 잘 기르게 생겼다. 아기 오리들은 점잖게 헤엄치는 엄마 뒤를 졸졸 따라가며 헤엄을 치는데, 몸 크기에서 많은 차이가 난다. 몸집이 어미 오리만큼 자란 녀석부터 아주 작고 여리게 생긴 녀석까지 골고루 있다. 새끼는 모두 일곱 마리. 물길 끝에 바위가 나타나자 어미 오리는 갈 길을 가늠해 보는 듯 생각에 잠긴 표정이고 새끼들은 아주 신이 났다. 조그만 날개를 그럴듯하게 파닥거리는 몸집 큰 녀석, 얕은 물속에 부리를 넣고 무언가를 찾는 녀석, 물속을 진지하게 들여다보는 녀석, 떼로 몰려다니며 늑장을 부리는 녀석들까지. 이 여유 만만한 새끼들 가운데 조그만 녀석 한 마리가 마지막으로 바위 끝에 다다른다. 그

저 무심히 보고 있는데 이 녀석은 비틀거리며 바위로 힘겹게 오른다. "발을 다쳤어!" 누군가가 한마디 한다. 정말이다. 마지막으로 올라온 녀석은 한쪽 발을 절뚝거린다. 그래도 한눈팔지 않고 어미 오리를 향해 열심히 걷기만 한다. "동네 아이들이 아기 오리들을 보고 돌을 집어 던졌어요. 저 녀석이 그 돌에 맞았지요." 개울 곁에 살아서 이 오리들의 사연에 정통한 아주머니 한 분이 귀띔한다.

아기 오리들이 걷는 길에는 바위 고개도 있고 사람이 콘크리트를 발라 만든 절벽도 있다. 발을 저는 아기 오리에게 저절로 마음이 쏠린다. 첫째 관문인 바위 고개. 다친 아기 오리에게는 만만치 않은 길인데 어미 오리는 모르는 척 새끼들을 이끌고 앞만 보고 걷는다. 아기 오리는 어설프기만 한 작은 날개를 쉼 없이 파닥거리며 바위 고개를 넘으려 한다. 형제 가운데 몸집 큰 한 마리가 다친 오리를 기다려 주는 듯 멈춰 서서 뒤를 돌아다본다. 정말 기다려 주려는 걸까? 무슨 행동인지 알 순 없지만 보기만 해도 마음이 좀 놓인다. 아기 오리는 기어이 바위 고개 위로 올라섰다.

오리 가족은 다시 물길을 만난다. 저 아래쪽에서는 개울을 새로 뜯어 고치느라 바위를 깨는 소리가 시끄럽다. 개울가에 당연히 있어야 할 고마리도 치우고 돌멩이들도 치운 다음 영산홍(원산지는 일본으로, 대부분의 사람이 철쭉이라고 부른다.)과 이름도 모르는 외국의 낯선 사초과 식물들을 심고 있다. 어미가 새끼들을 숨겨 놓는 고마리 덤불과 새끼들의 낮잠을 재우는 따뜻한 돌멩이들이 사라지면 아기 오리들의 집과 학교가 통째로 사라질 텐데, 어미가 내년에도 이 개울에서 새끼들을 기를 수 있을까? 이런 생각에 잠겨 있는 동안 오리 가족은 깎아지른 험한 벼랑 앞에 섰다. 벼랑에는 물이 흘러내리고 미끄러운 이끼가 덮여 있지만 어미 오리에게는 가벼운 장애물이고 아기 오리들에게도 그리 험한 길은 아니다. 다만 발을 저는 새끼에게는 히말라야의 빙벽이나 다름없다. 이 험준한 벼랑은 사람들이 시멘트로 만들어 놓

은 것으로 바위처럼
완만하지 않고 직각으로 꺾여
있다. 발을 저는 새끼는 열 번도 넘게 벼랑
에서 미끄러진다. 어미 오리는 저 새끼를 두고 가 버릴 것처럼 다리
하나를 들고 먼 산을 보고 있다. 다리 난간에 선 사람들 입에서 안타
까워하는 소리들이 터져 나오기 시작한다.

모르는 척하던 어미 오리가 뒤를 돌아본다. 그리고 확신에 찬 표정
으로 다친 아기 오리를 기다린다. 고마리 덤불 근처에서 돌아다니던
아기 오리들도 모두 어미 곁에 모여 섰다. 발을 저는 아기 오리는 다
시 한 번 궁둥이에 힘을 꽉 주고 작은 날개를 활짝 펼쳐 보인다. 눈은
어미 오리만 바라보고 있다. '여길 꼭 올라가 엄마하고 같이 헤엄쳐

나갈 거야!' 아기 오리의 눈빛은 많은 실패에도 낙심한 기색 없이 까맣게 반짝인다. 다시 한 번 더! 바라보는 사람들 마음이 다 똑같았으리라. 모두 숨을 죽이고 침을 꼴깍 삼켰을 때, 아기 오리는 영화 속 한 장면처럼 시멘트 벼랑을 사뿐히 올라섰다! 누군가는 감격에 겨워 손뼉을 친다. 사람들이 감격해하는 동안에도 어미 오리는 엄숙한 표정으로 아기 오리들을 데리고 거친 물길을 건너기도 하고, 눈꺼풀을 지그시 내리고 점점 얕아지기 시작하는 물길을 헤쳐 나가기도 한다. 저녁 해도 살포시 기울었다. 오늘 밤 아기 오리들은 어떤 고마리 덤불 속에서 잠을 자게 될까?

2일 4월부터 핀 애기똥풀 꽃이 여전히 한창이다. 그냥 넘어갈까 하다가 마음을 고쳐먹고 슬슬 그림을 그려 보니 안 보이던 것들이 보인다. 애기똥풀의 예쁜 꽃이. 애기똥풀 하면 상처 낸 부위에서 나오는 노란즙액 - 정말로 엄마 젖만 먹은 갓난아기가 싸는 똥처럼 노란 - 때문에 어른아이 할 것 없이 단박에 기억해 내는 풀이다. 그러나 나에게 애기똥풀은 늘 성가신 잡초였다. 다른 풀들을 모두 덮어 버릴 만큼 기세 좋게 자라나 어디에서나 눈에 띄는 샛노란 꽃으로 꽃밭의 분위기를 확 깬 다음 씨앗을 터뜨릴 무렵부터는 잎과 줄기에 잿빛곰팡이병이 발생하면서 제 수명이 다하고 있음을 알리는 불편한 존재였

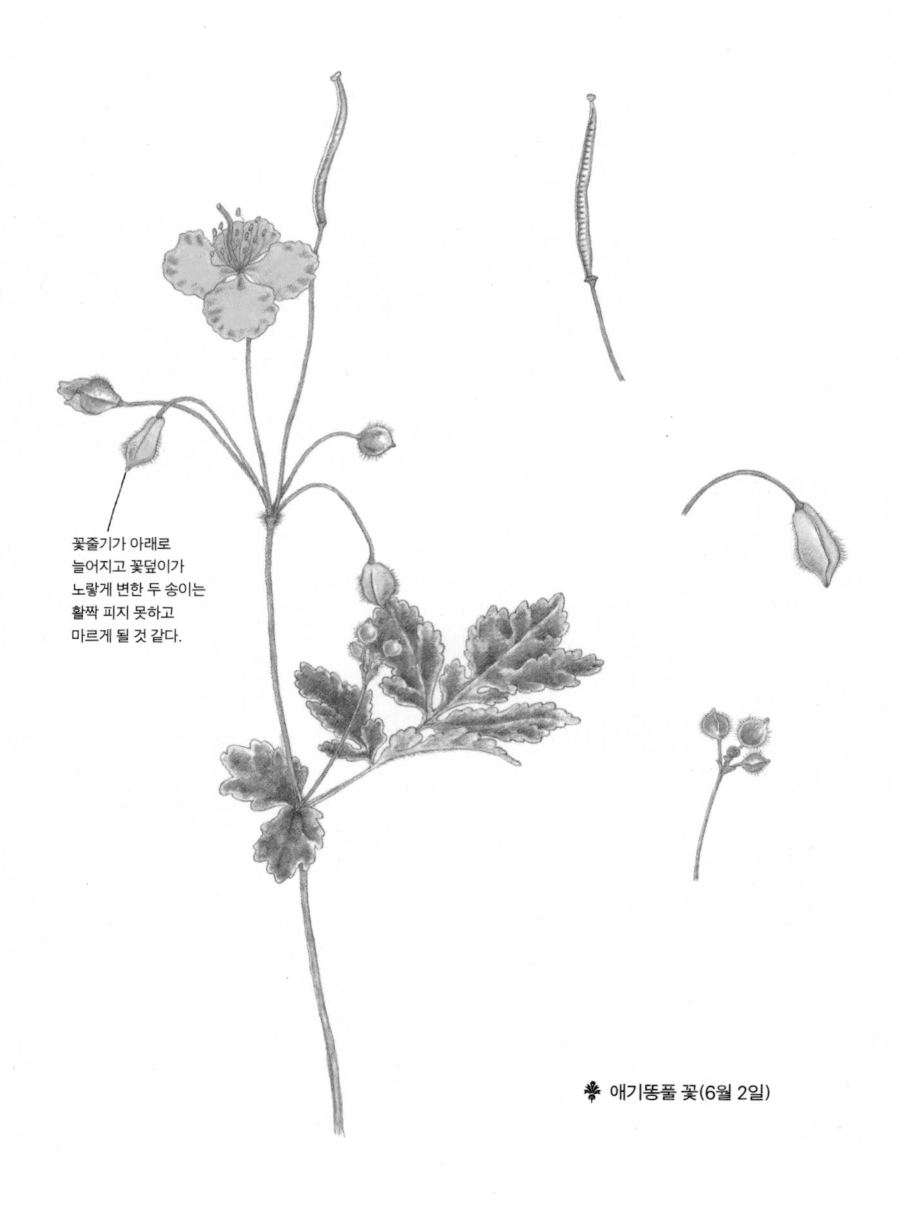

애기똥풀 꽃(6월 2일)

다. 때문에 나는 틈만 나면 애기똥풀을 뽑아내곤 했다. 늘 곁에 두고도 한 번도 눈여겨보지 않았지만 막상 그리다 보니 애기똥풀이 아기만큼이나 예쁘다. 잎사귀도 독특한 매력이 있다. 흐느적거리는 것만 같던 잎맥들은 느긋한 듯 편안하게 이어져 있고, 잎 가장자리의 결각은 겉절이용 배추 잎이나 샐러드용 양상추를 손으로 찢어 놓은 것처럼 생긴 데다 둔한 톱니까지 갖추고 있어 생김생김이 귀엽기까지 하다. 오래전부터 아는 사이였지만 처음으로 인사를 나눈다.

"애기똥풀아, 반가워. 그리고 미안해."

3일 귀룽나무의 열매가 익는다. 아니 벌써? 깜짝 놀라 나무 가까이 다가가 보니 초록 열매들이 주렁주렁 달려 있다. 이건 뭔가? 붉은색인 열매는 건드려도 버티고 있지만 거뭇하게 익은 열매는 슬쩍 건드리기만 해도 툭, 툭 떨어지고 만다. 지금 익는 것들은 낙과(落果)[01]인 듯하다.

4일 조록싸리의 꽃들이 핀다. 꽃잎 맨 윗부분에 있는 꽃잎(기판) 한 장은 붉은 자주색이고, 가운데 부분에 나란히 자리 잡은 두 장의 꽃잎(익판)은 연한 자줏빛이 나는 홍색이고, 아래쪽에 자리 잡은 새

01 완전히 무르익지 못하고 떨어지는 과일. 떨어지는 원인은 여러 가지다.

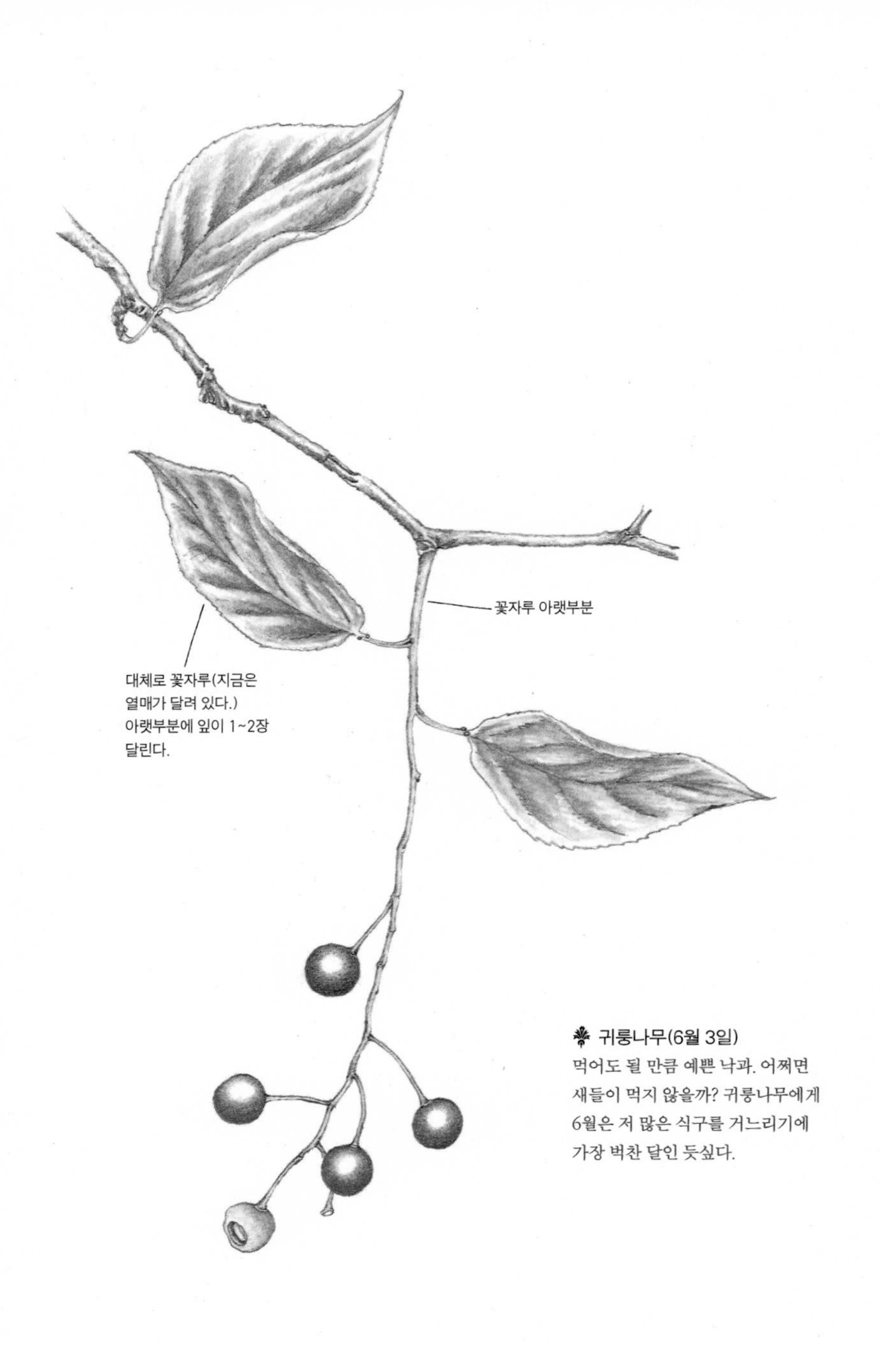

귀룽나무(6월 3일)
먹어도 될 만큼 예쁜 낙과. 어쩌면 새들이 먹지 않을까? 귀룽나무에게 6월은 저 많은 식구를 거느리기에 가장 벅찬 달인 듯싶다.

가슴뼈 모양의 꽃잎(용골판)은 가장 연한 홍색을 띤다. 첫눈에 예쁘다는 느낌이 들진 않지만, 미묘한 색감이 주는 순박한 화려함에 끌려 가까이 다가가면 꽃송이 특유의 풋풋한 향기에 슬며시 빠져들게 된다. 순박하게 울긋불긋한 꽃은 벌의 마음도 사로잡겠지만 이렇게 사람의 마음도 간단히 사로잡고 만다. 우리나라 어디에서나 흔히 자라는 키 작고 순박한 나무. 나는 어린 시절부터 늘 보아 온 이런 나무 곁을 지날 때 더 행복하다.

조록싸리 잎 뒷면(6월 4일)
싸리, 조록싸리, 참싸리, 꽃싸리…….
모든 싸리나무들은 3개의 작은 잎이 모여 잎사귀 하나가 된 삼출엽(三出葉)이다.

5일 풀덤불 속에서 뱀딸기의 빨간 열매들이 보이기 시작한다. 부풀어 오른 발그레한 꽃턱에는 붉은 알갱이들이 예쁘게 붙어 있다. 뱀딸기도 딸기처럼 꽃턱이 부풀어 올라 생긴 헛열매를 가지고 있으며 딸기와 생태 습성이 많이 닮았다. 차고 서늘한 기후를 좋아하는 점, 한겨울에도 영상 5도 안팎이면 초록잎으로 겨울을 나는 점, 너무 커다란 열매는 속이 휑하게 비는 점, 완전히 익은 열매는 꽃받침이 뒤로 확 젖히는 점, 딸기가 깨알 같은 씨를 부풀어 오른 꽃턱에 콕콕 박아 놓았듯 뱀딸기도 빨간 알갱이 같은 씨를 부풀어 오른 꽃턱 위에 붙여 놓았는데 뱀딸기 씨도 딸기 씨처럼 씨 노릇은 잘 못한다는 점 등이다. 이 씨는 씨방이 변한 것인데, 꽃이 수정된 다음 씨방은 커지지 않고 꽃턱만 크게 자라기 때문에 이런 모양을 갖게 되는 것이다. 꽃턱이 어릴 때는 씨방끼리 복닥거리듯 붙어살다가 꽃턱이 점점 부풀어 오르면 여유로운 공간을 확보해 나간다. 퇴화된 씨는 할 일이 아예 없는 것일까. 딸기재배 농가에 물어보면 바로 답이 나오겠다. 딸기나 뱀딸기의 꽃턱이 풍성하게 부풀어 오르려면 씨에서 분비되는 생장호르몬이 필요한데 이 호르몬은 씨가 수분(受粉)[02]되지 않으면 나오지 않는다. 그래서 딸기재배 농가에서는 수분을 위해 하우스 안에 벌통을 들여놓는다. 이 독특한 메커니즘을 가진 씨는 열매의 생

02 종자식물에서 수술의 꽃가루가 암술머리에 옮겨 붙는 일.

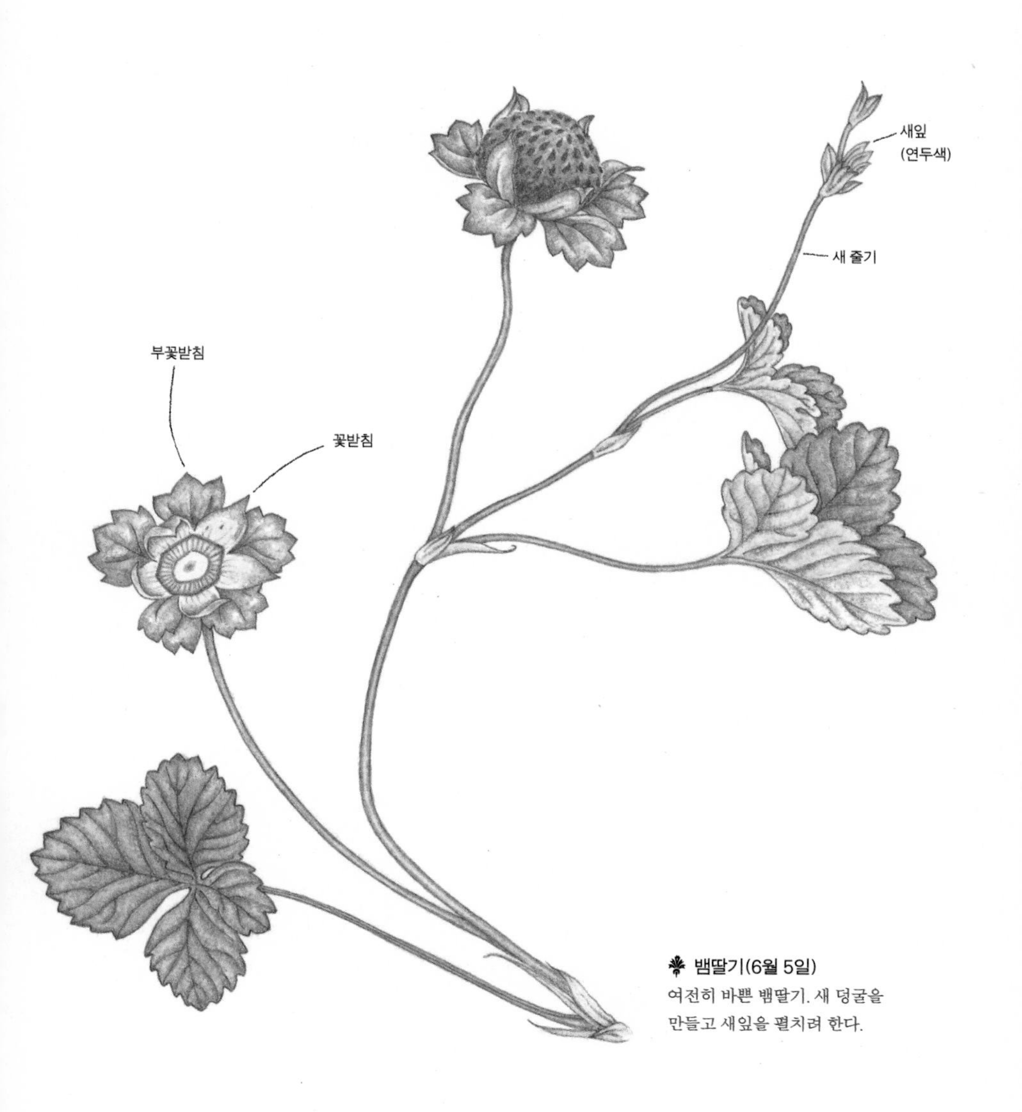

뱀딸기(6월 5일)
여전히 바쁜 뱀딸기. 새 덩굴을
만들고 새잎을 펼치려 한다.

장을 위해서도 소중한 씨앗이지만 보기에도 좋다. 이 귀여운 씨들이 없다면 딸기 열매를 보고 군침을 삼키는 사람이 확 줄지도 모른다. 뱀딸기 열매도 마찬가지다. 이름은 좀 그렇지만, 귀여운 빨강 알갱이가 예쁘게 붙은 동그란 열매는 누구나 한 번쯤 만져 보고 싶게 생겼다. 빨강 알갱이가 붙지 않고 붉게 부풀어 오른 꽃턱이었다면 당장 '비호감'으로 다가올 것이다. 그리기 좋은 모양새의 모델을 찾느라 풀숲을 뒤지니, 벌써 누군가가 손을 댄 흔적이 있다. 따 먹어 본 사람은 알 것이다. 열매가 입 안에서 으깨어지는 순간 흩어지는 뱀딸기 특유의 향기를. 아마도 찰나에 사라지는 그 향기에 매료된 누군가가 열심히 뱀딸기를 따 먹고 있는지도 모른다.

야생 과일을 따 먹는 일은 아마도 수렵, 어로, 채취가 시작되던 원시 시대에 인간이 가장 손쉽게 자연물을 손에 넣는 행위였을 터이고 지금도 이어져 온다. 특히 이런 풀덤불 속에서 간단히 딸 수 있는 달콤한 열매라면 관심과 기대를 한 몸에 받았을 테니 야생 딸기가 사람 손에 길들여지는 일은 무척 쉬웠을 것이다. 그러나 뱀딸기는 여전히 야생 딸기로만 남아 있다. 옛날엔 뱀딸기를 따 먹는 아이들이 많았는데 이제 뱀딸기를 따 먹는 사람은 거의 없다. 나도 따 먹지 않는다. 어쩌면 뱀딸기는 잊혀져 가는 야생 과일쯤 되겠다.

6일 아침 햇살이 숲에 퍼지기 시작하자 국수나무 꽃잎이 분홍으로 물들고 조록싸리 꽃들은 꽃구름처럼 몽실거리며 빛나는데 벌들이 윙윙대며 꽃구름 속을 드나든다. 소박한 두 나무가 아침 햇살에 이렇게 눈부시게 빛나다니! 아, 혼자 보기엔 참 아깝다.

7일 몸집이 제법 큰 새 두 마리가 개울가에서 마른 나뭇가지를 각각 하나씩 입에 물고는 날아오른다. 한 마리가 공중에서 나뭇가지를 놓친다. 내가 '놓쳤다!' 생각하는 순간, 새는 떨어지는 나뭇가지를 재빨리 낚아채 물고는 큰 나무 가지 속으로 빠르게 사라진다. 신기하고도 재미있어, 새가 사라진 큰 나무 가지만 물끄러미 바라보는 사이, 새벽 어스름이 가시기 시작한다.

8일 밤처럼 어두운 날이 하루 종일 이어지는데 어미 오리가 애가 타는 듯 구슬픈 소리로 울어 댄다. 무슨 일일까?

9일 애기똥풀 열매가 벌써 익어 간다. 껍질이 말리면서 열리는 순간, 눈동자처럼 새까만 씨앗들이 튕겨 나간다. 세상 밖으로 막 튀어나온 씨앗은 희고 풍성한 엘라이오솜(elaiosome)[03]을 달고 있다.

03 제비꽃, 깽깽이풀, 족두리풀 등의 씨앗에 붙어 있는 흰 알갱이. 지방산이 많이 들어 있으며 개미가 좋아한다.

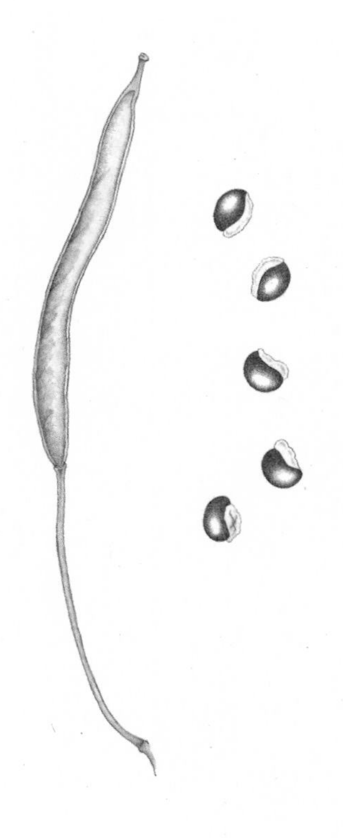

✤ 애기똥풀 열매와 씨(6월 9일)
꽃도 많이 피워 내고 열매도 튼실하다. 게다가 통통한 씨들은 사방으로 잘도 퍼져 나가 아무 자리에서나 싹이 터 자란다. 무슨 욕심이 저리 많을까 싶지만 가뭄이 들면 가장 먼저 말라 죽는 풀 중 하나가 애기똥풀이다. 상처 난 땅 어디나 가리지 않고 곱게 덮어 주는 걸 모르고 지내다가 가뭄 들면 그 고마움을 알게 된다.

저걸 발견한 개미들은 한참 즐거운 시간을 갖겠지. 귀하고 맛있는 먹이가 매일매일 쏟아질 테니.

11일 비 내리는 컴컴한 아침, 몰라보게 커진 노린재나무 열매를 본다. 타원 모양의 연두색 풋열매는 한쪽이 볼록하게 튀어나오고 꽃받침이 그대로 남아 있는데 아주 귀엽게 생겼다. 이 귀여운 열매는 비를 즐기는 것처럼 보인다.

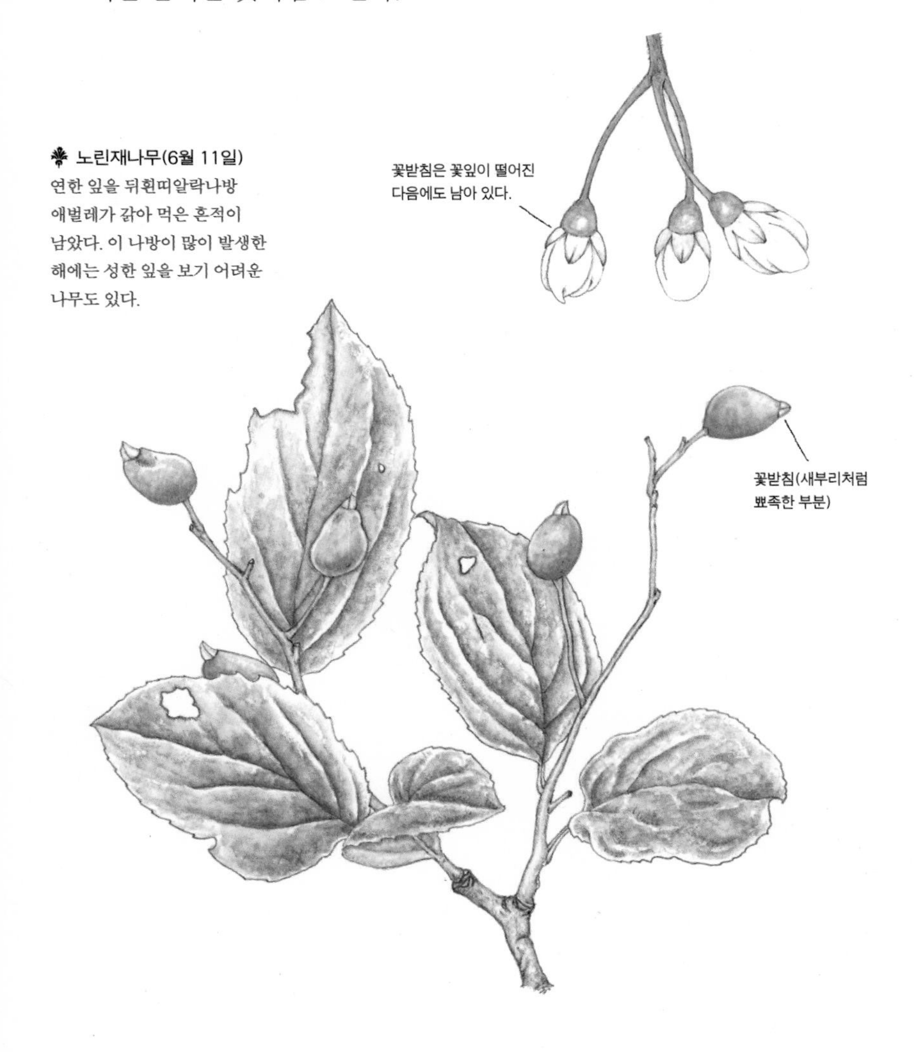

노린재나무(6월 11일)
연한 잎을 뒤흰띠알락나방 애벌레가 갉아 먹은 흔적이 남았다. 이 나방이 많이 발생한 해에는 성한 잎을 보기 어려운 나무도 있다.

12일 노루발의 꽃이 피기 시작한다. 나는 늘 한 송이, 한 마리, 한 사람만 찍어 댈 만큼 '하나'를 좋아하는데, 길가에서 둘이 나란히 올라오던 노루발을 본 뒤 '노루발은 꽃줄기 2개가 올라올 때 가장 예쁘

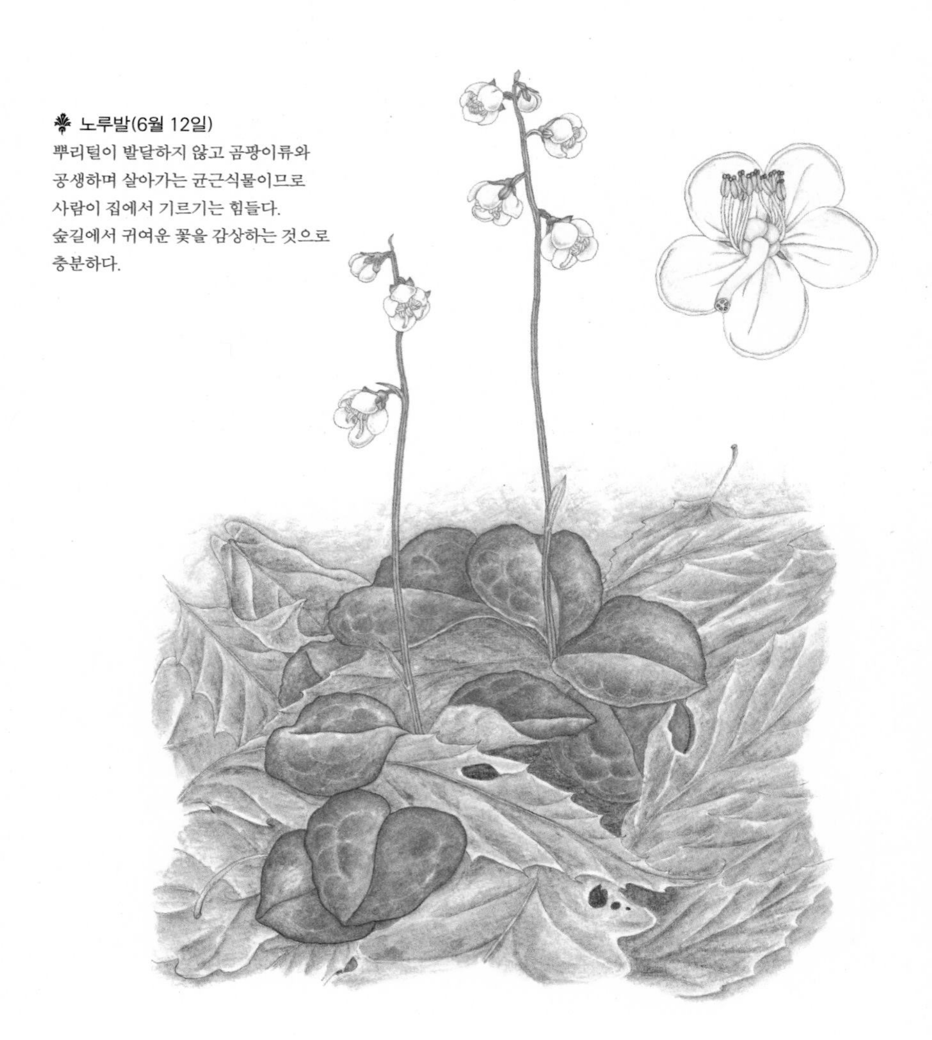

노루발(6월 12일)
뿌리털이 발달하지 않고 곰팡이류와 공생하며 살아가는 균근식물이므로 사람이 집에서 기르기는 힘들다. 숲길에서 귀여운 꽃을 감상하는 것으로 충분하다.

지 않나' 하는 생각을 한다. 그래서 꽃줄기 2개를 찾아 헤맨다. 젖은 낙엽 위를 걸으니 터벅터벅 소리가 커다랗게 울려 퍼진다. 마음에 드는 꽃줄기 2개를 찾지는 못했으나 그래도 나란히 있는 둘을 보니 반갑다. 노루발 앞에 편하게 앉는다.

13일 야생벚나무의 열매가 익기 시작한다. 어떤 나무 열매는 좀 더 둥글고 어떤 나무 열매는 좀 더 갸름하다. 어쨌든 모두 까맣게 익는다. 아직은 까만 열매보다 빨간 열매가 더 많아서 벚나무에 꽃이 한

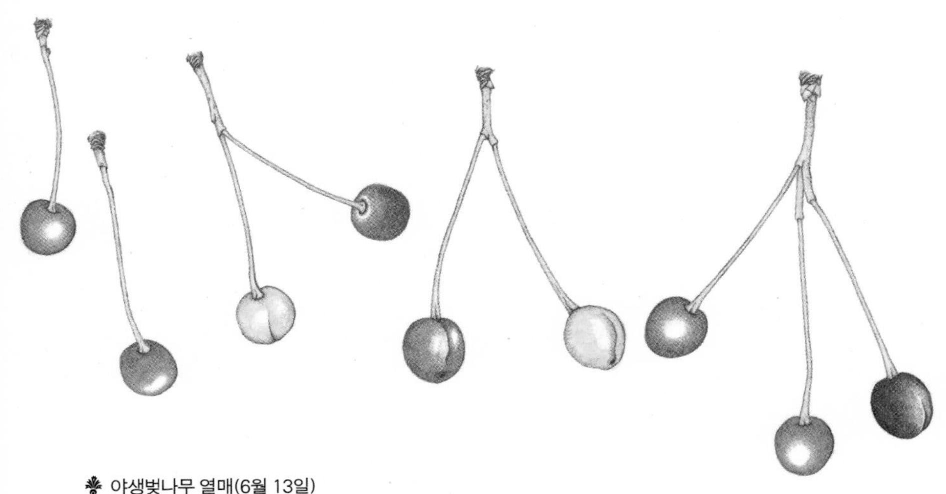

야생벚나무 열매(6월 13일)
곧 산새들의 맛있는 한 끼가 되고, 15년쯤 뒤에는 숲을 꽃대궐로 바꿔 줄 화사한 벚나무가 될 것이다.

번 더 핀 것 같다. 장미과의 벚나무속 식물[04]들은 꽃과 열매가 모두 매력이 넘친다. 이 숲의 야생벚나무가 맺는 열매처럼 둥글고, 윤기 나는 겉껍질과 달콤한 과육이 있고, 그 달콤함의 맨 마지막에 단단한 씨를 숨기고 있다.

18일 작살나무의 꽃이 잎사귀 뒤에 숨은 듯 피기 시작한다. 이제 막 꽃이 피기 시작하는데 줄기 끝과 잎겨드랑이에는 벌써 겨울눈을 만들어 놓았다. 부지런하기도 하지. 줄기 맨 끝에 있는 잎 한 장은 잎 끝이 둘로 갈라졌다. 이형엽[05]이라고 불리는 이런 잎은 이 숲에서는 개울가 나무들에게서 많이 보인다. 대개 햇빛을 따라 개울 쪽으로 뻗어 나간 가지에 많다. 작살나무 외에도 노린재나무, 개암나무, 좀깨잎나무, 생강나무에서도 이형엽을 보았다. 작살나무와 좀깨잎나무, 생강나무의 잎은 그려 둔 스케치도 있고 판화로 찍어 놓은 것도 있지만 노린재나무와 개암나무의 잎은 바쁘다는 핑계로 잎사귀들의 다양한 변주를 제대로 즐기지 못하고 그냥 넘기고 말았다. 자료로 정리해 두면 재미있었을 텐데……. 숲에 가기 어려운 사람들은 튤립나무

04 벚나무속 식물들은 자두나무, 매실나무, 벚나무, 복사나무, 귀룽나무, 앵두나무, 이스라지 등이 있다. 열매는 거의 대부분 그냥 먹거나 가공하여 먹을 수 있다.

05 나무의 나이, 사는 장소, 영양 상태 등에 따라 모양이 달라지는 잎.

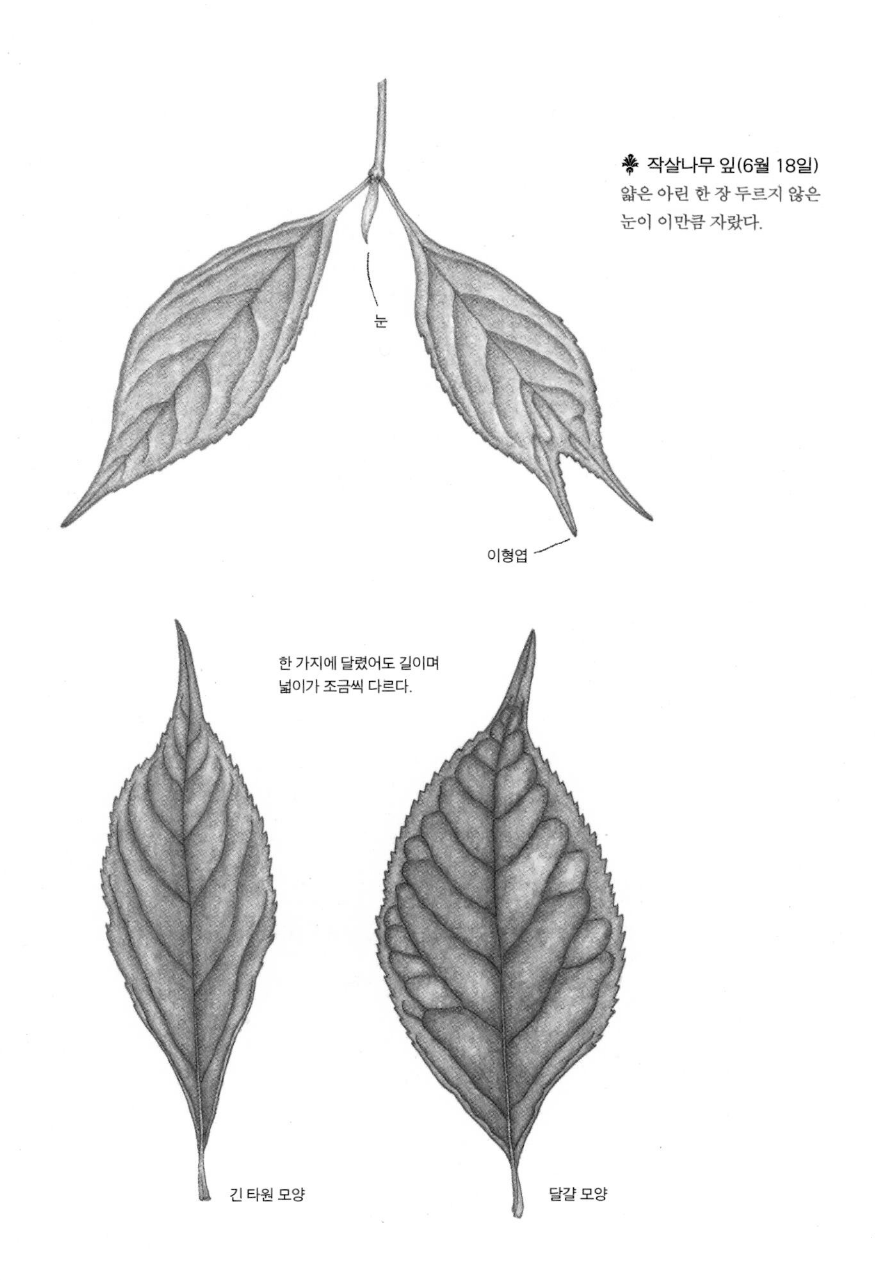

작살나무 잎(6월 18일)
얇은 아린 한 장 두르지 않은
눈이 이만큼 자랐다.

잎사귀를 살펴보면 되겠다. 튤립나무는 도심 곳곳에 심겨져 있고 이 형엽을 아주 많이 다는 나무니까.

19일 줄딸기의 열매가 익고 있는 것 같긴 한데 제대로 익은 것이 보이지 않는다. 누군가가 열심히 따 먹은 흔적만 있을 뿐. 익은 열매를 살펴보려면 꼭두새벽에 일어나 줄딸기 덤불 곁에 돗자리를 펴고 앉아 있어야 하려나 보다. 아쉬움을 달래며 덜 익은 열매 하나를 들여다본다. 산과 들에서 볼 수 있는 야생 딸기들은 모두 작은 열매들이 많이 모여 하나의 둥근 열매 모양을 만드는데 이런 열매를 집합과(集合果)[06]라고 부른다. 예전에 한번은 상태가 아주 좋은 멍석딸기와 줄딸기, 복분자딸기의 열매를 분리해 본 적이 있다. 핀셋으로 하나하나 살금살금 떼어 내 종이에 펼쳐 놓아 본 적이 있다. 탱글탱글하고 윤기 나는 작은 알갱이들이 얼마나 귀엽던지! 멍석딸기의 작은 열매들은 정말 마음에 들어 따로 표본을 만든 기억이 난다. 이렇게 잘 익은 야생 딸기 열매에서는 노린재 냄새가 곧잘 난다. 노린재는 늘 잘 익은 열매 곁을 어슬렁거리기 때문이다.

06 여러 개의 심피로 이루어진 꽃의 암술들이 한데 모여 자란 열매. 하나의 열매처럼 보인다. 오디, 딸기, 무화과, 파인애플 등이 있다.

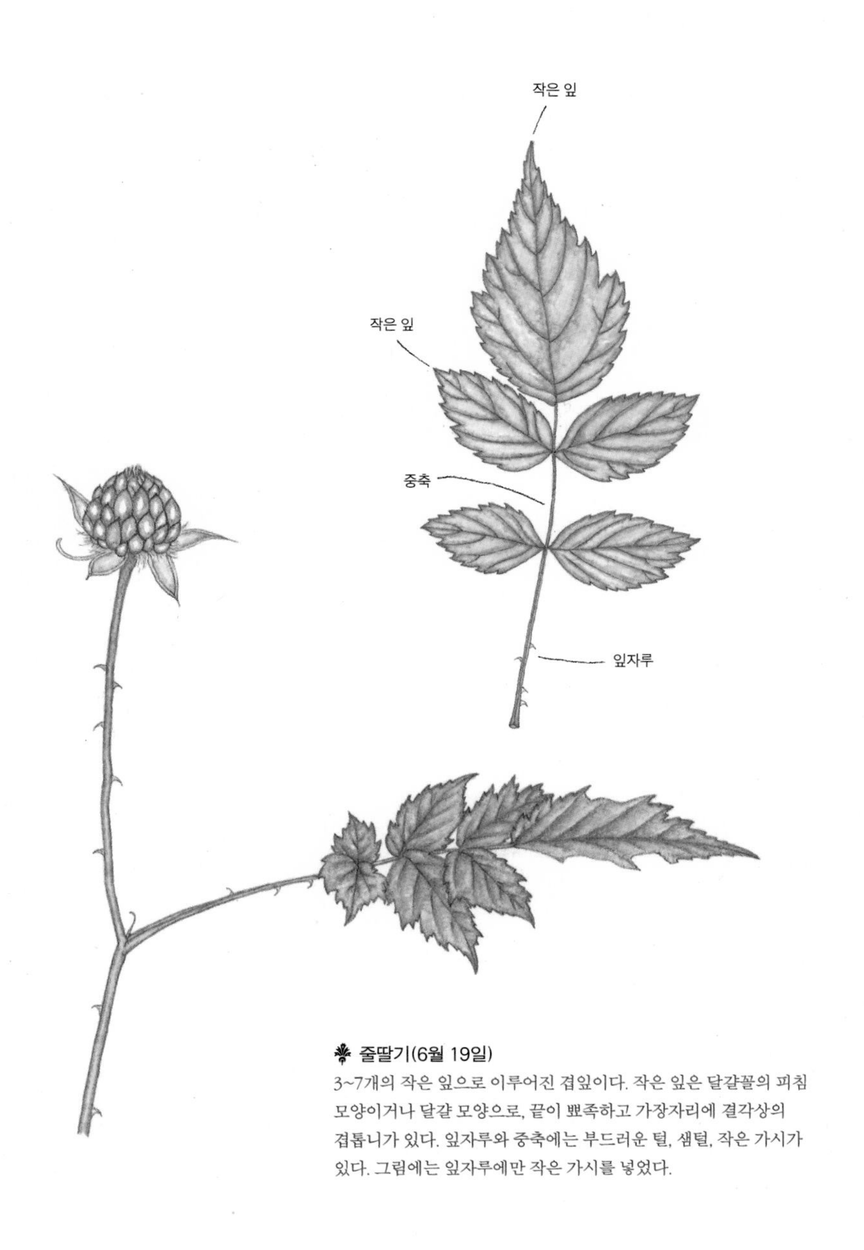

줄딸기(6월 19일)

3~7개의 작은 잎으로 이루어진 겹잎이다. 작은 잎은 달걀꼴의 피침 모양이거나 달걀 모양으로, 끝이 뾰족하고 가장자리에 결각상의 겹톱니가 있다. 잎자루와 중축에는 부드러운 털, 샘털, 작은 가시가 있다. 그림에는 잎자루에만 작은 가시를 넣었다.

20일 아침 6시 30분쯤부터 오리들이 개울가 숲 속에서 큰 소리로 울기 시작했다. 새끼들이 나지막하게 괘액괘액 합창을 하면 가끔씩 어미 오리가 커다란 목청으로 꽤액꽤액 추임새를 넣는다. 언제 이곳 숲 속으로 왔을까? 어린것들이 이제 날갯짓을 조금이라도 하려나? 밤새 저 철없는 어린것들을 끌고 올라왔을 어미 오리가 안쓰럽기도 하고 대견하기도 하다. 발을 절던 새끼는 어떻게 되었을까. 부디 잘 자라서 괘액괘액 하는 저 합창 속에서 크게 한몫하고 있길 바라며, 천천히 아침 길을 걷는다.

21일 폭우다. 터져 나오듯 쏟아지는 개울물이 커다란 바윗덩어리들을 모두 쓸어 덮고 개울가 가장자리의 풀이며 어린 나무들까지 쓸어 내린다. 주룩주룩 내리는 빗소리를 들으며, 숲 속에서 합창하던 오리 떼들을 떠올린다.

24일 늙은 야생벚나무 한 그루가 쓰러졌다. 다람쥐들이 바쁘게 돌아다닌다. 전에 개암나무 가지에 묶어 둔 노랑쐐기나방의 알껍질이 두 쪽으로 갈라졌다. 반쯤 삭은 무명실은 걷어 낼 필요도 없다. 알 속을 가만 들여다보니 죽은 듯 보이는 무언가가 있다. 꺼내 보니 날개며 발이 벌처럼 보이는 구겨지고 얇은 누런 곤충이다. 껍질은 알 속

✤ 노랑쐐기나방(6월 24일)

에 든 생명이 죽었든 살았든 상관없이 때가 되면 이렇게 뚜껑이 열리나 보다.

25일 철쭉의 꽃눈이 벌써 통통하게 자라나 내년 봄을 기다리고 있다. 맵시 있게 펼쳐지던 연녹색 잎은 벌써 진한 초록색이 되었고 잎맥과 잎 표면의 털 위에 검은 먼지가 내려앉아 있다. 이 숲을 수놓던 진달래과 3인방의 잎이 어떻게 변했나 살펴본다. 진달래, 철쭉, 산철쭉 모두 먼지가 거뭇거뭇하게 내려앉은 거칠고 뻣뻣한 잎들만 무성하다.

29일 숲에 제대로 된 여름 더위가 찾아왔다. '카메라를 가지고 다닐까 말까.' '물건을 조금 더 줄여야 하지 않을까, 줄인다면 무얼 빼야 할까?' '좀 쉬었다 걸을까?' 이런 생각만 하며 길을 걸었다.

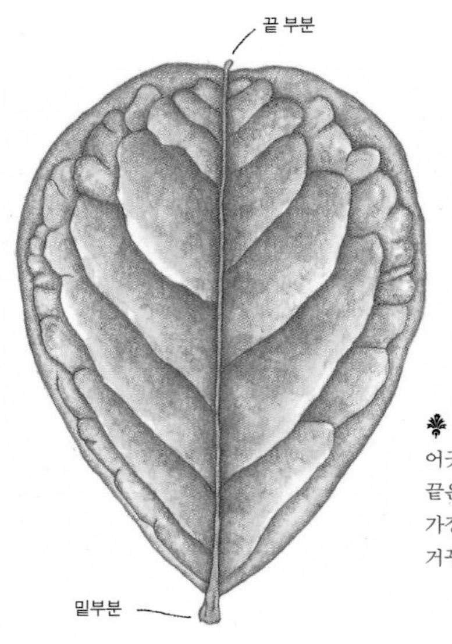

철쭉(6월 25일)
어긋나지만 가지 끝에서는 모여난다. 끝은 둥글고 밑부분은 쐐기 모양이며 잎 가장자리가 밋밋한 것이 마치 달걀을 거꾸로 세워 놓은 듯한 모양이다.

산철쭉(6월 25일)
어긋나지만 가지 끝에서는 모여난다. 앞면에는 반짝이는 갈색 털이 드문드문 돋아 있고 뒷면에는 좀 많다. 잎자루에도 털이 있다.

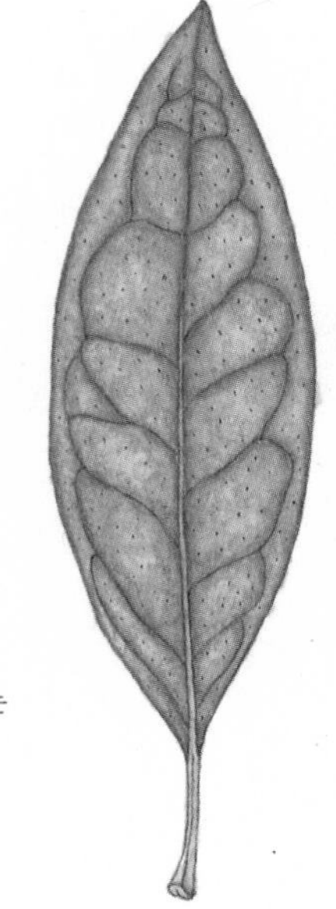

진달래(6월 25일)
어긋난다. 점처럼 보이는 인모는 어린잎일 때는 뚜렷하고 연한 노란색이지만 잎이 자라면서 하얘지고 점점 흐려진다. 잎자루에도 조금 있다.

30일 조록싸리의 새잎은 고운 다홍으로, 오리나무의 새잎은 어두운 붉은색으로 펼쳐진다. 한여름에 돋는 잎들은 사람들처럼 자외선이 두려운가 보다. 여름의 새잎에 자외선 차단용 색깔을 입혀 발그레하게 물든 조록싸리의 새잎을 보며 슬며시 웃는다. 식물전용 자외선 차단제의 성분은 바로 '안토시아닌'. 사람이 쓰는 자외선 차단제에 비하면 참 편리하고 예쁜 데다 완벽한 친환경제품이다.

조록싸리(6월 30일)
여름 숲이 끊임없이 변한다고 이야기하듯 줄기를 길게 뻗어 내고 다홍색 잎을 내보인다. 잎은 자라면서 녹색이 된다.

1일 비와 함께 7월이 시작되었다.

4일 누리장나무의 꽃봉오리가 벌써 커져서, 스쳐 걷기만 해도 눈에 띈다. 파리풀의 꽃줄기가 길 가장자리 풀덤불 속에서 길게 올라오기 시작한다. 벌써 꽃이 핀 것도 있다.

6일 비가 자주 내려 따끈하면서도 선선한 날씨가 이어졌다. 내일쯤은 비가 그칠 것도 같다. 하늘 한 귀퉁이가 조금 맑아지려 한다.

7일 모처럼 나온 햇빛을 즐기느라 잠자리와 나비들은 나뭇잎이며 바위, 나무 울타리 따위에 붙어 꼼짝도 하지 않는다.

숲을 찾는 사람들이 쌓은 작은 돌무더기 속에서 마의 새싹이 쑥 올라왔다. 돌멩이 2개를 살짝 들어 올리니 뿌리가 드러난다. 지난 가을 잎겨드랑이에서 생긴 구슬눈이 돌무더기 속으로 들어갔나 보다. 어린 마는 덩굴식물 특유의 유연함을 자랑하듯 아주 맵시 있는 자태를 뽐낸다. 마의 매력은 단순미가 돋보이는 매끄러운 질감의 잎, 그리고 날개 3개가 달린 열매에 있다. 그림 속의 마는 아직 어려서 잎의 매력이 완전히 드러나지 않아, 덩굴식물 특유의 억척스러움은 아직 보이지 않는다. 『파브르 식물기』에 등장하는 어린 덩굴처럼 여리고 착한 모습으로 서 있을 뿐이다. 그러나 곧 곁에 있는 어린 굴참나무를 휘감게 되겠지.

덩굴식물들은 갖가지 방법으로 곁에 있는 물체를 감아 올라가거나 기어 올라간다. 환삼덩굴, 며느리밑씻개처럼 가시를 이용하거나, 뱀딸기처럼 기는줄기에서 뿌리를 내리거나, 담쟁이처럼 부착근[07]을 쓰거나, 바위수국처럼 공기뿌리를 써서 세력을 넓히거나, 마처럼 매끈한 줄기를 칭칭 감아올리기도 한다. 감아올리는 덩굴들은 감는 방향에서 어떤 것들은 오른쪽으로 어떤 것들은 왼쪽으로 감아 올라간다. 마는 어느 쪽일까? 크게 자란 마의 줄기를 보니 왼쪽감기를 하고

07 덩굴식물의 줄기에서 생겨나는 뿌리로 다른 물체에 붙는 성질이 있다.

마(7월 7일)

있다. 덩굴식물들의 뚜렷한 소신은 갈등(葛藤)[08]이라는 기막힌 단어를 탄생시키기도 했다.

잠자리와 나비처럼 햇볕에 등을 지글지글 구우며 어린 마 앞에 앉아 이런저런 생각을 하는 동안, 다람쥐 세 마리가 발부리 곁을 바쁘게 달려 지나간다.

8일 오늘도 다람쥐들이 발부리에 채일 만큼 바쁘게 돌아다닌다. 오리들은 숲 속에서 목청껏 울어 댄다. 아주 큰비가 오려나 보다.

9일 비가 어마어마하게 쏟아졌다. 어릴 때 깔깔깔 웃으며 보던 만화 『요철 발명왕』에 등장하는 도깨비들이 구름 위에서 물을 퍼부어 대듯 그렇게 쏟아졌다. 개울은 천둥소리를 내며 누런 물을 토해 내고, 마을은 비와 개울물이 쏟아지며 만들어 낸 푸릇한 물안개에 젖기 시작했다. 오후가 되면서 물안개는 앞이 보이지 않을 만큼 두터워지고 진한 회색이 감돌기 시작하더니 마을을 수중 도시처럼 만들고 만다. 이것은 골짜기가 깊은 산 아래 사는 이만이 누리는 특별한 분위기이리라. 문득 드뷔시(Debussy)의 곡 「가라앉은 사원」이 생각났다. 생각

08 칡과 등나무. 왼쪽으로만 감아 대는 칡(갈)과 오른쪽으로만 감아 대는 등나무(등)가 서로 복잡하게 얽히는 것처럼 개인이나 집단 사이에 의지나 처지, 이해 관계가 달라 서로 적대시하거나 충돌을 일으킴을 이르는 말.

난 김에 들어야겠다. 이 역시 골짜기가 깊은 산 아래 사는 사람만이 누리는 특별한 행복이겠지.

10일 숲은 아직 검은 구름에 갇혀 있지만 개울의 흙탕물은 맑은 옥색이 되었다. 길은 토양 유실이 무엇인지 알려 주듯 거칠게 파였다. 내가 즐겨 딛던 징검다리는 세찬 물길 아래서 겨우 모양만 보일 뿐이고, 큰 바위들은 너무 깨끗하게 씻겨져 처음 와 본 곳처럼 낯설기까지 하다.

12일 오후 늦게 겨우 비가 그쳤다. 그러나 곧 세찬 바람이 몰려왔다.

13일 누리장나무 꽃들이 피기 시작한다. 참 예쁘기도 하다. 그래서 땀을 닦으며 쉴 때도 누리장나무 곁에 가서 앉는다.

15일 아까시나무 두 그루가 쓰러져 길을 막고 있다. 아까시나무는 쓰러지면서 물참나무와 굴참나무의 굵은 가지들을 함께 부러뜨렸다. 물참나무와 굴참나무의 어린 열매들을 그리려 잔가지들을 꺾으니 톡, 톡 잘 부러진다. 아, 그러고 보니 한 번도 참나무 가지를 꺾어 본 적이 없다. 숲길에는 늘 참나무 가지가 떨어져 있었으니까. 이

누리장나무 꽃(7월 13일)

수술이 먼저 성숙하는 누리장나무의 꽃. 내일 아침 느지막이 숲에 가면 구부러진 암술대가 위로 들려진 것을 볼 수 있다. 사흘째 되는 날 수술의 꽃밥은 갈색으로 변하고 아래쪽으로 말린 채 시들어 간다. 암술과 수술이 서로 다른 시간을 갖고 성숙하는 것은 양성화(암술과 수술을 모두 갖춘꽃)에서 볼 수 있다.

누리장나무 잎(7월 13일)

렇게 톡 톡 잘 부러지니 야생벚나무에 꽃 필 무렵부터 단풍잎이 질 때까지 숲길에는 늘 참나무 가지들이 넉넉하게 떨어져 있었구나. 개울물이 넘쳐서 늘 다니던 길이 막히는 바람에, 평소엔 그냥 가벼이 지나치던 안내문을 찬찬히 읽어 본다. 안내문에는 내가 걷는 숲의 변천사를 이렇게 기록해 놓았다.

숲의 과거 현재 미래

- 인간 훼손 및 복원 노력, 자연 천이에 의한 변화

① 일제 시대 벌채와 한국 전쟁으로 산림 훼손

② 홍수와 산사태 발생

③ 70년대 완경사지 중심으로 아까시나무를 활용한 사방사업 실시

④ 방치된 급경사지에 소나무, 참나무 등 2차 식생 발달

⑤ 아까시나무림 하층에 참나무류가 우점하여 종간 경쟁 상태(현재)

⑥ 아까시나무림 쇠퇴 후 자연 식생으로 복원(미래)

해마다 여름이면 아까시나무들이 사방에서 쓰러진다. 병든 아까시나무 곁에 살던 운 나쁜 어린 참나무와 굵은 참나무도 쓰러지는 아까시나무의 무게에 못 이겨 함께 쓰러져 엉킨다.

'나무도 나무도 나이를 먹는다. 아무도 모르는 동그란 나이' 어릴

적 이런 노랠 불렀다. '어떻게 나이를 동그랗게 먹을 수 있지?' 동그란 나이라는 말이 너무 신기해서 소나무를 베는 겨울날 산에 가서 뚫어져라 그루터기를 들여다본 적이 있었는데…….

아까시나무는 동그란 나이 속에 깊은 병을 숨기고 있었나 보다. 길가에 길게 쓰러져 누운 아까시나무 아래를 기어서 숲길 위로 올라갔다가 기어서 아래로 내려온다. 내일쯤이면 아까시나무는 톱으로 잘리게 될 것이다. 나무의 단면을 보면 병반은 형성층과 체관부와 코르크층까지 퍼져 있어 어떻게 버틸 수 있었나 싶은 생각이 든다. 심한 것은 외수피(껍질)에까지 병징이 드러나 있다. 길을 걸으며 생각한다.

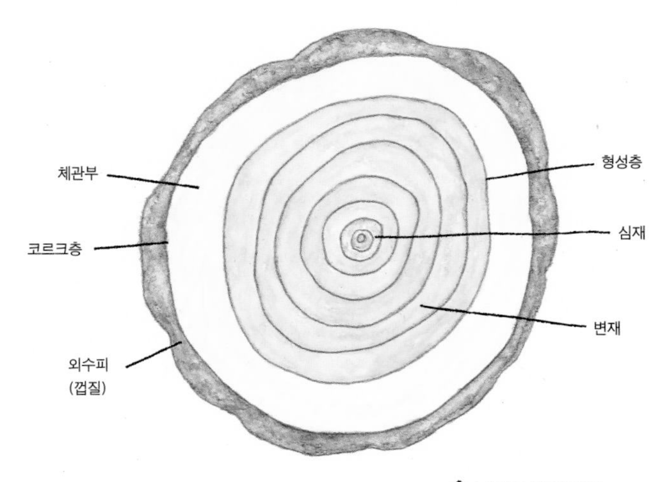

나무의 줄기 구조

숲은 지금 ⑤와 ⑥사이의 모호한 경계에 놓여 있는 게 아닐까. 엄연히 지금 여기에 존재하지만, 아직 도착하지 않은 미래 사이에 놓인 상태라고나 할까. 현재 속에서 미래를 경험하는 영화 속 주인공 기분이 잠깐 들기도 한다.

16일 비바람을 견뎌 낸 나무와 풀들이 숨을 고르고 있다. 가느다랗게 내리는 빗줄기 속에서 숲은 지금 너무 고요하다. 어제까지의 혼란은 모두 숲바닥에 잠겨 버렸고, 개울만이 그동안의 혼란을 설명하듯 크고 거친 소리를 내며 넘쳐흐른다.

17일 장대여뀌가 튼실하게 잘 자랐다. 빗물에 젖은 잎들이 지친 듯 늘어져 있지만 곧 꽃줄기를 올리겠다.

18일 국수나무가 다치고 쓰러지고 찢어지고, 큰 나무 아래 사느라 햇빛도 잘 못 봐 어떤 잎들은 누렇게 뜨기도 했지만 그래도 줄기 끝에서 깨끗한 새잎을 쑥쑥 내민다.

19일 석달 가뭄은 견뎌도 열흘 장마는 못 견딘다더니 오늘 잠깐 맑은 하늘이 보이자 발길이 절로 숲으로 향한다. 비 오듯 흐르는 땀을 연신 훔쳐 내며 천천히 길을 걷는다. 길은 움푹움푹 파이고 물이 흘러내려 질펵거리는 데다 부러진 참나무 가지와 잎들이 그득 쌓여 있다. 팥배나무 가지, 야생벚나무 가지들도 이리저리 섞여 있다. 유

국수나무(7월 18일)
잎 가장자리의 결각상 겹톱니가 조금 부드러워 보이는 줄기를 골랐다. 국수나무 잎의 결각은 변화무쌍하다. 국수나무 잎만 따로 모아 정리해도 재미있을 것 같다.

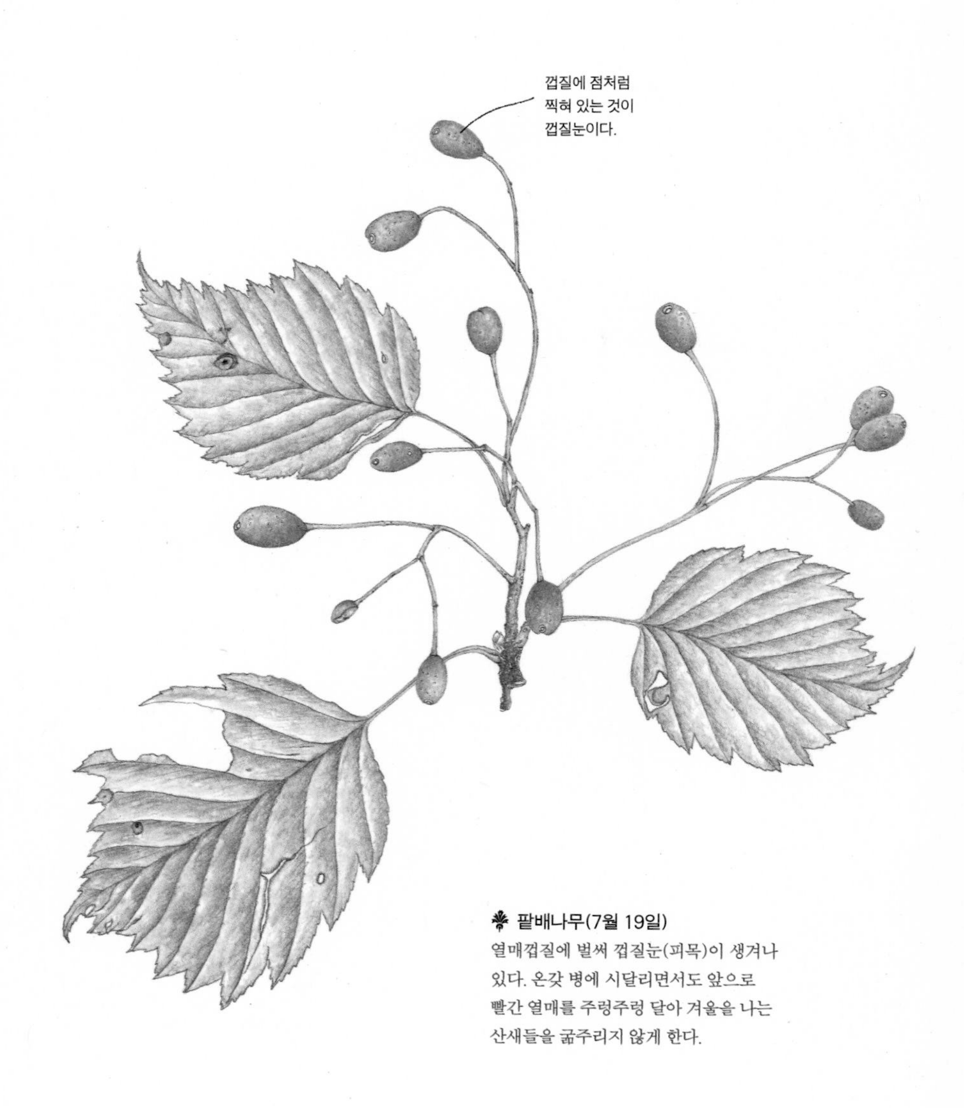

팥배나무(7월 19일)
열매껍질에 벌써 껍질눈(피목)이 생겨나 있다. 온갖 병에 시달리면서도 앞으로 빨간 열매를 주렁주렁 달아 겨울을 나는 산새들을 굶주리지 않게 한다.

심히 보니 팥배나무 가지가 여러 가지 병에 가장 많이 걸렸다. 걷는 내내 날파리 떼가 몰려와 잠시의 틈도 주지 않고 사방에서 공격한다. 제법 오래된 산초나무 한 그루도 쓰러졌다.

20일 누군가가 사초의 잎을 가지런히 모아 머리처럼 따 놓았다. 머리카락 같은 잎을 세 모숨으로 갈라 가지런하게 매만져 느슨하게 땋은 것이 그냥 첫눈에 보기에 사초에게도 큰 부담은 아닌 듯싶다. 누군지 모르지만 머리 땋기의 고수인 듯하다. 학교 가는 딸아이의 가늘고 고운 머리칼을 맵시 나게 매만지던 마음으로 땋아 내렸을까. 청서는 이 잎으로 보금자리를 꾸미고, 어떤 사람은 머리카락처럼 땋고, 이걸 본 나는 땋은 사초 잎에 카메라를 들이댄다. 이 식물은 이름이 뭘까. 생김새가 단순하고 깔끔한 데다, 사는 자리며 살아가는 모습도 단순하고 깔끔해서 보기 좋다. 하지만 구별짓기가 쉽지 않아(사초과 식물들은 대체로 다들 비슷하게 생겼다. 자료를 찾기도 좀 벅차고 이 방면의 고수를 만나기도 어렵다.) 아쉽게도 아직 이름을 알아내진 못했다. 그러나 대한민국 어디에서나 만날 수 있는 반갑고 정겨운 풀.

21일 떨어진 나뭇잎들이 거무죽죽하게 변해 가며 길바닥에 어지럽게 널려 있다가 사람들의 발에 밟혀서 갈색 즙액을 내보낸다. 갈색

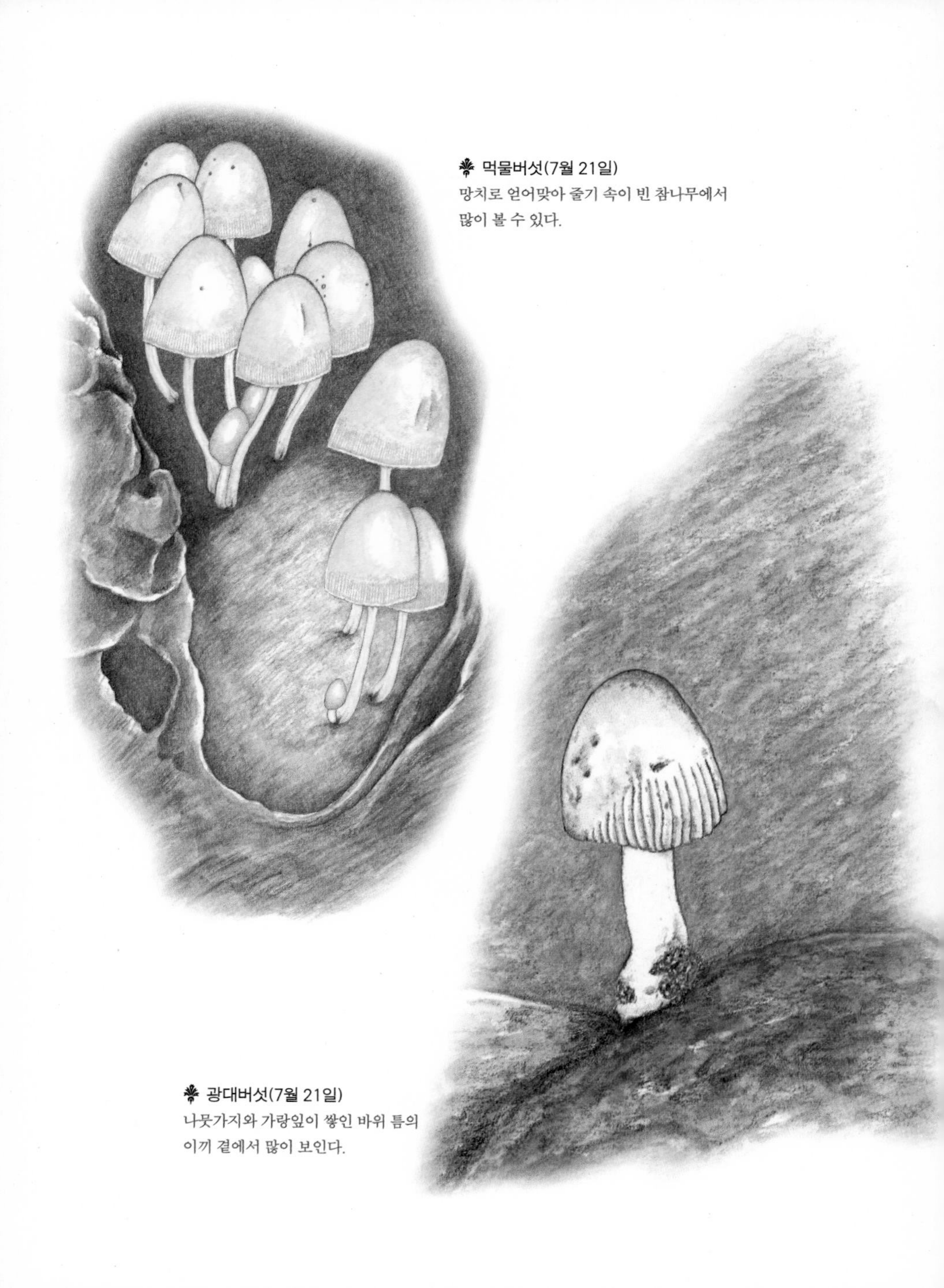

먹물버섯(7월 21일)
망치로 얻어맞아 줄기 속이 빈 참나무에서
많이 볼 수 있다.
광대버섯(7월 21일)
나뭇가지와 가랑잎이 쌓인 바위 틈의
이끼 곁에서 많이 보인다.

물이 모여 작은 도랑을 이루듯 흘러가거나 고여 질퍽거린다. 어지러움이 이제 조금 가신 듯한 숲 여기저기에서 버섯들이 피어나기 시작한다. 버섯은 대체로 수수하며 귀엽게 생겼지만 어떤 버섯은 놀랍도록 예뻐서 '저 바위 곁을 내가 늘 지나쳤던 게 맞나?' 하는 생각이 들게 한다. 참나무 구멍 속에서 갓 피어난 먹물버섯들은 마치 나무 속 요정나라로 들어오라고 내게 손짓하는 것 같다.

22일 귀룽나무 열매가 익고 있다. 건드려도 떨어지지 않고 가지째 흔들어 봐도 떨어지지 않는다. 낙과처럼 화려하게 익지도 않는다. 초록 열매에 보라색이 스미듯 감돌기 시작하면서 점점 어두운 보라색으로 변하고 마지막으로 검게 익는다. 귀룽나무는 이 숲에서 가장 먼저 잎을 돋우지만 떨어뜨리는 것도 빠르다. 벌써 잎들이 누르스름하게 변해 가고 있다.

23일 덜꿩나무에 열매들이 주렁주렁 달렸다. 둥글납작한 초록 열매들이 재미나다. 여름 숲은 온통 초록 일색이다. 고개를 들어 하늘을 바라보면 세상의 초록이란 초록이 총출동하여 꾸민 초록 세상 속에 '나 혼자만 다른 색깔'로 서 있음을 깨닫게 된다. 수많은 초록이 한들한들 손을 흔들어 주거나 고요히 침묵하거나 일제히 휘몰아치

귀룽나무(7월 22일)

곧 단풍이 들려는지 누릇한 기운이 감돌기 시작하는 잎들도 제법 달려 있다.

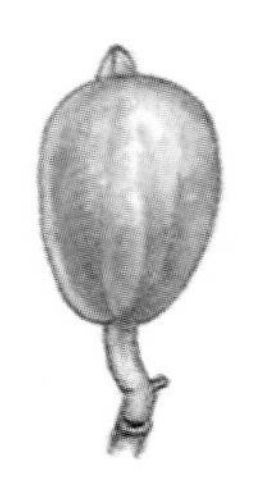

덜꿩나무 열매 _ 넓은 달걀 모양이며 좀 납작하다. 가을에 익는 씨(핵)도 열매 모양을 그대로 닮았다.

덜꿩나무 잎(뒷면)_ 앞뒤로 별 모양 털이 촘촘하게(뒷면에 더 많다) 돋아 있어 만지면 부드럽다.

덜꿩나무(7월 23일)

듯 흔들릴 때, 우리는 늘 곁에 있었음에도 알아보지 못한 아름다움을 만나는 절호의 기회를 맞는다. 굳이 깊은 숲으로 들어갈 것도 없다.

숲에 들어와 어떤 나무를 쳐다볼까 고민하고 있다면, 나는 단풍나무 아래에 서 볼 것을 추천하겠다. 어디에서나 쉽게 보이는 데다, 누구나 첫눈에 알아볼 수 있으니까. 단풍잎은 손바닥 모양의 귀여운 잎을 가지고 있어 바라보기에 좋으며 잎의 두께가 얇고 갈라진 조각들이 많아서 잎들이 겹쳐지면서 만들어 내는 색의 농담과 빛의 어우러짐이 섬세하기 이를 데 없다. 가장자리의 잔가지에 달린 잎들이 밝고 연한 초록을 띤다면 굵은 가지가 많은 안쪽으로 들어갈수록 잎들은 자연스럽게 짙어진다. 이렇게 초록색이 만들어 내는 점층적 변화를 보며 초록의 매력에 새롭게 빠질 수 있다. 고개를 들어 초록을 바라보는 동안, 아름다운 나무 사이를 타고 얼굴에 불어오는 시원한 바람 한 줄기는 덤이다.

24일 며느리밑씻개의 꽃이 피기 시작한다. 더운 여름 한낮에 보는 작은 꽃송이들이 감미롭다. 고운 분홍물감을 콕 찍어 바른 듯한 꽃받침의 오목하고 귀여운 생김새가 자꾸만 사람 마음을 잡아끈다. 맑은 분홍의 사랑스러움에 매료된 탓일까, 나는 우리나라에서 자생하는 식물들 가운데 제일 애교 넘치는 꽃받침을 가진 식물은 마디풀과 식

분홍색 부분은 꽃받침.
꽃잎이 아니다.
며느리밑씻개(7월 24일)
갈고리 모양의 가시
턱잎집

물이라고 생각하게 되었다. 며느리밑씻개는 꽃잎이 없어서 꽃받침을 이렇게 사랑스럽게 만들었나 보다.

27일 짚신나물의 꽃들이 피기 시작한다. 노란 꽃잎들이 슬쩍 피어나기 시작하는 어떤 꽃차례에 누군가 연두색 알을 여럿 낳아 놓았다. 꽃차례는 연두색 알덩이들의 무게에 혼자만 비스듬하게 기울었다. 내려오는 길에 보니 연두색 알들이 붙어 있던 꽃차례가 없어졌다. 어떤 사람 하나가 꽃차례에 조롱조롱 달린 알이 무척 탐이 났던 모양이다.

28일 선밀나물의 열매가 크고 통통해졌다. 무언가를 휘감아 보겠다고 나긋나긋한 놀림으로 허공을 휘젓던 덩굴손은 이제 뻣뻣하게 굳어진 손으로 산철쭉과 국수나무 줄기를 낚아채듯 휘감고 있다. 잎사귀는 내 손바닥만큼 넓어졌는데 벌레가 구멍을 숭숭 뚫어 놓아 성한 잎이라곤 하나도 없다. 어떤 벌레가 선밀나물을 이렇게 좋아하는 걸까?

30일 잠자리 떼가 하늘 가득 날아다니기 시작한다.

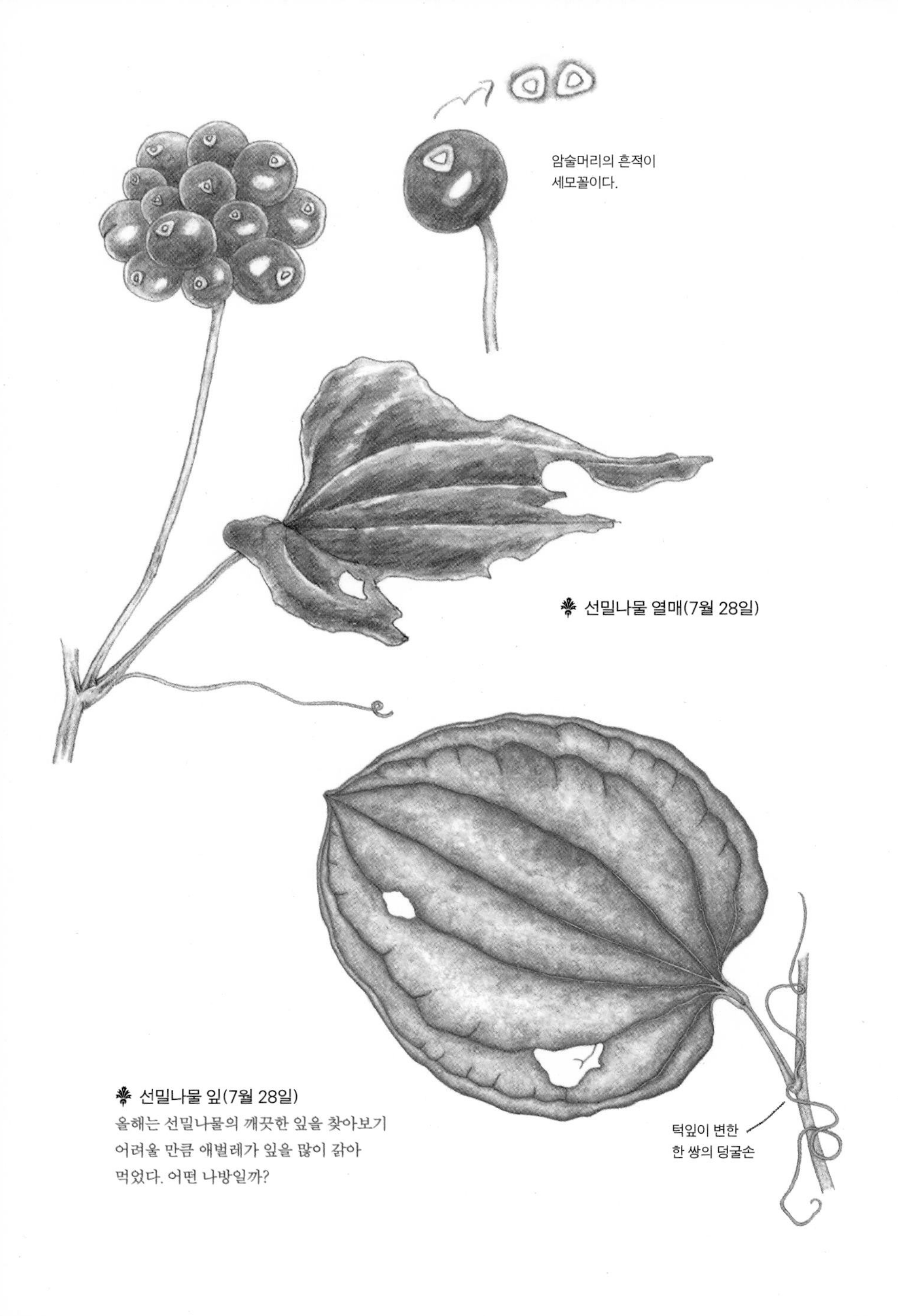

✤ 선밀나물 열매(7월 28일)

✤ 선밀나물 잎(7월 28일)
올해는 선밀나물의 깨끗한 잎을 찾아보기 어려울 만큼 애벌레가 잎을 많이 갉아 먹었다. 어떤 나방일까?

8월

1일 싸리 꽃이 많이 피었다. 꽃이 만발한 싸리는 먼발치에서 보면 청순하고 생기발랄한 나무처럼 보이지만, 가까이 가 보면 너무 여리게 생긴 꽃 때문에 안쓰러운 마음마저 든다. 이 숲길을 걸으면서 싸리가 얼마나 사랑스러운 모습을 하고 있는지 처음 알게 되었다.

2일 개암나무 열매가 커졌고 암꽃과 수꽃이 벌써 생겨나 이만큼 자랐다. 어린 암꽃은 완전히 자란 겨울눈(암꽃)에 비해 여유로움과 유연함이 느껴진다. 어린 수꽃에선 부드러우면서도 은근한 품위가 엿보인다.

이 무렵의 개암나무 꽃눈은 참으로 멋지다. 식물을 좋아하는 사람이라면 아무나 붙들고 데려가서 이 숲 최고의 명품 꽃눈의 자태를 실

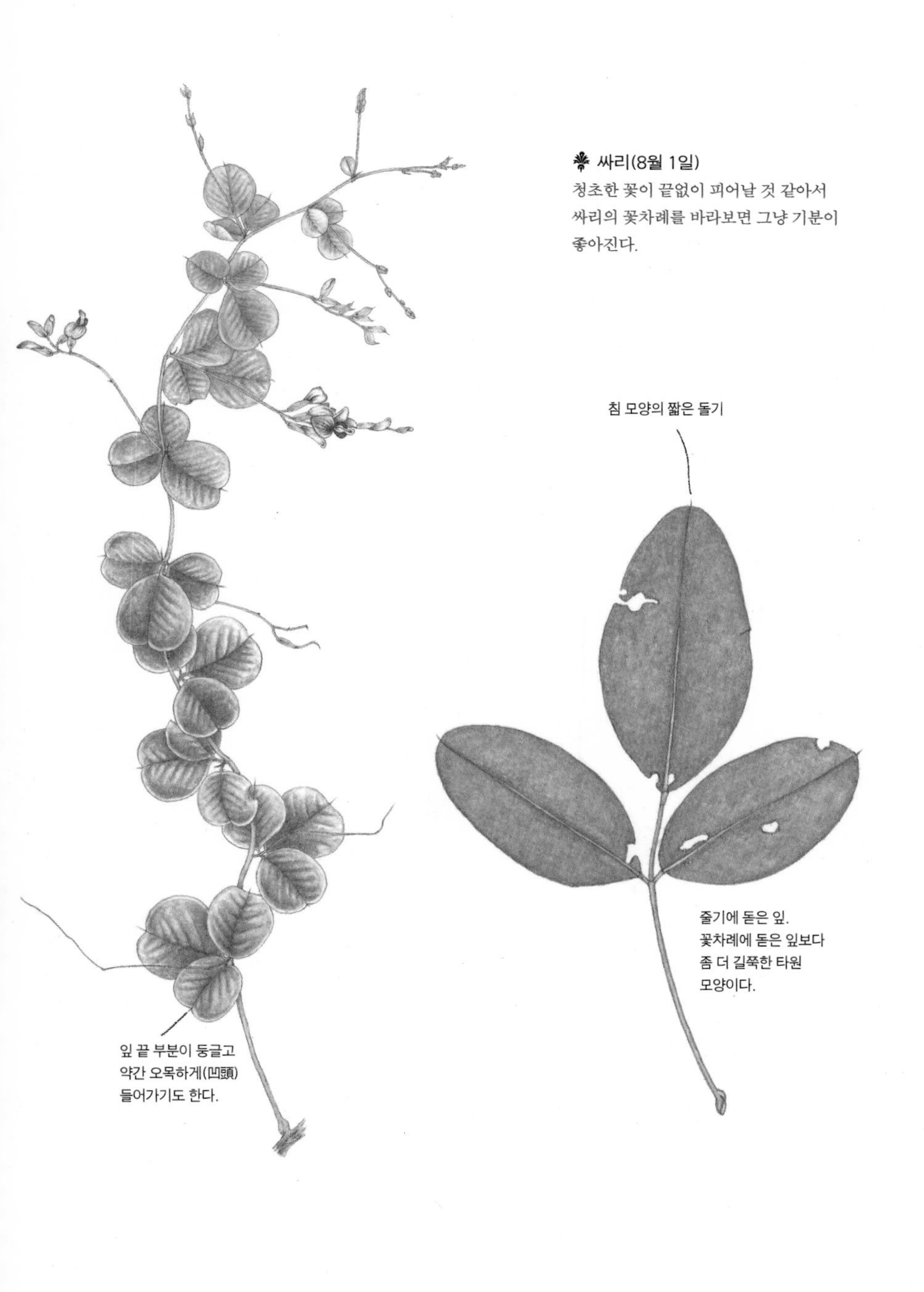

싸리(8월 1일)

청초한 꽃이 끝없이 피어날 것 같아서 싸리의 꽃차례를 바라보면 그냥 기분이 좋아진다.

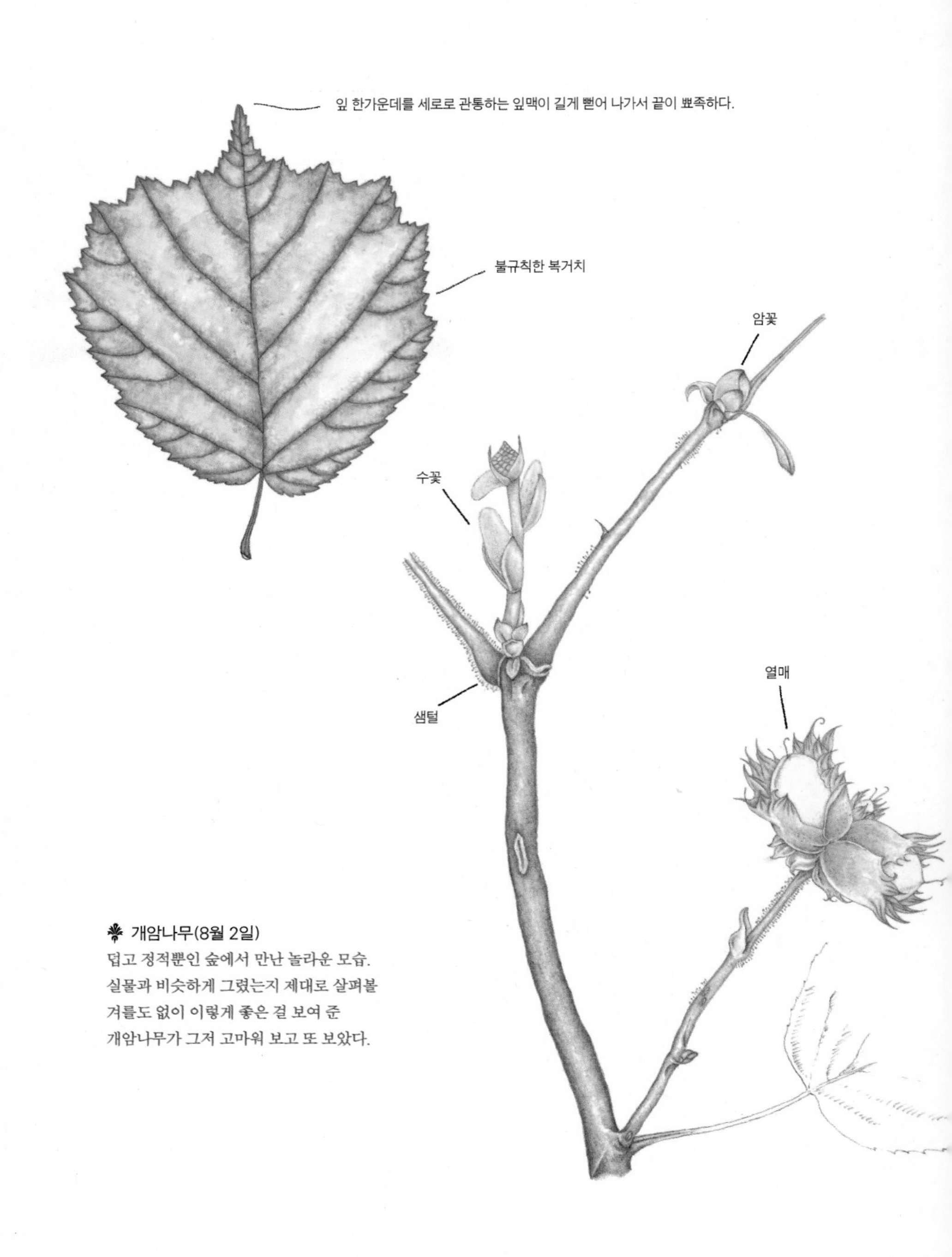

개암나무(8월 2일)

덥고 정적뿐인 숲에서 만난 놀라운 모습.
실물과 비슷하게 그렸는지 제대로 살펴볼
겨를도 없이 이렇게 좋은 걸 보여 준
개암나무가 그저 고마워 보고 또 보았다.

컷 보여 주고 싶을 만큼. 나는 이 무렵을 개암나무의 1년 중에서 가장 아름다운 시절로 꼽는다. 오래지 않아 개암나무는 이 아름다운 꿈들을 갈색의 아린 속에 꽁꽁 숨긴 채 은둔자처럼 개울가의 겨울바람 속에 서 있을 것이다.

3일 다람쥐와 청서가 씨를 발라 먹은 솔방울 부스러기가 소나무 아래 수북이 쌓여 있다. 아직 제대로 여물지 않았을 텐데, 그래도 따 먹을 만큼은 여물었나 보다. 숲바닥 여기저기에는 참나무들의 잔가지가 떨어져 뒹군다. 이제 막 떨어진 듯한 신갈나무 잔가지 하나를

신갈나무 열매(8월 3일)
신갈나무 잎은 질감이 부드럽고, 눈을 편안하게 하는 녹색이다. 열매를 감싼 깍정이(각두)도 귀엽다. 잘 익어 데굴데굴 굴러서 왔으면 좋으련만…….

주워 든다. 이렇게 튼실하게 잘 길러 놓고 떨어뜨리다니. 물론 참나무가 일부러 그런 건 아니다. 벌레의 소행일 뿐.

5일 이 숲길을 따라 두세 시간쯤(한눈을 얼마만큼 파느냐에 따라 시간이 달라진다.) 올라가면 바위틈에서 떨어져 내리는 가느다란 물줄기를 만난다. 이렇게 열린 물줄기는 가을, 겨울에는 가랑잎 더미에 묻히고 봄, 여름에는 풀덤불에 덮여 어디로 내려가는지 알 수 없다가, 큼직한 돌덩이들이 모이기 시작하는 골짜기 어디에서부턴가 졸졸 소리를 내며 나타나고 산비탈을 따라 흘러내리는 작은 물줄기와 합치면서 폭이 넓어진 다음 사람 사는 마을이 모인 곳에서는 어엿한 이름을 가진 개천이 되어 지도에 그려지고 ○○천이라는 이름도 얻는다. ○○천이 된 물은 숲에서 내려 보내는 모든 것을 받아들여 풍요로운 하천을 만들어 낸다. 통통하고 귀여운 물고기들과 짙푸르게 우거진 고마리 덤불은 숲이 떠나보내는 물에게 보내는 선물이기도 하고, 물이 숲에게 보내는 화답이기도 하다. 사람들 역시 숲에 들어설 때는 흐르는 개울 곁에서 첫발을 디디고, 숲을 벗어날 때도 개울 곁의 식당에 들어가 막걸리잔을 기울이다가, 개울 곁을 달리는 차를 타고 집으로 돌아가니 이 개울은 숲의 시작이자 마지막인 셈이다.

흰뺨검둥오리들은 개울의 고마리 덤불 속에서 태어나 사람들의 눈길 속에서 자란 다음, 숲과 개울을 날아서 넘나들며 산다. 넘나들 때는 꽤액꽤액 소리로 위치를 알린다. 6월에 만난 새끼들이 이제는 어른이 되었나 보다. 매일 아침 듣는 울음소리가 여간 힘찬 것이 아니다.

8일 파리풀의 꽃 핀 줄기에서 매미가 허물을 벗었다. 저 가느다란 꽃줄기가 밤새 요동을 쳤겠다. 생태 탐방을 온 초등학생들이 보면 난리 나게 생겼는걸. 토요일쯤이면 한 팀이 다녀갈 텐데……. 이걸 발견하면 숲길이 울리도록 즐거워하겠지.

9일 졸방제비꽃이 열매를 아주 많이 달았다. 잎이 찢기고 더러는 병도 들고……, 너무 지쳐 보여서 열매 몇 개를 덜어 내 주고 싶은 마음도 들지만 그냥 둔다. 제비꽃의 수명은 의외로 짧다. 그 대신 뛰어난 번식력과 복제 기술로 어디서든 볼 수 있는 꽃으로 자리 잡았다. 씨앗은 제 작은 몸 하나 들어갈 자리만 있으면 돌 틈이든 벽돌로 쌓은 담벼락 아래든 비싼 난초화분의 돌멩이 속이든 어디든 비집고 들어가 싹을 틔운다. 턱잎이 흙에 덮이면 거기에서도 새눈이 생긴다. 잘려진 뿌리 한 조각도 흙만 덮이면 곧 새눈을 만들어 낸다. 씨앗을 많이 만들어 내는 것과 뛰어난 복제술은 들판과 숲에 사는 온갖 제비꽃의 훌륭한 생존법이다.

파리풀(8월 8일)

파리풀의 귀여운 꽃이
깔끔하게 피어 더위에 지친
마음을 한결 가볍게 해 준다.
꽃 핀 줄기에서 유지매미가
허물을 벗었다. 매미 노래는
숲에 가득하지만 매미를
만나기는 어렵다. 오히려
시내의 가로수에서 쉽게 본다.

졸방제비꽃(8월 9일)
여름을 견디는 풀 종류의 전형적인 모습이다. 어딘가 찢기고 어딘가 (벌레에게) 먹히고 줄기는 질겨졌으며 잎은 갈색으로 마르기 시작한다. 그래도 새잎을 낼 만한 자리가 있다면 잎 한두 장을 만들어 보는 등 제 삶에 최선을 다한다.

10일 사위질빵의 꽃이 피기 시작한다. 사위질빵은 볕 좋은 들판이나 담장 곁에서 자라는 어떤 키 작은 떨기나무(찔레나무나 누리장나무가 곧잘 희생양이 되곤 한다.) 곁에 살면서, 잎자루를 덩굴손처럼 뻗어 이들을 칭칭 감고 올라간 다음, 어느 날 갑자기 흰 꽃들을 찐빵처럼 후덕하게 피워 낸 모습으로 '날 좀 보소' 하고 서 있어야 폼이 나는 식물인데, 이곳에서는 좀처럼 세력권을 만들지 못하고 겨우 명맥만 유지하며 살고 있다. 그래도 볕 잘 드는 봄에는 누구보다 열심히 연한 새 줄기를 뻗는다. 그러나 큰 나무 그늘 아래에 작은 관목들이 빼곡 들어차 있는 데다, 강력한 경쟁자 줄딸기덤불이 위, 아래로 사위질빵을 위협한다. 그럼에도 올해는 연한 연두색 꽃봉오리를 제법 달았다. 사위질빵은 이 근처 어디에서도 본 적이 없거니와, 콘크리트와 시멘트로 만들어져 마당 하나 변변히 없는 성냥갑 같은 집들이 켜켜로 올라간 동네에서는 뿌리를 내리기도 어려울 텐데 씨앗은 어디 먼 곳에서 날아온 것일까. 혹시 땅속에 오랫동안 묻혀 있던 씨앗이 몇 해 전 울타리 공사 때 바깥세상 구경을 하게 된 것일까. 숲길 주변에 예전에 마을을 형성했던 흔적이 희미하게나마 남아 있는 것으로 보아 아마도 땅속에 묻혀 잠자던 씨앗이 울타리 공사 때 돋아나지 않았을까 상상해 본다. 정말 그랬을까. 토양종자은행(seed bank)[09]에 예

09 식물이 자라던 곳, 자라고 있는 곳의 지표면 부근으로, 살아 있는 씨앗들이 묻힌 토양. 대체로 수명이 길고 흙 속에 있는 동안 쉽게 싹 트지 않는 성질을 가진 씨앗들이 저장된다.

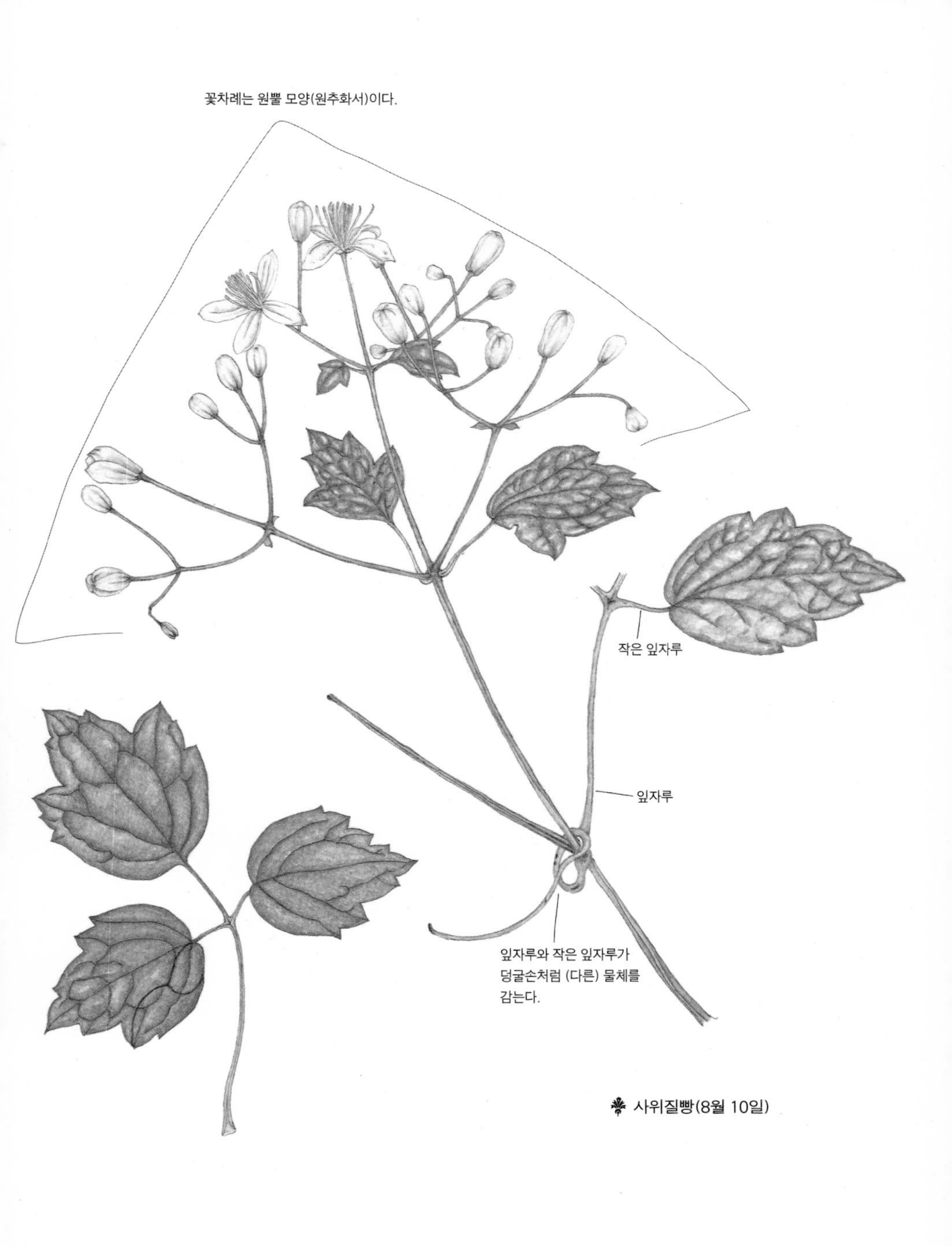

사위질빵(8월 10일)

금되어 있던, 그래서 언제 세상 밖으로 나와 싹 틀지도 모를 씨였을까. 그래 어디에서 왔던 힘내라, 사위질빵. 언젠가는 후덕한 꽃무리를 한번 보고 싶구나.

11일 귀룽나무에 노란 잎들이 제법 많아져서 먼발치에서도 단풍 든 것이 보인다. 떨어져 나뒹굴다가 사람들의 발길에 채여 길 가장자리로 밀려난 참나무 잔가지들은 갈색으로 썩어 간다. 그 위에 아까시나무의 누런 잎들이 다시 쌓이고 빗방울이 이것들을 푹 적시고 있어, 입추가 지난 8월 숲은 거칠고 썰렁한 분위기이다. 어떤 이는 이 무렵을 '숲이 가장 안 예쁠 때'라고 표현한다.

12일 초피나무와 산초나무의 잎을 그린다. 그림을 그리느라 나무 아래에 서서 잎 뒷면을 바라보니 조그맣고 말간 점들이 찍혀 있는 것이 보인다. 이 점들은 초피나무와 산초나무가 향기로운 기름을 모아 두는 정유(精油, essential oil)[10]곳간이다. 이렇게 멋진 곳간을 구경하는 것은 즐거운 일이다.

멋쟁이 부자이기도 한 초피나무와 산초나무는 호랑나비와 산호랑나비를 불러들여 아름다운 나비가 많이 태어날 수 있게 터를 제공해

10 잎을 보호하거나 곤충을 유인하기도 하는 식물 향기의 근원이 되는 물질.

잎줄기 양쪽에 작은 잎들이 좌우대칭으로 나란히 돋은 잎을 깃꼴겹잎이라 한다. 이런 잎의 맨 꼭대기에 잎 한 장이 더 달려 있으면 홀수깃꼴겹잎이 된다. 두 나무의 잎은 홀수깃꼴겹잎이다.

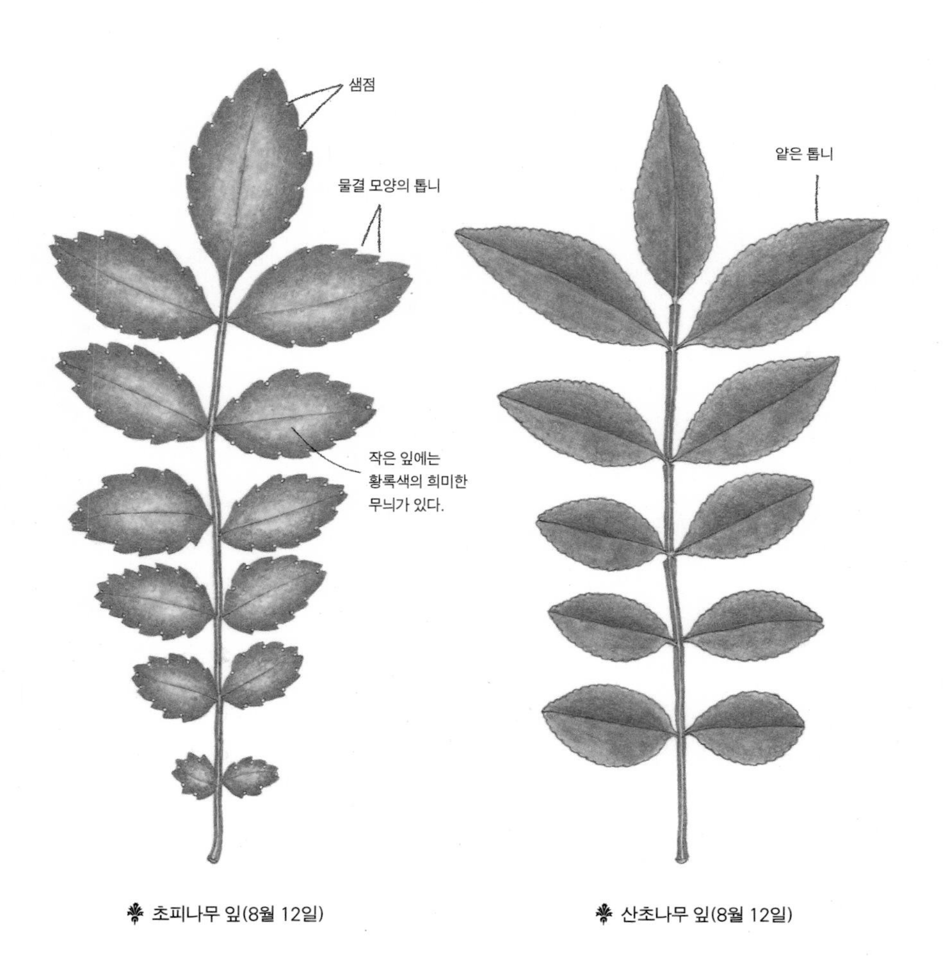

초피나무 잎(8월 12일)

산초나무 잎(8월 12일)

준다. 운이 좋으면 잎사귀를 열심히 갉아 먹고 있는 호랑나비의 귀여운 애벌레를 만날 수 있다. 꼭 이런 행운이 아니더라도 꽃송이 위에 올라가 무언가를 열심히 챙겨 가는 개미 떼 정도는 실컷 볼 수 있다.

15일 비바람이 지나간 숲에는 길마다 실개천이 생겨나 맑은 물이 졸졸졸 흘러간다. 바람은 숲이 좀 답답하다고 느꼈는지 작살나무나 단풍나무의 굵은 가지까지도 마구 쓸어 꺾어 버렸다. 무심히 걷는데 모자 위로 톡, 톡, 톡 무언가가 떨어진다. 흠칫 놀라 고개를 돌리니 붉나무의 연두색 꽃잎이 떨어지고 있다. 저녁 7시 무렵부터 갑갑하고 무더운 안개가 산에서 내려와 마을을 덮어 버렸다.

16일 상수리나무와 굴참나무의 부러진 가지들을 주워 살펴보니, 내년을 기약하는 2년형 도토리들이 달려 있다. 2년형 도토리는 대개 가지 끝 부분에 달려 있는데 혼자이기도 하고 둘이기도 하다. 눈에 띄는 것을 원치 않는 듯 소박한 생김새를 한 열매들은 내년 여름까지 한 가지 생각만 붙들고 있을 것이다. '반드시 좋은 도토리가 될 것.' 오직 이것 하나.

18일 장대여뀌의 꽃이삭이 여기저기에서 눈에 띄기 시작한다. 제

눈
해를 넘긴 굴참나무 도토리.
초여름에 깍정이의 비늘 조각이 곧게
일어서면서 쑥쑥 자라기 시작한다.
도토리는 아직 깍정이 밖으로 나오지
않았지만 비늘 조각은 길게 자랐다.
올해 생겨난 굴참나무의 도토리.
비늘 조각을 꼭 오므린 채 거의
자라지 않는다.

굴참나무(8월 16일)

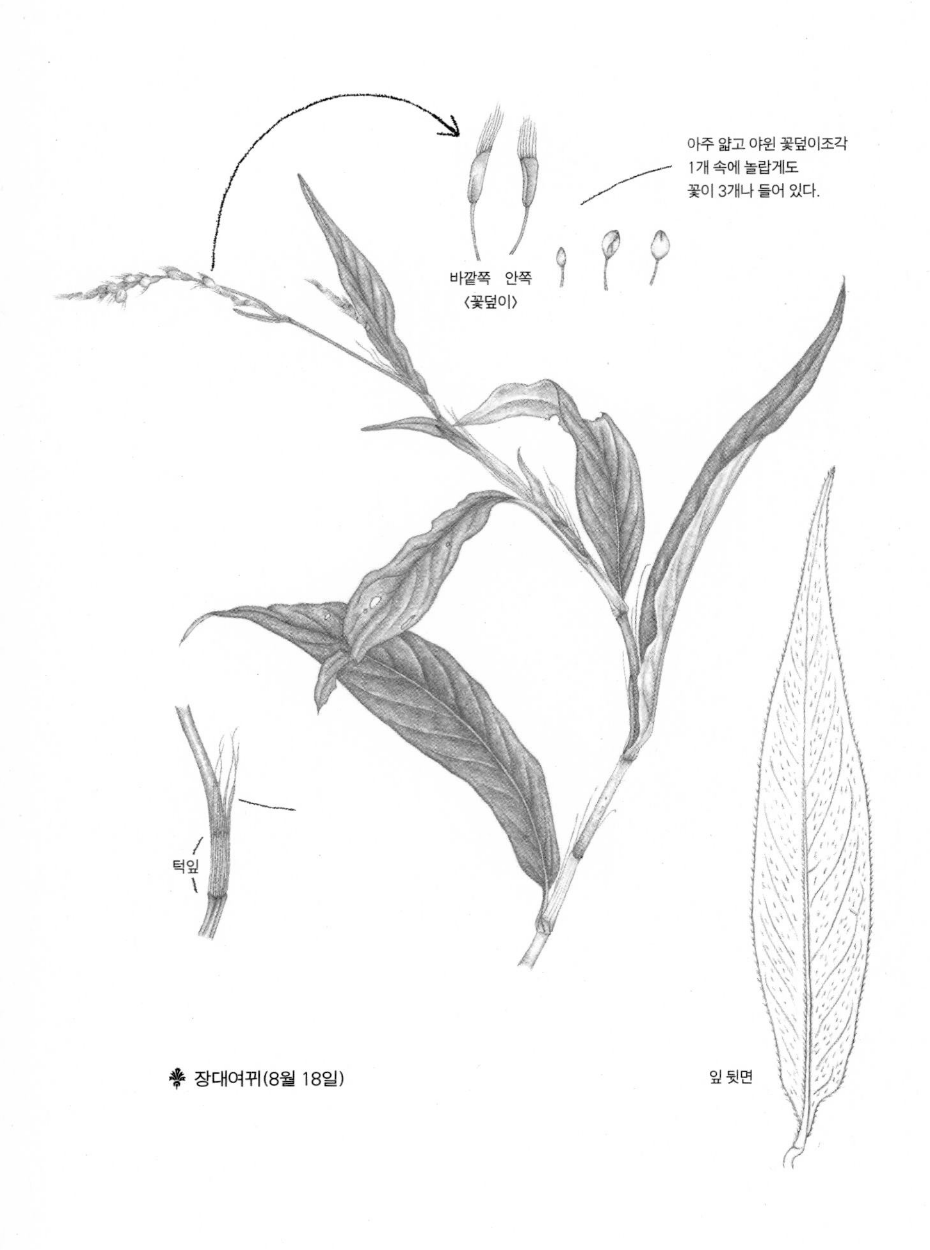

장대여뀌(8월 18일)

법 많은 포기가 무리를 이루고 분홍빛 감도는 꽃이삭들을 올렸는데 고개를 갸웃하듯 비스듬히 선 모습이 차분하고 곱다. 꽃차례는 곧 누군가를 기다리는 것처럼 길어질 것이다. 장대여뀌가 길 가장자리에서 함초롬한 꽃줄기를 올리기 시작하면 숲에는 어느 순간 가을 정취가 감돌기 시작한다.

19일 제비꽃들은 닫긴꽃 만들기에 바쁜 나날을 보내고 있다. 덕분에 내년에도 귀여운 제비꽃들을 실컷 볼 수 있겠다. 좀깨잎나무의 줄기 몇 개가 올해 마지막이 될 것 같은 꽃줄기들을 올렸다.

21일 누리장나무 열매에 파란색이 감돌기 시작한다.

23일 며느리밑씻개의 꽃이 한창이다. 한 달 전엔 길고 시원스런 꽃줄기 몇 개가 올라왔을 뿐인데 지금은 무수히 많은 꽃줄기가 올라와 사방팔방으로 흩어지듯 펼쳐져 눈길을 끈다. 이렇게 꽃줄기가 많아지니 그 유명한 가시도 도드라진다. 가시는 만져 보면 그리 단단하지 않고 비명을 지르게 할 만큼 아프게 찌르지는 않지만 피부에 달라붙으면 뭉개지면서 잘 떨어지지 않는다. 가시가 찌르는 힘과 줄기, 잎자루, 잎 뒷면에 난 까칠한 털의 고약함을 정확히 파악한 어느 못

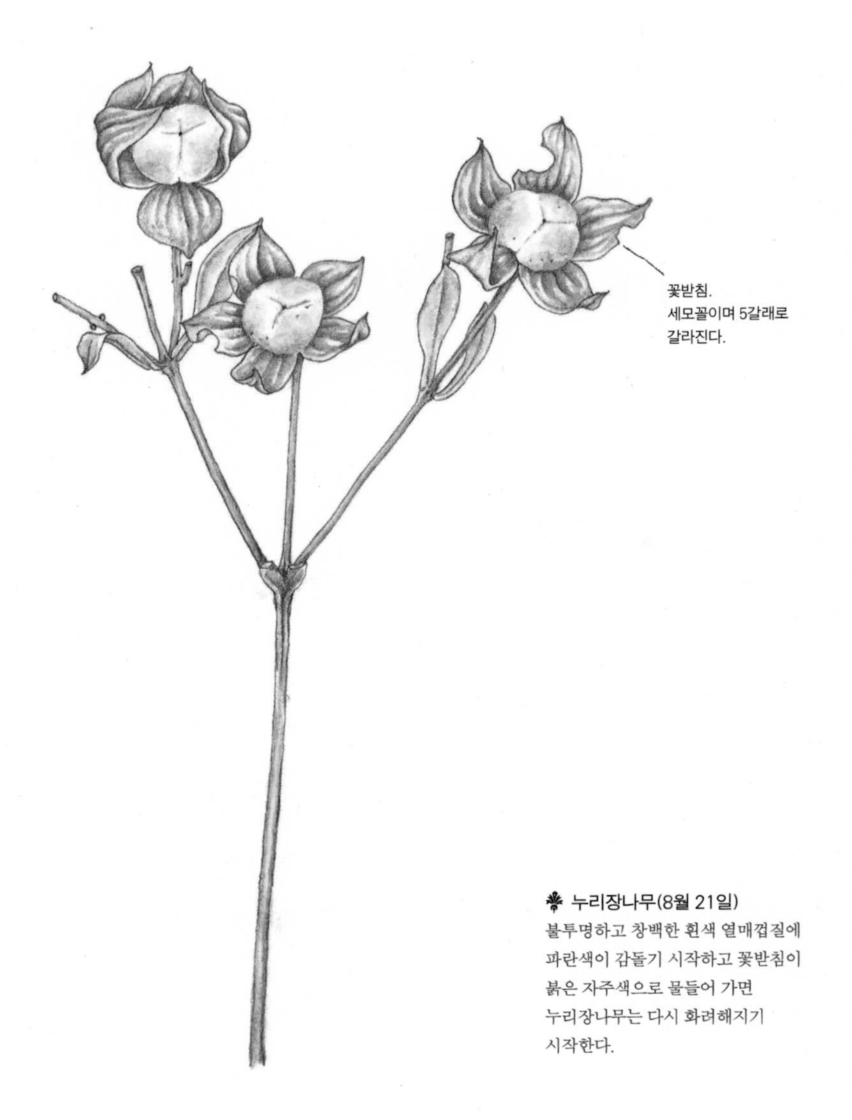

누리장나무(8월 21일)

불투명하고 창백한 흰색 열매껍질에
파란색이 감돌기 시작하고 꽃받침이
붉은 자주색으로 물들어 가면
누리장나무는 다시 화려해지기
시작한다.

돼먹은 사람이 언제 들어도 기분 나쁜 씁쓸한 이름을 붙여 주었지만 그러거나 말거나 며느리밑씻개는 이 가시를 한밑천 삼아 세력을 확장한다. 지금 내 앞에 선 며느리밑씻개도 아직 어린 작살나무와 물봉선, 좀닭의장풀에다 연약한 줄기를 살그머니 기댄 다음 가시를 걸쳐 닥치는 대로 휘휘 감고 올라가 가장 햇볕이 잘 드는 자리를 차지하고는 꽃줄기들을 부챗살처럼 활짝 펼쳤다. 가시에 투자하여 얻은 이익이 이렇게 풍성하지만, 이 숲은 며느리밑씻개가 마음껏 세력을 넓힐 만큼 만만한 환경은 아니어서 늘 '개울가 볕 좋은 자리 한 조각'이라는 같은 자리에서만 맴돌고 있다. 투자만큼 투자 환경도 중요하다.

24일 큰 우산 모양으로 자란 산초나무 한 그루가 작은 우산 모양의 연녹색 꽃을 나무 가득 피워 냈다. 나무는 곧 나비와 벌의 천국이 되었다. 날개를 꽃잎처럼 팔랑이며 짝을 지어 노니는 나비, 꿀을 찾는 나비, 잎사귀에 가만히 앉아 명상하는 나비, 너무 즐거워 쉼 없이 웅웅거리는 벌들……, 이 모든 것이 달콤하고 화려한 꿈 속에서 듣는 자장가 같다. 참 멋진 나무 한 그루를 만나 마냥 좋기만 한 날. 이 좋은 나무를 두고 허둥지둥 숲을 내려가는데, 머릿속엔 나비들이 날갯짓하던 모습과 벌들의 노랫소리만이 가득하다.

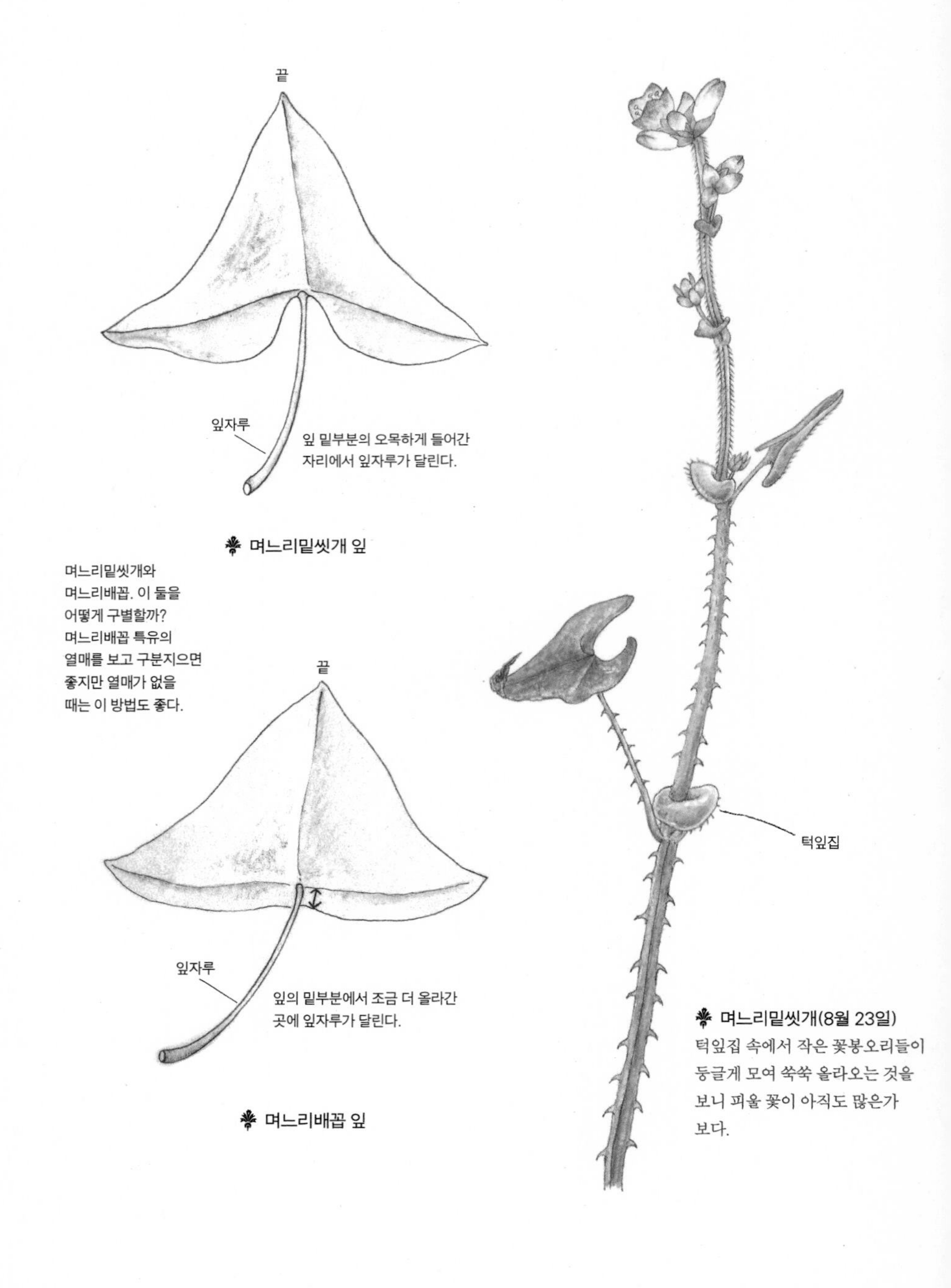

❦ 며느리밑씻개 잎

며느리밑씻개와
며느리배꼽. 이 둘을
어떻게 구별할까?
며느리배꼽 특유의
열매를 보고 구분지으면
좋지만 열매가 없을
때는 이 방법도 좋다.

❦ 며느리배꼽 잎

❦ 며느리밑씻개(8월 23일)

턱잎집 속에서 작은 꽃봉오리들이
둥글게 모여 쑥쑥 올라오는 것을
보니 피울 꽃이 아직도 많은가
보다.

❦ 산초나무(8월 24일)
암그루에 꽃이 피었다. 초피나무는
봄에 꽃이 피지만 산초나무는 이렇게
무더위가 한창인 여름에 꽃이 핀다.

25일 요즘 숲 가장자리에서 가장 많이 보이는 것이 고깔제비꽃의 닫긴꽃이다. 무성한 잎 아래 숨은 듯 생겨나지만, 통통하고 귀여운 생김새 때문에 저절로 눈이 간다. 자주색 반점이 찍힌 열매껍질이 노릇하게 익어 가는 모양도 귀엽지만 씨를 튕겨 보낸 껍질도 귀엽다. 제비꽃의 열매는 껍질을 안쪽으로 오므리면서 씨를 튕겨 낸다. 바람의 힘, 물결의 도움, 또는 동물의 몸에 들러붙거나 배 속으로 들어가 이동하는 수동적인 씨가 아니다. 때가 되면 열매의 이음선을 활짝 열어젖히고 스스로 멀리 튀어 나가는 아주 능동적인 씨이다. 이 활달한

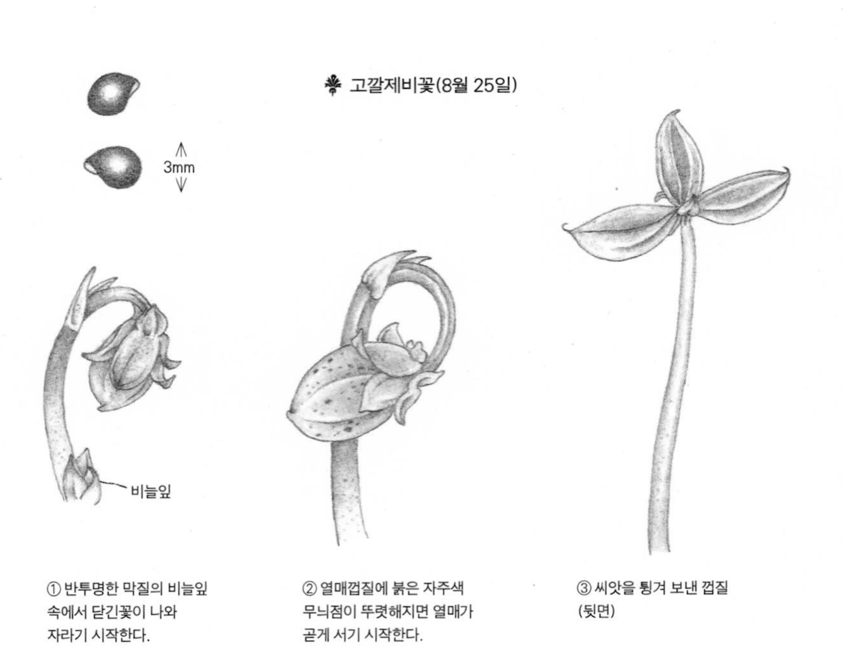

고깔제비꽃(8월 25일)

① 반투명한 막질의 비늘잎 속에서 닫긴꽃이 나와 자라기 시작한다.

② 열매껍질에 붉은 자주색 무늬점이 뚜렷해지면 열매가 곧게 서기 시작한다.

③ 씨앗을 튕겨 보낸 껍질(뒷면)

씨를 얻으려면, 열매자루가 곧게 섰을 때 자루째 잘라서 종이봉투에 넣는다. 봉투 입구를 닫은 다음 그늘에 두면 그 안에서 씨앗 튀는 소리가 요란하다. 톡톡톡 소리가 멈추면 봉투를 열어, 열매를 얻어 온 곳과 비슷한 환경을 가진 흙에 뿌려 주면 된다. 고깔제비꽃의 씨는 약 3밀리미터, 투명한 느낌을 주는 밝은 갈색이다.

26일 5월에 싹이 텄던 좀깨잎나무 새싹들이 한 뼘쯤 자라서 맨흙이 드러난(빗물이 쓸고 내려가거나 사람이 밟아서 다져진 맨흙) 길바닥을 말끔히 덮어 버렸다. 아직은 늘씬한 어린 포기가 신선하다. 늘 텁수룩한 덤불로만 보이는 좀깨잎나무도 어릴 때는 이렇게 예쁘다. 좀깨잎나무는 짝짝이 잎을 많이 달고 있는데 이만큼만 자라도 그 크기가 두드러지게 달라진다. 좀깨잎나무를 만나면 같은 마디에 달린 잎을 눈여겨 살펴보자. 한쪽은 크고 한쪽은 작은 잎을 어렵지 않게 찾을 수 있을 것이다.

27일 마의 잎겨드랑이에 달린 덩이줄기가 통통하게 자랐다. 곧 독립할 것 같다. 마는 어느 곳에서나 잘 자란다. 마, 참마, 도꼬로마, 부채마, 각시마, 단풍마, 국화마 등 자생하는 종류도 여럿이다. 이들은 제각각 적당한 자리를 골라 뿌리줄기를 깊게 내리고 덩굴을 씩씩하

좀깨잎나무(8월 26일)
잎 모양이 마름모꼴, 달걀 모양의 마름모꼴이다. 잎 끝이 꼬리처럼 길고 밑부분이 넓은 쐐기 모양으로 펼쳐지며 가장자리에 큼직하고 시원스러운 톱니가 있다. 잎만 봐도 즐거운데 아침이나 저녁의 역광에 빛나는 꽃차례도 화사하다.

마(8월 27일)

숲에 들어오면 늘 바쁘게 여기저기를 살폈는데……. 언제 생겨났을까? 돌려난 잎의 겨드랑이에 살눈이 생겨나 있다.

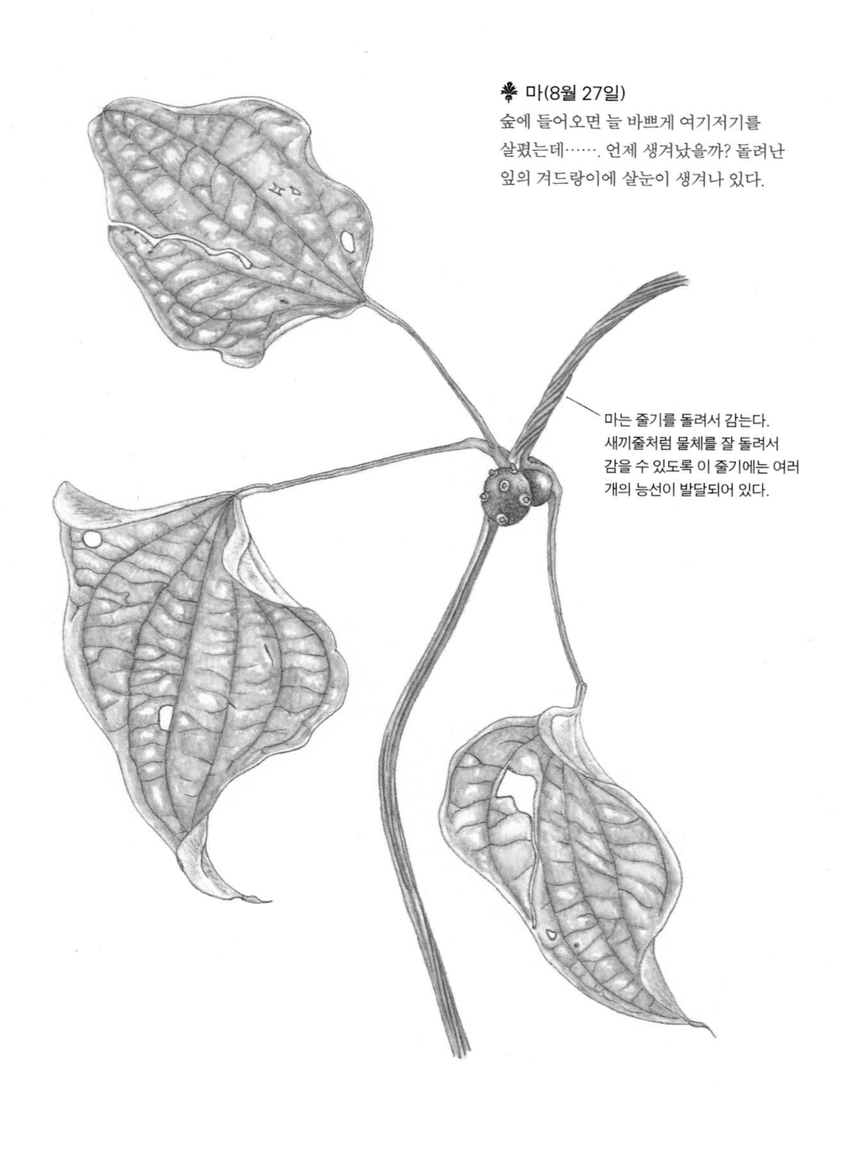

게 뻗어 올리는데, 곁에서 자라는 나무를 못살게 굴기도 한다. 그것도 모자라 잎겨드랑이마다 덩이줄기를 달고 씨에는 둥근 날개마저 달았다. 그걸 보면 마가 자라는 주변이 온통 마 덩굴로 뒤덮일 법한데 그렇지도 않다. 덩이줄기를 먹이로 삼는 몸집 작은 동물들이 있는 걸까? 어미 포기 아래로 떨어진 덩이줄기는 햇빛을 보지 못해 그대로 말라 죽기 쉬운 걸까? 덩굴을 뻗는 여러해살이풀(풀은 나무처럼 오래 살지 못한다.)이기 때문에 저 기세등등하게 우거진 모습에 비해 수명이 짧은 것일까? 내가 모르는 어떤 균형이 마의 번성을 통제하는지도 모른다.

28일 꽃이 한 송이 피었던 어린 애기나리들의 초록 열매. 장맛비에 이파리는 찢어지고 구멍이 났어도 저 야윈 줄기 끝에서 잘도 여물었다. 씨 2개는 넉넉하게 들어 있겠다.

29일 봄에 모델이 되어 준 물봉선이 꽃을 피우기 시작한다. 이번에는 제 뿌리를 파헤치거나 하지 않으니 마음이 놓였는지 인심 쓰듯 꽃송이 하나가 힘을 풀기 시작하는 것을 보여 준다. 꽃 피는 것을 보면 정말 깜짝 놀랄 때가 많은데, 물봉선 꽃도 무척이나 경이로운 장면을 연출하곤 한다. 숲에 올라갈 때 풀리던 조그마한 꽃봉오리가 내

❦ 애기나리(8월 28일)
야윈 줄기 끝에서 잘 여문 열매가
야무지기도 하다. 더 지켜보고 싶어 줄기
맨 아래쪽에 무명실을 묶어 둔다.

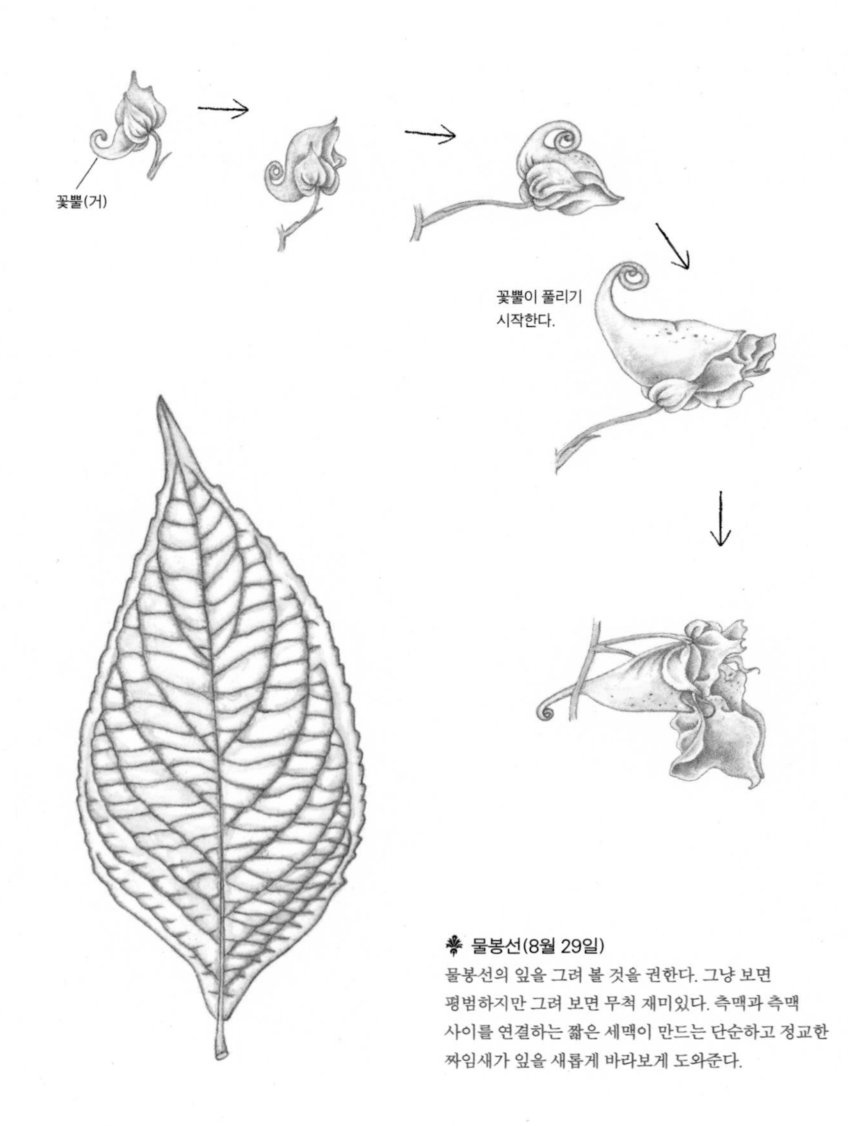

물봉선(8월 29일)

물봉선의 잎을 그려 볼 것을 권한다. 그냥 보면 평범하지만 그려 보면 무척 재미있다. 측맥과 측맥 사이를 연결하는 짧은 세맥이 만드는 단순하고 정교한 짜임새가 잎을 새롭게 바라보게 도와준다.

려올 때 보면 커다란 꽃봉오리가 되어 붉은 자주색 꽃잎들을 펼치기 시작하고, 다음 날 아침이면 활짝 핀 예쁜 꽃을 보여 줄 때가 있다.

30일 생강나무의 잎눈과 꽃눈이 통통해졌다. 은빛 털로 덮혀 있던 부드러운 잎은 어느새 뻣뻣해지고 잎맥 사이에는 먼지가 끼어 거무죽죽한데, 생강나무는 이런 겉모습에는 아랑곳하지 않고 눈만 열심히 키워 냈나 보다. 꽃눈은 꼭 익어 가는 복숭아 열매처럼 생겼고 잎눈은 좀 길고 뾰족하다. 언젠가 식물탐사를 나갔을 때 생강나무 꽃눈을 본 한 나이 지긋하신 분이 '어이구, 복숭아들이 주렁주렁 달렸네. 풍년이야, 풍년'이라고 말해서 다들 한바탕 소리 내어 웃은 적이 있다. 정말 내년엔 풍년일까?

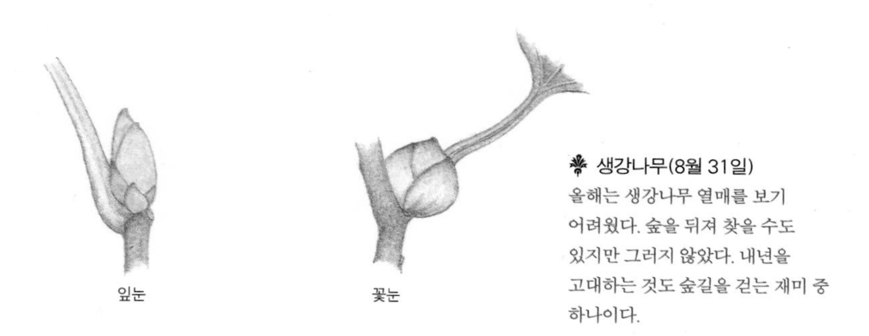

생강나무(8월 31일)
올해는 생강나무 열매를 보기 어려웠다. 숲을 뒤져 찾을 수도 있지만 그러지 않았다. 내년을 고대하는 것도 숲길을 걷는 재미 중 하나이다.

가을

서늘하고
시린
날들의
노래

푸른 꽃이 피기 시작한다. 처음엔 멀고 높은 산등성이의 풀밭에서 푸른 꽃이 피었다. 독을 가득 품은 검푸른 꽃. 늘씬한 꽃줄기에 달린, 검푸른 고깔을 맵시 있게 쓴 꽃은 내가 걷는 숲의 고만고만한 꽃들을 모두 잊어버릴 만하게 생겼다. 나는 짧은 탄식과 함께 제법 오랜 시간을 이 검푸른 꽃 앞에 머문다. 탄식 속에 두고 온 멀고 높은 산등성이의 검푸른 꽃을 잊어버릴 즈음에야 나의 숲에도 순박하고 말간 푸른 꽃들이 핀다. 말간 꽃들은 가느다란 꽃줄기에 모여 깔깔 웃는데, 마치 운판을 두드리는 소리 같아서 이른 아침에 들으면 좋다. 내가 푸른 꽃 곁에 앉아 웃음소리를 듣는 동안 허공에 팔을 벌리고 선 것들에게서도 색을 조율하는 소리가 들리기 시작한다. 거칠 대로 거칠어진 청록을 곱게 다듬어 내는 소리, 노란 물 두 방울, 빨간 물 (아주 작은 방울로) 세 방울쯤, 주황물 한 방울…… 이렇게 떨어뜨리는 소리, 섞어 보는 소리. 이 소리는 어느 날 늦은 밤부터 박자를 당기기 시작한다. 이 갑작스런 당김음은 한숨 돌릴 틈을 좀처럼 주지 않는다. 박자가 안 맞는 것 같은데도 술술 넘어가기도 하고, 어떤 음은 더 짧게, 어떤 음은 더 길게 연주하면서 그 틈을 이용한 사이음을 치기도 하다가 마침내는 박자도 세지 않는다. 숲의 풀과 나무들은 봄과 여름이라는 규칙적인 일상을 이렇게 빠져나온 다음 울긋불긋하고 쓸쓸하고 눈부시고 불안하고 따끈따끈하기도 한 별난 계절을 유쾌하고 화려하게 즐긴다. 지휘자는 변덕스러운 걸까? 예민한 걸까? 가을은 앞으로도 한참 더 연주될 예정인 곡들을 찬바람과 서리와 가을비, 그리고 가끔씩 찾아오는 가을볕에게 내어 준다. 이들은 유쾌하고 화려한 것을 놀랍도록 곱게 바꾸어 놓는다. 봄에 보았던 발랄하고 예쁜 것들이 곱디곱게 서 있는 모습은 뜻밖에도 오랫동안 가슴에 남는다. 이것이야말로 예민하고 섬세한 지휘자 가을의 취향이자 특기이다. 단풍의 비장미를 최고조에 이르게 하는 놀라운 연주 속에서 숲길을 걷는 이는 마지막 단풍이 내려앉는 모습을 가만히 지켜보거나 오리들의 울음소리에 귀 기울이며 가슴이 서늘하고 눈이 시린 날들을 보낸다.

9월

1일 개울물이 부드럽게 흐르는 바위 한쪽에 수서곤충의 알들이 붙어 있다. 알은 우무질의 투명한 막으로 이루어져 있는데 그 우무질 하나가 열리면서 지금 막 곤충 한 마리를 내보이려 한다. 밝고 따스한 햇볕 속에서 우화(羽化)를 하는 곤충은 흐르는 물의 힘 때문에 꼬리를 빼내지 못하고 한없이 파들거린다. 아직은 아무 색깔도 입혀지지 않아 그냥 우윳빛이기만 한 가녀린 곤충에게 저 물의 무게는 제 몸이 붙어 있는 바윗돌만큼 무거울지 모른다.

2일 조록싸리 열매가 제법 많이 자랐다. 열매껍질은 아주 얇고 거미줄처럼 섬세한 맥이 있는데, 이제 열매는 씨의 생김새를 가늠해 보게 할 만큼 크게 자라 볼록하게 드러나고 껍질의 맥도 점점 뚜렷

❦ 조록싸리(9월 2일)
제법 짙은 나무그늘 아래서도
끄떡없이 자라나 작은 콩을
조랑조랑 달았다. 싸리류 가운데
그늘에서 견디는 힘(내음성)이
제일 좋다고 한다.

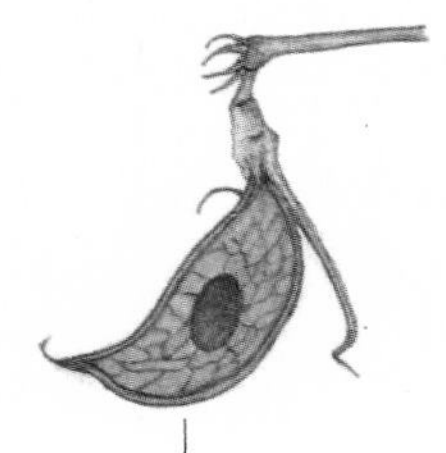

열매는 긴 타원 모양이다.

해졌다. 씨는 한 개. 꽃 한 송이가 씨 한 개를 만든다. 달랑 씨 한 알이 들어 있는 열매를 보니 아주 오래전에 들은 이야기 하나가 생각난다. 싸리 씨를 가루로 만들어 죽을 쑤거나, 콩처럼 밥에 섞어 먹었다는 이야기. 저렇게 조그만 씨 한 알을 얻자고 얼마나 많은 공력을 들였을까. 씨 한 알이 든 꼬투리를 말리고 비벼서 바람에 날려 보낸 다음에야 씨를 얻을 수 있는데, 그렇게 해서 얻은 싸리콩의 양은 얼마나 되었을까. 여기에다 벌레 먹은 것과 쭉정이를 뺀다면? 배고픔만큼 무서운 것은 없다.

3일 애기나리 열매가 파랗게 물들었다.

4일 개암나무 열매가 제법 익었다. 그러나 열매는 모두 쭉정이. 『길림외기(吉林外記)』라는 옛책을 인용한 글에 '개암 열 개 중 아홉 개는 쭉정이'라는 속담이 나오는데 아무래도 그 말이 맞나 보다. 그래도 도깨비가 개암 깨무는 소리에 놀라 도망갔다는 옛이야기며 개암사탕 만드는 법, 개암간장 만드는 법, 개암기름으로 신혼방에 등잔을 켜 주는 풍습(북부 지방의 풍습이라고 전해 온다. 나는 이 대목을 읽으며 깜짝 놀랐다.) 등의 기록으로 보아 울안에 심은 개암나무에선 열매를 제법 수확할 수 있었던 듯하다.

✤ 애기나리(9월 3일)
아, 이제 한숨 돌려도 좋겠다. 여름에 무명실로 묶어 두었던 여린 애기나리 열매가 파랗게 물들었다.

다 자란 개암나무 열매를 보면 아무래도 열매를 감싼 독특한 열매싸개에 저절로 눈길이 가게 된다. 개암나무는 이 숲에 사는 나무들 가운데 눈과 열매를 가장 많이 꽁꽁 싸매고 있는 나무이다. 그런 나무답게 점점 커지는 열매 크기에 맞추어 두 개의 꽃턱잎[01]이 크기를 바꾸어 나가며 열매를 감싸는데, 생김새는 열매 보호용이 아니라 장식 효과를 노린 것처럼 고급스러우며, 감싸고 있는 열매가 비록 쭉정이일지라도 꼬옥 감싸고 떨어질 줄 모른다. 무너져 가는 왕조의 마지막 왕을 지키는 충성스런 호위무사처럼 알맹이도 없는 열매를 끝까지 붙들고 있지만 아, 누가 쭉정이를 거들떠볼까. 끝까지 제 할 일을 다 해내려는 꽃턱잎의 우직함에 감동한 사람만이 개암나무 열매를 한참 동안 바라볼 뿐.

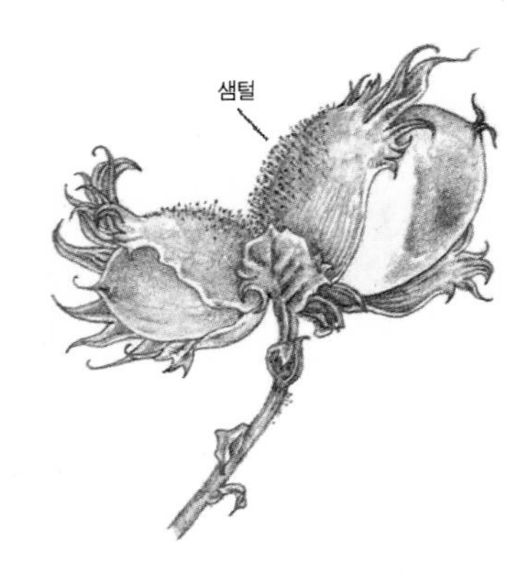

개암나무 열매(9월 4일)
열매를 반쯤 감싼 모양의 꽃턱잎. 꽃턱잎에는 붉은 샘털까지도 갈색으로 마른 채 남아 있다.

'개암'은 모른다 해도 '헤즐넛(Hazelnut)'[02]은 누구나 다 아는 세상에 살고 있어 헤즐넛의 향기를 이용한 먹을거리들이 넘쳐난다.(그

01 싹이나 꽃봉오리를 감싸고 있는 비늘 모양의 작은 잎.
02 개암. 개암나무속 열매. 유럽, 터키, 미국 등지에서 열매와 여러가지 공산품을 대량 생산한다.

래도 개암기름으로 신혼방에 불을 켜던 것에 견줄 만큼의 최고급 낭만은 아직 등장하지 못한 듯하다.)

6일 개머루 열매가 재미나게 익어 가고 있다. 덤불처럼 우거진 산뽕나무, 중국굴피나무, 작살나무 등이 뒤섞인 길가에서 자라고 있는데, 그냥 무심코 지나다니다가 이런 나무들이 한물가기 시작하자 개머루가 슬그머니 눈에 들어왔다. 덩굴줄기를 햇볕이 잘 들고 나무가 없는 개울 쪽으로만 뻗어내는 바람에 봄, 여름 내내 보지 못하고 지나다니다 갑자기 마주친 것이다. 개머루도 여름 동안 고생한 흔적이 잎사귀마다 역력히 드러나 있다. 개머루 열매는 색깔 변화가 독특해서 한참을 들여다보게 만들지만 먹을 수 있는 열매는 아니다. 열매의 독특한 색깔들은 식욕을 불러일으키기보다는 왠지 두려운 마음이 앞서게 하는 마력이 있다. 게다가 개머루 껍질에는 '열매 속에 벌레가 들어 있으니 손댈 생각 따윈 말라'고 경고하듯 주근깨 같은 까만 점이며 뾰루지들이 보이기도 한다.

7일 숲에서 작은 돌멩이 구르는 소리들이 들리기 시작한다. 툭, 데구르르르……. 몇 걸음 앞에서 상수리 열매 하나가 굴러온다. 도토리 속살을 야금야금 갉아 먹는 애벌레가 도토리 궁둥이와 깍정이 사

개머루(9월 6일)

개머루가 꽃이 피고 열매를 맺는 동안에는
말벌류들이 찾아와 날아다닌다. 조심! 또 조심!
유난히 크고 통통한 열매는 곤충의 유충이
기생하고 있는 충영이다.

이의 관다발에 구멍을 만들어 궁둥이와 깍정이가 서로 더는 못 붙들게 만들어 놓았다. 상수리 열매처럼 무게가 좀 나가는 도토리는 아주 조금이라도 덜 익은 채 땅에 떨어지면 여기저기가 깨지고 금이 간다. 중력의 힘으로 떨어지는 열매니 깨지는 건 당연하다 생각할지 모르지만, 완전히 성숙한 도토리는 떨어져도 좀처럼 깨지지 않는다. 올해부터 도토리 흉년이 시작되는 걸까? 이렇게 깨진 도토리가 거의 눈에 띄지 않는다. 도토리 흉년이 들고 그 흉년이 3년째 이어지면 다람쥐 얼굴 보기도 힘들어진다. 도토리 깨지는 소리가 멈춘 고요한 숲을 한참 동안 바라본다.

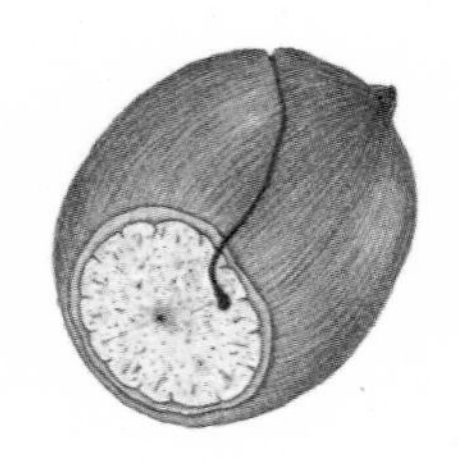
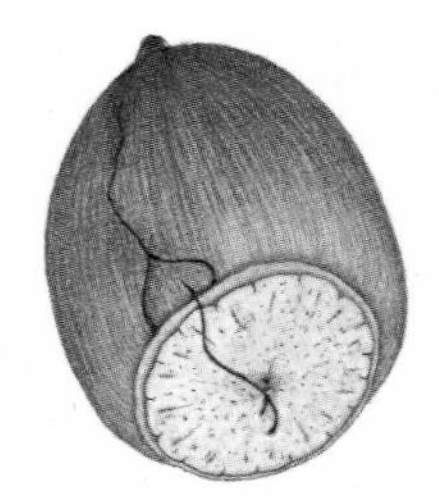

도토리(9월 7일)
아무도 거들떠보지 않는 깨진 도토리. 다람쥐도 사람도 모르는 척 지나간다.

8일 봄(4월 11일)에 본 도토리 새싹 가운데 하나가 이만큼 자랐다. 그때 본 10여 개의 새싹 가운데 유일하게 살아남은 새싹이다. 제법 햇볕이 잘 드는 바위 곁으로 굴러간 덕분에 무사히 살아남은 게 틀림없다. 큰 나무 그늘이나 비탈진 자리에서 뿌리가 휘어지듯 드러났던 도토리들은 모두 죽었다. 일찍 죽는 새싹은 떡잎이 도토리 껍질을 채 벗어나기도 전에 죽기도 하고 떡잎이 펼쳐지면서 죽기도 한다. 본잎이 두세 장 나왔을 때라도 안심할 순 없다. 여름 장마가 기다리고 있으니까. 이 어린 참나무도 여름 폭우로 뿌리 부분이 많이 드러났지만, 덕분에 햇빛을 넉넉히 받은지라 더 튼실해졌다. 끄떡없이 겨울을 나게 생겼다.

9일 방아풀의 꽃이 한창이다. 방아풀은 잎겨드랑이와 줄기 끝에서 마주난 꽃이삭들이 모여 원뿔 모양의 사랑스러운 꽃차례를 이루면서 귀엽고 착한 음표 같은 푸른 꽃들을 피워 낸다. 푸른 꽃들은 햇빛에 반짝이다가, 지나가는 실바람에 눈이 시릴 만큼 흔들리곤 하는데 이때가 바로 방아풀 감상의 최고 포인트가 된다. 푸른 꽃들이 가을 햇살과 바람과 함께 어우러져 만들어 내는 분위기가 사람 마음 깊은 곳에 시큼한 일렁임을 만들면서, 집요하게 붙들고 있던 고집이나 욕심 따위를 희석하거나 묘한 그리움 같은 것을 불러일으키는 것이다.

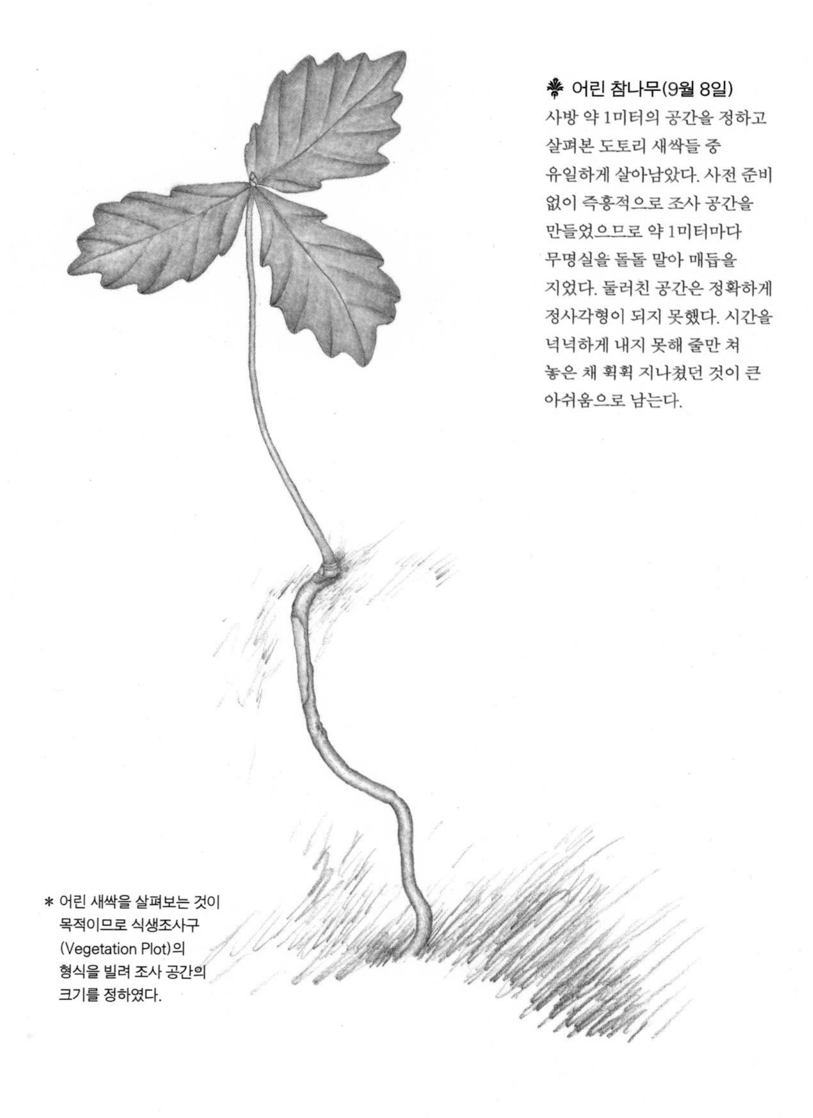

❦ 어린 참나무(9월 8일)
사방 약 1미터의 공간을 정하고 살펴본 도토리 새싹들 중 유일하게 살아남았다. 사전 준비 없이 즉흥적으로 조사 공간을 만들었으므로 약 1미터마다 무명실을 돌돌 말아 매듭을 지었다. 둘러친 공간은 정확하게 정사각형이 되지 못했다. 시간을 넉넉하게 내지 못해 줄만 쳐 놓은 채 휙휙 지나쳤던 것이 큰 아쉬움으로 남는다.

* 어린 새싹을 살펴보는 것이 목적이므로 식생조사구(Vegetation Plot)의 형식을 빌려 조사 공간의 크기를 정하였다.

방아풀(9월 9일)
방아풀이라고 하면
배초향으로 알아듣는
사람들이 더러 있다.
배초향의 다른 이름인
방아잎, 방앳잎, 방애풀
등을 떠올리기 때문이다.

방아풀은 자생하는 산박하속 식물 가운데 우리에게 가장 친숙하다. 산과 들길에서 흔히 자라고 있으니까. 이 숲길에도 제법 많이 자라지만 제대로 핀 좋은 꽃을 보기는 점점 더 어려워지고 있다. 언제부터인가 방아풀의 새잎과 줄기를 보는 족족 꺾어 가는 사람이 생긴 탓이다. 방아풀의 어린순을 나물로 무쳐 먹을 수 있기 때문에 꺾는 것인데, 꼭 이런 것까지 나물로 먹어야 할까? 사람들이 채소로 개량하지 않은 풀들은 소문과 달리 썩 좋은 맛은 아니다. 나물시장에서 대중화되지 못한 것 가운데 기가 막히게 맛있고 고급스러운 나물도 더러 있지만, 방아풀처럼 쉽게 볼 수 있는 풀이 대중적인 나물이 되지 못한 것은 그만큼 맛이 좋지 않기 때문이다.(이렇게 쓰긴 했지만 타인의 취향을 폄하하려는 건 아니다.) 다만 나에게 다시 방아풀의 푸른 꽃을 돌려주었으면 좋겠다. 방아풀은 잎보다 꽃이다.

10일 이끼가 조금 붙은 제 몸집만 한 소나무껍질을 입에 물고 숲 입구의 시멘트 담벼락을 오르던 다람쥐가 소나무껍질을 떨어뜨린다. 한 번, 두 번, 세 번, 네 번, 다섯 번. 집요하기도 하다. 내가 오기 전부터 저렇게 힘든 일을 하고 있었던 듯하다. 보다 못해 주워서 올려 주려 성큼성큼 걸어가니 나무껍질을 내팽개치고 쪼르르르 담벼락 위로 올라가 나를 빤히 내려다보고 있다. "줘도 안 가진다. 이 녀석아."

껍질을 담벼락 위에 올려놓고 돌아선다.

애기나리 열매가 까맣게 익었다. 봄에 그린 애기나리도 두 번이나 모델이 되어 준 애기나리도 까만 열매 2개를 반짝인다. 오늘은 바위 그늘 아래서 자란 덕분인지 비바람에 잎을 크게 상하지 않은 놀랍도록 깨끗한 애기나리를 그린다. 숲길을 내려오니 소나무껍질도 다람쥐도 보이지 않는다. 다람쥐는 집을 꾸밀 때 나무껍질도 쓴다.

애기나리(9월 10일)
열매가 둥글지 않고 좀 갸름하다. 다 익은 열매라서 마음 편히 살펴보니 잘 여문 씨가 하나씩만 들어 있다. 겉모습은 깨끗하지만 저도 여름나기가 힘들었나 보다.

11일 파리풀 열매가 익어 간다. 씨는 꽃받침 속에 고이 싸여 있는데, 어느덧 꽃받침은 노릇노릇해지고 있다. 일찍 피어 꽃받침이 노랗게 물들었거나 벌써 갈색으로 변한 것들도 가끔씩 보인다. 잎은 단풍이 들기도 전에 고스러진 것이 많다. 누릇해져 가는 깨끗한 잎 하나를 운 좋게 만난다. 파리풀도 이렇게 가을을 맞는다. 예전엔 뿌리와 잎을 으깨어 낸 즙에 밥 한 숟가락을 넣고 비비거나 종이를 잘게 찢어 즙과 섞은 접시를 파리가 잘 앉는 곳에 두고 파리 잡는 약으로 썼는데……. 이제는 청순가련한 '들꽃'(사람들은 이 표현을 참 좋아한다.) 하나가 되어 길가에 핀다.

12일 한낮에 들리는 우르릉 쾅쾅 소리. 천둥과 함께 소나기가 한바탕 쏟아졌다. 오후의 숲은 개울에서 올라온 푸른 안개로 덮이기 시작하고 시들거리던 물봉선은 갑자기 싱그러워졌다. 오리 다섯 마리가 꽤액 꽤액 울면서 어두워지는 하늘을 힘차게 날아 숲으로 들어간다.

13일 노린재나무 열매가 파랗게 익었다. 내가 어린 시절을 보낸 남녘 산에서는 참 흔하게 보던 열매였는데, 여기서는 그리 많지 않다. 어린 열매는 주렁주렁 달리지만 익은 열매는 참 보기 어렵다. 상처 없이 잘 익었다면 야생식물다운 세련미가 넘치는 귀여운 열매가

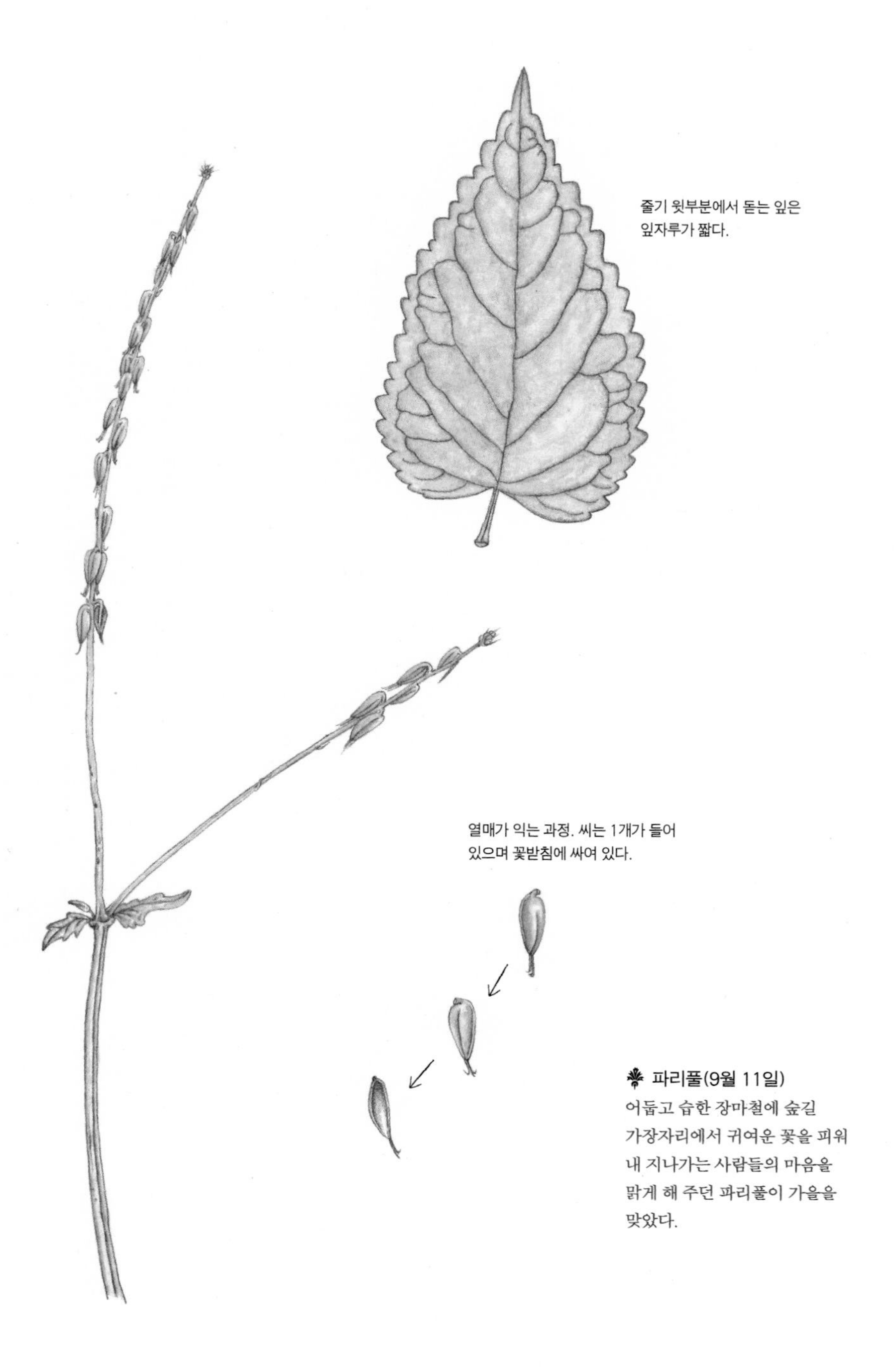

파리풀(9월 11일)
어둡고 습한 장마철에 숲길 가장자리에서 귀여운 꽃을 피워 내 지나가는 사람들의 마음을 맑게 해 주던 파리풀이 가을을 맞았다.

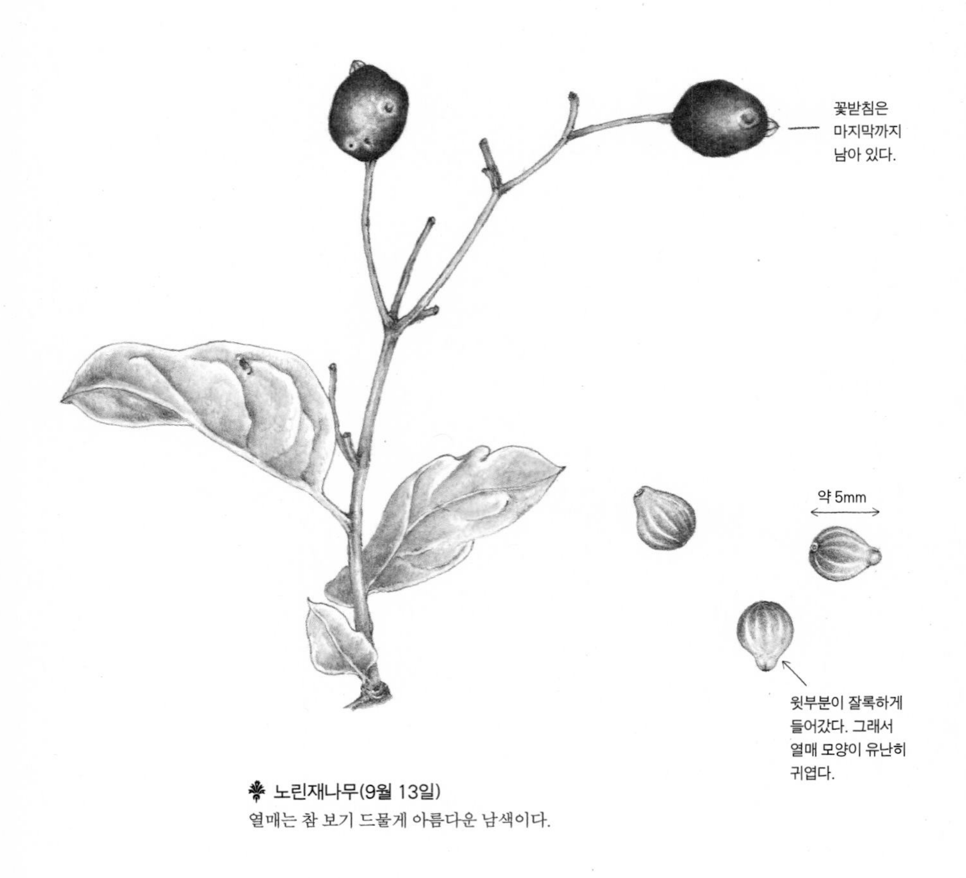

노린재나무(9월 13일)
열매는 참 보기 드물게 아름다운 남색이다.

되어 사진 찍는 사람들에게 관심을 엄청나게 받았을지도 모르는데 열매는 늘 흠집투성이다.

16일 며느리밑씻개의 열매가 몇 개 남지 않았다. 사랑스럽던 꽃받침은 갈색으로 말라 쭈글쭈글해졌고 까맣게 익은 씨가 꽃받침 밖으로 살짝 나와 있다. 꽃받침 속에는 잘 여문 까만 씨가 들어 있다. 씨의 생김새는 둥근 세모꼴로, 꼭 박물관에 전시된 '보물○○호'유물의

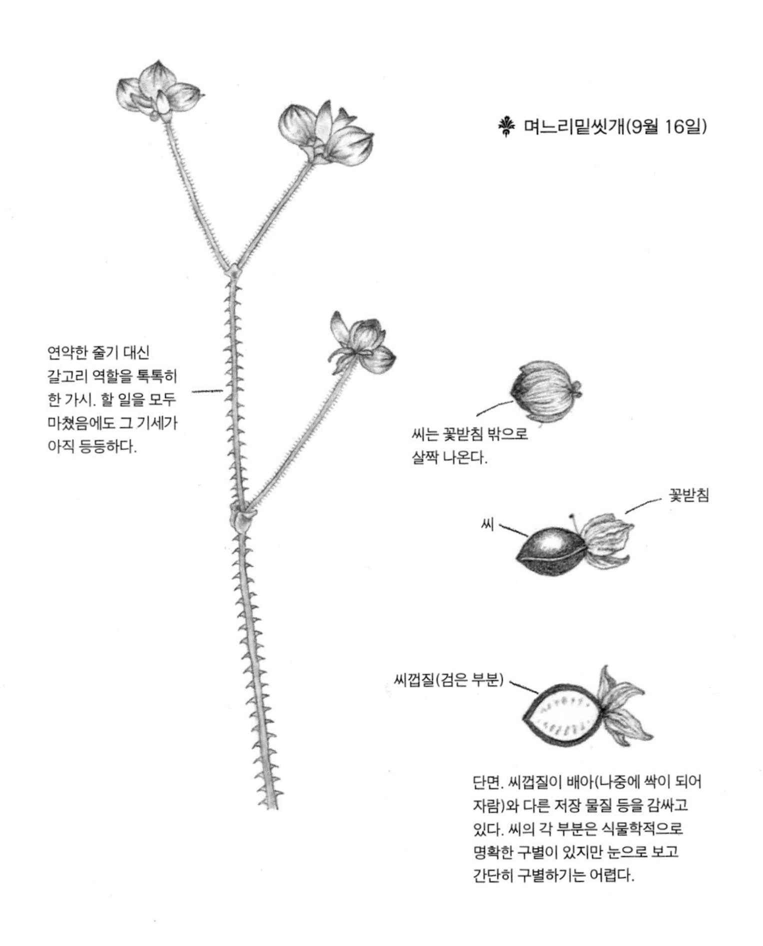

❦ 며느리밑씻개(9월 16일)

뚜껑 손잡이와 좀 닮았다. 씨 하나를 반쪽으로 갈라 본다. 배유, 떡잎, 배축 같은 것으로 꽉 차 있는 단면은 흰색이다.

18일 작살나무 열매에 보라색 물이 들기 시작한다. 도토리가 흉년이어서 도토리 줍는 사람이 거의 없다. 속이 다 시원하다. 작년 일기 몇 편을 보면 도토리 줍는 사람이 얼마나 극성인지 알 수 있다.

9월 19일

노린재 열매가 먼바다색처럼 파랗게 익었다. 요즘 숲바닥은 도토리 줍는 사람들 때문에 먼지투성이다. 사람들은 쌓인 낙엽을 들쑤시고 언덕받이에서 돌덩이를 굴리기도 하며(굴린 다음 빛의 속도로 사라진다.), 심지어는 작년 가을에 쌓인 낙엽층까지 들쑤셔 가루로 만든다. 도토리가 떨어질 무렵에는 숲 입구에 정현종의 시를 크게 적어 걸어 놓으면 어떨까.

다람쥐를 위하여

정현종

내 일터 얼마 안 되는 도토리나무숲에 도토리가 떨어지면,

어디서 왔는지 아줌마 아저씨들이
비닐봉지나 무슨 헝겊주머니 같은 걸 갖고 와
도토리를 주워 담는다. 떨어진 걸 다만 주워 담는 게 아니라
돌로 나무기둥을 치거나 장대로 가지를 쳐 떨어뜨리기도 한다.
또 보이는 것만을 줍는 게 아니라 가랑잎을 파헤쳐
그 속에 있는 것까지 깡그리 주워 간다. 싹쓸이다.

숲에 다람쥐가 꽤 많았으나 해가 갈수록 줄어들어
이제는 거의 보기 힘들어졌다.
나는 산보를 하다가 한심하고 딱해서 아줌마 아저씨들을
야단치기도 하였다. 사람들은 먹을 게 많지 않느냐,
하다못해 라면이라도 있지 않느냐. 다람쥐는 먹을 게 도토리밖에
없지 않느냐. 그러나 소용이 없다. (도토리묵 장사들이
도토리 한 말에 얼마씩 주는지 모르겠으나) 돈이 되면 뭐든지
싹쓸이다.
싹쓸이하는 손에 비하면, 도토리 하나 쥐고 오물오물오물오물 먹는
다람쥐의 두 손은 너무 이쁘다.

9월 20일

토요일이 되니 도토리 줍는 사람들로 골짜기와 등성이가 북적거리는데, 북적이는 인파 속에는 아주 젊은 사람도 몇 보인다. 다행스럽게 11시 무렵부터 비가 내린다. 비가 내리면 사람들은 썰물처럼 빠져나가기 때문에 숲이 잠시라도 도토리 몸살에서 벗어날 수 있다.

10월 9일

"도토리, 여기 개울물로 깨끗이 씻어서 잘 말려 김치냉장고에 넣어 뒀어."

"사람들이 안 가는 골짜기에 내 도토리나무들이 있어."

"어머? 무섭지 않아?"

"무섭긴. 얼마나 뿌듯한데. 나 혼자 실컷 주울 수 있잖아. 몇 그루 분양해 줄까?"

"아유, 그럼 고맙지."

'도토리나무'를 아파트처럼 '분양'한다느니 어쩌느니 하는 두 사람의 얼굴이 궁금하여 저절로 고개가 뒤로 돌아간다. 다람쥐 한 마리가 너럭바위를 쪼르르 달려 참나무 아래로 간다. 아이고, 다람쥐야. 이틀 전에 막대기를 든 사람 몇이 그 참나무 아래를 들쑤셔서 가루로 만들었단다. 가 본들 별 수 없을 텐데…….

20일 누리장나무 열매가 '옷장 속의 파란 구슬'[03]처럼 익었다. 내가 오래 살펴보던 누리장나무 열매는 모두 떨어져 버렸다. 열매를 따서 파란 겉껍질을 벗기면 파란 즙액과 함께 씨가 나온다. 씨는 1~3개씩 들어 있다.

21일 갑자기 소나기가 내린다. 많이도 내린다. 개울은 흙탕물로 넘치지만 청둥오리 한 쌍은 빗속에서 여유롭게 개울 옆 바위를 걷는다. 암컷 청둥오리는 보는 사람이 많을 때는 좀 부자연스럽고 미끄러지듯 비틀거리기도 하더니 오늘 보니 수컷보다 훨씬 더 활기차고 명랑하게 논다.

22일 산마루와 중턱이 누릇하게 물들기 시작한다. 물봉선의 열매 꼬투리가 안쪽으로 동그랗게 말리면서 터지고 씨가 날아간다. 어떤 씨는 힘껏 날아와 내 콧등을 때린다. 물봉선의 씨, 제비꽃의 씨, 야생콩들의 씨처럼 둥그스름하고 밋밋한 씨들은 익으면 공처럼 날아간

03 옛이야기 '개와 고양이'에 나오는 구슬. 개와 고양이가 주인이 잃어버린 구슬을 되찾아 오는 과정에서 서로 다투어 사이가 나빠졌다는 것이 이야기의 줄거리이다.

누리장나무(9월 20일)
붉은 자주색으로 물든 꽃받침이 활짝 젖혀지고 윤기 나는 짙은 푸른색 열매가 도드라지듯 올려 있어 쉽게 눈길을 끈다. 씨는 나무로 깎은 표주박 모양으로, 표면은 이제 막 초벌 깎기를 마친 목공예품처럼 거친 그물무늬가 있다.

씨
열매 꼬투리가 5조각으로
갈라지면서 돌돌 말리는
동시에 씨가 튀어 나간다.
튀어 나가는 속도와 돌돌
말리는 속도에 늘 감탄한다.
꽃줄기에는 짧고 통통한
홍자색 털이 있다.

물봉선(9월 22일)

다. 햇볕 좋은 날, 풀밭 여기저기에서 '툭, 툭, 딱, 따닥, 따다닥'거리는 소리를 듣고 있노라면 풀들이 공놀이를 하는 것 같다는 생각도 든다. 꼬투리 열리는 시간에 따라 공놀이의 종목도 달라지고 그날의 점수도 달라지겠지. 씨의 크기며 열매의 생김새, 그날의 햇볕과 바람에 따라 공의 속도도 달라지겠지. 관중들의 환호성은 얼마만큼일까? 나 같은 불청객도 반가워할까? 조금 전 콧등을 때리며 날아간 물봉선의 씨는 홈런일까? 날아가는 씨 모두가 홈런이면 좋겠다.

23일 사위질빵의 열매가 여물어 간다. 어느 날 자고 일어나 보니 꽃들이 활짝 핀 것처럼, 열매들도 어느 날 갑자기 암술대가 하얗게 변하면서 늦가을 햇빛에 빛난다. 희게 빛나며 흔들리는 암술대들을 보면 나도 모르게 머리카락을 쓸어올리게 된다. 찬바람을 따라 가랑잎들이 흩어지듯 날리는 오후, 역광에 반짝이는 사위질빵의 열매 무리를 볼 때면 시간이 벼락 치듯 지나가 버렸다는 생각이 퍼뜩 든다. 그리고 쓸쓸해진다. 어린 시절, 사위질빵의 열매 무리를 볼 때마다 느끼던 쓸쓸함은 지금도 여전하다. 손이 시린 날 듣는 하모니카 소리 같다고나 할까. 사위질빵 앞에 주저앉으려고 자리를 펴려다 보니 어미 포기 아래 자리 잡은 뜻밖의 새 식구가 보인다. 개울로 치고 올라오는 겨울바람을 따라 어디 먼 곳, 아니면 여기보다 좀 더 나은 자리

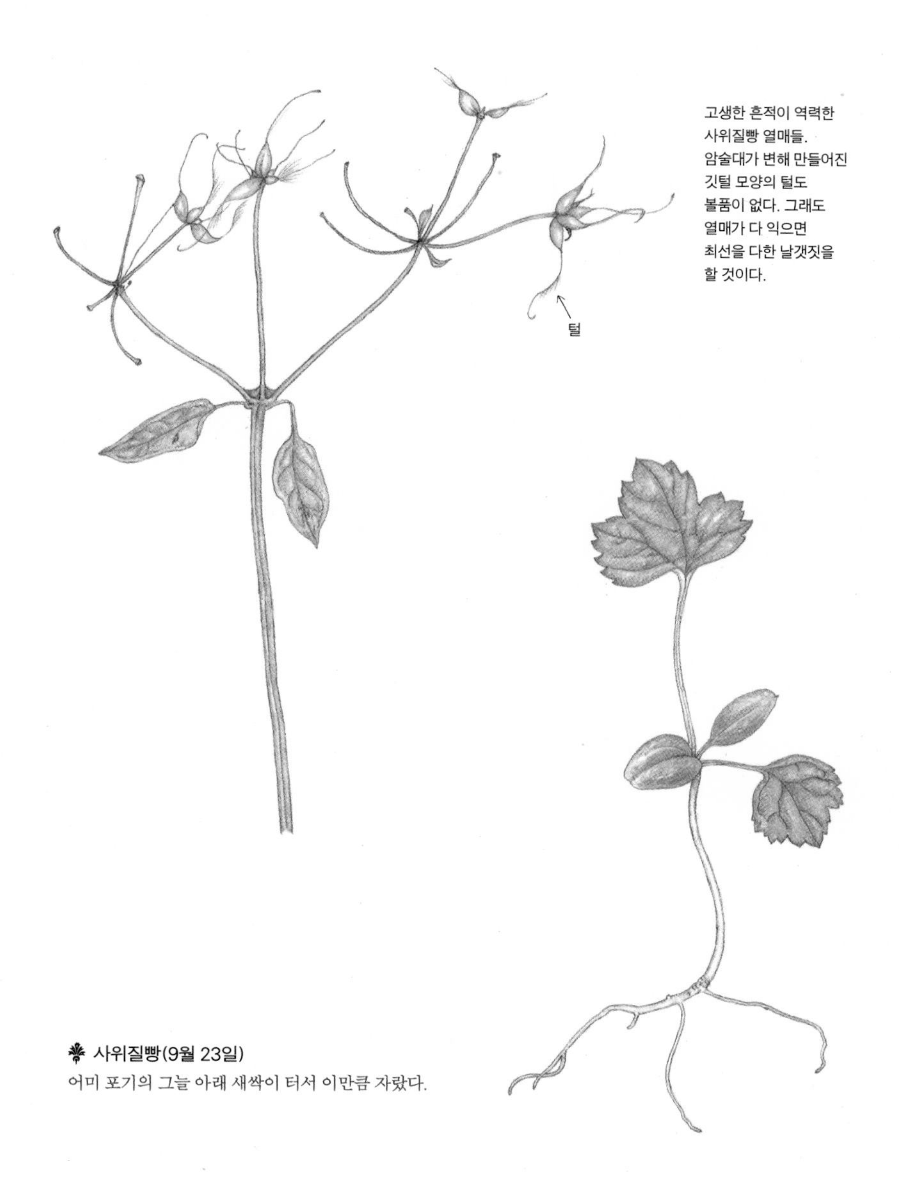

사위질빵(9월 23일)

어미 포기의 그늘 아래 새싹이 터서 이만큼 자랐다.

로 가기를 바랐는데 새싹들은 어미의 그늘 아래서 이만큼 자란 것이다. 종종종 돋아나 여름을 무사히 넘긴 어린 새싹들이다. 앞으로 과연 어떻게 될까. 그저 언젠가는 사위질빵이 줄딸기를 위협하게 될지도 모른다는 상상을 해볼 뿐.

24일 풀잎들이 흰곰팡이병이나 잿빛곰팡이병에 걸린 채 실바람에 흔들리고 있다. 꽃향유가 피기 시작한다.

26일 향유의 꽃이 피기 시작한다.

28일 옆으로 눕듯 휘어지면서 자란 아까시나무 구멍 속에서 아기 다람쥐 세 마리가 얼굴을 내밀고 있다. 어릿어릿한 표정으로 한참 바깥세상을 살펴보더니 한 마리가 조심스레 밖으로 나오고 또 한 마리가 뒤따라 나온다. 둘은 짝을 이루어 아주 천천히 나무 아래쪽으로 내려온다. 셋째 다람쥐는 고민 끝에 겨우 밖으로 나와 나무 위쪽으로 오르기 시작하는데 1미터 오르는 데 30여 분이나 걸린다. 앞의 두 마리가 나무 위쪽으로 방향을 바꿔 나란히 오르기 시작하자, 요 녀석은 아래쪽으로 내려오기 시작한다. 조심조심 또 조심. 아기 다람쥐들은 발이 유난히 크고 꼬리가 좀 가늘다. 다람쥐들은 잠깐 머뭇거리다

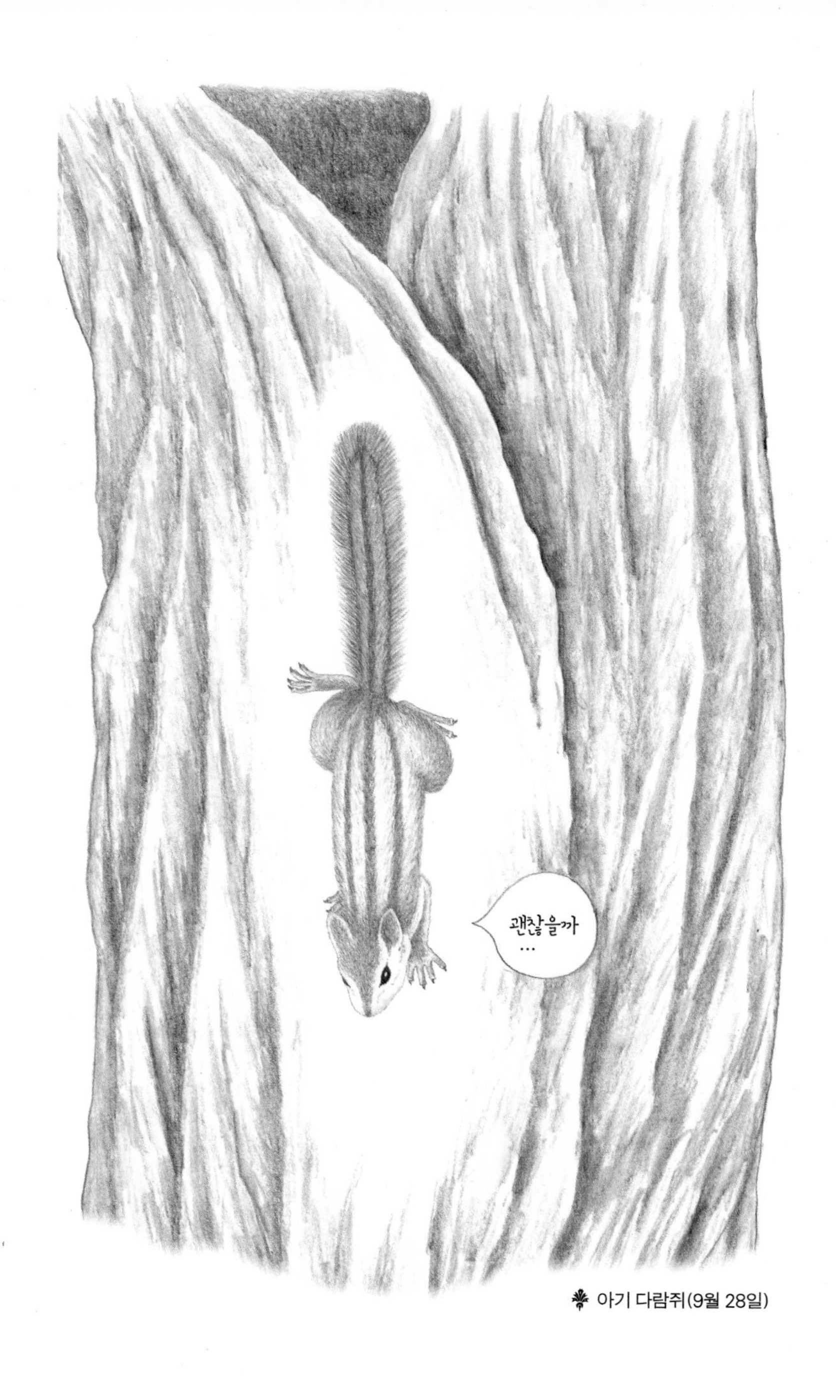

아기 다람쥐(9월 28일)

가 갑자기 앞으로 나아간 다음 딱 멈춰서고 다시 머뭇거리다가 앞으로 나아가지만, 끝내 제가 살고 있는 집 근처를 벗어나지 못하고 다시 집 안으로 들어갔다.

29일 아기 다람쥐들이 햇볕을 쪼이려는 듯 살금살금 밖으로 나오기 시작한다. 어제보다는 걸음걸이가 좀 가볍다.

30일 아기 다람쥐들이 보이지 않는다! 햇빛이 이렇게 환한데! 꽃향유가 만발했는데! 아기 다람쥐들을 기다리다가 거미고사리를 보러 갔다. 봄에 혈혈단신이던 거미고사리는 몇 달 사이에 참 많이 달라졌다. 잎 끝을 실처럼 가늘고 길게 만든 다음 고양이허리처럼 유연하게 뻗어 나가다가 문득 멈추고 맨 끝(정단부)에서 무성아를 하나씩 만들어 키워 냈다. 대부분 실하게 자랐지만 어떻게 겨울을 날까 싶게 작은 것도 있다.

양치식물에는 거미고사리처럼 무성생식을 하는 종들이 있는데, 이 무리는 전 세계 양치류 가운데 5퍼센트를 차지한다고 한다.

가을에 만난 거미고사리는 부자가 되었다. 잎 끝에 자신의 형질을 완벽하게 물려받은 어린 포기도 여럿 만들었고 홀씨주머니들도 두둑하다. 때가 되면 주머니들 속 홀씨도 사방으로 뿜어져 나올 것이다.

거미고사리(9월 30일)
아직 어린 것들이 무사히 겨울을 날 수 있을까?
서리, 겨울 가뭄, 찬바람, 물리적인 충격…….
어린 새싹이 넘어야 할 산은 아직도 너무 많다.

거미고사리 홀씨주머니 무리(9월 30일)

어미 포기의 형질을 그대로 물려받지 않고 유전적 변이의 가능성을 품었다. 기대해 볼까? 혼자서 홀씨주머니 무리(포자낭군)도 만들고 무성아도 만드는 바쁜 잎에게 무리한 요구인 걸까?

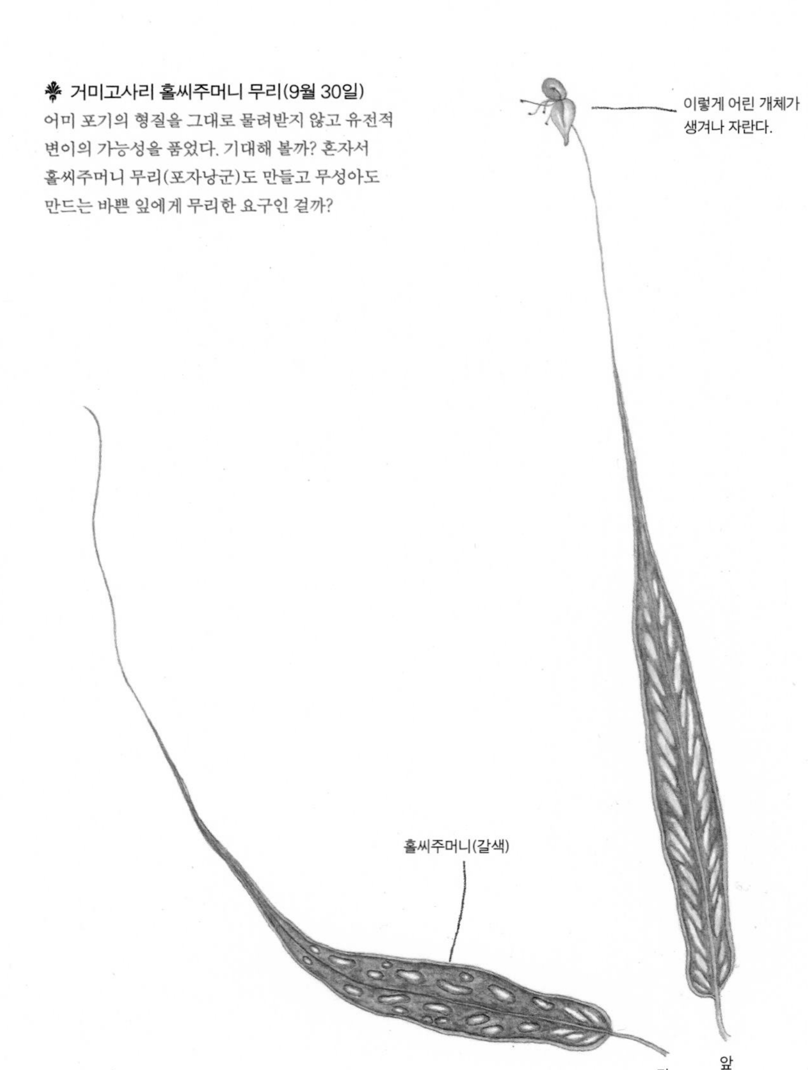

무성아들이 모인 군생집단은 어지럽게 덮혀 있어도 전혀 혼란스럽지 않고 오히려 세련된 감각이 느껴지는 독특한 아름다움을 보여 준다.

10월

1일 향유의 꽃은 벌써 지기 시작한다. 꽃향유는 연이어 화려한 새 꽃송이들을 만들어 내고 있다. 분홍향유, 연보라향유, 흰꽃향유가 어우러진 작은 터를 발견했다. 요리조리 살펴보니 사람이 살았던 집터이다. 기와 조각, 벽돌 조각, 술잔, 시멘트 부스러기 등이 흙 속에서 얼굴을 내밀고 있다.

2일 어쩌다 떨어지는 도토리 한 알. 그 한 알 겨우 구경하면서 이 가을을 넘기려나 보다. 볼이 미어터지도록 먹이를 물고 달리는 다람쥐도 어쩌다 가끔 보일 뿐이다.

3일 그동안 보지 못했던 아기 다람쥐들이 아까시나무를 오르락내리락하며 놀고 있다. 두려움이 많이 가신 듯도 보이지만 아직 어려서인지 모두 함께 몰려다니며 가끔씩 주변을 경계하는 듯한 자세를 취하기도 한다.

4일 하룻밤 사이에 두려움이 없어진 아기 다람쥐들. 재빠르게 움직이며 저희끼리 놀기에 여념이 없다.

5일 상수리나무 단풍이 팔랑이며 내려와 내 발 아래 눕는다. 도토리 줍는 사람들이 나무줄기를 쳐서 억지로 떨어뜨린 잎이 아닌, 정식으로 '떨켜'[04]를 움직여 떨어뜨린 첫 참나무 단풍이다. 점잖고 우직하고 풍요로운 나무답게 단풍도 고급스러운 품위를 갖추었다. 참나무 단풍은 무조건 갈색이라고 치부해 버리는 사람이 많지만 그렇지 않다. 새벽에 숲에 들어갔다가 아침 해가 솟아오를 때 숲에서 나오는 사람이라면, 밤새 떨어져 쌓인 참나무 단풍이 얼마나 다양한 색을 갖추며 얼마나 아름다운지 금방 알게 된다. 특히 상수리나무의 두텁고 윤나는 잎에 물든 황금빛은 노란 단풍이 보여 주는 생기발랄함과 기품을 100퍼센트 발휘한 명작이다. 상수리나무 단풍을 가만히

04 잎이나 성숙한 과일이 떨어질 무렵에 잎자루나 과일꼭지가 가지와 맞붙어 있던 자리에 생기는 특수한 세포층. 수분과 양분이 잎으로 빠져나가는 것을 막아 잎을 떨어뜨리며 미생물의 침입, 추위 등을 막는다.

상수리나무 잎(10월 5일)
어리상수리혹벌의 알 4개가 차례로 달려 있다.
잎은 실물크기이다.

보고 있노라면 잔잔하고도 깊은 울림을 느낄 수 있다. 꽃 피우기, 열매 만들기, 맑은 산소 만들기, 지구를 초록별로 꾸미기……, 온갖 좋은 일들을 마치고 돌아가는 마지막 길에도 아름답고 씩씩한 모습을 잃지 않기 때문이다.

6일 숲길이 이상하다. 몇 발자국 지날 때마다 꺾어진 나뭇가지며 나뭇잎, 덜 익은 열매, 뿌리째 뽑힌 풀들이 드문드문 떨어져 있거나, 박힌 돌멩이가 뽑혀져 나뒹굴기도 한다. 작은 도랑 근처에서 자라는 어린 광대싸리는 잎을 모조리 뜯기는 수모를 당한 채 벌거벗은 모양새로 서 있다.

'헨젤과 그레텔?'

집에 가는 길을 잃어버릴까 조바심 난 소심한 누군가가 이런 만행을 저질렀을 거라고 애써 긍정적으로 생각하며 걷는다. 그러다가 도랑 바닥을 나뭇가지로 마구 뒤집어엎고 있는 부자지간을 만난다. 한마디 하고 싶지만 나도 식물 뿌리를 본답시고 돌멩이며 흙을 들어낸 전과들이 있어, 하고 싶은 말을 꾹 참고 숲길을 올라간다. 샘터에서 물 한 바가지를 받아 마시며 돌담 곁에 서 있자니, 부자지간이 씩씩하게 올라온다. 오는 동안에도 가지와 잎들을 끊임없이 성가시게 한다. 아들은 샘터에 오자마자 사람들이 물병을 올려놓고 물을 받는 자리

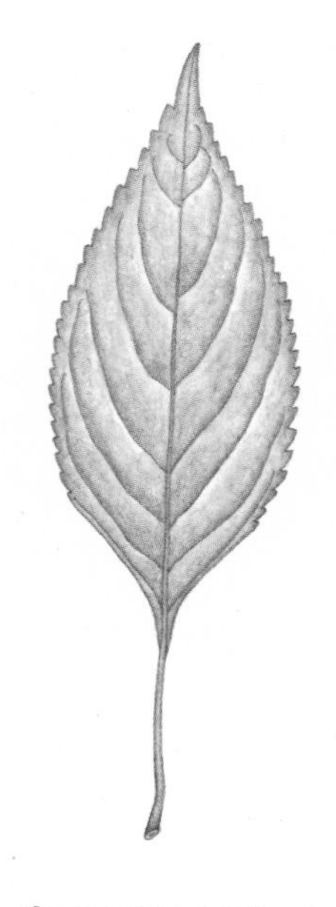

꼭 그렇게 한 웅큼씩 뜯어서 들여다보아야 식별이 가능한 걸까? 관찰 대상을 섬세하게 다루었을 때 관찰자의 감각은 더 예민해진다.

향유 잎(10월 6일)

꽃향유 잎(10월 6일)

로 뛰어 올라가 이리저리 돌아다닌다.

암기보다는 이해의 중요성을 깨닫고 아이 손목을 잡고 숲에 들어온 아버지의 열정은 기특하지만, 이건 정말 아니다.

애써 분을 가라앉히며 따끔하게 아이를 야단치자, 두 사람은 무표정한 얼굴로 말없이 숲길을 내려간다. 내 눈앞에서 사라지는 동안에는 풀잎 한 장 건드리지 않는다. 그러나 내려가는 길에 두 사람이 뜯어서 버리고 간 새로운 잎들을 보고 말았다. 그 속에서 향유와 꽃향유의 잎을 만난다. 숲의 아름다움, 숲에서 누리는 행복을 저렇게 무거운 짐으로 바꿔 지고 낑낑거리는 사람을 만나서 참 씁쓸하다. 이 길을 3년째 걷는 동안 저런 사람을 딱 한 번 마주친 것이 다행이라면 다행이다. 저렇게 요란한 오감 체험(아이 아버지가 내게 한 말이다.) 인구는 기하급수적으로 늘지 않기를!

7일 가을바람에 잎사귀들이 날리며 반짝이기 시작한다. 눈앞에 무언가가 어른거리는 듯 불안하게 비춰 주는 가을 햇빛. 9월 내내 푸른 열매와 푸른 꽃만 보아서 조금 서늘해진 마음을 노랗게 핀 감국이 따뜻하게 감싸 준다.

13일 사람들이 쓰고 버린 나무젓가락이 보인다. 거기에 붙은 음식 부스러기를 어린 생쥐가 갉아 먹고 있다.

16일 방아풀의 열매가 익는다. 아직 남아 있는 온전한 잎을 가만히 바라본다. 방아풀 잎은 우리처럼 소박하게 생겼으며, 모든 잎이 다 그렇듯 알뜰하고 튼튼하게 한 해 살림을 잘 꾸려 냈다.

이 무렵이면 꽃받침의
생김새가 뚜렷하게
드러나기 시작하면서
꽃받침 속에 고이 들어 있던
씨가 쏟아진다. 씨 윗부분에
점 같은 선이 보이지만
뚜렷하지는 않다.

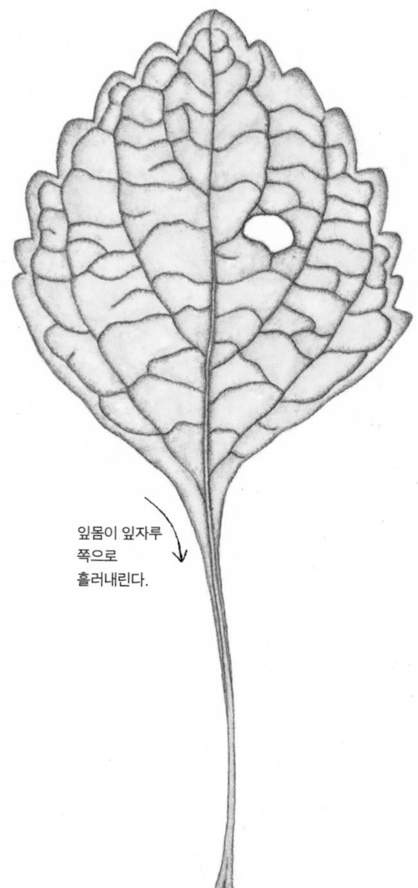

잎몸이 잎자루
쪽으로
흘러내린다.

밑부분이 좁은 날개 모양을 이루고
잎자루쪽으로 흘러내린 모습이 편안하고
우아한 느낌을 준다.

방아풀 잎과 열매(10월 16일)

❦ 작살나무(10월 19일)
꽃이 많이 달려도 잎이 무성해도 늘 수수하던 키 작은 덤불나무가 이렇게 달라졌다.
그림처럼 마주나는 잎이 보라색 열매와 함께 달려 있는 화려한 모습도 좋지만,
어딘가 살짝 구멍이 나거나 갈색 얼룩이 든 잎사귀 한두 장이 가련하게 매달려
파르르 흔들릴 때면 작살나무 특유의 소박한 운치가 아주 그만이다.

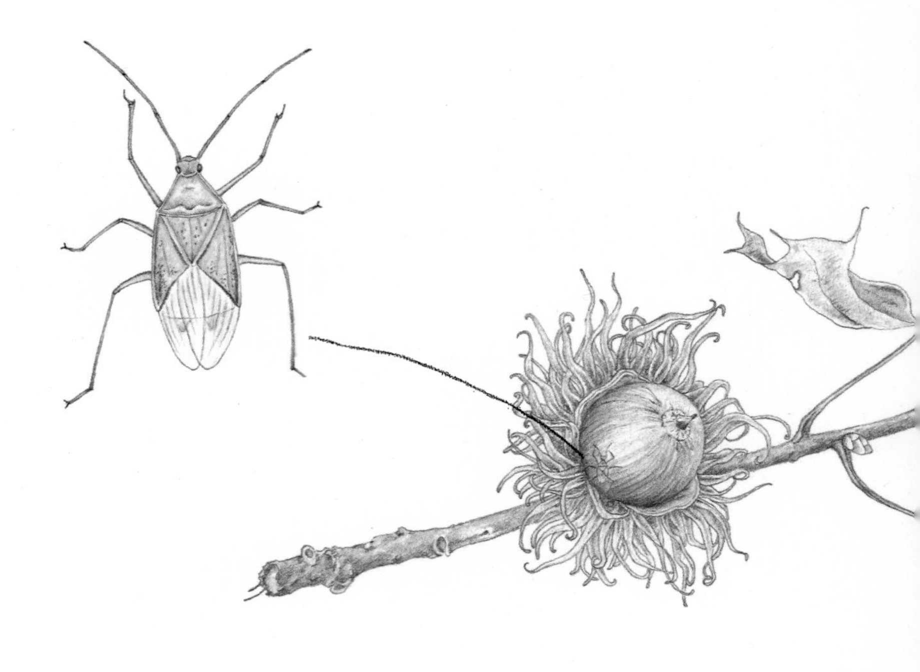

햇빛을 쬐고 있는 참나무노린재(10월 21일)

19일 밤새 천둥이 치고 비가 내렸다. 숲은 불그스레해졌다. 개울에는 차디찬 흰 물이 넘치고 숲은 단풍들로 울긋불긋하다. 작살나무 잎과 열매가 참으로 고와서 자꾸 걸음을 멈춘다. 꽃향유의 꽃잎이 지난밤 비에 거의 다 떨어졌다.

21일 참나무노린재가 마른 상수리나무 열매 위에 올라앉아 이제 막 떠오른 아침 햇빛을 쬐고 있다. 얼마나 추운지 꼼짝도 하지 않는다. 이 무렵처럼 참나무노린재의 날개색이 아름답고 섬세해 보이는 때는 없으므로 좀 춥지만 그려 보기로 한다. 그림을 다 그렸는데도 노린재는 꼼짝하지 않는다. 제법 긴 시간이 지났고 햇볕도 그럭저럭 따뜻해졌는데……. 죽은 녀석을 산 것으로 잘못 보았나 싶어 연필심으로 살짝 건드려 보니 아주 조금 움직이다가 멈춘다. 갑자기 가을이 아주 쓸쓸해졌다.

23일 잎굴파리[05]가 갓 빠져나간 잎 하나와, 이미 구멍이 숭숭 난 잎 한 장을 줍는다. 절묘하다. 처음 주운 작품의 작가는 잎굴파리(내가 진저리를 낼 만큼 싫어하는, 그래서 어떤 날은 너무 화가 나 소리를 꽥 지르거나 비속어를 퍼부어 대기도 하는)인 걸 알겠는데, 또 다른 작품의 작가는 누구일까?

24일 진달래, 산철쭉, 철쭉의 마른 열매와 씨들을 만난다. 씨들은 벌써 쏟아져 사방으로 흩어졌고 몇 개만이 남아 있는데 모두가 얇고 가벼워 바람에 잘 날아가게 생겼다. 이렇게 가벼우니 산과 수백 미터 떨어진 집까지 간단히 날아가 그 집의 화분 위에서 싹을 틔우기도 하는 것이다. 이들의 열매는 삭과(蒴果)[06]이다.

05 잎 표면에 구멍을 뚫은 다음 즙액을 빨아먹는 파리. 암컷 성충이 잎이나 줄기 표면에 구멍을 내고 알을 낳으면 유충이 뱀처럼 구불구불하게 굴을 파듯 다니면서 식물체의 엽육을 갉아 먹는다.

06 열매가 완전히 익으면 껍질과 껍질 사이의 이음줄(봉선)이 벌어지면서 씨앗이 튀어 나가는 열매.

진달래

산철쭉

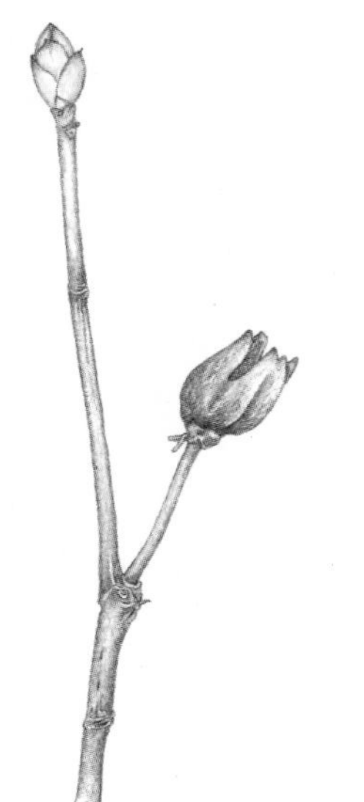

철쭉

진달래, 산철쭉, 철쭉(10월 24일)

식물 이름	열매 모양
진달래	둥근 통 모양(원통형)
산철쭉	달걀 모양(난형)
철쭉	길쭉한 달걀 모양(장난형)

25일 장대여뀌. 나는 야생식물의 이런 섬세함이 참 좋다. 야생식물이 아니면 어디에서 이런 아름다움을 만나 볼 수 있으랴. 제대로 표현해 내지 못하는 것이 안타깝다.

26일 늦도록 피어 있는 꽃향유의 꽃잎을 자벌레가 먹고 있다. 숲에는 후드득 잎 지는 소리가 들리고, 겨우 몇 알 남아 있는 덜꿩나무 열매가 빨갛게 익었다. 내려오는 길에 자벌레를 보니, 꽃향유 꽃을 먹어서인지 紫벌레가 되었다.

생강나무 잎들이 노랗게 물들기 시작한다. 어떤 잎에는 장마철에 떨어진 도토리가 걸려 있다.

27일 이파리 두 장이 춤을 추듯 팔랑이며 내린다. 내 발 아래로 살며시 내려앉은 잎 두 장은 당단풍나무 잎이다. 조금만 먼저 내려앉았다면 아무 생각 없이 밟고 지났을 텐데. 당단풍나무 잎 앞에 가만히 앉는다. 그러고는 당단풍나무 잎과 이야기를 시작한다. 나는 가슴속에 차곡차곡 쌓여 있던 이야기 가운데 하나를 꺼내어 꾸밈없이 솔직하게 털어놓기 시작한다. 당단풍도 내게 조곤조곤 이야기한다. 아름답던 봄날 바람에 나부끼던 어린잎의 청순했던 시절부터, 나방이 날아와 알 낳을 자리를 찾아 돌아다닐 때 느낀 조마조마함, 어떤 균의

장대여뀌(10월 25일)
마른 잎과 단풍든 잎과 단풍드는 잎이 아직 녹색인 잎보다 더 많이 달렸다. 얼마나 버틸 수 있을까 싶은데 그래도 꽃을 달았다. 윤기 나는 까만 씨를 얻을 수 있을까? 여리디 여린 것이 고개를 끄덕이는 것 같기도 하다.

어떤 잎에는 장마철에 떨어진
도토리가 걸려 있다.

❖ 생강나무 잎(10월 26일)
보통은 오른쪽처럼 3갈래로 얕게 갈라지지만 드물게는
왼쪽처럼 2갈래로 갈라지거나 아예 갈라지지 않는 잎도 있다.

❖ 당단풍나무 잎(10월 27일)
여러 갈래로 갈라지는 잎조각, 가장자리의 톱니, 뾰족한 잎끝, 이런 생김새는
단풍나무류의 잎이 다른 잎들보다 표정이 더 풍부해 보이게 한다.

침입으로 생긴 흉터, 비바람에 찢겨 떨어지던 나뭇잎을 볼 때의 슬픔, 밤낮없이 일하던 바쁜 시절들을…… 차디찬 가을 숲에서 당단풍나무 잎 두 장과 이렇게 두어 시간을 보냈다.

28일 싸리 열매가 익었다. 싸리는 조록싸리에 비해 서리에 무척 약해서, 잎은 거의 다 떨어지고 열매도 많이 달려 있지 않다.

29일 가을이 가고 겨울이 오는 사이에 만나는 '어떤 시간'이 있다. 그 '어떤 시간'에 숲에 있으면 꼭 그때에만 맡을 수 있는 독특한 향기 – 말라 가는 잎사귀와 이끼에서 나는 것 같은 향긋함 – 가 숲에 퍼져 있는데 지금 이 시간이 딱 그렇다. 올 한 해, '숲'이라는 장중하고 아름다운 무대를 꾸민 풀과 나무들에게 보내는 자연의 박수 소리가 여운을 남기며 사라져 가는 느낌이랄까. 향긋한 내음과 함께 멀어지는 이 시간, 나에게는 가방 속에 든 준비물들을 어떻게든 하나라도 줄여 보려고 안간힘을 쓰던 시간(여름)에서 두 손을 오랜 시간 바깥에 내놓기 싫어 주머니 속에서 꼼지락거리는 시간(겨울)으로 이동하는 때이기도 하다.

30일 숲에 사는 온갖 제비꽃의 잎이 누렇게 물들기 시작한다. 조

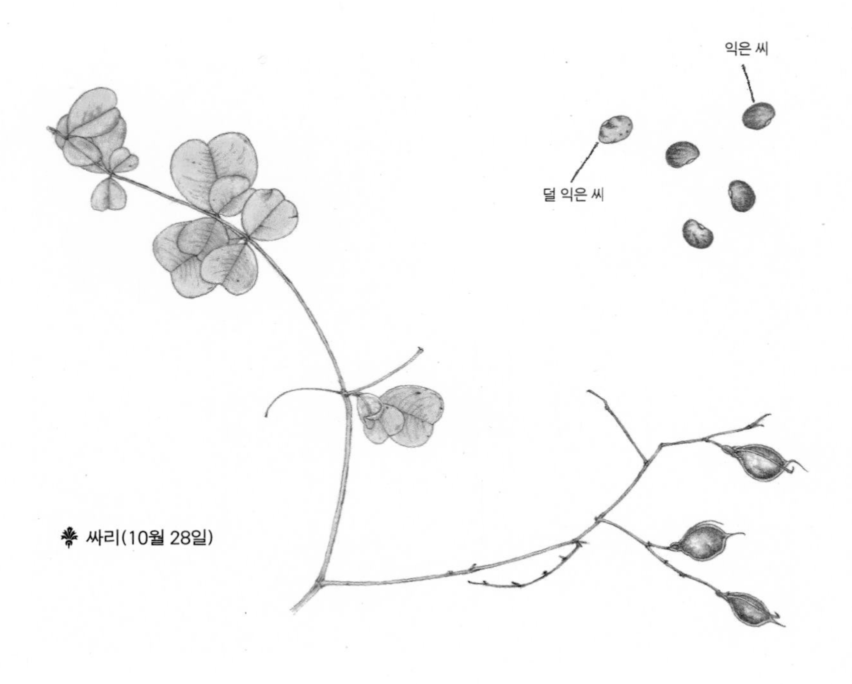

✽ 싸리(10월 28일)

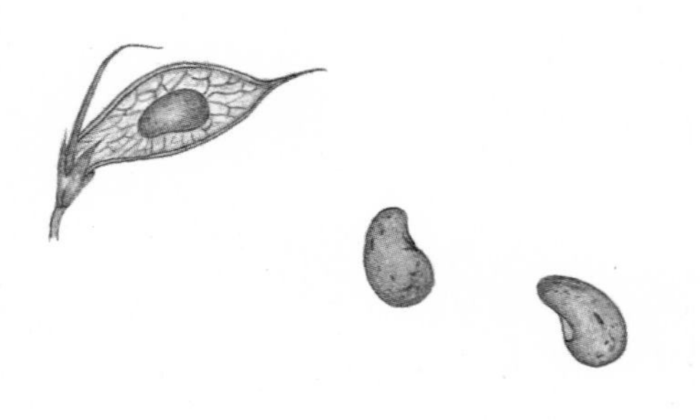

✽ 조록싸리(10월 30일)

싸리와 조록싸리의 조그만 꼬투리 속에 든 씨는 얼마나 작을까? 싸리의 씨는 길이 3mm, 조록싸리의 씨는 길이 3~4mm다. 열매껍질(꼬투리)에 잔털이 많아서 껍질과 씨를 따로 분리할 때 털먼지가 좀 날린다.

록싸리 열매가 주렁주렁 달렸다. 조록싸리는 먼저 돋은 잎이 노랗게 물들고 고스러져 떨어지는데도 새로 자란 가지 끝에선 초록새잎이 자라고 꽃이 피어 있다. 이 숲에서 자유생장[07]하는 나무를 살펴보기에 조록싸리는 아주 좋은 모델이다. 큰키나무가 아닌 데다 어디에서나 볼 수 있으니 말이다.

07 생장에 따라 나무를 고정생장형과 자유생장형으로 나눈다. 고정생장은 겨울눈에서만 잎이 나와 봄에 자라지만 자유생장은 봄, 여름에 걸쳐 잎이 나고 늦은 가을까지 생장한다.

11월

1일 무척 흐린 아침, 애기똥풀의 연약한 새싹이 하늘거린다. 찬바람이 불기 시작하면 연약한 새싹은 낙엽들로 덮히겠지. 애기똥풀은 낙엽 더미를 이불 삼아 겨울을 날 텐데 겨울바람들은 가끔 차디찬 손으로 낙엽이불을 들춰내고 어린새싹을 매정하게 쓸어 댈 것이다. 애기똥풀의 가련한 새싹은 매정한 겨울을 무사히 견뎌 낼 수 있을까. 봄에 피는 풀꽃들 가운데는 애기똥풀처럼 늦은 가을까지 싹이 터서 겨울을 나는 것들이 많다. 별꽃, 쇠별꽃, 벼룩나물, 점나도나물, 벼룩이자리, 매화마름……. 대체로 나물로 사랑받으면서 잡초 대접도 확실하게 받는(매화마름은 이제 멸종위기식물로 분류되어 보호를 받고 있다.) 종류가 많은데 이들은 밭과 논, 그리고 밭과 논의 경계를 이루는 논두렁 밭두렁에서 잘 자란다.

애기똥풀(11월 1일)

11월에 본 애기똥풀 새싹은 손끝만 닿아도 찢어질 것 같은 얇은 잎을 파들거리며 겨울 준비를 서두른다.

가을에 싹이 터서 자라는 것 가운데 가장 눈에 띄는 귀여운 것은 유채와 보리이다. 유채는 꽃향유 새싹처럼 떡잎 두 장을 씩씩하게 펼치고 조금 거친 흙덩이 속에서 우르르 몰아서 난다. 보리는 잎 끝이 동그랗게 말린 채 역시 조금 거친 흙덩이 속에서 뾰족뾰족 올라온다. 나 어릴 적엔 논밭을 갈아엎는 일은 소가 끄는 쟁기와 써레의 몫이었는데 소와 사람과 농기구들이 한데 어울려 만든 구불거리는 곡선 속에서 새싹들이 돋았다. 보랏빛이 감도는 청록새싹(유채)과 사랑스러운 초록새싹(보리)이 만들어 내는 초겨울의 밭 풍경은 지금도 가끔씩 떠오르는 '내가 본 아름다운 풍광' 가운데 하나이다. 그 밭에서 나물감이자 골치 아픈 잡초인 별꽃, 쇠별꽃들도 함께 싹이 돋아 겨울을 나다가 어린 유채순, 어린 보리싹과 함께 나물바구니 속으로 들어가곤 했다. 유채도 보리도 별꽃도 쇠별꽃도 찬 바람 속에서 자라 겨울을 난다. 애기똥풀 새싹도 이들처럼 찬바람 속에서 쑥쑥 자라 로제트를 만들고 낙엽 더미 속에 살며시 몸을 의지한다. 봄이 되면, 가련한 새싹이 있던 자리에는 희고 긴 털로 치장을 한 통통한 풀포기가 예쁘장한 잎사귀들을 땅바닥에 좌악 펼치고 햇볕을 쬐고 있을 뿐이다. '잘도 컸네.' 무심히 지나가면서 나는 이런 생각이나 하는 게 고작이지만, 애기똥풀은 춥고 긴 겨울을 견뎌 보자고 어린잎들은 로제트로 만들고 좀 더 자란 큰 잎들은 둥근 모양으로 넓게 펼쳐 땅바닥을 덮은 다음 찬바람이 조금이라도 자기 몸을 덜 스쳐 가기를, 어린잎과 뿌리가 절대 마르지 않기를, 서리발에 들뜬 뿌리가 조금이라도 상처를 덜 입기를 간절히 바라는 마음으로 겨울을 나게 되리라.

2일 어제 갑자기 비바람이 몰아쳤다. 찬비는 새벽에 떠나갔지만 찬바람은 남아서 힘자랑을 한다. 그늘진 자리마다 얼음이 얇게 얼었고 줄딸기, 좀깨잎나무는 서리 벼락을 맞아 까맣게 타 버렸다. 빨강, 어딘가 조금 남아 있는 초록, 다홍, 연두, 노랑, 살구색 들이 차고 푸른 하늘 위에서 반짝이며 내려오지만 땅바닥에 닿으면서 가랑잎이 되고 만다. 장갑을 끼었어도 손이 시린 날이다.

3일 밤에 된서리가 내렸다. 어제까지도 노란 꽃 세 송이를 달고 당당하던 애기똥풀이 고개를 수그리고 있다. 아직 물이 들지 않은 초록잎들은 떨어지거나, 고스러진 채 파들파들 떨고 있다. 여름 내내 비가 많이 내려 숲 살림도 흉년인데 단풍도 흉년이다. 오후 3시 무렵 숲길을 내려오다 보니 애기똥풀이 새카맣게 변한 채 반으로 푹 꺾여 있다.

6일 벌써 엿새째 가을비가 내리고 있다. 어쩌다 가끔씩 해가 떠서 밝아질 때도 있지만 숲은 대체로 어둡고 춥다. 산딸기 잎만이 씩씩하게 남아 건강한 단풍의 진수를 보여 준다. 저녁 무렵부터 바람이 이는데 꼭 하늘로 오르려는 것처럼 분다.

11일 하루 종일 바람이 분다. 덕분에 아주 보기 드문 새파란 하늘이 펼쳐졌다. 너무 맑고 환한 날씨는 숲의 모든 것을 달라 보이게 만든다. 심지어는 숲길에서 늘 마주치는 사람들의 낯익은 윈드자켓마저 생경하게 만든다. 노루발의 열매가 익어서 갈라진 틈새로 먼지 같은 씨가 쏟아진다. 몹시 청명한 날씨 덕분에 그냥 흔히 보는 갈색 씨마저도 특별하게 빛난다. 옥황상제의 정원에서 천도복숭아와 같은 대접을 받다가 날아오기라도 한 것처럼. 씨는 양쪽에 날개를 달고 있어 흰빰검둥오리의 눈매를 닮았다.

15일 선밀나물 열매가 잘 익었다. 새카만 겉껍질이 쭈글쭈글해졌다. 씨는 붉은 갈색이고 아주 단단하다. 이것을 화분의 흙에 묻어 차디찬 곳에 꽁꽁 얼려 두면, 제비꽃 필 무렵에 새싹이 되어 나온다. 지금 보는 열매는 이렇게 줄기에 매달린 채 겨울을 날 것이다. 선밀나물 열매는 작살나무 열매와 함께 이 숲길에서 눈에 아주 잘 띄는 색깔을 하고 있지만, 대체로 봄이 올 때까지 남아 있을 확률이 높다. 새

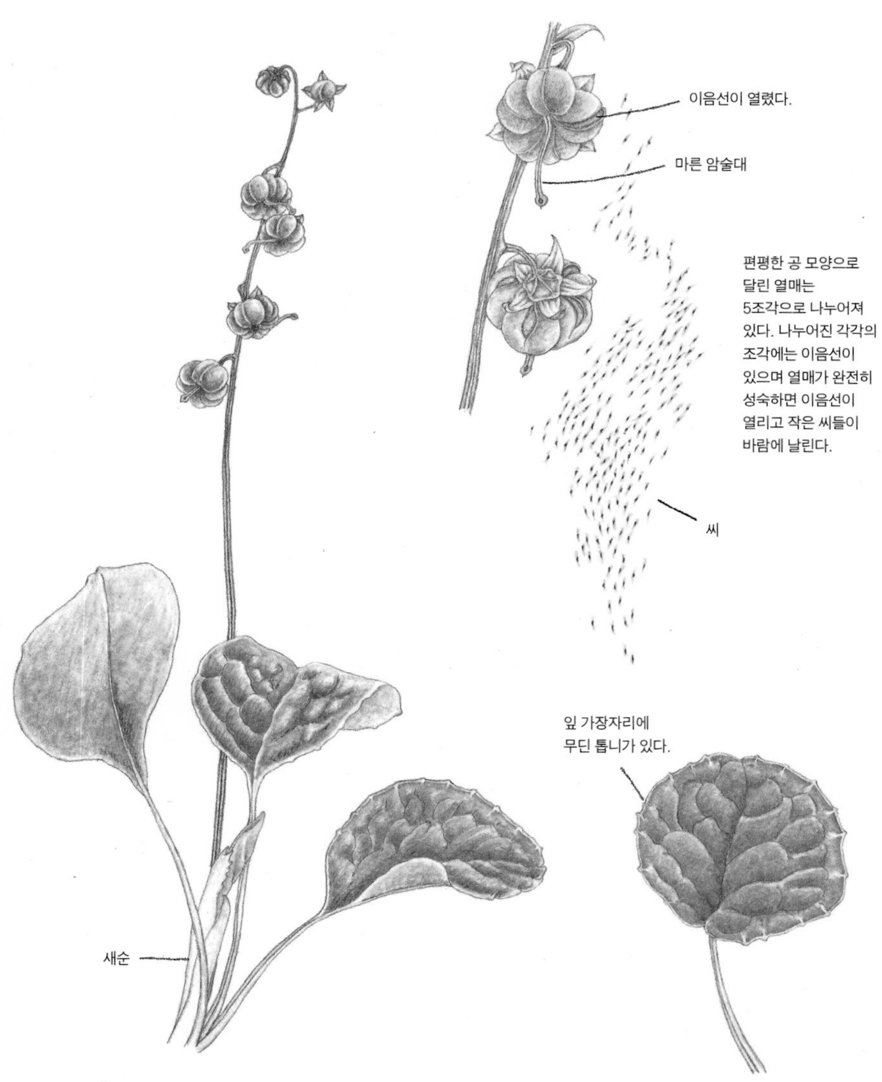

노루발(11월 11일)

'이 정도 추위쯤이야……' 노루발의 잎줄기 사이로 올라오는 새순이 겨울 맞을 채비는 아랑곳하지 않은 채 고개를 들고 있다. 새순은 이렇게 겨울을 보내고 이듬해 여름 꽃 필 무렵에 완전히 자라 새잎이 된다.

✤ 선밀나물 열매(11월 15일)
흰 가루가 덮여 있어 분백색을 띠던
열매껍질이 쭈글쭈글해지니 껍질에 덮힌
흰 가루가 주름을 더 깊게 만든다. 씨를
채종하기에 좋은 때이다.

들에게 별 인기가 없는 열매인 듯하다. 작살나무 열매는 보라색이 누렇게 바래 볼품이 없어지지만 선밀나물 열매는 제법 고운 푸른 색으로 빛이 바랜 채 달려 있다가 이듬해 봄 새싹이 나올 무렵부터 누렇게 바래기 시작한다. 내가 집에서 기르는 선밀나물은 이렇게 파랗게 빛바랜 열매를 따서 씨를 뿌려 가꾼 것이다.

17일 물기가 있는 곳마다 서릿발이 기세등등하게 어린 새싹들을 들어 올렸다. '추상 같은 명령을 내렸다'라고 할 때의 추상은 바로 가을서리이다. 하늘에서 내릴 때는 기상현상이지만 땅에 내리면 지상현상이 되어 곧바로 강력한 효력을 발휘하는 것이 서리이다. 바늘 같은 서릿발은 땅거죽을 들어 올리면서 어린 새싹들도 불쑥 들어 올려 꽁꽁 얼린 다음 말라죽게 만드는데, 어린 새싹일수록 뿌리와 흙이 완전히 분리되다시피 하여 의지할 곳 하나 없이 차디찬 허공에 뜬 채 그대로 얼어 버리고 만다. 마당이 있어 야생화라도 몇 종류 들여와 심어 본 사람들은 서리의 무서움을 잘 알아서 '서리를 피할 만한 자리(온실은 아님)'로 어디가 좋을까? 좁은 집을 빙빙 돌면서 한두 번쯤은 심각하게 생각해 보았으리라. 서릿발에 불쑥 들어 올려진 풀포기들을 보면서 안쓰러움을 느끼는 사람들 가운데는 아마도 '야생화 좀 길러 본' 사람이 꽤 있을 것이다.

18일 개울물이 흘러가는 바위마다 희고 투명한 얼음벽이 생겼다. 11월은 가을인가, 겨울인가. 11월이 되면, 인디언들이 정의한 두 개의 11월에 저절로 공감이 간다. '모두 사라진 것은 아닌 달' '만물을 거두어들이는 달'. '모두 사라진 것은 아닌 달'이라고 믿고 싶은 것은 아직도 가지 끝에 남아 있는 단풍나무의 빨간 단풍과 숲 가장자리에서 뱀딸기, 쇠별꽃의 잎들이 초록색 잎을 달고 아무렇지 않은 듯 모여 있기 때문이다. 그러나 어느 날 아침 갑자기 얼음벽이 된 바위를 보았을 때 '만물을 거두어들이는 달'이라는 표현에 저절로 고개를 끄덕이게 된다. 가장 확실한 것은 겨울이 성큼 다가왔다는 사실을 피부로 느끼는 달이다.

20일 바위들은 희고 싸늘한 얼음바위가 되었고 개울물은 얼음폭포가 되었다. 숲이 잠들기 시작한다.

21일 숲에 첫 눈이 내렸다. 그늘지고 우묵한 곳에만 서늘한 흰색으로 쌓였다. 눈은 나무그늘과 풀잎에 가려 보이지 않게 숲을 적시던 실개천들에 흰색을 입혀 윤곽을 뚜렷하게 드러냈다. 그걸 보며, 숲을 적시던 물길이 저렇게나 많았나 싶어 놀란다. 숲은 그야말로 한 폭의 동양화가 된 것 같아, 나는 잠깐 넋을 놓는다. 오늘은 그 그림 속으로 걸어 들어가 보련다. 나는 그림 속의 호젓한 나그네쯤 되려나.

26일 작살나무 겨울눈이 하늘로 오르려는 자세를 하고, 보라색 열매껍질에는 쭈글쭈글 잔주름이 생기기 시작한다. 작살나무 겨울눈은 아무것도 걸치지 않은 채 겨울을 난다. 남들 다 두르는 그 흔한 아

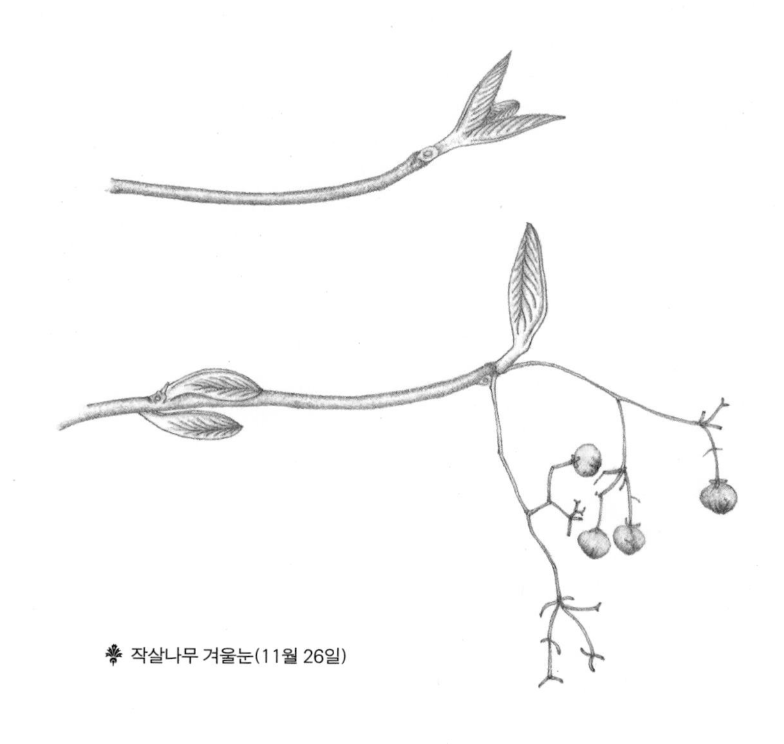

작살나무 겨울눈(11월 26일)

린 한 장도 없이 그저 두 손을 가지런히 모은 듯한 모양을 하고 맨몸으로 겨울을 난 다음, 봄이 되면 아무렇지도 않은 듯 겨울눈에 연두색만 입혀 간단히 봄잎을 만들어 버린다. 참 대단하다. 이렇게 용감한 작살나무들 곁을 지나 숲길을 오르는 동안 무언가 나를 스쳐지나간다 싶어 고개를 드니 나뭇가지 사이로 조그맣고 얇은 흰 눈이 아주 조금 흩날리다가 만다.

'어라? 눈이 오다가 마네?'

> …… 제일 예쁘게 내리는 눈은 슬쩍 열린 한옥의 방문 너머로 곱게 내리던 함박눈. 이 눈을 보면서 앉아 있는 방바닥의 따뜻함은 얼마나 감동적인가…… 몰아치는 함박눈도 아름답다. 춤추는 눈발에 넋을 놓고 있을 때 부엌에서 풍겨 나오는 팥죽 끓이는 냄새, 나지막이 들리던 동치미가 잘 익었다는 소리…….

이런 생각들이 턱턱거리는 내 발자국 소리에 맞춰 끊겼다가 이어지고 다시 끊긴다.

'돌아갈까? 오늘 숲은 쓸쓸해.'

돌아서서 내려오는데, 가랑잎 위로 싸락싸락 소리를 내며 싸락눈이 좀 떨어지다가 만다. 걸음을 재촉하다가 문득 뒤를 돌아본다. 벌거벗은 겨울눈을 잔뜩 단 작살나무가 서 있다. 이런 날에는 작살나무 겨울눈이 유난히 눈에 띈다. 작살나무 겨울눈을 처음 보던 해에는 정말로 오랫동안 이 눈을 들여다보았다. 할 말을 잃게 만든 첫 만남이 너무 강렬해서일까. 겨울이 되면 길을 걷다가 습관처럼 작살나무 쪽으로 고개를 돌리곤 하는데, 지금 막 고개를 돌려 작살나무를 보니 아무것도 두르지 않고 겨울을 나는 겨울눈들이 몹시 홀가분해 보인다.

29일 실비가 내린다. 실비는 잎이 진 가을 숲을 촉촉하게 적시며 잎이 진 나뭇가지마다 말간 빗방울을 대롱대롱 걸어 놓고 “당신이 보석보다 더 좋아하는 것들 실컷 즐기시구려” 이렇게 속살거린다.

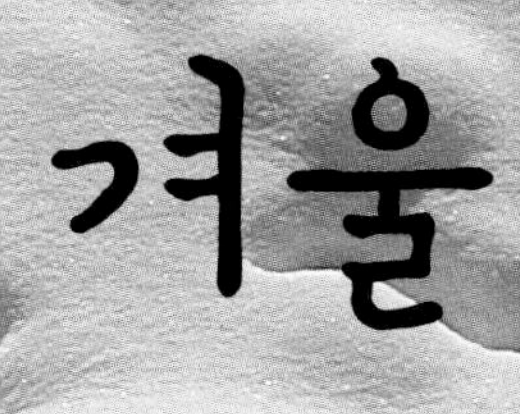

두렵고도

아름다운

얼어붙은
겨울을 깨우는
경쾌한 소리

가랑잎 더미를 살며시 헤치고 올라왔던 풀들은 다시 제자리로 돌아가 가랑잎 더미 아래서 잠이 들었다. 더러는 제 수명이 다한 것들이 있는데 이들은 씨나 어린 새싹으로 다시 태어나 가랑잎 더미 아래 잠시 몸을 의지하고 겨울을 난다. 차디찬 바람이 그 가랑잎 더미를 훑고 지나간다. 가랑잎들은 힘없이 뒤척거리지만 치밀하게 모여 있어서 겨울바람에게 풀 한 포기, 씨 한 톨 순순히 내주는 법이 없다.

허공에 팔 벌린 것들은 그대로 겨울과 꿋꿋하게 마주 본다. 성 밖 오랑캐와 전투를 맞게 된 성 안의 사람들처럼. 바람이 분다. 불안한 소식처럼. 눈도 온다. 바람과 함께 휘몰아치다가 금방 사라져 버리는 눈은 위급한 소식처럼 찾아온다. 소복하게 쌓이며 내리는 눈은 한숨 돌리는 소식처럼 온다. 나는 틈나는 대로 숲에 들어가 전세를 살핀다. 올해는 어떤가, 눈과 바람과 햇볕의 전략을 살피며 승패를 가늠해 보지만 예측은 늘 빗나가고 만다. 다시 눈이 내리기 시작한다. 희고 아름다운 눈이다. 지금 내리는 눈은 한숨 돌리라는 소식인가, 아닌가. 어떤 겨울이든 항상 아름다운 흰 눈이 있었고 움푹움푹 찍힌 커다란 등산화 발자국 곁에 흐릿한 동물 발자국을 보여 주었다. 이걸 보고 어떤 날은 가슴이 살짝 떨리기도 했다. 이 친구는 뭘 구했을까? 먹고 한숨 자는 걸까? '흰 눈 덮인 깊은 숲 속, 멋진 통나무집에 사는 동물 친구들은 과자를 구워 먹는다'고 철석같이 믿는 꼬맹이가 아닌 것이 정말 유감이라고 느낄 만큼, 매섭게 얼어붙은 겨울을 만났던 해에는 눈 쌓인 겨울 산이 한없이 두렵기도 했다. 그때 눈은 흰색으로 아름답게 가장한 치명적인 두려움이었다. 부드럽지만 차갑고, 더할 나위 없이 눈부시지만 무표정하고 고독한 흰 눈, 그 눈을 밟고 먹이를 찾으러 다닌 산짐승들의 발자국과 눈구덩이에 빠진 흔적들이 마음을 짠하게 했다. 바람이 불기 시작한다. 나무는 싸우겠다는 의지를 모두 버린 것처럼 바람과 함께 윙윙거리며 세차게 흔들리면서 미련이 남은 듯 매달고 있던 가랑잎들을 말끔히 떨어낸다. 햇볕이 따뜻한 날은 기지개도 쭉 켠다.

1월이 갔다! 햇빛의 반짝임이 조금씩 달라진다. 바람결도 달라진다. 나뭇가지에 물이 오르는 것처럼 겨울눈을 감싼 아린에도 아주 천천히 윤기가 감돈다. 옛말에 '오면 반갑고 가면 더 반갑다' 하더니, 겨울이 꼭 그렇다. 떠난다 하니 반가운데, 막상 가는 모습을 보면 아쉬운 마음도 새록새록 생겨난다. 정이 든 걸까. 무표정과 매몰찬 변덕 속에 감춰 둔 여린 마음에 넘어가 버린 걸까. 흰 눈이 만들어 낸 치명적 아름다움에 점점 빠져든 것일까.

12월

4일 흐린 날. '쏴아아아아' 하고 소나무 가지에서 바람 이는 소리, 가랑잎들 구슬프게 뒤척이는 소리, 이 두 소리가 합쳐져 바닷가 절벽으로 파도 밀려오는 소리를 낸다.

5일 산봉우리가 눈부시게 달라졌다. 산중턱 아래로는 잎이 진 나무들이 그대로 드러나 있지만 산봉우리에는 정결하고 위엄이 깃든 흰색이 내려와 앉았고, 새파란 하늘에는 검푸르거나 어두운 주황색 구름들이 큰 무리를 지어 날아와 맵시 있게 서로 뒤섞이면서 날쌔게 날아간다. 늘 보던 산이 주는 낯설고도 놀라운 아름다움에 카메라를 들고 아파트 꼭대기층까지 올라가 보지만 사방천지에서 콘크리트 건물과 전봇대가 시야를 가로막는다. 카메라를 집에 두고 설레는 마음으로 달려가 숲 앞에 선다. 가까이 다가가서 바라본 산은 말로만 듣던 유명한 여행지에 도착한 것 같은 떨림을 줄 만큼 또 다른 멋진 모습으로 나를 맞는다. 늘 찾던 숲을 관광객이 된 기분으로 들어간다.

14일 밤새 우당탕탕 쿵쾅거리며 돌아다니던 세찬 바람은 놀라울 정도로 맑은 아침을 선물해 주었다. 손가락을 역광에 비추면 손가락뼈가 다 드러나 보일 만큼 맑고 밝은 아침이다. 그러나 기온이 낮은 겨울의 환한 햇빛은 높은 건물 벽이 만들어 낸 그늘을 더 어둡게 만든다. 춥고 환한 숲에 들어서니 사람은 거의 보이지 않고 나무들만이 자신들의 모습을 뚜렷하게 보여 준다. 나는 머리와 목을 꽁꽁 둘러싸고 겨울나무를 즐긴다.

15일 춥고 쓸쓸한 바위에게 바람이 지나가면서 준 선물들을 만난다. 도토리깍정이 한 쌍, 마른 도토리, 국수나무 열매 하나, 아까시나무 열매껍질 반쪽, 아까시나무 가시, 다시 도토리깍정이. 겨울바람의 선물은 사람의 마음을 훈훈하게 한다.

16일 물 위로 얇게 얼음이 얼고 이 얇은 얼음 위로 다시 물이 흐르고 또 다시 얼음이 얼어 얼음꽃이 피고……. 여러 날 동안 물과 추위

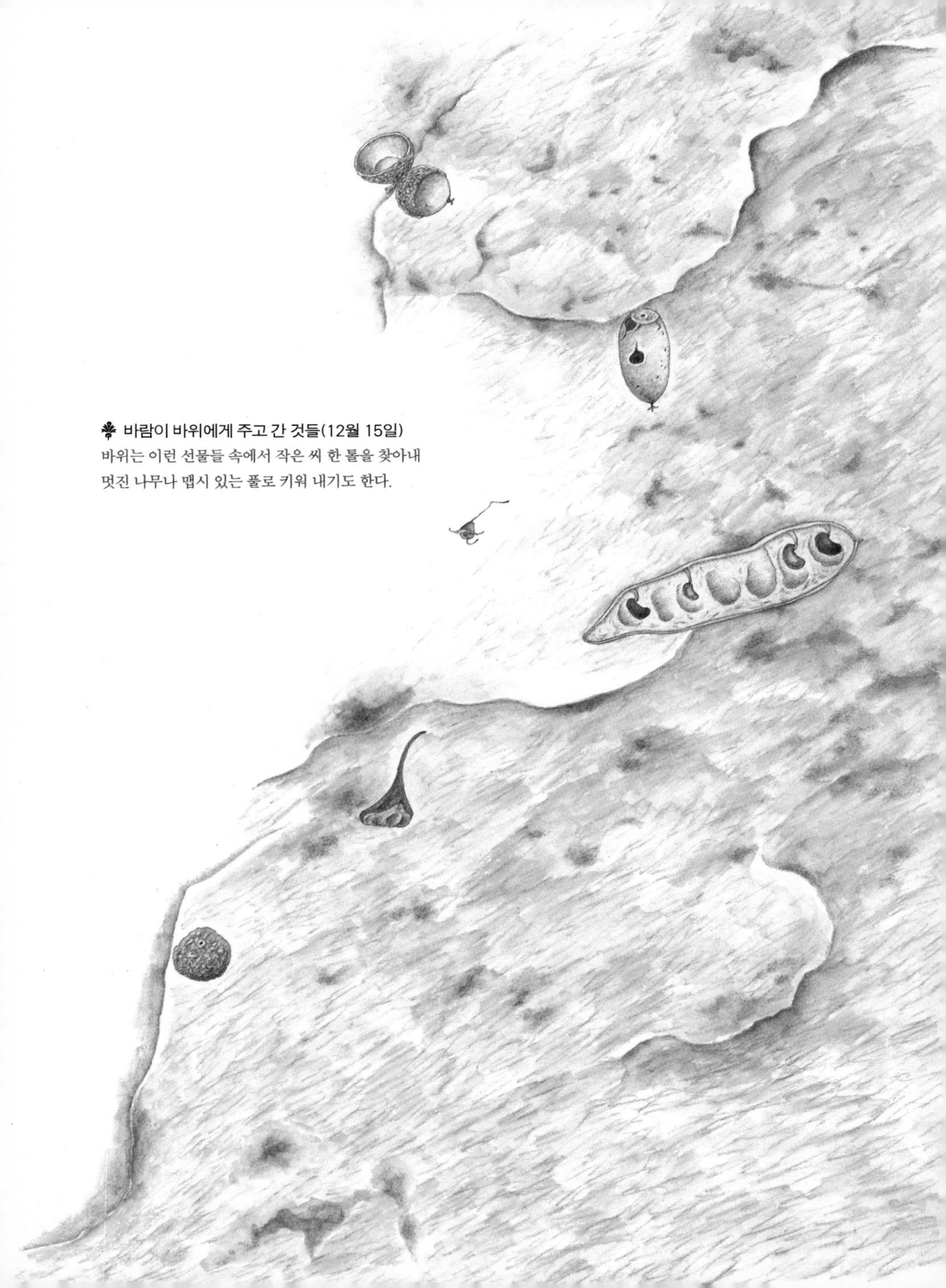

바람이 바위에게 주고 간 것들(12월 15일)
바위는 이런 선물들 속에서 작은 씨 한 톨을 찾아내
멋진 나무나 맵시 있는 풀로 키워 내기도 한다.

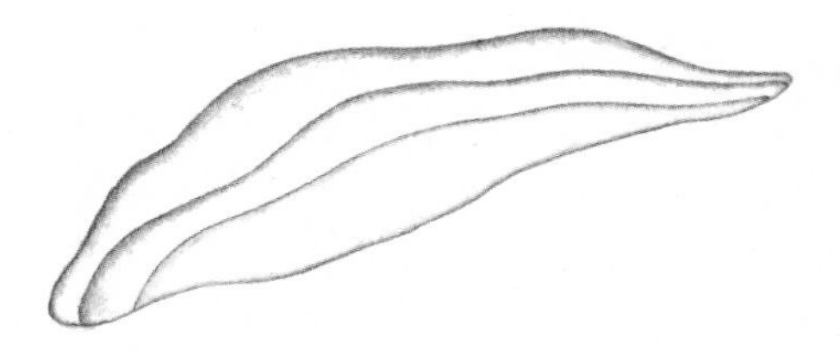

❦ 12월 15일 오후 3시
두꺼운 종이 두께의 얼음이 두 겹으로 얼고 얼음 구멍이 생겼다. 얼음 구멍 아래로 물이 흐른다.

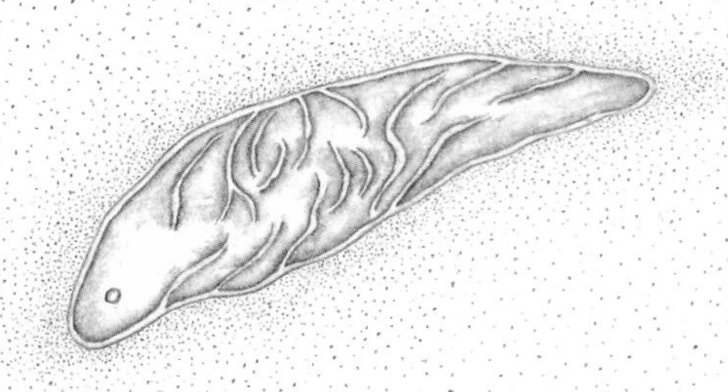

❦ 12월 16일 오전 10시
물고기 모양의 생명체가 새로 탄생하는 것 같은 모양으로 변했다. 얼음 구멍은 물고기의 눈처럼 작고 동그래졌다.

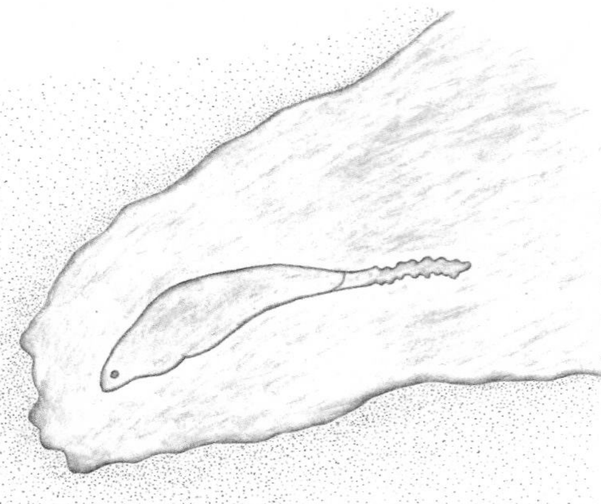

❦ 12월 16일 오후 5시
한낮은 무척 따뜻했다. 덕분에 얼음이 제법 녹았고 햇볕과 얼음과 물은 그럴듯한 물고기 한 마리를 그려 냈다. 이 개울 밑에 사는 버들치를 그린 걸까?

가 한데 어울려 조화를 부리며 놀았는데, 밤새 찾아온 맹추위가 이 즐거움을 모두 얼음으로 덮어 버리고 작은 구멍 하나만 숨구멍처럼 남겨 놓았다. 이 자리는 몸집 큰 새들이 물 마시러 오는 자린데……. 새들도 추우면 물을 조금만 마시게 될까? 어제는 제법 큰 구멍이던 것이 오늘은 물고기 모양으로 얼어 버렸고 물고기 눈처럼 작고 동그란 구멍만 남아 있다.

17일 어치 한 마리가 물고기 눈 같은 얼음 구멍에 부리를 넣고 물을 마신 다음 사뭇 비장한 표정을 짓는다. 어치도 겨울이 몹시 두려운가 보다.

12월 17일 오전 10시
개울물의 단골인 어치가 찾아왔다.
봄에는 종종 미역도 감는다.

19일 숲에는 차디찬 공기, 꽁꽁 언 물, 밝은 햇살, 모든 것을 드러낸 나무들만 있다. 이따금씩 지나가는 사람들도 잔뜩 웅크리고 말없이 걸어갈 뿐. 겨울이 추워야 숲도 숲 식구들끼리만 모여 오붓하게 겨울을 날 수 있나 보다. 죽은 나무들은 밤새 얼어붙어 있던 나무껍질을 따뜻한 겨울 볕에 녹여 낸 다음 '우수수수' 소리와 함께 길바닥에 쏟아 낸다. 나무껍질에는 마른 이끼가 잔뜩 붙어 있다.

20일 산초나무 곁을 지나려니 꿩 한 마리가 푸드덕 소리를 내며 갑자기 튀어 오른다. 가을부터 겨우내 꿩들은 산초나무 곁을 맴돈다. 아마도 산초 씨를 즐겨 먹는 것 같다. 꿩에 대해서 잘 모르고 이 숲에 사는 꿩들의 모이주머니를 들여다볼 수도 없거니와 꿩들에게 무얼 잘 먹느냐고 물어볼 수도 없으니 정확한 답을 내릴 수는 없지만 몇 해째 이 길을 걸으면서 얻은 경험을 바탕으로 추측하건대 그렇다. 내가 꿩이 되어 이 숲에 살게 된다면 나 역시 산초나무 씨를 가장 즐겨 먹을 것 같다. 산초나무는 이 숲길에서 가장 기름져 보이는 씨를 가지고 있으니까. 춥고 긴 겨울날, 산초 씨마저 없다면 꿩은 영양분도 그다지 없어 보이는 조악한 풀씨를 먹으며 허기와 추위를 달랠 것이다. 사람들은 산초 씨에서 산초기름을 얻는다. 어떤 사람은 무척 좋아하지만 산초기름 특유의 향에 적응 못하는 사람이 더 많다. 산초 열매로 담근 산초장아찌는 한번 맛들이면 먹지 않고는 못 견딜 만큼 중독성이 강하다. 초피나무 열매를 넣어 담근 김치만 김치인 줄 아는 사람과 비슷한 중독성을 보이는 사람을 본 적이 있다. 물론 산초장아찌도 초피 열매 김치처럼 특유의 향과 맛 때문에, 먹는 사람이 아주 극소수이긴 하다. 산초 열매가 익을 무렵, 나무 아래서 푸드덕거리는 꿩을 볼 때면, 산초 기름과 장아찌를 즐기는 것이 극소수만의 취향인 게 조금은 다행스런 마음이 들기도 한다.

22일 겨울이면 유난히 두드러지는……, 큰 망치 같은 것으로 얻어맞아 커다란 구멍이 생긴 참나무 줄기들. '우수수수' 나무의 비명처럼 쏟아졌을 도토리들. 사는 것은 사람도 눈물겹지만 사람 곁에서 사는 것들도 몹시 눈물겹다.

25일 하루 종일 어둡고 비가 내린다. 오리들이 큰 무리를 지어 울어 댄다. 웬일일까? 모두 어디로 떠나가는 걸까? 오리 울음소리는 점심 무렵이 되자 시끄러워 들을 수 없을 만큼 최고조에 올랐다가 점점 수그러들었다.

26일 눈이 내리기 시작한다.

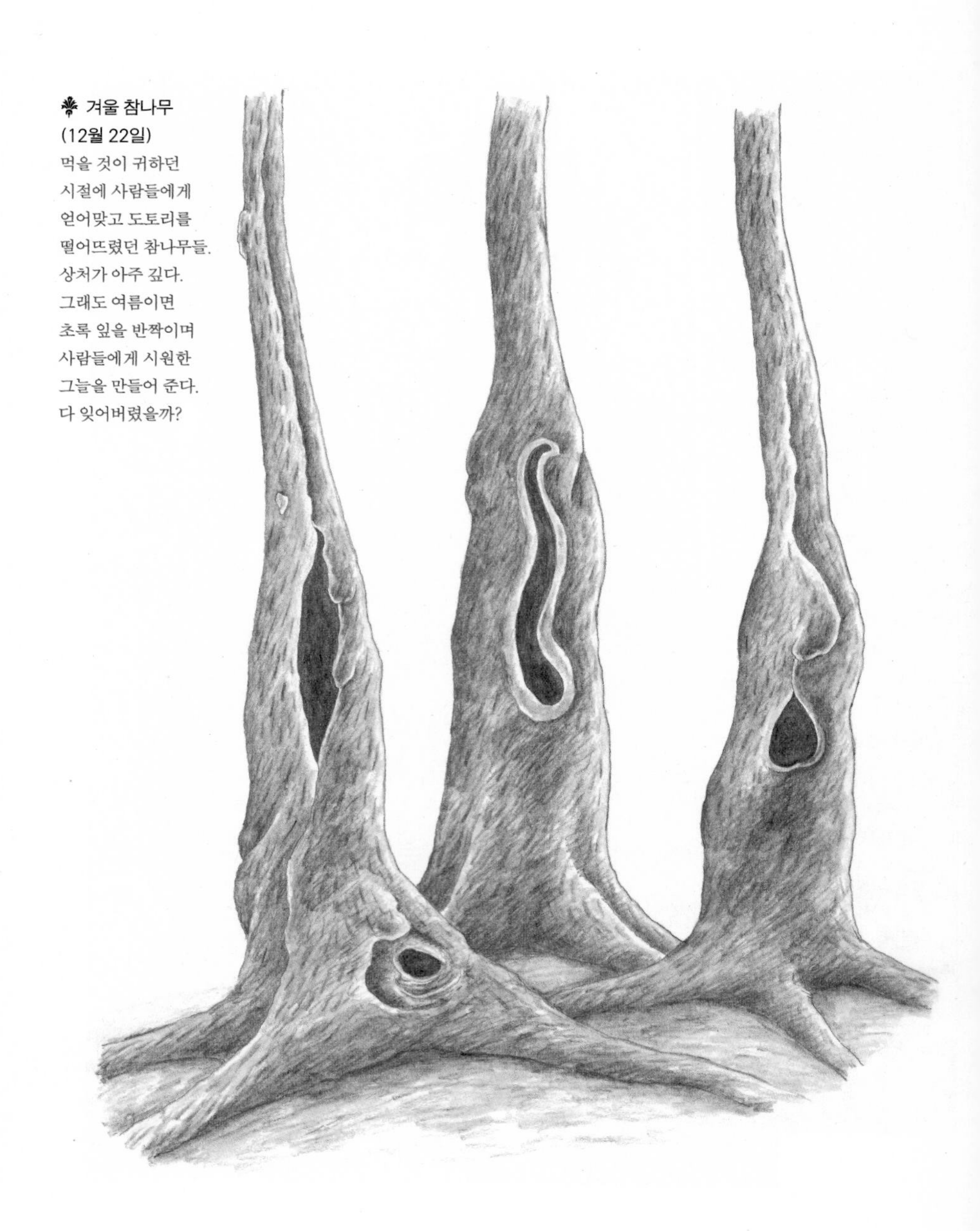

❦ 겨울 참나무
(12월 22일)
먹을 것이 귀하던
시절에 사람들에게
얻어맞고 도토리를
떨어뜨렸던 참나무들.
상처가 아주 깊다.
그래도 여름이면
초록 잎을 반짝이며
사람들에게 시원한
그늘을 만들어 준다.
다 잊어버렸을까?

1월

4일 숲은 지난해 26일부터 지금까지 눈 속에 묻혀 있다. 녹지 않은 눈 위로 다시 눈이 내리고 내려, 숲은 눈의 여왕이라도 찾아와 머물고 있는 것 같은 착각이 들게 한다. 흰 길을 걸어 숲으로 들어갔다가 흰 길을 걸어 숲에서 나오는 것이 벌써 열흘이 되었다.

5일 사람들은 아무도 밟지 않은 눈을 밟기를 좋아해서 걸을 수 있는 곳이면 어디에나 발자국을 새로 만들곤 한다. 이 숲에서 몇 번의 겨울을 맞는 동안, 눈길은 언제나 이곳저곳 마구 밟아 뭉개진 길뿐이었는데 오늘 아침 새로 생긴 눈길은 맨 처음 눈을 헤치고 나간 사람의 발길을 따라 하나로 얌전하게 통일되었다. 밤새 새로 내린 흰 눈이 사방에 가득한데도 어떻게든 눈 한 점 묻히지 않으려고, 지나간 발자국 속에 자신의 발을 조심스럽게 넣고 살금살금 걸어간 모습에 웃음이 난다. 얌전한 길을 나도 따라 걷는 동안 나뭇가지에 얹혀 있던 눈뭉치가 바람에 쓸려 떨어지면서 머리에 부딪쳐 '퍽 퍽' 소리를 내며 흩어진다. 개울의 자그마한 돌멩이들은 모두 커다랗게 부풀어 오른 눈빵이 되었다.

8일 그늘진 자리에서 눈 더미를 이고 선 국수나무 덤불이 하도 예뻐 한참을 바라보고 서 있는데, 박새 한 마리가 국수나무 덤불로 날아들어 가지 끝에 앉더니 똥을 싼다. 그러고는 바로 덤불 아래로 흐르는 개울에 들어가 꽁지 부분만 미역을 감는다. '천연 비데를 쓰네.' 웃으며 저를 물끄러미 바라보는데 포르르 날아 햇빛이 잘 드는 참나무 가지 위로 날아가 궁둥이를 말린다.

10일 움푹 들어간 발자국마다 가랑잎들이 한 장씩 들어 있다. 꼭 '어이 추워' 하며 지난밤에 추위를 피해 들어간 것처럼 보인다.

11일 눈 풍년이 드니 눈사람도 덩달아 여기저기에서 생겨난다. 차디찬 얼굴로 오도카니 조그마한 눈사람들이 앉아 있다. 신이 난 나는 틈나는 대로 눈사람 순례를 나서기로 마음먹는다.

12일 영하 10도. 얼어붙었던 나무껍질이며 도토리깍정이들이 한낮의 따뜻한 햇볕에 부스러져 떨어진다. 지난해 12월 26일부터 지금까지 흰 숲에 들어서서 흰 길만 걸었다. 앞으로도 오랫동안 흰 길만 걸을 것 같은데 오늘 문득 흰색에서 어떤 위협, 위험 같은 것이 느껴지기 시작한다. 어째서일까. 아마도 환하고 가벼워 보이는 색깔에 포근하고 두텁게 쌓인 모양 때문에 사물들이 모두 부드럽고 완만해 보여 깊이와 높이를 가늠하기 어렵다는 데 생각이 미친 것일 테다. 특히 그늘진 곳의 잿빛과 푸른빛이 감도는 흰색은 발길을 그쪽으로 돌리고 싶게 만드는 치명적인 아름다움을 가졌다. 문득 포근하게 쌓인 흰색에 경계심을 품기 시작한다. 아니, 어쩌면 경계심보다 경외감이 더 큰지도 모른다. 흰색은 다른 색들과 다른 무언가가 분명 있다! 그러지 않고선 잠도 줄여 가면서 내가 이렇게 매일 숲에 발을 디디진 않을 것이다.

13일 영하 11도. 영하 1도가 더 내려간 숲은 물방울이 지나간 자리마다 투명한 얼음들이 생겼다. 차가운 겨울바람은 참나무 가지에 달려 있던 마른 나뭇잎들을 몽땅 털어 냈다.

14일 밝은 햇빛에 기분 좋은 날이다. 까막딱따구리의 나무 찍는 소리가 여기저기에서 들린다. 숲길을 걷던 한 사람이 까막딱따구리가 앉아 있는 곳을 가르쳐 준다. 지나가던 사람들까지 모두 모여 고개를 들고 한참 동안 저만 쳐다보고 있으려니 녀석은 나무껍질을 땅바닥에 마구 떨어뜨리다 말고 딴청을 피우듯 고개를 옆으로 돌린다. 정말 말 안 듣게 생긴 저 개구쟁이 같은 얼굴 표정, 왠지 마음에 든다.

16일 너럭바위 위에 누군가가 눈사람 한 쌍을 만들어 놓았다. 며칠 동안의 눈사람 순례길에 처음 보는 한 쌍이다. 어쩜 이리 사랑스럽게 만들었는지. 참나무 잎으로 머리를 치장하고 국수나무 마른 열매와 꽃향유의 마른 열매로 팔을 만든 다음 웃는 입을 그려 넣었다. 귀여운 입 모양은 꽃향유의 마른 열매가 달린 줄기로 그렸을까? 줄기의 굵기와 웃는 입을 그린 도구의 굵기가 거의 일치한다. 눈사람 한 쌍이 이 자리에 앉은 시간이 제법 된 모양이다. 한낮의 햇볕에 눈거죽이 부드러워지고 햇빛이 잘 드는 자리에 앉아 있는 여자 눈사람은 꽤 많이 녹았다. 사람이 만들고 햇볕과 추위가 다듬은 명작이다. 그나저나 누굴까? 이렇게 사랑스럽게 눈사람을 만들어 놓고 간 사람은? 따뜻한 마음을 차디찬 겨울바위에 올려놓고 산길 걸어 올라간 사람은?

❦ 눈사람(1월 16일)

나무의 겨울눈을 살펴보려고 마음먹은 해에 눈 풍년이 들었다. 그래서 겨울눈 대신 눈사람 순례를 나선 길에서 따뜻한 눈사람들을 만났다. 눈사람들은 속 깊고 솜씨 좋은 많은 사람이 나와 함께 이 숲을 걷고 있다는 것을 말없이 보여 주었다.

2월

2일 눈부신 햇살과 섞여 이리저리 종횡무진하는 2월 바람이 드디어 찾아왔다! 개암나무 암꽃과 수꽃이 겹겹으로 싼 아린들을 갈색이 나도록 햇볕에 구우며 찬바람을 시원하게 들이마시고 있다.

3일 터-억, 터-억, 턱, 턱, 턱, 턱. 터-억, 터-억, 터-억, 턱, 턱, 턱, 턱, 턱.

크고 둔탁한 소리가 숲길 위쪽에서 들린다. 흐리고 추운 오후의 겨울 숲에서 누가 무얼하기에 숲과 골짜기가 터-억, 턱 울리는 걸까? 올라갈수록 점점 가까워지는 크고 둔탁한 소리를 따라가 보니 머리꼭지가 새빨간 새 한 마리가 발톱으로 나무껍질을 꼭 붙들고 앉아, 지난 여름 태풍에 반쪽이 난 나무줄기를 부리로 찍고 있다. 겨우내 눈에 덮

❦ 개암나무(2월 2일)

암수한그루인 개암나무는 암꽃과 수꽃이 묵은 가지(2년지)에 함께 달린다. 꽃차례를 밖으로 드러낸 채 겨울을 나는 수꽃은 포 1개에 꽃이 1개씩 들어 있다.

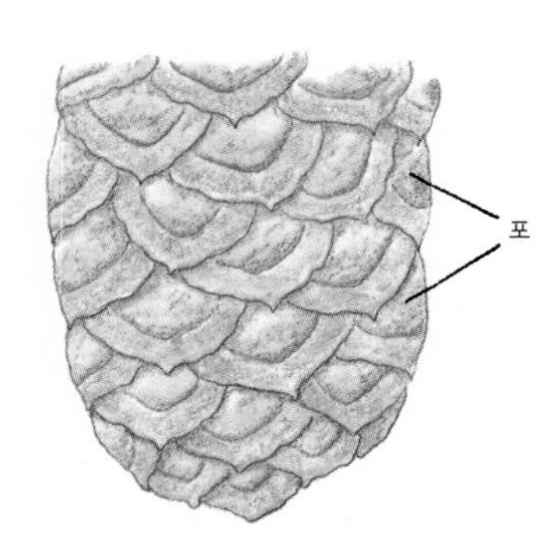

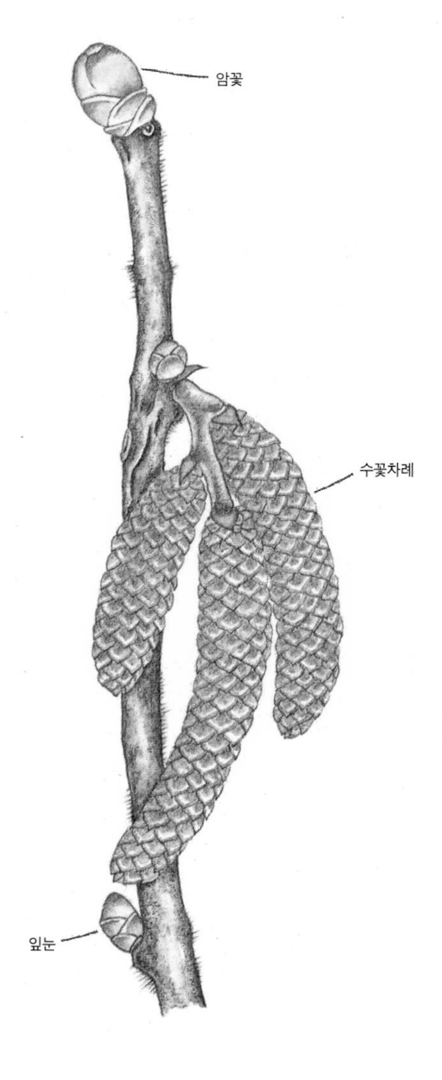

여 축축하게 젖은 채 꽁꽁 언 나무는 새가 붉은 머리를 움직일 때마다 터-억, 턱 하는 소리를 낸다. 이렇게 생긴 새가 있다니! 새는 흰색, 붉은색, 검은색, 푸른색 깃털을 갖추고 있는데 그 색이 아주 심지 깊어 보이고 소박한 품위를 갖췄다. 게다가 맑고 새카만 눈에 순하디 순한 표정을 하고 있다. 희고, 붉고, 검고, 푸른 깃털 색깔에 넋을 놓고 저를 빤히 쳐다보고 있는데, 예스런 색을 갖춘 새는 뒷목과 날개 언저리를 감싼 흰 깃털과 아래쪽의 망토 같은 검은 깃털을 천천히 움직이더니 날개를 활짝 펴고 날아가 버린다. 집에 오자마자 조류도감(사 놓고 한 번도 진지하게 보지 않은)을 꺼내 인상 깊은 새의 이름을 찾는다. 큰오색딱따구리. 카리스마 넘치는 오늘의 주인공 이름이다.

5일 겨우내 숲 가장자리에서 웅크린 듯 서 있던 좀깨잎나무의 마른 줄기에서 어떤 나비가 태어난 허물 하나를 본다.

'대단하구나. 거친 겨울바람과 차고 무거운 눈 더미를 견뎌 내다니.'

을씨년스럽기만 하던 좀깨잎나무가 나비 허물 덕분에 갑자기 사랑스러워 보여 열매 하나를 확대경으로 들여다본다. 먼지 뭉치에다 도깨비바늘을 단 것처럼 생겨서 겨울 좀깨잎나무를 더 을씨년스럽게 만들던 열매 뭉치는 뜻밖에도 맵시 나는 암술대를 단 귀여운 씨들이 둥글게 뭉친 제법 볼 만한 모습을 하고 있다.

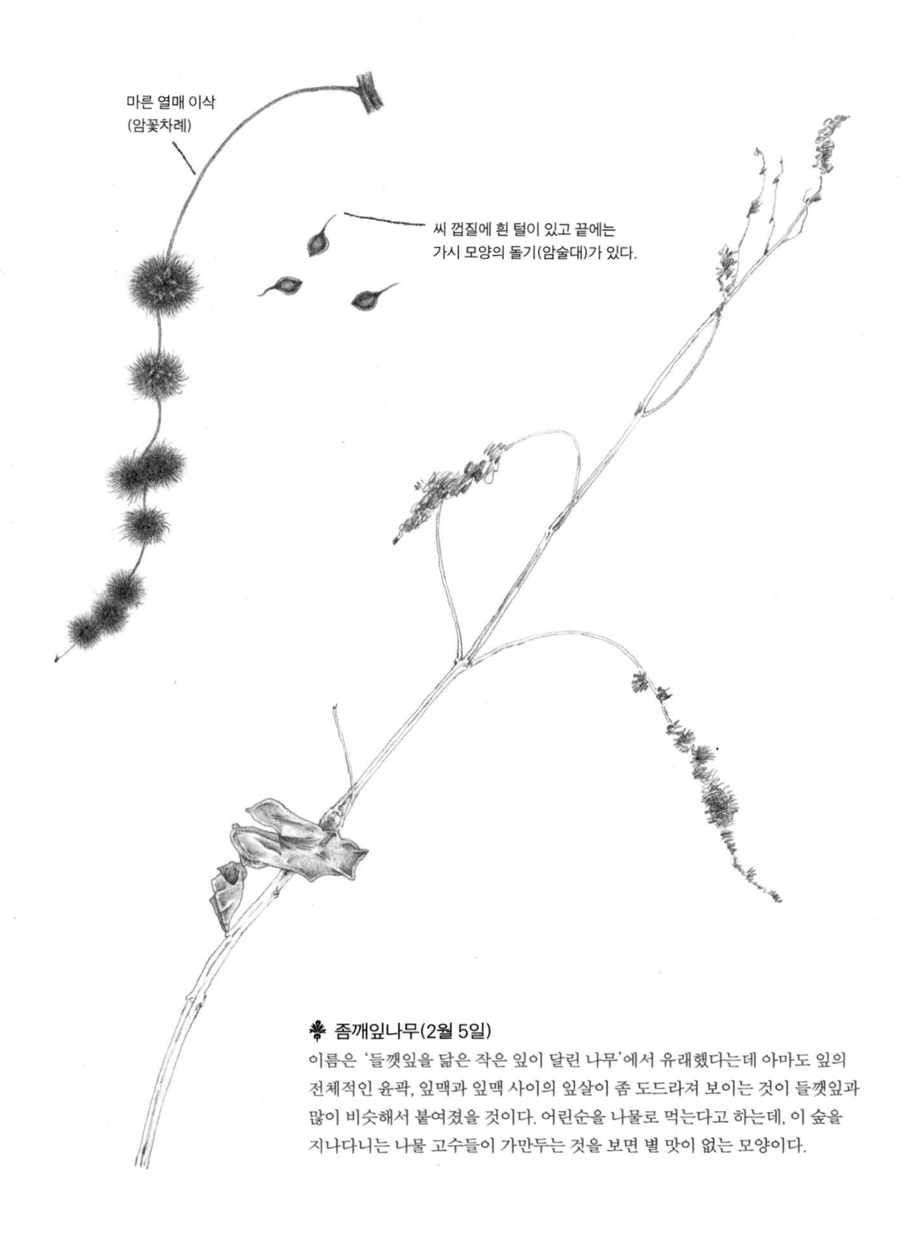

좀깨잎나무(2월 5일)

이름은 '들깻잎을 닮은 작은 잎이 달린 나무'에서 유래했다는데 아마도 잎의 전체적인 윤곽, 잎맥과 잎맥 사이의 잎살이 좀 도드라져 보이는 것이 들깻잎과 많이 비슷해서 붙여졌을 것이다. 어린순을 나물로 먹는다고 하는데, 이 숲을 지나다니는 나물 고수들이 가만두는 것을 보면 별 맛이 없는 모양이다.

9일 부드러운 빗줄기가 숲길에 덮힌 흙과 남아 있는 눈들을 씻어 내린다. 흙이 씻겨 내려가는 것을 물끄러미 바라보며, 등산지팡이로 모래흙이며 낙엽부스러기들을 모아 눈길을 덮어 나가던 사람들을 떠올린다. 좀 무겁고 불편하겠지만 아이젠을 준비해 와 신고, 늘 다니던 길만 걸어간다면 조용히 쉬고 있는 숲바닥을 건드리지 않아도 될 텐데……. 흙과 낙엽 더미를 들춰낼 만큼 불안하다면 숲 입구에서 편안한 마음으로 그냥 집으로 돌아가 하루쯤 푹 쉬어도 좋으련만. 흙이 씻겨 내려가자 겨우내 숨겨져 있던 푸른 얼음이 드러난다. 아무 준비 없이 다짜고짜 숲으로 들어온 사람은 푸른 얼음을 보고 다시 어딘가를 파헤쳐 낙엽부스러기를 깔아 댈 것이다.

20일 우수가 지나자 눈이 놀라울 만큼 빠르게 녹기 시작한다. 까막딱따구리가 나무 찍는 소리가 자주 들리고, 붉은머리오목눈이들이 국수나무 덤불 사이로 날아다닌다. 오랜만이다. 국수나무 가지엔 아직도 마른 열매들이 원뿔 모양의 꽃차례를 흐트러뜨리지 않고 주렁주렁 달려 있다. 만져 보면 모두 통통하다. 열매껍질에는 잔털이 돋아 있어 거칠어 보이지만, 속에 들어 있는 씨는 반짝이는 붉은 갈색으로 무척 야무지고 귀엽게 생겼다. 열매 안에 씨는 대개 한 개가 들어 있지만 종종 두 개도 들어 있다. 씨는 메마른 바위틈에서도 싹을 틔워

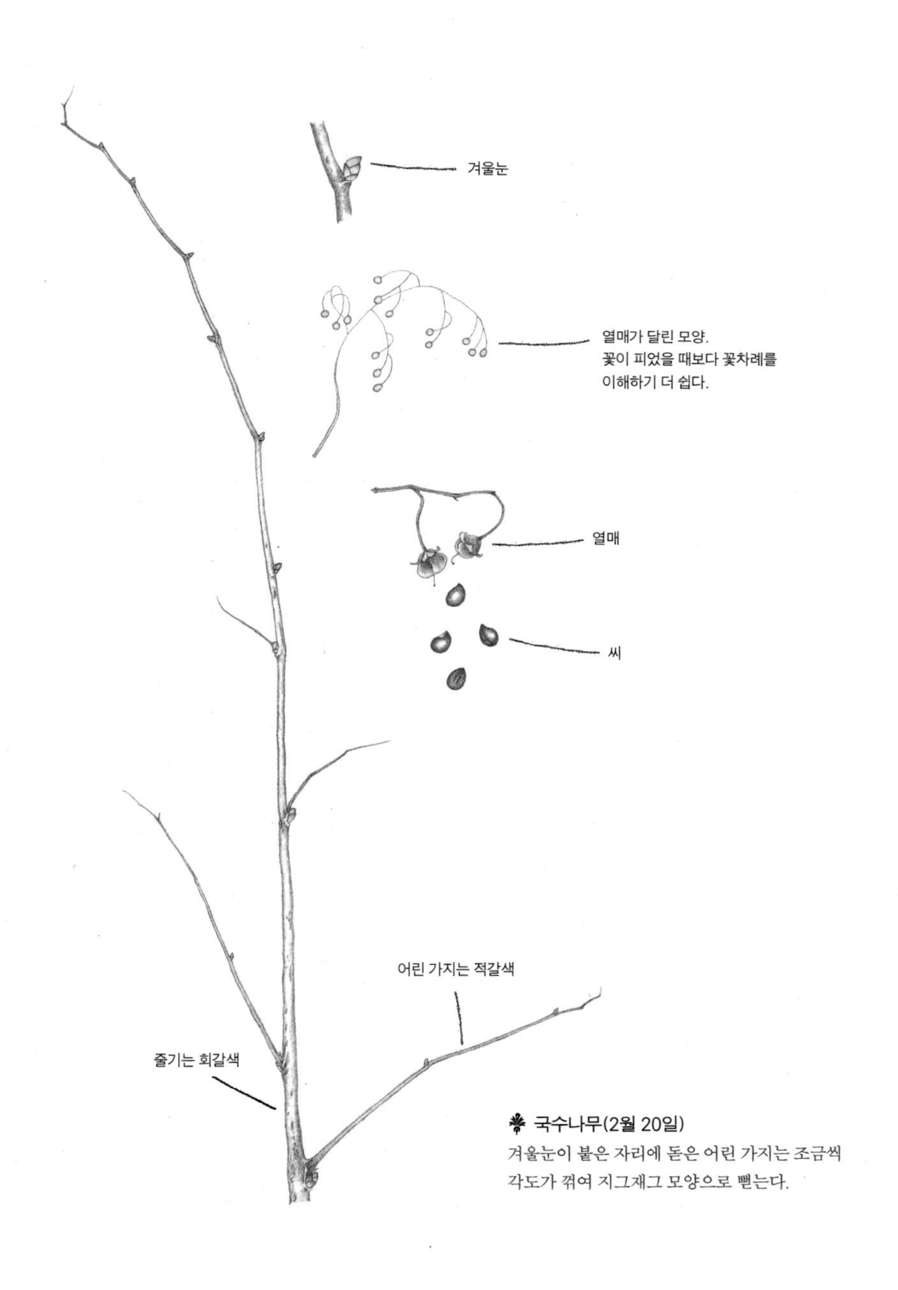

국수나무(2월 20일)

겨울눈이 붙은 자리에 돋은 어린 가지는 조금씩 각도가 꺾여 지그재그 모양으로 뻗는다.

낸다. 그 힘은 저 통통하고 야무진 씨 속에 들어 있을 것이다.

23일 종일 바람이 분다. 바람 속을 걷는데 눈앞으로 연두색 물체 하나가 날아와 툭 떨어진다. 나뭇가지에 붙은 유리산누에나방의 고치껍질이다! 손이 닿지 않는 가지에 매달려 있어 그냥 바라만 보곤 하던 바로 그것이다! 얼른 줍지 않고 감격해하는 사이 유감스럽게도 앞에서 걸어오는 사람이 무심코 툭 밟는다. 갑자기 눈앞이 캄캄해지는데 밟은 사람은 (내 마음을 알 리 없으니) 씩씩하게 걸어 내려간다. 다행히 실을 토해 낸 애벌레가 맨 처음 실을 감아 묶은 가지 윗부분을 밟아 살짝 짓이겨지기만 했다. 애벌레는 이 가녀린 야생벚나무 가지에 두 번씩이나 실을 감아 묶어 기초 공사를 튼튼하게 한 다음 고치를 만들었다. 넓고 화려한 날개를 꿈결처럼 우아하게 펼치며 날아올라 숲에 신비로움을 더하는 생명들이라서 이런 험한 일은 절대 못 할 것 같은데, 빼어난 기술과 감각으로 튼튼하고 정교하며 조형미를 자랑하는 집까지 지을 줄 안다. 과연 아름다운 날개를 펼쳐 뽐낼 만한 자격이 있고도 남는다.

25일 밤새 큰비가 내렸고 개울에는 흙탕물이 장마철처럼 쏟아져 내린다. 2월에 내리는 비가 장마철 같은 물줄기를 만들어 내는 건 처

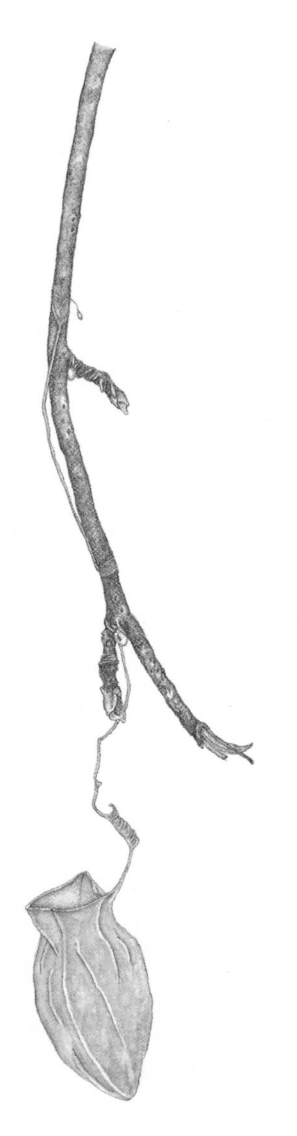

유리산누에나방의 고치(2월 23일)
애벌레가 나방이 되어 빠져나간 고치
입구는 한일(一)자 모양으로 닫히지만
그림 속의 고치 입구는 열려 있다. 애벌레의
허물이 들어 있어서 꺼내 살펴보려다
활짝 열리게 하고 말았다. 유리산누에나방은
반출금지종(환경부고시 제2001-210호)으로
지정되었다고 한다.

음 본다. 이 비가 두꺼운 얼음들을 거의 모두 녹였다.

26일 멧비둘기가 '구국구국' 하며 우는 소리가 들려온다. 돌 틈 사이로 다람쥐 꼬리가 보인다. 와! 벌써 나왔네. 다람쥐 돌아다니는 것이 보이면 찬바람이 불어도 마음은 따뜻하다. 다람쥐 꼬리가 돌 틈 사이로 빠져나간 다음, 두 쪽으로 갈라진 싱싱한 밤껍질을 본다.

에필로그

3월에도 눈이 내린다. 펑펑 소리가 들리는 듯 탐스럽게 흰 눈이 내린다. 어느 날 이른 저녁부터 내린 눈은 숲을 얼마나 포근하고 눈부시게 바꾸어 놓았는지……. 화사함이 차고 넘치는 봄의 야생벚나무들도, 여름을 알리는 사랑스러운 초록도, 눈 시린 가을 단풍들도, 온 숲을 덮었던 겨울눈의 엄숙한 아름다움도 봄눈의 포근함과 눈부심 앞에 아무 도리 없는 듯했다. 이렇게 포근한 숲에 햇빛이 빛나고 봄바람이 분다. 봄바람은 나뭇가지를 흔들어 눈덩이들을 날리고 눈덩이는 머리와 얼굴에 날아와 '퍽' 소리를 내며 상큼하게 부서진다. 하늘은 푸르고, 흰 숲은 뭉게구름처럼 포근하고 아스라하며, 개울물 소리는 달콤한 꿈처럼 흘러간다.

이 좋은 날 숲길의 벤치에 앉아 노래 부르는 할머니를 만난다. 1년 내내 숲 속 길가에 앉아 노래를 부르는 할머니인데 오늘은 노래를 멈추고 "오, 오, 좋다. 정말 좋다."를 연발하며 걷는다. "정말 굉장하네요." 혼잣말에 웃으며 대답하니 할머니 얼굴에 봄눈 같은 미소가 핀다.

'퍽'

'퍽'

할머니와 마주 보고 웃는 동안에도 눈덩이가 가볍게 머릴 치고 간다. 눈덩이에 맞으면서 문득 잊고 있던 카메라와 스케치북을 떠올린다. 집에서 나올 때는 무언가 사진을 찍고 그려 보자고 이것을 짊어지고 왔으리라. 그러나 꺼내지 않기로 한다. 이렇게 아름다운 건 그냥 눈으로 보고 가는 거다. 이른 봄은 해마다 찾아오지만 이런 봄을 만나는 일은 사는 동안 손가락으로 몇 번 꼽을 만큼 드문 일이니 저 멀리 보이는 하얀 산봉우리를 산신령님 뵈옵듯 바라보며 그냥 걷는 거다.

행복에 겨워 지칠 때까지 걷다가 집에 돌아와 컴퓨터를 켜니 법정 스님의 열반 소식이 중요 뉴스로 떠 있다. 아, 평생 아름다웠던 사람은 돌아가는 날도 아름답구나. 그 유명한 책 『무소유』의 첫 페이지도 넘겨 본 적 없고 가까이서 그분을 뵌 적도 없다. 대중매체에 가끔 나오는 모습을 스쳐가듯 보았을 뿐인데 나는 그분이 아름답다고 생각했나 보다. 그렇다. 사람 가운데 가끔 이런 아름다움을 지닌 사람이 있다. 그냥 휙 스쳐 지나가며 보았을 뿐인데도 마음속에 깊이 각인되는 아름다움, 산이나 바다처럼 숭고함이 넘치는 자리에서도, 아주 작은 조약돌이나 풀꽃 곁에서도 놀랍도록 잘 어울리는 아름다움…….

봄은 그늘진 자리마다 눈 더미가 남아 있는 숲에 느지막이 찾아왔다. 귀룽나무는 춘분에도 연두색을 아린 속에 꼭 품고만 있다. 늘 걷던 숲길의 일부가 어느 날 갑자기 통제 구간이 되었다. 말뚝과 동아줄 너머로 낯익은 나무들이 보이지만 가까이 갈 수 없게 되었다. 정든 숲길과 어느 날 갑자기 생이별을 하고, 하는 수 없이 걸어 내려오던 길을 오르내리는 길로 바꾼다. 귀룽나무는 가끔씩 찾아가는 나무가 되었다. 귀룽나무 앞에 서서 만나지 못하는 풀과 나무들에게 내 마음을 보낸다. 사람 발자국이 만든 상처가 어서 빨리 낫기를, 마음껏 행복하기를, 통제 구간이 될 만큼 숲길을 열심히 밟아 댄 염치없는 사람 가운데 하나를 행복하게 해 주어서 감사하다고……. 이런 생각에 잠긴 동안 귀룽나무 앞을 흐르는 개울에서 어치 두 마리가 미역을 감는다. 앞 개울에서 미역 감는 어치는 이제 내게 낯익은 봄풍경이다. 한 마리는 깃털이 아주 흠뻑 젖도록 몸을 담그고 헤엄이라도 치는 양으로 미역을 감는다. 나란히 날아오르는 두 마리. 적당히 젖은 어치는 이제 막 움이 피는 단풍나무에, 흠뻑 젖은 어치는 고운 초록으로 치장한 귀룽나무 가지에 앉는다. 단풍나무에 앉은 녀석은 깃을 조금 다듬고 머리를 두어 번 흔들어 댄 다음 날아가는데 귀룽나무에 앉은 녀석은 오랫동안 몸과 머리를 흔들어 대고 깃털을 다듬는다. 언제 이렇게 자랐지? 귀룽나무 꽃차례가 실바람에 흔들린다.

부록

작은 숲
관찰하기
야생벚나무
철쭉
노루발
당단풍나무
노랑제비꽃
산철쭉
생강나무
개암나무
초피나무
파리풀
고깔제비꽃
사위질빵
싸리
남산제비꽃
거미고사리
뱀딸기
둥근털제비꽃
귀룽나무
좀깨잎나무
상수리나무
태백제비꽃
산괴불주머니
개별꽃
탐방센터

며느리밑씻개

배나무
애기나리
작살나무
덜꿩나무
방아풀

선밀나물
졸방제비꽃

노린재나무
조록싸리
국수나무

산초나무
마
장대여뀌
누리장나무
개머루
물봉선
꽃향유
향유

똥풀

숲에서 만난 풀과 나무

풀

1. 산괴불주머니(현호색과) *Corydalis speciosa* Max.

형태 : 두해살이풀 | 줄기높이 : 약 50cm
잎 : 어긋난다. 잎자루가 있으며 잎몸은 깃꼴로 2번 갈라지고 갈라진 조각은 난형이다. 다시 깃꼴로 갈라지는데 마지막 갈라진 조각은 선상 타원형으로 끝이 뾰족하다
꽃 : 노란색. 4~6월에 핀다. 약 3~10cm의 총상화서가 원줄기와 가지 끝에 달린다. 꽃부리는 약 2cm로 한쪽은 입술 모양(脣形)으로 벌어지고 반대쪽은 조금 구부러진 꽃뿔(距) 모양이다
열매 : 삭과. 길이 약 2~3cm의 선형. 염주 모양의 마디가 있고 마디 사이에 씨가 들어 있다. 씨는 검은색이다.

2. 장대여뀌(마디풀과) *Persicaria posumbu* var. *laxiflora* (Meisn) Hara

형태 : 한해살이풀 | 줄기높이 : 약 35~60cm
잎 : 어긋난다. 잎자루가 짧다. 잎몸은 난형이거나 난상 피침형으로 양끝이 길게 좁아지며 앞뒤로 털이 조금 있다. 잎 가운데 부분에 검붉은 무늬(정형반)가 흐릿하게 들어 있다.
꽃 : 연한 홍색. 6~9월에 핀다. 가지 끝에서 선형의 꽃차례가 생긴다. 꽃잎은 없고 꽃잎처럼 보이는 화피는 도란형이며 연한 홍색이다.
열매 : 수과. 세모꼴의 넓은 타원 모양이다. 씨는 꽃받침에 싸여 있으며 윤기 나는 검은색으로 익는다.
줄기 : 잘 자란 포기는 줄기 밑부분에서 여러 개의 가지가 생겨나와 비스듬히 서고 땅바닥에 닿은 줄기 마디에서 뿌리가 내린다.

3. 꽃향유(꿀풀과) *Elsholtzia splens* Nakai

형태 : 여러해살이풀 | 줄기높이 : 약 60cm

잎 : 마주난다. 잎자루에 굽은 털이 있다. 잎몸은 난형이고 양면에 드물게 털이 있기도 하며 잎자루쪽으로 흐르듯 이어진다. 털은 맥 위에 많이 나 있고 뒷면에 선점이 있다. 잎 가장자리에 톱니가 있다.

꽃 : 붉은 자주색. 9~10월에 핀다. 원줄기와 가지 끝에 수상화서가 달리고 꽃은 한쪽 방향으로 치우치며 빽빽하게 달려 핀다. 꽃받침은 통형이고 5개로 갈라진다. 화관은 윗입술 끝이 오목하게 들어가고 아랫입술은 3개로 갈라진다. 수술은 2개이며 꽃부리 밖으로 길게 나오는 2강웅예이다.

열매 : 소견과. 씨는 흑갈색이다.

줄기 : 자른 단면이 네모난 모양이다. 굽은 털이 있다.

4. 선밀나물(백합과) *Smilax nipponica* Miq.

형태 : 여러해살이풀 | 줄기높이 : 약 1m

잎 : 어긋난다. 잎자루는 길이 1~4cm이며 턱잎이 변한 1쌍의 덩굴손이 있다. 잎몸은 타원 모양이거나 난상 타원 모양으로 끝이 뾰족하고 밑 부분은 둥글거나 잘린 모양, 심장저이며 뒷면에 작은 돌기가 있다.

꽃 : 황록색. 5~6월에 핀다. 잎겨드랑이에서 생긴 산형화서에 달려 피며 꽃은 2가화이다. 수꽃의 화피는 넓은 도피침형이고 길이 4mm 안팎이며, 암꽃의 화피는 배 모양이고 씨방에 붙어 있다.

열매 : 장과. 검은색으로 익으며 둥글고 봄이 올 때까지 떨어지지 않고 달려 있다. 씨는 붉은 갈색이다.

5. 애기똥풀(양귀비과) *Chelidonium majus* var. *asiaticum* (Hara) Ohwi

형태 : 두해살이풀 | 줄기높이 : 30~80cm 안팎. 어릴 때는 다세포로 된 곱슬털에 덮여 있으나 자라면서 거의 없어진다.

잎 : 어긋난다. 잎자루가 있다. 잎 전체가 넓은 깃꼴로 1~2번 갈라지거나 깊게 갈라지며 끝이 둥글고 가장자리에 둔한 톱니와 결각이 있다. 잎 뒷면은 분백색이다.

꽃 : 노란색. 5월부터 서리가 내릴 때까지 핀다. 원줄기와 가지 끝에 산

형화서가 달린다. 꽃받침잎은 2개이고 타원 모양이며 긴 털이 있고 꽃이 필 때 떨어진다. 꽃잎은 4개이다. 많은 수술과 1개의 암술이 있으며 암술머리는 조금 굵고 끝이 2개로 갈라진다. 씨방은 가늘고 길다.
열매 : 삭과. 좁은 기둥 모양이며 씨는 윤기 나는 검은색이다.

6. 개별꽃(석죽과) *Pesudostellaria heterophylla* (Miq) Pax. ex Pax & Hoffm.

형태 : 여러해살이풀 | 줄기높이 : 8~12cm 안팎. 털이 있다.
잎 : 마주난다. 잎몸은 도피침형이며 끝은 날카롭게 뾰족해지고 밑부분은 좁아져서 잎자루처럼 된다.
꽃 : 흰색. 5월에 핀다. 소화경은 길이 2~3cm 안팎이고 털이 한쪽으로 줄지어 돋고 소화경 끝에 흰 꽃 한 송이가 달린다. 꽃잎은 5개이고 도란형이며 끝이 둥글거나 둔하게 잘라진 모양이다. 꽃받침잎 5개. 수술 10개. 암술대는 끝이 3개로 갈라진다. 줄기 아래쪽에 닫긴꽃이 생긴다.
열매 : 삭과. 난상 원형이다. 씨는 다갈색이다.

7. 둥근털제비꽃(제비꽃과) *Viola collina* Bess.

형태 : 여러해살이풀
줄기높이 : 없다.
잎 : 뿌리에서 모여난다. 잎자루가 있으며 꽃 필 무렵엔 3~8cm 안팎이지만 열매를 맺을 무렵엔 20cm 안팎으로 자란다. 잎몸은 난상 심장형, 심장형으로 시작되는 부분은 깊은 심장저이고 끝부분은 무디며 가장자리에 둔한 톱니가 있다. 잎몸 역시 꽃 필 무렵엔 길이 2~3.5cm이지만 열매를 맺을 무렵엔 6cm 안팎으로 자란다.
꽃 : 연보라색. 4~5월에 핀다. 4~6cm의 화경 끝에 꽃 한 송이가 달린다. 화경에는 퍼진 털이 있다. 꽃받침잎은 긴 타원 모양, 좁은 난형으로 끝이 둔하고 가장자리에 털이 있다.
열매 : 삭과. 구형에 가깝다. 짧은 털이 빽빽하게 나 있다. 씨는 황갈색이다.

8. 노랑제비꽃(제비꽃과) *Viola orientalis* W. Becker

형태 : 여러해살이풀

줄기높이 : 10~20cm 안팎. 털이 없거나 잔털이 조금 있다.

잎 : 심장 모양이다. 잎자루는 잎몸보다 3~5배 더 길고 붉은 갈색이다. 뿌리에서 나는 잎은 길이와 넓이가 2.5~4cm 안팎이며 가장자리에 물결모양의 톱니가 있다. 줄기에서 나는 잎은 서로 마주나며 마주나는 잎 바로 아래쪽에 돋은 잎 한 장에는 짧은 잎자루가 있다. 턱잎은 넓은 난형이고 가장자리에 톱니가 없다.

꽃 : 노란색. 4~6월에 핀다. 길이 2~4cm 안팎의 줄기 끝에 달린다. 측열편에 털이 있고 거는 길이 1mm 안팎이다. 꽃받침잎은 피침 모양이다.

열매 : 삭과. 난상 타원형이다. 씨는 탁한 노란색이다.

9. 태백제비꽃(제비꽃과) *Viola albida* Palibin

형태 : 여러해살이풀 | 줄기높이 : 없다.

잎 : 뿌리에서 모여난다. 잎자루가 있으며 좁은 날개가 있다. 잎몸은 삼각상 난형이며 길이 4.5~12cm, 넓이 2.5~10.5cm 안팎이며 털이 없고 가장자리에 안쪽으로 굽은 듯한 톱니가 있다.

꽃 : 흰색. 4~5월에 핀다. 꽃줄기 끝에 한 송이가 달린다.

열매 : 삭과. 난상 타원형이다. 씨는 갈색이다.

10. 고깔제비꽃(제비꽃과) *Viola rossii* Hensl.

형태 : 여러해살이풀 | 줄기높이 : 없다.

잎 : 뿌리에서 모여난다. 이른 봄 꽃봉오리가 올라올 무렵에는 2~5개 정도로 조금 나오지만 꽃이 피면서 잎이 많아진다. 다 자란 잎은 난상 심장형. 양면에 털이 있으며 특히 잎 뒷면 잎줄을 따라 많이 돋아 있다. 잎자루는 10~25cm 안팎이며 턱잎은 피침 모양이고 서로 떨어져 있다.

꽃 : 연보라색. 4~5월에 핀다. 10~15cm 안팎의 꽃줄기 끝에 한 송이가 달린다. 꽃잎은 5개이며 긴 타원 모양이고 측열편에 털이 없거나 조금 있다.

열매 : 삭과. 타원 모양이며 겉껍질에 희미한 갈색반점이 있다. 씨는 밝은 갈색이다.

11. 남산제비꽃(제비꽃과) *Viola albida var. chaerophylloides* (Regel) F. Maek. ex Hara

형태 : 여러해살이풀 | 줄기높이 : 없다.

잎 : 뿌리에서 모여난다. 잎은 3조각으로 완전히 갈라진 다음 다시 2조각으로 갈라져 새발 모양을 하고 갈라진 조각은 다시 2~3갈래로 갈라지거나 깃꼴의 깊은 결각을 이룬다. 마지막 갈라진 조각은 어릴 때는 선형으로 가늘지만 자라면서 넓어진다. 가장자리와 맥 위에 잔털이 있거나 없다. 잎자루와 턱잎이 있다.

꽃 : 흰색. 4~6월에 핀다. 꽃줄기 끝에 한 송이가 달린다. 꽃잎은 5장이며 자주색 맥이 있고 측열편에 털이 조금 있다. 꽃받침의 부속체는 네모난 모양에 가까우며 끝에 톱니가 몇 개 있다. 거는 짧은 원통 모양이다.

열매 : 삭과. 타원 모양이며 씨는 갈색이다.

12. 큰애기나리(백합과) *Disporum viridescens* (Maxim.) Nakai

형태 : 여러해살이풀

줄기높이 : 30~70cm 안팎. 밑부분은 잎집 모양의 반투명한 잎으로 싸여 있으며 큰 포기는 윗부분에서 가지가 생겨나 갈라진다.

잎 : 어긋난다. 잎은 길이 6~12cm, 넓이 2~5cm 안팎의 긴 타원 모양이며 끝이 급하게 뾰족해지고 3~5개의 맥이 뚜렷하다. 가장자리와 뒷면 맥 위에 작은 돌기가 있다.

꽃 : 연두색이 감도는 흰색. 5~6월에 핀다. 가지 끝에 달린 꽃자루에서 1~3개의 꽃이 아래를 보고 달린다.

열매 : 장과. 검은색으로 익는다.

13. 거미고사리(꼬리고사리과) *Asplenium ruprechtii* Sa. Kurata.

형태 : 늘푸른 여러해살이풀

잎 : 뿌리에서 모여난다. 잎은 길이 5~15cm, 넓이 5~10mm 안팎의 선형이거나 선상 피침형으로 밑부분은 쐐기 모양이고 윗부분은 가늘고 길며 가장자리는 밋밋하거나 불규칙한 물결 모양이다. 잎 끝에서 무성아가 생긴다.

열매 : 홀씨주머니 무리(포자낭군)가 중륵 양쪽의 맥 위에 달린다. 홀씨주머니 무리는 선형, 장타원형이며 갈색으로 성숙하고 포막이 있다.

14. 뱀딸기(장미과) *Duchesnea chrysantha* (Zoll.& Mor.) Miq

형태 : 여러해살이풀

줄기 : 길게 벋는다. 털이 있으며 열매가 익을 무렵 벋어 나간 줄기마디에서 새 뿌리가 내리고 다시 사방으로 벋어 나가며 새줄기를 만든다.

잎 : 어긋난다. 3출엽이며 소엽은 난형, 난상 원형으로 표면에는 털이 거의 없으나 뒷면 엽맥을 따라 긴털이 있다. 턱잎은 난상 피침형이며 가장자리가 밋밋하다.

꽃 : 노란색. 4~5월에 핀다. 잎겨드랑이에서 생겨난 긴 꽃줄기 끝에 달린다. 꽃잎은 끝이 조금 오목하게 파인 도삼각형이다. 부악편(부꽃받침조각)은 3~5 갈래로 갈라지고 꽃받침보다 크다. 꽃받침과 부악편에 털이 있다.

열매 : 둥글다. 열매껍질은 홍색이고 붉은 수과가 점처럼 박혀 있으며 속은 희다.

15. 자주괴불주머니(현호색과) *Corydallis incisa* (Thumb.) Pers.

형태 : 두해살이풀 | 높이 : 20~25cm

줄기 : 뿌리에서 원줄기 여러 개가 올라온다. 능선이 있고 가지가 갈라진다.

잎 : 뿌리에서 나는 잎은 삼각상 난형이고 3조각으로 2번 갈라진다. 소엽은 3출엽과 비슷하지만 깃꼴로 갈라지고 열편은 1~2cm 안팎의 쐐기 모양이며 결각이 있다. 잎자루가 있다.

꽃 : 자주색, 5월에 핀다. 원줄기 끝에 총상화서가 달린다. 소화경은 길이 약 10~15mm이다. 화관은 한쪽은 입술 모양으로 넓게 퍼지고 다른 한쪽은 꽃뿔 모양이다. 수술 6개가 양체로 갈라진다.

열매 : 삭과. 씨는 검다.

16. 졸방제비꽃(제비꽃과) *Viola acuminata* Ledeb

© 김태정

형태 : 여러해살이풀

줄기높이 : 20~40cm 안팎. 뿌리에서 원줄기가 여러 개 올라온다.

잎 : 어긋난다. 잎몸은 삼각상 심장형이며 줄기 윗부분으로 올라갈수록 크기가 작아지고 끝이 점점 뾰족해지며 가장자리에 둔한 톱니가 있다. 턱잎은 긴 타원형이며 빗살 같은 톱니가 있다.

꽃 : 연보라색, 흰색, 5~6월에 핀다. 줄기 윗부분의 잎겨드랑이에서 생긴 꽃줄기 끝에 달린다. 입술꽃잎에 뚜렷한 보라색 줄이 있다. 꽃줄기 윗부분에 선 모양의 포가 달린다.

열매 : 삭과. 타원형이다.

17. 노루발(노루발과) *Pyrola japonica* Klenze ex Alef.

© 허난영

형태 : 늘푸른 여러해살이풀

줄기 : 없다. 꽃줄기 높이 25cm 안팎

잎 : 뿌리에서 1~8개의 잎이 모여난다. 잎몸은 원형 또는 넓은 타원형이며 두껍고 끝이 둔하다. 잎가장자리에 얕은 톱니가 있다. 잎자루는 약 3~8cm이며 자주색이 감돈다.

꽃 : 흰색. 꽃줄기에 2~12개의 꽃이 총상꽃차례로 달린다. 꽃줄기에는 능선이 있고 1~2개의 비늘 같은 반투명한잎(인엽)이 있다. 수술 10개, 암술 1개. 암술은 꽃잎 밖으로 길게 나오고 끝이 위로 굽는다.

열매 : 삭과. 7~8mm 안팎으로 편평하고 둥글다. 익으면 5갈래로 갈라지고 미세한 씨가 쏟아져 바람에 날린다.

18. 갈퀴덩굴(꼭두선이과) *Galium Spurium var.echinospermon* (Wallr.) Hay

형태 : 한두해살이풀

줄기높이 : 60~90cm 안팎. 다른 식물체에 기대어 올라가거나 갈퀴덩굴 줄기끼리 모여 서로 함께 기대어 곧게 선다. 능선에 아래를 향한 가시가 있으며 자른 단면은 네모이다.

잎 : 줄기마디에서 6~8개씩 돌려난다. 잎몸은 좁은 피침형, 넓은 선형이며 끝은 짧은 까락으로 끝나고 밑은 좁아진다.

꽃 : 연한 황록색. 5~6월에 핀다. 가지 끝이나 잎겨드랑이에 취산화서가 달린다. 화관은 4개로 갈라진다.

열매 : 분과. 2개가 함께 붙어있으며 갈고리 같은 딱딱한 털로 덮여 있다.

19. 파리풀(파리풀과) *Phryma leptostachya var. asiatica* H.Hara

형태 : 여러해살이풀
줄기높이 : 70cm 안팎. 줄기는 곧게 서며 마디 바로 윗부분이 두드러지게 굵고 마디사이의 아래쪽이 넓고 크며 전체에 잔털이 흩어져 있다.
잎 : 마주난다. 잎몸은 난형, 삼각상 난형이며 끝이 뾰족하고 밑부분은 넓다. 양면에 털이 있고 특히 맥에 털이 많으며 가장자리에 톱니가 있다. 잎자루는 길지만 맨 윗부분의 잎은 잎자루가 없다.
꽃 : 흰색. 7~9월에 핀다. 원줄기와 가지 끝에 약 10~20cm 안팎의 꽃차례가 생기고 흰 바탕에 연한 분홍색이 감도는 작은 꽃이 수상화서에 달려 핀다. 꽃은 옆을 보고 피며 화관은 입술 모양으로 아랫입술이 크고 2강웅예이다. 암술은 1개. 꽃받침은 통 모양이며 5개의 능선이 있고 뒷부분의 열편 3개는 가시처럼 되어 다른 물체에 잘 붙는다.
열매 : 건질. 꽃받침 속에 싸여 익는다. 씨는 갈색이다.

20. 며느리밑씻개(마디풀과) *Persicaria senticosa* (Meisn.) H.Gross ex Nakai

형태 : 덩굴지는 한해살이풀
줄기높이 : 1~2m 안팎. 사방으로 벋어 나간다. 가지가 많이 갈라지고 줄기와 잎자루에 거슬러난 갈고리 가시가 있다. 자른 단면은 네모이다.
잎 : 어긋난다. 잎몸은 삼각형으로 끝은 뾰족하고 밑부분은 심장저이고 양면에 털은 없다. 턱잎은 잎과 비슷하다. 잎자루가 길고 잎자루와 엽맥에도 거슬러난 갈고리 가시가 있다. 줄기, 가지 끝, 화경에 잔털과 선모가 있다.
꽃 : 분홍색. 7~8월에 핀다. 양성화이며 잎겨드랑이에서 생긴 꽃자루 끝에서 두상화로 핀다. 꽃잎처럼 보이는 것은 꽃받침잎이다. 꽃받침잎은 5개로 갈라지고 끝 부분은 진분홍색이다.
열매 : 소견과. 꽃받침에 싸여 있다. 씨는 둥근 세모꼴이며 검게 익는다.

21. 방아풀(꿀풀과) *Isodon japonicus* (Burm.) Hara

형태 : 여러해살이풀

줄기높이 : 50~100cm 안팎. 곧게 서며 능선이 있고 아래를 향한 짧은 털이 있다. 자른 단면은 네모이다.

잎 : 마주 난다. 끝은 뾰족하고 밑 부분은 둥글며 잎자루 쪽으로 흘러 좁은 날개 모양이 된다. 맥위에 잔털이 있고 가장자리에 톱니가 있다.

꽃 : 파랑색. 8~9월에 핀다. 원줄기 끝과 잎겨드랑이에 생겨난 취산화서 모양의 꽃이삭들이 모여 큰 원추화서를 이룬다. 꽃부리는 통꼴 입술 모양이며 2강수술이다. 꽃부리는 5개로 갈라지고 갈라진 조각은 삼각형이다.

열매 : 분과. 편평한 타원형이며 회갈색이고 점 같은 선이 있다.

© 김태정

22. 물봉선(봉선화과) *Impatiens textori* Miq.

형태 : 한해살이풀.

줄기높이 : 60cm 안팎. 곧게 자라며 육질에 가깝고 마디는 볼록 튀어나온다.

잎 : 어긋난다. 넓은 피침형으로 끝은 뾰족하고 아래는 좁아져서 잎자루와 이어진다. 꽃차례에 달린 잎은 잎자루가 거의 없다.

꽃 : 홍자색. 7~9월에 핀다. 줄기 끝과 가지 윗부분에 총상화서가 달린다. 꽃잎은 3개. 양쪽의 큰 꽃잎 2개는 3cm이다. 거는 넓고 자주색 반점이 있으며 끝이 안으로 말린다. 꽃받침잎은 3개이며 1개는 주머니 모양이다. 소화경에는 육질의 홍자색 털이 있고 화서축과 함께 아래로 굽는다.

열매 : 삭과. 피침형으로 1~2cm 안팎이다. 열매가 탄력적으로 터지면서 씨가 튀어 나가고 열매껍질이 도르르 말린다. 씨는 검다.

23. 향유(꿀풀과) *Elsholtzia ciliata* (Thunb.) Hyl.

형태 : 한해살이풀

줄기높이 : 30~60cm 안팎. 곧게 자라며 능선이 있어 자른 단면은 4각형으로 보이고 털이 있다.

잎 : 마주난다. 긴 난형으로 끝이 뾰족하고 길이 3~10cm, 넓이 1~6cm이며 앞뒤로 털이 있고 가장자리에 톱니가 있다. 아랫부분은 예저이며

잎자루 쪽으로 흐른다. 잎자루는 0.5~2mm 안팎이다.
꽃 : 연보라색. 8~9월에 핀다. 원줄기와 가지 끝에 달린다. 꽃은 한쪽으로 치우쳐서 빽빽하게 달리며 포는 둥근 부채 모양이고 꽃받침보다 길거나 같으며 가장자리에 자줏빛이 감돈다. 꽃받침은 종형이고 5개로 갈라지며 갈라진 조각은 끝이 뾰족하고 털이 있다. 꽃부리는 통상순형이며 5mm 안팎으로 4개로 갈라지며 털이 있다. 윗입술은 끝이 오목하고 아랫입술은 3개로 갈라진다. 4개의 수술이 꽃잎 밖으로 길게 나온다.
열매 : 분과. 씨는 좁은 도란상이며 검은색이다. 점성이 있어 물에 젖으면 끈적거린다.

© 김태정

24. 마(마과) *Dioscorea japonica* Thunb.

형태 : 덩굴지는 여러해살이풀
줄기높이 : 물체에 감기고 많은 가지가 갈라진다,
잎 : 마주나거나 드물게 어긋난다. 잎몸은 긴 타원형, 좁은 삼각형으로 끝이 뾰족하고 밑은 심장저. 잎자루가 길다. 잎겨드랑이에서 구슬눈이 생긴다.
꽃 : 흰색. 6~7월에 핀다. 자웅이주. 잎겨드랑이에서 1~3개의 수상화서가 생긴다. 수꽃차례는 곧게 서고 암꽃차례는 밑으로 쳐지며 흰 꽃이 핀다. 수꽃차례에는 6개의 수술과 화피열편, 퇴화된 암술의 흔적이 있고 암꽃차례에는 6개의 화피열편과 암술머리가 여러 개로 갈라진 1개의 암술, 3실로 된 1개의 씨방이 있다.
열매 : 삭과. 3개의 날개가 있다. 씨는 갈색이며 막질의 날개가 있다.

나무

1. 귀룽나무(장미과) *Punus padus* L. (Padus avium Miller)

형태 : 낙엽활엽교목 | 나무높이 : 15m 안팎
줄기 : 나무껍질은 흑갈색이고 세로로 갈라진다.
잎 : 어긋난다. 도란상 타원형, 도란형, 타원형으로 끝은 뾰족하고 밑은 둥글다. 잎 표면은 녹색이고 뒷면은 회갈색이며 가장자리에 잔톱니가 있다. 잎자루는 1.0~1.5cm 안팎이며 꿀샘(밀선)이 있다.
꽃 : 흰색. 5월에 핀다. 새 가지에서 아래로 늘어진 총상화서가 생기고 지름 1~1.5cm 안팎의 꽃이 달린다. 꽃받침잎과 꽃잎은 각각 5개. 소화경은 5~20mm이다.
열매 : 핵과. 검게 익는다

2. 상수리나무(참나무과) *Quercus acutissima* Carruth.

형태 : 낙엽활엽교목 | 나무높이 : 20~30m, 가슴둘레 1m 안팎
줄기 : 원줄기가 곧게 솟아오르고 큰 나무 모양을 만든다. 나무껍질은 흑회색이고 갈라지며 둥근 껍질눈이 흩어져 있다.
잎 : 긴 타원형이며 잎 가장자리에 침모양의 예리한 톱니가 있으며 12~16쌍의 측맥이 있다. 표면은 윤기가 나고 뒷면은 다세포로 된 짧은 털이 있다. 잎자루는 1~3cm 안팎이다.
꽃 : 5월에 핀다. 암수한그루. 수꽃차례는 새가지 아랫부분에서 아래로 드리우듯 달린다. 암꽃차례는 새가지 윗부분의 잎겨드랑이에 달린다. 암꽃은 1~3개이며 총포로 둘러싸여 있고 3개의 암술대가 있다.
열매 : 견과. 이듬해 10월에 익는다. 포린은 뒤로 젖혀진다. 열매는 둥글며 지름 2mm 안팎이다.

3. 노린재나무(노린재나무과) *Symplocos* sawafu Nagamasu

형태 : 낙엽활엽관목 | 나무높이 : 1~3m 안팎

가지 : 어린 가지에 털이 있다.

잎 : 어긋난다. 잎몸은 타원형, 타원상 도란형이고 가장자리에 긴 톱니가 있으나 대체로 뚜렷하지 않고 잎 뒷면은 연두색이며 털이 있거나 없다.

꽃 : 흰색. 5월에 새가지 끝에서 원추화서를 이루어 핀다. 꽃잎은 장타원형이고 5갈래로 갈라진다.

열매 : 핵과. 9월에 푸른색으로 익는다. 길이 약 8mm.

4. 작살나무(마편초과) *Callicarpa japonica* Thumb. var. japonica

형태 : 낙엽활엽관목 | 나무높이 : 2~3m 안팎

줄기 : 어린 가지에 갈색의 별모양털이 있으나 자라면서 없어진다.

잎 : 마주난다. 잎몸은 도란형,난형, 긴 타원형으로 긴 점첨두, 점첨두이다. 털이 있거나 잔털이 조금 있고 누른빛이 도는 선점이 있으며 가장자리에 잔톱니가 있다. 잎자루는 2~10mm 안팎이다.

꽃 : 연보라색. 7~8월에 잎겨드랑이에서 취산화서를 이루어 핀다. 화관통은 겉에 잔털과 선점이 있다. 수술 4개, 암술 1개이다.

열매 : 핵과. 둥글고 윤기 나는 보라색이다.

5. 국수나무(장미과) *Stephanandra incisa* (Thunb.)

형태 : 낙엽활엽관목 | 나무높이 : 1~2m 안팎

가지 : 뿌리에서 모여나와 덤불을 이룬 줄기에서 많은 가지가 나온다. 가지끝은 아래로 처지며 어린 가지는 잔털이나 선모가 있고 붉은 갈색이다.

잎 : 어긋난다. 잎몸은 넓은 난형으로 끝은 점첨두,첨두이고 밑은 아심장저, 절저이다. 가장자리에 결각상 톱니가 있고 잎 표면에는 털이 없거나 잔털이 있으며 뒷면 맥 위에 털이 있다. 잎자루는 3~10cm 안팎이고 턱잎은 난형 또는 넓은 피침형이다.

꽃 : 흰색. 5~6월에 새가지 끝에서 길이 2~6cm 안팎의 원추화서를 이루어 핀다. 소화경은 길이 5~8mm 안팎이며 털이 있다. 화관은 흰색이고 꽃잎은 도란형이다. 꽃받침잎은 삼각상 원형이다. 수술 10개, 암술 1개이다.

열매 : 골돌과. 8~10월에 익는다. 껍질 겉면에 잔털이 있고 씨는 대개 1개가 들어 있으나 드물게 2개의 씨가 들어 있다.

6. 당단풍(단풍나무과) *Acer pseudosieboldianum* (Pax) Kom

형태 : 낙엽활엽교목 | 나무높이 : 8m 안팎

줄기와 가지 : 나무껍질은 회색이지만 어린 가지는 녹색, 자줏빛이 나는 녹색이며 흰털이 성글게 있다. 묵은 가지는 흰 가루로 덮힌다.

잎 : 마주난다. 잎 끝은 9~11개로 갈라지고 원형 심장저이다. 갈라진 조각 가장자리에 복거치가 있다. 잎자루에도 어릴 때는 연한 털이 있다.

꽃 : 흰색, 4~5월에 새가지 끝에 모여 핀다. 꽃은 수꽃만 피거나 수꽃과 양성화가 섞여 피는 수꽃 양성화 한그루이다.

열매 : 시과. 9월에 익는다. 길이 2~2.5cm, 넓이 5~6mm이며 끝부분의 폭이 넓다. 날개는 70도 정도 벌어진다.

7. 팥배나무(장미과) *Sorbus alnifolia* (Siebold & Zucc) K. Koch

형태 : 낙엽활엽교목 | 나무높이 : 15m 안팎

줄기와 가지 : 나무껍질은 회갈색이고 잔 가지에 껍질눈이 뚜렷하다. 겨울눈은 붉은색으로 광택이 있다.

잎 : 어긋난다. 잎몸은 난형, 타원상 난형으로 끝은 넓은 점첨두이고 밑은 원저이다. 8~10쌍의 뚜렷한 측맥이 비스듬히 누운 듯 평행하게 잎 가장자리까지 뻗어 있다. 잎자루는 1~2cm 안팎으로 붉은빛을 띠고 털이 있으나 자라면서 없어진다.

꽃 : 흰색. 5~6월에 작은가지 끝에서 6~10개의 산방화서를 이루어 핀다. 꽃잎 5개, 꽃받침잎 5개, 수술 20개, 암술대 2개이다.

열매 : 이과. 9~10월에 지름 타원형 열매가 익는다. 열매껍질은 붉은색 바탕에 흰색의 껍질눈(피목)이 뚜렷하다.

8. 덜꿩나무(인동과) *Viburnum erosum* Thunb.

형태 : 낙엽활엽관목 | 나무높이 : 2m 안팎

줄기와 가지 : 어린 가지에 별모양털이 밀생한다.

잎 : 마주난다. 잎몸은 난형, 타원상 긴 난형, 도란형으로 끝은 점첨두, 밑은 원저, 넓은 예저, 심장저이며 가장자리에 치아상 톱니가 있고 표

면에 별모양털이 드문드문 있으나 뒷면에는 별모양털이 빽빽하다. 맥액에 갈색이나 흰색털이 있다. 잎자루는 2~6mm 안팎이고 털이 있고 턱잎이 달려 있다.
꽃 : 5월에 핀다. 가지 끝에서 한 쌍의 잎이 달린 꽃차례가 나오고 흰 꽃이 복산형화서에 달려 핀다. 꽃받침은 난상 원형이고 수술이 화관보다 좀 더 길다.
열매 : 핵과. 9월에 열매가 붉게 익는다.

9. 진달래(진달래과) *Rhododendron mucronulatum* Turcz.

형태 : 낙엽활엽관목 | 나무높이 : 2~3m 안팎
가지 : 어린 가지는 연한 갈색이고 인편이 있다.
잎 : 어긋난다. 잎몸은 긴 타원상 피침형, 도피침형으로 끝은 첨두, 점첨두이며 아래는 예저이다. 잎 표면에 인모가 조금 있고 뒷면에는 인모가 밀생한다. 잎자루는 길이 6~10mm 안팎이다.
꽃 : 분홍색. 3~4월에 가지 끝의 측아에서 1개 또는 2~5개의 양성화가 모여 핀다. 화관은 벌어진 깔대기 모양이며 5갈래로 갈라진다. 꽃잎 겉에 잔털이 있다. 수술 10개, 암술 1개이다.
열매 : 삭과. 길이 2cm 안팎의 원통형이다.

10. 생강나무(녹나무과) *Lindera obtusiloba* Blume.

형태 : 낙엽활엽관목 | 나무높이 : 3m 안팎
줄기와 가지 : 나무껍질은 흑회색. 어린 가지는 황록색.
잎 : 어긋난다. 잎몸은 난형, 난상 원형이며 끝은 둔두이고 밑은 심장저, 원저이다. 잎은 대개 끝부분이 3~5개로 갈라지며 잎 가장자리는 밋밋하다. 잎 뒷면 맥에 털이 있다. 잎자루는 1~2cm 안팎이고 털이 있다.
꽃 : 노란색. 3월에 꽃줄기가 없는 이가화가 산형화서에 달려 핀다. 소화경은 짧고 털이 있다. 꽃받침잎은 깊게 6개로 갈라진다. 수술 9개. 암술 1개. 수꽃에는 퇴화된 암술이 있고 암꽃에는 퇴화된 수술이 있다.
열매 : 핵과. 9~10월에 검게 익는다.

11. 개암나무(자작나무과) *Corylus heterophlla* Fisch. ex Trautv.

형태 : 낙엽활엽관목 | 나무높이 : 1~2m 안팎

줄기와 가지 : 나무껍질은 윤이 나는 갈색이고 어린 가지는 갈색으로 선모(샘털)가 있다.

잎 : 어긋난다. 잎몸은 난상 원형, 넓은 도란형이고 밑은 원저, 아심장저이다. 가장자리에 불규칙한 복거치가 있다. 표면의 잔털은 자라면서 없어지지만 뒷면의 털은 없어지지 않고 맥 위에 선모가 있다. 어린잎의 표면에 검붉은 무늬가 있다.

꽃 : 암꽃-자주색, 수꽃-노란색. 3월에 핀다. 자웅동주. 수꽃이삭은 가지 끝에서 2~5개씩 달리고 길게 늘어지며 길이는 4~5cm 안팎이고 꽃밥은 황색이다. 암꽃은 겨울눈과 비슷하게 생겼으며 포에 2개씩 달리는데 꽃이 피면 포속에서 자주색 암술머리가 보인다.

열매 : 견과. 10월에 갈색으로 익는다. 총포는 종 모양으로 길이 3cm 안팎이며 털과 선모가 있고 열매가 완전히 성숙하여도 떨어지지 않고 남아 있다.

12. 산철쭉(진달래과)

Rhododendron yedoense Maxim. ex Regal *f.Pokhanense* (H.Lev.)M.Sugim. ex T.Yamaz.

형태 : 낙엽활엽관목 | 나무높이 : 1~2m 안팎

줄기와 가지 : 나무껍질은 회색빛 나는 황갈색이고 새 가지는 흰털로 덮여 있다가 다음 해 없어진다.

잎 : 어긋나거나 마주난다. 잎몸은 좁고 긴 타원 모양, 넓은 피침 모양으로 양끝이 좁고 가장자리에 톱니가 있다. 표면에 털이 성글게 나 있고 뒷면에는 털이 많은데 특히 뒷면 맥위에 갈색털이 밀생하며 가장자리에도 갈색 잔털이 있다. 어린 새싹일 때는 인편에 끈끈한 점액이 있다.

꽃 : 홍자색. 4~5월에 가지 끝에서 2~3송이씩 모여 핀다. 꽃부리는 깔대기 모양이며 5개로 갈라진다. 꽃받침은 5개로 갈라지고 갈라진 조각은 좁은 난형으로 끝이 둔하거나 뾰족하며 갈색털이 있다. 꽃자루와 꽃받침에 선점이 있어 끈적거린다.

열매 : 삭과. 9~10월에 익는다. 열매는 난형이며 겉에 긴 털이 있다.

13. 벚나무(장미과) *Prunus* serrulata Lindl. var. serrulata

형태 : 낙엽활엽관목 | 나무높이 : 15m 안팎

잎 : 어긋난다. 잎몸은 난형, 넓거나 좁은 도란형이며 끝은 점점 뾰족해지고 밑은 원저이다. 가장자리의 톱니가 뾰족하다. 2~4개의 꿀샘이 잎몸 아래 밑부분과 잎자루에 달려 있다.

꽃 : 연한 분홍색 또는 분홍이 감도는 백색. 4월에 2~3개씩 모인 산형화서가 잎과 함께 핀다. 꽃잎은 둥글고 끝이 오목하다.

열매 : 핵과. 검게 익는다.

14. 조록싸리(콩과) *Lespedeza maximowiczii* C.K.Schneid.

형태 : 낙엽활엽관목 | 나무높이 : 2~3m 안팎

줄기와 가지 : 나무껍질은 갈색이고 세로로 갈라진다.

잎 : 어긋난다. 3출엽이다. 잎몸은 난상 타원형으로 끝이 뾰족하고 밑은 예저, 원저이다. 표면에 털이 없으며 뒷면에 비단털이 있다. 잎자루는 3cm 안팎이며 턱잎은 선형으로 뾰족하다.

꽃 : 홍자색. 6월~서리 내릴 무렵까지 잎겨드랑이 또는 가지 끝에서 3~12cm 안팎의 총상화서가 달린다. 소화경 길이 1~3mm 안팎이며 털이 있다.

열매 : 협과. 열매는 넓은 피침형으로 끝이 뾰족하고 껍질 속에 1개의 씨가 들어 있다. 씨는 신장 모양이다.

15. 산초나무(운향과) *Zanthoxylum schinifolium* Siebold & Zucc.

형태 : 낙엽활엽관목 | 나무높이 : 3m 안팎

줄기와 가지 : 줄기에 가시가 엇갈려 난다.

잎 : 어긋난다. 5~21개의 작은 잎으로 이루어진 우상복엽으로 잎몸은 피침형, 타원상 피침형으로 끝이 좁아지면서 요두가 되고 밑은 예저이다. 가장자리에 물결 모양의 잔톱니가 있다.

꽃 : 연한 녹색. 8~9월에 줄기와 가지 끝에 생긴 산방화서에 달려 핀다. 소화경에 마디가 있다. 꽃잎은 5개이고 피침형이며 안으로 굽고 꽃받침잎은 난상 원형이다. 수술은 꽃잎과 길이가 같고 곧추 선다. 암술은 끝이 3개로 갈라진다.

열매 : 삭과. 걸껍질이 홍자색으로 익으면 씨가 밖으로 드러난다. 씨는 윤기 나는 검은색이다.

16. 좀깨잎나무(쐐기풀과) *Boohmeria spicata* (Thunb.) Thunb.

형태 : 낙엽활엽반관목 | 나무높이 : 50~100cm 안팎
줄기와 가지 : 줄기는 붉은색이고 늦가을에 윗부분이 말라죽고 아랫부분만 살아 겨울을 난다.
잎 : 마주난다. 잎몸은 마름모형, 난상 마름모형으로 끝이 갑자기 꼬리처럼 길어지고 밑은 예저이다. 표면에 꼬부라진 털이 있고 뒷면은 맥 위에만 털이 있으며 가장자리에 5~7쌍의 큰 톱니가 있다. 잎자루는 1~3cm 안팎이며 붉은색이다. 같은 마디에 마주보고 달리는 잎이 서로 크기가 달라 한쪽은 크고 한쪽은 작은 경우가 많다.
꽃 : 백록색. 7~8월에 핀다. 일가화, 드물게 이가화. 수꽃이삭은 줄기 윗부분 잎겨드랑이에, 암꽃이삭은 밑부분 잎겨드랑에 달린다. 수꽃은 4개의 화피열편과 수술이 있고, 암꽃은 여러 개가 모여 한군데 달리며 통형의 화피 안에 1개의 씨방과 1개의 암술대가 있다.
열매 : 수과. 11~12월에 익는다.

17. 철쭉(진달래과) *Rhododendron schlippenbachii* Maxim

형태 : 낙엽활엽관목 | 나무높이 : 2~5m 안팎
줄기와 가지 : 나무껍질은 연한 황갈색. 줄기는 곧게 자라며 굵은 가지를 많이 낸다.
잎 : 어긋나지만 가지 끝에서는 4~5개씩 모여난다. 잎몸은 도란형, 넓은 도란형이며 끝은 원두, 미요두이며 밑은 예저이다. 잎 표면에는 드물게 샘털이 있고 잎 가장자리가 밋밋하다.
꽃 : 연분홍색. 5월에 가지 끝에서 꽃이 2~7개씩 모여 핀다. 꽃부리는 깔대기 모양이고 다섯 갈래로 갈라진다. 꽃받침잎은 난형이며 소화경과 꽃받침잎 사이에 선모가 있다.
열매 : 삭과. 긴 타원상 난형이며 10월에 익는다.

18. 초피나무(운향과) *Zanthoxy piperiyum* (L.)DC.

형태 : 낙엽활엽관목 | 나무높이 : 3m 안팎

줄기와 가지 : 어린가지에는 털이 있으나 자라면서 점점 없어지고 턱잎이 변해 생긴 가시는 밑으로 조금 굽으며 서로 마주난다.

잎 : 어긋난다. 9~19개의 작은 잎으로 이루어진 우상복엽으로 잎몸은 난형, 긴 난형, 난상 타원형으로 끝은 미요두, 밑은 예저이다. 가장자리에 물결 모양의 톱니가 있고 톱니 아래와 잎에 선점이 있다. 잎 가운데에는 황록색의 무늬가 있으며 잎줄기에 가시가 있고 잎 아래쪽에 1cm 안팎의 마주난 가시가 있다.

꽃 : 황록색. 자웅이주. 4~5월에 원추화서에 달려 핀다. 암꽃의 암술은 대 2개의 심피로 갈라진다.

열매 : 분과. 9~10월에 열매껍질이 붉은색으로 익으면 검게 익은 씨가 튀어 나온다.

19. 누리장나무(마편초과) *Clerodendrum trichotomum* Thumb. ex Murray.

형태 : 낙엽활엽교목 | 나무높이 : 2m 안팎

줄기와 가지 : 나무껍질은 회백색이고 식물체 전체에서 누린내가 난다.

잎 : 마주난다. 잎몸은 삼각상 난형, 넓은 난형으로 끝은 점점 뾰족해지고 밑은 예저이거나 절저이다. 어린잎의 뒷면과 줄기는 흰털에 덮혀 있다. 뒷면 맥 위에 털이 있고 선점이 희미하게 퍼져 있으며 가장자리는 밋밋하거나 큰 톱니가 있다.

꽃 : 흰색. 7~9월에 새가지 끝에서 취산화서에 달린다. 꽃부리는 5개로 갈라지고 갈라진 조각은 긴 타원형이다. 꽃받침은 홍자색이며 5개로 깊게 갈라지고 갈라진 조각은 난형, 긴 난형이다. 4개의 수술과 1개의 암술이 꽃부리 위로 길게 나온다.

열매 : 핵과. 10월에 짙은 청색으로 익는다.

20. 싸리(콩과) *Lespedez acyrtobtrya* Miq. *bicolor* Turcz.

형태 : 낙엽활엽교목 | 나무높이 : 2m 안팎
가지와 줄기 : 밑부분에서 줄기가 많이 생겨나고 겹질눈이 발달한다.
잎 : 어긋난다. 3출엽으로 잎몸은 2.5cm 안팎이고 원형, 도란형, 타원형이다. 잎 끝은 요두이며 잎맥이 길게 이어지면서 침 모양의 짧은 돌기가 있고 밑은 원저이다. 표면의 털은 자라면서 없어지고 뒷면에 잔털이 있다. 짧은 잎자루가 있다.
꽃 : 홍자색. 7월부터 서리 내릴 무렵까지 긴 총상화서가 달린다.
열매 : 협과. 10월에 갈색으로 익는다.

21. 사위질빵(미나리아재비과) *Clematis apiifolia* DC.

형태 : 낙엽활엽만경목
줄기 : 3m 안팎. 세로능선이 있고 어린 가지에 잔털이 있다.
잎 : 마주난다. 3출복엽 또는 2회3출엽. 잎몸은 난형, 난상 피침형으로 끝은 점첨두 밑은 원저, 넓은 예저이며 가장자리에 뾰족한 톱니가 있다.
꽃 : 유백색. 6~7월에 잎겨드랑이에서 짧은 원추화서, 또는 취산화서를 이룬다. 화경 5~12cm 안팎이고 꽃받침잎은 4개이며 피침상 도란형이고 흰색이다.
열매 : 수과. 9월에 익는다. 5~10개가 모여 달린다. 암술대에는 길이 1cm 안팎의 깃털 모양의 흰 털이 있다.

22. 개머루(포도과) *Ampelopsis brevipedunculata* (Maxim.) Trauty.

형태 : 낙엽활엽만경목 | 나무길이 : 5m 안팎
줄기와 가지 : 나무껍질은 갈색이고 가지에 털이 없으며 마디가 굵다.
잎 : 어긋난다. 잎몸은 둥글고 끝은 점첨두이며 밑은 아심장저이다. 잎 끝은 3~5개로 갈라지고 갈라진 조각의 가장자리에는 둔한 치아상의 톱니가 있다. 뒷면 맥위에 잔털이 있고 잎자루는 7cm 안팎이며 털이 조금 있거나 없다. 덩굴손은 잎과 마주나며 2~3개로 갈라진다.
꽃 : 연두색. 6~7월에 취산화서를 이룬다. 화경길이 3~4cm 안팎이고 꽃잎 5장, 1개의 암술이 있다.
열매 : 장과. 9월에 원형, 편원형의 열매가 푸른색으로 익는다. 표면에 갈색의 껍질눈이 있다.

23. 줄딸기(장미과) *Rubus* purgens Cambess.

형태 : 낙엽활엽만경목 | 줄기 : 2m 안팎

잎 : 어긋난다. 3~9개의 작은잎으로 이루어진 우상복엽이다. 잎몸은 난형, 난상 피침형이며 잎 가장자리에 복거치가 있고 잎 끝은 예두, 둔두이고 밑은 예저이다. 표면에 잔털이 있으며 뒷면 맥 위에도 털이 있다

꽃 : 4~5월에 짧은 가지 끝에서 대개 1개다 달려 핀다. 꽃받침은 피침형으로 끝이 첨두이며 가시가 있다

열매 : 취과(집합과). 6~7월에 붉게 익는다. 씨는 연한 갈색이다.

숲 관찰에 필요한 준비물

관찰일기를 쓰려면 준비해야 할 도구들로 배낭이 무거워진다. 물과 도시락만으로도 벅찰 때가 있는데 다른 도구를 거의 매일 지고 산길을 걷다가 멈춰서 작업 도구들을 풀었다가 다시 싸고, 이런 반복적인 행동을 계속하는 것은 그 거리가 아무리 짧아도 인내심이 꽤 필요한 일이 된다. 여기에 나오는 대로 갖출 필요는 없다. 나에게 필요한 것, 그날 꼭 필요한 것을 상황에 맞추어 간소하게, 사용이 편리하도록 꾸려서 갖고 다니면 된다. 그러나 참고하면 편리하다.

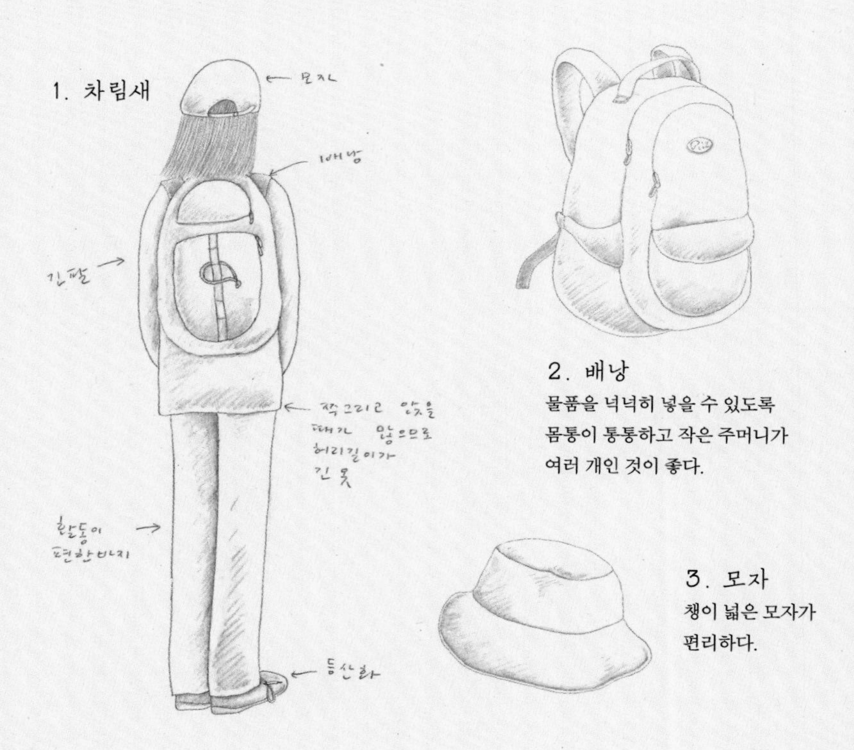

1. 차림새

2. 배낭
물품을 넉넉히 넣을 수 있도록 몸통이 통통하고 작은 주머니가 여러 개인 것이 좋다.

3. 모자
챙이 넓은 모자가 편리하다.

4. 하프쉘장갑

열손가락을 자유롭게 쓸 수 있으므로 갖춰 두면 편리하다.
겨울에는 여기에 장갑을 덧끼면 된다.

5. 카메라

무거운 필름카메라를 들고 다녀서 필요할 때만 챙겨 갔다. 가벼운 카메라라면 매일 가지고 다니면 즐거운 작업을 할 수 있을 듯.(필름카메라 작업이 재미없다는 뜻은 아니다)

6. 연필케이스(펜슬랩)

색연필을 담았다. 수성색연필은 갑자기 비를 맞거나 축축한 여름 숲에서는 연필심이 물러지기도 하므로 유성색연필이 더 편하다.

7. 필통

스케치용 연필, 지우개, 칼을 담는다.

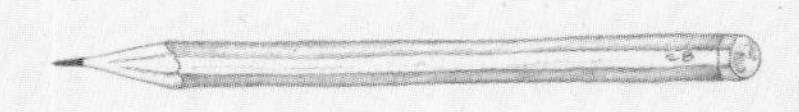

8. 연필

2B연필을 썼다. HB~2B를 쓰는 것이 무난하다.
쓰는 사람이 편한 연필을 고른다.

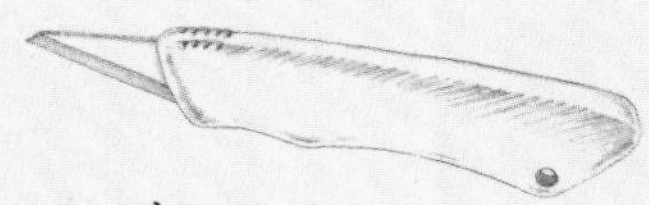

9. 지우개

가장자리를 모서리지게 다듬은
지우개

10. 칼

날을 갈아서 쓰는 칼. 다양한
용도로 쓸 수 있다.

11. 화판(스케치보드)

그냥 A4용지 몇 장 끼워서 가지고 다니면 편하다.
화판 대신 스케치북이나 취향에 맞는 노트를
가지고 다녀도 된다.

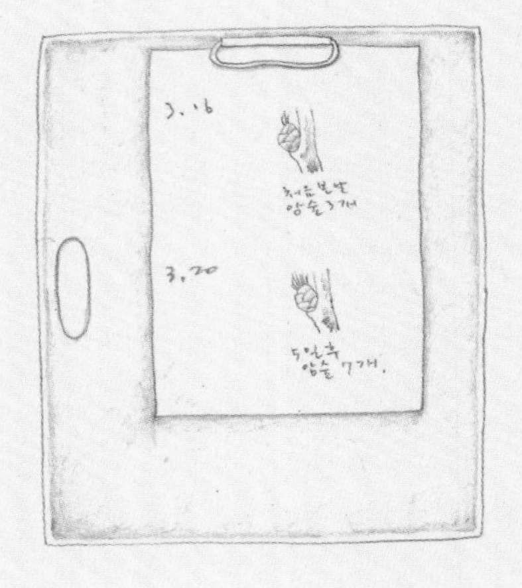

12. 종이

그림을 그릴 수 있는 종이. 처음 시작하거나 비싼
종이가 부담스러울 때는 A4용지 몇 장을 화판에
끼워 다니면 좋다. 스케치북이나 노트를 쓰지
않는다면 나중에 자료로 쓸 수 있으므로 규격이
같은 종이를 쓰는 것이 정리할 때 편리하다.

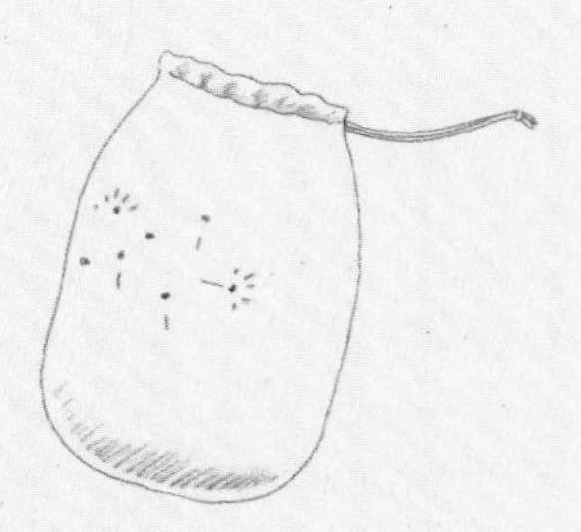

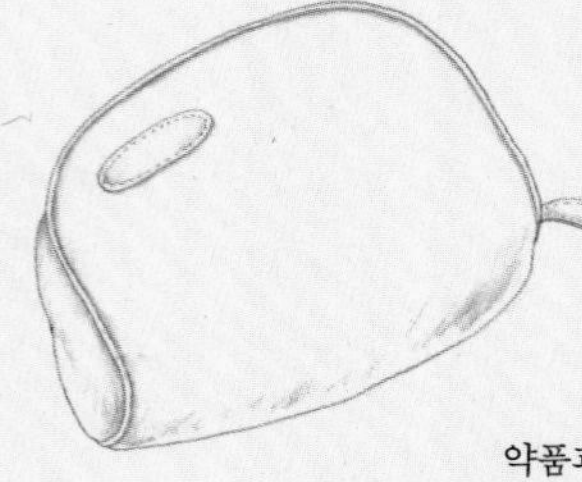

14. 파우치

튼튼하게 만들어져
있어 모양이
흐트러지지 않아야
물건 보관이 쉽다.
파우치 안에는
개인적으로 필요한
약품과 줄자, 돋보기 등을
넣어 두면 갑자기 쓰게 될 때 찾기
편리하다.

13. 주머니

비닐봉지를 보관하거나
필름을 담아 가지고 다닌다.

15. 종이반창고

베이거나 긁혔을 때 쓰기도 하지만 무언가를 붙이거나
연결할 때도 투명 테이프 대신 쓰면 편리하다.

16. 무명실

무언가 오랫동안 살펴볼 식물체에 살짝 묶어 둔다. 무명실은
어느 정도 시간이 흐르면 저절로 썩어 버린다. 종이 실패에
감아 작은 비닐지퍼백에 담아 두면 헝클어지지 않고 때도
끼지 않는다.

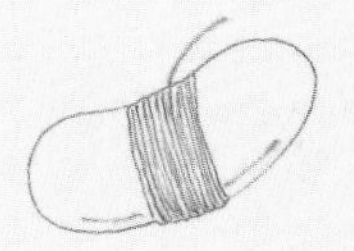

17. 인공눈물

눈에 티가 잘 들어가는 사람은 가지고 꼭 다녀야 할 듯.

18. 손거울

티가 든 눈을 들여다보려면 반드시 필요하다. 거울 한 쪽
면은 크게 확대해서 볼 수 있는 것이면 좋다.

19. 물병

제아무리 가방이 무거워도 반드시 챙겨야 할 것. 바로 물이다.

20. 기타

우산 또는 비옷(비가 올 것 같은 느낌이 들 때는 반드시 준비한다.), 도시락, 개인적으로 필요한 물건
(식물도감 등의 도감류)

관찰일기 쓰는 법

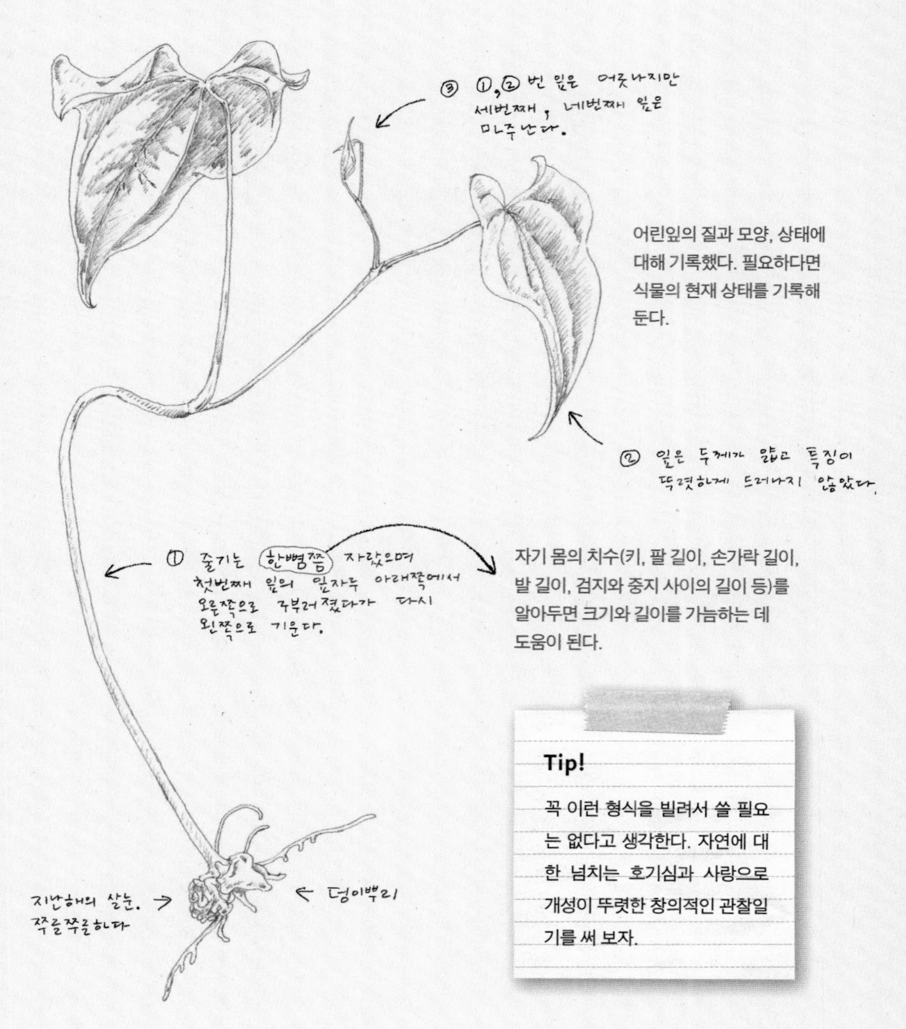

어린잎의 질과 모양, 상태에 대해 기록했다. 필요하다면 식물의 현재 상태를 기록해 둔다.

자기 몸의 치수(키, 팔 길이, 손가락 길이, 발 길이, 검지와 중지 사이의 길이 등)를 알아두면 크기와 길이를 가늠하는 데 도움이 된다.

Tip!

꼭 이런 형식을 빌려서 쓸 필요는 없다고 생각한다. 자연에 대한 넘치는 호기심과 사랑으로 개성이 뚜렷한 창의적인 관찰일기를 써 보자.

날짜

2010. 7. 7. 맑음. ← 날씨

31°C 너무 더워서 사람들이 걸음을 천천히 옮긴다. 덥고 고요한 한낮 ← 기온, 습도, 관찰 당시의 분위기 등에 관한 내용. 관찰 장소에 온도계가 있다면 온도를 기록한다.

시간(필요에 따라 정확한 시간을 기록하면 더 좋다.)

어미뜨기인듯한 마가 1.5m쯤 떨어진 길 위쪽에서 자란다. 덩굴은 산딸기를 휘어감으며 옆으로 뻗어 나간다. ← 관찰 대상 주변의 환경도 기록해 본다.

✿ 어린마 곁에 사는 풀: 큰까치수염, 꽃향유, 태백제비꽃

✿ 〃 나무: 졸참나무, 산딸기, 어린 작살나무

관찰한 동식물에 대한 또 다른 정보를 얻을 수 있으므로 빈 공간으로 남겨 두었다가 새로운 정보를 기록해 두면 편하다.

찾아보기

ㄱ

ㄴ

ㄷ

ㅁ

ㅂ

ㅅ

ㅍ

ㅎ

KB135939

배싸메무초 걷기100선

이야기가 있는 수도권 도보여행 가이드

배낭, 싸고 메고 무작정 따라가라.
초행길에 더 좋은 걷기 100선
이야기가 있는 수도권 도보여행 가이드: 서울, 경기, 인천

2018년 03월 25일 초판 01쇄 발행
2019년 01월 08일 초판 02쇄 발행

지은이 윤광원
펴낸이 안호헌
아트디렉터 박신규
디자인 한윤정
교정·교열 김수현

펴낸곳 도서출판 흔들의자
출판등록 2011. 10. 14(제311-2011-52호)
주소 서울 강서구 가로공원로84길 77
전화 (02)387-2175
팩스 (02)387-2176
이메일 rcpbooks@daum.net(편집, 원고 투고)
블로그 blog.naver.com/rcpbooks

ISBN 979-11-86787-11-3 13000

* 이 도서의 국립중앙도서관 출판예정도서목록(CIP)은 서지정보유통지원시스템 홈페이지(http://seoji.nl.go.kr)와 국가자료공동목록시스템(http://www.nl.go.kr/kolisnet)에서 이용하실 수 있습니다.(CIP제어번호: CIP2018005590)

배싸메무초 걷기100선

이야기가 있는 수도권 도보여행 가이드

글·사진 윤광원

서문

'베사메무쵸'는 '나에게 듬뿍 키스해주세요'라는 뜻이고 **'배싸메무초'**는 '배낭 싸기 전이나 메고 나서 보는 이야기가 있는 여행 가이드북'이다.

필자는 걷는 것을 좋아한다. 전철이나 버스 1~2 정거장 거리이고 시간이 급하지 않다면 웬만하면 걸어간다. 필자의 '똥차'는 아파트 지하주차장의 한 구석 신세를 면키 어렵다.
걷는데 익숙해지면 주변의 것들이 눈에 들어온다. 바로 이야깃거리들이다.
어린 시절, 경기도 연천이 고향이던 필자는 외할아버지를 따라 외갓집까지 한나절을 걸어서 간 기억이 몇 번 있다. 산과 들을 지나고 마을길을 따라 걷고 또 걸었다. 힘들다고 칭얼대기도 했다.
그러다 꼭 거쳐야 하는 곳이 있다. 임진강 적벽이다. 양쪽으로 깎아지른 듯한 절벽 사이로 임진강이 흐른다. 그 절벽을 조심조심 내려가 강변에서 나룻배를 기다려야 한다. 기약 없는 기다림이다. 외할아버지는 연신 "배타요"라고 외친다. 반대편 절벽에 메아리가 울려 퍼진다. 겨울에 강이 얼어붙으면 그냥 건너기도 한다. 그 절벽이 임진강 주상절리다.

지난 2015년 12월 우리나라 7번째로 국가지질공원으로 지정된 경기도 연천과 포천의 임진강 · 한탄강 일대에 발달된 주상절리는 수십만 년 전 화산활동으로 시뻘건 용암이 만들어 낸 희귀한 지형이다. 어릴 때는 그저 높디높은 절벽일 뿐이었는데 어느 새 관광명소가 됐다.
필자가 자주 뛰어놀던 동네 근처 마을길은 '평화누리길'의 일부가 됐다. 경기도 고양 · 김포 · 강화 · 파주 · 연천을 잇는, 북한과의 접경지역의 긴 트레일코스다.

그 마을길 언덕위에 '기황후'의 묘가 있다. 고려 말 원나라로 끌려간 공녀출신으로 황후까지 되고 드라마 주인공이기도 했던 입지전적인 그녀가 어떻게 연천에 돌아와 묻혔는지 정확한 내막은 모르지만… 이런 것들이 길에서 만나는 이야기이다.

이 책은 이렇게 우리가 흔히 산책하는 주변 길에서 만나는 이야기들을 모은 책이다. 단순 트래킹 코스 안내서가 아니다. 트래킹 코스 안내와 인문학적 내용을 겸비한 책이다. 필자는 몇 년간 모 일간지 기자로 있으면서 '윤광원의 이야기가 있는 걷기' 라는 고정칼럼을 연재한 바 있다. 이 칼럼은 세 가지 전제가 있었다.
첫째는 수도권에서 대중교통으로 쉽게 갈 수 있어야 한다는 것이고
둘째는 대중들에게 널리 알려진 곳이 아니어야 한다는 점이다.
마지막으로 '이야기'가 있어야 한다는 것이다.

가장 중요한 것은 이야기다.
이야기가 있으면 길은 단순한 걷기용 코스를 넘어선다. 사람들은 걸으면서 그 길에 새겨진 옛 사람들의 이야기를 보고 들으면서 당시 사람들과 대화를 나눌 수 있게 된다. 역사가, 문학이, 옛 인물들이, 그리고 자연이 우리에게 말을 건넨다.
필자는 그 신문사를 떠났지만 코스개발과 운영은 계속됐다. 5년 넘게 이끌어 온 트래킹모임 '길사랑'을 중심으로 해서다. 이렇게 100개 코스를 채우면서 이 책은 탄생할 수 있게 됐다.

최종적으로 원고를 완성하면서 그 사이 사람에게 많이 알려진 남한산성, 수원화성, 북악산 성곽길, 남산 성곽길 등은 제외하고 신 개발코스로 교체했다.
이제 여러분들 차례다. 길을 걸으며 건강은 물론 인문학도 챙겨보자. 책을 만드느라 수고해주신 안호헌 형과 흔들의자 스텝 분들께 감사드리며 같이 길을 걸었던, 또 걷고 있는 수많은 '도반'들께 이 책을 바친다.

윤광원

목차

서문

‘베사메무쵸’는 ‘나에게 듬뿍 키스해주세요’라는 뜻이고

‘배싸메무초’는 ‘배낭 싸기 전이나 메고 나서 보는 이야기가 있는 여행 가이드북’이다.

p.10 봄

p.204 가을

p.282 겨울

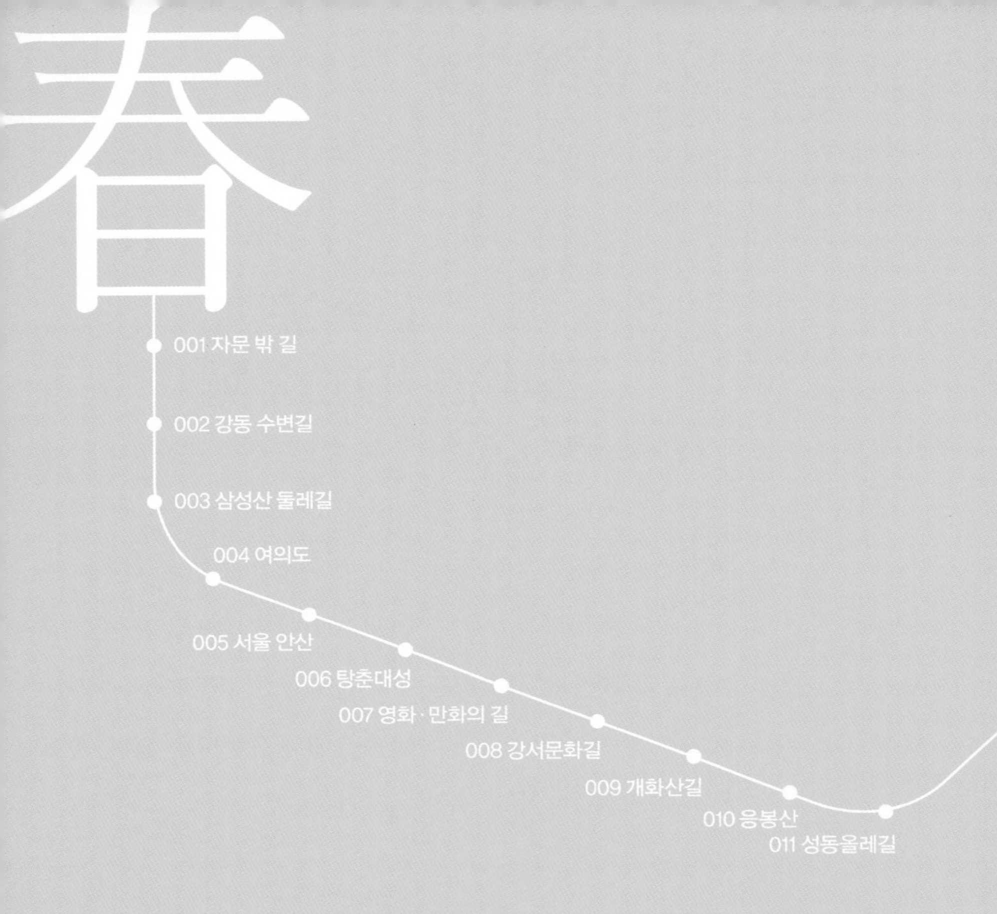
春
001 자문 밖 길
002 강동 수변길
003 삼성산 둘레길
004 여의도
005 서울 안산
006 탕춘대성
007 영화 · 만화의 길
008 강서문화길
009 개화산길
010 응봉산
011 성동올레길

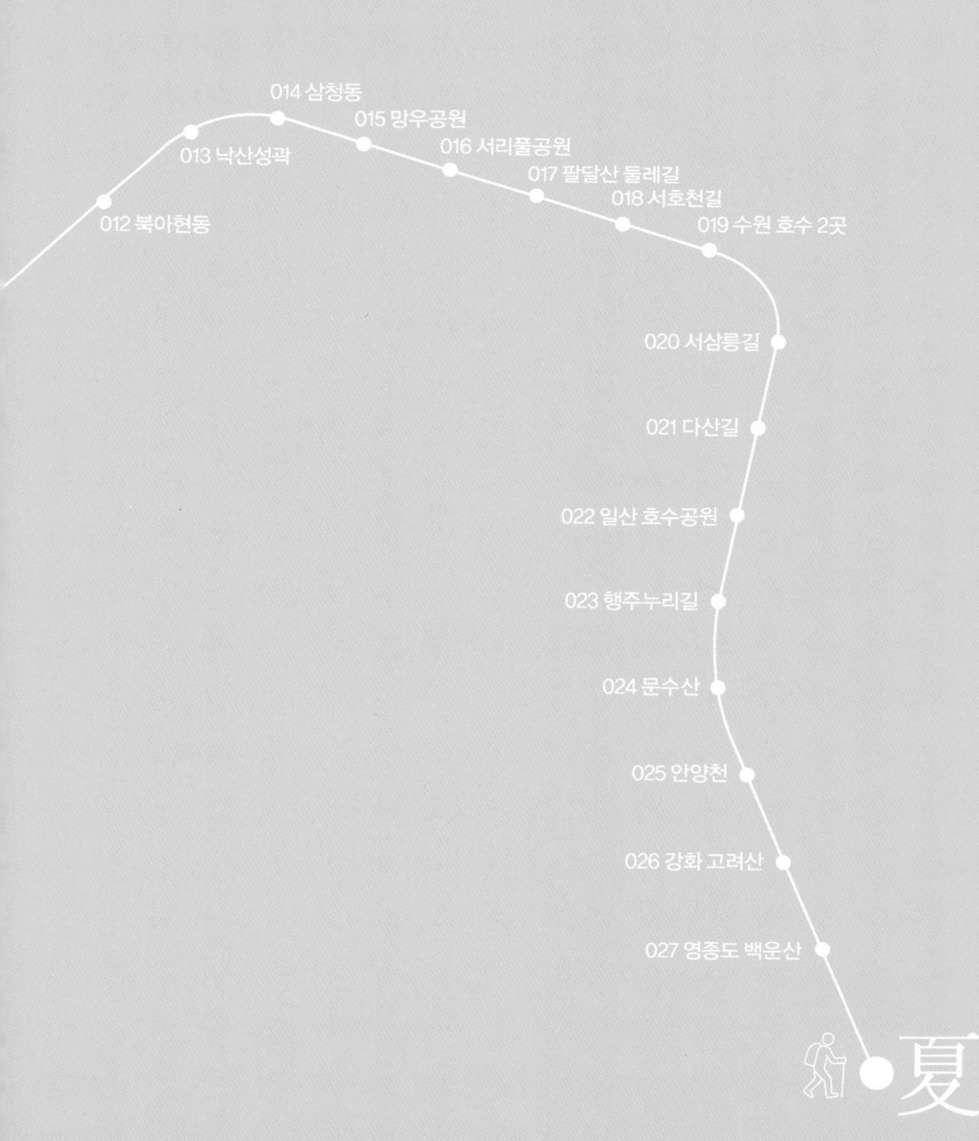
014 삼청동
015 망우공원
013 낙산성곽
016 서리풀공원
017 팔달산 둘레길
018 서호천길
012 북아현동
019 수원 호수 2곳
020 서삼릉길
021 다산길
022 일산 호수공원
023 행주누리길
024 문수산
025 안양천
026 강화 고려산
027 영종도 백운산
夏

배싸메무초 걷기 100선

001 자문 밖 길

북악산 자락에서 엿본 예술가들의 삶

죽는 날까지 하늘을 우러러
한 점 부끄럼이 없기를,
잎새에 이는 바람에도
나는 괴로워했다.
별을 노래하는 마음으로
모든 죽어가는 것을 사랑해야지.
그리고 나한테 주어진
길을 걸어가야겠다.
오늘 밤에도 별이 바람에 스치운다.

너무도 유명한 윤동주(尹東柱) 시인의 대표작 '서시'다.
이 시는 일제강점기를 치열하게 살다가 젊은 나이에 옥중에서 요절한 저항시인 윤동주의 생애를 단적으로 암시해주는 상징적인 작품이다.
부암동 가는 길에 처음 만나는 것이 바로 윤동주 시인이다. 부암동 고갯마루 왼쪽 도로변에 '윤동주문학관'이 있기 때문. 윤동주 문학관은 흰 페인트로 칠한 낡고 허름한 창고 같은 건물이다. '시인이 아직도 정당한 대접을 받지 못하고 있구나' 하는 생각에 마음 한 구석이 쓰리다.
영화 '동주'를 눈시울을 붉히며 보고 얼마 전 유일한 혈육이던 여동생 윤혜원(尹惠媛) 여사가 머나먼 타국인 호주 시드니에서 세상을 떠났다는 소식을 들었던 터라,

더욱 그렇다. 고갯길 왼쪽 언덕은 '시인의 언덕'으로 명명됐다. 부암동에 살던 윤 시인이 자주 올랐다는 곳이다. 서시 시비도 세워져 있다.

서울성곽의 4소문 중 하나인 창의문의 별칭인 '자하문' 바깥 동네라고 해서 '자문밖'이라고 불렸던 부암동은 골목마다 예술적 향기가 가득한 동네다.

부암동(付岩洞)이란 이름은 이곳에 부침바위(付岩)가 있었던 데서 유래한다. 이 바위에 자기 나이만큼 돌을 문지르면 손을 떼는 순간 바위에 돌이 붙고 아들을 얻는다는 전설이 있다. 높이가 약 2m였는데 지금은 도로 확장으로 없어졌다. 자하문을 지나 삼거리에서 이면도로를 건너 오른쪽 골목길로 들어선다. 조금 가니 왼쪽 아래로 환기미술관 가는 길이 보인다.

환기미술관은 한국 근대회화의 추상적 방향을 연 선구자였던 서양화가, 수화(樹話) 김환기 선생을 위한 작은 미술관이다. 흰색의 아담한 미술관 건물 자체도 예술 작품이다. 건축가 우규승 선생이 설계한 작품으로 1994년 '김수근 건축상'을 수상했다. 앞마당의 나무도 멋지게 가지를 뻗었다.

다시 온 길을 되돌아 올라가 큰 골목에서 '산모퉁이' 카페로 가는 방향표시를 따라간다. 차가 별로 없는 도로가 나오고 왼쪽 아래로 한국대학생선교회(CCC) 회관이 보인다. 많은 크리스천들의 대학시절 추억이 서려있는 곳이다. 그 벽돌담에 붙어 있는 산모퉁이 가는 길 표시는 '이젠 이 카페가 CCC회관 보다 더 유명해 졌구나' 하는 생각이 들게 한다. '커피프린스 1호점'이란 드라마와 한류 관광객들의 힘이다.

조금 더 가다보니 아담한 전통 한옥에 꾸며진 미술가들의 공간 'Art for Life'가 있다. 길 오른쪽 축대에 익살스런 벽화가 있다. "고진감래(苦盡甘來), 고생 끝에 낙이 온다"고 쓰여 있고 산모퉁이와 '백사실 계곡', 팔각정 가는 길 표시가 같이 그려져 있다. 문득 고개를 들어 북악산 쪽을 바라보니 산 정상에서 굽이굽이 흘러내리는 서울성곽이 한 폭의 그림 같다.

도로를 따라 동네를 한 바퀴 돌아가면 마침내 산모퉁이 카페가 모습을 드러낸다.

드라마 커피프린스 1호점에서 음악감독 최한성(이선균 분)의 집으로 나온 곳으로 일본과 중국 등에서 온 한류 관광객들도 많이 찾는 명소다. 우아한 2층, 고풍스런 서양식 벽돌집으로 앞뜰엔 노란 클래식 카 모형이 있고 앙증맞은 조각품들이 입구를 지키고 있다. 실내엔 드라마에 사용된 소품과 스틸사진들, 1960~1970년대 사용되던 추억의 생활용품들이 가득하다. 지하는 갤러리로 이용되고 있다. 여러 모로 볼거리가 많은 곳이다. 뒤쪽 테라스로 나오면 감탄사가 절로 나온다. 인왕산과 평창동 일대가 한눈에 내려다 보이는 전망이 정말 좋다.

산모퉁이를 나와 이름처럼 산모퉁이를 돌아가면 왼쪽으로 백사실 계곡 내려가는 길이 있고 그 길목에는 '산유화' 카페가 있다. 아담한 한옥을 개조한 산유화는 상업성이 가득한 산모퉁이와 달리 순수 문화공간의 향기가 짙다. 한복연구가인 박창숙 선생의 작업공간인 까닭일 게다. 그리 넓지 않은 실내는 박 선생의 작업실이기도 하므로 손님을 많이 받을 수 없다. 테이블도 몇 개 안되고 저녁시간에는 1팀만 예약을 받는다. 음식과 차 맛은 최고 수준이지만 가격은 매우 싸다. 선생과 제자들이 직접 제작한 수제 스카프도 저렴하게 살 수 있다. 입구엔 첼로가 세워져 있고 외부 담벼락에도 벽화가 그려져 있어 예술적 풍취를 더한다.

다시 언덕 위로 올라와 길을 조금 따라가면 군부대 앞에서 '북악스카이웨이'와 만나게 된다. 예전엔 차로만 갈 수 있었던 이 길 옆으로 지금은 멋진 산책로가 조성돼 있다. 중간 곳곳에 쉼터가 있고 정자도 있다.

가을철엔 단풍이 절경인 이 길을 따라가면 '북악팔각정'이 나오고 계속 더 가면 하늘마루 전망대에서 '김신조 루트'와 만나게 된다. 왼쪽으로 북한산이 손에 잡힐 듯 보인다. 북한산 형제봉, 보현봉, 문수봉, 사모바위, 비봉 등 봉우리들이 한눈에 조망된다. 아름다운 우리 강산이다.

배싸메무초 걷기 100선

002 강동 수변길

한강 물줄기를 따라 생태복원의 현장을 찾다

한강(漢江)은 우리 민족의 역사를 관통하면서 유장하게 서해로 흘러든다.
이름 자체가 말해주듯 '큰 강'의 의미를 지녔는데 '삼국사기'(권32, 잡지) 제사조의 기록을 보면 한강은 전국 명산대천에 등급을 매겨 대사, 중사, 소사로 나눠 매년 제사를 드리는 국가적 차원의 의례에 있어서 중사(中祀)에 편입돼 있어 고대로부터 중요한 숭배의 대상이 돼왔음을 알 수 있다.
한강이 관통하는 서울이 수도가 된 현대에는 말할 것도 없다. 한국 현대문학의 거장 조정래의 대하소설 '한강'이 한국 현대사 전체를 조명하는 대작일 수 있는 것도 한강의 이런 성격 때문이었으리라. 일반적으로 문학에서의 강은 물이 지닌 상징적 의미를 통하여 사유되고 작품화된다. 이러한 물의 상징적 의미는 생명의 근원, 영원성, 풍요 등으로 표상되면서 신비와 영험의 대상으로 숭상되곤 했다.
서울 강동구는 서울시내에서 한강의 동쪽 끝 지점에 해당한다. 오늘은 이 강동구의 한강변을 걸어보고자 한다. 바로 '강동 수변길'이다.
지하철 8호선 암사역 3번 출구로 나오자마자 뒤로 돌아 네거리에서 좌회전, 큰 길을 계속 따라 가면 올림픽대로변 삼거리가 나온다. 여기서 길을 건너 왼쪽 공원으로 들어서 도로와 나란히 걷는다. 아파트 단지와 올림픽대로 사이의 좁고 길쭉한 소공원은 철쭉꽃과 작은 정자, 수변식물과 나무들로 잘 꾸며져 있다. 10분여 가다보면 대로 밑에 한강변으로 나갈 수 있는 토끼굴이 있다. 이곳은 한강공원 '광나루지구'다. 뚝방 길에서 우회전하면 곧 '암사생태공원'에 이른다. 암사생태공원은 콘크리트 호안 블록과 강변 자전거도로 등을 철거하고 자연형 호안으로 조성하여

생태공간으로 복원한 곳이다. 한강 상류로부터 유입된 토사가 퇴적돼 형성된 호안과 대규모 갈대군락지로 희귀한 동식물들이 다수 서식중인 곳이다.
둑길을 따라 조금 걷다 보면 생태탐방로가 나온다. 봄철이라 조팝나무 흰 꽃이 화려하다. 한강 건너 아차산은 진달래꽃으로 온통 연분홍빛이다. 철 지난 갈대는 고개를 숙였지만 대신 버드나무가 싱그러운 신록으로 빛난다. 자연에서 계절의 변화를 실감한다.
어느 새 '남한강 자전거길' 너머 한강의 푸른 물줄기와 함께 '구리-암사대교'가 웅장한 모습을 드러낸다. 이젠 대로와 자전거길을 따라 걸어야 한다.
질주하는 차량들 옆으로 아스팔트길에서 자전거를 피해 걷다 보면 이내 지루해 질 즈음, 고갯마루 너머 왼쪽 위로 멋진 정자가 보인다.
이 정자는 구암정(龜巖亭)이다. 구암정이란 이름은 조선시대 이곳에 있던 '구암서원'을 상징하는 대명사다. 구암서원은 현종 때 광주 유림이 창건, 사액(賜額)을 받은 서원이다. 그러나 고종 때 흥선대원군의 서원철폐령으로 문을 닫았다. 1998년 서울시가 취수장을 건립하면서 주변을 공원화하고 구암정을 건립했다. 정자 옆에는 광주이씨가 배출한 학자로 구암서원에 배향됐던 이집(李集) 선생의 구기비(舊基碑)와 주춧돌 등이 남아 옛 영화를 대변한다. 공원을 지나 고갯길을 내려가니 자전거족들의 휴식처 옆으로 '고덕동생태경관보전지역' 안내판이 보인다.
고덕동생태경관보전지역은 '암사 아리수 정수센터' 취수장과 경기도 하남시계

사이의 한강 고수부지다. 강 둔치에 자연적으로 형성된 숲과 초지가 발달돼 있어 한강 '밤섬'과 함께 가장 자연친화적 수변식생대가 형성돼 있다. 당연히 출입금지다. 하지만 조금 더 내려가 덕수문교 건너편 왼쪽에 있는 '고덕수변생태공원'에는 탐방로가 있다.

암사동 정수장과 서울외곽고속도로 강일IC 사이 한강 고수부지가 고덕수변생태공원이다. 강 둔치에 자연적으로 숲과 초지가 발달, 갈대와 부들 등 116종의 식물과 38종의 조류 등이 서식하고 있는 생태계의 보고다. 봄꽃들이 흐드러지게 피어 길손을 반긴다. 여름철새 번식지는 출입이 통제돼 있다.

강변을 따라 걷다가 전망대에 섰다. 한강 조망이 시원하다. 이곳은 한때 심하게 오염됐지만 지난 2001년부터 생태계가 복원됐다고 한다. '생태보전시민모임'이 관리중이다.

길을 따라가다 보니 한강과 '고덕천' 합류지점이 나온다. 고덕천 둑길 오른쪽에 솟은 나지막한 산이 고덕산이다. 고덕동이란 동명이 여기서 유래했다.

둑길을 따라가다 도로를 건너니 아파트단지 사이로 잘 정비된 고덕천이 나온다. 많은 시민들이 걷거나 자전거로 오가는 이 산책로를 따라 걷다가 길이 끝나는 지점에서 오른쪽으로 나오면 명일동 사거리다. 여기서 우측으로 도로건너 계속 따라가면 지하철 5호선의 종점인 '상일동역'이 있다.

지하철 8호선 암사역 3번 출구	광나루 지구	암사생태 공원	구암정	고덕수변 생태공원	고덕천

배싸메무초 걷기 100선

003 삼성산 둘레길

주교 성인, 부처님, 민속신앙이 공존하는 길

북한산 · 도봉산과 마찬가지로 관악산에도 둘레길이 있다. '관악산 둘레길'은 사당역 인근 까치산 생태육교에서 '낙성대공원'을 지나 서울대입구에 이르는 1구간 '애국의 숲길', 서울대입구에서 '삼성산 성지'를 거쳐 '국제산장아파트'까지의 2구간 '체험의 숲길', 그리고 국제산장아파트에서 '신림근린공원' 사이 3구간 '사색의 숲길'로 나뉜다. 그런데 관악구가 조성한 이 둘레길 외에 서울시가 '서울둘레길'을 따로 만들었다.

서울둘레길은 서울을 둘러싸고 있는 '외사산'(북한산, 관악산, 용마산, 봉산)을 이어 조성한 트래킹 코스다. 강남구간, 특히 관악산구간이 가장 먼저 개통됐다. 관악산 둘레길과 서울둘레길 관악산구간은 상당 부분 서로 겹친다.

자칫 길이 헷갈리기도 쉽지만 대신 두 길을 오가며 다양하게 걷는 코스를 조합할 수 있는 묘미도 있다. 가는 방향만 정확히 숙지하고 있으면 각종 표지와 길안내가 잘 돼 있어 별로 걱정할 필요가 없다.

오늘은 관악산둘레길 2구간을 따라가다가 삼성산 성지에서 서울둘레길로 바꿔 수도권전철 1호선 '석수역'까지 걸어볼 참이다. 서울대 정문 옆 관악산 등산로 입구에서 출발, 약 7km 정도의 코스다. 관악산둘레길 2구간 체험의 숲길은 사실은 관악산이 아니라 삼성산 둘레길이다. 관악산 입구에서 오른쪽 삼성산 방향으로

길이 나 있다. 초반은 가파르게 시작하지만 서울 시내를 한 눈에 내려다 볼 수 있다는 장점이 있다.

들머리엔 서울둘레길 안내판이 있고 조금 더 들어가니 나무 장승들이 어서 오라 손짓한다. 초반부터 경사가 가파르다. 계단을 힘겹게 오르면 왼쪽 바위 위에 조망 명소가 있다. 서울대 캠퍼스와 서울 시내가 한 눈에 내려다 보이고 관악산과 삼성산 정상이 지척이다. 이제부턴 평탄한 길이다.

곧 관악산 둘레길과 만났다. 길 가까이에 '약수사'와 '보덕사'가 있는데 약수사는 조선 세종 때 창건돼 구한말 명성황후(明成皇后)가 중창한 절이고 보덕사는 근래에 지어졌다. 헬기장을 지나 계속 길을 따라간다. 곳곳에 작은 시냇물이 흐르고 홍수에 대비한 수로와 산사태로 무너진 곳을 보수한 듯한 곳도 있다.

조금 더 가니 '삼호약수'가 나온다. 시원한 약수 한 바가지로 목을 축였다.

약수터 바로 위가 삼성산 성지다. 1839년 기해박해(己亥迫害) 때 순교한 성 라우렌시오 앵베르 주교와 성 베드로 모방 신부, 성 야고보 샤스탕 신부의 유해를 안장한 곳이다.

기해박해는 '기해사옥'이라고도 한다. 이 사건은 표면적으로는 천주교를 박해하기 위한 명분을 내걸었으나 실제는 시파(時派)인 '안동김씨'로부터 권력을 탈취하려는 벽파(僻派) '풍양조씨'가 일으킨 것이다. 순교한 이들 세 성인은 조선에 입국한 이후, 이국적인 외모를 감추기 위해 상복으로 얼굴을 가리고 다니며 복음전파에 힘썼고 최초의 조선인 신부인 김대건 안드레아를 마카오로 유학 보내 성직자로 양성했다. 박해가 시작되자 이들은 교인들의 희생을 줄이기 위해 스스로 관가에 자수, '새남터'에서 군문에 효수 당했다.

삼성산 성지에는 이들의 묘탑과 십자가, 그리고 성모상 등이 서 있다. 조금 더 가면 테니스장이 있다. 여기에선 호랑이를 닮은 형상의 호암산(虎岩山)이 바로 위로 보인다. 가파른 계단을 올라 고갯마루 넘으니 '호압사'가 있다.

서울 금천구의 유일한 전통사찰 호압사(虎壓寺)는 호랑이를 억누르기 위한 절이란 뜻으로 조선이 건국한 이듬해인 1939년 왕사인 무학대사에 의해 창건됐다. 무학대사는 한양 도성을 위협하는 호암산의 호랑이 기운을 억누르기 위해 이 절을 세웠다고 전한다.

호압사 앞은 등산로 사거리다. 호암산과 장군봉을 오르는 길과 '관악구 민방위교육장'으로 내려가는 길이 있다. 서울둘레길을 계속 따라가야 석수역 방향이다.

호암2약수터를 지나 조금 더 가면 '호암산 삼림욕장'이 있다. 피톤치드가 많이 나오는 잣나무와 소나무가 울창한 숲속엔 텐트도 곳곳에서 눈에 띈다. 중간 중간에 시흥동 쪽으로 내려가는 하산로가 많지만 둘레길을 따라 계속 석수역 방향으로 간다. 길가엔 새로 조성한 인공폭포도 있어 하루에 4차례 시원한 물줄기를 쏟아낸다.

울창한 숲길을 따라가다 보니 범상치 않은 돌탑들이 수십 기 모여 있다. 무속인들의 기도처로 보이는 곳도 있다. '신선길'로 명명된 이곳은 토템신앙으로 기도를 올리던 곳이다. 여긴 '시흥계곡' 입구이기도 하다. 시흥계곡은 1980년대 소풍 명소였는데 자연생태형 계곡으로 복원, 여름철 물놀이 장소와 생태체험학습 공간으로 활용되고 있다.

얼마 더 가니 길가에 기묘한 돌탑 3개가 있다. 가장 큰 것은 '호국탑'이고 옆에 것에는 '대한민국 서울 86 아세아대회, 88 올림픽대회'라 새겨져 있다. 그 앞에 '국태민안'이란 비석이 있다. 그로 미뤄보면 1980년대 초~중반에 세워진 탑인 듯하다. 또 다른 탑에는 '통일기원탑'이라 쓰여 있다.

다시 '불로천 약수터'를 지나 조금 더 가면 둘레길이 끝나고 석수역으로 가는 길이 나온다.

서울대 정문 옆 관악산 등산로 — 약수사 — 호압사 — 호암산 삼림욕장 — 불로천 약수터

배싸메무초 걷기 100선

004 여의도

여의도의 재발견, 아름다운 꽃섬이다

여의도(汝矣島)는 한강의 하중도(河中島)다. 조선시대에는 양화도 · 나의주 등으로도 불렸다. 현재의 국회의사당 자리에 있던 양말산은 홍수에 잠길 때도 머리를 살짝 내밀고 있어서 사람들이 '나의 섬', '너의 섬'하고 말장난처럼 부르던 것이 한자화되어 여의도가 됐다고 전한다.

원래 쓸모없는 모래땅 범람원이었으나 1916년 일제가 이곳에 간이비행장을 건설함으로써 이 섬의 존재가 알려지기 시작했다. 1922년 12월 조선인 최초비행사 안창남(安昌男)의 모국방문 비행도 여의도비행장에서 이뤄졌다. 1968년 서울시에서 제방 윤중제(輪中堤)를 축조하고 개발사업에 착수한 이후, 오늘날과 같은 상업 · 금융업무 · 주거지구로 발전하게 됐다.

지금의 여의도는 고층빌딩과 아파트가 숲을 이루는 대표적 중산층 거주지이자 우리나라 금융 · 증권산업의 중심지다. 또 국회의사당과 주요 정당 당사들이 모여 있는 '한국정치의 메카'이기도 하다. 방송국과 신문사들, '순복음교회'도 빼놓을 수 없다.

그러나 사람들이 흔히 잊고 지내는 것이 있다. 여의도는 섬, 그것도 대단히 아름다운 숲과 꽃의 섬이라는 사실이다. 매일 지나다니면서도 미처 깨닫지 못한, 아니 발견하지 못한 숨은 아름다움이 여의도 곳곳에 널려 있다.

여의도 외곽의 둘레길을 한 바퀴 돌면서 여의도를 재발견 해보자.

지하철 5 · 9호선이 교차하는 '여의도역' 3번 출구로 나와 증권타운을 지나면 곧 대로 건너편에 '여의도공원'이 보인다. 이 빌딩숲 한복판에 녹지공간인 여의도공원이 있다는 것은 얼마나 다행한 일인가.

1990년대만 하더라도 이곳은 녹지가 아니었다. 아스팔트만 드넓게 깔린 광장으로 처음 '5 · 16광장'이었다가 '여의도광장'으로 개칭했다. '국군의 날'이면 군사퍼레이드가 펼쳐지며 평소엔 자전거와 인라인스케이트 등을 타는 시민들로 붐비고 정치적 구호가 난무하는 집회 · 시위가 수시로 열렸다. 그러다 1997년부터 공원화사업을 추진, 1999년 1월에 여의도공원으로 개장했다.

여의도공원은 울창한 숲이다. 연못가엔 수양버들이 늘어져 한가롭고 기와 혹은 초가지붕 정자가 사람들에게 손짓한다. 주변 빌딩들만 없다면 이 곳이 여의도 도심 한복판이란 사실을 잠시 잊게 마련이다. 그 한구석엔 세종대왕(世宗大王) 동상이 서 있고 동상 주변으로 대왕때 발명된 해시계인 '앙부일귀', 물시계 '자격루', '측우기' 등의 모형이 전시돼 있다. 그 너머로 하늘을 가릴 듯 울창한 숲이 도시민들의 지친 일상을 달래준다.

어느새 여의도공원을 빠져나와 한강변 대로를 만났다. 길을 따라 LG 쌍둥이빌딩 옆을 지나 지하철 '여의나루역'에서 '한강시민공원'으로 내려선다. 한강공원(漢江公園)엔 상춘객들로 가득하다. 국회 쪽으로 조금 올라가니 '물빛정원'이 나온다. 흘러넘치는 맑은 물에 발을 담그고 물장난을 치는 아이들의 웃음이 싱그럽다.

이곳에서 여의도공원으로 통하는 터널은 '여의도비행장 역사의 터널'이라는 이름이 붙어있다. 여의도를 대표하는 영웅으로 '안창남'을 모셔놓았다. "떴다 보아라 안창남 비행기" 라는 당시 유행가 가사와 안창남 관련 기록과 사진들, 그가 몰고 왔던 비행기 '금강호' 커리커쳐 등이 오가는 사람들의 눈길을 붙잡는다. 터널을 지나니 '윤중로', 아니 '여의서로'다. 윤중(輪中)이란 원래 400여 년 전 일본 도쿠가와 막부시대 때, 수도 에도(지금의 도쿄)의 기소강이 범람하는 것을 막기 위해 만든 둑 이름이었다. 그런데 1968년 우리가 쌓은 여의도 제방에도 그 명칭이 그대로 사용됐다. 지금은 '여의서로'로 명칭이 바뀌었지만 아직도 많은 사람들은 윤중로라 부른다.

여의서로의 왕벚나무들은 아직은 앙상한 가지뿐이지만 4월이 되면 황홀한 벚꽃터널을 이룬다. 야경이 더욱 아름답다. 벚꽃이 진 다음에도 충분히 걸을만한 길이다. 다른 꽃들과 나뭇잎이 대신해 주고 사람들이 붐비지 않는 호젓한 분위기여서 좋다. 낙엽 뒹구는 가을날이면 더욱 정취가 있다.

'여의2교' 앞에서 오른쪽 계단을 내려가면 '서울마리나' 요트선착장 왼쪽으로 '샛강생태공원'이 있다. 샛강은 한강에서 갈라진 지류로 한강물이 유입돼 흐르면서 여의도를 섬으로 만들었다. 샛강생태공원은 인공적 요소를 가급적 배제하고 자연미를 최대한 살린 곳으로 여의도의 숨겨진 비경(秘境)이다.

이 곳은 지난 1997년 9월 국내 최초로 조성된 생태공원이다. 6km의 산책로에는 자연생태를 그대로 보존하기 위해 매점이나 가로등은 물론, 벤치조차 설치하지 않았다. 덕분에 무성한 갈대밭과 버드나무숲, 생태연못 등에 많은 동식물들이 서식하는 모습을 관찰할 수 있다.

여의도와 영등포를 잇는 거대한 생태 보행다리는 자연경관과 조화된 걸작품이다. '여의못'은 지하철 여의도역에서 배출되는 물을 끌어들여 조성한 연못으로 강준치, 모래무지 등이 서식하는 1급수 맑은 물이다. 물속에 뿌리를 뻗은 버드나무가 치솟은 모습은 마치 경북 청송의 '주산지(注山池)'에 온 것 같은 착각을 불러일으키는 여의도의 숨겨진 명소다. '대방역'과 연결되는 '여의교'를 지나 생태공원에서 나왔다. 인근 '앙카라공원'에 들르기 위해서다.

여의도의 또 다른 도심 속 공원인 앙카라공원은 '자매근린공원'이라고도 한다. 1971년 8월 서울시와 터키의 수도 앙카라가 자매결연(姉妹結緣)을 맺은 것을 기념, 1977년 5월에 개원했다. 앙카라공원의 상징은 '앙카라하우스'다. 터키 전통 포도원주택을 재현한 독특한 건물이다.

여기서 다시 생태공원으로 돌아가 계속 걷다 보면 한강 본류와 만나게 된다. 한강공원을 따라가면 지하철 5호선 '여의나루역'이 나온다. 앙카라공원에서 여의교 건너 1호선 '대방역'이나 9호선 '샛강역'을 이용할 수도 있다.

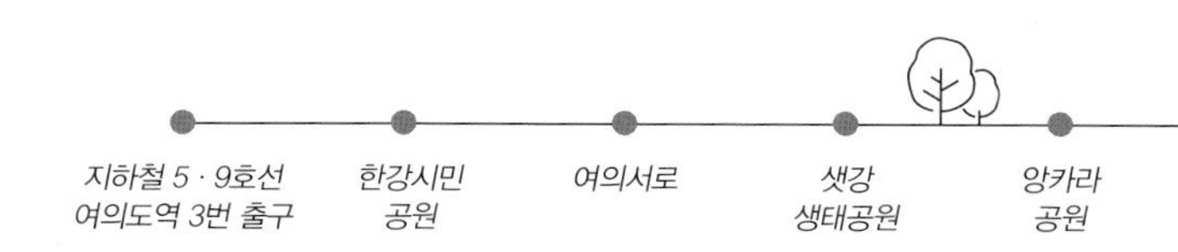

배싸메무초 걷기 100선

005 서울 안산

도심 속 이국적 숲길서 봄맞이 해볼까

안산이라면 사람들은 대부분 경기도 안산시를 떠올린다. 하지만 서울 서대문구에 있는 산 이름도 안산(鞍山)이다. 바로 연세대 뒷산으로 무악산(毋岳山) 이라고도 하며 해발 295.6m다.

안산의 안자는 한자로 '안장 안(鞍)'을 쓰고 무악산의 무자는 '말 무(毋)'자를 쓰는데 두 이름 다 동봉과 서봉, 두 봉우리 사이가 멀리서 보기에 말 잔등 같다해서 붙은 이름이다. 산의 생김새가 말이나 소, 등에 짐을 싣기 위해 사용한 길마와 같이 생겼다 하여 '길마재'라고도 하며 '모래재', '추모련'이라고 불렸고 정상에 봉수대가 있어 '봉우재'라고도 불러왔다. 조선시대에는 어머니의 산이라 해서 '모악산(母岳山)'이라고도 불렀으며 호랑이가 출몰하기 때문에 여러 사람을 모아서 산을 넘어가야 했기에 모악산라고도 불렀다는 설도 있다.

조선이 건국되고 도읍을 정할 때 관상과 풍수에 능했다는 하륜(河崙)이 안산 남쪽을 도읍지로 추천했지만 태조 이성계(李成桂)는 무학대사(無學大師)의 주장대로 북악산 밑 경복궁 자리를 도성으로 결정했다. 인조 때인 1624년에 이괄(李适)이 반란을 일으켜 전투를 벌였던 곳으로 유명하며 한국전쟁 때도 서울을 수복하기 위한 최후의 격전지였다.

서울 시내 중심에서 홍제동으로 향하는 '통일로'를 사이에 두고 인왕산과 마주보고 있으며 산기슭에 '서대문독립공원', '이진아 기념도서관'이 위치한다. 정상에는 봉수대가 있다. 정상 부근에는 큰 바위들이 많고 관음보살을 닮았다는 '관음바위'도 있다.

뒷동산 수준의 산이지만 정상에서 서울시내 일대를 내려다보는 조망은 말 그대로 압권이다. 서울시내 최고의 조망명소 중 하나로 손꼽히는 곳이다.
수맥이 풍부한 27개의 약수터가 있어 등산로가 발달했다. '옥천약수', '백암약수', '맥천약수', '봉화약수' 등이 유명하다. 서대문구청, '연희B지구 시민아파트', 연세대학교 기숙사, '봉원사' 등에서도 등반할 수 있고 주변에 백련산과 인왕산이 있어 함께 등반할 수 있다. 지하철 '무악재역', '독립문역' 쪽에서도 등반이 가능하다.
지하철 2호선 '신촌역' 3번 출구로 나와 연세대 방향으로 걷는다. 젊음의 열기가 넘치는 거리다. 연대 정문 앞에서 길을 건너 우회전, '세브란스병원'을 끼고 '성산로'를 따라 걷다가 '금화터널' 좀 못 미쳐서 왼쪽 골목길로 들어선다.
신협과 '봉원교회' 앞을 지나 계속 오르다가 삼거리에서 좌회원하면 봉원사(奉元寺) 방향으로 오르는 언덕길이 나타난다. 절 입구 오른쪽에 늘어선 옛 고승의 비석과 부도들이 이 절의 만만찮은 내력을 대변해준다. 봉원사는 신라시대 말엽 진성여왕 때 도선국사(道詵國師)가 창건했다고 전해진다. 처음엔 지금의 연세대 자리에 있었는데 조선 영조 때 현재의 위치에 중건했다고 한다.
한국불교 '태고종'의 총본산인 봉원사는 한말 개화파 승려였던 김동인 스님이 주석하면서 김옥균, 박영효 등 갑신정변(甲申政變) 주역들과 거사를 논의했던 역사의 현장이기도 하다. '한글학회'(당시 조선어학회)도 이곳에서 처음 창립됐다.
도심 속 산사는 고즈넉하다. 가람 경내를 벗어나면 본격적인 안산 숲길 등산로가 시작된다. 이 숲길을 처음 온 사람이면 누구나 감탄사가 절로 나올 정도로 아름다운 길이다. 등산로 중간에 있는 무악정(毋岳亭)에서 정상으로 바로 가지 않고 고개를 넘어가면 더욱 환상적인 풍광이 펼쳐진다. 남이섬에서나 볼 수 있을 법한 메타세콰이어 숲길은 하늘을 찌를 듯 수직으로 곧게 뻗은 나무들이 경이롭기까지 하고 어느새 눈앞에 나타난 자작나무 군락은 마치 시베리아나 백두산의 침엽수림을 보는 것 같은 이국적인 정취를 안겨준다. 도심에서 껍질이 흰 자작나무와 메타세콰이어 숲을 볼 수 있는 곳이 어디에 또 있을까.
메타세콰이어 숲길이 끝나는 지점에서 다리를 건너 오른쪽 등산로를 오른다.
숲의 아름다움에 취해 걷다보면 어느 새 정상이 가까워진다. 안산은 낮은 산이지만 그래도 악산(岳山)이다. 정상 북쪽 사면은 70~80도 경사의 험준한 바위절벽으로 암벽등반의 초보 코스로 이용되기도 한다. 정상에는 조선시대의 '모악산 동봉수대'(서울시기념물 제13호)가 복원돼 있다. 조선봉수 제4로 중 '직봉노선'이 압록강변 평안도 국경에서 처음 시작, 서해안을 따라 내려와 황해도를 지나고 안산을 거쳐 남산으로 최종 보고됐다고 한다. 서봉수대는 지금군부대 통신대가 점거하고 있는 서봉 꼭대기에 있었다고 전해진다.
동봉수대에 서면, 종로구와 중구 서대문구 은평구 일대가 한눈에 내려다보인다. 무악재 너머에 인왕산이 엄청난 기를 내뿜으며 웅장하게 서 있다.
독립문 방향 천연동 쪽으로 하산한다. 제법 가파른 암릉길이어서 밧줄을 잡기도 하면서 조심스레 내려간다. 도중에 둘레길 격인 '안산자락길'과 만난다. 이 길은 봄철엔 개나리와 산벚나무들이 말 그대로 '꽃 터널'을 이룬다. 독립문 '파크빌아파트' 옆 산기슭을 따라 자전거길 겸 산책로를 따라 내려가 '영천성결교회' 앞을 지나면 이진아 기념도서관이 있다. 서대문구립 이진아도서관은 딸(이진아)을 잃은 가족이 평소 책을 좋아했던 딸을 위해 낸 건립지원금으로 지어진 도서관이다. 지난 2003년 불의의 사고로 딸이 숨지자 가족들은 그녀를 기리기 위해 도서관 건립기금을 기부했고 구립도서관이 그녀의 생일에 개관됐다. 개인적인 슬픔을 사회를 위한 나눔으로 승화시킨 아름다운 뜻이 담겨 있는 곳이다. 그 옆으로 서대문독립공원(西大門獨立公園)이 나온다.
독립공원 맨 위쪽 붉은 벽돌조의 을씨년스런 건물이 바로 옛 '서대문형무소'(현 서대문형무소 역사관)다. 서대문형무소는 1908년 일제가 '경성감옥'이라는 이름으로 처음 건립했다. 산 위에서 내려다보면 '욱일승천기'처럼 햇살이 뻗어나가는 모양으로 건물이 배치돼 있다. 이곳에서 유관순(柳寬順) 열사를 비롯해 수많은 의병과 독립운동가들이 모진 고문에 시달리다가 죽어갔고 해방 후에도 1987년까지 '서대문구치소'로 이용되면서 민주화운동 관련자들이 고문을 받고 수감되는 등 근 · 현대사 질곡의 현장이다. 독립공원 왼쪽에 지하철 3호선 독립문역이 있다.

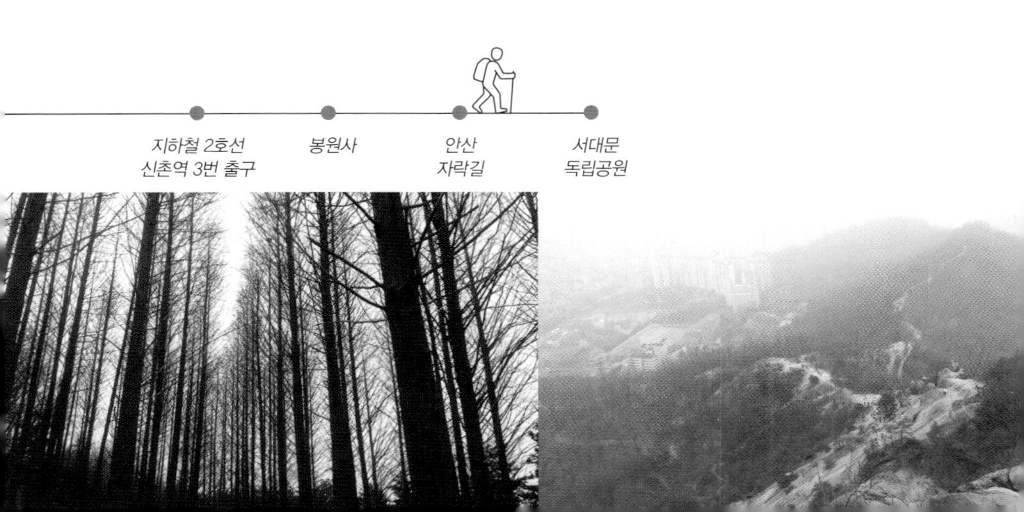

배싸메무초 걷기 100선

006 탕춘대성

옛 성곽길에서 싱그러운 봄날을 즐기다

‘북한산 둘레길’ 제7구간인 ‘옛성길’은 북한산 둘레길 중 유일하게 성문을 통과하는 코스다. 조선 숙종 때 ‘한양도성’과 ‘북한산성’을 연결해 쌓은 탕춘대성(蕩春臺城)이 ‘대남문’과 ‘비봉능선’을 따라 내려오다가 이 구간 끝 암문에서 둘레길과 만나는 것. 암문(暗門)은 누각을 세우지 않은 작은 성문으로 적군의 눈에 잘 띄지 않게 성내 · 외를 연결, 군수물자 보급이나 기습용으로 쓰였다.

서울시 유형문화재 제33호인 탕춘대성은 한성의 서쪽에 있다하여 서성(西城)이라고 한다. 인왕산 동북쪽 부암동에서 시작, 북쪽의 능선을 따라 올라가다가 북한산 서남쪽의 비봉 아래까지 연결하여 축성한 산성이다. 이 산성을 탕춘대성이라 한 것은 현재 ‘세검정’ 동쪽 약 100여m 되는 산봉우리에 탕춘대(蕩春臺)가 있었던 것에서 연유한 것이다. 탕춘대는 연산군이 미녀들을 옆에 끼고 주연을 즐기던 곳이다.

‘임진왜란’과 ‘병자호란’ 때 수도가 함락되며 갖은 고초를 겪은 조선왕조는 전쟁이 끝난 후 국방력 강화와 도성 방위 강화를 위해 온갖 노력을 경주했다. 특히 숙종은 재위 30년(1704) 3월부터 도성 수축공사를 시작, 재위 36년(1710)까지 계속됐다. 도성공사를 끝낸 숙종은 다시 재위 37년(1711)에는 북한산성을 축성했고 이어 탕춘대성까지 축조하게 된다. 숙종 44년(1718) 윤 8월부터 성을 쌓기 시작하여 40일간 성 전체의 약 절반을 축성하고 일단 중지했다가 다음해 2월부터 공사를 재개, 약 40일 후에 완공했다고 한다. 성 전체의 길이는 약 4km다.

성내에 연무장(鍊武場)으로 탕춘대 터(오늘날 세검정초등학교)에 연융대(鍊戎臺)를 설치하는 한편, 비상시를 대비하여 선혜청(宣惠廳) 창고와 군량창고인 상 · 하 평창

(平倉)을 설치했다. 그리고 성안을 5군영의 하나인 총융청(摠戎廳) 기지로 삼았다. 옛성길은 약 1시간 40분이 소요되는 길이 2.7km의 중급 난이도 둘레길이다. 서울 은평구 불광동 '북한산생태공원' 상단에서 시작, 쉼터 2곳과 전망대를 지나 다시 쉼터 및 화장실 앞을 지나 탕춘대성 암문에 이른다. 족두리봉-향로봉-비봉-문수봉-보현봉으로 이어지는 능선과 북악산의 장쾌한 전망을 마음껏 즐길 수 있는 코스다. 오늘은 이 옛성길을 거쳐 탕춘대성을 따라 부암동으로 내려가는 코스를 걸어본다.

출발점인 북한산생태공원으로 가려면 지하철 3호선 '불광역' 2번 출구로 나와 길 건너 7022번이나 7211번 버스를 타고 '독박골'에서 내리면 된다. 걸어도 10~15분. 북한산생태공원 건너편, 독박골 버스정류장 옆에 '장미공원'이 있다. 옛성길 구간은 이 장미공원에서 시작된다. 약간 가파른 길을 조금 오르면 어느새 시계가 활짝 열리면서 암릉이 나타난다. 뒤를 돌아보면 북한산의 봉우리들이 길게 도열해 멋진 전망을 선사한다. 쉼터마다 쳐다보는 북한산은 이리 오라 손짓한다. 암릉을 따라 올라가니 소나무 숲 사이로 나무 계단길이 나온다. 계단을 올라서고 조금 더 가면 전망대가 있다. 이곳은 서울시 선정 우수조망명소다. 족두리봉, 향로봉, 비봉, 사모바위, 승가봉, 나한봉, 문수봉, 보현봉이 도토리 키 재기 하듯 일렬로 늘어서 최고의 전망을 선사한다. 이제부턴 내리막길이다.

다음 쉼터에는 이해인 수녀의 시 '산을 보며'가 걸려있다. 홍은동 방향으로 내려가는 길을 지나쳐 계속 직진한다. 포토 포인트를 지나 약간 가파른 길을 오르면 드디어 왼쪽위로 성곽이 나타난다. 바로 탕춘대성이다. 탕춘대성 암문은 어른 키보다 조금 더 높은 정도 높이에 너비도 그리 넓지 않은 소박한 성문이다. 문 위에 올라 기념사진을 한 장씩 찍었다. 옛성길 구간의 끝인 암문을 통과하면 구기동 방향으로 하산하는 길이다. 하지만 성곽길을 계속 따라간다.

성벽은 보수가 안 돼 곳곳이 무너져 있고 높이도 얼마 안 되지만 그래서 더 정겹다. 오른쪽 소나무 숲을 옆에 끼고 성벽 사이에 좁은 오솔길이 길게 뻗어 있다. 어느 새 아파트단지들이 성큼 우측에 다가와 있고 좌측에는 성벽 너머로 '상명대학교' 건물들이 보인다. 성벽은 암문터를 지나 계속 이어지다가 급경사를 이루며 떨어지고, 오간수문을 통해 홍제천을 건넌 다음 탕춘대성의 정문인 홍지문(弘智門)으로 이어진다. 이번에는 암문을 통해 상명대 캠퍼스 안으로 들어섰다.

상명대(祥明大)는 1937년 12월 1일 배상명에 의해 설립된 '상명여자고등기예학원'이 모체다. 1965년 상명여자고등기예학원이 '상명여자사범대학'이 되었으며

1983년 일반대학으로 전환, '상명여자대학'이 됐다가 1996년 남녀공학으로 바뀌면서 현재의 교명으로 개명됐다. 봄을 맞은 캠퍼스엔 산수유 꽃이 피어나고 젊은이들의 싱그러운 미소들이 가득하다.

상명대 정문을 나와 길을 따라 내려오면 부암동 네거리다. 길을 건너면 길가에 부암동(付巖洞) 동명의 기원이 된 '부침바위' 이야기를 새긴 돌이 있다. 1970년대까지 이곳에 있었다는 부침바위는 높이 약 2m로 표면에 마치 벌집처럼 구멍이 뚫린 자국이 있었다. 여기에 돌을 대고 비비면 돌이 바위에 붙고 아들을 낳을 수 있다는 전설이 전해져 내려와, 아들을 고대하는 여인들이 와서 빌곤 했다고 한다. 부암동 네거리에서 버스를 타면 지하철 3호선 '경복궁역'으로 내려갈 수 있다.

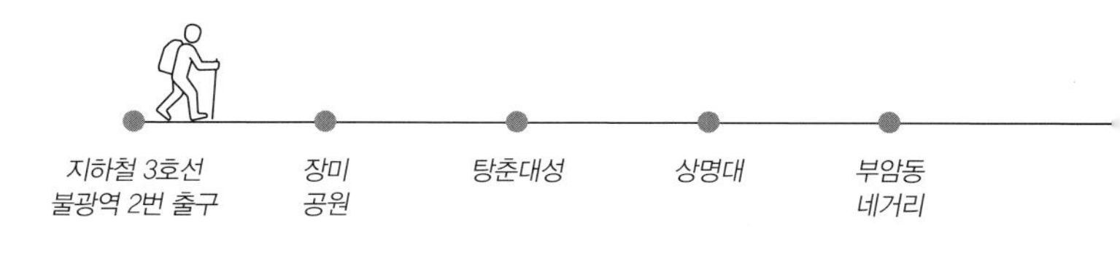

배싸메무초 걷기 100선

007 영화 · 만화의 길

하나 둘 사라지는 추억들, 영화는 지고 만화는 뜬다

서울 중구 충무로(忠武路)의 거리 이름은 ‘충무공’ 이순신 장군을 기리는 뜻에서 붙여졌다. 충무공의 탄신지인 건천동(乾川洞)이 ‘을지로4가’에서 ‘충무로4가’ 사이에 있었기 때문이다. 건천동이란 마을 이름은 이 지역을 흐르는 개천이 비가 오지 않은 날은 바닥이 말라붙어 길로 사용되지만 비가 조금이라도 내리면 금세 물이 불어 냇가로 변했다는 데서 유래됐다고 한다. 우리말로는 마른 냇골 · 마른내 골이라 하였으며 마른내 길이란 거리 이름도 여기서 나왔다.

이순신 장군은 이 마을에서 태어나 어린 시절의 대부분을 여기서 보내다가 가족과 함께 충남 아산으로 이사를 갔다. 실제로 을지로에서 충무로에 이르는 도로 변 인도의 보도블록들에는 ‘이순신 장군의 거리’라는 글자와 거북선, 그리고 장군이 승전했던 해전들의 기록이 새겨져 있는데 오래되고 변색돼 잘 알아보기 힘들다. 하지만 1950~1990년대에 ‘충무로’라고 하면 한국 영화계의 대명사였다. 100년이 넘는 한국영화 영욕의 역사의 많은 부분이 이 거리 주변 일대를 무대로 펼쳐졌다. 한국 영화사의 발자취를 따라가는 길은 ‘종로3가’에서 시작된다. 한국 영화의 ‘고향’ 단성사(團成社)가 이곳에 있었기 때문이다.

1907년 처음 설립된 단성사는 우리나라 최초의 상설 영화관이었다. 단성사는 주승희가 발의하고 안창묵과 이장선이 합자하여 2층 목조 건물로 세웠다. 초창기에는 주로 전통연희를 위한 공연장으로 사용되다가 1910년대 중반 박승필이 인수, 상설 영화관으로 개축했다. 1919년 10월 27일 사상 최초로 한국인에 의해 제작된 연쇄활동사진극(連鎖活動寫眞劇) ‘의리적 구토(義理的 仇討)’를 상영, 한국영화사상

획기적 전기를 마련했다. 그래서 10월 27일은 '영화의 날'이기도 하다. 또 1924년 초 단성사 촬영부는 7권짜리 극영화 '장화홍련전'을 제작, 상영함으로써 최초로 한국인에 의한 극영화의 촬영 · 현상 · 편집에 성공했고 1926년에는 나운규(羅雲奎) 선생의 민족영화 '아리랑'을 개봉하여 온 서울 장안을 들끓게 했다.
그러나 100년 넘게 그때 그 모습으로 한국영화를 지키던 단성사도 변하는 시대의 무게를 이기기는 힘들었다. 경영난으로 부도를 맞았다가 아산엠그룹이 인수, 영화와 귀금속 매장이 어우러진 공간으로 거듭날 예정이다.
지하철 1 · 3 · 5호선 '종로3가역' 9번 출구로 나오면 바로 오른쪽에 귀금속 매장 빌딩이 하나 보인다. 여기가 바로 단성사가 있던 건물이다. 이 건물 지하 2층에 단성사 영화관과 영화역사관이 생길 예정이다. 맞은편에 있던 '피카디리' 극장도 사라지고 귀금속 매장으로 바뀌었다.
종로3가에서 '을지로'를 지나 충무로로 이어지는 길은 과거 1980년대까지만 해도 단성사, 피카디리, '서울극장', '스카라극장', '국도극장', '명보극장', '대한극장' 등이 밀집돼 있는 '한국 영화산업의 메카'였다. 사람들은 의례 영화하면 이 거리를 찾았다. 그러나 1990년대 이후 'CJ CGV', '롯데시네마', '메가박스' 등 멀티플렉스 체인들이 영화시장을 주도하게 되면서 전국의 소규모 극장들은 하나 둘 사라져 갔고 이 거리도 비슷한 운명을 맞았다. 서울 · 명보 · 대한극장은 리모델링을 통해 살아남았지만, 피카디리와 스카라 및 국도극장은 결국 역사 속으로 사라졌다. 그리고 개발의 광풍 속에 영화인과 팬들의 오랜 상징들도 하나 둘 잊혀지고 있다.
'서울시네마'로 리모델링된 주차장 한 구석에 '서울극장'의 흔적이 남아 있다. 을지로4가에 있던 옛 명보극장은 지금은 '명보아트홀'로 간판을 바꿔 달았다. 중장년

영화팬들의 추억을 먹고 사는 고전영화 전문극장이다. 이 건물에 원로배우 신영균 씨의 예술문화재단도 있다.
명보아트홀 앞 네거리 한 모퉁이에는 두 사람이 큰 종을 받들고 있는 '대종상' 조형물이 우뚝 서 있다. 2004년 '한국영화인협회'에서 세운 것이다.
과거 스카라극장이 있던 자리엔 낯선 빌딩이 있다. 삭막한 거리에서 눈길을 끄는 이색 건물이었던 스카라극장을 근대문화유산으로 지정하려는 시민사회단체의 움직임이 있자, 당시 건물주가 극장을 아예 철거해 버리고 고층 빌딩을 세운 것이다. 개발이익에만 눈이 먼 우리 사회의 자화상이다.
충무로 건너편에 있는 대한극장은 리모델링을 하긴 했지만 옛 이름을 여전히 간직하고 있다. 하지만 반대편 골목 안에 있던 '극동극장'과 인근 국도극장은 폐관됐다.
지하철 3 · 4호선이 교차되는 충무로역 지하통로 벽면에는 몇 년 전만 해도 과거 대종상 수상작품들의 사진과 시상식 사진들이 전시돼 있었다.
'오발탄', '돌아오지 않는 해병' 등 1960년대 초반 '한국영화 전성기' 시절 만들어진 걸작들에서부터 2000년대 영화들까지 대종상의 역사를 한눈에 돌아볼 수 있었다. 지난해 리모델링을 통해 '영화의 벽'으로 재탄생한 이곳에는 역대 대종상 수상작 포스터, 시상식 영상물, 스타들의 캐리커쳐 등이 오가는 이들의 눈길을 사로잡는다. 이제 한국영화의 '충무로 시대'는 완전히 막을 내렸다. 그러나 새롭게 뜨고 있는 대중문화 장르가 있다. 바로 만화다. 충무로역에서 명동 방향으로 큰 길을 따라가면 남산 올라가는 도로가 나온다. '세종호텔'을 지나 지하철 4호선 '명동역' 3번 출구로 나온다. 길옆에 '꼬마버스 타요' 캐릭터 형태의 버스 승차대가 있다. 지하철역 입구 근처에도 각종 만화 캐릭터가 그려진 대형 조형물이 우뚝 서 있고 한 쪽에 남녀 로봇 모형이 반긴다. 이곳은 한국 만화의 새 요람인 '재미로'다. 지난 2013년 서울시가 조성한 '만화의 거리'다. 이 골목을 걷다보면 건물 모퉁이부터 계단 구석까지 자투리 공간마다 낯익은 만화 캐릭터 조형물과 벽화들이 가득하다.
재미로 입구 '명동컨벤션센터'에선 '뽀로로' 조형물이 반기고 '퍼시픽호텔' 앞에는 '손오공'을 연상시키는 원숭이 조형물이 있다. '명동주민센터'에선 '라바'가 반겨준다. 남산동 공영주차장 건물에는 아예 '웹툰공작소'가 있다. 웹툰스토어와 체험 및 전시공간을 갖춘 곳이다. '퍼시픽호텔' 앞에는 '루피' 조형물이, '미가 헤어샵' 벽에는 '안녕 자두야'의 주인공들이, 삼겹살 집 간판에서는 '용하다 용해 무대리'가 손님들에게 인사를 건넨다. 이 골목에 있는 만화박물관 '재미랑'은 만화 마니아라면 꼭 찾는 곳이다. 입구에서부터 로봇 '태권브이' 조형물이 반기는 이곳은 최신작에서부터 추억의 만화까지 1,800여 권의 만화책을 공짜로 볼 수 있다.
재미로 끝, 숭의여대 올라가는 계단 앞에서 좌회전하면 가장 화려한 볼거리가 등장한다. '만화의 언덕'으로 명명된 이곳의 축대에 지난 50여 년간 한국 만화사를 빛낸 캐릭터들이 줄줄이 붙어 있다.
'공포의 외인구단', '식객', '순정만화', '열혈강호', '풀하우스', '달려라 하니', '이끼', '꺼벙이', '머털도사', '고인돌', '로봇 찌빠', '주먹대장', '고바우 영감', '야수로 불리운 사나이', '구르믈 버서난 달처럼', '엄마 찾아 삼만리', '정의의 사자 라이파이', '코주부 삼국지' 등등, 레전드 캐릭터들이 밤이면 별처럼 빛난다.

만화의 언덕을 다 올라와 남산으로 올라가는 도로를 건너면 '한국애니메이션센터'가 있다. 여기에도 많은 만화영화 주인공 캐릭터의 조형물이 있어 가족 단위 관람객들이 많다. 그 옆에는 '만화의 집'과 '카툰 뮤지엄'이 있다. 애니메이션센터와 만화의 집에는 어린이들의 호기심과 어른들의 향수를 자극하는 볼거리들이 많다. 이곳은 본래 충무로와 연계된 한국영화산업의 중심지였다. '영화감독협회' 등 영화 관련 단체들이 지금은 철거된 옛 '남산빌딩'에 모여 있었다. '영화의 거리'가 만화의 거리로 바뀌었다.

지하철 1 · 3 · 5호선 종로3가역 9번 출구 — *을지로4가 명보아트홀* — *4호선 명동역 3번 출구* — *재미로* — *한국 애니메이션센터*

008 강서문화길

한강의 물결 따라 문화예술, 의술도 흐른다

궁산(宮山)은 강서구 가양동에 있는 낮은 산이다. 성산(城山), 진산(鎭山), 파산(巴山) 등으로도 불린다. 해발 74m로 산이라고 하기에도 민망한 동네 언덕 수준의 동산이지만 한강 바로 옆에 우뚝 솟아있어 조망이 뛰어난 곳으로 강서구의 해맞이 명소이기도 하다. 산의 남쪽에서 '안양천'이 한강과 합류하고 강 건너에는 '행주산성'이 있다. 옛날 백제 때부터 내려오는 양천고성(陽川古城) 터가 있고 임진왜란 때 의병들의 집결장소였으며 '한국전쟁' 때도 국군이 주둔했던 군사적으로 중요한 전략적 요충지였다.

조선시대 진경산수화의 대가 겸재 정선 선생이 양천현감으로 재임하며 그림을 그렸던 '소악루'와 '양천향교'도 있다. 이 궁산 주변의 문화유적들을 둘러보고 의성(醫聖) 허준 선생의 자취가 선명한 '구암공원'을 거쳐 안양천이 한강과 합류하는 지점에 이르는 길이 '강서역사문화길'이다. 강서구는 궁산 일대에 1.8km에 이르는 1시간 코스의 둘레길도 새로 조성했다.

오늘의 강서문화길 걷기는 지하철 9호선 '양천향교역' 2번 출구에서 시작된다.

지하철역 밖으로 나와 왼쪽 골목 안 삼거리에서 우회전, 길을 따라간다. 황금색 탑이 인상적인 '홍원사' 앞을 지나 왼쪽 길을 조금 올라가면 옛 양천현 관아터가 있고 그 오른쪽에 양천향교(陽川鄕校)가 있다. 궁산 남쪽 기슭 양천향교는 서울시 기념물 제8호로 서울시내에서 유일하게 현존하는 조선시대 향교다. 태종 11년(1411년)에 창건되어 지방 공립 교육기관으로 많은 인재를 길러냈으며 현재 '대성전'과 '명륜당', '전사청', '동재', '서재', '내삼문', '외삼문'과 부속건물 8동이 있다. 정문 왼쪽에는 역대 양천현감과 경기도관찰사들의 송덕비가 즐비하다.
향교 건너편에는 겸재(謙齋) '정선(鄭敾)기념관'이 길손을 맞아준다. 조선의 산수를 보이는 그대로 그리려 했던 겸재가 5년 동안 매일 올라 그림을 그렸을 정도로 궁산의 풍광은 아름답다. 향교와 정선기념관 사이에 '궁산근린공원' 입구가 있다. 낮은 언덕 수준의 산이라 숲길과 운동시설들을 지나 20~30분 정도면 정상에 이른다. 그렇지만 전망은 확 트여 한강 물줄기가 시원하게 펼쳐진다. 왼쪽으로 '방화대교'와 개화산 및 행주산성이 손에 잡힐 듯하고 정면에는 한강 건너 북한산 연봉들이 키 재기를 한다. 정상부는 해맞이 명소로 소문난 곳이고, 가을에는 억새가 장관을 이룬다.
궁산에서는 민초들의 번영과 행복을 이루도록 도와주고 악귀를 쫓아내 주는 '도당할머니'를 모신 성황사(成隍司) 사당과 '동국여지승람', '대동여지도' 등 고문헌에 등장하는 옛 양천고성 터도 둘러볼 수 있다.
양천고성은 궁산을 둘러싸고 축조된 테뫼식 산성으로 백제 22대 문주왕이 웅진으로 천도(475년)하기 전 강 건너에 있는 고구려군을 막기 위해 쌓은 성으로 전해진다. 조선시대까지 이곳에 요새가 있었던 것으로 짐작된다. 행주산성, 파주 '오두산성'과 함께 한강 어귀를 지키는 중요한 성이었으며 임진왜란 때 권율장군도 이 성을 거쳐 행주산성으로 들어가 일본군을 대파했다.
소악루(小岳樓)는 정상 약간 동쪽, 성황사 아래쪽에 있다. 조선 영조 13년(1737년)에 동복현감을 지낸 이유가 '악양루' 옛터에 처음 소악루를 짓고 시회와 풍류를 즐겼다. 중국 '동정호'의 악양루 경치와 버금가는 곳이라 하여 붙여진 이름이다. 겸재 정선이 당시 한강변의 모습을 담은 작품 사진이 다수 전시돼 있다. 지금의 소악루는 소실된 것을 지난 1994년 복원한 것이다. 누각에 오르면 유유히 흐르는 한강과 강 건너 안산, 인왕산, 선유봉, 탑산, 남산, 북한산, 도봉산, 관악산 등 서울의 산들이 한 눈에 들어오는 절경이다.
한강변 올림픽대로 쪽으로 하산하면 '공암나루공원'이 아파트단지와 올림픽대로 사이로 길게 뻗어 있다. 옛날 인근에 '공암나루'가 있었다 해서 이런 이름이 붙었다. 1.5㎞가 넘는 탄성고무산책로가 있어 걷기와 조깅, 자전거타기에 안성맞춤이며 벤치와 운동시설도 잘 갖춰져 있다. 공암나루공원 동쪽 끝에는 '한강시민공원'으로 나갈 수 있는 나들목이 있다. 잠시 한강변에서 강바람을 맞아본다. 다시 육교형 구름다리를 건너면 구암근린공원이 나온다.
구암공원은 면적 5,100㎡의 연못을 중심으로 한다. 특히 연못 안에 우뚝 솟은

'광제바위'가 하이라이트다. 높이 12m의 세 덩어리로 이루어진 이 바위는 광제(廣濟)바위 또는 '광주(廣州)바위'라고도 한다. 광제바위는 초기 백제가 '하남위례성'에 도읍을 정하고 한강의 물길을 장악하고 있을 때 이곳을 공암나루라 한데서 유래한 것으로 '넓은 백제의 바위'란 뜻이다. 광주바위는 광제바위가 잘못 전해져서 생긴 이름이라고 추측된다.

연못 주변에도 멋진 기암들이 있다. 연못 내에는 음악분수가 있다. 슈베르트의 '빌헬름 텔'을 비롯해 총 11곡의 음악에 따라 분수가 춤추고 야간에는 조명과 조화를 이뤄 환상적인 분수 쇼를 연출한다. 음악분수는 4월부터 10월까지 주간 12시, 2시, 4시 및 야간 7시, 8시, 9시에 각각 30분간씩 운영된다.

연못을 내려다 볼 수 있는 곳에는 허준 선생이 앉아서 병든 아이를 진료하는 인자한 모습의 동상이 있다. 유네스코 세계기록유산으로 지정된 '동의보감'을 지은 조선의 '의성' 허준이 바로 이 동네에서 살았다. 그의 호가 바로 구암(龜巖)이다. 공원 옆에는 '허준박물관'도 있다. 이곳에서는 7월부터 10월까지 건강 약초교실이 매주 일요일 2시부터 5시까지 운영돼 한방비누 만들기 등 다양한 한방체험을 할 수 있다. 허준박물관에서 길 건너 GS주유소를 거쳐 '가양4단지' 아파트를 끼고 우회전해 걷다가 큰 길에서 다시 좌회전하면 지하철 9호선 '가양역'이 보인다.

배싸메무초 걷기 100선

009 개화산길

겸재와 함께 21세기 한강의 '진경산수'를 보다

개화산(開花山)은 서울 강서구 개화동, 방화동에 걸쳐있는 높이 132m의 나지막한 산이다. 조선시대에는 주룡산(駐龍山)이라고 불렀다. 신라 때 주룡선생(駐龍先生)이 이 산에서 도를 닦았다고 해서 주룡산이라 했고 그가 세상을 떠난 후 그 자리에 꽃 한 송이가 피어났다고 해서 개화산이라 부르게 됐다고 한다. 개화산은 코끼리 같은 형상으로 사자 모양인 한강 건너 행주산(덕양산)과 더불어 한강 하류의 양쪽 대안에 포진, 서로를 바라보며 서해안을 통해 들어오는 액운을 막고 한성에서 흘러나오는 재물을 걸러서 지켜주는 '사상지형(獅象之形)'의 풍수라고 전해진다. 주룡선생이 살던 곳에 고려 때 절이 생겨 이름을 '개화사'라고 했는데 이 절에는 약효가 좋다고 하는 약수가 솟았기 때문에 조선 말기에 절 이름이 약사사(藥師寺)로 바뀌었다. 치현산(雉峴山)은 조선시대 개화산에 설치된 두 개의 봉수대 가운데 동쪽 봉수대에 해당하는 봉우리(71m)에 딸린 고개를 '치현', 곧 꿩고개라고 하였는데 꿩이 많아 꿩 사냥하기에 좋았던 데서 유래된 이름이란다. 이 강서둘레길 중 1~2코스와 3코스의 일부를 체험한 후 2코스로 되돌아 오는 약 10km 길을 걸어본다.
지하철 5호선 '개화산역' 2번 출구에서 트래킹이 시작된다. 지하철역사 벽에 강서둘레길 안내도가 붙어 있다. 2번 출구에서 나와 길을 건너 좌회전, 'KAL빌딩'과 '개화초등학교' 사이 골목길로 200m 가량 걸으면 왼쪽으로 산길 입구가 나온다. 개화산은 능선과 중턱에 실핏줄처럼 다양한 오솔길들이 산재하다.
이 중 강서둘레길은 걷기에 이만한 산이 없다고 느낄 정도로 완만한 경사에 아기자기한 볼거리들은 많다. 삼거리 갈림길에서 왼쪽 길로 조금 가면 '하늘길 전망대'

가 있다. 서울시내의 이런 낮은 구릉성 산에 웬 하늘길이냐며 이상하게 생각했지만 막상 전망대에 서니 그런 생각이 사라졌다. 김포공항(金浦空港)이 한눈에 내려다보이는 이곳은 비행기들이 뜨고 내리는 것을 일반인들이 가장 가까이에서 조망할 수 있는 곳이다. 오른쪽 드넓은 벌판 너머로 부천 계양산이 우뚝 솟아있다. 숲길을 계속 따라가다가 '미타사' 갈림길에서 좌회전, 미타사를 잠깐 들르기로 했다. 길옆으로 '호국충혼위령비'가 우뚝 서 있다.

'한국전쟁' 발발 직후인 1950년 6월 28일부터 30일 사이 이곳 개화산 일대에서 벌어진 전투에서 국군 '제1사단' 소속 1,100여 명의 장병들은 후퇴 명령에도 불구하고 김포공항을 지키기 위해 적의 대병력과 최후까지 맞서 싸우다 전원 장렬히 산화했다. 이들의 호국 혼을 기리기 위한 충혼비 둘레엔 전사한 이들의 이름이 빙 둘러 새겨져 있다. 그 바로 아래가 미타사(彌陀寺)다. 미타사는 작은 절이지만 고려말에 처음 창건됐다고 전해진다. 이곳의 미륵불 입상은 서울시 유형문화재 249호로 지정된 조선시대 석불이다.

다시 미타사 갈림길로 올라와 강서둘레길을 따라간다. 걷기 좋은 나무 데크길이다. '신선바위' 위에 올랐다. 이곳의 전망은 좋지만 바위 위라는 실감은 안 났는데 옆으로 돌아가니 수직으로 깎아지른 듯 우뚝 선 바위모습이 제대로 보인다. 데크길을 따라 성화대와 숲속 쉼터를 지나 '아라뱃길 전망대'에 이르렀다. 한강 아라뱃길이 한눈에 조망되는 곳이다. 산등성이를 돌아 군부대 교통호 옆으로 산길을 오르니 '봉화정(烽火亭)이란 정자가 있다. 그 우측이 개화산 정상인데 군부대가 차지하고 있어 갈 수 없다. 대신 봉화정 앞에 2개의 봉수대 모형이 눈길을 끈다. 개화산 봉수대는 서해로 빠지는 한강 서부와 한양도성을 잇는 중요한 봉수대로 서로는 김포 북성산, 동쪽으로는 서울 남산과 연결된다. 더욱이 행주산성 맞은편에 있어 군사적으로 중요한 곳이었다. 그 아래 헬기장 옆 개화산 전망대에 올라섰다. 시야가 시원하게 트여 한강과 주변 일대가 한눈에 조망된다. 강 건너 서울시내와 야트막한 산줄기들은 물론 북한산과 도봉산도 지척이다. 이런 아름다운 풍경들은 조선 진경산수화(眞景山水畵)의 거장인 겸제 정선의 좋은 그림소재였다. 이곳 개화산 전망대에선 그가 그린 작품 사진들과 한강의 실제 사진을 비교해가며 감상할 수도 있다. 바로 아래에 약사사가 있다. 정선의 작품 '개화사'에 있는 절이 바로 지금의 약사사다. 고즈넉한 산사 대웅전 앞에 있는 고려 중기 이후에 세워진 3층 석탑(서울시 유형문화재 39호)이 아름답다. 이곳 석불(서울시 유형문화재 40호)도 비슷한 연대의 조각품이다. 절 앞으로 나와 약사사 표지석 못 미쳐 좌측으로 둘레길이 이어진다. 조금 걸으니 산길이 끝나고 '방화근린공원'이 나온다. 공원 앞에서 길을 건너면 '강서둘레길' 2코스 입구가 있다. 이제부턴 치현산이다. 잘 정비된 산길을 조금 오르니, 왼쪽으로 '치현정' 가는 길이 있다. 한강변으로 돌출된 정자 치현정(雉峴亭)에선 '방화대교'와 강 건너 행주산성이 지척이다. 왼쪽 '행주대교'도 가깝다.

다시 산길로 올라와 '치현둘레소공원' 방향으로 간다. 인근에 '꿩고개근린공원'도 있다. '치현둘레소공원'에서 아파트단지 앞을 지나 큰 길을 건너면 다시 둘레길이 이어진다. 길 양쪽으로 메타세콰이어 나무들이 하늘을 찌를 듯 늘어선 아름다운 숲길이다. 메타세콰이어 숲길이 끝나는 지점에서 왼쪽으로 내려서면 '분수공원'과 서남환경공원, '서남물재생센터'가 이어진다. 숲길과 공원길, 습지생태를 관찰할 수 있는 데크길, 한강이 조망되는 정자 등 볼거리가 다양하다. 서남물재생센터 앞을 지나면 나오는 도로를 따라가니 올림픽대로 밑으로 강서한강공원으로 나갈 수 있는 '육갑문'이 나온다. 강서한강공원에서 보행자만 갈 수 있는 곳이 강서습지생태공원(江西濕地生態公園)이다. 강서습지생태공원은 갈대밭과 버드나무숲, 철새조망대 등이 있으며 다양한 탐방로가 있다. 어류와 양서류, 곤충 등 수생식물들과 어우러져 습지생태계를 이루고 각종 철새들이 무리 지어 모여드는 곳이다. 철새조망대에선 철새는 물론 행주산성과 방화대교, 행주대교를 가장 가까이서 볼 수 있다. 돌아올 때는 다시 치현산쪽으로 되돌아와 방화근린공원 가기 전에 산을 내려오면 5호선 '방화역'이 지척에 있다. 육갑문 앞 마을버스 정류장을 이용할 수도 있다.

지하철 5호선 개화산역 2번 출구 — 하늘길 전망대 — 미타사 — 개화산 전망대 — 강서한강 공원

배싸메무초 걷기 100선

010 응봉산

'서울숲'과 조선 매사냥의 메카 응봉산 이어 걷기

지난 2010년 11월 유네스코는 우리나라가 등재를 신청한 '가곡', 대목장(大木匠), '매사냥' 등 3건을 '인류무형유산'으로 지정했다. 이중 매사냥은 매가 짐승을 사냥하는 습성을 이용, 사람이 매를 길들여 사냥에 이용하는 것으로 인류 역사상 가장 오래된 수렵방식 중 하나다. 매사냥은 한국·아랍에미리트·벨기에·프랑스·몽골 등 11개국이 공동으로 등재, 국제적 협력이 돋보이는 사례로 평가받았다.

조선시대만 해도 매사냥은 사대부는 물론, 왕실에서도 성행했던 최고의 귀족 스포츠였다. 매를 훈련시키고 매사냥을 관장하는 '응방(鷹坊)'이라는 관청을 두었을 정도였다. 조선 태조 이성계는 매사냥을 위해 즉위 4년(1395)에 응방을 한강 위, 지금의 서울 성동구 응봉동에 있는 응봉산(鷹峰山) 일대에 설치했다. 태종·세종도 이곳에서 매사냥을 즐겨 태조 때부터 성종 때까지 100여 년 간 151회나 매사냥을 했다는 기록이 있다. 이 일대가 조선시대 매사냥의 메카였던 것이다.

인근 뚝섬은 한강이 북동쪽에서 흘러오다가 중랑천과 만나는 지점에서 발달된 범람원 지구로 사실 섬은 아니다. 인공제방을 만들면서 상습 침수지역이 공장 및 주택지로 변했다. 조선시대에는 국왕이 군대를 검열하고 사냥을 하던 곳이었고 중요한 나루터이기도 했다.

이 뚝섬에 미국 뉴욕의 '센트럴파크', 영국 런던 '하이드파크'에 비견될 만한 아름다운 녹지 공원이 있다. 바로 '서울숲'이다. 이곳에 있던 경마장과 골프장이 경기도 과천으로 이전하자 그 부지와 인근 유수지 등에 인공 숲을 조성, 지난 2005년 6월 시민들의 휴식공간으로 탈바꿈됐다. 모두 1,156,498㎡(약 35만평)의 부지에 '문화예술공원', '자연생태숲', '자연체험학습원', '습지생태원' 및 '한강수변공원' 등 5개의 테마 공원을 조성, 다양한 볼거리를 선사하고 있다.

서울숲 중앙에 위치한 문화예술공원은 서울숲 광장, 뚝섬 가족마당, 장식화단, 방문자센터, 스케이트파크, 야외무대, 수변휴게실, 숲속의 빈터, 숲속놀이터, 물놀이터 등으로 구성됐다. 또 자연생태숲은 과거 한강물이 흘렀던 곳으로 꽃사슴, 고라니, 다람쥐 등 야생동물들이 우리가 아닌 자연상태에서 방사돼 마음껏 뛰어 노는 공간이다. 이곳 연못에는 원앙, 청둥오리, 흰 뺨 검둥오리, 쇠물 닭 등이 헤엄치고 사슴과 고라니들이 물을 마시러 모여든다. 방문객들은 공중을 가로질러 설치된 보행가교 위에서 동물들을 내려다보며 걷는다. 방사장 가에선 꽃사슴 먹이주기 체험도 가능하다.

체험학습원은 구 '뚝섬정수장' 구조물을 재활용해 곤충식물원, 야생초화원, 테마초화원과 이벤트마당, 지킴이 숲 등이 들어서 있다. 그런가하면 습지생태원은 유수지의 기존 자연환경을 활용해 습지생태관리소, 환경놀이터, 야외자연교실, 조류관찰대, 습지초화원, 정수식물원 등을 조성해 놓았다. 공원 남서쪽 한강변에 위치한 '한강수변공원'은 선착장과 갈대밭, 산책로, 자전거도로 등으로 꾸며졌다.

오늘은 이 서울숲을 지나 중랑천 너머 응봉산까지 걸어보기로 했다.

지하철 2호선 '뚝섬역'에서 내려 8번 출입구로 나와 조금 가면 사거리가 있다. 국민은행 쪽으로 길을 건너 왼쪽으로 은행을 끼고 계속 걷는다. 200여m 남짓 걷다보면 건너편에 서울숲 6번 출입구가 보인다. 그 곳으로 들어서면 정면에 습지생태원이 있다. 나무데크가 놓인 산책로를 산책하며 갈대밭과 각종 수생식물들, 새들, 꽃들과 함께 호흡해 보는 공간이다.

습지생태원 왼쪽으로 굴다리 밑을 통과하면 '성수중학교', '성수고등학교'가 나온다. 그 옆에 과거 '뚝섬경마장'이 있었다.

이 길은 서울숲에서도 변두리, 호젓한 길이다.

나무들은 신록으로 갈아입을 채비를 한다. 9번 출입구로 나오니 사거리다. 대각선 방향으로 길을 건너 다시 11번 출입구를 통해 자연생태숲으로 들어섰다. 이곳 '바람의 언덕'은 서울숲에서 가장 높은 지역으로 한강에서 항상 바람이 불어오기 때문에 이렇게 불린다. 대규모 억새밭이 조성돼 있어 바람에 날리는 황금빛 억새들이 손짓한다. 야생동물을 관찰할 수 있도록 생태숲을 공중으로 가로질러 설치된 보행교를 통해 한강수변공원 쪽으로 바로 갈 수 있다. 방사된 고라니, 꽃사슴들이 연못가에서 마음껏 뛰노는 것을 보니 자연과 생명에 대한 경외심이 밀려든다.

강변도로 위를 가로질러 한강변으로 내려섰다. 시원한 강바람을 가슴 속 깊이 들이마신다. '동호대교'가 바라다 보이는 수변공원엔 많은 사람들이 걷기와 자전거 타기를 즐긴다. 뚝섬 북서쪽 끝에서 중랑천 쪽으로 우회전하니 건너편에 응봉산이 보인다. 한강변에 우뚝 솟은 바위산인 응봉산(鷹峰山)은 해발 81m의 산이다.

언덕 수준이지만 조선시대 때부터 강 건너에 한명회가 건립한 정자 '압구정'과 마주보고 있는 절경으로 소문이 났던 곳이다. 건너편에서 보는 응봉산은 산 이름처럼 마치 매가 날개를 편 듯한 형상이다.

응봉산이 가장 사랑을 받는 계절은 봄철이다. 산 전체가 온통 노란 개나리꽃으로 뒤덮여 사진작가들의 발길을 붙잡는다. '용비교' 밑에는 보행자와 자전거족이 함께 건널 수 있는 작은 다리가 놓여 있다. 봄이면 노란 색으로 물든 응봉산을 한 걸음, 한 걸음씩 다가가면서 온 몸으로 느끼는 정취가 있다.

다리를 건너 '중랑천' 상류 쪽으로 올라가다보면 응봉교 근처 왼쪽에 '경의중앙선' '응봉역'으로 올라갈 수 있는 계단이 있다. 응봉역을 통과해 왼쪽 길을 따라 조금 더 올라 산동네를 지나면 응봉산 정상으로 가는 등산로가 나온다. 응봉산은 낮은 산이라 금방 정상에 이른다. 그러나 조망은 그야말로 장쾌하다. 한강과 중랑천, 뚝섬 일대는 물론 강 건너 강남지역과 대모산, 구룡산, 청계산, 우면산, 관악산, 삼성산 등 산줄기들이 한 눈에 들어온다. 이곳이 야간촬영의 명소라는 얘기도 실감이 난다.

개나리 꽃밭에 파묻혀 봄날을 즐기다가 응봉역으로 다시 내려왔다.

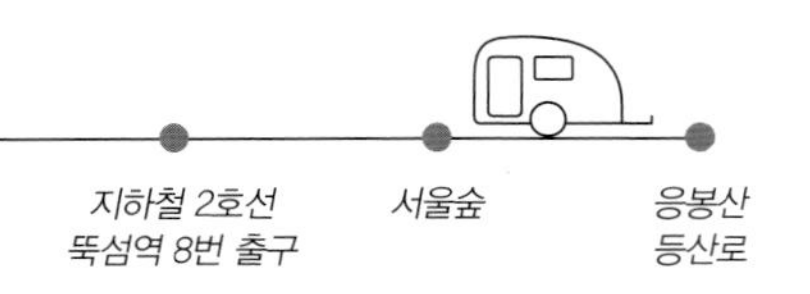

011 성동올레길

도심 속 생태 등산로, 명품 올레길을 걷다

뚝섬 '서울숲'에서 남산(南山)까지 이어지는 호젓한 등산로가 있다는 사실을 아는 서울시민이 과연 얼마나 될까. 이 등산로가 바로 도심 속 명품 올레길인 '성동올레길'이다. 성동올레길은 서울숲에서 '남산타워'까지 총 9km구간으로 소요시간은 4시간 정도다. 원래 명칭은 '도심등산로'였는데 올레길 열풍에 따라 이름이 성동올레길로 바뀌었다.

대체 이 나지막한 산줄기는 어디서 이어진 것일까. 북한산에서 내려온 산줄기가 북악산 – 인왕산 – 안산을 돌아서 남산으로 이어지고, 다시 매봉산 – 금호산 – 대현산 – 응봉산을 거쳐 '한양대학교'가 있는 행당산(杏堂山)에서 '중랑천'을 만나면서 끝난다. 남산부터는 한강변을 따라 이어진다.

지하철 2호선 '한양대역'에서 내려 3번 출구로 나온다. 대로를 따라 조금 걸으면 '성동교'가 나오고 그 왼쪽으로 중랑천 변으로 내려서는 길이 있다. 중랑천(中浪川) 옆길에는 많은 사람들이 자전거를 타거나 걸으면서 봄날의 정취를 만끽한다. '응봉체육공원'을 지나면 오른쪽으로 '경의중앙선' 철길 밑을 횡단, '응봉역'으로 올라갈 수 있는 굴다리가 있다. 굴다리를 지나 왼쪽 길을 따라 응봉산을 오른다.

정상에 솟아 있는 정자 오른쪽에 하산길이 있다. 그 곳에 성동올레길 안내판이 보인다. 응봉산 반대쪽은 급경사 바위 절벽이고 그 밑 대로에는 차량들이 질주한다. 그 사이 위태롭게 목제데크길이 지그재그로 내려가고 다시 도로를 가로지르는 보행자용 '생태다리'가 놓여있다. 그 다리를 건너면 곧 독서당공원(讀書堂公園)이 나온다. 이 공원이름은 조선 세종 때 촉망받는 청년문사들이 글을 읽는데 전념토록 하기 위해 인근인 지금의 성동구 옥수동에 '독서당'을 지었다는데서 유래한다. '집현전'의 젊은 학사들에게 휴가를 주어 이곳에서 독서만 하게 했는데 독서당원의 수는 한 번에 평균 6명 정도를 선발했다. 독서당은 집현전, '홍문관'에 못지않게 높이 평가돼 신숙주, 성삼문, 권채, 박팽년, 서거정, 유성원, 강희맹 등도 거쳐 갔다고 한다.

독서당공원을 지나면 '대현산공원'이 있다. 대현산(大峴山)은 산이라기보다는 언덕 수준으로 남녀노소 누구나 부담 없이 조용하고 공기 좋은 숲길 걷기를 즐길 수 있다. 정상은 별 볼 것이 없으므로 굳이 오를 필요 없이 도심 숲길을 즐기면 된다.

서북쪽 길을 따라 내려가 큰길에서 좌회전하면 '논골사거리'다.

반대편으로 도로를 건너 언덕길을 따라 올라가면 고갯마루 오른쪽 호당공원(湖堂公園)으로 이어진다. 금호동, 왕십리2동, 신당동에 접하고 있는 호당공원은 예전에는 '대현산배수지공원'으로 불렸는데 지난 2008년 8월 주민공모를 통해 호당공원으로 명칭이 변경됐다. 금호동의 '호'자와 신당동의 '당'자를 합친 이름으로 두 동네 간 융합과 교류를 의미한다. 대규모 배수지 상단 부지에 다목적 운동장과 배드민턴장 등 운동시설과 녹지 및 휴식공간을 조성, 인근 주민들의 사랑을 받고 있다.

공원 정문에서 도로를 건너면 왼쪽으로 금호산 가는 길이 있다. 공사장과 주택가 사이 언덕길을 오르면 좌측에 먼저 '맨발공원'이 나타나고 좀 더 가면 오른쪽에 '응봉근린공원' 표지석이 보이는데 이 길이 금호산(金湖山) 정상가는 길이다.

금호산을 응봉이라고하니 헷갈릴 만도 한데 조선시대 때는 응봉산, 대현산, 금호산, 매봉산 일대를 통칭해 응봉이라 했던 것 같다. 사실 한 산의 4개 봉우리라고 봐도 큰 무리가 없다.

높이는 얼마 안 돼도 금호산 정상에선 서울 시내가 한 눈에 내려다 보인다.

금호산에서 매봉산까지는 '금호터널' 위 생태통로로 연결돼 있다. 도심 아파트 숲 사이로 마치 생명선 같은 생태 올레길이 이어진다. 해발 236m의 매봉산은 남산을 제외하면 이 일대에서 가장 높고 면적도 넓은 산이다. 정상에 있는 팔각정은 지난

2007년 서울시로부터 '우수경관 조명명소'로 선정 되기도 했다. 유유히 흐르는 한강의 푸른 물줄기를 보면 가슴 속까지 시원해진다. 팔각정 입구에 시비(詩碑)가 하나 서 있어 사람들의 눈길을 끈다.

"해 오르는 마음으로
정든 매봉산 오르면
확 트여 오는 눈앞에
하늘 푸른 한강물 흘러가고
동호 큰 다리의 차 물결도
씩씩하게 내 닫는다…"

오동춘 시인의 '매봉산에서' 란 작품이다. 시인의 각별한 매봉산 사랑이 잘 표현돼 있다. 하산길은 평탄한 흙길과 가파른 목제데크로 이뤄져 있다. 다 내려오면 남산과의 사이에 '버티고개'가 버티고 있다. 한남동과 약수동 사이의 고개를 예로부터 이렇게 불렀는데 지하철 6호선 '버티고개역'이 생기면서 비로소 널리 알려졌다. 매봉산공원 입구 '한남테니스장' 옆길 오른쪽으로 버티고개 차도를 건너가는 생태터널로 가는 길이 있다.
목제데크길을 따라 오른쪽으로 계속 올라가면 멋진 2층 팔각정이 있고 조금 더 가면 '한양도성' 성곽길이 나온다. 성곽길이 시작되는 지점에서 왼쪽 '반얀트리호텔' 담장 밖에 붙어 있는 데크길을 따라가면 호텔을 관통한 후 남산 '국립극장' 앞 교차로를 건너 남산으로 올라가는 성곽길이 이어진다. 성곽을 따라가면 남산 정상으로 갈 수 있다. 반대로 성곽길 시작점에서 오른쪽으로 성곽길을 따라간다면 '신라호텔' 뒤를 지나 '장충체육관'이 나오고 곧 지하철 3호선 '동대입구역' 이다.

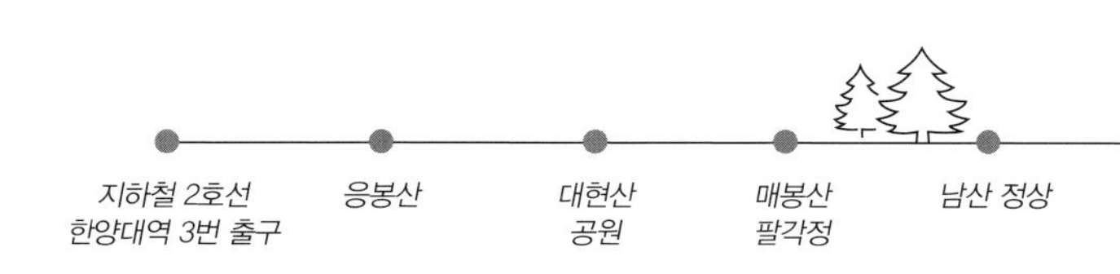

이화여대 뒤 금화산에서 본 역사의 향기

서울 서대문구 북아현동은 '애오개', 즉 아현(阿峴)의 북쪽에 있다는데서 붙여진 이름이다. 애오개 또는 '애고개'란 지명의 유래에는 두 가지 설이 있다. 옛날엔 고개가 제법 높아서 "아이고" 하면서 오르내렸기 때문이라는 설, 주변에 아기 무덤이 많아 애고개라고 불렀다는 설이 그것이다. 조선시대 한성부(漢城府)에서는 시신을 서대문을 통해 나가게 하였는데 아이의 시체는 이 고개 너머에 묻게 했다. 지금의 아현동 산 7번지 일대에 많이 있던 '아총(兒塚)'이 그것이란다. 고개 모습이 엄마 등에 업힌 아기의 모습을 닮았다 해서 이렇게 명명됐다는 이설도 있다.

한성부의 풍수설에는 도성의 주산을 '부아악(負兒岳)'이라고 하였는데 이 아이(兒)가 달아날 의사가 있으므로 서쪽에 있는 산을 모악(母岳), 남쪽의 산을 벌아령(伐兒嶺), 모악에서 남서쪽의 산을 병시현(餠市峴)이라고 이름 지어 아이가 달아나는 것을 막으려 했다. 벌아령은 아기가 못 나가게 막는다는 뜻이고 병시현은 떡으로 달래 머무르게 한다는 의미로 그 병시현이 곧 아기를 달래는 고개, 아현이었다는 것. 오늘은 '이화여자대학교' 주변 안산 기슭을 빙 돌아 다시 나오는 북아현동길을 걸어본다.

지하철 2호선 '이화여대역' 3번 출구로 나와 이대 쪽 길을 따라간다. 싱그러운 청춘들이 넘치는 거리다. 이대 정문 앞 삼거리에서 오른쪽 가파른 언덕길을 올라야 한다. 조금만 걸어도 숨이 차는 급경사를 올라 '럭키아파트'와 '두산아파트' 사이 고개길을 넘어가면 주택가 속에 '추계예술대학교'와 '중앙여자고등학교'가 숨어 있다.

이 추계예대와 중앙여고 자리는 조선시대 후기 의령원(懿寧園)이 있었던 곳이다. 사도세자가 아버지 영조의 노여움을 사 뒤주에 갇힌 채 죽어간 후, 아들인 의조(懿昭)

세손이 세자로 책봉됐으나 의조마저 두 살의 어린 나이에 세상을 떠나 이곳에 묻혔다. 왕이 아닌 세자의 무덤이므로 원(園)이지만 사람들은 왕의 신분을 지닌 이의 묘라 하여 능(陵)이라 하기도 하고 어린아이가 묻혔다해서 '애기능' 이라고도 불렀다고 한다. 또 의령원 안쪽 마을을 능안(陵安) 또는 능동이라 하였다.
의령원은 경기도 고양시에 있는 '서삼릉'으로 옮겼고 인근 안산 기슭에 있는 '능안정'에 이런 유래를 적은 현판이 걸려있다. 추계예대 주변은 낡은 서민주택 밀집 지역이었으나 재개발로 고층 아파트단지로 바뀌었다.
좀 더 가면 이제까지와는 전혀 딴판인 광경이 펼쳐진다. 눈이 휘둥그레지는 고급 단독주택들이 즐비한 부촌이다. '북아헌(北阿軒)'이란 현판을 높이 건 한옥은 마치 성채 같다. 이 동네엔 정·재계에서 이름깨나 날린 고관대작들이 여럿 산다는 전언이다. 고(故) 박태준 전 국무총리 겸 포스코 회장도 그 중 한 사람이었다.
왼쪽 이화여대 담장을 끼고 금화산 줄기를 따라 콘크리트로 포장된 오르막길을 오른다. 금화산은 안산의 지맥으로 산 모양이 둥글고 아름다워 일명 '둥그재', '원교'라고 했다고 전해진다. 발밑 금화터널에는 '성산로'가 지나간다.
언덕 오른쪽에 흰색 출입문이 굳게 잠긴 범상치 않은 건물이 있다. 문틈으로 들여다보니 '이화학당(梨花學堂)'이란 현판이 붙어있다. 이화학당이라면 1886년(고종 23년) 여성선교사 메리 F. 스크랜튼이 설립한 한국 최초의 근대적 사립 여성교육기관으로 지금의 이화여대 및 '이화여자고등학교', '이화외국어고등학교'의 전신이다. 1887년 고종황제가 이화학당이라는 교명과 현판을 하사했는데 '배꽃같이 순결하고 아름다우며, 향기로운 열매를 맺으라.'는 뜻을 담고 있다.
당시의 한옥 건물은 지금 정동에 남아있으므로 이 양옥 건물의 유래가 궁금하다.
조금 더 올라가니 왼쪽으로 이화여대 후문이 보인다. 오른쪽에는 이대 '산학협력관'이 있고 이어 약학대학에서 운영하는 '약초원'이 나온다. 금화터널 바로 위 이 동네는 '복주산골'이라고 불렸는데 금화산 줄기인 복주산(福主山) 밑에 있던 마을이다.
급경사 차도 오른쪽의 한적한 주택가로 들어선다.
고갯마루 느티나무와 '만봉 불화전시관'을 지나면 '봉원사'가 나온다. 신라 진성여왕 때 도선국사가 창건한 고찰로 한국불교 '태고종'의 총본산이다. 봉원사 입구엔 멋진 느티나무 두 그루가 있다. 서울시 보호수로 지정된 노거수(老巨樹)다.
여기서 '용암사', 봉원사 부도군, '새마을정신탑' 앞을 지나 큰 길로 내려오면 맞은편에 이화여대 후문이 있다. 그 문을 통과해 이대 캠퍼스를 구경해보기로 했다.
과거 이대는 남자가 들어가려면 허가를 받고 신분증을 맡겨야 하는 '금남(禁男)의

공간'이었다. 그러나 지금은 그런 제약이 없어졌고 대학원에는 남학생들도 다닌다. 캠퍼스엔 철쭉 등 봄꽃들이 만발, 젊은 여대생들과 미의 경쟁을 펼친다. 대강당 옆 계단을 내려오면 왼쪽에 이화캠퍼스 복합단지가 있다. 지하에 거대한 복합문화공간을 조성하고 그 위를 멋진 공원으로 덮은 곳이다. 오른쪽에는 '100주년 기념박물관'이 있다.

시민들의 휴식처로 거듭난 이대 캠퍼스를 통과, 다시 정문을 나왔다. 오른쪽 상가 골목으로 들어선다. 이 골목은 외국인 관광객들에게도 이미 유명한 거리다. 포장마차에도 한글과 일본어, 중국어 가격표가 붙어 있다. 조금 걸으니 '경의중앙선' 신촌역(新村驛)이 나온다. 지하철 2호선 '신촌역'도 지척이다.

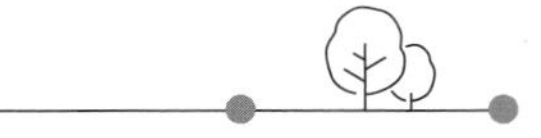

배싸메무초 걷기 100선
013 낙산성곽

도심 산책로로 남은 조선왕조의 자존심

대학로 동쪽, 종로구와 성북구 경계 지점에 있는 나지막한 산이 낙산(駱山)이다. 마치 낙타의 등처럼 생겼다고 해서 낙타산이라 하다가 낙산이 됐다는 이 산은 지금은 정상 근처까지 아파트와 집들이 들어서 산인지 언덕인지 구분도 안 되지만 조선시대에는 풍수지리상 도성의 '좌청룡(左靑龍)'에 해당하는 매우 중요한 산이었다. 조선왕조는 북악산을 주산으로 등에 지고 정면의 청계천으로 '배산임수(背山臨水)'를 삼아 궁궐을 지었다. 청계천 건너 남산이 안산(案山)이고 좌청룡은 낙산, '우백호'가 인왕산이다. 그리고 이 네 산을 이어 도성을 빙 둘러 성곽을 쌓고 4대문과 4소문을 세웠다.

4대문은 숭례문(崇禮門. 남대문), 숙정문(肅靖門. 북대문), 흥인지문(興仁之門. 동대문), 돈의문(敦義門. 서대문)이며 4소문은 혜화문(惠化門. 동소문), 광희문(光熙門. 남소문 또는 水口門), 소의문(昭義門. 서소문), 창의문(彰義門. 북소문 또는 자하문) 이다.

동대문에서 혜화문 사이 낙산 능선을 따라 뻗어 있는 성곽은 깔끔하게 복원되어 동네 어르신들과 건강을 챙기려는 걷기족들, 데이트를 즐기는 아베크족의 최고 산책로가 되고 있다. 지하철 1·4호선 '동대문역' 1번 출구로 나와 조금 가면 바로 사적 제10호 서울성곽이 보인다. 성곽 안쪽으로 오르기 시작한다. 이 언덕엔 얼마 전까지 127년 역사의 '동대문교회'가 있었다. 그러나 서울시가 서울성곽 복원을 위해 교회를 수용, 철거했다.

'한양도성박물관'에서부터 본격적인 성곽길이다. 조금 오르다 뒤돌아보니 어느새 서울도심이 발아래 내려다 보인다.
'낙산공원' 방향으로 오르는 성곽길 왼쪽은 서민들이 옹기종기 모여 사는 삶의 공간. 문화재보호 때문에 아직 개발의 손길이 미치지 못한 허름한 달동네 주거공간들이 밀집해 있다. 그 속에 벽화마을로 유명한 '이화(梨花)마을'이 있다. 성곽 밑을 통과할 수 있는 암문 옆에 이화마루 텃밭이 있고 그 아래 하늘색 벽에 하얀 꽃이 그려져 있는 집 앞 벤치에는 젊은이들이 앉아 사진을 찍고 있다.
골목길을 따라 내려가니 집 담벼락도 골목 계단도 온통 벽화들이다. 가장 인기 있는 것은 새의 날개가 그려진 벽화로 날개 가운데 서서 사진을 찍으려는 이들이 길게 줄을 서 있다. 정면 골목에서 우회전, 산으로 오르는 길에도 곳곳에 벽화가 있다. 몇 년 전까지는 계단에도 큰 벽화가 그려져 있었지만 동네 주민들이 지워버렸다. 너무 많은 관광객이 몰리면서 시끄럽고 불편하다는 이유다. 안타까운 일이지만 주민들 입장에선 그럴 수 있을 것 같다.
곧 동네 골목길이 끝나고 산길이 나온다. 초대 이승만 전 대통령 친필 휘호 '경천애인(敬天愛人)'이 새겨진 돌비석이 서 있다. 이화마을 아래엔 이 전 대통령이 살던 '이화장'도 있다. 오른쪽 계단길을 오르니 우측 작은 텃밭 앞에 '홍덕이 밭'이란 팻말이 서 있다. 병자호란 때 청나라에 볼모로 잡혀 간 효종(孝宗), 당시 봉림대군을 모시던 나인 '홍덕'이라는 여인이 심양에서 채소를 직접 가꿔 김치를 담가 대군에게 날마다 드렸다. 볼모에서 풀려나 귀국, 왕이 된 후에도 효종은 홍덕이의 김치 맛을 잊을 수 없어 낙산 중턱의 채소밭을 주고 김치를 담가 대게 했다고 해서 이런 지명이 전해진다. 조금 더 가면 낙산정(駱山亭)이 있다. 정자에 서면 서울 시내가 한 눈에 내려다보인다. 북악산과 인왕산은 물론 멀리 북한산도 손에 잡힐 듯하다.
다시 성곽길을 따라 오른다. 낙산공원에서 성벽 밖 오솔길로 접어들면 처음 오는

이들은 '도심 속에 이런 멋진 길이 있었나' 놀라면서 탄성을 지르게 마련이다. 이 고풍스런 성벽은 600년 넘게 그 자리를 지켜 온 서울의 상징이자 조선왕조(朝鮮王朝)의 당당한 자존심이다. 자세히 보면 성돌의 색깔과 모양으로 시대구분을 할 수 있다. 검은색 돌의 크기가 가장 작고 모양이 제각각인 곳은 태조 때 처음 축성한 것이고 그보다 조금 큰 장방형의 돌로 이뤄진 곳은 세종 때 보수한 것이다. 큰 사각형 돌로 조밀하게 쌓여진 곳은 숙종 때의 것, 하얀색 새 성돌은 1990년대 들어 복원한 것이다. 성벽 아래엔 철쭉꽃이 만발하고 그 옆으로 북한산이 성큼 다가선다. 마치 중세 유럽의 성곽도시에 와 있는 듯한 착각이 들 정도로 아름다운 길이지만 지나는 이는 많지 않아 호젓하다. 밤이면 성벽에 조명이 켜지고 도시의 야경과 어우러져 더욱 환상적으로 변한다. 곳곳에 벤치가 설치돼 있어 연인들의 데이트코스로도 그만이다.

성곽 오른쪽도 서민들의 동네다. 하지만 멋진 고급 단독주택도 곳곳에 있고 예쁜 카페 '마루'가 눈길을 끈다. 성곽길을 다 내려오니 대로 건너편에 복원된 '혜화문'이 우뚝 서 있다. 혜화문으로 가려면 지하철 4호선 '한성대입구역'에서 길을 건너 좌회전, 대로를 따라 조금 올라가야 한다.

혜화문의 원래 명칭은 홍화문(弘化門)이었다. 그러나 창경궁의 동문인 '홍화문'과 이름이 같아 혼동을 피하기 위해 혜화문으로 고쳤다고 한다. 혜화문에서 이어지는 서울성곽은 얼마 못 가 끊어진다. 그 자리에 구 서울시장 공관이 있었는데 서울성곽 복원을 위해 지금은 폐쇄됐다. 이후 성곽은 흔적만 남은 채 동네 골목길과 '경신고등학교'를 지나 '서울과학고등학교' 옆에서 다시 나타난다.

구 시장공관에서 길을 되돌아가 낙산공원과 이화마을을 지나 계속 내려가면 이화장이 있다. 사적 제497호로 지정된 이화장(梨花莊)은 조선 중기 건물로 인조의 셋째 아들 인평대군이 살던 곳이라고 한다. 8·15 광복 후 미국에서 귀국한 이승만(李承晩) 전 대통령이 거주하던 집으로 그는 '4·19혁명'으로 하야한 후 하와이로 망명할 때까지도 이곳에서 거주했다. 이화장에서 '이화동주민센터' 앞을 지나 골목길을 따라 내려가면 '대학로'가 나온다.

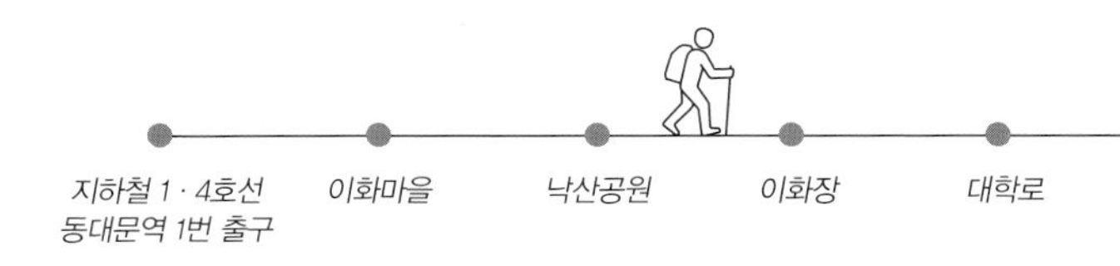

배싸메무초 걷기 100선

014 삼청동

전통과 현대, 권력과 예술, 자연도 함께

삼청동(三淸洞)은 북악산 남동쪽, 경복궁 북동쪽에 있는 운치 있고 아름다운 동네다. '북촌 한옥마을'이 있어 전통과 현대가 조화를 이룬 곳으로 작은 미술관과 박물관, 멋진 카페 등이 모여 있어 사람들이 몰리고, 외국인 관광객들도 많이 찾는다.
'삼청'이란 동네 이름은 조선시대 초 이곳에 도교(道敎)의 최고신인 태청(太淸)·상청(上淸)·옥청(玉淸)의 3위를 모신 신전인 삼청전(三淸殿)이 있었던 데서 유래됐다고 한다. 다른 유래로는 산과 물이 맑고, 인심 또한 맑고 좋다고 해서 삼청이라고 불렀다 한다. 그러나 지금 이 거리에서 도교의 흔적을 찾기는 매우 어렵다.
이 일대는 전통과 현대, 권력과 예술, 자연이 어우러진 곳이자 젊은이와 관광객의 거리다. 그러면서도 북악산 자락의 싱그러운 자연도 즐길 수 있다.
지하철 3호선 '안국역' 1번 출구로 나와 '풍문여자고등학교' 앞 골목으로 들어선다. 양쪽으로 예쁜 가게들이 늘어서 있다. '덕성여자고등학교'를 지나면 본격적인 삼청동 거리다. 왼쪽 골목에 재단법인 선학원(禪學院)이 있다. 선학원은 일제의 불교침탈에 맞서 조선의 '선불교'를 지키기 위해 1921년 남천, 도봉, 석두, 만공, 만해, 성원, 용성 등 조사 스님들이 설립, 민족불교의 전통을 수호하고 정통 선맥을 계승해 온 곳이다. 해방 후에는 불교정화운동의 산실이기도 했다.
조금 더 가면 1909년 설립된 유서 깊은 '안동교회'가 있다. 이 교회는 1907년 '정미조약'으로 풍전등화 같던 나라를 걱정하던 박승봉, 유성준, 김창제 등 양반선각자들이 만든 교회로 우리나라 근·현대사의 풍상을 함께 했던 교회다.
안동교회 맞은편에는 사적 제438호인 해위(海葦) 윤보선(尹潽善) 전 대통령의 집이 있다. 윤보선 가옥은 1870년경 민대감이 지은 집으로 민가로써는 최대 규모인 99칸의 대저택으로 건축되었다. 이후 고종이 매입, 영혜옹주와 혼인한 박영효(朴泳孝)에게 하사했다가 1910년대에 윤 전 대통령의 아버지인 윤치소가 사들여 4대째 윤씨 일가가 살고 있다.

다음 삼거리에서 오른쪽 길을 따라 올라가면 이상재 집터와 손병희 집터를 지나 북촌(北村) 한옥마을 입구가 나온다. 북촌 한옥마을은 이미 국제적으로 유명해진 관광지다. 늘 많은 사람들로 붐비는데 한국말과 중국말, 일본말, 영어를 비롯한 서양 언어들이 뒤섞여 소란스럽다. 한옥마을 전망 포인트에서 왼쪽 골목으로 죽 내려오면 문득 전망이 확 트인다. 아래 내려다보이는 거리가 삼청동이다. 행정부 2인자의 거처인 국무총리공관도 한 눈에 굽어볼 수 있다. 총리공관의 울창한 숲 너머로 북악산이 우뚝 솟아 있고 그 밑으로 청와대(青瓦臺)가 보인다. 이곳은 북촌 한옥마을의 서쪽 끝이다. 길옆으로 '북촌 생활사박물관'이 있고 골목 안에는 '북촌 동양문화박물관'도 있다. 동양문화박물관 위 카페 앞은 이 북촌에서 최고의 조망을 자랑한다. 그 바로 옆이 고불 맹사성(孟思誠)의 집터다.

조선 초의 명재상 맹사성은 조선 세종 때 좌의정까지 오른 인물로 청백리로 유명했다. 황희와 함께 조선 전기의 문화 창달에 기여한 바가 크다. 왼편 축대 바로 위, 새로 지은 멋진 한옥이 눈에 띈다. '문죽헌(文竹軒)'이란 멋스런 현판이 걸려 있고 '입춘대길 건양다경' 입춘첩이 상춘객을 맞는다. 어느 대학교수의 집이라고 한다. 골목길을 요리조리 돌아 나오니 베트남대사관 앞 큰길이 있고 건너편에 감사원이 보인다. 총리공관과 감사원, 헌법재판소, 각종 정부기관들이 들어가 있는 '한국금융연수원' 등이 몰려있는 삼청동은 '권력의 동네'이기도 하다. 금융연수원은 역대 대통령들이 취임하기 전 일하던 대통령직인수위원회가 입주했던 곳이다. 금융연수원

내에는 조선 말 고종 때 '기기국'의 무기고였던 번사창(飜沙廠. 서울시 유형문화재 51호) 건물도 있다. 감사원 앞길을 건너 오른쪽으로 돌아가면 '삼청공원'이 나온다. 삼청공원은 일제 때인 1940년 도시계획공원 제1호로 지정된 공원이다. 노송을 비롯한 울창한 숲과 청계천의 상류인 '삼청천' 계곡이 아름다운 경관을 연출한다. 골짜기의 물이 모여드는 삼청동 남동쪽의 영수곡(靈水谷)에는 병풍 같이 늘어선 바위가 있는데 그 바위에 조선 인조 때의 서예가 김경문의 휘호라고 전해지는 '三淸洞門'이라는 큰 글씨가 새겨져 있다. 또 공원 안 일청교(一淸橋) 옆 산책로 변에는 포은 정몽주(鄭夢周)와 그 어머니의 시조를 새긴 시조비가 있다.
삼청공원에는 또 북악산 서울성곽의 '말바위'로 올라가는 등산로가 있다. 북악산으로 가는 길은 잘 정비돼 있어 누구나 쉽게 오를 수 있다. 호젓하고 아름다운 등산로 변으로 울창한 소나무 숲이 펼쳐져 있고, 만개한 봄꽃들이 찾는 이들의 가슴을 설레게 한다. 점차 숨이 가빠지고 땀이 흐를 때쯤이면 서울성곽이 눈앞에 나탄다.
조금 더 오르면, 말바위 전망대다. 말바위의 유래는 조선시대 말을 이용하던 문무백관들이 가장 많이 쉬던 곳이라 해서 말(馬)바위라 했다고도 하고 북악산줄기 동쪽 끝에 있다 해서 말(末)바위라 불렀다는 설도 있다. 서울에서 몇 손가락 안에 꼽히는 조망 명소의 하나인 말바위에 서면 남으로 서울시내, 북으로 평창동과 성북동, 그리고 북한산까지 한 눈에 들어온다. 맑은 날이면 말바위에 올라보라고 권하고 싶다.
하산 후 삼청동 거리를 따라 걸었다. 금융연수원과 삼청동의 대표 맛집 '삼청동수제비', 총리공관 앞을 차례로 지나니 삼청파출소가 나온다. 파출소 옆에 소격서(昭格署) 표지석이 있다. 삼청전의 제사를 맡았던 소격서는 조선 태조 때 설립된 국가기관이었다. 그러나 성리학자들의 끈질긴 공격으로 '임진왜란' 이후 완전히 폐지됐다. 이제 겨우 도교의 옛 흔적을 확인할 수 있었다. 안국역 인근 '덕성여자중학교' 앞에서 옛 '천도교 중앙총부' 터임을 알리는 안내판을 발견했다. 이 곳은 의암 손병희 선생을 중심으로 한 '3·1만세운동'의 요람이기도 했다. 천도교(天道敎)야 말로 중국 도교는 아니지만 한국의 선도(仙道)를 대표하는 종교다.

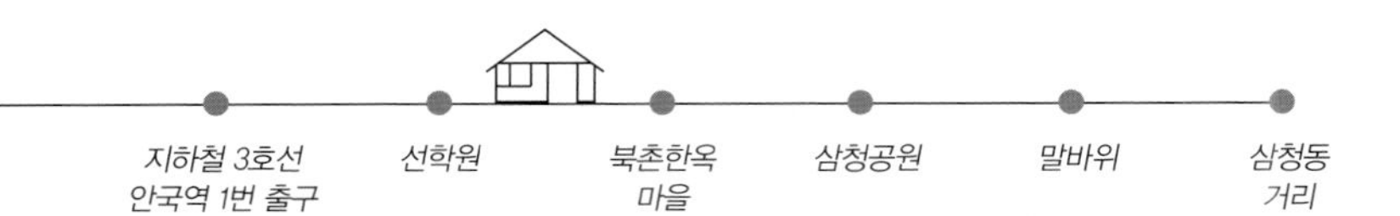

배싸메무초 걷기 100선

015 망우공원

무덤 속에서도 차마 잊지 못한 우국충정

서울 중랑구와 경기도 구리시 사이에 있는 야트막한 산이 망우산이다. '망우리고개'를 경계로 서울과 경기도가 나눠지고 서울 쪽 동네가 망우동이다. 이런 지명들이 붙게 된 것은 조선 태조 이성계의 일화에서 비롯됐다고 한다.

태조가 무학대사의 조언에 따라 양주 검암산 아래에 자신의 묘 자리를 잡고 망우리고개 마루에서 돌아보면서 "이제 모든 근심을 잊을 수 있게 됐다"고 말했다고 하여 근심을 잊는다는 뜻의 '망우(忘憂)'라 했다는 것. 그래서인지 망우산 일대는 대규모 공원묘지가 조성돼 있다. 태조뿐만 아니라 이름 없는 촌부(村夫. 村婦)들도 이곳 산기슭에서 모든 근심을 잊고 영면에 든 것. 이곳이 공동묘지로 공식 지정된 것은 일제 치하인 1933년 5월, 경기도의 임야 일부를 경성부에서 양도받아 공동묘지로 사용하게 되면서부터다. 서울시내에 있는 유일한 공동묘지지만 포화상태가 되면서 지난 1973년 이후 더 이상 묘지 쓰는 게 금지됐고 이후에 이장과 납골이 장려되면서 오히려 봉분 수가 계속 줄고 있다. 대신 산책로와 각종 편의시설을 조성, 시민들의 휴식처로 거듭났다.

이곳 망우공원은 '서울둘레길'과 '구리둘레길'이 서로 교차하는 곳이다. 둘레길이 곳곳에 이어져 있어 산책이나 가벼운 트래킹 혹은 자전거 라이딩을 즐기는 시민들로 붐빈다. 그러나 이곳을 그저 망자(亡子)들의 안식처나 시민들의 휴식공간으로만 생각해선 안 된다. 죽어 무덤 속에 묻혀서도 조국독립의 열망과 우국충정을 차마 잊지 못한 많은 애국지사들이 잠들어 있는 곳이기 때문이다.

'망우공원'에는 우리나라 어린이운동의 선구자인 방정환, 독립운동가 오세창·

한용운·문명원·장덕수·문일평, '종두법'을 보급한 국어학자 지석영, 독립운동가이자 '진보당' 당수였던 조봉암, 시인 박인환, 화가 이인성 등 수많은 애국지사 및 명사들의 묘소가 있다. 망우산 허리를 감아 도는 둘레길을 걷다 보면 곳곳에서 이 분들의 묘소 입구임을 알리는 비석과 안내판 등을 만날 수 있다.

죽산(竹山) 조봉암 선생과 만해(萬海) 한용운 선생의 묘소는 산책로 바로 위에 있어, 잠시 들러볼 만하다. 이승만 전 대통령의 정적으로 간첩의 누명을 쓰고 사형당한 진보당수(進步黨首) 조봉암 선생은 대표적인 '사법살인' 사례로 꼽혔고 2011년 1월 대법원은 재심에서 최종 무죄판결을 내려 선생의 영령을 위로했다. 한용운 선생은 3·1운동 민족지도자 33인 중 불교도 대표로 독립운동과 함께 '왜색불교'에 맞서 우리 '전통 선불교'를 지키는 데 앞장섰고 '님의 침묵(沈默)'을 남긴 근대 대표 시인이기도 하다. 해방된 지 70여 년, 아직도 일본은 우리에게 '가깝고도 먼 나라'다. 망우공원은 이런 아픈 역사를 말없이 웅변하고 있다.

지하철 7호선 '상봉역' 5번 출구로 나와 중앙버스차로 정류장에서 경기도로 넘어가는 아무 버스나 타고 망우사거리를 지나 다음 정류장에서 내린다. 고갯길을 조금 걸어 올라가면 오른쪽으로 망우공원으로 올라가는 길이 나온다.

망우공원 등산로 입구에는 삼각뿔 모양의 조형물이 우뚝 서 있다. 바로 '13도 창의군탑'이다. 일제의 국권침탈로 '바람 앞에 등불' 같은 망국의 위기를 맞은 1907년 12월, 전국에서 궐기한 항일 의병 1만여 명이 경기도 양주에 집결했다. 죽기를 각오하고 서울로 진격하여 조국을 지키기 위해 모인 '13도 창의군(倡義軍)'이다. 선봉장

허위 선생이 이끄는 300명의 결사대가 동대문 밖 30리까지 혈로를 뚫었으나 끝내 뜻을 이루지 못하고 결국 이 땅과 이 겨레는 일제에게 병탄(併呑)되고 말았다. 그 후 수많은 독립투사들이 국내·외에서 독립투쟁을 벌였으니 그 분들에게는 죽음조차 안식과 '망우'가 될 수 없었으리라.

망우공원 입구를 지나 삼거리에서 왼쪽 길을 오른다. 걷기 좋게 아스팔트로 포장된 울창한 숲길이다. 도중에 만난 구리둘레길을 따라 산길을 올라 무덤 사이로 난 능선 길을 따라간다. 왼쪽으로 구리시내와 한강이 한눈에 내려다보인다.

근대화단의 귀재였다는 이인성의 묘를 지나 조금 더 가니 망우산 제3보루(堡壘) 유적이 있다. 이 곳 망우산과 인근 용마산, 아차산 일대에는 사적 제455호로 지정된 고구려 보루 유적들이 밀집해 있다. 보루란 전망이 좋은 산봉우리에 축조된 소규모 산성으로, 고구려(高句麗) 병사들 수십~수백명이 주둔했던 곳이다.

망우산의 보루들은 공동묘지 조성과정에서 대부분 훼손돼 원형을 알 수 없으나 남쪽 끝 제1보루는 형태가 비교적 뚜렷하게 남아있어 유일하게 사적으로 지정됐다.

3보루에서 조금 더 가니 앙증맞은 미니 돌탑이 해발 281.7m 망우산 정상임을 알려준다. 반대편으로 넘어가니 망우산 제2보루 유적이 있고 조금 더 가면 이번에는 오른쪽으로 서울 시내가 조망된다. 멀리 북한산까지 손에 잡힐 듯하다.

산길을 내려오니 서울과 구리쪽 포장길이 만나는 삼거리다. 조그만 사각형 정자가 하나 있다. 직진하면 1보루와 용마산으로 갈 수 있고 왼쪽으로 가면 많은 독립유공자들의 묘소를 둘러볼 수 있다. 오른쪽 길은 호젓한 숲길을 온몸으로 느끼며 걷다가 끝날 즈음 박인환 시인의 묘소와 만난다. 두 길은 입구 쪽 삼거리에서 다시 합쳐진다. 개나리와 진달래가 활짝 피면 망우산길은 서울시내 어떤 곳과 견줘도 손색없는 최고의 꽃길로 변한다. 그때가 기다려진다.

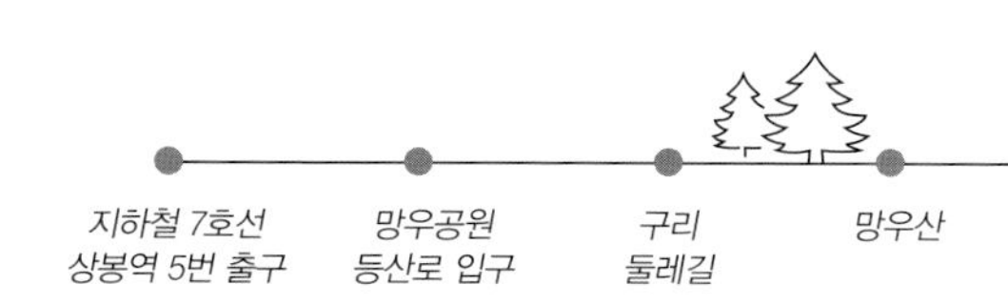

배싸메무초 걷기 100선

016 서리풀공원

강남 한복판 가로지르는 보석 같은 숲길

고층아파트 숲과 으리으리한 관공서, 대기업의 고층빌딩이 밀집해 스카이라인을 이룬 서울 강남의 한복판 서초구. 이 서초구의 남북을 종단하는 아름다운 숲길이 있다. 나지막한 산줄기 구릉을 따라 나무들이 빽빽이 늘어서 하늘을 가리고 그 나무들이 뿜어내는 상쾌한 숲속 공기가 차도의 매연이 침범하는 것을 허락하지 않는 걷는 이들마다 신기해하고 감사해하는 보석 같은 숲길… 바로 '서리풀근린공원'이다.

서리풀근린공원은 '서리풀공원', '몽마르뜨공원', '서리골공원'으로 나뉜다. 이 공원들은 원래 하나의 산줄기였다. 그러나 서초법조타운을 지나는 찻길이 이 산줄기를 갈라놓았다. 지금은 지난 2009년 도로를 가로질러 보행자용 다리들이 놓임으로써 단절된 산자락이 다시 연결됐다. 덕분에 강남 한복판에 놀라운 숲길 트래킹 코스가 생겼다.

지하철 2호선 방배역 4번 출구에서 나와 뒤로 돌아 효령로를 따라 조금 올라가면 '청권사(淸權祠)'가 있다. 서울시 유형문화재 제12호인 청권사는 조선 3대 태종의 둘째아들인 효령대군과 그 부인의 위패를 모신 사당과 묘소다. 효령대군은 다 알다시피 동생인 세종에게 왕위를 양보한 인물이다. 하지만 후손은 많이 남겨 지금 효령대군파는 전주이씨 중 숫자가 가장 많다. 그래서인지 청권사는 왕릉 못지않은 규모와 품격을 갖추고 있다.

청권사 앞 골목으로 돌아 들어가면 서리풀공원 입구가 나온다. 청권사 담을 따라 오르면 숨어있던 숲길이 모습을 드러낸다. 곳곳에 이정표가 있는데 무조건 '누에다리(몽마르뜨공원)' 방향을 따라가면 된다. 서리풀공원은 중앙부에 군부대가 있는 덕분에 개발의 손길을 피해 자연녹지와 생태공간을 잘 보존할 수 있었다. 약 2km의 울창한 숲길이 남북으로 길게 뻗어 있으며 노약자도 쉽게 걸을 수 있는 평탄한 오솔길이어서 인근 주민들의 산책로로 큰 인기를 누리고 있다.

이 공원의 특징은 인근에 프랑스인들이 모여 사는 '서래마을'이 있어 벽안의 백인들을 흔히 볼 수 있다는 점이다.

서리풀공원에서 차도를 가로질러 '서리풀다리'를 건너면 몽마르뜨공원이다. 파리 몽마르뜨공원을 연상시키는 이 공원은 프랑스의 유명 패션업체가 조경을 후원, 배수지 위에 화사한 정원과 푸른 잔디밭을 가꿔 놓았다. 공원 한 구석에 소원을 풀어준다는 누에조각상이 눈길을 끈다. 그 앞으로 서초대로를 가로지르는 '누에다리'가 실로 장관이다. 누에를 형상화한 새하얀 다리로 사람이 누에 뱃속을 걷는 모양새다. 누에다리, 누에의 뱃속을 걸어서 통과해본다. 다리 위에서 내려다보는 법조타운 등 서초구 일대 경관도 일품이고, 특히 밤에는 야경이 이름난 곳이다.

누에다리를 건너 서리골공원으로 들어서면 다시 자연 그대로의 산줄기가 이어진다. 옛날에는 이곳의 골짜기가 깊고 겨울에 언 얼음이 늦봄까지 녹지 않아 '빙고골'이라 불리다가 여름에도 서리가 생긴다고 해서 언제부턴가 '서리골'이라 불렀다고 해서 서리골공원이라 명명됐다. 이제부턴 '고속버스터미널' 이정표를 따라간다. 숲길 왼쪽으로 국립중앙도서관과 카톨릭대 서울성모병원이 있다.

길 끝에 고속터미널로 넘어갈 수 있는 센트럴육교가 나타난다. 하지만 육교로 올라가지 말고 도로로 내려와 인도를 따라가다 사거리 건널목을 건너면 '서래공원'이 나온다. 서래마을의 '서래(西來)'와 같은 의미의 공원 이름이다. 조각가 이일호씨의 작품인 질주하는 다섯 마리 말 조각품과 분수대가 볼 만하다.
서래공원에서 다시 맞은편 '래미안퍼스티지' 아파트 쪽으로 길을 건너면 또 다른 보석 같은 숲길이 반겨준다. 왼쪽 반포천 둑길을 따라가는 울창한 숲길, 바로 '허밍웨이(humming-Way)'다. 허밍웨이란 '콧노래가 나오는 쾌적한 길'이란 뜻. 바닥은 우레탄 포장으로 폭신하고 길 양편으로 아름드리나무들이 끝없이 도열해 터널을 이루고 있다. 특히 봄철에는 만개한 벚꽃이 여의도 윤중로 못지않다.
허밍웨이는 반포천을 따라 지하철 4호선 동작역까지 길게 이어져 있다. 도로를 만나면 그 밑으로 지나가게 돼 있다. 도중에 둔치로 내려가는 길이 몇 군데 있지만 걷기에는 둑길이 훨씬 낫다. 허밍웨이의 끝 지하철 4호선 동작역에서 바로 지하철역으로 들어가지 말고 자전거 길을 따라 내려가면 반포천과 한강이 합류하는 지점이 있다. 동작교와 동작2교, 신동작2교 교각 밑을 차례로 지나야 한다. 한강을 가로지르는 동작대교 밑에는 수상택시 승강장이, 다리 좌우에는 '동작노을카페'와 '동작구름카페'가 있다. 한강변을 조금 더 따라 내려가면 서래섬이 길게 누워 있다.

화성 주변 문화유산과 명사들 이야기

팔달산(八達山)은 경기도 수원시의 중심부에 있는 주산이다. 옛 이름은 광교산 남쪽에 있는 탑 모양의 산이라 하여 '탑산'으로 불렀고 현재의 이름은 조선 태조 때부터 불리기 시작했다. 이름이 바뀐 것은 고려 말의 학자인 이고(李皐)와 관련된다. 은퇴한 이고가 도성을 떠나 이 산자락에 살았는데 공양왕이 근황을 묻자
"집 뒤에 있는 탑산의 경치가 아름답고 산정에 오르면 사통팔달(四通八達)하여 마음과 눈을 가리는 게 아무것도 없어 즐겁다"고 대답했다.
조선 태조 이성계가 조선을 창건, 즉위한 후 은거하던 이고에게 벼슬을 권했으나 같은 이유로 거절했다. 이에 태조가 화공을 시켜 탑산을 그려오게 하였는데 그림을 보고 "과연 사통팔달한 산이다"고 감탄한데서 팔달산으로 불리게 되었다 한다. 이런 고사에서 알 수 있듯이 비록 도심 속 146m의 낮은 산이지만 벌판 가운데 우뚝 솟아있으므로 정상에 오르면 사방으로 시야가 탁 트여 수원시내 전체가 시원하게 조망된다.
정조대왕이 축성한 유네스코 세계문화유산 '화성'의 약 3분의 1 정도가 팔달산 능선을 따라 흘러간다. 화성 성곽은 원형이 고스란히 보존되어 산과 조화를 이룬 아름다움을 자랑한다. 풍수지리설에 의하면 팔달산은 수원시의 '혈처'에 해당된다고 한다. 시내 중심에 있고 산 전체가 아름다워 지난 1974년 '팔달공원'으로 지정됐다. 화성 외에도 산기슭 곳곳에 문화유적과 볼거리가 많다.
수도권전철 1호선 화서역 1번 출구로 나오면 대로 건너편 사거리 모퉁이에 주차장이 있다. 그 앞 도로를 따라 화서역 반대편으로 걷다 GS주유소 앞 삼거리에서 길을

건너면 또 다른 낮은 산이 있다. 숙지산(熟知山)이다.

화성 축성 당시 이 산에서 석재를 많이 캐다가 사용했다. 그래서 정조가 전교를 내려 "익히 알던 산에서 이렇게 많은 석재가 나왔다"며 숙지산이라 명명했다고 한다. 삼거리에서 우회전, 조금 가면 '숙지공원'과 운동장이 있고 그 안쪽에 산길이 있다. 봄철 만발한 꽃들을 따라 걷다보면 금방 정상에 이른다. 그 반대쪽으로 넘어가 아파트단지를 통과하면 눈앞에 팔달산과 정상의 '서장대'가 보인다. 주택가를 가로질러 내려가 대로를 건너니 화성의 서문인 화서문(華西門)이 나온다.

화서문을 통과해 도로를 따라 내려가다가 '행궁동주민센터' 방향 안내판이 붙은 사거리에서 우회전, 조금 가면 오른쪽에 웅장한 한옥건물이 있다. 이곳이 사적 제115호인 화령전(華寧殿)이다. 화령전은 조선 순조 원년(1801년) 화성행궁 옆에 세운 건물로 정조의 초상화를 모셔놓은 영전(影殿)이다. 제사를 지내기 위해 신위를 모신 사당과 달리 영전은 선왕의 초상화를 모셔놓고 살아있을 때와 같이 추모하던 곳이다. 조선시대의 대표적 영전 건물이 바로 화령전이다.

화령전 옆 나혜석(羅蕙錫) 탄생지도 그냥 지나칠 수 없다. 한국 최초의 여성 서양화가, 불꽃같은 삶을 살았던 신여성의 대표자…. 나혜석을 수식하는 말들은 많다. 이곳 생가 터 일대에선 그녀의 삶과 예술혼을 기리는 문화예술제가 열려 다양한 볼거리들을 선사한다. 수원시는 인계동에 그녀의 동상이 있는 '나혜석거리'도 조성해 놓았다. 화령전 앞을 지나 신풍초등학교를 끼고 오른쪽 골목으로 돌아나가면 화성행궁(華城行宮)이 보인다. 정문인 신풍루(新豊樓)와 그 앞 거목이 당당하게 서 있다.

화성행궁은 부친 사도세자가 묻힌 '융릉' 참배 길에 나선 정조가 머물던 임시 처소로서 평소에는 수원부사 또는 수원유수가 집무하던 곳이다. 조선시대에 건립된 행궁 중 규모가 가장 크며 화성 성곽과 함께 정조의 왕권강화와 개혁정치의 꿈이 서린 정치적, 군사적 의미 있는 건축물이다. 행궁 왼쪽으로 산을 오르는 길이 있다. 중간쯤에 있는 작은 절 '대승원'을 그냥 지나치면 후회할 것이다. 황금빛으로 빛나는 초대형 석가여래입상이 있기 때문. 아스팔트 순환도로 건너편 '효원약수터'에서 목을 축이고 울창한 솔숲 산길을 오른다.
낮은 산이므로 오래지 않아 정상이다. 시야가 사방으로 확 트이고 시내 전체가 발아래에 있다. 과연 사통팔달의 산이다. 서장대, 일명 화성장대(華城將臺)가 우뚝 서 있다. 화성의 군사지휘소다. 이제부턴 왼쪽 성곽길을 따라간다. '효원의 종각'을 지나 조금 더 가면 길 옆 숲속에 대한민국독립기념비와 삼일독립기념탑이 숨어 있다. 수원은 '3·1만세운동' 때 기녀들이 시위에 앞장설 정도로 독립투쟁의 열기가 높았던 곳이다. 수원시민들은 1948년 8월 15일 대한민국정부 수립을 기념해 일제 순사 노구찌의 순국비를 부순 자리(중포산)에 대한민국독립기념비를 세웠고 1969년 3월 1일 '삼일동지회'가 삼일독립기념탑을 이곳에 건립한 후 독립기념비를 새 기념탑 옆으로 옮겼다.
조금 더 가면 서남암문이 나온다. 이 문은 용도(甬道 : 담을 양쪽으로 쌓아 만든 길)의 출입문이기도 하다. 이 길을 걸어보는 것도 색다른 즐거움이다. 용도는 서남각루, 즉 화양루(華陽樓)에서 끝난다. 여기서 내려다보는 조망이 괜찮다.
다시 서남암문으로 돌아와 성벽을 따라 가파른 길을 내려간다. 순환도로를 만나기 직전, 왼쪽에 '고향의 봄' 노래비가 있다. 고향의 봄 작곡자 홍난파(洪蘭坡)는 수원 태생이다. '봉숭아', '성불사의 봄' 등 수많은 명곡을 남긴 한국 근대음악의 개척자인 그와의 인연 때문인지 수원은 '음악의 도시'이기도 하다. 이제부턴 성곽 밑을 통과해 순환도로를 따라 간다.
관광용 화성열차가 달리는 이 순환도로는 봄철이면 화려한 벚꽃들이 흐드러지게 만개해 황홀경을 연출한다. 지금이 바로 그렇다. 모두들 벚꽃터널에 넋을 잃는다.
중앙도서관 앞에서 잠시 왼쪽 길을 따라 내려간다. 수원향교(水原鄕校)에 들르기 위해서다. 경기도문화재자료 제1호로 지정된 수원향교는 원래 고려 원종 22년 화성시 봉담면 와우리에 세워졌던 것을 조선 정조 때 수원성곽을 축성하면서 이곳으로 옮겨 다시 지은 것이다. 다시 순환도로로 돌아왔다.
벚꽃을 보러 몰려든 상춘 인파가 더 많아졌다. 지금 경기도청과 팔달산 일대는 벚꽃

축제중이다. 이면도로 위 나무육교로 이어진 멋진 정자 효원정(孝園亭)에선 도청 일대 벚꽃길이 한눈에 내려다보인다.
벚꽃길은 차도를 따라 이어지지만 삼거리에서 오른쪽 산길을 택했다. 벚꽃만큼 화려하진 않지만 더 예쁜 진달래꽃이 반겨준다. 산위 솔숲 사이로 아까 걸었던 용도가 올려다 보인다. 화성안내소 앞에서 성곽과 조우한다. 바깥쪽으로 성벽을 따라간다. 울창한 소나무 숲과 아기자기한 바위, 고풍스런 성곽, 개나리와 진달래꽃이 어우러져 내내 감탄사가 절로 나온다. 어느새 저 아래로 화서문이 보인다.

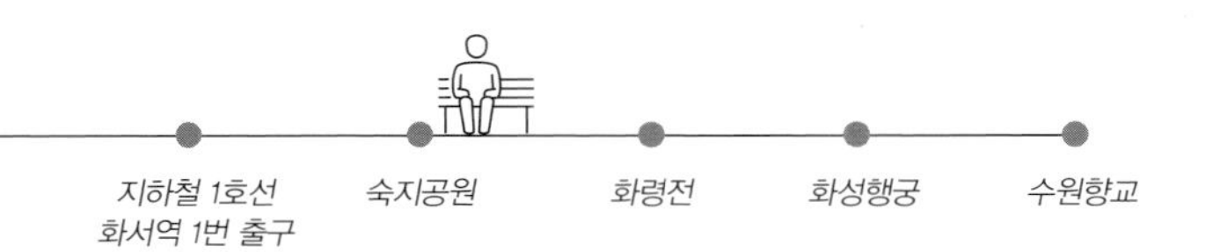

018 서호천길

정조의 효심과 임영대군의 충심을 엿보다

오늘 걸을 길은 '삼남길'. 경기구간 제3길인 '모락산길'과 제4길 '서호천길'이다. 모락산길은 '백운호수' – '임영대군묘역' – '오매기마을' – '김징 묘역' – '사근행궁'터 – '골사그내'를 거쳐 '지지대비'에 이르는 12.6Km 코스다. 또 서호천길은 지지대비 – '지지대쉼터' – '해우재'를 거쳐 '서호천'을 따라 '이목2교' – '국립원예특작과학원' – 여기산 앞 – '서호공원'까지의 7.1Km.

모락산길은 조선시대 과거를 보기 위해 한양으로 가던 이들이 걷던 길이다. 이 길은 백운호수에서 시작된다. 지하철 4호선 '인덕원역' 2번 출구에서 마을버스 5번, 6번을 타고 호수 초입에서 내린다.

경기도 의왕시 학의동에 있는 백운호수는 지난 1953년에 준공된 약 11만 평의 인공호수로 병풍처럼 둘러싸고 있는 북동쪽의 청계산과 남동쪽 백운산, 그리고 서쪽의 모락산 줄기가 만나는 지점에 있다. 농업용수의 원활한 공급을 목적으로 조성됐으나 수려한 경관으로 의왕시민은 물론 인근 수도권 주민들의 휴양지로 각광을 받고 있다. 백운호수에서는 라이브 카페, 수상스키, 각종 전문 요리를 즐길 수 있으며 호수순환도로는 데이트코스, 드라이브 코스로 손색이 없다.

버스정류장에서 삼남길 표지판을 따라 모락산 줄기로 들어선다. 모락산(慕洛山)은 조선 세종의 넷째 아들 임영대군(臨瀛大君)이 세조의 왕위 찬탈에 충격을 받아 매일 이 산에 올라가 옛 중국의 수도인 낙양을 사모했다 해서 모락산이라 불린다 전해진다. 곧 이 임영대군 이구의 모역과 사당을 만날 수 있다. 천성이 활달하고 왕자이면서도 근검하고 교만하지 않았다는 그의 성품처럼 소박한 유적이다. 그의 충심이 느껴지는 듯하다.

길은 '능안마을'을 지나 모락산 동쪽 능선을 거쳐 오매기마을로 이어진다. 도시 근교인데도 슬레이트 지붕에 담쟁이넝쿨이 무성한 돌담을 두르고 소박한 쪽문 옆에는 옥수수가 자라는 낡은 건물들이 잇닿아 있는 1960~1970년대 정겨운 고향의 농촌마을 모습이 그대로 남아 있다. 모락산을 옆으로 하여 남쪽으로 길을 재촉하다보면 김징(金澄)의 묘역을 지난다. 조선 중기의 문신 김징의 아들들을 시작으로 100년 간 6명의 정승을 배출한 명문가인 '청풍김씨' 세거지가 바로 이 지역이다. 이곳을 지나 의왕 시가지 쪽으로 길을 잡으면 정조 임금 능행길의 중요한 지점인 사근행궁 터를 지나 골사그내로 갈 수 있다. 사근행궁을 거치지 않고 청풍김씨 세거지에서 바로 길을 잡아도 '통미마을' 길을 지나 골사그내로 통한다. 골사그내는 원래 곡사천(谷沙川)에서 변한 이름이라고 한다. '지지대고개' 아래에 있는 마을로 삼태기처럼 오목한 곳에 있다.

여기서 대로를 육교로 건너 고갯길을 오른다. 1970년대 고 박정희 대통령은 매년 '식목일'이면 이 일대에서 식목행사를 하곤 했다. 지지대고개 중턱에 '식목일 기념 조림지' 비석이 있다. 고갯마루는 의왕시와 수원시의 경계다. 수원시내로 넘어간다.

지지대(遲遲臺) 고개는 정조임금이 아버지 사도세자가 잠든 '융릉'을 찾았다가 돌아가는 걸음이 못내 아쉬워 자꾸 행차를 늦췄다는 이야기에서 이름이 유래한 곳으로 정조의 애틋한 효심을 느낄 수 있는 곳이다. 원래 이름은 '사근현'이었다고 한다. 정조는 이곳에 장승과 표석을 세웠고 순조 7년(1807년)에는 지지대 서쪽에 지지대비와 비각이 건립됐다. 이 비는 경기도 유형문화재 제24호로 지정되어 있다. 대로변 지지대쉼터 옆에 삼남길 제4길 서호천길 표지판이 보인다.

서호천길을 따라 고개를 내려간다. 울창한 숲길이 이어진다. 공단 앞 이면도로로 내려서면 곧 해우재다. 해우재에는 지난 2007년에 문을 연 '화장실문화공원'이 있어 어릴 적 옛 추억을 되새기며 화장실 문화를 살펴볼 수 있는 곳이다. 고 심재덕 수원시장은 세계인들에게 화장실문화의 중요성을 널리 알리고자 자신이 30년 동안 살던 이목동 자택을 변기모양으로 새롭게 고쳐 짓고 해우재라고 명명했다고 한다. 수원은 광교산 입구의 '반딧불이화장실', '항아리화장실' 등 아름다운 공중화장실들이 여럿 있는 도시다.

다시 산길을 올라 고개를 넘어가면 '율전약수터'가 있다. 시원한 약수물을 한 바가지 마시고 길을 재촉하면 멋진 생태공원이 나온다. 여기는 율전동이다. 대로변으로 나와 터널과 '수원화목교회' 앞을 지나 이리저리 길을 따라가니 드디어 서호천과

만난다. 정자와 솟대, 바람개비들이 가득한 소공원이 반겨준다.
길은 서호천을 따라 길게 이어진다. 수원시 북쪽 광교산 기슭인 파장동에서 시작, 서호를 거쳐 장지동에서 황구지천과 합류하는 11.5Km의 서호천은 친환경적으로 복원돼 맑은 물과 꽃밭, 갈대밭 사이로 백로와 재두루미 등 희귀 조류들이 노니는 곳이다. 천변 산책로를 걷거나 뛰고 자전거를 달리는 사람들이 꽤 많다. 하천을 가로지르는 다리도 멋지게 장식돼 있다. 여기산에는 대규모 백로서식지도 보존돼 있다.
드디어 서호공원이다. 서호(西湖)는 정조임금이 조성한 대규모 인공호수다. 그의 애민정신을 엿볼 수 있는 서호에서 서호천 길은 끝난다. 바로 옆에 있는 '화서역'에서 수도권전철 1호선을 통해 서울로 쉽게 돌아올 수 있다.

배싸메무초 걷기 100선

019 수원 호수 2곳

자연과 사람의 발자취가 어우러져 역사가…

경기도 수원 하면 사람들은 유네스코 세계문화유산인 '수원화성'을 먼저 떠올린다. 하지만 정조대왕이 화성을 쌓을 때 함께 만든 인공호수 4개에 주목해 보자. 동서남북 4개 성문 밖에 축조, 농업용수로 사용했던 4개 인공호수 중 하나가 팔달구 화서동과 서둔동에 걸쳐있는 서호(西湖)다. 화성의 북쪽에 북호(北湖. 만석거)가 있기 때문에 서호라 하였으며 저녁 낙조가 특히 아름다운 곳으로 유명하다. '수원8경'의 하나로 손꼽히며 시민들의 많은 사랑을 받고 있다. 서호에서 멀지 않은 율전동 남쪽 성균관대학교 수원캠퍼스 인근에 있는 또 다른 인공호수는 일월저수지(日月貯水池)다. 오늘은 이 2개의 호수를 묶어서 걸어보기로 했다. 수도권전철 1호선을 타고 수원역 바로 전 '화서역'에서 내린다. 화서역이란 명칭은 말할 것도 없이 인근 수원화성의 서문인 화서문(華西門)에서 따 온 것이다.

1번 출구로 나와 대로변을 조금 따라가면 오른쪽으로 철길을 건널 수 있는 육교가 있다. 육교를 건너면 바로 서호가 있다. 1번 출구로 나와 '서호꽃뫼공원'을 통과해도 서호로 갈 수 있다. 호숫가는 항상 운동을 하거나 데이트를 하는 사람들로 붐빈다. 철길 변에는 게이트볼 구장과 메타세콰이어 숲길과 게이트볼장도 조성돼 있고 호숫가엔 철새들을 관찰할 수 있는 망원경도 비치돼 있다. 호수 남쪽에 길게 뻗어있는 제방이 바로 정조가 축조한 축만제(築萬堤)다. 당시의 돌비석이 지금도 남아 있다. 정조는 당시로서는 획기적 신도시인 화성을 건설한 후 백성들의 먹고 사는 문제를 해결하고자 인근에 대규모 농토를 조성하고 농업용수로 사용하기 위해 서호를 건설했다.

축만제 흙길을 걸으며 정조의 애민사상을 느껴본다. 제방 위 소나무들도 당시 심어진 노송들이어서 운치를 더한다. 왼쪽으로는 넓은 농경지가 펼쳐져 있다. 이곳은 보통 논이 아니라 '농촌진흥청 작목시험장'과 서울대 농대 실습답(實習畓)이다. 바로 한국 과학농업의 요람인 곳이다. 농진청은 전주로 이전했지만 이 논은 그대로 남아있다.

서호는 옛 '새마을지도자연수원' 터가 남아있는 '새마을운동'의 고향이기도 하다. 이곳에 있던 '농민회관'에서 지난 1973년 4월부터 1983년 3월까지 새마을 국민정신교육이 실시됐다. 이 동안 전국의 새마을지도자를 포함 총 550회에 걸쳐 7만7851명의 수료생이 배출됐다.

축만제 남쪽 끝 수문 옆에는 항미정(杭眉亭)이란 정자가 숨어 있다. 항미정은 정조 다음 임금인 순조 때 화성유수였던 박기수가 세웠다. 정자 이름은 서호의 아름다움을 중국의 유명한 명승지인 항주(杭州)에 비유한 것으로 '항주의 미목(眉目)'이라는 소동파의 시(詩)에서 따왔다. 소동파가 항주의 절경인 서호가 마치 중국 춘추시대 월나라의 경국지색(傾國之色)이던 서시의 눈썹처럼 아름답다고 노래한 싯구다. 수원시 향토유적 제1호로 지정돼 있는 항미정은 서호의 경관과 풍치를 한층 돋보이게 하는 명소로 손꼽힌다.

호수 서쪽에는 여기산이 있다. 산이라기보다는 언덕이라 해도 좋은 여기산(如妓山)은 산모양이 기생 눈썹을 닮았다하여 붙여졌다고 한다. 여기산은 천연기념물인 백로(두루미)와 왜가리, 황로, 해오라기 등이 서식하는 야생동식물 보호구역으로 출입금지 지역이다. 이밖에 서호와 '서호천', 일월저수지 등에는 청둥오리, 원앙, 쇠기러기, 흰 뺨 검둥오리를 비롯한 많은 겨울철새들이 모여들어 장관을 이룬다. 서호는 2014년 초 조류인플루엔자(AI)가 창궐할 때 AI로 폐사한 철새 사체들이 다수 발견됐을 정도로 많은 철새들이 날아드는 곳이다.

겨울철새들의 먹이활동이 가장 왕성한 시기가 바로 3월이다. 멀리 '시화호'나 서해안을 찾지 않아도 전철역 바로 옆 호수에서 철새들의 군무를 즐길 수 있다는 것은 큰 행운이다. 그래서 이곳에는 망원렌즈를 든 사진작가들도 많이 찾아온다. 서호 북쪽 '새싹교'에서 서호천변을 따라 간다. 왼쪽 여기산은 희귀 철새의 낙원이다.

'여기산공원'은 사람들로 붐빈다. 테니스장엔 동호인들의 대회가 열리고 그 옆 'X-게임장'에는 인라인 스케이트와 스케이트보드를 즐기는 청소년들의 열기가 넘친다. '광동한의원' 앞 여기산 삼거리에서 대각선 방향으로 길을 건너 일월공원(日月公園)을 따라간다. 육교가 있는 일월공원 삼거리에서 길을 건너 근린공원으로 들어선다.

이곳에는 '일월도서관'이 새로 들어섰다. 곧 일월저수지가 나온다.
과거 광주군 일왕면과 수원군 반월면의 경계 지점에 있었는데 일월저수지라는 이름은 일왕면과 반월면에서 한자씩 취해 지은 것이라고 한다. 하지만 왠지 이름에 일제의 냄새가 나는 것 같아 마음이 편치 않다. 일월저수지에도 산책하는 시민이 많다. 남쪽 방죽길 한쪽에는 텃밭도 조성돼 있고 서쪽 호숫가 물위에 떠 있는 나무 부교 산책로 근처엔 철새들이 많다. 호수 북쪽 작은 다리 근처의 통통하게 살찐 잉어들도 볼거리다. 사람만 보면 먹을 것을 기대하고 몰려든다. 다리 위 도로로 올라서면 건너편이 바로 성균관대(成均館大) 수원캠퍼스다.
대학교정을 걸으며 싱그러운 청춘들의 에너지를 느껴보는 것도 색다른 경험이다.
정문으로 들어가 정면에 있는 자연과학 캠퍼스를 우측으로 돌아 조개껍질 모양의 '삼성학술정보관' 옆 공자로(孔子路)를 계속 따라가다가 후문 앞에서 좌회전한다. 조금 걷다 나오는 낮은 언덕 앞, 오른쪽 길을 택하면 곧 후문이다. 이 문을 나와 우회전, 대로를 따라가다가 고가도로 밑 사거리에서 대각선 방향을 길을 건너 언덕길을 따라 올라가면 수도권전철 1호선 '성균관대역'이 나온다.

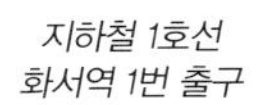

지하철 1호선 화서역 1번 출구 — *서호* — *여기산 공원* — *일월 저수지* — *성균관대 수원캠퍼스*

배싸메무초 걷기 100선

020 서삼릉길

솔숲에 잠든 왕은 말이 없고, 초원엔 말이 달리고…

경기도 고양시 덕양구 삼송동(三松洞)의 동네 이름은 유네스코 세계문화유산인 '조선왕릉'의 일부인 서삼릉(西三陵)과 관련이 깊은 지명이다. 왕릉에 제사 지내기 위해 도성을 떠난 임금이 이 곳 마을에 이르러 서삼릉의 입구란 의미로 심어진 소나무 세 그루를 보고 가마에서 내려 서삼릉까지 걸어 들어갔다. 그래서 이 소나무 세 그루는 이 마을의 상징이 되었고, 동네 이름도 아예 '삼송리'가 됐다고전해진다. 또 나무 세 그루가 있다고 해서 '세수리'라는 지명도 생겼다. 이 소나무 세 그루는 1970년대까지만 해도 이 동네에 남아 있었으나 도로가 건설되고 주변 환경이 변화하면서 말라 죽고 말았다. 이처럼 서삼릉은 인근 서오릉(西五陵)과 함께 고양시의 상징이다.

서삼릉에는 조선 제11대 중종의 계비인 장경왕후의 능인 '희릉', 제12대 인종과 그의 비인 인성왕후의 무덤인 '효릉', 제25대 철종과 그의 비 철인왕후의 '예릉'이 모여 있다. 왕과 왕비의 '릉'과 달리 세자 또는 세자비의 무덤을 '원'이라 하는데 이곳에는 '의령원'과 '효창원'이 함께 있다. 의령원은 영조의 장자이자 정조의 생부였던 '사도세자' 장조의 첫째 아들인 의소세손의 무덤이며 효창원은 정조의 첫째 아들이었던 문효세자의 무덤이다. 이밖에도 연산군의 생모 폐비 윤씨(廢妃 尹氏)의 묘인 '회묘', 소현세자의 묘인 '소경원', 의친왕의 무덤 등도 같이 있다.

이 중 효릉과 소경원 구역은 일반에 공개되지 않는다.

서삼릉 일대를 돌아보는 길은 고양시가 조성한 트래킹 코스인 '고양누리길'의 한 구간인 '서삼릉 누리길'이다.

서삼릉 누리길은 지하철 3호선 '삼송역' 5번 출구에서 시작된다. 지하철역에서

나오자마자 버스정류장 앞에 있는 커다란 서삼릉 누리길 종합안내판이 반겨준다. 대로를 따라 '고양고등학교' 앞을 지나 세수동 버스정류장 앞 골목에서 주택가로 들어서면 '영재어린이집'이 보인다. 그 어린이집을 끼고 우회전하면 숲길이 시작되는 들머리다. 동네 주민들의 산책로가 이리저리 나 있어 능선길을 잘 찾아가야 한다.
이 고개는 '숫돌고개(礪石嶺)'라 불린다. '임진왜란' 당시인 1593년 1월 이곳에서 큰 전투가 벌어졌다. 조선을 지원하기 위해 출병한 명나라 장수 이여송이 '평양성'을 수복하고 퇴각하는 일본군을 추격하던 중, 상대를 얕잡아 보고 들어왔다가 매복에 걸려 패퇴한 벽제관(碧蹄館) 전투의 현장이 바로 여기다. 이여송이 복수를 다짐하면서 이 고개의 바위에서 칼을 갈았다고 해서 숫돌고개라 한다.
군부대 옆 숲길을 따라 조금 더 가니 거북 모양의 기이한 형상의 바위가 있고 이어 송전철탑이 나온다. 터널 위 생태다리를 지나니 다시 원시림 수준의 좁고 울창한 숲길이다. 하지만 숲은 곧 끝나고 '솔개약수터'다. 약수물 한 바가지를 시원하게 들이켜고 다시 길을 나선다. 언덕 위 '홍익교회' 앞길은 조경을 잘 해놓아 정말 예쁜 길이다.
이 길을 내려와 만나는 농협대학(農協大學) 가는 길도 멋지다. 아스팔트길이지만 가로수가 터널을 이루고 차들은 뜸해서 걷기에 좋다.
농협대학 앞을 지나 조금 더 가면 서삼릉 입구 삼거리다. 여기서 서삼릉입구까지의 은사시나무 길은 아름답기로 소문난 길이다. 은백색 껍질의 은사시나무 가로수들이 하늘을 찌를 듯 늘어서 있는데 특히 낙엽이 진 후의 겨울철이 더욱 아름다워 영화나 드라마 촬영지로도 유명하다.
드디어 서삼릉이 보이고 양쪽으로 드넓은 푸른 목장이 있다. 왼쪽은 농협 '젖소개량사업소', 오른쪽은 '한국마사회'의 '원당종마목장' 및 '경마교육원'이다.
종마목장(種馬牧場)은 무료 개방이다. 아득히 넓게 펼쳐진 푸른 초원에서 말들이 한가로이 풀을 뜯고 있는 목가적인 풍경에 누구도 감탄을 금할 수 없다. 좋은 카메라가 아니라면 또 어떠랴. 모두가 사진 찍기에 열심이다. 목책 옆에서 연신 먹이를 받아먹는 말도 있다. 녀석이 제일 좋아하는 건 당근이다. 매점 앞 벤치 앞에선 또 다른 볼거리가 기다린다. 경마훈련을 받는 초보 기수(騎手)들이 말 달리는 것을 가장 잘 볼 수 있는 곳이 바로 여기다. 입구 쪽으로 조금 걸어 내려간 지점, 코스 바로 옆 목책이 사진작가들의 포인트다. 바로 옆 솔숲 속에 잠든 왕들은 '말'이 없는데 초원에선 '말'이 질주한다.

다시 서삼릉 입구 삼거리로 돌아 나왔다. 오른쪽에 있던 '고양 허브랜드'는 문을 닫았다. 차들이 뜸한 도로를 따라 누리길은 계속 이어진다. 철제 울타리 너머로 젖소개량사업소와 서삼릉 미공개 구간의 숲길들이 예쁘다. '한국스카우트연맹 중앙훈련원' 앞과 '한양컨트리클럽' 옆길, '수역이마을' 입구를 지나 아름다운 언덕길을 넘으면, '배다리 술 박물관'이 보인다.

이제 누리길의 종점도 가까워졌다. 배다리 술 박물관은 고양지역 전통 '배다리 막걸리(舟橋酒)'의 술도가에서 운영하는 사설 박물관으로 전통주와 관련된 각종 민속자료들을 전시해 놓은 곳이었다. 배다리 술을 즐겼던 고 박정희(朴正熙) 전 대통령이 막걸리를 마시는 장면도 모형으로 재현해 놓았다. 그러나 박물관으로 허가를 받고 막걸리와 안주를 팔았다고 해서 폐쇄됐다. 지역 명소이자 길손들의 휴식처이고 볼거리였는데, 안타까운 마음 금할 수 없다. 배다리 술 박물관을 나와 누리길을 따라 조금 더 가면 지하철 3호선 '원당역' 1번 출구가 나온다.

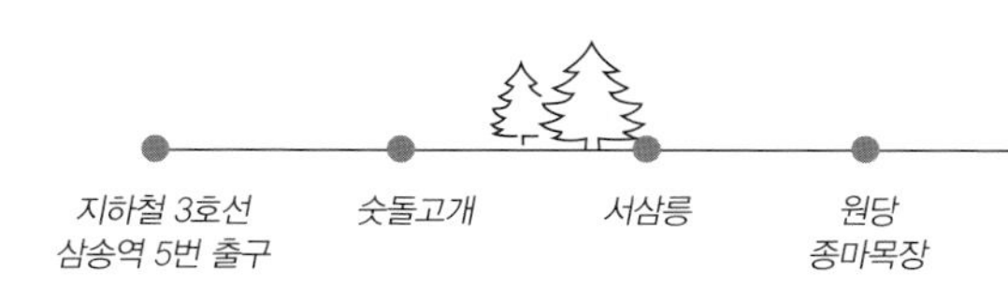

배싸메무초 걷기 100선

021 다산길

기찻길과 한강 물길, 그리고 다산선생 마을길

지평선 너머로 아득하게 뻗어 있는 기찻길 선로를 보면 누구나 그 길을 따라 한없이 걷고 싶은 충동을 느낀다. 좁은 레일 위에서 외줄을 타듯 떨어지지 않고 얼마나 걸을 수 있는 지 시험해보고 싶어진다. 어릴 적 고향집이 철길 옆이었던 필자는 누구보다 더 기찻길에 대한 추억이 아련하다.

지금은 기차가 다니지 않는 폐(廢) 철길을 따라 오른쪽으로 푸른 한강물을 내려다보며 마냥 걸을 수 있는 길이 서울에서 멀지 않은 곳에 있다. 바로 경기도 남양주시의 '다산길'이다. 다산길은 남양주시가 개발한 둘레길이다. 13개 코스에 총 연장길이는 179.8km나 된다. 다산(茶山) 정약용 선생 유적지가 가까운 곳에 있어 이렇게 명명됐다.

가장 인기가 높은 곳은 중앙선(中央線) 복선화로 폐선이 된 '팔당역'~'능내역'~'운길산역' 구간의 철길을 따라 걷는 것이다. '용산역'에서 출발하는 '경의중앙선' 전철을 타고 팔당역에서 내려 한강변을 따라 걷다가 팔당2리 '다산문화의 거리' 표지석이 있는 곳에 이르면 왼쪽에 철길이 있다. 보행로와 자전거도로가 나란히 달리는 다산길 곳곳에 데크 전망대가 있어 한강과 건너편 검단산(黔丹山)을 조망할 수 있다. 조금 더 걸으면 '팔당댐'이 웅장한 모습을 드러낸다.

철길을 걷기가 조금 지루해 질 때쯤이면 '봉안터널'이 보인다. 팔당댐과 '팔당터널' 바로 위에 있는 철길 터널이다. 시원한 바람이 지나는 길이어서 더위와 피로가 순식간에 날아간다. 내부의 조명과 터널 입구에서 들어오는 햇빛 때문에 사진을 찍으면 몽환적인 작품이 나온다.

반대쪽으로 나와 작은 철교를 건너면 눈이 휘둥그레지고 감탄사가 절로 난다. 드넓은 '팔당호'의 푸른 물결이 눈앞에 파노라마처럼 펼쳐진다.
다산길 정규 코스를 벗어나 팔당(八堂) 호변을 걸어보기로 했다. 철길에서 호숫가로 내려서자 마치 논두렁 같은 좁은 오솔길이 있다. 버드나무와 작은 벤치가 있는 길을 지나니 다산유적지로 가는 예쁜 길이 나온다. 다산선생의 산책로였다고 한다. 오른쪽 호수는 햇빛에 반사돼 은빛으로 반짝이고 왼쪽엔 쇠말산 언덕의 숲길이다. 숲길은 오래잖아 끝나고 초가지붕 정자 앞에 호수 안으로 뻗은 길이 있다. 그 길 끝에는 '토끼섬'이 있다. 뛰어서 건널 수 있을 정도의 물길 건너 호수에 떠 있는 작은 섬이다.
다시 호반길을 걷다가 '마현(馬峴)고개'를 넘어가면 연꽃단지가 나타난다. 연꽃은 가장 더러운 물에서 가장 아름다운 꽃을 피운다. 주변이 아무리 더러워도 오염되지 않으며 오히려 주위 환경을 정화시키는 게 연꽃이다.
다산선생도 연꽃을 닮은 분이었으리라. 연꽃단지 바로 옆이 바로 다산유적지다. 유적지 입구를 들어서면 왼쪽에 '다산문화관'이 있고 그 앞 길가에는 선생이 '수원화성'을 축조할 때 발명한 '거중기' 모형이 서 있다.
조금 더 내려가면 다산의 생가인 여유당(與猶堂)이 있다. 선생이 태어나 유년시절을 보냈고 오랜 유배생활을 겪은 후 돌아와 말년을 보낸 곳이기도 하다. 사랑채와 안채 및 뒤뜰까지 소박하지만 당시의 전형적인 중부지방 양반가 가옥형태를 따르고 있다. 여유당 뒤 언덕으로 계단이 나 있다. 그 계단을 오르면 다산선생의 묘소가 나온다. 묘비에는 '문도공(文度公) 다산 정약용, 숙부인 풍산홍씨 지묘'라 새겨져 있다. 정성스럽게 잘 가꿔진 무덤 앞에서 잠시 예를 표해 본다. 여유당 맞은편에는 '실학박물관'이 있다. 입구에 전시해 놓은 홍이포(紅夷砲)가 눈길을 끈다. 서양에서 전래된 당시 최강의 대포다. 계속 길을 따라 가면 호숫가에 큰 음식점이 있다. 여기까지

온 이유는 그 앞에서 두물머리가 보이기 때문이다. 남한강과 북한강이 만나는 곳이다.

다산유적지 입구에서 버스 다니는 길로 10여 분 남짓 아스팔트길을 걷다 보면 '마재고개'가 나온다. 그 고갯마루에서 왼쪽으로 마재마을로 넘어가는 갈림길이 있다. 그 길로 들어서면 '도유'라는 예쁜 갤러리가 반겨준다.

좀 더 내려가면 오른쪽으로 '마재성지' 안내판이 보인다. 마재성지는 한국 천주교의 대표 성지 중 하나요, 요람 같은 곳이다. 다산 선생의 4형제인 정약종(丁若鍾), 정약전, 정약용, 정약현 선생이 마테오리치 신부가 지은 '천주실의'를 읽고 감명을 받아 신앙 고백을 했던 현장이다. 형제들은 남양주시 퇴촌면에 있는 '주어사', '천진암' 강학회에도 참석했다. 그러나 모진 박해를 받아 모두 유배를 가고 특히 초대 '조선천주교 회장'이던 정약종은 '서소문' 밖에서 순교했다. 마재성지에는 한옥으로 지은 '도마성당'이 있는데 내부도 한옥 구조를 따르고 있어 의자 대신 방석을 깔고 앉아 미사를 드린다.

다시 '새소리 명당길'을 따라 '마재마을'을 지나니 다시 팔당 호숫가다. 철길로 올라가면 곧 능내역이 나온다. 능내역은 지금은 기차가 다니지 않는 시골 간이역이다. 레일은 잔뜩 녹이 슬어 있고 잡초도 꽤 많이 있다. 역사 안에는 미니 박물관이 어린 시절 철도의 추억들을 떠올리게 한다. 능내역 앞에는 열차카페도 있다.

다시 철길을 걷기 시작, 조안1리 '삼태기마을'과 '고랭이마을'을 지나 만나는 '조안천'에 놓인 작은 철교는 옛날 고향마을 기찻길에서 보던 모습 그대로다.

이곳은 '조안초등학교' 입구, 이 길을 계속 가면 경의중앙선 전철 '운길산역'이다.

용산역 · 경의중앙선 전철 팔당역 — 봉안터널 — 다산 유적지 — 마재고개

배싸메무초 걷기 100선

022 일산 호수공원

호숫가의 사랑과 피어나는 시심(詩心)

'일산호수공원'은 한강 이북 최초의 신도시 일산(一山)의 상징이요, 고양시민의 자랑이다. 1996년 5월 개장한 이곳은 총면적 1,034,000㎡, 호수면적 30만㎡로 세종시 '중앙호수공원'이 개장되기 전까지는 국내 최대의 인공 호수였다.

호수공원(湖水公園)은 '일산신도시 택지개발사업'과 연계해 조성된 근린공원으로 대규모 인공호수를 만들어 도시인들이 쉽게 접할 수 없는 자연생태계를 재현하고 다양한 주변경관 및 호수를 이용한 레크레이션 공간을 제공하고 있다. 100여 종의 야생화와 20만여 그루의 나무 등 주변 경관이 매우 아름답다. 호수를 중심으로 한 4.7km의 자전거도로와 5.8km의 산책로는 시민들을 위한 산책과 운동장소로 각광받는다.

중앙 '한울광장'은 스케이트보드나 롤러블레이드 동호인 대회가 벌어지기도 한다. 문화의 공원인 이 곳에는 길을 따라 각종 조형물, 인공 시냇물, 고사 분수와 일산의 새로운 명물인 '노래하는 분수대' 등 다양한 볼거리도 있어 연인들의 데이트 코스나 가족 휴식처로 인기가 높다. 인접해있는 '킨텍스', '라페스타' 등과 함께 건강, 휴식, 문화, 쇼핑을 즐길 수 있다. 특히 매년 '고양 꽃 전시회'와 3년 주기로 '고양 세계 꽃박람회'가 개최돼 수도권은 물론 세계적인 명소로 발돋움하고 있다.

지하철 3호선 '정발산(고양아람누리)역'에서 내려 좌회전, 왼쪽으로 공원을 끼고 도로를 따라가다가 큰 길을 건너는 육교에 올라서면 눈앞에 넓은 호수공원이 펼쳐진다. 공원 입구에는 2002년 6월 열린 '세계평화아동축제'를 기념해 당시 남궁진 문화관광부장관이 건립한 기념탑과 바람에 펄럭이는 세계 각국의 국기가눈길을 끈다.

정면 한울광장에는 '고양시민 창작문화공간'이 보드나 롤러 경기 관람석의 외벽을 대신한다. 그 위에 올라 드넓은 호수를 내려다보니 가슴 속까지 시원해진다. 호수공원은 중간에 있는 '달맞이섬'을 경계로 남쪽과 북쪽 두 부분으로 나누어지는데 이 섬에는 '월파정(月波亭)'이라는 팔각정이 있다. 정자 주위로 화려하게 핀 봄꽃들이 자태를 뽐낸다. 달맞이섬을 지나 북쪽 호숫가를 따라가면 전통정원이 있다. 돌을 쌓아 조성한 연못에는 연꽃들이 떠 있고 연못 가운데 작은 섬에는 소나무 한 그루가 고고한 자태를 뽐낸다. 꽃밭 한 가운데 정자에선 사람들이 한가롭다. 담 너머엔 초가지붕을 얹은 정자도 보인다.
호수 북쪽 끝엔 '자연학습원'이 있다. 자연학습원은 수생식물원, 야생초화원, 자연학습장 등으로 구성돼 있다. 나무다리로 연결된 7개의 인공섬 주변에 부레옥잠, 부들, 개구리밥, 수련 등 수생식물들을 심고 108종의 야생초화도 식재, 식물생태 학습과 조류관찰 등 자연 체험학습의 장으로 만들었다.
다시 호수 서쪽 산책로를 걷다 보면 학괴정(鶴瑰亭)이라는 특이한 형태의 정자가 나온다. 학괴정은 고양시와 자매결연을 맺은 중국 헤이룽장(黑龍江)성 치치하얼시가 2000년 4월 고양 세계꽃박람회를 기념, 기증한 중국 전통의 북방식 6각 정자다. 근처에는 사자상 등 중국식 조각품들도 전시돼 있다.
조금 더 가니, 국내는 물론 중국 등에서도 엄청난 인기를 끌었던 드라마 '별에서 온 그대' 촬영장소였다는 벤치가 보인다. 도민준(김수현 분)과 천송이(전지현 분)이 나란히 앉아 사랑을 속삭이던 벤치란다. 오른쪽에 '고양시 선인장전시관'이 보인다. 그 옆 지하공간에는 화장실문화전시관(化粧室文化展示館)도 있는데 동서고금의 화장실문화를 돌아볼 수 있는 이색 공간이다.
선인장전시관에서 조금 더 가면 메타쉐콰이어 길이 나온다. 하늘을 찌를 듯 솟아있는 메타쉐콰이어 가로수들이 길 양쪽으로 끝없이 뻗어 있는 사이로 많은 사람들이 걷고 있다. 이 길은 고양시와 김포시, 파주시, 연천군이 함께 조성한 '평화누리길'의 일부이기도 하다. 이 산책로의 끝에는 호수공원을 가로지르는 도로가 있는데 다리 밑 교각들도 꽃 그림으로 장식돼 있다. 다리 밑을 지나 흐드러지게 핀 벚꽃 터널 밑을 따라 호수의 남쪽 끝에 이르면 거대한 인공 암벽과 폭포가 나타난다. 폭포의 시원스런 물줄기가 더위에 지친 걷기족들을 반겨준다.
인공 폭포를 지나 호수의 동쪽 길로 접어든다. 섬을 거쳐 반대쪽으로 건너갈 수 있는 나무다리 '애수교(愛水橋)'도 보인다. 오른편으로 '고양600년 기념전시관'에 이어 꽃박람회 기념전시관이 나타난다. 매년 4~5월이면 21,500여㎡ 부지에 있는 지하

1층, 지상 2층짜리 전시관에서 고양 꽃 전시회 또는 3년 주기로 고양 세계꽃박람회가 열린다.
어느 새 한울공원에 돌아왔다. 공원 오른편 한쪽에는 독립운동가 양곡(陽谷) 이가순(李可順) 선생을 기리는 비석이 숨어 있다. 선생은 원산에서 '3·1만세운동'을 주도했고 '대성학교'와 '신간회' 지부를 세웠으며 만주와 한반도를 오가면서 독립운동을 전개했다. 1934년 이 곳 고양 능곡에 정착한 선생은 한강물을 끌어 올리는 양수장과 수로를 건설해 황폐했던 지역 농민들이 잘 살 수 있는 기반을 마련했다. 한울광장 건너편 잔디밭에는 정지용(鄭芝溶) 시인의 '호수'란 시를 새긴 시비가 세워져 있다.

"얼굴 하나야 손바닥 둘로 폭 가리지만
보고픈 마음 호수만하니 눈감을 밖에"

호숫가에서 사랑하는 사람을 기다리다보면, 이렇게 저절로 시심(詩心)이 피어나는가 보다. 꼭 시인이 아니라도 말이다.

023 행주누리길

장미란도 이제 역사… 숲길을 걸으니 역사가 보인다

'행주누리길'은 경기도 고양시가 조성한 트래킹 코스인 '고양누리길'의 첫 번째 코스이자 가장 널리 알려졌다. 행주누리길은 지하철 3호선 '원당역'에서 출발, 임진왜란 3대 대첩의 하나였던 '행주대첩'의 역사적 현장인 행주산성(幸州山城)까지 전체 11.9km 길이로 3~5시간 소요된다. '성라공원' – '장미란체육관' – '배다골 테마파크' – '성사천' – 봉대산 – '강매석교' – 행주산성으로 이어진다.
원당역에서 3번 출구로 나와 '자비정사' 방향으로 조금 가면 안내판과 함께 오른쪽으로 산길이 시작된다. 곧 무덤 하나가 보인다. 고려말 조선초의 정치가인 정간공(靖簡公) 권희(權僖)의 묘역이다. 권희는 적성 백석에 은거하고 있었는데 태조 이성계의 요청에 따라 3남 충(衷)과 4남 근(近)을 출사케 했다. 지금은 아버지 권희보다 아들 양촌 권근 선생이 더 유명해졌다. 이 묘역은 조선 초기의 석물 양식들이 잘 남아 있어 고양시 향토문화재 38호로 지정됐다.
작은 구름다리를 건너 성라공원 산길을 오르니 고인돌 안내판이 나타난다. '성라산 고인돌'이다. 고양시에 남아있는 대표적 선사 유적이다. 성라산(星羅山)은 조선시대 기록에 "하늘의 별(星)이 마치 비단(羅) 같이 펼쳐져 있다"고 해서 붙여진 이름이다. 나라를 위한 제사를 지냈다 해서 국사봉(國祀峯)이라고도 하며 고양군 옛 지도에는 별아산(別峨山 또는 베라산)이라는 별칭도 갖고 있다. 109m밖에 안 되는 언덕 수준의 산이지만 이 지역의 진산이다. 출입이 통제돼 있는 정상에는 수 기(基)의 고인돌이 있다. 이 국사봉 일대에는 예로부터 아기장수의 전설이 전해 내려온다. 겨드랑이에 날개가 달린 힘센 아이가 태어났는데, 마을 사람들이 아기장수가 장성하면

변란 등 불길한 일이 생길까 두려워 날개를 불로 지져 없애자 아기장수도 죽고 말았다는 이야기다.
성라공원 위 산길을 돌아가면 6각 정자가 나타난다. 하산길로 방향을 잡아 '국사봉 약수터'와 작은 돌무더기가 있는 서낭당(성황당)을 지난다. 서낭당고개를 내려오면 잔디광장이다. 조금 더 내려가면 작은 포장도로를 건너게 된다. 길 건너 나지막한 구릉을 오른다. 아래로는 배 밭이 여기저기 펼쳐져 있다. 이곳 배는 물 많고 달기가 어디에도 뒤지지 않는다.
토지신을 모신 제단과 '경주이씨' 묘역을 지나면 길은 마을길로 접어든다. 비닐하우스도 있고 밭도 있고 자그마한 개울 뚝방 길을 걸으면 작은 구릉으로 오르게 된다. 여기부터는 지렁산이다. 이곳에도 남방식 고인돌이 있다. 능선길을 따라가면 아파트단지가 있는 큰 길에 닿는다. 여기서 좌회전, 조금 가면 장미란체육관이 있다. 한국여자역도 사상 처음으로 올림픽과 세계선수권대회를 제패했던 여역사(女力士) 장미란은 은퇴했다. 그녀도 이제 역사가 됐다.
체육관 옆에는 '2014 소치 동계올림픽' 여자 쇼트트랙 3,000m 계주에서 금메달을 딴 조해리 선수를 축하하는 소속팀 고양시청이 내건 플래카드가 걸려 있다.
대를 이어 다른 종목에서 올림픽 금메달을 딴 여자선수를 배출한 고양시청의 자부심이 느껴진다. 힘차게 바벨을 들어 올리는 부조가 새겨진 '장미란기념비'도 서 있다. 체육관을 끼고 마을길로 들어간다. '광동꽃농원'이라는 간판이 붙은 가건물이 보인다. 여기에서 우회전, 삼거리에서 우측 흙길로 접어든다. 앞쪽에 2층 건물이 보인다. 이곳이 배다골 테마파크다. 행주누리길은 이 테마파크의 좌측 펜스를 끼고 도는 길이다. 테마파크의 멋진 목각인형들, 나무장승, 솟대 모형 및 돌절구들과 조랑말도 만날 수 있다.
테마파크 정문 앞 도로 옆으로 성사천이 흐른다. 이제부턴 성사천을 따라간다. 산책로가 잘 정비돼 걷기에 좋다. 성사천 산책로가 끝나면 '경의중앙선' 철로 위를 넘는 대형 아치형 교량인 '강매교'로 이어진다. 우측으로 매화정(梅花亭)이 있다. 이곳은 선거이(宣居怡) 장군의 후손인 보성 선씨가 대대로 살던 곳인데 매화정 이름을 따서 '매화정 마을'이라 불렀다. 선 장군은 '임진왜란' 당시 이순신 장군의 '한산대첩', 권율 장군의 '행주대첩'에 모두 참전해 공을 세운 분이다.
길을 건너 봉대산(烽臺山)을 오른다. 봉대산은 봉수대가 있었다고 해서 붙여진 이름인데 강구산(江口山. 강 입구에 있는 산이라는 데서 유래해 江古山으로 부르기도 함)이라고도 한다. 96m밖에 되지 않는데 주위에 높은 산이 없어 시야는 제법

지하철 3호선 원당역 — *성라공원* — *장미란 체육관* — *봉대산* — *행주산성*

넓게 펼쳐진다.

산 아래로 흐르는 하천이 '창릉천'이다. '서오릉'의 하나로 조선 예종과 안순왕후의 능인 창릉(昌陵)을 딴 이름이다. 이 창릉천 포구 이름이 해포여서 봉대산 봉수도 '해포봉수'로 기록돼 있다. 봉대산 하산길에는 조선초 학자이자 정치가인 '서호산인' 신효(申曉)의 묘가 있다. 앞쪽 창릉천에 오래된 돌다리가 있다. 바로 고양시 향토문화재 33호인 강매석교다. 이 다리는 조선 후기 한양으로 갈 때 이용하던 중요한 다리였다. 본래는 나무다리로 해포교(醢浦橋)라고 불렀는데 1920년에 새로 돌다리를 놓았다. 이제 행주산성이 머지 않았다.

창릉천과 성사천이 만나는 지점을 지나 뚝방 길을 1km 남짓 걸어 '자유로' 아래 굴다리를 지나면 행주산성 마을이 나온다. 마을길을 지나 행주산성을 오른다.

이 산은 덕양산(德陽山)이다. 124m의 나지막한 산이지만 북한산, 아차산, 관악산과 함께 서울을 둘러싸고 있는 '외사산'이다. 한강변에 돌출돼 있어 삼국시대부터 군사요충지였다.

행주산성은 설명이 필요 없는 곳으로 권율(權慄)장군 동상, '대첩비각', 행주대첩비(幸州大捷碑), 한강과 고양시 일대 조망, 토성, 충장사 등 아기자기한 볼거리가많고 울창한 숲길이 걷기에 그만이다. 행주산성 매표소 앞에서 서울로 직접 나가는 버스(85-1번)가 있다.

배싸메무초 걷기 100선

024 문수산

예나 지금이나 이 나라 국방의 최전선

문수산(文殊山)은 경기도 김포시 월곶면 북단에 있는 높이 376m의 산. 김포시내에선 가장 높은 산으로 진산에 해당한다. 조선시대의 고문헌 '신증동국여지승람' 기록에는 비아산(比兒山)으로 통진현 북쪽 6리 지점에 있다고 기록돼 있다. '여지도서'에는 일명 '비예산'이라 했는데 통진부 북쪽으로 10리 정도 떨어져 있으며 부평 안남산(安南山) 줄기가 북쪽으로 이어져 읍치의 주맥을 형성한다 전해져 내려온다. 문수산에는 조선 숙종 때 쌓은 석성인 '문수산성'이 있는데 둘레가 15리에 달한다. 산성 안에 '문수사'가 있으며 흥룡사(興龍寺)도 문수산에 있었다는 기록이 전해진다. 사적 제139호 문수산성은 1866년(고종 3년) 병인양요(丙寅洋擾) 때의 격전지이기도 하다.

그 해 '병인박해'로 천주교도 8,000여 명이 학살되자 조선을 탈출한 펠릭스 클레르 리델 신부는 중국 톈진에 주둔중인 프랑스 '인도차이나함대' 사령관 피에르 로즈 제독에게 이 사실을 알렸다. 이에 베이징 주재 프랑스 대리공사는 한반도로 진격하기로 결정한다. 9월 로즈 제독이 인솔한 프랑스 군함 3척이 인천 앞바다를 거쳐 '양화진'을 통과, 서울 근교 서강까지 측량하고 돌아갔다. 10월에는 다시 로즈 제독이 군함 7척과 해병대 600여 명을 지휘해 강화도로 쳐들어왔다.

프랑스군은 한강 수로를 봉쇄하고 '강화성'을 점령, 무기와 서적 및 양식 등을 약탈했다. 이에 조선 조정은 이경하, 신헌, 이기조, 이용희, 한성근, 양헌수 등에게 도성과 양화진, '통진', 문수산성 및 '정족산성' 등을 지키게 했다.

10월 26일 프랑스군 120여 명이 문수산성을 정찰하던 중 매복중이던 한성근(韓聖

根) 부대의 기습공격을 받고 27명이 사상당하는 적지 않은 인명피해를 입었으나 결국 문수산성은 프랑스군에 점령당했다. 하지만 11월 7일 올리비에 대령이 이끄는 프랑스 해병 160명이 정족산성을 공격하다가 잠복중이던 양현수 장군이 이끄는 조선군의 일제공격으로 큰 피해를 입고 갑곶으로 퇴각했다. 이 전투 패배로 프랑스군의 사기는 크게 떨어졌고 결국 로즈 제독은 중국으로 철수했다.

이것이 병인양요의 시말이다.

문수산은 육지에서 강화도로 들어가는 입구, '강화대교' 바로 앞에 우뚝 솟아 있다. 그런가 하면 북쪽으로는 한강 하구를 사이에 두고 북한 땅 개성과 마주보고 있는 최전방 접경지역이기도 하다. 예나 지금이나 우리나라 국방의 최일선에 있는 산인 셈이다.

문수산은 김포시가 고양시, 파주시 및 연천군과 함께 조성한 안보관광 트래킹코스인 '평화누리길' 중 김포시 구간 둘째 길의 일부이기도 하다. 이 둘째 길은 애기봉(愛妓峰) – '조강저수지' – '청룡회관' – '홍예문' – 문수산성 남문에 이르는 코스지만 실제 다 돌아보려면 최소 5시간은 잡아야 한다.

애기봉은 높이 155m로 한강과 임진강이 만나 서해 바다로 흘러가는 곳에 솟아 있다. 병자호란(丙子胡亂) 때 평안감사가 애첩 '애기'를 데리고 피난길에 올랐다가 청군에게 끌려가고 애기만 홀로 남아 매일 북녘 하늘을 바라보며 감사가 돌아오기를 기다리다가 병들어 죽어 묻힌 곳이라고 전해진다.

1966년 10월 7일 박정희 전 대통령이 "애기의 한(恨)은 강 하나를 사이에 두고 오가지 못하는 우리 일천만 이산가족의 한과 같다"며 애기봉이라 명명하고 친필 휘호로 비석을 세웠다. 전망대에서 망원경으로 북한의 선전마을과 송악산 등을 볼 수 있고 실향민들을 위한 망배단이 있으며 해마다 크리스마스 때 북녘을 향해 대형 트리를 세우는 최전방 고지다.

애기봉으로 가려면 전철 1호선 '영등포역' 3번 출구 50여 m 지점에서 88번 버스를 타고 월곶면 군하리에서 하차, 101번이나 102번 버스 혹은 택시로 갈아타면 10분 정도 걸린다. 전망대를 보고 다시 입구로 내려와 평화누리길을 따라간다.

문수산으로 가는 길 중간에 있는 조강저수지는 그리 큰 저수지는 아니지만 붕어와 베스 낚시터로 꽤 유명하다. 일행과 음식을 나누며 쉬어 가기에도 좋은 곳이다. 예로부터 한강과 임진강이 합류한 하류 끝 강을 조강(祖江)이라 불렀다. 다시 길을 따라가면 해병대 청룡회관이 나온다.

이제부터 본격적인 문수산 등산이 시작된다. 인근 '김포대학'에서 오르는 길도 있다.

문수산은 낮은 산이지만 바닷가에 우뚝 솟은 산이어서 그런지 오르는 길이 꽤 가파르다. 가쁜 숨을 고르며 흐르는 땀을 훔치다 보면 어느 새 발 아래로 한강이 보인다. 김포반도와 강화도 사이를 흐르는 염하(鹽河)다. 한강물이 바닷물과 만나면서 짠물이 됐다고 해서 이런 이름이 붙었다. 이윽고 돌로 쌓은 성벽이 나타난다. 바로 문수산성이다. 성벽 아래에는 문수산의 명물인 영산홍이 제철을 맞아 화려한 자태를 뽐낸다. 문수산 정상에는 표지석과 함께 제법 넓은 공터가 있다. 산성 장대터다. 여장이 무너져 없어진 옛 성곽 위에 서면 푸른 하늘과 한강물, 넓게 펼쳐진 김포 벌판과 강화도 풍광이 어우러지고 한강 건너 북한 땅까지 한 눈에 들어온다. 반대편으로 하산, 40분 정도면 문수산성 남문(南門)에 이른다. 문수사와 '문수산 삼림욕장'도 남문 근처에 있다. 남문을 지나 '성동리검문소'에서 3000번 혹은 88번 버스를 타면 서울로 돌아올 수 있다.

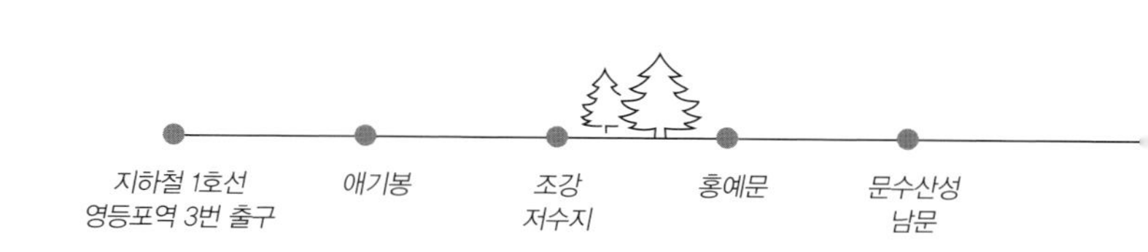

배싸메무초 걷기 100선

025 안양천

물길 따라
인생도, 세월도, 이야기도 흐른다

안양천(安養川)은 관악산 옆 삼성산(三聖山)에서 발원하여 경기도 안양시와 광명시, 서울특별시 금천구·구로구 및 영등포구를 지나 성산대교 서쪽에서 한강으로 흘러드는 하천이다. 길이 34.8km로 한강의 제1지류다. 삼성산의 사찰 '안양사'에서 발원했다고 해서 안양천이라 부르며 조선시대에는 대천(大川) 혹은 기탄(岐灘)이라고도 불렸다.

삼성산에서 흘러나온 '삼성천', 백운산에서 발원한 학의천(鶴儀川) 및 경기도 군포시를 흐르는 산본천(山本川) 등의 지류가 안양시 석수동에서 합류, 북쪽으로 흘러 한강에 합류된다. 중간 신정동에서 도림천(道林川)이 합쳐진다. 도림천은 안양천의 제1지류로 관악산과 삼성산 사이 골짜기에서 발원한 길이 14.2㎞의 하천. 그밖에 '목감천', '왕곡천', '오전천', '수암천', '시흥천', '목감천' 등 작은 지류들도 안양천 물길로 흘러든다. 안양시와 서울시의 경계에서부터 한강 합류지점까지는 국가하천으로 지정되어 있다.

오늘은 이 '미니 한강' 안양천을 따라 걷는다. 수도권전철 1호선 '구일역' 1번 출구로 나와 100m 정도 직진하면 오른쪽에 안양천변으로 내려가는 계단이 있다. 이 계단을 내려가 오른편 한강쪽 방향으로 간다. 안양천 건너편에는 국내 최초의 스카이돔 야구장인 '고척 스카이돔'이 위용을 뽐낸다. 프로야구 '넥센히어로즈'의 홈구장으로 날씨와 무관하게 사시사철 야구경기를 즐길 수 있다.

길은 안양천을 따라 4개가 하류 쪽으로 뻗어있다. 맨 안쪽이 하천변 길이고 제방 바로 밑 길, 제방 가운데 길과 제방 위 둑길이 있다. 하천변 길과 제방 밑 길은 자전거

도로와 붙어 있고 제방 가운데 길과 둑길은 도보전용. 제방 가운데 길은 우레탄 포장길이고 화장실도 곳곳에 있지만 도중에 끊어진다. 둑길은 흙길이고 양쪽으로 꽃과 나무들이 늘어서 있어 걷기에 즐겁다. 봄철에는 개나리, 벚꽃 등 봄꽃이 만발하고 가을이면 길 양쪽에 길게 늘어선 단풍나무들이 붉게 물들어 황홀한 단풍터널을 연출한다. 그러나 다리를 만나면 밑으로 내려와 통과해야 하고 대로변이어서 찻소리가 시끄러운 게 흠이다.
안쪽 하천변 길과 제방 밑 길은 자전거 길과 바로 붙어 있어 다소 불편하지만 두 길 사이에는 넓은 고수부지가 펼쳐져 있어 시민들이 운동을 즐기고 무성한 갈대밭도 있다.
취향대로 싫증나지 않게 네 길을 옮겨 다니고 때론 하천 양쪽을 넘나들며 하류로 걷는다. '고척교', '오금교', '신정교', '오목교', '목동교', '양평교', '양화교' 및 '염창교'를 차례로 지난다. 신정교에선 오른쪽에서 '도림천'이 합류하는데 가던 대로 가면 쉽게 길을 찾을 수 있다.
천변에 조성된 드넓은 갈대밭에선 신록의 갈대들이 하늘을 향해 손짓한다. 2시간여를 걸어 '염천교'를 지나니 마침내 오른쪽으로 한강이 보인다. 안양천 끝단에 보행자 및 자전거용 다리가 있다. 다리 왼쪽은 안양천, 오른쪽은 한강이다.
합수지점에서 오른쪽, 한강 상류 쪽으로 걷는다. 한강 건너 맞은편은 '월드컵공원' 내 '하늘공원'과 '노을공원'이다. 난지도의 쓰레기 산들이 시민들의 휴식처로 변신한 기적의 현장이다. 조금 더 가니 '성산대교'가 나온다. 월드컵분수대에선 시원스런 물줄기가 솟구친다. '한강시민공원 양화지구'를 지나는 길 오른쪽에는 고대 현악기인 비파 그림과 함께 고등학교 때 배웠던 옛 시 한 수가 새겨져 있는 작은 석비가 있다.

"님이여 건너지 마오.
그대 그예 건너다가
물에 쓸려 돌아가시니
가신님을 어찌하리오"

고조선 시대부터 불렸다는 공무도하가(公無渡河歌)다. 남편이 물에 빠져죽는 것을 보고 울부짖는 여인의 이야기를 사공으로부터 전해들은 아내 여옥이 비파를 뜯으며 노래를 불렀다는 우리 국문학사상 최초의 가요다. 이 공무도하가의 무대가 바로 이곳, '양화대교' 근처라는 것이다.

이 비석 뒤에 '선유교' 오른쪽으로 올라갈 수 있는 계단이 있다. 선유교는 한강 속 섬 '선유도'로 넘어갈 수 있는 보행자 전용의 무지개다리다. 교각만이 아니라 다리 전체가 아치형이고 나무로 만들어진 친환경 다리다. 다리를 건너면 선유도(仙遊島)다. 신선이 노닐던 섬이란 뜻이다.

선유도는 본래 섬이 아니라 선유봉이라는 봉우리였는데 일제강점기 때 홍수를 막고 길을 포장하기 위해 암석을 채취하면서 깎여나가 섬이 됐다고 한다. 지난 1978년부터 2000년까지 수돗물을 공급하는 정수장으로 사용되다가 국내 최초의 재활용생태공원으로 탈바꿈했다.

한강의 역사와 동식물을 한눈에 볼 수 있는 '한강역사관', '수질정화공원', '시간의 정원', '물놀이장', '수생식물정원', 원형 소극장 등 다양한 볼거리가 많다. 특히 야경이 아름답고, 가족끼리 또는 연인끼리 즐겨 찾는 서울의 명소 중 하나가 됐다. 봄꽃들이 흐드러지게 핀 요즘은 더없이 좋은 나들이 코스다. 선유도공원에서 다시 선유교를 건너고 '올림픽대로'와 '노들로'를 차례로 건너 좌회전, 10분 정도 걸어 내려가면 지하철 2호선과 9호선이 만나는 '당산역'이다.

지하철 1호선 구일역 1번 출구 — 오금교 — 양화교 — 선유도 공원

배싸메무초 걷기 100선

026 강화 고려산

산과 능선, 바다를 품고 북녘 땅을 바라보다

고려산(高麗山)은 인천광역시 강화군 강화읍내에서 서쪽으로 5km쯤에 있는 산이다. 높이 436m로 강화도에서 마니산(469m), 혈구산(466m), 진강산(441m) 다음으로 높은 산이다. 고구려의 영웅 연개소문이 이 산기슭에서 태어났다는 전설이 전해진다. 연개소문은 '치마대'와 '오정'에서 무예를 연마했다고 하는데 치마대는 능선 바위지대, 오정은 정상의 연못 '오련지'로 추정된다.

고려산의 옛 명칭은 오련산(五蓮山)이다. 서기 416년(고구려 장수왕 4년)에 중국 '동진'의 천축조사가 이 산에 올라 다섯 가지 색깔의 연꽃이 피어 있는 오련지를 발견하였는데 이 연꽃들을 하늘에 날려 이들이 떨어진 곳에 '적련사'(적석사)와 '백련사', '청련사', '황련사', '흑련사'를 각각 세웠다고 한다. 지금도 산 주변에 고려 고종의 능인 홍릉(洪陵)과 적석사, 백련사, 청련사가 남아있다. '신증동국여지승람'에 "강화부 서쪽 15리에 있으며 강화부의 진산(鎭山)이다"라고 기록되어 있고 '강화부지'에도 강화부의 진산으로 나온다.

고려산은 마니산의 명성에 가려져 있었으나 지난 2008년쯤 산을 뒤덮은 진달래 군락이 알려지면서 수도권 최고의 진달래 명산으로 떠올랐다. 매년 4월 하순이면 진달래 축제가 열린다. 가을 억새도 좋고 특히 양 옆으로 바다를 바라보며 능선을 걷는 시원한 조망이 일품이다.

서울에서 가려면 지하철 2호선 '신촌역' 1번 출구 인근 정류장에서 3000번 좌석버스로 강화터미널로 가서 다시 36번 혹은 38번 버스나 택시를 갈아타고 적석사 입구에서 내린다.

산행은 적석사(積石寺)에서 시작한다. 천축조사가 창건했다는 적련사(赤蓮寺)가 바로 지금의 적석사다. 역사가 무려 1,700여 년이다. 절 이름에 '붉을 적(赤)'자가 들어 있어 산에 화재가 잦다 해서 이름을 바꿨다고 한다.

적석사 축대 밑에서 왼쪽 길로 올라야 '낙조대'를 거쳐 낙조봉으로 오를 수 있다. 낙조대는 작은 해수관음보살 좌상이 있는 기도처다. 특히 이곳에서 바라보는 서해의 석양은 예로부터 '강화팔경(江華八景)' 중 하나로 꼽힌다. 석양이 아니더라도 낙조대에 서면 산과 벌판 너머로 석모도와 서해바다가 넓게 펼쳐져 특급 조망을 선사한다.

낙조대 왼쪽으로 15분 정도 오르면 낙조봉(343m)이다. 일몰 풍경이 아름다운 곳이다. 낙조봉에서 정상으로 가는 능선에는 억새밭이 넓게 펼쳐져 있고 길 양쪽으로 바다가 굽어보인다. 왼쪽에는 한강과 임진강의 합류지점이 있고 그 너머는 북한 땅이다. 북녘은 온통 헐벗은 붉은 산들이다. 오른쪽은 김포반도와 강화도 사이 '염하'다.

서쪽 능선에는 '고천리 고인돌군'이 있다. 강화의 고인돌들은 지난 2000년 전북 고창, 전남 화순의 고인돌군과 함께 세계문화유산으로 등재됐다. 강화도 내에는 고인

돌이 120기 정도 있는데 고려산 능선에 30여 기가 몰려 있다. 고려 때 몽골군이 연개소문 같은 장수가 나오지 못하도록 고려산 정상에 쇳물을 부은 다음 고인돌로 눌러놨다는 전설도 있다.

두 번째 고인돌군을 지나 10여 분 더 가면 고려산의 자랑인 진달래 능선이 시작된다. 정상은 군부대가 점령하고 있어 출입금지다. 고려산 정상임을 표기한 나무기둥과 헬기장이 정상을 대신한다. 군부대 왼쪽으로 빙 돌아 하산길이 이어진다. 급경사 내리막길이어서 긴장을 늦출 수 없다. 도중에 혈구산행 팻말이 있다.

이왕 강화도까지 왔으니 혈구산까지 산행하는 것도 괜찮다. 적석사가 아니라 아예 능선 서쪽 끝 미꾸지고개에서 고려산을 거쳐 혈구산까지 종주하기도 하는데 그래도 6시간이면 충분하다. 혈구산 등산로는 '고비고개'에서 이어진다.

혈구산은 정상 산세가 뾰족하고 암반이 깔린 덕분에 조망이 그야말로 특급이다. 동서남북 사방이 바다다. 대한민국에 이런 조망이 또 있을까 싶다. 구한말 백승현이란 지관은 혈구산에 '대일왕'(태양신)이 머문다고 주장하면서 고종황제에게 "혈구사에 들러 법화경을 강론하면 쇠한 국운이 살아날 것"이라고 예언하기도 했다고 한다. 다시 북한 땅이 눈에 들어온다. 죽기 전에 저 땅에 가볼 수 있을까.

지하철 2호선 신촌역 1번 출구 — *적석사 입구* — *낙조대* — *혈구산*

배싸메무초 걷기 100선

027 영종도 백운산

들썩이는 기회의 땅, 영종도를 굽어보다

인천 앞바다의 섬 영종도(永宗島)가 들썩이고 있다.

정부가 영종도 외국인 전용 카지노 복합리조트에 대한 사전심사에서 적합 판정을 내림에 따라 복합리조트가 위치한 '미단시티' 뿐만 아니라 영종지구 전체의 개발사업들이 활기를 띠고 있기 때문. 미단시티 내 토지 매입 문의가 이전보다 3~4배 정도 늘었고 중국인 투자자를 중심으로 한 방문 상담도 줄을 잇고 있다고 한다.

카지노 복합리조트 프로젝트의 영향으로 영종도 내 '왕산 마리나 리조트', 동북아 관광허브 조성을 위한 '드림아일랜드', '용유·무의 관광단지' 등도 탄력을 받게 돼 영종도가 장차 동북아를 대표하는 관광 허브로 부상할 전망이다.

이렇게 기회의 땅으로 주목받고 있는 영종도를 한눈에 굽어보며 미래를 점쳐볼 수 있는 곳이 백운산(白雲山)이다. 섬 중앙부에 있는 백운산은 해발 255.5m로 영종도에서는 가장 높은 산이다. '해동지도'에 백운산이라는 지명이 보이고 금산(禁山)으로 지정되어 있었다. 또 '대동여지도'에는 제물포 서쪽 바다에 자연도(紫燕島)라는 섬이 보이고 그 안에 백운산이라는 지명이 확인된다. 아침, 저녁마다 산 정상부에 흰 구름과 안개가 자욱하게 서려 있고 선녀들이 내려와 놀다 간다고 해서 백운산이라는 지명이 생겼다고 전한다.

과거 영종도 주민들은 백운산에 산신이 살고 있다고 여겨 산신제도 지냈다. 영종도는 조선시대에 영종진(永宗鎭)이 설치돼 군사적 요충지로 인식됐고 백운산 정상에는 봉수대도 설치돼 있었다. 산기슭엔 신라 문무왕 때 원효대사가 창건했다고 전해지는 고찰 용궁사(龍宮寺)가 있다. 오늘날 백운산 중심부에 있는 마을을 중산동이라 부르고 서쪽에 운서동, 남쪽에 운남동, 북쪽에 운북동이라는 지명이 부여돼 있는 것도 백운산을 기준으로 한 것이다.

대한민국의 관문 '인천국제공항'과 영종도 전체는 물론 '인천대교'와 인천항, 신도·시도·모도·장봉도 및 무의도 등 주변 섬들도 한 눈에 내려다볼 수 있어 서해안 최고의 조망권을 지녔다고 해도 과언이 아니다. 이 백운산에 올라 영종도를 굽어보자.

'인천공항철도' '운서(雲西)역'에서 내려 역 앞 광장을 지나 버스정류장에서 오른쪽 도로를 따라가다가 삼거리에서 우회전하면 공항철도 밑으로 굴다리가 보인다. 굴다리를 통과해 계속 따라가니 오른쪽에 작은 근린공원이 있다. 그 공원을 가로지른 후 오른쪽 도로를 따라가면 사거리 건너 산길이 있다. 소나무 숲이 우거진 고즈넉한 산길을 따라 계속 오르면 도로 위로 생태다리가 나온다. 그 다리를 건너면 본격적인 백운산 등산로다.

우측으로 철책을 끼고 계속 오른다. 30분 정도 오르면 전망이 탁 트인 능선이 펼쳐진다. 드디어 영종도 일대와 주변 일대 바다가 굽어보이기 시작한다. 다시 100여m를 더 오르면 정상이다. 중국 발 미세먼지 탓인지 전망이 그리 좋지 못하고 바닷바람도 꽤 거세다. 쉬어갈 수 있는 제법 큰 정자도 있다.

'운서초등학교' 방향으로 하산 시작, 봄꽃이 경쟁적으로 피어나고 있다. 산기슭에군부대 막사 같은 건물이 방치돼 있다. 이 일대에 공군부대와 활주로를 조성하려던 국방부의 계획을 주민들이 반대투쟁으로 무산시켰던 흔적이다.

하산 후 산기슭을 돌아 아파트단지와 '영종중학교' 뒤로 난 길을 따라 간다. 용궁사 입구로 가기 위해서다. 원래 이 절은 '백운사', 혹은 구담사(舊曇寺)라고 불렸다. 전설에 따르면, 옛날 한 어부의 그물에 옥부처 하나가 걸려 올라왔다. 어부가 바다에 버렸지만 계속 다시 건져지자 예사 일이 아니라고 생각한 어부가 이 옥부처를 백운사 관음전에 모셨다. 그 후 백운사 앞을 소나 말을 타고 지나려면 발이 땅에 붙어 떨어지지 않았으므로 할 수 없이 내려서 지나야 했다. 그러자 백운사가 영험한 절이라고 소문이 났고 그 어부도 고기를 많이 잡아 부자가 됐다. 흥선대원군(興宣大院君)이 이 절에 왔다가 이런 얘기를 듣고 "옥부처가 용궁에서 나왔으니 용궁사라 하는 게 좋겠다"면서 현판을 써줬다고 한다.

옥부처는 일제 때 도난당하고 지금은 청동관음상이 모셔져 있다. 절 입구에는 인천시 기념물 제9호로 지정된 노거수인 '용궁사 느티나무'가 있다. 이 나무 등걸에 있는 커다란 구멍에는 작은 동자승 모형 2개가 있고 시주한 동전들이 쌓여 있다. 본당 뒤에 대형 입불상도 있다.

절 뒤로 난 등산로를 조금 올라가면 '소원바위'가 있다. 바위 앞 소형 불상 앞에 불전(佛錢. 지폐)을 바치고 생년월일과 소원을 말한 후 절 삼배를 올린 다음 바위 위, 작은 돌을 원을 그리듯 시계방향으로 돌려 자석에 붙는 듯한 느낌이 들면 소원이 이뤄지고 가볍게 돌아가면 안 이뤄지는 소원이라고 한다.

다시 산길을 오른다. '만남의 광장'을 지나 조금 더 오르면 봉수대(烽燧臺) 터 안내판이 있다. 경기도 '영종진도지'에 보면, 백운산 정상에 요망막이 있어 용궁사승려 1명이 황당선의 출몰을 살폈다고 한다. 또 다른 기록에는 요망승려 3명이 요망에서 황당선을 살폈다 하며 '영종진읍지'에는 봉수직 2명이 있다는 기록이 남아 있다.

다시 정상에 올랐다. 아까보다는 전망이 조금 낫다. 인천을 향해 뻗어있는 인천대교, 인천공항에서 뜨고 내리는 비행기들, 신도·시도·모도 등이 보인다. 처음 올랐던 등산로로 다시 하산, 운서역으로 돌아와 공항철도로 귀경했다.

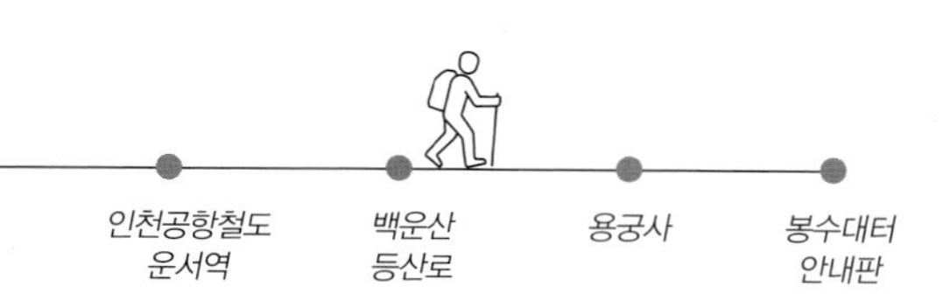

소원바위

약수암
0.5km
백운산(白雲山)
산불조심

용궁사(龍宮寺) 느티나무
Zelkova tree in Yonggungsa

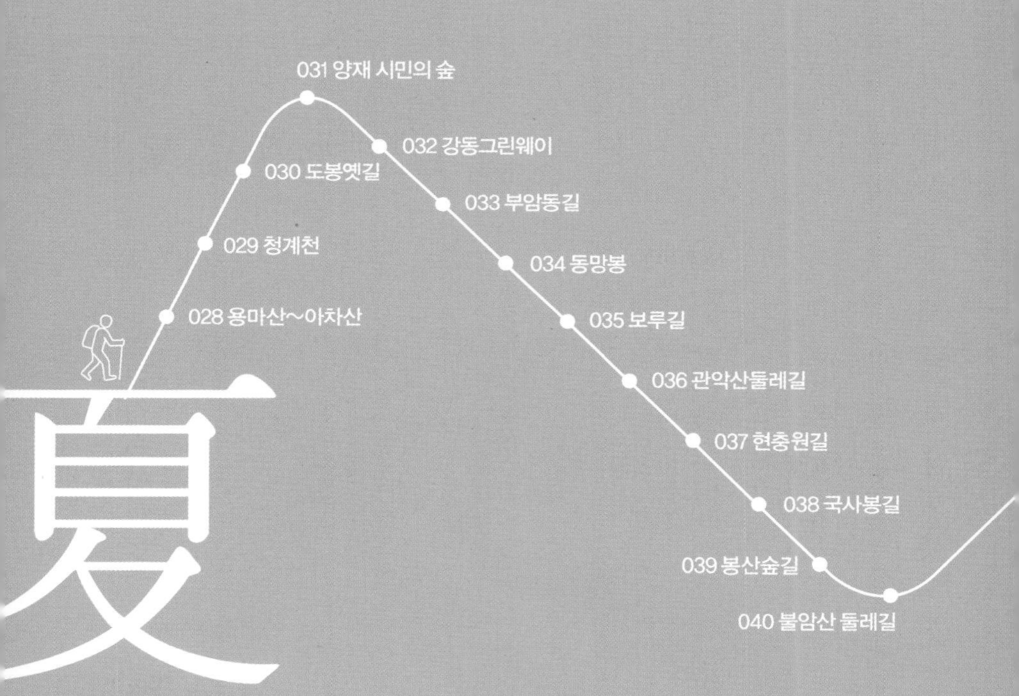
031 양재 시민의 숲
032 강동그린웨이
030 도봉옛길
033 부암동길
029 청계천
034 동망봉
028 용마산~아차산
035 보루길
036 관악산둘레길
037 현충원길
038 국사봉길
039 봉산숲길
040 불암산 둘레길
夏

秋

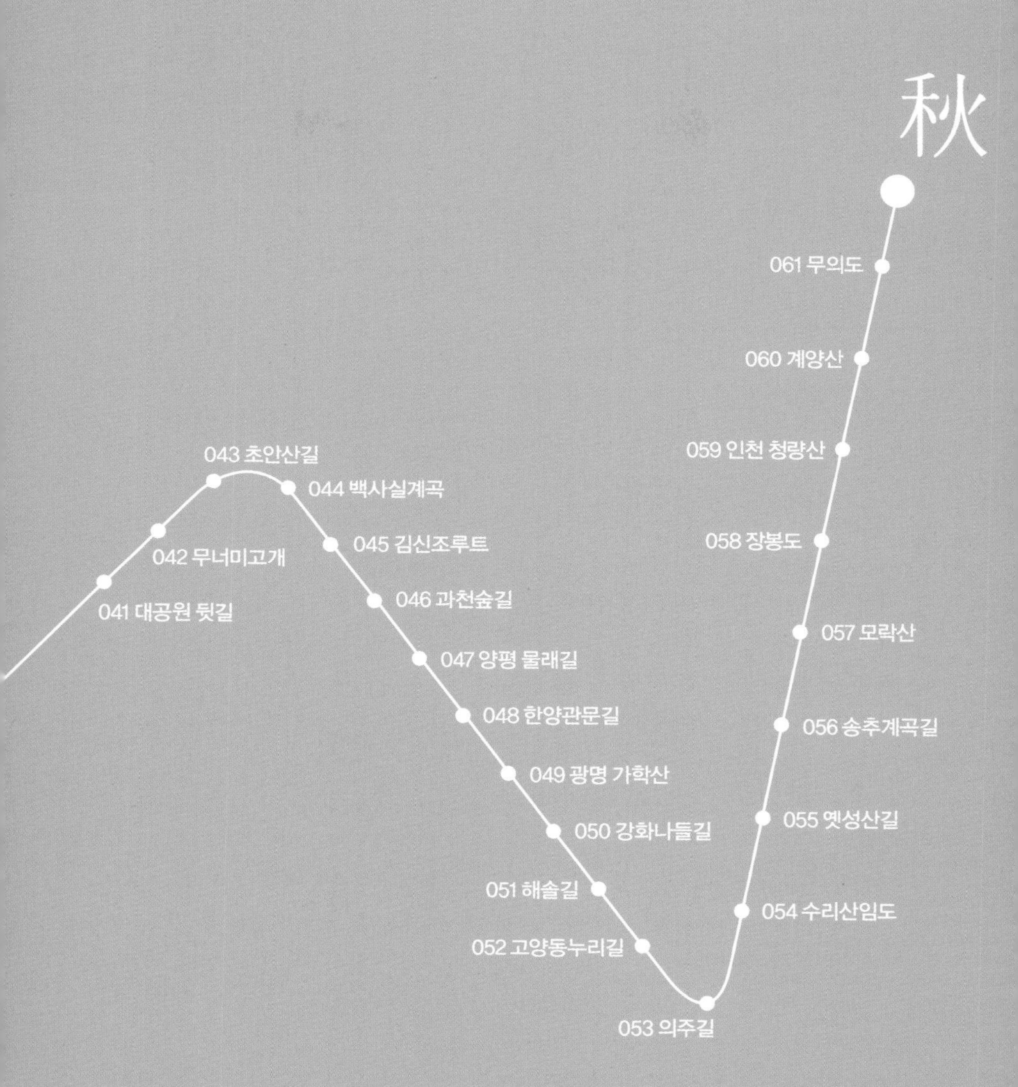

061 무의도
060 계양산
059 인천 청량산
058 장봉도
057 모락산
056 송추계곡길
055 옛성산길
054 수리산임도
053 의주길
052 고양동누리길
051 해솔길
050 강화나들길
049 광명 가학산
048 한양관문길
047 양평 물래길
046 과천숲길
045 김신조루트
044 백사실계곡
043 초안산길
042 무너미고개
041 대공원 뒷길

배싸메무초 걷기 100선

028 용마산~아차산

한강유역을 둘러싼 고구려-백제-신라 항쟁의 흔적

서울 중랑구 망우동에서 구리시에 걸쳐 있는 낮은 산인 망우산에서 남쪽으로 이어지는 산이 용마산이고 다시 그 아래엔 아차산이 있다. 이 산줄기는 백두대간에서 갈라져 나온 한북정맥이 중랑천 건너편 도봉산과 마주보며 수락산, 불암산을 거쳐 삼육대 뒷산–딸기원–망우산–용마산–아차산으로 이어져 어린이대공원 후문 근처 '워커힐' 언덕에서 한강을 만나면서 끝난다. 망우동, 면목동과 광진구 중곡동, 경기도 구리시 등에 걸쳐 있는 해발 349m의 용마산(龍馬山)은 이 일대 최고봉으로 장군봉이라고도 한다. 용마(龍馬)가 산에서 튀어나와 날아갔다는 전설이 있어 용마산이라 불렸다. 웅장한 바위산이며 경사도 제법 급하다. 산기슭에 있는 용마폭포공원, 사가정공원 등도 가볼 만하다.

면목동 산 1–4번지에 위치한 용마폭포공원은 세 갈래의 인공폭포로 이뤄져 있다. 가운데 용마폭포, 좌측이 청룡폭포, 우측이 백마폭포다. 용마폭포는 폭 3~10m, 2단으로 이루어진 51.4m의 높이를 자랑하고 있으며 청룡폭포는 21m, 백마폭포는 21.4m다. 지난 2005년 4월 13일 개장한 사가정공원은 면목동 산 50번지 일대의 면목약수터지구 입구에 있는 약 33,200여 평 규모다.

공원 명칭은 용마산 부근에서 거주했던 조선 전기의 문인 서거정 선생의 정취를 느낄 수 있도록 그의 호를 따서 지어졌다. 또한 그의 대표적인 시 4편을 골라 시비를 만들어 설치, 공원이용객들이 산책과 함께 시를 감상할 수 있는 기회를 제공하고 있다. 이곳에는 피크닉장, 어린이놀이터, 체력단련시설, 자연형 계류, 사가정(전통 정자), 다목적광장, 냇가휴게소 등 다양한 휴게 시설과 운동시설, 조경시설이 갖춰져 있는 주민들의 쾌적한 휴식공간이다.
지하철 7호선 용마산역 2번 출구로 나와 좌회전, 대로를 따라가다가 '송림정 숯불갈비'를 끼고 오른쪽 길로 들어서면 곧 체육공원이 보이고 그 뒤가 용마폭포공원이다. 폭포공원 뒤로 등산로가 시작된다. 능선에 올라서면 서울 시내가 한 눈에 내려다보인다. 맑은 날에는 멀리 북한산과 도봉산도 손에 잡힐 듯 가깝게 보인다.
이렇게 조망이 좋아서인지 이 산줄기 일대는 옛날 삼국시대에는 한강유역의 지배권을 둘러싸고 고구려, 백제, 신라 세 나라가 처절한 피의 항쟁을 벌였던 곳이다.
오늘날까지 남아있는 망우산~용마산~아차산 일대의 고구려 보루성(사적 제455호)들이 그 대표적 유적이다. 용마산 제3보루는 헬기장으로 이용되면서 대부분 훼손됐지만 당시 석축의 흔적이 지표면에 꽤 남아있고 고구려 토기와 무기류 등 다수의 유물들이 발견됐다. 이곳은 조망이 정말 뛰어나다. 조금 높은 곳에서 뒤돌아보면 왼쪽으로 서울 시내가 오른쪽으로는 한강이 그리고 가운데로는 망우산 산줄기가 마치 파노라마처럼 펼쳐진다.
걸음을 재촉해 제1보루를 지나면 또 헬기장이 있다. 헬기장에서 오른쪽 능선을 따라가면 용마산 정상에 오를 수 있다. 정상에는 태극기가 길손을 반겨 맞는다. 하지만 아차산으로 바로 가려면 헬기장에서 왼쪽 하산길로 바로 내려가야 한다. 물론, 용마산 정상에서 하산, 산기슭을 빙 돌아 아차산으로 갈 수도 있다.
아차산(峨嵯山)은 해발 287m의 야트막한 산으로 인근 시민들이 가벼운 산행을 위해 자주 찾는 곳이다. 40분 정도 등산로를 오르면 한강과 서울 시내가 한눈에 보이는 전망이 일품이다. 조선시대에는 지금의 봉화산을 포함, 망우리 공동묘지 지역과 용마산 등의 광범위한 지역 모두 아차산으로 불렸던 것으로 추정된다.
아차산을 향해 가파른 나무 계단을 오르면 숨이 가빠질 때쯤 능선에 우뚝 서 있는 아차산 제4보루를 만날 수 있다. 구리시가 유일하게 복원해 놓은 보루로 치를 갖추고 들여쌓기 기법을 사용한 전형적인 고구려식 석성이다. 이곳에 올라 한강을 바라보니 덕소쪽 한강 좌측으로 천마산과 고산, 우측으로는 예봉산과 검단산이 손짓한다. 계속 숲속 능선길을 걸으면 제3보루, 제1보루 등 다른 보루성들을 차례로 만날 수 있다. 제1보루를 지나면 곧 해맞이 광장이 나온다. 해맞이 광장은 삼면이 확 트여 아차산에서 전망이 가장 좋은 곳으로 해마다 새해 첫날이면 소원을 빌려는 시민들이 몰리는 서울시내의 대표적 해맞이 명소다.
하산길에는 광진구가 지정해 놓은 명품 소나무 2그루가 눈길을 끈다. 여기서 고구려정이나 구리시 쪽으로 내려가지 않고 능선 길을 계속 걸어 낙타고개를 지나면 사적

第234호인 아차산성이 있다.
이 산성은 아단성(阿旦城)·장한성(長漢城)·광장성(廣壯城)이라고도 하며 삼국시대의 주요 격전장이었다. 475년 고구려 장수왕의 군대가 백제의 수도 한성을 함락시키고 개로왕을 사로잡아 이 산성 밑에서 목을 베었다. 백제는 개로왕의 아들 문주왕이 웅진으로 천도, 겨우 살아남았다.
역사의 현장 아차산성에서 오른쪽 길로 하산하면 생태공원을 거쳐 아차산 입구에 이른다. 이곳에서 오른쪽 길을 택해 동의초등학교를 지나면 영화사(永華寺)가 나온다. 신라 문무왕때 의상대사가 창건했다는 고찰인데 창건 당시에는 화양사(華陽寺)라고 불렀다. 다시 길을 따라가다가 삼거리에서 좌회전, 계속 내려가면 대로가 나오고 다시 우회전하면 지하철 5호선 아차산역이 있다.

지하철 7호선 용마산역 2번 출구 — 용마폭포 — 용마산 정상 — 아차산

029 청계천

인공하천에도 자연과 생명이 살아 숨 쉰다.

지긋지긋한 장마가 끝나고, 본격적인 삼복더위다. 저절로 물가가 그리워진다. 여름철 한낮의 청계천은 걷기에 너무 덥다. 다리 밑을 제외하면 그늘이 거의 없기 때문이다. 신발을 벗고 물속에 발을 담그면 시원하지만 계속 그러고 있을 순 없다. 그래서 야간 혹은 비 오는 날이 좋다.

많은 사람들이 일상적으로 청계천을 만나지만 최상류인 청계광장에서부터 최하류인 한양대 뒤쪽 중랑천과 만나는 지점까지 풀코스를 제대로 걸어본 사람은 많지 않다.

장마철 폭우가 쏟아지던 날, 청계천을 걸어본 필자는 이 하천의 비밀을 하나 알았다. 상류는 비가 많이 오면 통제되지만 하류지역은 걷기에 큰 문제가 없다. 상류는 폭이 좁고 양쪽이 벽으로 돼있어 비가 많이 오면 금방 물이 불어 위험하지만 하류는 폭이 넓어 천변 갈대밭 일부와 징검거리 정도만 잠길 뿐이다. 복원된 청계천은 하류에서 다시 물을 끌어올려 상류에서 재방류한다. 그 양을 조절하면 하류는 폭우가 와도 물이 급격히 불지 않는 것. 청계천은 너무 인위적으로 복원된 하천이지만 하류지역은 시골 자연하천 비슷한 풍경이다.

지하철 2호선 한양대역 3번 출구로 나오면 '성동교'가 보인다. 그 옆에 하천변으로 내려가는 길이 있고 오른쪽으로 보물 제1738호로 지정된 조선 초기의 아름다운 돌다리 '살곶이다리'가 중랑천을 가로지르고 놓여 있다. 살곶이다리는 한자명으로 전곶교(箭串橋)라고 한다. 조선시대 다리로는 가장 길었으며 제반교(濟盤橋)라고도 불렀다. 중간 부분은 훼손된 채 양쪽 가장자리만이 원형을 보존하고 있다. 1420년(세종 2년) 왕명으로 공사를 시작했으나 강의 너비가 너무 넓고 홍수를 이겨내지 못해 중단했다가 63년 후인 1483년(성종 14년)에 완성했다. 길이 78m, 너비 6m 규모다.

'살곶이'라는 명칭은 뚝섬이 왕실의 매 사냥터이자 말목장 겸 기병들의 군사훈련장인 데서 비롯됐다. 왕들의 화살이 날아가 꽂힌 뚝섬 일대를 '살곶이벌'이라 했고 그 앞 다리여서 살곶이다리라 했다. '왕자의 난'을 일으킨 아들 태종 이방원에 분노한 태조 이성계가 고향 함흥에 가 있다가 태종의 거듭된 귀환 요청에 돌아오던 중 태종을 겨냥해 화살을 쏜 곳이라 해서 살곶이다리라 했다는 설도 있지만 이곳이 함경도와 연결되는 교통로가 아니라는 점에서 설득력이 떨어진다.

살곶이다리와 인근 '살곶이공원'을 지나면 청계천과 중랑천 합수지점이 나온다.

청계천을 따라가는 길은 왼쪽으로 고가도로와 자전거 도로가 지나고 천변에는 넓은 갈대밭 사이로 좁은 산책로가 있다. 갈대밭 사이 산책로가 마치 시골의 오솔길 같다. 제법 넓은 하천은 왜가리, 황조롱이, 청둥오리, 원앙 등 각종 철새들의 낙원이다. 그만큼 생태계가 살아있다는 뜻이다. 곳곳에 가로놓인 징검다리를 오가며 천변을 따라간다. 건너편엔 신설동행 지하철 2호선이 지나고 있다.

첫 번째 다리인 '고산자교' 인근 정릉천이 합류하는 지점을 지나면 천변이 좁아진다. 왼쪽 도로 위로 이상하게 생긴 구조물이 보인다. 판잣집 테마촌이다. 지난 1950~1960년대 청계천의 상징이던 판잣집촌을 재현해 놓은 이곳은 색다른 볼거리다. 판잣집 테마촌엔 40~60 세대의 향수를 자극하는 것들로 가득하다. 연탄가게 '청계연탄', 만화가게인 '또리만화', 구멍가게 '광명상회'에다 당시의 방안과 교실 등을 꾸며놓았다.

연탄난로 위의 양은주전자, 동그란 나무 밥상에 놓인 양은냄비와 노란 양재기, 벽에 걸린 까만 교복과 교모, 연탄과 연탄재, 벽장을 가득 채운 만화책, 오래된 영화포스터, 교실 안 나무 책·걸상, 교과서와 참고서들, 양은도시락, 실내화와 신발주머니, 가게 안 팔각형 유엔성냥, '맥콜', '환타', 남양분유, 번데기 통조림, 쫀드기와 달고나, 가게 앞에 세워놓은 리어카… 어릴 적 향수를 불러일으키는 것들 일색이다. 교복도 입어보고 교실에서 사진도 찍으면서 학창시절로 돌아가 볼 수도 있다. 판잣집 테마촌 앞은 '청계천문화관'이다.

다시 '두물다리'를 건너 교각 밑으로 내려오면 '청혼의 벽'이다. 건너편에서 프로포즈를 하고 이곳에서 영원한 사랑을 맹세하며 두 사람의 이름을 새긴 철판을 달고 남산타워처럼 자물쇠도 채워 놓는다. 서울시설관리공단에 연락하면 무료로 이용할 수 있다.

좀 더 걷다보면 과거 복개천 당시의 삼일고가도로 교각이 2개 남아있다. 어찌 보면 흉물스럽기도 한 이것들을 남겨놓은 것은 자연과 환경을 전혀 고려하지 않았던 '막개발' 시대의 교훈을 잊지 말자는 뜻이리라. 여기서 성북천이 합류하고 '비우당교'가 있다. 이제 청계천은 하류보다 훨씬 좁아졌지만 물길은 여전히 자연하천 분위기가 남아있다. 좀 더 가다보면 왼쪽 벽에 작은 분수가 있고 그 옆에 '물허벅'(제주도의 물동이)을 등에 진 제주여인의 석상이 서 있다.

청계천 복원을 기념해 제주도가 기증한 것이다. 제주의 상징 돌하루방도 빠지지 않는다. 두산타워와 '오간수교'가 보인다. 이제 상류가 가까워졌다. 청계천은 어느 새 우리에게 익숙한 모습이 된다. '정조대왕 능행반차도' 같은 벽화가 그려진 인공적인 느낌의 하천이다. 오가는 사람들도 훨씬 많아지고 각종 볼거리도 늘어난다. '버들다리', '마전교', '수표교', '광통교' 등을 차례로 지나면 청계광장이다.

이렇게 청계천 풀코스를 걷는데 3시간 30분 정도 소요된다.

배싸메무초 걷기 100선

030 도봉옛길

도봉산 둘레길 곳곳에 남은 역사의 흔적

북한산 둘레길 중 17~18코스인 '도봉옛길' 및 '다락원길' 구간은 도봉산의 3대 골짜기인 무수골과 원도봉계곡 사이 구간이다. 북한산 둘레길 중 도봉산 쪽 8개 구간의 일부다. 오늘은 이 두 구간을 걸어보기로 했다.

수도권전철 1호선 도봉역에서 내려 도봉천을 따라 계속 올라가다보면 세일교가 나온다. 여기서 무수골 등산로와 북한산 둘레길이 교차하는데 다리를 건너지 않고 그 앞에서 우회전, 다락원 방향으로 둘레길을 따라간다. 길 오른쪽 언덕위로 봉분들 몇 개가 보인다. 안동김씨 집안묘역이다.

안동김씨는 조선후기 세도정치로 권력을 독점하며 왕보다 더한 권력을 누린 가문으로 유명하다. 하지만 세도정치는 안동김씨의 분파인 '장동김씨'가 한 것으로 노론(老論) 시파였던 이들은 서울 장의동에 모여 살아 이렇게 불렸다. 정작 경상도 안동에 세거하던 본래의 안동김씨는 권력에서 소외된 남인 계열이 많았다.

조금 더 올라가니 도봉옛길 입구가 보인다. 오른쪽으로 다시 진주류씨 가문 묘역이 나타난다. 류양 신도비가 그 입구다. 진주류씨는 류양의 아들 류순정(柳順汀)이 연산군을 몰아낸 쿠데타인 '중종반정'에 박원종, 성희안 등과 함께 주역으로 가담, '정국공신'에 오르면서 유력 가문으로 떠올랐다. 이 묘역에는 영의정, 좌의정 등 고관대작들의 묘가 여럿 있다. 아까 본 소박한 안동김씨 묘역과 비교가 안 될 정도로 으리으리하다.

그 위는 본격적인 능선길이다. 표지판 상 우측 '다락원' 방향을 계속 따라간다. 고갯마루 전망대에선 인수봉과 포대능선, 북한산 줄기가 가까워 보이고 길옆에는 옛

성터 같은 돌무더기도 보인다. 이 구간 일부에 조성된 300m의 데크길은 경사도가 완만하고 계단이 전혀 없이 평탄하게 시공, 노약자는 물론 지체장애인들도 휠체어를 이용해 쉽게 탐방할 수 있도록 돼 있다. 일명 '무장애 탐방로'다. 데크길이 끝나면 세 갈래 길에서 왼쪽 호원동 방향으로 간다.

곧 천년고찰 도봉사(道峰寺)가 나타난다. 도봉사는 고려 초기 광종 때 국사(國師)였던 혜거스님이 창건한 절이다. 과거제도를 처음 도입하는 등 호족세력을 누르고 황권을 확고히 했던 광종은 국사·왕사제도를 통해 불교세력을 적절히 정치에 활용했다. 고려 현종은 거란의 2차 침입으로 개경(開京)이 함락되자 이 곳 도봉사에 피난해 정사를 돌보았다고 한다. 하지만 등산객들의 관심은 바로 옆 능원사에 더 쏠리게 마련이다. 능원사는 현대에 창건된 절이지만 눈부신 황금단청으로 사람들의 눈길을 사로잡는다. 본전인 '용화전'은 말할 것도 없고 종각을 포함한 모든 건물과 산문까지도 화려한 황금색이다.

조금 더 가면 도봉탐방지원센터다. 도봉산 주등산로 입구와 만나는 곳이다. 도봉서원 입구에 있는 큰 바위에는 도봉동문(道峰洞門)이라는 네 글자가 행서체로 새겨져 있는데 조선 중기의 성리학자이자 서인의 '영수'였던 우암 송시열(宋時烈)의 글씨라고 전해진다. 남인, 소론 등 다른 당파와 끊임없이 좌충우돌하면서 조선을 성리학, 그것도 보수 교조적인 성리학의 나라로 만드는 데 앞장섰던 우암에게 이 도봉산은 어떤 의미였을까. 도(道)는 그만큼 상대적인 것일까.

그 오른쪽 광륜사는 헌종 때 세도정치를 했던 풍양조씨 조만영(趙萬永)의 딸이자 익종(翼宗. 추존왕으로 헌종의 부친 효명세자)의 비였던 조대비(趙大妃)가 기도하던 곳이다. 계속 둘레길을 따라 가면 다락원길 입구가 나온다.

다락원길은 원도봉계곡 입구에서 다락원까지 3.1㎞ 거리이며 약 1시간 30분 소요된다. 서울과 경기도의 경계를 지나는 구간이다. 이 인근에 조선시대 때 공무로 출장을 다니는 관리들이 묵던 여관인 원(院)이 있었는데 그 원에 다락(누각)이 있어 '다락원'이라는 동네 이름이 생겼다.

돌탑 사이 길로 들어서 YMCA 다락원 캠프장 앞을 지나 원도봉 입구 방향으로 계속 걷는다. 의정부로 가는 대로가 인접해 찻소리가 다소 시끄럽고 오른쪽엔 미군부대도 보인다. 다락원길은 도로, 주택가와 만나는 곳이 많고 대로를 건너야 하는 곳도 있다. 표지판을 잘 따라가야 한다. 문득 뒤를 돌아보니 북한산과 도봉산 능선과 암봉들이 장엄하게 늘어서 있다.

길 양쪽으로 원오선원, 천불사, 약수선원 등 작은 사찰들이 줄지어 나타난다.

약수선원은 조선시대 목조보살입상(경기도 유형문화재 176호)이 유명하다. 담쟁이 덩굴이 멋진 호원고등학교 담장 옆길을 지나면 원도봉 삼거리에서 또 도봉산 주등산로와 만난다. 여기서 오른쪽으로 돌아 300미터 정도 내려가면 수도권전철 1호선 망월사역이 있다. 전철역 앞에는 '엄홍길 기념관'이 있다. 세계 최초로 8,000m급 고산 16좌를 완등하여 이미 '살아있는 전설'이 된 산악인 엄홍길 생가 터는 원도봉 계곡을 조금 올라가면 나온다.

지하철 1호선 도봉역 — *도봉사* — *다락원*

배싸메무초 걷기 100선

031 양재 시민의 숲

숲속에서 선열들의 충의 배우고, 영어공부도 하고

지난 2012년은 매헌(梅軒) 윤봉길(1908~1932) 의사의 상하이 '훙커우 공원' 의거 80주년인 해였다. 윤 의사는 1932년 4월 29일 훙커우 공원에서 열린 일본 천황의 생일 기념식장에서 물병 폭탄을 던져 상하이 주둔 일본군 사령관 시라카와 요시노리 대장 등 요인들을 대거 사상시키는 의거를 단행했다.

의거 80주년을 맞아 사단법인 '매헌 윤봉길의사 기념사업회(회장 황의만)'는 국내·외에 흩어져 있던 윤 의사 관련 자료를 처음으로 집대성, 총 8권 분량의 '매헌 윤봉길 전집'을 편찬하고 80주년 기념식을 서울 서초구 양재동에 있는 '매헌기념관'에서 개최했다.

매헌기념관은 '양재 시민의 숲'에 있다. 그래서 매헌 기념사업회는 양재 시민의 숲의 명칭을 '매헌공원'으로 바꾸기 위한 서명운동도 벌이고 있다.

양재 시민의 숲은 지난 1983년 7월 개원한 공원. 86,831㎡ 넓이에 소나무, 느티나무, 당단풍, 칠엽수, 잣나무 등 94,800여 그루의 수목들이 서울 도심지에서는 보기 드물게 울창한 숲을 형성하고 있다. 가을에는 감, 모과 등 과일이 열려 풍성한 자연을 만끽할 수 있다. 잔디광장, 파고라, 그늘시렁 등 조경시설과 수경시설, 자연학습장, 어린이놀이터, 배구장(족구장 겸용), 테니스장, 맨발공원, 야외무대, 야외예식장, 주차장, 매점, 음수대, 공중전화, 화장실, 벤치 등을 완비했다.

또 4.8km의 산책로를 이용 도심 속에서 산림욕을 즐기는 사람들이 많다. 특히 매헌기념관과 윤 의사 동상 및 숭모비, '유격백마부대 충혼탑' 등이 있어 선열들의 충의를 배울 수 있는 산교육의 장이며 드라마 '겨울연가'를 촬영한 '한류'의 고향이기도 하다.

이 양재 시민의 숲을 거쳐 우면산까지 걸어보면 어떨까.
지하철 '신분당선' 양재 시민의 숲 역 5번 출구로 나와 '양재천'의 지류인 '여의천'을 건너면 바로 공원이 있다. 대체로 양재대로·여의천과 경부고속도로, 북쪽의 양재천 사이 삼각형 모양의 공원이다.
먼저 왼쪽 숲길로 들어섰다. 입구를 지나니 유격백마부대 충혼탑이 우뚝 서 있다. 한 손에 총을 치켜든 용사가 포효하는 형상이다. 한국전쟁이 한창이던 지난 1950년 11월, 압록강과 두만강까지 북진했던 국군과 유엔군이 중공군의 인해전술에 밀려 후퇴하자 평안북도 정주군과 박천군 일대에서 치안활동을 하던 청년들과 '오산학교' 학생 등 2,600여 명이 '유격백마부대'(대장 김응수)를 조직했다.
계급도 군번도 없는 이 반공용사들은 적지인 평북 일대를 오르내리면서 500여 회의 전투를 벌여, 적 3,000여 명을 사살하고 600여 명을 생포했으며 민간인 18,000여 명을 구출하는 등 눈부신 전과를 올렸다. 군인도 아니면서 조국을 지키기 위해 총을 들었던 이들이다.
숲길을 좀 더 걸으면 'KAL위령탑'(1987년 'KAL 858기'가 김현희 등 북한공작원 2명에 의해 미얀마 인근 해상에서 폭파된 사건의 희생자들을 위로하기 위해 건립한 탑')과 '삼풍참사(1995년 6월 서울 서초동 삼풍백화점이 붕괴된 사고) 위령탑'도 만날 수 있다. 대로 건너 맞은편 공원에는 매헌기념관이 우뚝 서 있고 그 옆에는 윤 의사의 동상과 숭모비가 있다.
양재시민의 숲 앞길을 따라가다가 경부고속도로 교각이 지나는 곳에서 길을 건너 우회전하면 '앨리스파크'라는 서초영어체험공원이 있다. 울창한 숲 동화 속 공간 같은 곳에서 영어공부를 할 수 있는 공원이다.
이어 '서울교육문화회관'을 지나면 문화예술공원이 나온다. 양재시민의 숲과 이어져 있어 함께 걷기와 삼림욕을 즐길 수 있다. 그 옆은 바로 양재천이다. 친환경적으로 복원된 양재천에는 팔뚝만한 크기의 잉어들이 노니는 모습이 다리 위에서도 관찰된다. 천변에는 자전거와 걷기를 즐기는 사람들이 적지 않다.
다리를 건너 왼쪽 길로 접어든다. 차량이 별로 없는 도로에는 플라타너스 가로수들이 시원스레 뻗어 있다. 양재천을 가로지르는 무지개모양의 다리가 멋지다. 길 건너 SK주유소 오른쪽에 우면산 등산로 입구가 숨어있다. 또 이 등산로 입구 가기 전 길 오른쪽에는 서울시 경계를 한 바뀌 도는 트래킹 코스인 '서울둘레길'입구도 있다.
우면산 오르는 길은 울창한 숲과 부드러운 흙길이다. 완만한 경사의 구릉 능선길이어서 산책하기에도 좋다. 시계가 트인 곳에서는 좌측으로 관악산, 우측에는 구룡산과 대모산이 지척이다. 산행 1시간이면 우면산 정상인 '소망탑'에 이른다. 이 곳은 서울시내 최고 조망명소 중 하나라고 해도 과언이 아니다.

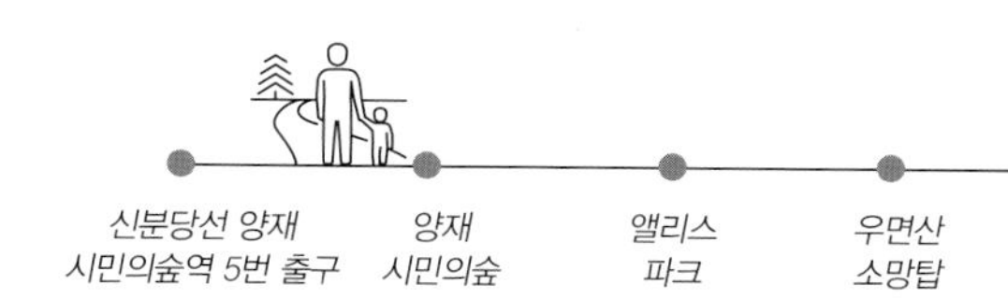

배싸메무초 걷기 100선

032 강동그린웨이

낮은 구릉 따라 강동의 산천을 돌다

강동구는 수도 서울의 가장 동쪽, 특히 한강의 서울시계 내 동쪽 끝에 위치해 있다. 그래서 '강동'이라는 명칭이 붙여졌다. 이 강동구가 만든 둘레길이 '강동그린웨이'다. 강동그린웨이(江東Greenway)는 강동구 외곽을 빙 둘러 이어주는 총 25km의 제법 긴 산책로다. 나지막한 산들과 공원 그리고 한강의 녹지를 연결하는 이 길은 강동구 외곽 전체를 감싸고 있다. 강동그린웨이는 '서울둘레길'의 일부이기도 하다.

코스의 중심은 일자산이다. 일자산은 정상이 134m로 요즘 불고 있는 걷기 열풍에 딱 들어맞는 산이다. 남북으로 한 일(一)자 모양으로 길게 뻗어 있다고 해서 일자산이라 불린다. 푹신하고 완만한 흙길이라 어린아이들에게도 좋다. 이 일자산을 중심으로 북쪽으로 명일·방죽·샘터근린공원을 거쳐 고덕산, 암사동 선사주거지를 거쳐 '한강광나루공원'에 이르고 남으로는 '서하남 나들목' 입구, '성내천', '올림픽공원'을 거쳐 다시 한강으로 연결되는 환상형 코스가 강동그린웨이다.

지난 2009년 '국제시민스포츠연맹'에서 '아름답고 좋은 길'로 인증을 받은 명품 걷기 코스다. 오늘은 이 강동그린웨이 중 고덕산~성내천 코스를 걸어보기로 했다.

지하철 5호선 '명일역' 3번 출구로 나와 길을 따라 걷다가 사거리를 건넌다.

계속 오던 방향으로 직진하면 '고덕대우아파트'가 보인다. 단지 앞에서 이면도로를 건너 '암사 아리수정수센터' 쪽으로 들어선다. 곧 오른쪽에 등산로입구가 나타난다. 산길을 따라 올라가 왼쪽으로 철조망이 둘러친 정수장을 끼고 걷는다. 요즘 도시 근교의 나지막한 산길에서 철조망이 있는 높은 담장이 둘러쳐져 있는 곳은 대개 정수장이다. 그만큼 맑은 물 지키기가 지상과제임을 실감한다.

곧 '광주이씨' 광릉부원군(廣陵府院君)파 묘역이 나타난다. 이곳은 조선 세종대왕 때부터 연산군 때까지 일곱 왕을 섬기며 도덕정치에 앞장섰던 광릉부원군 이극배(李克培)와 그 후손들이 잠들어 있는 곳이다. 이극배는 세조의 왕위 등극에 공을 세워 공신이 됐고 성종 때 영의정에 올랐다. 묘역 오른쪽 울창한 숲 속으로 등산로가 뻗어있다.

조금 오르다가 표지판 방향을 따라 오른쪽으로 선회하니 곧 고덕산 정상인 응봉이 나온다. 고덕동 명칭의 유래가 된 고덕산 정상은 태극기 하나 평행봉과 철봉 등 운동기구들이 있는 평범한 언덕이다. 그러나 이곳에서 내려다보는 한강의 조망은 강동구 전체에서 최고라 해도 과언이 아니다.

강동그린웨이 표식을 따라 '샘터근린고원' 방향으로 길을 잡는다. 한강변으로 오르락내리락 언덕길이 이어진다. 산길이 끝나는 지점에서 직진, 샘터근린공원 삼거리로 가야 한다. 삼거리에서 길을 건너 우회전하면 샘터근린공원 입구다.

샘터근린공원에서 '방죽근린공원'을 거쳐 '명일근린공원'으로 이어지는 산책로는 아기자기한 구릉으로 이어진 도심 속 생태공원. 이 공원들은 지난 2010년 9월초 이 일대를 덮친 태풍 '곤파스'로 수천 그루의 나무를 잃었다. 이에 지역 주민들이 자발적으로 조림사업에 적극 나서 '강동아름숲'을 조성했다. 벌써 언제 그런 일이 있었는지 의심할 정도의 울창한 숲길이 됐다.

명일근린공원 산길 끝 이면도로 사거리에서 GS주유소 쪽으로 나와 천호대로를

건너면 이제부터는 일자산이다. 여기서 산길로 바로 오르지 않고 천호대로를 따라 길동방향으로 10여 분 걷다보면 '길동생태문화센터' 위로 '일자산 허브천문공원'이 있다. 강동구 둔촌동 산 94번지 일대에 있는 허브천문공원은 나무와 꽃, 각종 허브를 식재한 공원에 천문, 즉 별자리 이야기를 융·복합시킨 테마 공원이다. 하늘과 땅, 그리고 사람이 어우러진 큰 우주를 그리고 있다는 것.

그 옆 '강동그린웨이 가족캠핑장'은 서울시내의 대표적 가족캠핑장으로 인터넷에서 강동그린웨이를 검색하면 대부분 게시물이 이곳 이야기일 정도로 트래킹 코스보다 훨씬 유명하다.

허브천문공원 정문 앞에서 본격적으로 일자산을 오른다. 울창하게 뻗은 숲 사이로 내비치는 파란 하늘, 쏟아지는 햇빛이 눈부시다. 굴참나무, 누리장나무, 신나무 등 나무기둥에 붙은 신기한 이름표를 뒤로 하고 걸음을 옮기면 간간히 불어오는 바람이 상쾌하다. 일자산은 낮은 산이어서 금방 정상인 '해맞이광장'에 이른다.

일자산 정상은 솔직히 고덕산 정상보다 더 볼 것이 없다. 오히려 여기서 조금 더 가면 나오는 '둔굴 쉼터'가 숨은 볼거리다.

둔굴은 고려 말에 둔촌(遁村) 이집(李集)선생이 은둔했다는 동굴이다. 이 집은 고려 말의 학자이자 문인이다. 정몽주, 이색 등 당대의 대 유학자들과 깊은 우정을 맺었다. 시에 특히 뛰어나 직설적이면서도 자연스러운 시풍으로 이름을 날렸다. 둔촌동이란 지명도 선생의 호 '둔촌'에서 유래됐다고 한다.

산에서 내려온 후에는 대로를 따라 서하남 인터체인지입구 사거리를 지난다.

계속 도로를 따라 직진하다가 '서부교'에서 '감천' 변 산책로로 내려서야 한다.

감천을 따라 올림픽경기장 방향으로 가다보면 '올림픽선수촌아파트'를 가로지르는 '성내천'을 만난다. 그 건너 선수촌아파트단지 끝에 지하철 5호선 '올림픽공원역'이 있다.

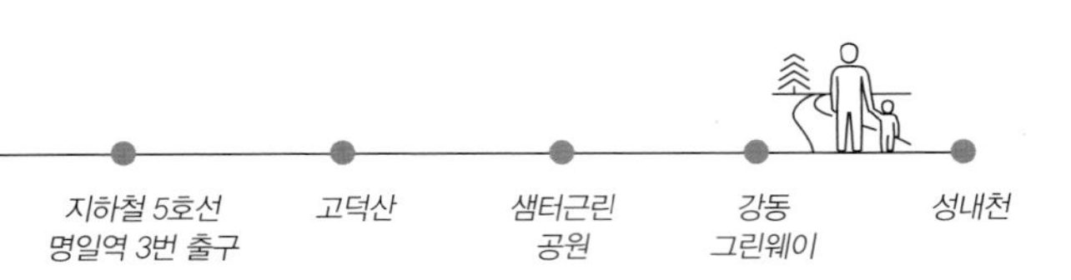

033 부암동길

안평대군·대원군·연산군, 권력은 짧고 자연은 영원하다

인왕산은 풍수지리상 조선시대 한양 도성의 '서백호(西白虎)'에 해당되며 서울성곽이 지나고 있는 산이다. 그런 만큼 그 산 기슭에도 역사와 문화의 향기가 곳곳에 스며 있다. 인왕산 기슭 부암동길만 해도 이야기 거리가 다양하다.

부암동은 무계동(武溪洞), 백석동(白石洞), 부암동, 삼계동(三溪洞) 등의 자연부락으로 이뤄져 있는데 북악산과 인왕산 자락에 위치하므로 바위, 계곡 등과 관련된 지명이 많다. 무계동은 창의문 밖 서쪽 골짜기에 있었던 마을로 수석이 많고 경치가 매우 아름다운 곳이었다. 중국 '무릉도원'에 있는 계곡처럼 생겼다 해서 무계동이 되었는데 조선 세종의 셋째 아들 안평대군이 쓴 '武溪洞'이란 각자가 남아 있다. 안평대군이 이곳에서 정자를 세워 무계정사(武溪精舍)라 명명하고 글을 읽고 활을 쏘는 등 심신을 단련했다. 무계정사는 안평대군의 호를 따서 비해당(匪懈堂)이라고도 불렀는데 여름철에는 특히 많은 사람들이 찾아와 경치를 즐겼고 기린교(麒麟橋)라는 다리도 있었다.

백석동은 부암동 115 및 115-1번지에 '백석동천(白石洞天)'이란 글자가 새겨져 있기 때문에 붙여졌으며 '백석실'이라고도 하는데 흰 돌이 많고 경치가 아름다운 곳이었다. 삼계동은 무계동 아래 부암동 318번지 일대를 말하며 석파정 암벽에 '三溪洞'이라는 세 글자가 새겨져 있다. 삼계동에는 조선후기 세도가문인 안동김씨의 일원인 김흥근(金興根)의 별장인 삼계동 정자가 있었는데 후에 흥선대원군이 이를 접수해 석파정(石坡亭)으로 부르며 별장으로 사용했다.

오늘은 이 부암동 인왕산 기슭을 걸어보자. 서울지하철 3호선 3번 출구로 나와 조금 걷다보면 버스정류장이 나온다. 여기서 시내버스를 갈아타고 창의문(자하문)

고갯마루에서 내린다. 반대편으로 길을 건너 조금 내려가면 '부암동주민센터'가 있다. 주민센터를 끼고 왼쪽 골목길로 들어선다. 양쪽의 작은 골목들을 무시하고 곧장 직진해 올라가다보면 오른쪽으로 집터인 듯한 넓은 공터가 있다. 옛날 고관대작들의 별장인 '별서'터다. 그 곳 바위에는 '청계동천(靑溪洞天)'이란 각자가 새겨져 있다. 자하문로 반대편 백사실 계곡 바위에는 '白石洞天' 각자가 있다. 즉 북악산 밑의 경치 좋은 곳은 백석동천, 인왕산 쪽은 청계동천이라고 불렀다.

별서터 바로 위에는 서울시 민속자료 제12호로 지정된 반계 윤웅렬(尹雄烈) 별장이 있다. 윤웅렬은 구한말 군부대신으로 신식군대인 '별기군' 창설을 주도하고 김옥균 등의 '갑신정변'에 참여하기도 했다. 아들 윤치호(尹致昊)는 최초의 미국 유학파로 구한말의 대표적 지식인. 부암정(傅巖亭)이라 불렀던 이 별장은 계곡 위에 석축을 쌓고 벽돌로 서양식 건축양식을 도입한 이례적 건물이다. 원래 서양식 건물만 있었는데 한옥을 추가로 지었다. 하지만 공개가 되지 않아 외관을 보는 걸로 만족해야 했다.

다시 오던 길을 되돌아 내려가다가 왼쪽 네 번째 골목을 조금 올라가면 다시 넓은 집터가 나온다. 바로 일제 치하에서 '빈처', '운수좋은 날' 등 많은 명작을 남긴 소설가 '빙허' 현진건(玄鎭健)이 살던 집터다. 지금은 커다란 나무만 한 그루 쓸쓸히 집터를 지키고 있다. 그 나무 위쪽으로 한옥 한 채가 보이는데 그곳이 바로 안평대군 이

용의 무계정사 터다. 무계동 각자도 거기 있다. 현재의 한옥은 안평대군과 아무 관계가 없는 근대에 지어진 것이고, 입구는 굳게 잠겨있다.

다시 주민센터로 내려와 큰 길을 따라 내려간다. 도중에 흥선대원군 이하응의 별장인 석파정이 있다. 서울시 유형문화재 제26호. '아트코리아'란 건물 뒤 골목에 숨어있고 안내판이 제대로 돼있지 않아 그냥 지나치기 쉽다. 계속 도로를 내려간다. 유명한 중국음식점 '하림각' 앞을 지나 고개 밑에 이르면 멋진 한옥의 한정식집 석파랑(石坡廊)이 나온다.

석파랑은 본래 석파정 중 사랑채 이름이었다. 석파정의 핵심인 이 건물은 지금 석파랑 뒤 언덕 위로 옮겨져 있는데 서울시 유형문화재 제23호로 지정됐다. 대원군이 난초를 칠 때만 사용했다는 대청방과 손님 접대용 건넌방으로 이뤄져 있다.

지금의 석파랑은 현대 서예의 대가 소전 손재형선생이 대원군 사랑채를 이곳으로 옮기고 지은 저택이다. 석파랑 앞에서 대로를 건너면 '홍제천'을 만난다. 홍제천을 따라 왼쪽으로 조금 내려가면 서울시 유형문화재 제33호인 홍지문(弘智門)과 탕춘대성

(蕩春臺城)이 있다. 탕춘대성은 숙종 44년(1718) 착공해 이듬해 완성한 것으로 수도 방어 보완을 위해 한양 도성과 북한산성을 연결해 쌓았다. 도성의 서쪽에 있다고 하여 서성(西城)이라고도 했다. 탕춘대성에는 조선후기 5군영의 하나인 총융청의 군사 2만여 명이 주둔했다 한다. 홍지문은 탕춘대성의 정문으로 한성의 북쪽에 있는 문이므로 한북문(漢北門)이라고도 했으나 숙종이 '弘智門'이라는 친필 편액을 하사, 이것이 공식 명칭이 됐다. 현재 건물은 1921년 홍수로 허물어진 것을 1977년에 복원한 것이다. 바로 옆에는 '홍제천'을 가로지르는 오간수문이 있다.

탕춘대성이란 명칭은 세검정 동쪽 산봉우리에 '탕춘대'가 있었던 것에서 유래했다. 탕춘대는 연산군이 이곳에 지은 누대였다. 연산군은 경치가 좋은 이곳에 누대를 짓고 계곡을 내려다보며 미녀들과 연회를 즐겼다. 방탕한 군주의 질펀한 주연이 계속 됐으리라. 인근엔 또 '탕춘대 한지마을'이 있다. 탕춘대 한지마을은 국가에서 필요한 종이를 공급하는 조지서(造紙署)란 관아에서 일하던 사람들이 모여 살던 마을이었다. 북한산에서 흘러 내려오는 맑은 물과 인근 산에 한지의 재료인 닥나무가 풍부하고 작업을 하기 좋은 평평한 돌이 많아 종이 만들기에 알맞은 곳이다. 인근 세검정 초등학교 자리에는 신라 태종무열왕때 처음 창건됐다는 장의사(壯義寺)가 있었는데 지금은 보물 제235호로 지정된 당간지주가 남아있다.

홍지문에서 홍제천변을 따라 계속 간다. 홍제천 건너편에 옥천암(玉泉庵)이 보인다. 옥천암은 '보도각(普渡閣) 백불'이 유명하다. '불암'이라고도 불리는 옥천암 보도각 안 바위에 새겨진 마애석불 좌상으로 서울시 유형문화재 제17호로 지정됐다. 고려시대인 12~13세기에 조성된 것으로 추정된다. 독립된 거대한 바위 전면에 약 5미터 높이의 장대한 불상을 새겼고 그 위에 팔작지붕형 전실을 세워 마애불을 보호하고 있다. 태조 이성계가 한양에 도성을 세울 때 이 불상에 기원을 드렸다 하며 흥선대원군의 부인도 아들 고종을 위해 기도를 올렸다고 전해진다. 홍제천을 계속 따라가다 왼쪽 시장을 지나면 지하철 3호선 '홍제역'이 나온다.

지하철 3호선 독립문역 3번 출구 — *청계동천* — *석파정* — *홍제천*

선조의 전생이 장비여서 관우가 도왔다?

서울지하철 1호선과 6호선의 환승역인 '동묘앞역'은 인근에 동묘, 즉 동(東) 관왕묘(關王廟)가 있어 붙여진 이름이다. 관왕묘는 '삼국지'의 주인공 중 1명인 중국 삼국시대 촉한의 장수 관우를 모신 사당으로 '관제묘' 또는 '무묘'라고도 한다.
관우는 '관성제군(關聖帝君)' 혹은 '관보살(關菩薩)'이라고도 하며 중국인들에게는 무신(武神) 혹은 재신(財神)으로 숭배의 대상이다.
관왕묘가 우리나라에 들어오게 된 것은 '임진왜란' 때 명나라 장수들이 무운을 빌기 위해 곳곳에 세운 것이 계기였다. 그 과정에서 조선 조정은 가뜩이나 부족한 국고를 털어 관왕묘 건립을 지원해야 했다. 동대문 밖 숭인동에 남아있는 '동관왕묘'는 선조 35년(1602)에 건립된 것, 보물 제142호로 지정된 귀중한 문화재다. 정전(正殿)은 평면이 앞뒤로 길쭉한 직사각형을 이루며 내부는 본실과 전실의 두 부분으로 나뉘고 중간에는 문짝을 달아 사이를 막았다. 좌우 측면과 후면은 벽돌로 벽을 쌓고 전면에 살문을 달았으며 다시 주위에는 전면을 제외한 3면에 좁은 툇간을 돌렸다. 중국의 묘사(廟祠) 건축형식을 본받아 그 평면이나 외관이 한국의 다른 고건축물들과 달리 매우 색다른 모습이다.
도가(道家)에선 관우의 신령이 직접 나타나 왜군을 물리쳤다고 해서 이곳에 관왕묘가 세워졌다는 얘기가 전해진다. 특히 선조의 전생이 장비여서 관우가 유비의 지시로 도왔다는 설도 있다.
그 설에 따르면 임진왜란 당시 명나라 신종황제의 전생이 관우이고 선조의 전생은 장비였다 한다. 선조가 위기에 처하자 유비의 혼령이 신종의 꿈에 나타나 도울 것을 요청, 그때까지 정사에 별 관심이 없던 신종이 갑자기 정신을 차려 조선 출병을 지시했다고 전한다.
지하철 1·6호선 동묘앞역 3번 출구로 나와 신설동 방향으로 조금 걸으면 동묘가 있다. 이 근처는 평일에도 항상 많은 사람들도 붐빈다. 그러나 유감스럽게도 동묘 때문이 아니다. 이곳이 '황학동 벼룩시장' 입구이기 때문이다. 각종 고미술품과 헌 책, 근대유물, 추억의 1960~1980년대 생활용품들은 물론 헐값의 옷과 신발 등, 이곳엔 별의 별 오만가지 잡동사니들이 길가에 쌓여 있다. 눈썰미 좋은 사람은 가끔 귀한 보물을 헐값에 건지기도 한다. 어디서 튀어나올지 모르는 벼룩만 조심한다면, 최고의 쇼핑 관광코스다. 걷기가 불편할 정도로 많은 사람들 중에는 중년 이상이 태반이지만 값싼 물건을 고르러 오는 외국인이나 색다른 볼거리를 찾아 온 젊은이들도 많다. 한 좌판에선 낡은 레코드판이 돌아가고 나팔 같이 생긴 축음기에서 흘러간 옛 노래가 흘러나오는 앞에서 사람들이 1990년대 중고 콤팩트디스크(CD)를 고르고 있다. 한 민예품가계 앞에는 청동불상과 솥단지, 각종 장신구, 낡은 목가구 등이 손님을 기다린다. 한 구석 좌판에선 낡은 흑백TV가 눈길을 사로잡는다. 헌책방에서 필자도 안효상 선생의 '상식 밖의 세계사'란 책을 단돈 1,000원에 샀다.
그러나 현재는 동관왕묘에는 들어갈 수 없다. 관왕묘를 원형대로 복원하기 위한 공사가 진행 중이기 때문. 다시 동묘앞역에서 종로를 건너 창신역 쪽으로 방향을 잡았다. 조선 단종의 비였던 정순왕후 송씨의 한이 서린 동망봉(東望峰)에 가기 위해서다. 동망봉은 낙산 서울성곽 바로 맞은편, '숭인동 근린공원'에 있는 낮은 봉우리다. 세조의 왕위 찬탈 후 단종은 멀리 강원도 영월 땅으로 유배를 가고 청계천 '영도교'에서 눈물로 이별을 한 정순왕후는 도성에서 살지 못하고 동대문 밖 동망봉 인근의 작은 초가집 '정업원'에서 시녀 3명과 함께 무려 64년을 더 살았다. 그녀는 매일 아침 동망봉에 올라 영월이 있는 동쪽을 바라보며 울었다고 한다. 동망봉이란 산 이름도 그래서 생겼다.
단종(端宗)이 끝내 17살의 어린 나이로 살해되자 그녀는 아예 머리를 깎고 비구니가 되어 매일 조석으로 동망봉에서 단종의 명복을 빌었다. 인근 마을 여인들도 같은 심정으로 땅과 가슴을 치며 함께 곡을 하고 그녀에게 채소를 가져다주었다고 한다. 오랜 세월이 흐른 후 1771년 영조가 이 사연을 듣고 '청룡사' 절 내에 정업원구기(淨業院舊基)라는 비석을 세우고 바위벽에 동망봉이라고 친필로 새겨 넣었는데 이때부터 절 이름도 '정업원'이라 불렀다.
'정업원터'라고도 불리는 청룡사(青龍寺)는 '창신역'에서 동망봉 올라가는 도로변에

있다. 원래 922년 고려 태조 왕건의 명으로 창건된 비구니 사찰이다. 1823년 순조의 모후인 순원왕후의 병세가 깊어지자 부원군 김조순이 이 절에서 기도를 올려 왕후의 병이 나은 뒤, 김조순이 절 이름을 청룡사로 바꿨다고 전한다. 숭인근린공원에서는 매년 4월 '단종비 정순황후 추모문화제'도 열린다.

동묘앞역과 6호천 창신역 사이에 있는 지봉로 12길 언덕길을 오르다가 삼거리에서 좌회전, 보문동으로 넘어가는 고갯마루에서 오른쪽으로 돌아 왼쪽으로 재개발지구를 끼고 계속 오르면 곧 동망봉이 나온다.

정상에는 동망봉의 유래를 알리는 작은 표지석과 함께 단종이 유배됐던 영월 창령포와 '단종 어소' 사진 현판이 걸려있다. 이곳은 나지막한 봉우리지만 종로 일대와 서울 시내 중심가가 한 눈에 내려다보인다.

길을 따라 조금 더 내려가면 '동망봉 열린 북카페'를 지나 '동망정'이 있다. 정순왕후(定順王后)의 고사에 따라 지어진 8각 정자다.

하산길 동망봉 남쪽 사면에는 '낙산묘각사'와 '밀인사'가 있다. 1930년 창건된 묘각사는 '대한불교 관음종'의 총본산으로 탬플스테이로 유명한 절이고 밀인사는 전통 밀교 종단인 '총지종' 소속 사찰이다.

밀인사 맞은 편 종로로 내려가는 골목 입구에는 '강경대(姜慶大) 기념관'이 숨어 있다. 지난 1991년 4월 노태우정권 당시, 명지대 재학중이던 강씨는 시위 도중 '백골단'이라 불리던 사복경찰에 집단 구타당해 숨졌다. 지금도 그의 부모를 비롯한 가족들이 살고 있는 이 집 옆 벽에는 그를 기리는 추모시가 새겨진 석판 2개가 붙어 있다.

지하철 1 · 6호선 동묘앞역 3번 출구 — *황학동 벼룩시장* — *동망봉* — *낙산 묘각사*

배싸메무초 걷기 100선

035 보루길

사패산 능선에 고구려가 있었네

도봉산(道峰山)은 북한산(삼각산)과 쌍벽을 이루며 서울의 북쪽 경계를 지키는 명산으로 북한산 국립공원의 한축이다. 지난 2010년 9월 북한산 기슭을 한 바퀴 도는 둘레길 44km가 개통된데 이어 도봉산에도 26km의 둘레길이 추가로 조성돼 2011년 6월 30일 정식으로 문을 열었다. '북한산 둘레길' 전체 21개 구간 70km가 완성된 것이다. 이중 5구간 '보루길'(북한산 둘레길 16구간)은 원도봉 입구에서 '회룡 탐방지원센터'까지의 2.8km구간이다.

원도봉은 도봉산의 주 등산로 입구중 하나이긴 하지만 사실 이 구간은 도봉산보다는 그 옆 사패산(賜牌山) 기슭의 산길이라 해야 맞다. 사패산의 원래 이름은 사패산이 아니었다. 산의 전체적인 모양, 혹은 큰 봉우리의 바위 모양이 삿갓처럼 생겨서 '갓바위산' 또는 '삿갓산'이라고 불렀다. 그러다 조개껍질처럼 생겼다 해서 일부에서 사패산이라 부르기 시작했고 대부분의 지도가 이것을 따라 쓰는 바람에 사패산이 됐다고 한다. 혹은 조선시대 선조임금이 딸 정휘옹주(貞徽翁主)에게 하사한 산이어서 사패산이라고 부르게 됐다고도 전한다.

오늘은 이 보루길 코스를 걸어보기로 했다. 경기도 의정부시에 있는 수도권전철 1호선 '망월사역' 3번 출구에서 나와 '신한대학교' 앞을 지나 10분 정도 걸으면 원도봉(元道峰) 삼거리다. 다시 등산객들의 물결을 따라 계곡 옆길로 조금 더 오르면 고가도로 교각 밑으로 '망월천교'라는 다리가 나온다. 망월천교를 건너지 말고 오른쪽으로 가야 둘레길을 만날 수 있다. 길 우측에 있는 '대종교' 의정부 분원인 '천인사', '덕천사'를 지나면 왼쪽으로 '대원사'가 보인다. 도봉산엔 작은 사찰들이 꽤 많다. 좀 더 오르면 '원각사'가 있고, 그 맞은편에 보루길 안내표시가 보인다. 이정표 상 '길상사' 방향이다. 이제부터 아스팔트를 벗어나, 본격적인 산길이 시작된다.
길상사 앞 갈림길에서 다시 오른쪽으로 간다. 북한산 둘레길은 곳곳에 이정표와 팻말이 붙어있어 초행자도 길 찾기가 쉽다. 회룡 탐방지원센터 방향만 계속 따라가면 된다. 폭이 좁고 주말에도 인적이 드문 호젓한 산길이다. 울창한 숲과 새소리를 벗하며 간다. 어느새 '서울외곽순환고속도로'가 나타났다. 세계 최장의 4차선 광폭도로 터널이라는 '사패산 터널' 들머리다.
'포대능선' 가는 길을 뒤로 하고 오른쪽 둘레길을 따라가니 이내 다시 산길이다. 삼거리 갈림길에 '영산법화사 적멸보궁' 입구 표시가 보인다. 적멸보궁(寂滅寶宮)이란 석가모니의 진신사리를 모신 법당이다. 서울 근교 산 작은 절에 적멸보궁이 다 있다니…
다시 보루길 아치문을 지나고, 시냇물에 가로놓인 징검다리와 작은 나무다리를 건넌다. 길 왼쪽에 기이한 거석이 서 있다. 바위 표면을 마치 쥐가 갉아먹은 듯한 모습인데 석회암 성분이 빗물에 녹아내린 것 아닐까.
좀 더 걸으니 '원심사' 표지가 걸려있다. 산중의 작은 절 원심사를 들러야 하는

이유는 이곳의 전망 때문이다. 아담한 절집 대웅전 앞마당에 서면 반대쪽 수락산(水落山) 봉우리가 성큼 앞으로 다가온다. 안심사 오른쪽으로 올라가는 길은 꽤 가파르다. 보루길에서 유일한 '깔딱고개'다.

가쁜 숨을 헐떡거리며 고갯마루에 올라서니, 그 곳에 고구려가 있었다. 고개 양쪽에 남아있는 돌로 쌓은 성벽 유적, 바로 사패산 제3보루다. 사패산 3보루는 '회룡사'와 '석굴암' 위 능선에 있는 사패산 1·2보루 및 동쪽의 수락산 보루를 연결, 중랑천(中浪川)을 따라 남북으로 이어지는 고대 교통로를 통제하던 고구려의 군사요새였다. 둘레 250m, 길이 최장 100m로 사패산 보루군 중 가장 규모가 크다. 보루성 인근에는 요즘 만든 대형 벙커가 있어 삼국시대나 21세기나 이 곳이 군사적 요충임을 알 수 있다.

3보루에서 내려가는 하산길도 제법 경사가 급한 숲길이다. 한참 내려가다 문득 전망이 트인 곳에선 의정부 시내가 한 눈에 굽어보인다. 사패능선으로 이어지는 갈림길 도로에 내려서면 갑자기 등산객들이 많아진다. 그들과 섞여 조금 내려오면 회룡 탐방지원센터가 나온다. 오른쪽으로 회룡천(回龍川)이 흘러간다. 상류는 제법 물이 맑다. 고가도로 교각 밑 다리를 건너 '회룡역'으로 발걸음을 옮긴다.

길 왼쪽에 있는 수령 450여 년 된 회화나무는 '회룡마을'의 명물로 나그네를 위한 마지막 선물이다. 경기도가 지정한 보호수로 높이 25m, 둘레는 4.6m나 된다. 한 고승이 길손들이 쉬어갈 수 있도록 심었다고 전해진다. 회화나무는 우리 선조들이 최고의 길상목(吉祥木)으로 손꼽아 온 나무, 가정목으로서 집안에 심으면 가문이 번창하고 큰 학자나 큰 인물이 난다고 했다. 계속 직진해 '신일아파트' 앞 대로를 건너 좌회전, 조금 더 가면 우측으로 수도권전철 1호선 회룡역이 보인다.

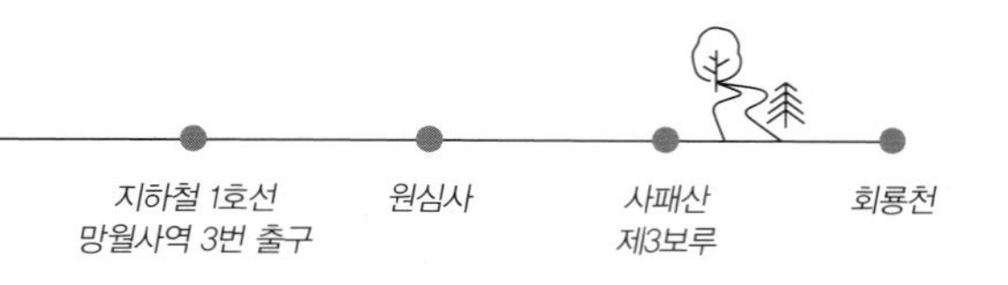

배싸메무초 걷기 100선

036 관악산둘레길

별이 떨어진 자리에 국가의 미래 동량들이 있다

관악산 둘레길 3개 코스는 상당 부분이 '서울둘레길' 관악산 구간과 겹치거나 서로 교차된다. 관악산 둘레길 2구간이 삼성산 기슭을 걷는 코스라면 1구간 '애국(愛國)의 숲길'은 온전히 관악산 구간을 걷는 트래킹 코스다. 지하철 2·4호선 '사당역' 인근의 까치산 생태육교에서 시작해 '무당바위'와 전망대, '낙성대공원'을 지나 '서울대학교' 입구에 이르는, 6km 남짓한 거리다. 이 코스에다 서울둘레길 관악산 구간이 처음 시작되는 '관음사' 길을 합쳐 걸어보기로 했다.

사당역 6번 출구로 나와 낙성대 방향으로 걷기 시작한다. 도로 왼쪽으로 멋진 근대건축물이 보인다. '서울시립미술관 남서울 분관'이다. 이곳은 사적 제254호로 지정된 '구 벨기에 영사관(領事館)'이다. 1903년 착공해 1905년 완공된 이 건물은 벨기에 영사관, 요코하마 생명보험사 사옥, 일본 해군성 무관부 관저, 해방 후 해군헌병대, 상업은행 사료관 등을 거치면서 우리 근·현대사의 영욕과 함께 했다. 원래 중구 회현동 현 우리은행 본점 자리에 있다가 1970년 이 곳으로 옮겼다고 한다.

대로를 따라 언덕길을 올라 첫 번째 육교를 지나면 곧 생태육교가 보인다.

'까치 자연길'이라 쓰인 육교 옆으로, 둘레길 입구가 있다. 이 생태육교는 관악산과 까치산을 이어주는 소중한 녹색루트다. 관악산둘레길 안내판을 뒤로 하고 가파른 길을 조금 오르면 곧 쉼터가 나타난다. 그 왼쪽으로 울창한 숲길이 이어진다. 좀 더 오르니 잘려나간 큰 나무 줄기에 '관악산 가는 길 쉼터'라 쓰여 있고 앙증맞은 그림들이 잔뜩 나뭇가지에 걸려 있다. 예쁜 꽃밭도 조성돼 있다. 첫 번째 3거리 갈림길에 도착했다. 원래는 '연주대', '낙성대' 방향으로 가야 하지만 관음사가 0.7km 거리라니 그 곳을 들렀다 오기로 했다. 이 구간은 관악산 둘레길이 아니라 서울둘레길 표식을 따라가야 한다.

능선과 계곡을 건너 관음사에 도착했다. 등산을 할 땐 그냥 지나치기만 했던 곳이다. 관음사(觀音寺)는 신라 말엽인 진성여왕 때 도선국사(道詵國師)가 처음 창건한 비보사찰로 1,000년이 넘는 역사의 유서 깊은 관음도량이다. 일주문을 들어서자마자 정면에 우뚝 서 있는 거대한 관음보살 입상에 압도된다. 하지만 관음보살은 이내 온화하고 자비로운 미소로 나그네를 부드럽게 감싸준다. 관음사 앞 약수터에서 목을 축이고 발길을 재촉한다.

아까 왔던 삼거리에서 관악산 둘레길을 따라가다가 다음 삼거리가 나오면 우측 낙성대 방향으로 가야 한다. 이 구간 곳곳에서 관악산 정상인 연주대(戀主臺)로 가는 길과 갈라지므로 이정표를 잘 보면서 가야 한다. 산자락을 따라 오르내리며 가다 보면 전망바위에 이른다. 이 바위 위에 서면 시계가 확 트이면서 서울 시내가 발 아래로 굽어보인다. 남산은 물론, 멀리 북한산까지 잘 조망된다.

뒤를 돌아보니 거대한 바위 밑이 연기에 검게 그을려 있다. 누군가 촛불을 켜놓았던 흔적이 있고 종이컵들이 다수 놓여 있는 이곳은 무당바위, 전통 무속신앙(巫俗信仰)의 영험한 기도터다. 좀 더 가다가 계곡이 너무 맑고 시원해 보여서 잠시 쉬어가기로 했다. 아예 신발과 양말을 벗고 찬 계곡물에 발을 담가 본다. 음식이라도 꺼내 먹으면 신선놀음이 따로 없다. 둘레길 오른쪽 쉼터엔 쉼터도서함도 있다. 책들로 가득하다. 숲속 쉼터에서 책을 읽는 것도 진정한 '힐링'이 아닐까.

어느 새 전망대에 이르렀다. 이곳에서 보는 서울시내 조망은 정말 압권이다. 정면에 국사봉과 북악산, 왼쪽으로 남산과 북한산, 오른쪽엔 한강과 도봉산이 파노라마처럼 펼쳐진다. 수락산과 불암산도 가깝다. 조금 아래 바위에서의 전망도 괜찮은 편이다. 이제 본격적 하산길이다. 목표는 낙성대(落星垈). 서울시 유형문화재 제4호 낙성대는 거란의 침략을 물리친 고려의 영웅 강감찬(姜邯贊) 장군이 태어난 집터다. 장군이 태어날 때 이곳에 큰 별이 떨어졌다고 해서 이런 이름이 붙었다. 어느 날 밤 중국 송나라의 사신이 길을 가다가 하늘에서 별이 떨어지는 것을 보고 떨어진 집을 찾아갔더니, 마침 부인이 아기를 낳았다. 그 사신이 아기를 보고 놀라 절하면서 문곡성(文曲星)의 화신이라 했다고 한다.

문곡성은 '북두칠성' 혹은 '북두구성' 중 네 번째 별이다. 고려의 백성들은 장군의 공적을 기려 태어난 집터에 3층 석탑을 세웠다. 서울시는 1974년 이 곳에 사당을 짓고 기념공원을 조성했다. 낙성대 문을 들어서니 보도 왼쪽에 낙성대 3층 석탑이 있다.

탑 앞면에 '강감찬 낙성대'라 새겨져 있어 고려 백성이 장군을 위해 세운 탑임을 알 수 있다. 오른쪽에는 근년에 세운 장군의 사적비가 있다. 정면의 사당 안국사(安國祠) 계단을 올라갔다. 향내 자욱한 사당 안에 장군의 영정이 걸려 있었다. 당당한 영웅의 풍모는 민족의 자긍심이다. 사당 옆에서 동남아 출신인 듯한 외국인 남녀들을 만났다. 그들은 한국의 이 명장에 대해 알고 있을까.

둘레길은 낙성대 앞 장군 동상을 지나 도로 반대편으로 이어진다. 건널목 바로 건너편에 안내표시가 있다. 골목길을 올라가면 쉼터 오른쪽에서 산길이 다시 시작된다. 울창한 숲속 호젓한 길을 따라 서울대 방향으로 간다. 이 길은 별로 길지 않다. 20~30분이면 '새실 쉼터'로 내려서게 된다. 서울대 정문으로 가는 고갯길. 여기서 둘레길을 계속 따라가려면 서울대 쪽으로, 지하철을 타겠다면 고개를 넘어 '서울대입구역'으로 간다. 낙성대 앞에서 주택가를 거쳐 관악구청 앞에서 서울대입구로 가는 길도 있다. 옛날엔 별이 떨어진 자리에서 영웅이 자랐지만 지금은 우리나라 최고의 상아탑(象牙塔) 서울대가 들어서 국가의 미래 동량들이 자라고 있다.

지하철 2 · 4호선 사당역 6번 출구 — 까치산 생태육교 — 무당바위 — 낙성대 공원 — 서울 대학교

037 현충원길

보석 같은 도심 숲길에서 느끼는 충효의 길

서울 동작구와 동작동의 지명은 옛날 '동재기나루', 즉 동작진(銅雀津)이란 나루터 이름에서 유래된 것이다. 동작진 옛터는 현재 '동작역'이 있는 '이수천' 입구로 추정되는데 조선시대 서울에서 과천, 수원, 평택으로 내려가거나 반대로 서울로 들어오는 사람들이 배로 한강을 건너던 교통의 요지였다. '동재기'란 명칭은 흑석동에서 동작동으로 넘어오는 강변에 검붉은 구릿빛 돌들이 많았던 데서 생겨났다고 한다. 한강의 중요한 나루터 중 하나였는데 동재기나루, '노들나루'(노량진), '광나루'(광진), '양화나루'(양화진) 및 '삼밭나루'(삼전도) 혹은 '송파나루'(송파진)는 한강의 5대 나루로 손꼽혔다. 세월이 변해 과거의 나루터엔 거대한 다리가 놓이고 나룻배 대신 지하철이 굉음을 내며 달린다. 지금 동작동을 대표하는 것은 나루가 아니라 국립 서울 현충원(顯忠院)이다. 이 현충원 뒤를 빙 둘러 돌아가는 나지막한 산줄기가 서달산(달마공원)이고 이 서달산 줄기를 따라 노량진까지 가는 트래킹 코스가 동작구가 개발한 '동작충효길'이다.

지하철 4호선과 9호선 '동작역' 4번 출구로 나오면 지하철 터널 위로 서달산이 우뚝 솟아있다. 도로변에 동작충효길 안내판과 함께 가파른 목제 데크 계단이 보인다. 급경사의 계단을 힘들게 오르면 숨이 가빠질 즈음 능선길이 시작된다.

능선길은 현충원 철담을 따라가는 길이다. 담장엔 새빨간 장미꽃이 피어있고 지역의

이런 저런 유래를 알려주는 안내판들과 의자, 운동시설들이 곳곳에 있어 지루하지 않다. 특히 부모님께 전화하는 곳, 업어 드리는 조형물 등 '충효길' 답게 효(孝)를 강조하고 있다. 하지만 이 길이 특별한 가장 큰 이유는 현충원을 마음대로 드나들 수 있는 문이 3곳 있다는 점이다. 사당출입문, 상도출입문, 흑석출입문을 통해 현충원 안과 밖을 자유롭게 넘나들면서 숲길 트래킹을 즐길 수 있다.

현충원 경내는 숲이 밖보다 더 울창하다. 많은 시민들이 걷고 있는 길 건너엔 이 땅을 지키려다 산화한 수많은 호국영령들의 묘석이 줄지어 서 있다.

곧 세 갈래 길이다. 이중 가운데 길을 따라가면 김대중(金大中) 전 대통령 묘소가 있다. 김 전 대통령은 사상 처음으로 선거에 의한 여야 정권교체를 이뤄 민주화를 완성시켰으며 외환위기의 수렁에서 나라를 구한 지도자였다. 그 너머엔 조선 제11대 중종의 후궁이자 선조의 친할머니인 창빈 안씨의 묘다. 이어 이승만(李承晩) 전 대통령과 영부인 프란체스카 여사의 묘소가 나온다. 대한민국의 독립과 건국을 앞장서 이끌었던 '건국의 아버지'이지만 '독재자'라는 오명도 따라 다닌다.

다시 앞서의 삼거리로 돌아와 오른쪽 길을 따라간다. 장군묘역을 지나니 곧 왼쪽에 박정희(朴正熙) 전 대통령과 육영수 여사의 묘소가 나타났다. 박 전 대통령은 경제개발에 성공, 헐벗고 굶주리던 이 나라를 잘 사는 나라로 탈바꿈시키는데 초석을 놓았지만 군사쿠데타와 유신독재로 민주주의를 후퇴시킨 과오도 남겼다.

길을 계속 가니 탑 하나가 솟아있다. '대한독립군(大韓獨立軍) 무명용사 위령탑'이다. "그리던 조상나라 다시 살리라, 그리던 자유 꽃이 다시 피리라". 탑에 새겨진 독립군가 가사를 보니 눈시울이 뜨거워졌다. 탑 아래는 대한민국 임시정부(臨時政府) 요인들과 애국지사 묘역이다. 양기탁, 박은식, 지청천, 신규식, 노백린, 이상룡, 홍진, 이회영, 김동삼, 신돌석, 허위, 이인영, 김상옥, 서재필, 이강훈, 민종식, 장인환, 양세봉 선생 등의 묘소가 있다. 일제에 빼앗긴 나라를 되찾기 위해 머나먼 이국땅에서 싸우다 한 많은 눈을 감으신 분들이다.
이젠 현충원 밖 동작충효길로 되돌아나가야 한다. 다시 박정희 전 대통령 묘소 쪽으로 돌아가다 보면 오른쪽에 '호국지장사'로 올라가는 길이 있다. 호국지장사는 서기 670년 처음 창건된 사찰로 당시 명칭은 화장사(華藏寺)였다가 지장사(地藏寺)로 개칭했고 1984년 호국영령의 극락왕생을 기원하기 위해 호국지장사로 부르게 됐다. 절 입구에는 수령 300년 넘은 느티나무가 있고 거대한 입석불이 내려다보고 있다. 능인보전(能仁寶殿) 안에는 서울시 유형문화제 제75호인 '지장사 철불좌상'이 있는데 신라말~고려초의 전형적 불상양식을 보여준다.
절 옆에 현충원 밖으로 나가는 길이 있다. 가파른 숲길을 돌아 올라가면 상도출입문이 있다. 이곳에서 오른쪽 길을 따라가면 곧 서달산 정상에 이른다. 해발 179m 서달산 정상에는 '동작대(銅雀臺)'라는 2층 누대가 높이 솟아 있다. 동작대 2층에 오르면 시원한 조망이 펼쳐진다. 남쪽으로 관악산과 삼성산이 웅장하게 버티고 있다. 서쪽으로는 국사봉이 지척이다. 북으로는 한강이 유유히 흐르고 그 건너 남산과 북악산은 물론, 북한산 줄기도 멀지 않아 보인다.
울창한 숲속 하산길, 흑석동 방향으로 조금 내려가면 왼쪽에 달마사(達磨寺)가 있다. 달마사는 일제강점기 때 '항일 선승'으로 유명했던 송만공 대선사의 법통을 이은 유심대사가 1931년 창건, 만공스님을 모시고, 여러 차례 법회를 열었다.
지금은 조계종 소속의 비구니 사찰이다. 입구에는 2층 산문이 높이 솟아 있고 예쁜 황토 빛 토담이 뻗어 있다. 그 앞에는 5층 석탑이 우아한 자태를 뽐낸다. 산문을 들어서 토담 옆에서 뒤돌아보면 한강 조망이 일품이다.
조금 더 내려가면 '달마약수터'와 '달마정'이 나온다. 여기서 좌회전해서 다시 능선으로 올라가야 서달산 숲길을 계속 트래킹할 수 있다. 도로를 가로지르는 생태육교를 건너 '서달산 자연관찰로(自然觀察路)'로 들어선다. 이 길은 아기자기한 볼거리가 많다. 울창한 숲과 야생화들, 수생학습원, 암석원 등에다 땅 속 체험장, 동물 발자국 찾기, 자벌레 놀이기구, 수많은 태극기로 장식된 나무 등이 어린이의 호기심을 자극한다. 잣나무 숲길에는 특히 피톤치드가 많이 발생한다. 자연관찰로가 끝나면 차도로 내려선다. 오른쪽으로 '중앙대학교' 캠퍼스 뒤를 따라 내려간다. 중앙대 후문에서 반대편으로 길을 건너 조금 더 가면 다시 숲길이 시작된다. 이 길은 '고구동산 길'이란 이름이 붙었다. 옛 '노량진 근린공원'이 바로 '고구동산'이다. 고구동산에는 정자와 벤치, 농구장과 테니스코트 등은 물론, 어르신들을 위한 게이트볼장도 마련돼 있다. 한쪽 끝 전망대에 서면 한강 전망이 일품이다. 정면으로 노들섬과 동작대교(銅雀大橋)가 왼쪽으로는 여의도와 '63빌딩'이 손에 잡힐 듯하다. 숲길을 계속 따라간다. 아파트 단지들 사이로 거짓말 같이 숨어 있는 보석 같은 숲길이다. 고구동산길의 끝은 지하철 9호선 '노들역'이다.

노들역에서 반대편으로 건너가면 배수지공원이 있다. 옛 강변 유수지를 멋진 공원으로 꾸며놓았다. 공원 반대쪽 끝에 '사육신묘'로 가는 트래킹 코스가 이어져 있다. 표시가 잘 돼있어 10여 분 만에 사육신묘에 이른다.

서울시유형문화재 제8호 사육신묘(死六臣墓)는 조선 세조 2년(1456), 단종의 복위를 도모하다 목숨을 바친 박팽년, 성삼문, 이개, 하위지, 유성원, 유응부 등 사육신을 모신 곳이다. 이들은 단종 3년(1455)에 숙부인 수양대군이 왕위를 빼앗고 단종을 몰아내자 단종의 복위를 꾀하다 발각되어 참혹한 최후를 맞았다. 홍살문을 지나 대로변으로 내려왔다. 길을 따라 조금 더 가면 지하철 1호선 '노량진역'이다.

배싸메무초 걷기 100선

038 국사봉길

도심 속 숲길에 남은 무학대사와 관운장 이야기

'국사봉'이란 이름이 붙은 봉우리는 전국 곳곳에 많다. 대개가 신라 말 도선국사를 비롯해 국사(國師) 칭호를 들었던 고승과 인연이 있는 봉우리들이다. 서울 청계산에도 국사봉(國思峰)이 있는데 이 국사봉은 한자 '사'자가 다르다. 국사에서 유래된 것이 아니라 고려 말 학자 조견이 이 봉우리에서 망해가는 고려왕조를 생각했다고 해서 붙여진 이름이다.

그런데 서울 한복판, 영등포구와 동작구의 경계 일대에도 국사봉이 있다는 것을 아는 사람은 지역 주민들 외엔 별로 없다. 국사봉은 '상도근린공원'이라고도 불린다.

이 국사봉은 무학대사(無學大師)와 관련이 있는 봉우리다. 사실 무학대사는 국사가 아니라 왕사(王師)다. '숭유억불' 정책을 폈던 조선왕조에서 국사는 없다.

다만 태조 이성계가 무학대사를 스승으로 모셨을 따름이다. 무학대사는 일찍이 이성계가 왕이 될 것이라고 예언했다. 또 조선 건국 후 한양 천도를 주도하고 도성 터를 잡았던 주인공이다.

그런데 대사가 한양의 지세를 살펴보니 만리현(현 만리동고개)이 밖으로 달아나는 '백호형'이었다고 한다. 그래서 도성의 안정을 위해 그 반대편에 있는 관악산 옆 삼성산 기슭에 호랑이 꼬리를 누른다는 의미로 호압사(虎壓寺)를 짓고 이곳 국사봉은 사자의 형상이라 하여 사자암(獅子庵)을 창건, 사자의 위엄으로 백호의 움직임을 막고자 했다고 전해진다.

이렇게 조선 개국 4년 후인 1396년 창건된 사자암은 지금도 국사봉 기슭에 있다. 절 이름만으로 풍수지리상의 결점이 얼마나 보완되는지는 무식한 필자가 알 리 없지만 사자암 입구 현판에는 '삼성산 사자암'이라고 쓰여 있어 호압사와 이 암자가 뗄 수 없는 관계임을 짐작케 한다. 아무튼 분명한 것은 이 봉우리는 삼성산이 아니라 국사봉이란 사실이다.
태조는 무학대사를 왕사로 추대하고 자주 사자암을 찾아 함께 국사를 논의했다. 또 대사를 추존(推尊) 한다는 뜻에서 원래 궁교산이라 불리던 이 암자 뒷산 이름을 국사봉으로 고쳤다.
국사봉 트래킹은 신대방동 '보라매공원'에서 시작된다. '동작충효길'의 일부다.
지하철 2호선 '신대방역' 4번 출구로 나와 '도림천'을 따라 10분 정도 걸으면 보라매공원 남문이 나온다. 보라매공원 최고의 볼거리는 음악분수(音樂噴水)다.
분수대에서 솟구치는 물줄기가 음악에 맞춰 이리저리 춤을 추는 모습은 그야말로 장관이다. 오후시간 매시 정각에서 20분 간 가동되며 야간에는 조명과 어우러져 더욱 환상적이다.
하지만 공원의 상징은 역시 보라매를 이고 있는 충효탑(忠孝塔)이다. 원래 '공군사관학교'가 있던 부지를 서울시가 인수, 재단장하고 공사의 상징인 '보라매'를 그대로 이름으로 사용하는 공원이다. 공사의 정기가 그대로 살아 있는 이 충효탑에는 '호국비천(護國飛天)'이라 새겨져 있다. 공원 뒤편에 비행기 8대가 전시돼 있는 '에어파크'도 옛 공사의 호국정신을 느낄 수 있다. 에어파크 뒤로 산길로 오를 수 있다. 울창한 숲속 흙길과 나무데크길이 번갈아 이어지면서 '보라매병원' 뒤를 지난다. 아쉽게도 길게 이어지지 못하고 '관악노인복지관'에서 끝난다.
동작충효길은 여기서 좌회전, 도로를 따라 '신대방삼거리역'까지 고개를 내려갔다가 길 건너 농협 왼쪽 골목길을 따라 다시 죽 올라오게 돼 있다. 마을버스가 다니는 골목을 계속 직진, 상도동 '갑을명가(甲乙名家)' 2차 아파트까지 올라오면 마을버스 정류장 위로 산길이 있다. 이것이 마땅찮으면 관악노인복지관에서 대로를 건너 골목길로 진입, '대성빌딩'을 지나 '당곡초등학교' 앞을 돌아 '당곡고등학교' 뒤로 올라도 된다. 복잡한 골목길을 잘 찾아가야 한다. 당곡고 위쪽 산기슭에 사자암과 '불로천(不老泉)' 약수터가 있고 그 옆으로 본격적인 국사봉 등산로가 시작된다.
어느 들머리에서 시작해도 30분 정도면 정상에 오를 수 있다. 정상에는 표지석과 철탑, 그리고 태극기가 휘날린다. 조망명소에서는 서울시내와 한강, 남산, 인왕산, 북악산, 북한산, 관악산 등 서울 일원의 산들이 모두 조망된다. 하산길을 내려오면 '국사봉터널' 윗길이 있다.
'국사봉중학교' 앞에서 도로를 건너면 다시 산길이 이어진다. 조금 걸으면 봉현 배수지공원(配水池公園)이 나오고 그 너머는 '구암중학교' 뒷산이다. 계속 길을 따라가면 도로를 건너는 생태통로가 있고 맞은편에는 멋진 정자가 길손을 기다린다. 국사봉길은 '봉현초등학교' 뒷산을 내려오면 끝난다. 바로 '살피재'다. 여기서 대로를 따라 내려가면 지하철 7호선 '숭실대입구역'이 나온다.

동작충효길은 '숭실대학교' 앞을 돌아 다시 사당이 고갯길을 올라 이어진다. 숭실대에서 총신대로 넘어가는 '사당이 고개'는 이 근처에 큰 사당이 있었다고 해서 붙여진 이름이다. 사당동(祠堂洞)이란 이름도 여기서 유래됐다.

'상현중학교' 옆에 도로를 가로지르는 생태다리가 있다. 이 생태다리를 건너면 서달산 산길이 이어진다. 산길을 따라 조금 오르면 동작 현충원 상도출입문 앞에 이른다. 여기서 서달산길을 따라 '중앙대학교' 쪽으로 내려가거나 노량진 방향으로 동작충효길을 계속 걸을 수도 있고 반대쪽 '동작역' 쪽으로 하산가거나 생태다리 직전에서 '사당역' 방향으로 바로 내려갈 수도 있다.

동작역 쪽으로 길을 잡고 상도출입문에서 현충원 뒷담을 따라 사당출입문 방향으로 가다보면 길 오른쪽 아래에 관제묘(關帝廟)가 있다. 관제묘는 삼국지에 나오는 촉한의 장수 관우를 신으로 모신 사당으로 신설동에 있는 관제묘는 동묘(東廟), 이곳은 남묘(南廟)라 부른다. 원래 중구 도동 1가 현 남대문파출소 뒤에 있었는데 지난 1979년 이곳 동작구 사당동 180-1번지로 이전했다.

지하철 2호선 신대방역 4번 출구 — 보라매 공원 — 국사봉 — 숭실대 입구역

배싸메무초 걷기 100선

039 봉산숲길

수색능선 봉수대 밑엔 황금법당이 숨어있다

봉산(烽山)은 서울 은평구 역촌동, 구산동과 경기도 고양시 덕양구 용두동, 향등동 사이 경계를 가로지르는 해발 207.8m의 낮은 산줄기다. '수색산' 혹은 '수색능선'이라고도 불리며 예전부터 인근 지역 주민들의 주말산책코스로 사랑을 받아 왔다. 조선시대 '내사산'(內四山. 북악산, 인왕산, 남산, 낙산) 밖의 '외사산'(外四山. 북한산, 아차산, 관악산) 중 서쪽에 있는 산으로 혹자는 '행주산성'이 있는 덕양산, 다른 이는 봉산을 각각 꼽는다.

'봉산'이란 이름은 조선시대 서울 무악산(毋岳山. 혹은 안산) 봉수로 이어지는 봉수대가 있었다고 해서 붙여진 것이다. 이곳 봉수대 자리는 1919년 '3·1만세운동' 당시 인근 마을 주민들이 모여 횃불을 밝히고 만세시위를 벌인 곳이기도 하다. 이 산의 다른 이름은 봉령산(鳳嶺山)이다. 산 정상에서 좌우로 뻗은 산줄기가 마치 봉황이 날개를 펴고 평화롭게 앉아 있는 형상이라는 데서 유래된 것이다.

북쪽으로 1.5~2km 위치에 서오릉(西五陵)이, 은평구 방향으로는 '황금사찰'로 유명한 수국사(守國寺)가 있다. 이곳 봉산의 무지개는 아름답기로 유명하다.

여름에 소나기가 온 후면 봉산에서 인근 백련산(白蓮山)까지에 걸쳐 커다란 무지개가 자주 나타났다고 한다. 무지개가 나타나면 동네 꼬마들은 그것을 타고 내려온다는 선녀를 혹시 만나볼까 해서 모두 집 앞에 나와 기다렸다고 한다. 오늘은 이 '봉산능선' 숲길을 걸으며 여름날 정취를 느껴본다.

지하철 6호선 '디지털미디어시티역' 5번 출구로 나와 SK주유소와 GS주유소를 지나 우측 '수색침례교회' 앞 골목으로 들어선다. 조금 올라가면 '수색청구아파트'가 나온다. 이 아파트와 '삼신아파트' 사이로 등산로 입구가 있다.
숲길로 들어서자마자 공기가 청량해지면서 답답했던 가슴이 확 풀린다. 숲길은 인적이 드물어 고즈넉하다. 오솔길이 됐다가 넓고 잘 정비된 길로 바뀌기를 반복한다. 봉산숲길은 도중에 '서울둘레길'과 만나게 된다.
송전철탑(送電鐵塔)을 향해 나무데크 계단을 오르니 어느 덧 조망명소에 이른다. 은평구 일대는 물론, 북한산의 연봉들이 손에 잡힐 듯하다. 하지만 시계가 썩 좋지는 않다. 오히려 조금 더 나가서 보이는 반대쪽 조망이 더 좋다. 능선 사이로 상암동과 한강 너머까지 한 눈에 내려다보인다.
다시 조망명소로 돌아가 오른쪽 길로 방향을 틀어야 한다. '향고개'로 가는 길이다. 봉산에는 목제의 사각형 간이정자가 곳곳에 있어 쉼터로 애용된다. 특이한 것은 사양정(思陽亭), 사숭정(思崇亭), 사은정(思恩亭), 사향정(思香亭) 등 '사'자로 시작하는 정자가 유달리 많다는 점이다. 헬기장을 지나니 멀리 정자를 이고 있는 산봉우리가 보인다. 바로 봉산 정상이다.
땀이 송글 송글 맺힐 무렵 정상에 도착했다. '봉산정'이라는 멋진 팔각정이 서 있다. 아까 멀리서 본 그 정자다. 봉산정 옆에는 태극기가 휘날리고, 태양광발전기도 힘차게 돌아간다. 정상 한쪽에 봉수대(烽燧臺) 축소 모형 2개가 설치돼 있다. 은평구가 2011년 '봉산 해맞이공원' 조성사업의 일환으로 설치한 것이다. 이곳에선 서울 시내와 반대편 고양시가 한 눈에 내려다보이고 북한산 줄기가 제대로 조망된다. 여기서 구파발만 지나면 바로 북한산이다.
이 길의 하이라이트는 역시 오른쪽 기슭에 있는 수국사다. 이 절은 은평구 갈현동에 있는 사찰로 '조계사'의 말사이다. 1459년(조선 세조 5년) 왕명으로 창건되었다. 세조의 큰아들 숭(崇)이 20세로 일찍 죽자 덕종(德宗)으로 추존하고 그 넋을 위로하고자 절을 지은 것. 창건 당시에는 정인사(正因寺)라 했다.
이후 몇 차례의 중창을 거쳐 지난 1995년 한자용이 '황금보전(黃金寶殿)'을 세운다. 황금보전은 '황금법당'이라고도 하며 내부와 외부에 화려한 금칠을 했다. 유물로는 괘불(掛佛)이 매우 유명하다. 1908년 제작된 것으로 가로 414cm, 세로 680cm이다. 황금법당 밑 미륵불입상도 빼놓을 수 없다. 석양이 지고 전등불이 켜지면 황금법당의 금단청에 불빛이 반사돼 화려한 조명을 선사한다.
다시 능선으로 올라와 '벌고개'에서 서울 은평구와 고양시를 잇는 서오릉로를 건너 서울둘레길은 계속된다. 이 고개가 벌고개'로 불리게 된 것과 관련, 전설이 있다.
세조의 세자인 덕종의 무덤이 이곳 서오릉에 정해졌다. 이때 지관(地官)은 "이 곳이

천하 명당임에는 틀림없으나 이미 땅 속에 벌(蜂)들이 자리 잡고 있는 게 문제"라고 지적했다. 사람의 목숨과 바꿔야 하는 명당이란 얘기다. 그는 정확한 지점을 가르쳐 준 후 반드시 1시간 후에 땅을 파라고 신신당부하고 떠났다. 그런데 갑자기 먹구름이 밀려오자 인부들은 지관의 말을 무시하고 땅을 파기 시작했다. 그러자 느닷없이 땅 속에서 벌떼들이 몰려나와 고개를 오르고 있던 지관을 공격, 그는 즉사하고 말았다. 이에 사람들은 벌의 집을 왕릉으로 추천한 지관이 '벌에게 벌을 받은 고개'라 해서 벌고개라 부르게 됐다는 얘기다.

서오릉 뒷산인 앵봉산을 오른다. 앵봉산은 해발 235m로 봉산보다 더 높다. 숨이 차오른다. 사적 제198호 서오릉(西五陵)에는 덕종의 경릉(敬陵), 그의 아우 예종과 계비 안순왕후 한씨의 창릉(昌陵), 숙종의 비 인경왕후 김씨의 익릉(翼陵), 숙종과 계비 인현왕후 민씨 및 제2계비 인원왕후 김씨의 능으로 구성된 명릉(明陵), 영조 비 정성왕후 서씨의 홍릉(弘陵)이 있다.

서오릉 철담을 왼쪽에 끼고 능선을 오르내린다. 오른쪽으로 북한산이 지척이다. 앵봉산 정상은 방송국 송신국의 차지다. 두 개의 송신탑이 높이 솟아 있다. 대신 조금 내려가면 나오는 전망대에선 조망이 확 트이면서 고양시 일대가 한 눈에 조망된다. 능선을 따라 내려가다 군부대 참호시설을 지나면 곧 오른쪽으로 본격적인 하산길이다. 이 길을 따라 '박석고개'로 내려선다. 인근 '탑골생태공원'을 잠시 들렀다 고개 너머 다른 생태공원으로 내려왔다. 정면에 '은평 자원재활용시설' 굴뚝이 우뚝 솟아있고 서울둘레길 앵봉산 구간 안내판이 있다. 대로로 내려와 사거리에서 건널목 건너 맞은편 도로를 따라가면 지하철 3호선 '구파발역'이다.

지하철 6호선 디지털 미디어시티역 5번 출구 — 봉산공원 — 수국사 — 앵봉산 — 박석고개

배싸메무초 걷기 100선

040 불암산 둘레길

서울을 굽어보며 미소 짓는 불암(佛岩)의 부처님

"이름이 너무 커서 어머니도 한번 불러보지 못한 채
내가 광대의 길에 들어서서 염치없이 사용한
죄스러움의 세월, 영욕의 세월
그 웅장함과 은둔을 감히 모른 채
그 그늘에 몸을 붙여 살아왔습니다.
수천만 대를 거쳐 노원(蘆原)을 안고 지켜온
큰 웅지의 품을 넘보아가며
터무니없이 불암산(佛岩山)을 빌려 살았습니다.
용서하십시오"

'불암산 명예산주'라는 방송인 최불암(崔佛岩)씨가 불암산 둘레길에 세운 비석에 새긴 '불암산이여!'라는 시다. 불암산은 서울 노원구와 경기도 남양주시 별내면의 경계에 있는 산이다. 높이 509.7m이며 필암산(筆岩山), 또는 천보산(天寶山)이라고도 한다. '덕릉고개' 남쪽에 높이 420m의 또 하나의 봉우리를 거느린 산으로 거대한 암벽과 절벽, 울창한 수목, 폭포 등이 어우러져 아름다운 풍광을 자랑한다. 전설에 따르면 불암산은 원래 금강산에 있던 산이라고 한다. 그런데 어느 날, 불암산 산신령은 새로 건국한 '조선왕조'가 도읍지를 정하는데 '한양'의 '안산' 격인 남산이 없어 결정을 내리지 못한다는 소문을 듣고 자기가 남산이 되어 보겠다고 금강산을 떠나 한양으로 향했다. 그런데 지금의 불암산 자리에 도착해서야 한양에는 이미 남산(南山)

이 자리를 잡고 있는 걸 알게 됐다. 할 수 없이 뒤돌아서 돌아가려고 했다. 그러나 한 번 떠난 금강산에도 다시 돌아갈 수 없다는 걸 깨닫고 그 자리에 그만 주저앉고 말았다고 한다. 이 때문에 불암산은 지금도 서울을 등지고 있는 모양새라는 것이다.
이 불암산에도 최근의 걷기 열풍 덕분에 둘레길이 조성됐다. 오늘은 '서울둘레길'의 일부이기도 한 이 불암산 둘레길을 돌아보기로 했다.
지하철 6호선 '화랑대역' 4번 출구에서 나오면 '삼육대학교' 정문까지 이어진 화랑로(花郎路)가 있다. '화랑대'로도 불리는 '육군사관학교'가 있어 붙여진 거리 이름이다. 오가는 차량도 드물고 아름드리 플라타너스 나무가 양쪽으로 끝없이 늘어선 아름다운 가로수길로 유명하다.
시간이 충분하다면 화랑로 주변에 있는 유네스코 세계문화유산인 '조선왕릉'의 하나인 태릉(泰陵)과 '태릉선수촌', 육사, '서울여자대학교', 지금은 기차가 다니지 않는 옛 경춘선 '화랑대역' 등도 들러 볼 만하다. 화랑대역을 중심으로 한 옛 경춘선 철길은 최근 트래킹코스로 복원돼 시민들의 사랑을 받고 있다.
삼육대 정문에서 캠퍼스로 들어선다. 삼육대(三育大)는 1906년 '제7일 안식일 예수재림교'에서 평안남도 순안에 설립한 의명학교(義明學校)가 전신이다. 1942년 일제의 탄압으로 폐교됐다가 1947년 신학교로 다시 개교하고 1961년 정규 4년제 대학인 '삼육신학대학', 1966년 '삼육대학', 1992년 삼육대학교로 개칭했다. 본관 앞에서 왼쪽 길로 간다. 울창한 숲길을 오르면 어느 새 캠퍼스를 지나 산길이 된다. 오른쪽에 아름다운 호수가 있다. '제명호'다. 제명호는 1953년 조성된 인공호수다. 1947년 현재의 삼육대 부지를 마련했고 한국전쟁 후 '삼육신학원'의 초대 원장을 맡는 등 대학 발전에 지대한 공헌을 한 고 이제명(미국명 제임스 밀턴 리) 목사의 이름을 딴 것이다. 호수 한쪽으로 난 산길을 따라 오르니 곧 삼육대 부지를 둘러싼 철책이 나타난다. 철책 문을 나와 좌회전하면 본격적인 불암산 둘레길이 시작된다. 고개를 들어보니 불암산 정상부 암봉이 장엄하게 우뚝 서서 서울을 굽어보고 있다. 왼쪽 담장 안은 삼육대 생태경관보전지역이다.
둘레길을 따라 '104마을' 갈림길을 지난다. 제법 경사가 가파른 구간도 있다. 고갯마루에 있는 소나무엔 '우리 공릉산 푸르게 푸르게'란 팻말이 달려 있다. 공릉산(孔陵山)은 불암산의 한 자락이란다.
샘터를 지나면 곧 조선시대 무공(無空)스님이 세운 학도암(鶴到庵) 가는 길과 만난다. 여기서 잠시 둘레길을 벗어나 학도암을 둘러보기로 했다. 급경사의 '깔딱'을 땀 흘려 올라야 하지만 코스 중 서울 시내를 내려다 볼 수 있는 유일한 방법이다.

이 산이 불암산이라 불리게 된 것은 큰 바위로 된 봉우리가 마치 송낙(스님들의 모자)을 쓴 부처의 형상 같아서라지만 불암(佛岩)이라 명명될 만한 바위가 있을 법하다. 실제 불암은 전국 곳곳에 꽤 많이 있지 않은가. 그 불암을 학도암 뒤에서 찾았다. 학도암 뒤에는 거대한 암벽에 새겨진 마애(磨崖) 관세음보살상(觀世音菩薩像)이 있다. 서울시 유형문화재 124호로 조선 말기를 대표하는 마애관음상이다. 이것이 불암이 아니고 무엇이랴. 불암의 부처님은 자애로운 미소로 서울 시내와 그 곳에 모여 사는 사람들을 굽어보고 있다. 필자도 그 아래서 서울을 내려다본다. 다시 둘레길로 내려와 호젓한 숲길을 따라 간다. 완만한 바위 절벽을 깎다 만 듯한 곳을 지나 조금 더 가니 길 오른쪽에 최불암 씨의 시비가 서 있고 곧 제5등산로와 만난다. 여기서 지하철 4호선 상계역(上溪驛)으로 바로 내려갈 수도 있지만 '철쭉동산' 방향으로 계속 직진한다. 아까보다 숲길은 더 우거지고 인적은 더 드물다. 오른쪽에 불암 약수터가 나타났다. 시원한 약숫물로 목을 축이고 다시 길을 간다. 오른쪽에 불암산 정상이 우뚝 솟아 있다.

잠시 터널 같은 숲길을 통과하고 작은 계곡을 건너니 고갯마루에서 시계가 확 트인다. 정면에 버티고 있는 산이 바로 수락산(水落山)이다. 오른쪽 길을 따라가면 덕릉고개를 넘어 수락산 정상으로 갈 수 있다. 왼쪽 아래는 오늘 트래킹의 종점인 철쭉동산이다. 불암 현대아파트 옆 골목길을 계속 따라 내려와 큰 길에서 우회전, 기업은행 앞 사거리에서 반대편으로 길을 건너 직진하면 지하철 4호선 종점인 '당고개역'이 나온다.

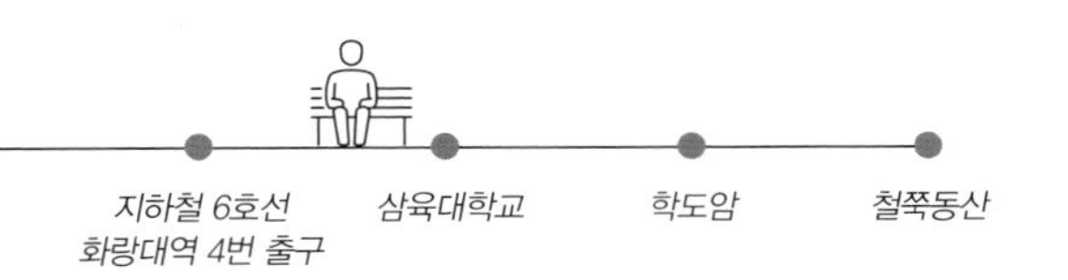

배싸메무초 걷기 100선

041 대공원 뒷길

청계산 120% 즐기기…
숨겨진 베스트 삼림욕길

청계산(淸溪山)은 서울 강남을 대표하는 육산으로, 바위산인 관악산과 달리 험준하지 않고 부드러운 흙산이어서 사시사철 많은 사람들이 찾는다. 서울 서초구와 경기도 과천시, 의왕시, 성남시에 걸쳐 있다. '옛골', '원터골', '청계골', '청계사', 양재동 트럭터미널, 내곡동, '하오고개', 과천 문원동, '인덕원', '서울대공원' 등 등산로 들머리도 여러 곳이다.

하지만 너무 등산객이 많다 보니 조금이라도 사람이 적은 길을 찾게 된다. 가장 호젓하면서도 자연미가 살아있는 등산로로 과천 서울대공원 뒤에서 오르는 길을 추천하고 싶다. 대공원(大公園) 뒤편 철책을 따라 '절고개' 능선을 돌아가는 길이다. 무더운 여름날, 본격 등산보다 시원한 숲속에서 삼림욕을 즐기는 트래킹을 원한다면 이 길이 청계산의 베스트 코스다. 대공원 뒷담을 따라가는 능선길은 청계산에서 가장 조용하고 숲이 울창하다.

지하철 4호선 '대공원역'에서 내려 3번 출구로 나온다. 길을 따라 직진하다가 서울대공원 앞 광장에서 오른쪽으로 고개를 돌려보면, 리프트 타는 곳이 있다. 그 뒤로 등산로가 숨어 있다. 도로를 따라 내려가다가 왼쪽으로 돌아 문원동(文原洞)에서 오르는 것이 원래 코스지만 대공원 경내를 통과해 밖으로 나오는 오솔길도 여럿 있다. 주말임에도 오가는 사람이 드문 조용하고 한적한 숲길이다.

대신 울창한 숲과 새소리, 산들바람과 들꽃들이 반겨준다. 무덤이 있는 곳에서 잠깐 시계가 트이면, 오른쪽으로 관악산(冠岳山) 정상이 성큼 다가선다. 슬슬 땀이 나고 목이 마를 즈음, 약수터로 가는 샛길이 나타난다. '매봉 1약수터'와 '매봉 2약수터'

등 2곳의 약수터가 있다. 1약수터에 잠시 들러 목을 축이고 다시 주등산로로 돌아왔다. 여기서 '과천매봉'이라고 불리는 응봉(鷹峰) 정상까지는 제법 가파른 계단길이다. 곧 '과천역'에서 '문원2단지 아파트', '소망교회'를 거쳐 올라오는 '솔레길'과 만난다. 이제부턴 이 코스에서 유일한 '깔딱'이다. 땀이 줄줄 흐르고 숨이 가빠진다. 8부 능선쯤에서 과천매봉을 생략하고 왼쪽 샛길을 통해 능선으로 빠질 수도 있다. 하지만 그 유혹을 뿌리치고 계속 오르면 충분한 보상이 따른다.

369.3m 과천매봉 전망대에 서면 흘린 땀과 도시생활의 스트레스가 단번에 날아간다. 대공원과 과천시내, 정부과천청사(政府果川廳舍)를 굽어볼 수 있는 것은 물론, 건너편 관악산과 삼성산 봉우리들이 손에 잡힐 듯 가깝게 보인다. 과천매봉에서 인근 매봉산과 '아미마을'을 거쳐 인덕원으로 하산할 수도 있다.

왼쪽으로는 대공원 철책을 따라 길게 평탄한 길이 이어져 있다. 소나무 숲이 울창하게 우거져 있는 아름다운 길이다. 이 능선길은 아무리 무더운 날에도 솔바람이 자주 불어 땀을 식혀주는 바람길이기도 하다. 송전철탑들이 과천시내에서 올라와 반대편 산으로 달려간다.

과천매봉에서 30분 남짓 가다보면 푸른빛이 감도는 기이한 형상의 범상치 않은 바위가 나타난다. 청룡암(青龍岩)이다. 청계산의 옛 이름은 청룡산(青龍山)이다. 푸른 용이 승천했다고 해서 이런 이름이 붙었는데 그 자리에 이 바위가 솟아났다는 전설이 전해 내려온다.

헬기장과 390m 고지를 지나면 곧 절고개가 있다. 여기서 오른쪽 하산길로 접어들어 조금 내려가면 청계산의 대표 사찰인 청계사(清溪寺)가 모습을 드러낸다.

청계사는 통일신라 때 처음 창건돼 고려 충렬왕 10년(1284년) 크게 중창됐다고 한다. 조선시대 연산군이 도성 안에 있는 절을 모두 폐쇄하자 불교 측이 봉은사를 대신해 청계사를 선종의 본산으로 정했다는 유서 깊은 사찰이다. 절 내에는 본전인 극락보전(極樂寶殿)과 칠성각, 산신각, 종각 등 10여 채의 건물과 동종, 목판 등의 문화재가 있다. 신라 때의 석등과 부도조각 일부도 남아있다. 청계사는 특히 지난 2000년 10월 극락보전 내 관음보살상(觀音菩薩像)에 '우담바라' 꽃이 피었다고 해서 화제가 됐었다. 우담바라는 '석가여래불'이나 '전륜성왕'이 나타날 때, 3,000년 만에 한 번씩 피는 전설의 꽃이라고 전해진다.

청계사에서 주차장으로 내려가는 길은 아름다운 숲길이다. 경기도 의왕시는 이 일대에 '청계산 맑은 숲 공원'을 조성했다. 공원 안으로 들어가 산책로를 따라 계곡으로 내려갔다. 이 계곡에서 청계천(清溪川)이 시작된다. 의왕시 청계동 69-1에서

발원하여 포일동 151-1에서 학의천(鶴儀川)에 합류하는 지방2급 하천이다. 길이는 4.8km, 유역면적은 6.4km²다. 계곡 바로 옆으로 나무 데크 산책로가 뻗어 있다.
다시 도로로 올라가 주차장까지 길을 따라 내려간다. 차량과 사람이 뜸한 한적한 도로 왼쪽에 청계천이 흘러 내려간다. 주차장에서 10번이나 10-1번 마을버스를 타면 지하철 4호선 인덕원(仁德院)역으로 나갈 수 있다. 종점이어서 오후 6시 이후에는 다음 정류장까지 5분 정도 더 내려가야 한다. 좀 더 길게 트래킹하고 싶다면 청계사에서 다시 절고개 능선에 올라 조금 더 가면 갈림길이 나온다. 여기서 청계산 정상인 망경대(望京臺)로 갈 수 있고 동쪽에 이수봉, 그 남서쪽에는 국사봉이 있다.

지하철 4호선 대공원역 3번 출구 — 과천매봉 — 청계사 — 청계천

배싸메무초 걷기 100선

042 무너미고개

고개는 산을 둘로 나누고 두 물길도 넘는다

'무너미'와 그 변형인 '무네미'라는 이름이 붙은 고개는 전국 곳곳에 많이 있다. 공주 '무너미고개', 청원 '무너미고개', 용인 '무네미고개', 설악산 '무너미고개', 서울 관악산 '무너미고개', 인천 장수동 '무네미고개' 및 서창동 '무네미길' 등등. 서울 수유리(水踰里)도 원래 '무너미'인데 한자로 옮겨 수유리가 된 것이라고 한다.

이 지명들은 '물을 넘는다'는 뜻이 있다. 옛날에는 교통이 발달하지 않아서 물을 만나면 이를 넘거나 우회하는 길이 생기게 되는데 그런 길에 대한 일반 명칭이라는 것이다. 반론도 있다. 산을 뜻하는 고어인 '무레'와 '너미'가 합쳐진 말로 산등성이를 넘는 고개라는 의미라는 것. 어느 설이 맞는지 필자가 판단할 능력은 없지만 관악산(冠岳山) 무너미고개를 넘다보면 두 설이 다 일리가 있다는 생각이 든다. 무너미고개는 관악산과 삼성산 사이 가장 낮은 산등성이 고갯길이다.

동시에 '서울대학교' 옆을 흐르는 '도림천'과 안양예술공원(安養藝術公員. 옛 안양유원지)을 거쳐 '안양천'으로 흘러드는 '삼성천' 물길이 나눠지는 곳이기도 하다. 이 고개를 넘으려면 물길을 몇 번씩 건너야 한다.

무너미고개 계곡트래킹은 서울대 정문 옆, 관악산등산로 입구에서 시작하는 게 일반적이다. 지하철2호선 '서울대입구역'에서 내려 3번 출구로 나오면 관악산 등산로 입구인 서울대 정문으로 가는 마을버스들이 여러 대 있다. 이 버스를 타고 서울대 앞에서 내려 '관악산공원파출소' 앞을 돌아 등산로를 따라 간다.

서울대 옆 관악유원지는 무너미고개에서 흘러내려온 도림천(道林川) 물이 원천이다. 도림천은 안양천의 제1지류로서 관악산과 삼성산 중간골짜기에서 발원하여 관악구 신림동을 지나 신대방역·대림역을 따라 흐르다가 양천구 신정1동의 신정1교 부근에서 안양천에 합류된다. 길이는 14.2㎞인데 지류로 '대방천'과 '봉천천'이 있다. 그 물줄기를 따라 호수공원을 지나 계속 오른다. 오른쪽은 삼성산(三聖山), 왼쪽은 관악산이다. 무너미고개로 가려면 하천을 가로지르는 다리들을 넘나들면서 도림천을 따라가야 한다.

도림천은 제법 수량이 있어 여름철엔 물놀이하는 사람들이 많다. 완만한 계곡길을 오르다보면 널찍한 공터인 제4야영장에 이른다. 여기서 많은 등산객들이 왼쪽 연주대로 빠지고 길은 호젓해진다. 다시 삼막사(三幕寺) 가는 등산로가 갈라지는 삼거리에서 삼성산행 등산객들이 가버리면, 주말에도 인적이 드물다.

다시 15분 정도면 고갯마루에 이른다. 무너미고개 정상은 참으로 볼품없다. 잠시 앉아 숨을 돌릴만한 곳도 없고 사람 한명이 겨우 지날 정도의 좁은 고개다. 그러나 반대편으로 넘어가면 곧 반가운 물길이 나타난다. 삼성천(三聖川)이다.

삼성천은 서울 금천구 시흥동 동쪽 삼성산에서 발원하여 '시흥계곡'을 따라 흘러 안양천으로 흘러 들어가는 하천이다. 시흥천(始興川)이라고도 한다. 발원지는 삼성산이지만 관악산 '팔봉능선'에서 흘러내린 물이 하천 형성에 큰 도움이 된다. 삼성천을 따라 울창한 숲속으로 평탄한 하산길이 이어진다. 신발을 벗고 맑디맑은 계곡물에 발을 담근 채 시원한 막걸리 한잔을 들이키면 신선놀음이 따로 없다.

계속 내려오면 '서울대학교수목원' 후문에 닿는다. 수목원(樹木園)은 들어갈 수 없다. 오른쪽 다리 건너에 우회 등산로가 있다.

우회등산로는 이 트래킹코스의 또 다른 묘미다. 삼성산 허리를 가로지르는 길이기에 이제까지의 평탄한 코스와 달리 제법 가파른 오르막과 아기자기한 암릉 등 등산의 맛도 조금 느낄 수 있기 때문이다. 관악산 주능선의 장엄한 암봉들을 조망할 수 있고 평촌 시내를 한눈에 굽어볼 수도 있다.

서울대 정문을 출발한지 약 3시간이면 안양예술공원에 도착한다. 2005년 옛 안양유원지(安養遊園地)에 다수의 조각 작품 등 각종 조형물을 설치, 예술공원으로 탈바꿈한 곳이다. 원통형으로 길게 이어진 통로를 걸을 수 있게 만든 조형물, '우리들의 안양'이라 새겨진 글씨가 새겨져 있는 바위 몇 개를 모아 쌓아올린 작품, 삼성천 건너 둑에 예쁜 꽃모양의 조형물을 다수 붙인 작품, 인공폭포 등이 인상적이다. 삼성천은 물놀이 인파로 붐비고 천변에는 맛집들도 즐비하다. 그 곳에 소중한 우리 문화유산들이 숨어있다. 유원지 중간쯤, 마을버스 종점 주차장 뒤 보호각 안에 있는 석수동 마애종(磨崖鐘)은 우리나라에서 현존하는 유일한 '마애종', 즉 바위에 새긴 종이다.

달아놓은 종을 스님이 치고 있는 장면을 거대한 바위에 묘사한 것으로 신라말 또는 고려초기의 작품으로 추정된다. 경기도 지방문화재 제92호로 지정돼 있는데 국내 유일의 마애종이란 희귀성을 감안하면 좀 더 대접을 해줘야 하지 않을까 생각해본다.
삼성천을 따라 조금 더 가면 중초사교 다리와 '김중업박물관'이 나오고 그 바로 뒤 오른쪽에 옛 (주)유유의 정문이 있다. 이 문을 들어가면 바로 왼쪽에 당간지주와 3층 석탑이 보인다. '중초사' 옛터인 이곳 당간지주(幢竿支柱)는 보물 제4호로 지정된 귀중한 문화재다. 신라 흥덕왕(興德王) 2년(827년) 건립된 만들어진 연도를 정확히 알 수 있는 국내에서 유일한 당간지주이기 때문이다. 그 옆에 있는 경기도 유형문화재 제164호 중초사지 3층 석탑은 고려 중기의 석탑이다.
다시 중초사교를 건너 삼성천변 산책로를 따라 걷는다. 700m 정도 가면 오른쪽에서 '삼막천'이 합류한다. 두 물줄기는 합쳐져 안양천으로 흘러들어간다. 삼막천 합수지점에서 징검다리를 건너 삼막천 상류지점으로 거슬러 올라가면 곧 아치형 돌다리가 보인다. 조선 정조대왕이 수원 화성 행차를 위해 건립했다는 유서 깊은 다리 만안교(萬安橋)다. 경기도 유형문화재 제38호로 조선후기의 대표적 홍예석교로 평가된다. 만안교를 건너 아스팔트 대로를 따라 500m 정도 가면 수도권전철 1호선 '관악역'이 나온다.

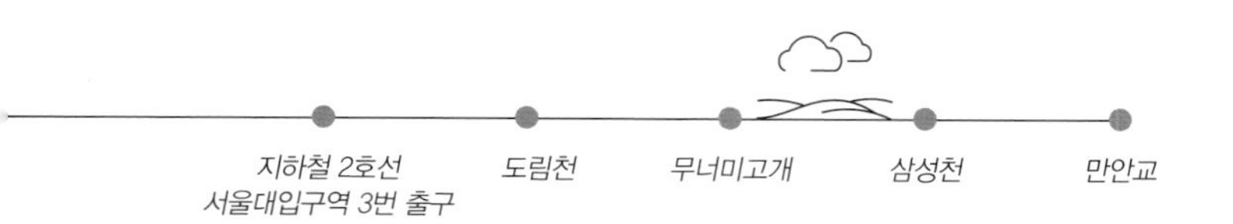

후손이 없는 사람들의 퇴락한 무덤들

우이천(牛耳川)은 북한산과 도봉산의 경계인 강북구 '우이동계곡'에서 출발, 강북구와 도봉구를 가르며 흐르다 '중랑천'으로 합류하는 총연장 8.3㎞의 중랑천 지류 가운데 가장 큰 하천이다. 우이천이라는 지명은 도봉산 자락에 있는 소의 귀처럼 생긴 봉우리인 소귀봉 또는 우이봉 아래를 흐르는 하천이라는 데서 비롯됐다. 북한산과 도봉산을 연결하는 고개인 '소귀고개', 즉 우이령(牛耳嶺) 아래에서 흘러내리는 물길이라는 의미도 있다.

이 우이천을 사이에 두고 양쪽에서 마주 보고 있는 해발 100m대 초반의 낮은 산이 초안산과 오패산이다. 산이라기보다는 언덕 수준이지만 높이에 비해 품이 넓어서 그 속에는 부드러운 숲길이 여러 갈래로 이어져 있고 능선에 서면 예상 밖으로 전망이 시원하다.

초안산은 도봉구 창동과 노원구 월계동에 걸쳐 있는 해발 114.1m의 산이다.

특히 조선시대 고분 1,000여 기가 밀집해 있는 곳으로 편안한 안식처를 정한다는 의미에서 초안산(楚安山)이라는 지명이 유래했다 전해진다. 초안산은 '한북정맥'으로부터 벗어난 곳에 나지막하게 자리하고 있는 구릉성 산지로 모래와 진흙 등의 마사토 지질로 배수가 잘되고 험하지 않다. 또 왼쪽은 '우이천', 오른쪽은 중랑천이 초안산을 감싸고 있는 형국이어서 묘역을 조성하기에 유리한 자연적 조건을 갖췄다. 이로 인해 조선시대 때 신분을 초월한 공동묘지가 조성된 것으로 보여진다.

초안산에는 내시(內侍)와 궁녀(宮女) 및 양반에서 서민에 이르기까지 1,000여 기의 분묘군이 있는데 2002년 3월 9일 사적 제440호 '서울 초안산 분묘군'으로 지정됐다.

다른 곳과 달리 대부분의 무덤들이 서쪽을 향하고 있는 게 특징인데 산의 지형적 조건 때문이라는 설명도 있고 임금을 가까이에서 모시던 사람들인 만큼 죽어서도 서쪽에 있는 궁궐을 바라보고 있는 것이라는 해석도 있다. 그러나 대부분의 분묘들이 심하게 훼손돼 있고 석물들도 파손되거나 넘어진 것들이 많다. 대신 산기슭 '비석골 근린공원'에는 다양한 석물들을 모아 전시하고 있다.

우이천 건너편 오패산(梧牌山)은 북한산의 한 지맥으로 강북구 번동과 미아동의 경계를 이룬다. 높이는 약 123m이며 벽오산이라고 불리는 봉우리는 약 135m이다. '매봉짜', '빡빡산', '벽오산'이라고도 한다. 특히 오패산에는 '북서울 꿈의 숲'이 들어서 다양한 보고 즐길 거리를 갖춘 서울시민들의 소중한 휴식처가 됐다.

오늘은 초안산에서 우이천을 건너 북서울 꿈의 숲까지 걸어본다.

수도권전철 1호선을 타고 의정부 방향으로 가다가 녹천(鹿川) 역에서 내린다.

1번 출구로 나와 삼거리에서 좌회전하면 길 오른쪽에 초안산으로 오르는 계단이 있다. 계단을 올라 갈림길에서 왼쪽 길을 따라간다. 울창한 숲길을 따라가면 멀지 않아 헬기장이 나오고 곧 사각형 나무 정자와 국기게양대, 그리고 지적삼각점 철탑이 있는 초안산 정상이 있다.

정상에서 내려가는 길은 세 갈래다. 직진해서 월계동(月溪洞) 방향으로 간다. 또 다른 헬기장을 지나 운동기구들이 있는 넓직한 공터에 이르면 왼쪽 방향으로 간다.

곧 석물들이 있는 무너진 무덤들이 하나 둘 보이기 시작한다. 삼거리에서 오른쪽 방향 비석골근린공원을 향해 간다. 솔숲 아래로 쓰러진 석물들과 훼손된 무덤들이 널려 있다. 묘는 없이 문인석(文人石) 하나 외로이 서 있거나 상석만 있는 곳도 있다. 쓰러진 비석과 제단만 뒹굴기도 한다. 한쪽엔 석물 없이 봉분만 3개 있는데 잔디 대신 잡풀이 무성하다. 후손이 없는 내시들의 쓸쓸하게 퇴락한 무덤들이다.

초안산에는 내시를 비롯해 양반과 서민 등 조선시대 분묘 약 1,000여 기가 밀집돼 있으며 특히 내시들의 무덤이 많아 '내시네 산'이라고도 불렸다. 이곳에 남아있는 내시의 묘 중 가장 오래된 것은 1634년(인조 12년) 건립된 송극철의 묘다.

문인석과 무인석 사이, 묘가 있었을 법한 곳에 있는 돌계단을 내려오니 비석골근린공원이다. 이 공원에는 인근에서 수집된 문인석, 상석, 망주석, 동자상 등 각종 석물을 모아 전시해 놓았다. '녹천'이란 지명의 유래가 된 이유(李濡. 호 녹천. 효종때 영의정을 지냄)에서 유래된 '녹천마을 치성제'와 '안골 치성제' 안내판도 있다.

공원 정문을 나와 '월계고등학교' 앞을 지나 우회전, 월계2동 주민센터 앞에서 오른쪽 길로 간다. 이 길을 따라 '염광고등학교'를 끼고 돌아 사거리에서 우회전,

'신창중학교' 앞을 지나면 길 건너에 우이천이 있다. 둔치로 내려가 징검다리를 건너 산책로를 따라 조금 걸으면 '월계2교'로 올라가는 들머리가 있다. 여기서 도로로 올라가 주공아파트 쪽으로 길을 건너 인도를 따라 곧장 간다. 10분 정도 걸으면 북서울 꿈의 숲 동문이 나온다. 옛 '드림랜드' 자리에 조성된 북서울 꿈의 숲은 이름처럼 환상적인 숲이 공원을 감싸고 있는 시민들의 소중한 쉼터다.
월영지(月影池)라는 연못과 넓은 잔디밭, 미술관, 정우성과 김태희가 출연했던 KBS 블록버스터 인기드라마 '아이리스'의 촬영장이었던 전망대, 조선 순조의 둘째 딸 복온공주와 부마인 '창녕위' 김병주를 위한 재사인 창녕위궁재사(昌寧尉宮齋舍) 등 볼거리가 많다. 오패산 산줄기에 이리저리 나 있는 울창한 숲길을 걸어도 좋다.
북서울 꿈의 숲 동문 앞에서 길을 건너 강북09번이나 강북11번 마을버스를 타면 지하철 4호선 '수유역'과 '미아삼거리역'으로 나갈 수 있고 147번 간선버스는 1호선 '월계역'이나 6호선 '돌곶이역', 100번 버스는 7호선 '하계역', 마을버스 성북14은 1호선 '석계역'으로 각각 연결된다.

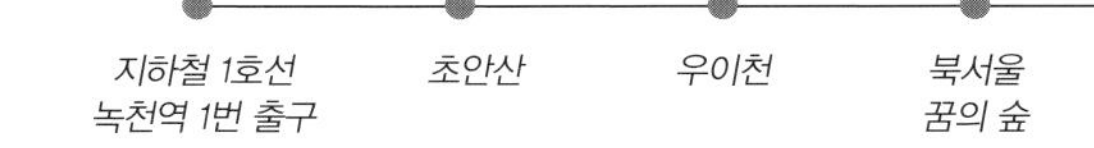

서울 도심의 유일한 천연계곡, 비밀의 정원

서울 도심 한복판에 숨어 있는 천연 청정계곡. 비만 오면 자연 폭포가 생기고 주택가 골목 사이로 폭포수가 흘러내리는 곳. 도심에 있으면서도 개발 제한구역이어서 자연 생태계가 잘 보존돼 있고 1급수에만 사는 도롱뇽과 맹꽁이, 버들치 등 멸종위기 동물들이 서식하는 곳. 북악산 북쪽 기슭, 종로구 부암동에 있는 대한민국 명승 제36호 '백사실계곡'은 그런 곳이다.

이 계곡이 '백사실'로 불리게 된 것은 조선 중기의 명재상 '백사' 이항복(李恒福)의 별서(별장)가 있던 곳이었기 때문이라는 설이 있으나 이는 사실과 다르다.

이 곳에 있던 것은 추사 김정희의 별서였다. 또 그 이전부터 백사실이라 불린 것은 흰 모래(白沙)가 많은 계곡이었기 때문이라는 설이 유력하다.

명저 '나의 문화유산답사기'를 남긴 유홍준 선생에 따르면 김신조 등 무장공비들이 청와대를 습격한 '1·21사태' 이후 청와대 경호구역으로 편입된 이 곳이 사람들에게 알려진 것은 지난 2004년 이후였다. 한때 탄핵사태에 휘말렸던 고(故) 노무현 전 대통령이 발견, 유홍준 당시 문화재청장에게 소개했고 유 전 청장은 처음 사적으로 고시했다가 2008년 1월 명승으로 변경 고시했다.

서울시는 지난 2009년 이곳을 '생태경관보존지역'으로 지정, 보호하고 있다. 최근 부암동이 유명세를 타고 백사실계곡도 KBS-2 TV '1박2일'에 소개되면서 찾는 사람들이 부쩍 많아져 환경파괴의 위험에 직면해 있는 것도 사실이다.

지하철 3호선 '경복궁역' 3번 출구에서 조금 가면 버스정류장이 있다. 여기서 1020번 버스를 타고 '자하문고개'에서 내린다. 서울성곽의 북소문인 창의문(彰義門),

일명 자하문 바로 밑 삼거리에서 오른쪽 부암동 골목길로 들어서면 '산모퉁이' 라는 카페로 가는 이정표가 보인다. 그 이정표를 따라 삼거리에서 길을 건너 골목길을 이리저리 돌아가면 동화 속 저택 같은 산모퉁이 카페가 있다.
산모퉁이는 드라마 '커피프린스 1호점' 촬영지로 유명한 한류(韓流) 관광명소 중 하나다. 사시사철 일본, 중국 등 외국인 관광객들이 많이 찾는 이곳은 부암동 일대를 조망하는 경관이 뛰어나다. 다시 골목길을 돌아내려가 두 번째 삼거리에서 좌회전, '여름 & 소나무'란 예쁜 카페와 응선사 앞를 지나 조금 더 내려가면 골목길 오른쪽에 계곡 입구가 숨어있다.
'부암동(백사실계곡) 도룡뇽 서식지 보호'라고 쓰인 나무 팻말이 반겨준다. 계곡 초입 오른쪽 바위벽에 '백석동천(白石洞天)'이라 새겨진 커다란 각자(刻字)가 있다. '백석'이란 북악산의 다른 이름인 백악을 뜻하고 '동천'은 산천으로 둘러싸인 경치 좋은 곳을 말한다. 즉 백석동천이란 백악의 아름다운 산천으로 둘러싸인 경치 좋은 곳이란 의미다.
숲길을 따라 조금 더 내려가면 맑은 물이 흐르는 계곡이 나온다. 그 옆으로 별서(別墅) 터가 있다. 바로 추사 김정희의 별서 터다.

연못 옆에 육각형 정자의 초석과 돌계단이 남아있다. 그 옆에는 화강암을 깎아 만든 탁자와 의자들이 남아있어 연회의 장소로 쓰였을 것으로 보인다. 그 뒤 조금 높은 곳에는 사랑채 같아 보이는 건물의 초석과 돌계단이 있다. 그 너머에는 안채가 있었다고 한다. 물길을 따라 내려가는 길 옆 '개도맹(개구리, 도롱뇽, 맹꽁이) 서포터즈' 안내판이 익살스럽다.

계곡을 벗어가면 현통사(玄通寺)가 나온다. 작은 절이지만 일붕(一鵬) 서경보 대선사가 주석하던 곳이다. 현통사 산문 앞으로 계곡물이 시원하게 쏟아져 내려온다. 장마철에는 수량이 꽤 많아 어느 깊은 산의 폭포 못지않다. 이 폭포수는 산 아래 동네 주택가 골목 사이로 흘러내려간다. 전국 어디에도 사람이 사는 집들 사이로 폭포가 쏟아져 내려가는 곳은 이곳 외엔 없을 게다.

이곳은 한국전쟁 때 피란민들이 모여 형성된 마을이다. '능금마을'이란 별칭처럼 곳곳에 능금나무가 보인다. 동네 아래쪽에는 '일붕선원'과 '일붕조사문(一鵬祖師門)'이라 새겨진 기묘한 바위도 있다. 계곡물은 어느새 하천이 되어 흘러간다. 그 물줄기가 큰 도로와 만나는 지점에 서울특별시 기념물 제4호인 세검정(洗劍亭)이 있다.

세검정에서 '상명대학교' 쪽으로 길을 건너 조금 내려가면 홍지문(弘智門)이 나타난다. 서울시 유형문화재 제33호인 홍지문은 한성의 북쪽에 있는 문이므로 한북문(漢北門)이라고도 한다. 조선 숙종 때 건립된 서울 도성과 북한산성(北漢山城)을 연결하는 탕춘대성(蕩春臺城)의 성문이다. 홍지문 오른쪽에 하천을 가로지르는 오간대수문(五間大水門)이 있고, 그 위로 성벽이 이어져 있는데 이것이 탕춘대성이다. 인왕산과 비봉을 연결, 수도방어를 강화하는 역할을 했다.

탕춘대성과 교차하는 하천이 '홍제천'이다. 천변에 모래가 많아 '모래내(沙川)'라고도 불렀다. 홍제천을 따라 30분 정도 걷다가 천변 산책로가 끝나는 곳에서 시장통을 지나면 지하철 3호선 '홍제역'이 나온다.

지하철 3호선 경복궁역 3번 출구 — *산모퉁이 카페* — *현통사* — *홍지문*

045 김신조루트

북악산에 남아 있는 '동족상잔'의 총탄자국

경복궁과 청와대의 뒷산인 북악산(北岳山)은 그리 높진 않지만 꽤 험한 바위산이다. 그 산을 서울성곽이 타고 인왕산 쪽으로 넘어가는데 그 중턱 고갯마루에 한양 도성의 북대문인 숙정문(肅靖門)이 있다. 이 숙정문 밑 갈림길에서 오른쪽 북한산 형제봉 방향으로 이어지는 등산로가 있다. 성북동~북악산 '하늘마루' 전망대~북악팔각정을 거쳐 창의문까지 가는 코스가 '북악하늘길'이다.

북악하늘길은 일명 '김신조(金新朝) 루트'라고도 불린다. 1968년 '1·21사태' 당시 우리 군경에 쫓기던 무장공비들이 도망치던 길이라고 해서 이런 이름이 붙었다. 북악산에는 성곽길 중간에 당시의 총탄자국이 선명히 남아있는 '김신조 소나무'도 있고 '창의문' 앞에는 당시 순직한 고 최규식 총경의 동상도 서 있다.

지하철 4호선 '한성대입구역' 5번 출구로 나와 도로를 따라 '성북1치안센터'와 '성북동주민센터' 앞을 지난다. 도중 길가에 이승만 전 대통령이 심었다는 느티나무도 있다. 삼거리에서 왼쪽으로 돌아 길을 건너면 서울성곽이 나타난다. 혜화문(惠化門) 조금 지나 끊긴 서울성곽이 여기서 다시 이어진다. 여기서 성곽길을 따라간다. '성균관대학교'와 '감사원' 쪽에서 올라온 도로와 만나는 와룡공원(臥龍公園)은 서울 시내를 조망하는 경치가 뛰어난 곳이다. 여기서 성곽 밖으로 길이 이어진다. 성곽은 역시 밖에서 봐야 그 아름다움을 제대로 느낄 수 있다. 도중 성벽 위로 넘어가는 전망대에 서면 서울시내와 반대편 평창동 일대가 한눈에 조망된다.

다시 성곽 밑으로 내려와 산책로를 따라 간다. 경사 급한 산비탈을 이리저리 돌아가며 걷기 편한 목제 데크길이 나오고 이 길은 숙정문 밑 안내소까지 이어진다. 전망대에서 성벽 윗길을 따라가 숙정문을 통과, 내려올 수도 있다. 다만 이쪽으로 가려면 중간 '말바위안내소'에서 신분증을 제시하고 출입등록을 한 후 패찰을 목에 걸고 가야 한다. 청와대(靑瓦臺) 바로 뒷산이라 보안 때문이다.

숙정문은 1396년(태조 5) 9월 도성의 나머지 삼대문과 사소문이 준공될 때 함께 세워졌다. 원래 이름은 숙청문(肅淸門)으로 도성 북쪽 대문이라 하여 북대문·북문 등으로도 부른다. 음양오행 가운데 물을 상징하는 '음'에 해당하는 까닭에 나라에 가뭄이 들 때는 기우(祈雨)를 위해 열고 비가 많이 내리면 닫았다 한다. 숙정문 외에 북정문(北靖門)이란 표현도 나오는데 숙청문과 북정문이 혼용되다가 중중 이후 자연스레 숙정문으로 바뀐 것으로 추정된다. 도성의 북문이지만 서울성곽의 나머지 문과 달리 사람의 출입이 거의 없는 험준한 산악지역에 위치해 실질적인 성문 기능은 하지 않았다.

이 숙정문 밑 안내소 오른쪽 북악하늘길 초입에는 청계천의 지천중 하나인 성북천(城北川) 발원지가 있다. 그 옆으로 난 목제데크 계단 길은 오르락내리락 하면서 제법 경사가 급한 편이다. 과연 무장공비들이 필사적으로 도주하던 길 답다. 오른쪽 아래엔 유서 깊은 한정식집 겸 복합 전통문화공간인 삼청각(三淸閣)이 보인다.

땀이 흐르고 숨이 가빠올 때쯤이면 어느 새 평탄한 능선길이 나온다. 화장실 앞 삼거리에서 오른쪽 길로 간다. 저 앞에 바위를 뚫고 소나무가 자라는 '호경암(護京岩)'이 보인다. 그런데 이 바위에는 이상한 구멍들이 이곳저곳에 나 있다.

하얗고 빨간 페인트로 표시해 놓아 눈에 쉽게 띈다. 표지판에는 '1968.1.21사태

격전지'라고 쓰여 있다. 달아난 무장공비들을 수색하던 국군 33대대 2중대가 호경암 일대에서 공비들을 발견, 교전을 벌였다. 바위에 난 구멍들은 당시의 총탄자국이다. 육중한 바위에 큰 구멍이 많이 난 걸 보면 그 전투가 얼마나 치열했는지, 그리고 동원된 총기도 꽤 강력했음을 짐작할 수 있다.

호경암 뒤를 돌아 조금 더 가면 '하늘마루'가 나온다. 전망대에선 서울 시내가 한 눈에 내려다보인다. 반대쪽은 북한산이다. 탁 트인 경관과 시원한 바람에 일상의 스트레스가 다 날아간다. 그 밑 '북악스카이웨이' 도로변으로 산책로가 이어져 있다. 노약자도 쉽게 걸을 수 있는 편안한 길을 10여 분 남짓 걸으면 '북악팔각정(北岳八角亭)'이 나타난다.

1969년 처음 건립된 북악팔각정은 북악산 위 해발 342m에 있는 전통식 정자다. 대자연의 아름다움을 만끽할 수 있는 천혜의 입지를 갖추고 있어 내·외국인 관광객들이 많이 찾는 서울도심 속 관광명소로 각종 행사 장소로도 애용된다. 팔각정 왼쪽 군부대 옆으로 하산길이 있다. 성북천 발원지까지 곧장 내려와 갈림길에서 왼쪽 길을 택하면, 아래쪽으로 삼청각이 보인다. 그 앞을 지나쳐 산기슭에 이르면 지난 2007년 북악산 전면 개방을 기념해 고(故) 노무현(盧武鉉) 전 대통령이 기념 조림을 했다는 것을 알려주는 돌비석이 눈에 들어온다. 서거한 지 불과 10년 남짓 지났을 뿐이지만 그는 어느 새 역사가 되었다.

시대와 적당히 타협하지 못하고 치열하게 세상을 살다가 비운에 가버린 노 전 대통령. 그가 꿈꾸던 남북 간 화해와 평화협력은 아직 실현되지 못했다. 그는 아직도 북악산을 완전히 떠나지 못한 것은 아닐까. 후계자 문재인 대통령에게 기대를 걸어본다. 성북동으로 내려오는 길, 왼쪽 산비탈에 거대한 저택이 있는데 마치 성채 같다. 그 옆으로 조그만 절이 있고 새로 지은 듯한 산문이 있다. 북악산 팔정사(八正寺)다. 팔정사엔 '목대세지보살좌상'이 모셔져 있다고 한다. 계속 걸어 내려오면 성북동 네거리이고 이 길을 따라 쭉 걷다보면 지하철 4호선 한성대입구역이 나온다.

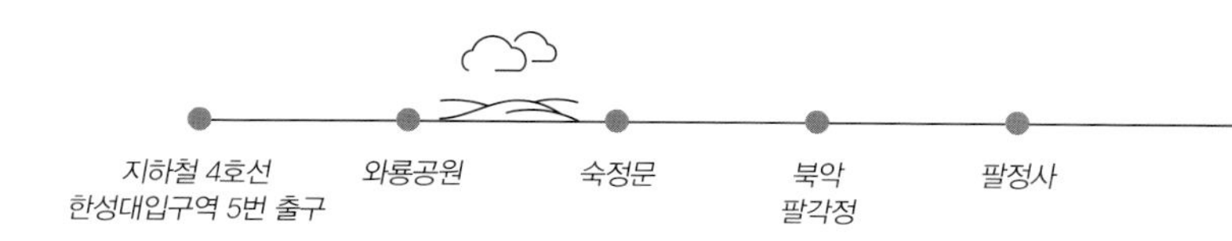

배싸메무초 걷기 100선

046 과천숲길

밤나무 숲길에 공존하는 동·서양 사상과 종교

정부과천청사가 들어서면서 베드타운 겸 행정타운으로 발전한 경기도 과천시는 예로부터 밤나무가 잘 자라서 '밤나무골' 혹은 '율목(栗木)'으로 불렸다. 과천의 숲길에는 가을이면 떨어진 밤송이가 지천이고 여름과 초가을에는 비릿한 밤꽃 냄새가 묘하게 사람들을 숲으로 이끈다.

과천시가 개발한 트래킹 코스인 '과천숲길'은 모두 13개의 코스가 있다. 이중 3코스인 '천혜수 탐방로'와 4코스 '온온사 탐방로'는 서로 연결돼 있어 이어 걷기에 좋다. 두 코스를 합쳐 걸어도 2~3시간이면 충분하지만 경사가 제법 가파른 구간도 있고 암릉의 맛도 조금 느낄 수 있다. 서울 남태령에서 전남 해남까지 이어지는 국내 최장의 트래킹코스로 개발중인 '삼남길'의 경기도 제3구간과 일부분이 겹친다. 오늘은 온온사(穩穩舍) 탐방로로 가다가 용마골 능선 갈림길에서 천혜수 탐방로를 따라 내려오기로 했다.

지하철 4호선 과천역 7번 출구로 나오면 관악산 안내판이 반겨준다. 이곳은 관악산의 과천 쪽 등산로 들머리 중 하나이기도 하다. 아파트단지 사이로 과천교회까지 간다. 그 중간에는 원불교 과천교당도 있다. 이면도로가 나오면 우회전, 과천교회를 끼고 걷는다. 왼쪽에 천혜수 탐방로 입구가 보이지만 그냥 통과, 과천초등학교 앞을 지나면 중앙동 주민센터가 있다.

주민센터 입구 옆엔 수령 600년이 넘은 은행나무가 버티고 서 있다. 나무 둘레만도 6.5m에 이르는 거목이다. 그 나무 그늘엔 옛 비석들이 줄지어 서 있다. 조선시대 과천현감의 송덕비들이다. 몇 걸음 더 걸으면 '온온사'가 보인다.

경기도 유형문화재 제100호인 온온사는 조선시대 과천현의 객사다. 임금을 상징하는 '전패'를 모셔놓고 공무로 관리들이 이 고을에 들렀을 때 숙소로 사용하던 건물이다. '온온'이란 경관이 아름답고 몸이 편안하다는 뜻이다.

특히 이 온온사는 1790년 정조대왕이 부친 사도세자를 모신 화성 융릉을 참배하고 돌아오던 길에 머물면서 과천 관아를 '부림헌(富林軒)', 객사는 온온사라 이름 짓고 친히 현판을 썼던 데서 유래됐다. 지금도 온온사에 걸려있는 현판과 건물 안에 있는 부림헌 현판이 정조의 어필이다. 바로 옆 관아터는 건물 초석조차 남아있지 않다. 현판이나마 보존돼 있는 것이 신기하다. 마치 건물터 뒤 대나무 숲처럼, 대왕의 어필만 고고하다.

다시 이면도로로 나오니 길가에 온온사 탐방로 안내판이 보인다. 지척에 '과천8경' 중 하나라는 '온온 백송'이 있다. 이 하늘로 곧게 뻗은 소나무는 흰색 껍질로 덮인 희귀종이다. 길을 따라 가니 곧 서울로 통하는 대로가 나타난다. 대로를 따라 천주교 '과천성당' 앞을 지나 계속 가면 왼쪽에 '용마골 능선' 입구 안내판이 있다. 이제 본격적인 산길이다. 산길은 제법 가파르고, 숲이 울창하다. 밤나무골답게 특히 밤나무가 많다.

이마에 땀방울이 송글송글 맺힐 즈음 능선에 올라선다. 여기서 좌회전, 능선길을 따라간다. 용마골 능선길은 한사람이 겨우 지날 정도로 좁고 빽빽한 숲이 머리위로 터널을 이룬다. 사람은 거의 찾아보기 힘들다. '쉼터1'에 와서야 시계가 좀 트이고

타이어에 앉아 쉴 수 있다.
다시 오르막이 이어지다가 완만한 길인가 싶더니 다시 급경사 오르막길이다. 점점 숨이 가빠질 때쯤, '쉼터2'에 닿는다. 이제야 벤치 등 제대로 앉아 쉴 곳이 있다. 여기가 천혜수 탐방로와 만나는 곳이며 관악산 등산로의 일부이기도 하다.
비로소 오가는 사람들이 많아진다. 이 지점은 삼남길과 갈라지는 지점이기도 하다. 삼남길은 고개 아래 계곡으로 이어지지만 과천숲길은 천혜수 탐방로 능선길을 따라 간다. 멋진 암릉길이 나타난다. 이곳이 관악산 자락임을 실감한다.
문득 시야가 확 트인다. 바위 위에 올라서니, 과천 시내가 한 눈에 내려다보인다. 그 너머는 청계산이다. 송전탑들로 이어진 봉우리가 '과천매봉'이고 그 옆으로 이수봉과 망경대, 서울 쪽 매봉이 이어진다. 조금 더 오르니 산불감시탑이 우뚝 서 있다. 탑 옆 암릉에서는 뒤쪽 관악산의 능선들이 조망된다. 연주대를 중심으로 '팔봉능선'과 관상대 등이 손에 잡힐 듯 가깝다. 무당바위 쪽으로 하산을 시작한다.
무당바위엔 무당들이 제를 올린 탓인지 검게 그을린 자국이 선명하다. 그 앞에는 약수터가 있어 시원한 물 한 바가지로 목을 축였다. '송학정'이란 정자도 있어 쉬어 가기에 좋다.
암릉길을 이리저리 돌아 내려가니 곧 관악산 계곡 등산로 날머리가 나온다. 계곡 다리 앞에 과천향교(果川鄕校)가 있다. 경기도 문화재자료 제9호인 과천향교는 '시흥향교'라고도 불린다. 한때 시흥과 안산, 과천향교를 겸했기 때문이다. 현재의 건물은 조선 숙종 때 세워진 것이다.
다리 건너 오른쪽에는 구세군 과천 요양원과 부속 건물도 있다. 그러고 보니 오늘 개신교와 천주교, 구세군, 유학(향교)에 온온사, 민족종교인 원불교까지 동·서양의 종교와 사상을 두루 만난 셈이다. 불교 사찰이 빠진 것이 다소 아쉬운 대목이다. 구세군 요양원을 지나 조금 가다가 좌회전, 아파트 단지 옆길을 따라 내려가면 지하철 4호선 정부과천청사역이 나온다.

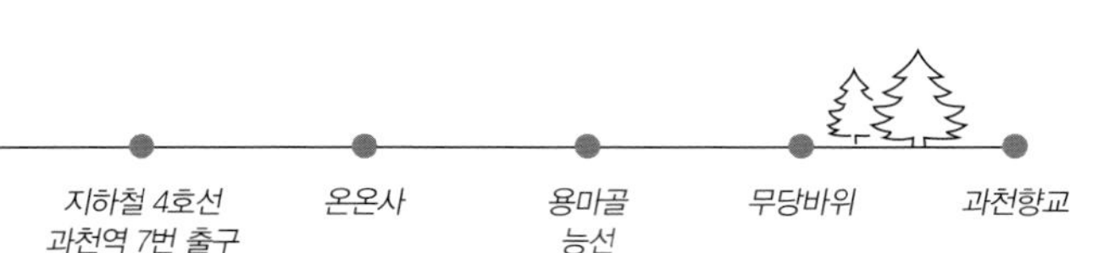

배싸메무초 걷기 100선

047 양평 물래길

두물머리 나루터에서 자연과 인간이 만나다

경기도 양평군 양수리(兩水里)는 북한강과 남한강이 합류, 한강이 되는 곳이다. 특히 '두물머리'는 말 그대로 두 물줄기가 합쳐지는 곳이란 뜻인데 돌이 많아 '돌더미'라고도 불렀다고 한다. 400년 된 느티나무와 이른 아름 물안개가 아름답고 옛 나루터에는 황포돛배도 복원해 놓았다. 이 두물머리를 중심으로 양수리 일대 강변을 한 바퀴 도는 경기도 양평군이 조성해 놓은 트래킹 코스가 '물래길'이다.

물래길이란 이름은 '물'이라는 우리말과 '올래(來)'자를 합성한 것으로 '물 따라 온다'는 뜻이다. 한강변의 아름다운 풍광과 자연을 즐길 수 있는 멋진 산책로다. '경의중앙선' 전철을 통해 서울에서 쉽게 갈 수 있어 접근성도 좋다.

물래길은 경의중앙선 '양수역'에서 시작된다. 양수역 1번 출구로 나오면 두물머리 물래길 안내판이 있다. 그런데 물래길 시작점을 찾아가는 이정표가 없다. 안내판을 지나 좌측 도로로 70m 내려가면 오른쪽 아래로 입구가 나온다. 길 양쪽에 목책 울타리가 만들어져 있어 쉽게 찾을 수 있다.

시작부터 강변 산책로다. 강을 따라 뻗어있는 산책로가 아름답다. 왼쪽은 남한강, 오른쪽도 습지 갈대밭이다. 어느 새 강변길이 끝나고 도로가 나온다.

도로 건너편에 세미원(洗美園)이 있다. 세미원은 경기도가 조성한 물과 꽃이 어우러진 정원이다. '물을 보면 마음을 씻고 꽃을 보면 마음을 아름답게 하라'는 옛 가르침에서 이름을 따왔다. 인근 '상춘원'과 묶어 4,000원 입장료를 받는데 양평군민은 무료다. 입장료 탓에 처음엔 주저되지만 들어가 보면 결코 후회하지 않는다.

입구의 세미원 '연꽃박물관'부터 둘러본다. 한반도 모양의 연못, 옹기항아리들로

이뤄진 분수대, 멋진 고사목, 쉬어갈 만한 정자 등이 눈길을 끈다.

'세심로'에서 다시 강변길이 시작된다. 얼마 못가 배다리길이 나타난다. 정조가 1789년 부친 사도세자의 능행차 길 도중 한강에 설치한 배다리를 재현한 것으로 수십 척의 배 위로 널빤지를 깔아 길을 만들었다. 안전을 위해 철제 난간도 설치했다. 배다리길 입구의 홍살문도 멋지다.

배다리길 끝에 상춘원이 있다. 상춘원(常春園)은 온실 안에 조성된 한국식 전통정원으로 4계절 모두 훈훈하다. 분재가 가득한 방, 수레로 만든 이동 정자, 금강산 모형 등 볼거리가 많다. 이 속에는 조선 세종 때 만들어진 세계 최초의 온실 모형이 있다. 1450년 어의인 전순의(全循義)가 편찬한 조선시대 요리서이자 농업서인 산가요록(山家要錄)의 동절양채(冬節養菜) 편에 이런 기록이 있다.

"먼저 적당한 크기로 온실을 짓되, 삼면을 막고 종이를 발라 기름칠을 한다. 남쪽면도 살창을 달고 종이를 발라 기름칠을 한다. 구들을 놓되 연기가 나지 않게 잘 처리하고 온돌 위에 한자 반 높이의 흙을 쌓고 봄채소를 심는다. 건조한 저녁에는 바람이 들어오지 않게 하되, 날씨가 몹시 추우면 반드시 두꺼운 날개를 덮어주고 날씨가 풀리면 즉시 철거한다. 날마다 물을 뿌려주어 방안에 항상 이슬이 맺혀 흙이 마르지 않게 한다. 담밖에 솥을 걸고 둥글고 긴 통을 만들어 그 솥과 연결해 아침, 저녁으로 불을 때서 솥의 수증기로 방을 훈훈하게 해 주어야 한다."

이는 기존 과학적 난방온실의 시초로 알려져 왔던 1619년 독일 하이델베르크의 난로를 이용한 단순난방 온실보다 180년이나 앞선 기록으로 조선시대 온실이 세계 최초의 과학적 난방온실임이 확인됐다. 조선온실이 세계 최초의 과학영농 온실로 부각될 수 있는 이유는 온실이 갖추어야 할 요소를 모두 갖추고 있기 때문이다.

이제 본격적인 두물머리길이다. 두물머리의 상징, 느티나무 고목이 보인다. 그 앞

고사목들과 어우러져 멋진 풍광을 연출한다. 때마침 만난 양평군 문화해설사가 자세히 해설해 준다. 옛 나루터엔 황포돛배 한척이 정박해 있고 작은 나룻배들도 여러 척 한가로이 떠 있다.
옛날 뱃사람들에게도 강 상류로 거슬러 올라가는 것은 만만치 않은 일이었다. 강물의 흐름을 역류해야 하기 때문. 순풍이라도 불어주면 다행이지만 그렇지 못하면 사력을 다해 노를 저어 일단 이곳 두물머리에 도착한 후 쉬면서 바람을 기다리곤 했다고 한다. 좀 더 걸으면 '두물경' 즉 말 그대로 두물머리다. 왼쪽은 남한강, 오른쪽이 북한강, 우측 전방이 한강이며 좌측 전방은 '경안천'이다. 두물경 뒤쪽으로 넓은 공터가 있다. 이명박 정부 당시 4대강 정비사업을 하면서 이곳에 있던 유기농 비닐하우스들을 강제로 철거, 공원화가 된 곳이다.
이젠 북한강변을 따라 올라간다. 습지 사이로 고즈넉한 길이 이리저리 뻗어 있다. 유기농 딸기농장과 넓게 펼쳐진 감자밭, 강변의 초지를 지난다. 새로 놓인 '양수대교'가 웅장하고 강 건너엔 운길산(雲吉山)이 높게 솟아 있다.
양수대교를 지나 둑길을 따라 계속 걸으면 '양수리 환경생태공원'이 나온다. 그 위로 옛 '중앙선' 철교가 강을 가로질러 놓여 있다. 지금은 4대강 자전거길의 일부로 기차 대신 보행자와 자전거족들의 차지다. 널빤지로 빈틈없이 채운 다리는 걷기에 좋다. 다리를 건너 길을 계속 따라가면 경의중앙선 전철 '운길산역'이 나온다.

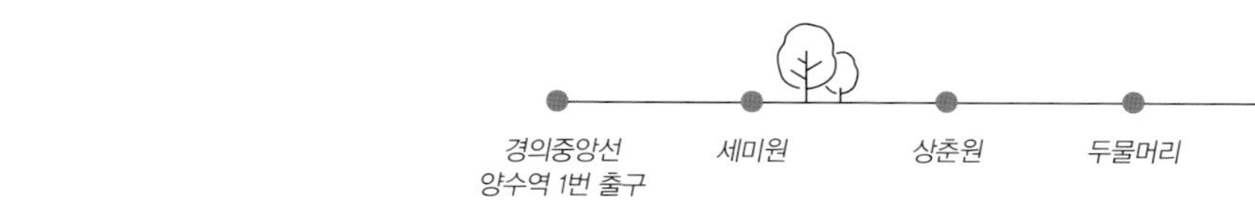

배싸메무초 걷기 100선

048 한양관문길

영·호남에서 출발, 여기만 지나면 서울이네

지난 2013년 5월 25일 오전 경기도 과천시 과천시청 광장에서는 의미 있는 행사가 열렸다. 경기도와 과천·안양·의왕·수원·화성·오산·평택시, '경기문화재단', 사단법인 '아름다운도보여행' 및 ㈜코오롱스포츠가 합동으로 개최한 '경기도 삼남길' 전체 구간 개통식이다.

삼남길은 한양에서 경기도를 거쳐 호남의 남단인 전남 해남의 '땅끝마을', 그리고 영남의 끝인 경남 통영으로 이어지는 조선시대 육로교통의 중심축이었던 '삼남대로'를 기본 원형으로 복원중인 도보 트래킹 코스다.

삼남길 경기 구간은 옛 길을 고증해 원형을 확인하고 끊어지거나 사라진 도로 대신 걷기 좋은 숲길 구간을 개척해 완성했으며 총 길이는 90.1km이다. 과천시내 제1길부터 평택의 제10길에 이르기까지 '온온사', '인덕원'터, 임영대군 묘역, '사근행궁'터, '지지대비', '용주사', '독산성', '진위향교', '대동법기념비', '원균장군묘' 등 풍부한 문화유산을 보유하고 있어 다양한 역사문화 체험이 가능하다.

그 첫 번째 구간이 바로 '한양관문(漢陽關門)길'이다. 이름 그대로 영·호남과 충청 등 삼남지방에서 한양(사실은 지금의 서울특별시)로 들어오기 직전 마지막 길목이다. 서울과 경기도 과천시의 경계인 남태령(南泰嶺)에서 시작된다. 약 9Km, 3시간 남짓한 코스다.

지하철 4호선 '남태령역' 2번 출구에서 걷기를 시작한다. 대로를 따라 '정각사' 앞을 지나면 삼남길 제1길 한양관문길 안내판이 보인다. 잠시 후 서울시와 경기도 경계를 넘으면 왼쪽으로 '남태령 옛길' 표석이 있다.

남태령 옛길은 조선시대 한양에서 삼남지방으로 가는 유일한 도보길이었다. 이곳을 지나 수원, 안성을 거쳐 남쪽으로 갔고 반대로 과천에서 남태령을 넘어 사당동, 동작동, 흑석동을 거쳐 '노들나루'(노량진)에서 한강을 건너 한양에 들어섰던 것.

원래 이 고개는 '여우고개(狐峴)'로 불렸는데 정조대왕이 억울하게 죽은 부친 사도세자의 능으로 행차할 때 이 고개에서 쉬면서 고개 이름을 묻자, 과천현 이방 변씨가 차마 임금에게 이런 속된 이름을 아뢸 수 없어 '남태령'(남행할 때 만나는 첫 번째 큰 고개)이라 고한 이후 이렇게 불리게 됐다는 속설이 있다.

남태령옛길 표석 옆에 경기도 삼남길 전체 구간 안내판이 있고 큰 목재 망루가 우뚝 서 있다. 과천루(果川樓)라고 과천 시내가 한 눈에 들어오는 '과천8경' 중 제5경이라는데 출입금지란다. 삼남길은 그 아래 돌계단 밑으로 이어진다. 대로변 동네의 한적한 골목길이다. 이윽고 다시 만나는 큰 도로를 따라 조금 더 가다가 길을 건너 '제1방공여단' 옆길로 들어선다. 하천변 고급 주택가가 이어지다가 곧 물 맑은 계곡길이 나타난다. 이 길은 '관악산 둘레길'의 일부이기도 하다.

계곡을 벗어나 산길로 접어들어 고갯마루에 오르면 과천시가 조성한 트래킹코스인 '과천숲길' 구간과 만나게 된다. '용마골능선'에서 숲길을 따라 내려오면 과천에서 사당으로 가는 대로와 다시 조우하고, '관문체육공원'과 '과천성당' 앞을 지나 오른쪽 이면도로로 들어서면 주택가 안에 지난 2008년 개봉했던 윤계상·김하늘 주연의 멜로영화 '6년째 연애중' 촬영지가 숨어 있다.

곧 과천 관아터와 온온사(穩穩舍), 관악산 등산로 입구 '과천향교'가 차례로 나온다. 길은 좌측 아파트단지를 거쳐 다시 우회전, 과천시청과 '정부과천청사' 앞으로 이어진다. 청사 끝에서 좌회전했다가 한국수자원공사 앞에서 다시 오른쪽으로 돌아 대로를 따라간다. 갈현삼거리에서 우측 이면도로로 들어서 조금 올라가면 '가자우물' 터가 있다.

'찬우물'이라고도 불리던 가자우물은 정조가 사도세자의 능으로 행차하던 길에 이 우물물을 마시고 물맛이 너무 좋다면서 당상관에 해당하는 가자(加資) 벼슬을 내렸다는 데서 유래한다. 하지만 지금은 아쉽게도 폐쇄됐다. 우물터 근처엔 줄타기의 본향인 이곳 과천의 유래를 알려주는 돌비석들도 있다.

길을 따라 동네 골목길과 마을버스가 다니는 도로를 걷는다. 자칫 삼남길 표시를 놓치면 길을 헤매기 쉬우니 잘 살피면서 가야 한다. 버스길을 따라 군부대 앞에서 왼쪽으로 돌아 내려가다가 화원 앞에서 다시 오른쪽 흙길로 접어든다.

오른쪽 '진주농장'을 끼고 돌면 작은 개천 옆길이 이어져 있다. 야산 위로 듬성듬성

지하철 4호선 남태령역 2번 출구 — 남태령옛길 — 인덕원터 — 백운호수

무덤들이 보인다. '전주이씨 익양군파' 종중묘역인데 "무단 경작하면 고발조치 또는 원상복구한다"는 경고문이 있음에도 불구, 그 바로 밑은 호박밭이다.

어느새 큰 도로가 나온다. 그 건너편이 바로 지하철 4호선 '인덕원역'이다.

인덕원(仁德院)은 예나 지금이나 경기 남부의 교통 요지로 옛 문헌에도 자주 등장하는 유서 깊은 곳이다. 오가는 길손들로 자연스럽게 주막과 저잣거리가 생겨났다. 인덕원역 6번 출구 밖 골목길로 삼남길은 이어진다. 바로 제2길 '인덕원길'이다. 먹자골목 속 '인덕원터' 표지석이 인덕원 지명의 유래를 설명해준다. 조선시대 환관들이 한양에서 이곳으로 내려와 살면서 어진 덕을 베풀었고 이곳에 관원들의 숙소였던 원(院)이 있어 이런 이름을 불리게 됐다는 것.

조금 더 가니 '인덕원 옛길' 표석도 있다. 정조가 능행차시 지나갔던 길이다. 골목을 나오니 하천이 보인다. 안양천의 지천인 학의천(鶴儀川)이다. 돌다리를 건너 상류방향으로 천변길을 따라 간다. 뒤돌아보니 갈대밭 사이로 멀리 관악산이 보인다.

다시 반대편으로 건너 계속 학의천을 따라 올라간다. 건너편 주유소 옆에 사당 하나가 보인다. 고려가 망하자 벼슬을 버리고 낙향, 불사이군(不事二君)의 충절을 지킨 김장, 김수 부자를 배향한 곳이다. 갈대가 무성하고 학들이 노니는 학의천 길을 계속 따라가면 곧 빼어난 경관을 자랑하는 '백운호수'에 이른다.

배싸메무초 걷기 100선

049 광명 가학산

폐광산 동굴의 특별한 체험, 그리고 구름 속으로

경기도 광명시에는 시의 등줄기를 이루는 낮은 산줄기가 있다. 도덕산 – 가학산 – 구름산 – 서독산을 잇는 약 12km의 산길이 '광명시 등산로'다. 이중 가장 높은 산은 237m 높이의 구름산이지만 하이라이트는 220m의 가학산(駕鶴山)이다. 수도권에서 유일하게 동굴 체험을 할 수 있는 곳인 '가학광산동굴'이 있기 때문이다.

광명시 가학동 산 17–1, 17–2 일대에 있는 가학광산동굴은 '광명동굴'이라고도 불린다. 금과 은, 구리, 아연을 채굴하던 수도권 유일의 폐광산이다. 1912년 개발이 시작돼 일제 치하에서 '노다지' 열풍과 함께 자원수탈이 이뤄졌고 해방 후에는 산업발전의 원동력이 됐던 근대문화유산으로 총 길이는 7.8km, 깊이는 275m에 달한다. 해발 180m에서 해저로 95m까지 파내려갔다. 1955년에서 1972년 사이의 채굴량만 해도 금 53kg, 은 6070kg, 구리 1247톤, 아연은 3637톤이나 된다.

가학광산동굴은 1972년 4월 폐광됐고 5년 전부터 소래포구 젓갈을 보관하는 저장소로 사용하던 곳을 2011년 1월 광명시에서 매입, 내부를 재단장한 뒤 같은 해 8월 시민들의 휴식처로 개방했다. 양기대 현 광명시장의 작품이다. 지금은 '광명 8경'중 5경이라고 한다. 연중 섭씨 12도 내외의 기온으로 특히 여름철 이색 피서지로 각광받고 있고 1일 평균 100여 명이 다녀가는 지역 대표 관광지로 부상했다.

지하철 7호선 '철산역'에서 내려 '킴스클럽' 앞에서 길을 건너 17번 버스를 타고 가다 '소하동우체국' 앞에서 내린다. 길을 건너 산 쪽으로 조금 가면 '오리기념관'이 있고 여기서부터 산길이 시작된다.

오리(梧里) 이원익(李元翼, 1547~1634)은 조선 중기를 대표하는 명신의 한 사람이다. '임진왜란', '정유재란', 광해군 즉위, '인조반정', '이괄의 난', '정묘호란' 등 격변의 시대에 영의정을 5차례나 역임할 정도로 청빈하고 강직한 성품으로 군신 모두의 존경을 받은 인물이다. 광명시는 2001년 선생의 묘 인근 이곳에 기념관을 건립하고 도로 이름도 '오리로'라 했다.
근처에는 또 충무공 이순신(李舜臣)의 부하 장수인 무의공 이순신(李純信)의 묘도 있다. 이 장군은 충무공 휘하에서 중위장·전부장으로 옥포·합포·적진포·당포·한산도·부산포 해전 등에서 전공을 세웠고 노량해전에서 충무공이 전사하자 임시로 전군을 지휘했다. '선무 3등' 공신으로 책봉됐다.
오리기념관에서 우선 서독산(書讀山)을 오른다. 서독산은 옛날 많은 선비들이 글을 읽으면서 학문을 갈고 닦았다고 해서 이런 이름이 붙었다. 높이 180m로 금방 정상에 이른다. 정상에는 별다른 표식이 없이 전망대만 있다. KTX '광명역'이 바로 아래에 보인다.
서독산에서 '도고내 오거리'와 '도고내고개'를 지나 가학산 정상까지는 1.4km 거리다. 가학산은 과거 학의 서식지로 학들이 멍에처럼 마을을 둘러쌌다고 해서 붙여진 이름인데 풍수지리상 마을 뒷산이 학이 알을 품고 있는 형상이라고 한다.
정상에는 육각의 2층 정자가 있고 400m를 내려가면 광산동굴이 나온다.
내려가는 길목에 광산 노두가 높이 솟아 있다. 노두(露頭)는 광맥이 흙이나 식물 등으로 덮여 있지 않고 지표에 직접적으로 드러나 있는 곳으로 여기가 광산의 꼭대기인 셈이다. 그 밑 급경사 철계단을 통해 동굴을 통과하는 것도 이색적인 체험이다. '노두전망대'와 소규모 '노두터널'도 있다. 발밑에는 자원회수시설이 보인다.
드디어 가학광산동굴 입구다. 많은 사람들이 줄을 서 있다. 입장권을 사고 줄을 서서 번호표를 받아 차례대로 동굴 안으로 들어선다. 안전모를 착용하고 동굴에 들어가니 소름이 돋을 정도로 시원함이 느껴진다. 동굴 길 옆으로 시원한 물이 흐르고 곳곳에 조명과 계단 등 안전시설이 잘 갖춰져 있다.
새우젓과 와인, 막걸리 등을 저장하고 있는 저장고는 물론, '예술의 전당'이라 불리는 제법 큰 규모의 공연장도 있다. 이곳에선 영화 상영과 각종 예술공연이 상시적으로 진행된다. 전시도 자주 열리는 데 광산문화와 무관한 이런 행사들은 다소 작위적으로 느껴진다. 당시의 채굴모습을 재현해 놓는 게 나을 듯하다. 40여 분 후 광산을 나와 구름산 쪽으로 향한다. 정상까지 약 2.4km 거리다.
가다보면 아까 본 노두를 밑에서 올려다보게 된다. 구름산까지 광명터널 위로 평탄한 숲길이 길게 이어진다. 구름산(운산)은 조선시대 후기에 산이 구름 속까지 솟아 있다고 해서 이런 이름이 붙었단다. 광명시 최고봉이라지만 실제 높이를 생각해보면 이름이 민망하다. 그래도 정상 직전은 급경사의 연속이다. 어느 산이든 만만한 곳은 없다는 말이 실감난다. 땀을 훔치며 올라온 정상에는 멋진 한옥 정자인 운산정(雲山亭)이 있고 조그만 표지석도 있어 등산객들의 사랑을 독차지한다. 정자에 오르니 광명시내 전체가 한눈에 내려다보인다.

이제 하산길이다. '광명시보건소' 방향으로 길을 잡는다. 산불감시정자와 '가리대광장' 쉼터를 지나 계속 내려가면 보건소가 나온다. 여기서 대로를 건너 버스를 타면 철산역으로 갈 수 있다. 등산을 좀 더 하고 싶으면 정상에서 바로 도덕산(道德山)으로 향한다. 약수터, '한치고개' 육교, '밤일육교'를 거쳐 도덕산 정상까지 4km 거리다. 도덕산에서 하산하면 버스를 갈아탈 필요 없이 바로 철산역까지 내려갈 수 있다.

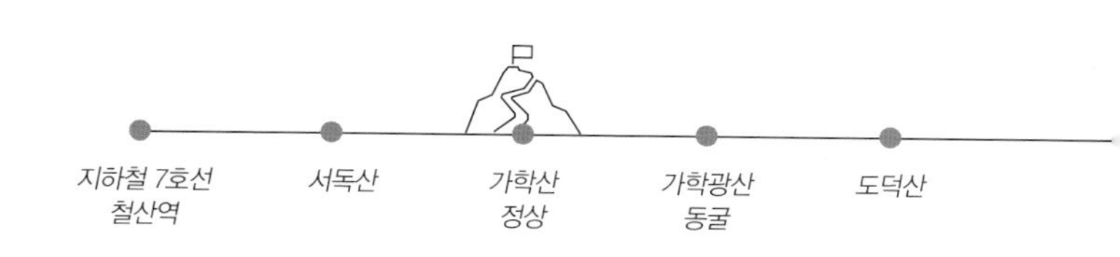

배싸메무초 걷기 100선

050 강화나들길

'지붕 없는 박물관' 걷다보니, 북한 땅도 지척이네

강화도(인천광역시 강화군)는 한강과 서해바다가 만나는 곳에 있는 큰 섬이다. 우리 역사의 애환이 집약된 곳이며 '지붕 없는 역사박물관'으로도 불린다. 세계문화유산으로 지정된 선사시대 고인돌, 국조(國祖) 단군의 이야기가 서린 '참성단'과 '삼랑성', 고려시대 대몽항쟁기의 궁궐터와 왕릉, '강화성', 외침에서 나라를 지키던 조선 후기의 진보와 돈대들 등 발길 닿는 곳마다 수많은 역사유적들이 즐비하다. 또 생태계의 보고인 세계 5대 갯벌을 품고 있으며 각종 천연기념물 철새들이 서식하는 자연생태의 보고이기도 하다.

이 섬에 몸과 마음마저 건강해지는 트래킹 코스가 있다. 바로 '강화나들길'이다. 강화나들길은 '나들이 가듯 걷는 길'이란 뜻이다. 강화 본섬에 9개 코스, 교동도 2개 코스, 석모도 코스, 주문도 코스, 볼음도 코스 등 총 14개 코스 246.8km에 달한다. 이중 1코스는 짧은 시간에 가장 많은 역사유적들을 만날 수 있다는 게 장점이다. 강화성 남문과 동문, '용흥궁', '성공회 강화성당', '고려궁지', '북관제묘', '강화향교', 북문, 북장대 터, '연미정'을 거쳐 '갑곶돈대'에 이르는 총 18km 코스다. 특히 1코스는 서울에서 대중교통으로 한 번에 갈 수 있는 유일한 강화나들길이다.

영등포 '신세계백화점' 건너편 버스정류장에서 88번, 혹은 지하철 2호선 '신촌역' 1번 출구 밖 '현대백화점' 지나 있는 버스정류장에서 3100번을 타면 종점이 강화터미널이다. 이곳이 바로 1코스 출발점이다. 말뚝, 리본, 벽과 길바닥의 화살표 등 표시가 잘 돼있어 초행자도 길 찾기가 어렵지 않다. 코스 초입 수협 앞 사거리에서 왼쪽으로 보면, 강화성 남문(南門)이 우뚝 서 있다. 또 사거리에서 우회전해 길을 따라가면 동문도 나온다.

동문 왼쪽 회나무와 원불교당 사이 길을 따라가면 골목 안에 용흥궁(龍興宮)이 있다. 용흥궁은 '강화도령'이라 불리던 조선 철종 임금이 왕이 되기 전, 19세까지 강화도에서 살던 잠저(潛邸)다. 잠저란, 선왕의 직계 왕자 같은 정상적 계통이 아닌 다른 방법이나 사정으로 임금으로 추대된 사람이 왕위에 오르기 전에 살던 집을 말한다. 원래 초가집이었으나 1853년(철종 4년)에 강화유수 정기세(鄭基世)가 큰 기와집으로 고쳐짓고 용흥궁이라 불렀다. 현재 인천시 유형문화재 제20호이다. 용흥궁 뒤에는 철종의 애틋한 순애보를 전해주는 '강화도령 첫사랑 길' 안내판도 있다.

그 위는 성공회(聖公會) 강화성당이다. 국가사적 제424호로 지정된 성공회 강화성당은 초창기 기독교가 이 땅에 상륙, 전통문화와 어떻게 접목했는지를 보여주는 희귀한 문화재다. 외관은 전통 한옥이지만 내부는 서양 중세 '바실리카 양식'의 성당이다. 정면에 천주성전(天主聖殿)이란 현판을 달았고 용마루 위에 십자가를 세웠다. 하늘로 치솟는 요즘 교회 종탑들을 생각해보면 초창기 이 땅의 기독교인들은 지금보다 훨씬 경건한 신심을 가졌던 것 같다. 기독교가 처음 해안가에서부터 전파됐다는 것도 실감난다. 인근 '용흥궁공원'에는 '강화 3·1운동기념비', 옛 '삼도직물' 공장 굴뚝, '병자호란' 때 순국한 '김상용장군 순절비' 등이 서 있다.

다시 교회와 초등학교 앞길로 조금 올라가면, 사적 제133호 고려궁지(高麗宮址)가 나온다. 고려는 1232년 몽골의 침략에 대항하기 위해 당시 집권자인 최우의 주도로 수도를 송도에서 강화로 옮겨 1270년 환도하기까지 39년간 머물렀다.

고려궁지는 규모는 작지만 송도의 궁궐인 '만월대'와 비슷한 형태로 지어졌고 뒷산

이름도 송악산으로 고치는 등, 고려 왕도로서의 품격을 갖추기 위해 노력했다고 한다. 현재는 조선시대 건물인 승평문(昇平門)과 '강화유수부' 동헌 및 이방청, 그리고 '조선왕조실록'과 '조선왕실의궤' 등을 보관하다가 1866년 '병인양요' 때 프랑스군에 약탈당했던 '외규장각' 등이 복원돼 있다.
궁문 앞 은행나무 노거수를 지나 골목길을 따라 조금 가면 북(北) 관제묘가 있다. 관제묘(關帝廟)란 삼국지에 나오는 장수 관우를 모신 사당이다. 관우는 죽은 후 중국인들에게 무신(武神) 혹은 재신(財神)으로 모셔졌는데 명나라 때는 황제로까지 격상됐다. 이 관제신앙은 임진왜란 때 조선에 파병된 명나라 장수들에 의해 이 땅에 들어왔다고 한다.
다시 길을 따라 한옥마을을 지나면 강화향교가 나온다. 향교는 공자를 모시는 사당인 문묘(文廟)를 겸한 교육기관이니 그 사이 동·서양의 4가지 종교 시설을 만난 셈이다. '온수물 빨래터'를 지나 '강화여자중학교'·'강화여자고등학교' 뒷산을 오르면 성곽 능선과 만나게 된다. 언덕 중턱의 둘레길을 따라가니, 강화성 북문이 있다. 강화성은 고려가 대몽 항쟁기에 쌓은 것으로 개성의 성곽처럼 내성, 중성, 외성이 있었다. 이중 내성이 현재의 강화산성으로, 원래는 토성이었으나 조선 숙종 때 지금의 석성이 됐다. 북문을 지나 조금 오르니, 성벽의 여장은 다 없어지고 성벽도 군데군데 훼손돼 있다. 하지만 북장대 터 높은 곳에 오르니 시계가 확 트이면서 강화 들판과 바닷가까지 한눈에 내려다보인다.
바다 건너는 바로 북한 땅 개풍군이다. 북한의 경제사정 탓인지 북한의 산은 온통 벌거숭이다. 그 건너에 개성공단 터와 개성(開城) 시내가 있고 그 뒤 높은 산이 바로 개성 송악산이란다. 이렇게 손에 잡힐 듯 가까워 보이는데 왜 우리는 아무도 가지 못하는 걸까.
북장대에서부터 나들길은 성벽 밑으로 내려간다. 가파른 산길을 돌아 내려가니 '오읍약수'가 나온다. 시원한 약숫물로 목을 축이고, 길을 재촉한다.
잠시 아스팔트길을 지나고 '대월초등학교' 뒷산과 마을길을 거쳐 다시 능선 숲길이 이어진다. 그리 높지 않은 능선이지만 오가는 사람이 거의 없는 한적한 길이고 전망도 좋은 편이다. 인근에 '대산리 고인돌군'과 황형장군묘도 있다.
능선길이 끝나고 마을길로 내려와 '월곶마을회관'을 돌아가면 월곶돈대(月串墩臺)가 보인다. 이곳은 한강하구와 김포반도–강화도 사이의 좁은 물길인 '염하(鹽河)'가 만나는 지점이다. 조금 위에서 임진강과 한강이 합류하고, 서쪽으로는 서해바다이다. 그 건너는 물론 북한 땅이다. 따라서 월곶돈대는 천혜의 군사요새다. 지금도

병사들이 주둔, 철통같이 지키고 있다. 월곶돈대위 한강과 서해, 염하, 북한과 김포반도를 모두 굽어볼 수 있는 높은 곳에 연미정(燕尾亭)이 한 폭의 그림같이 서 있다. 고려시대에 세워진 정자로 인천시 유형문화재 제24호로 지정돼 있다. 한강과 임진강, 서해와 염하의 물줄기 모양이 마치 제비꼬리 같다 해서 연미정이라 했다는데 예로부터 '강화 8경'의 하나로 손꼽히는 절경이다. 하지만 군사지역이라 바다 쪽으로 사진을 찍어선 안 된다. 해안선에는 철책이 뻗어있다.

연미정에서 염하 옆 도로를 따라 내려가다가, 우측 '옥계방죽'으로 들어선다.

개펄과 드넓은 농경지를 가르는 뚝방 길이다. 들판 길을 걷기에 지루해 질 무렵, 다시 산길이 시작된다. 당산 옆을 돌아 해안으로 나와 '고려인삼센터' 앞을 지나니 염하를 가로지르는 '강화대교'가 나온다. 그 다리 밑으로 통과하면 '갑곶성지'다. 흥선대원군 집권시절인 1868년 '병인박해', 1871년 '신미양요' 때 천주교도들이 순교한 곳이다. 그 아래는 유명한 갑곶돈대(甲串墩臺. 사적 제306호)다. 한강입구 길목을 지키는 조선 후기의 대표 요새다. 이 곳이 강화나들길 1코스의 종점이다. 1코스를 다 돌려면 6시간 이상 걸린다. 힘들면 연미정에서 강화 군내버스를 타고 강화터미널로 돌아오면 된다. 특히 여름날 한낮이라면 염해 해변길 걷기는 결코 만만치 않다.

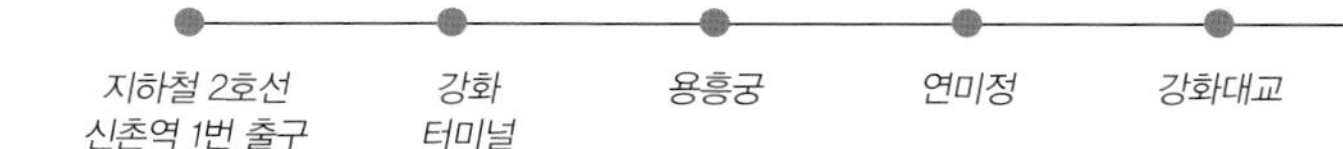

배싸메무초 걷기 100선

051 해솔길

산과 바다를 동시에 즐기는 소나무숲길

대부도(大阜島)는 경기도 안산시 단원구 대부도동에 딸린 섬이다. 시흥시 정왕동 오이도와 시화방조제(始華防潮堤)로 연결돼 사실상 육지처럼 됐다. 면적 40.34㎢에 6,000명이 넘는 주민들이 사는 강화도를 빼면 경기도 서해안에서 제일 큰 섬으로 큰 언덕처럼 보인다고 해서 대부도라 했으며 이외에도 '연화부수지', '낙지섬'·'죽호' 등의 전래 지명이 전해지고 있다. 주변에는 선감도·불탄도·풍도·육도 등 5개의 유인도와 중육도·미육도·말육도·변도·잠도·흘관도·터미섬·큰터미섬·할미섬·외지도·대가리도·소가리도 등의 무인도가 있다.

대부도는 원삼국시대에는 마한(馬韓)에 속했고 백제, 고구려를 거쳐 통일신라시대에는 한주, 고려시대에는 남양도호부, 조선시대에는 남양군의 일부였다. 1914년 남양군에서 부천군으로 편입됐고 1973년 옹진군이 됐다가 1994년 행정구역 개편으로 다시 안산시에 편입됐다. 섬 북쪽에 최고봉인 황금산(黃金山. 168m)이 솟아 있고 대부분 지역이 해발고도 100m 이하의 낮은 구릉지로 이뤄져 있다.

대부도 해안을 따라 섬을 한 바퀴 도는 트래킹코스가 바로 '대부도 해솔길'이다.

대부도 해솔길은 모두 7개 코스로 총연장 74.2km에 이른다. 이중 서울에서 가장 가깝고 대중교통으로 접근이 용이한 곳이 1코스다. '방아머리' 대부도 관광안내소에서 시작해 '동서가든', 북망산, 미인송(美人松), '구봉양식장', 구봉도 주차장, '구봉낚시터', '개미허리'를 지나 구봉도 서쪽 끝 '낙조전망대'를 돌아 나와 '구봉이 선돌', '종현 어촌체험마을', '돈지섬 전망대'를 거쳐 '돈지섬 안길'에 이르는 11.3km 구간이다.

서울에서 대부도로 가려면 지하철 4호선 종점인 '오이도역' 2번 출구로 나와 도로를 건너 790번 버스를 타면 된다. 버스시간이 많이 남았다면 오이도역 앞에 대기 중인 택시를 이용하면 된다. 시화호와 서해바다 사이 '시화방조제'를 달려 조력발전소(潮力發電所)를 지난다. 이곳 시화호 조력발전소는 연간 50만 명이 사용할 수 있는 전기를 생산하는 세계 최대 규모 조력발전소라고 한다.

대부도 안에 들어서면 두 번째 정류장인 방아머리에서 내린다. 인근 대부도 관광안내소에 들러 코스 정보도 얻고 육지로 나가는 방법도 미리 확인하는 게 좋다.

길가에 나부끼는 해솔길 리본을 따라 간다. 오른쪽 송림이 우거진 해변가 둑길엔 텐트와 승용차들이 바닷가의 정취를 더한다. 오른쪽 바다를 낀 도로를 걸으며 '바다향기 테마파크', '방아머리 음식문화거리', 동춘(東春)서커스 앞을 차례로 지난다. 대부도 동춘서커스는 지난 1925년 창단된 전통 깊은 국내 유일의 서커스단으로 2012년 대부도 '빅탑극장'에 새 둥지를 틀고 이색적인 볼거리를 제공하고 있다.

'동서가든' 앞에서 도로를 벗어나 바닷가로 나가야 한다. 포도밭을 지나 산길이 시작된다. 이 산 이름이 '북망산'이라 한 것은 중국의 고도 뤄양(洛陽)의 북망산, 즉 죽어서 묻히는 산과 비슷한 의미였으리라 짐작된다. 아주 낮은 산이지만 바닷가에 있어

서인지 제법 가팔라서 오르기가 만만찮다.

정상에 오르면 영종도, '인천대교', 송도신시가지, '시화호', 앞으로 가야할 구봉도의 풍경이 광활하게 펼쳐진다. 가파른 하산길을 내려오면 미인송이 있는 해변가 '구봉 솔밭 야영지'가 나온다. 조금 더 가면 구봉낚시터다. 바다 갯벌과 물고기들이 뛰노는 민물낚시터 사이 둑길을 지나면 주차장과 팬션 단지를 지나 구봉도 대부 해솔길 입구가 보인다. 이제부터가 해솔길 1코스의 하이라이트다. 왼쪽의 산, 오른쪽의 바다를 동시에 만끽하면서 걷는 울창한 숲길이다. 유난히 소나무숲이 우거져 있다. 역시 '해솔길' 답다. 발아래는 썰물 때의 해변가가 이어진다.

곧 개미허리가 보인다. 이 코스의 끝 '꼬깔섬'을 나무데크 다리 하나가 이어주고 있어 이런 이름이 붙었다. 고깔섬에도 송림이 울창한 길은 계속된다. 군부대 초소 옆을 돌아가는 데크길 끝에 구봉도 낙조전망대(落潮展望臺)가 있다. 망망대해를 눈앞에 두고 서해의 아름다운 낙조와 인천대교를 감상할 수 있는 '안산 9경'의 하나다.

돌아오는 길은 썰물 때의 해변길을 택했다. 이번엔 개미허리 밑을 걸어서 건너 콘크리트 포장도로를 따라간다.

도중에 있는 구봉이 선돌은 '할매바위'와 '할아배바위'의 2개 바위로 이뤄져 있다. 고기잡이 나간 할아배를 기다리다 할매는 돌이 됐고 오랜 세월 후 돌아온 할배도 아내를 따라 바위가 됐다는 전설이 전해져 내려온다. 종현어촌체험마을과 팬션타운을 지나 계속 길을 따라 간다. 산길에 접어드는 가 싶더니 곧 '돈지섬 전망대'가 나온다. 작은 육각 정자가 있고 광활한 서해바다가 눈앞에 펼쳐지는데 그 위로 고압송전탑들이 늘어서 바다 건너 섬으로 달린다. 하산길을 내려와 평지를 만나면 오른쪽 길을 따라 간다.

해솔길 캠핑장을 지나 '반딧불 팬션'과 '24시 횟집' 앞에서 해솔길 1코스는 끝난다. 종점 바로 못 미쳐 포도밭 건너편에 모텔이 하나 있다. 그 모텔 앞을 지나 소로를 계속 따라가면 큰 길이 나온다. 이 도로변 '안산운전학원' 앞에서 123번 버스를 타면 지하철 4호선 '안산역'으로 나갈 수 있다. 대부도 최남단인 탄도에서 '고잔신도시'까지 운행하는 시내버스다.

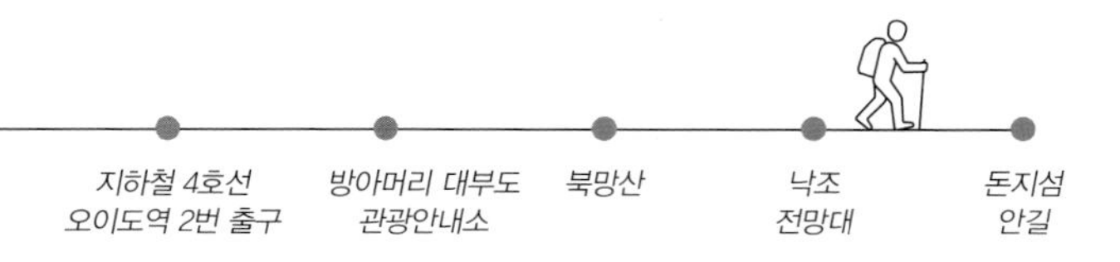

배싸메무초 걷기 100선

052 고양동누리길

조선 왕족보다 망한 고려 충신이 존경받아

'고양동누리길'은 경기도 고양시가 조성한 트래킹 코스 '고양누리길' 중 3번째 코스다. '필리핀 참전비', '성령대군 사적지', '최영 장군묘', '고양향교', '중남미문화원', '선유랑 체험마을'을 거쳐 '안장고개'로 이어지는 7.1km 코스다. 인적이 드물어 호젓하고 시원한 숲길을 걸으며 고려 말의 명장이자 충신 최영(崔瑩) 장군, 조선 개국공신인 이직, 세종대왕의 친동생인 성녕대군 등 고려 말~조선 초 인물들의 묘를 비롯하여 다양한 문화유산들을 만날 수 있는 길이다.

지하철 3호선 '삼송역' 8번 출구로 나와 30m 앞 버스정류장에서 333번 혹은 703번 버스를 타고 안장고개(선유동입구)에서 내린다. 정류장 오른쪽에 선유랑마을 가는 길이 있다.

선유랑마을 혹은 선유동은 '신선이 놀던 곳'이라는 뜻의 선유(仙遊)를 동네 이름으로 사용할 정도로 자연경관이 뛰어난 마을로 수도권임을 믿기 힘들 정도로 농촌 정취를 잘 간직하고 있는 곳이다. 특히 지난 2009년 당시 농림수산식품부로부터 '녹색농촌체험마을'로 선정됐다. 녹색농촌체험마을이란 친환경농업, 자연경관, 전통문화 등 부존자원을 활용해 농업의 부가가치를 증진시키고 농가소득 향상, 농촌지역 공동체 복원을 위해 정부가 추진하는 사업이다. 마을 입구에 고양동누리길 안내판이 있다.

마을을 오른쪽으로 끼고 포장도로를 걷는다. 곳곳에서 마을길과 숲속 산책로가 교차하지만 큰 길을 따라가야 한다. 차들이 드문 한적한 길이고 양 옆으로 숲이 우거져 있다. 길 왼쪽에 큰 묘소가 나타난다. 이직선생 묘다. 선유동마을의 대표적 역사인물인 문경공(文景公) 이직은 고려 공민왕 때 처음 벼슬길에 올라 이성계를 도와 조선

개국에 공헌, 성산군에 봉해지고 다시 1400년 '제2차 왕자의 난' 때 이방원을 도와 '좌명공신' 4등이 됐으며 세종 때 영의정, 좌의정을 역임했다.

이 묘소 앞에는 선생의 대표작 '오로시(烏鷺詩)' 시비가 있다.

"까마귀 검다 하여 백로야 웃지 마라/ 겉 검다고 속까지 검겠느냐/ 겉 희고 속 검은 이는 너뿐인가 하노라" 국어교과서에도 실려 있는 유명한 시조다.

다시 길을 따라가면 도로 왼쪽으로 고양누리길이 이어진다. 고양향교 방향이다. 시멘트로 포장된 길이 끝나고 흙길이 시작되는 가 싶더니 곧 산길이 시작된다. 길 오른쪽에 선유동 '전주이씨' 묘역이 있다. 이 곳 묘역에는 조선 중종의 후궁인 숙원(淑媛) 홍씨의 묘를 비롯하여 중종과 그녀의 아들인 해안군(海安君), 세종의 손자인 귀성군(龜城君) 이준의 묘 등이 있다. 이 산길은 '성황당고개'라 불린다. 평범한 시골 고갯길 같아 보이지만 한양과 중국을 오가는 사신들이 지나던 '연행로'의 일부로 많은 사람들이 다니던 옛길이다. 고갯마루에는 성황당 흔적으로 보이는 돌무더기가 남아 있다. 고갯길을 내려가 마을 골목길을 지나면 대로가 나온다. 여기서 좌회전, 횡단보도를 건너 누리길이 이어진다. '벽제천'을 건너고 고양동 사거리를 지나 '현대 아이파크' 아파트 앞길을 따라 올라간다. 고개를 따라 올라가다보면 왼쪽 산길로 이어진다. 나지막한 산을 넘어가 도로를 건너면 동네 안쪽에 고양향교가 있다.

향교 바로 못 미쳐 오른쪽에는 중남미문화원이 보인다. 중남미문화원은 마야, 잉카 등 중남미대륙 여러 나라들의 고대에서 현대까지의 문화자료들이 전시돼 있는 경기도 지정 제1호 테마박물관이다. 2011년 방영된 KBS 드라마 '드림하이'에서 필숙과 제이유가 첫 키스를 한 장소이기도 하다. 경기도 문화재자료 제69호인 고양향교(高陽鄕校)는 조선 숙종 때 건립됐다. 향교 옆 담장을 따라 누리길이 이어지고, 향교 뒤에는 내부를 내려다볼 수 있는 포토 존도 있다. 고양동누리길은 여기에서 조선시대 의주대로(義州大路)롤 되살린 또 다른 트래킹코스인 '의주길'과 합쳐진다.

다시 산길이 시작된다. 이제부턴 최영 장군묘 방향 이정표를 따라간다. 송전탑 앞을 지나면 곧 의주길과도 작별을 고한다. 잠시 가파른 산길을 땀 흘리며 오른다. 대자산이다. 대자산(大慈山)은 고양시 덕양구 대자동과 고양동 경계 지점에 있는 해발 210m의 산이다. '대자'라는 명칭은 성녕대군이 어린 나이에 요절하자 부친 태종이 지금의 대자동에 '대자사'란 절을 짓고 마을 이름을 대자라 했다는 데서 유래했다. 최영 장군묘 방향으로 산길을 계속 따라간다. 소나무와 참나무 등이 울창한 숲을 이룬 호젓한 산길이다. 송전탑 밑을 통과해 계속 내려가니 드디어 장군 묘가 보인다. "황금을 보기를 돌 같이 하라"는 부친 최원직의 가르침을 평생 실천한 장군은 청렴결백한 공직자의 상징이요, 충직하고 용맹한 장수의 전형으로 한국사의 수많은 위인들 중 가장 존경받는 인물의 하나다. 친동생처럼 아끼던 이성계(李成桂)에게 배신을 당해 죽은 원한이 크다고 하여 무속신앙에선 가장 영험한 신 중 하나로 꼽힌다. 필자도 처음 찾은 장군의 묘에 재배를 했다. 장군 묘는 부친의 묘소 바로 앞에 있다. 묘역 담장 옆으로 누리길이 계속된다. 묘소 진입로도 울창한 숲길이다. 숲길이 끝나면 주차장을 지나 콘크리트 포장 마을길이다. 삼거리 오른쪽 마을에 성녕대군(誠寧大君) 묘와 사당이 있다. 성녕대군 이종(李種)은 태종과 원경왕후 민씨의 넷째 아들로 세종의 바로 밑 동생이다. 어려서부터 태도가 의젓하고 총명하여 부왕의 총애를 받았으나 14살 때 홍역에 걸려 세상을 떠났다.

이젠 큰 도로를 따라 필리핀 참전비를 향해 간다. 이 길은 도로 양쪽에 단풍나무 가로수들이 길게 늘어서 '단풍나무길'로 불린다. 늦가을에는 정말 아름다울 것 같다. '대자천'을 건너니 오른쪽에 필리핀 참전비가 우뚝 서 있다. 한국전쟁이 발발하자 필리핀은 아시아 국가 가운데 가장 먼저 7,400여 명의 많은 병력을 파병, 우리나라의 자유와 세계 평화를 위해 피를 흘렸다. 참전비 앞 도로 건너편 버스정류장에 서울 지하철 3호선 '구파발역'이나 '연신내역'으로 나갈 수 있는 버스가 많이 있다. 그 아래 '공릉천'에서 이어지는 고양누리길 중 '송강누리길' 코스를 따라갈 수도 있다.

지하철 3호선 삼송역 8번 출구 — *선유동마을* — *고양향교* — *중남미 문화원* — *최영 장군묘* — *필리핀 참전비*

053 의주길

중국 가는 조선 사신의 길에서 고려를 만나다

'의주길'은 조선시대 한양과 중국을 잇던 의주대로(義州大路)를 중심으로 경기도가 2년 여에 걸쳐 조성한 트래킹코스로 고양시 '삼송역' 8번 출구에서 파주시 '임진각'에 이르는 장장 52.7km 구간의 긴 길이다. 의주대로는 사신과 상인들이 중국으로 갈 때 이용해 '조선 제1로' 또는 연행로(燕行路)로 불렸다. 이 길을 통해 수입된 서구 문명과 기술은 '북학운동'의 촉매제가 되기도 했다.

의주길 주변에는 김지남 묘, '벽제관지', '용미리 마애석불입상', 윤관 장군묘, '화석정' 등 많은 문화유산들이 있어 역사체험과 교육효과도 높다.

의주길은 제1길 '벽제관길(삼송역~벽제관지. 7.6km)', 제2길 '고양관청길(벽제관지~용미3리. 6.2km)', 제3길 '쌍미륵길(용미3리~신산5리. 14km)', 제4길 '파주고을길(신산5리~선유삼거리. 11.6km)' 및 제5길 '임진나루길(선유삼거리~임진각. 12.7km)'로 이뤄져 있다. 이중 가장 긴 쌍미륵길 가운데 용암사(龍岩寺)에서 시작해 파주시 '광탄면사무소'에 이르는 약 11km 구간을 걸어본다.

지하철 1·4호선 '서울역'에서 9-1번 출구로 나오면 '서울역환승센터'다. 환승센터 6번 승강장에서 703번 버스를 탄다. 703번 버스는 서울역에서 파주 '자이언트부대'까지 가는 입석 서울시내버스 중에서는 3번째로 긴 노선이다.

서울과 고양시내 구간을 지나 파주 용미리 '용암사'에서 내렸다. 용암사는 장지산(長芝山)이란 낮은 산에 있는 절이다. 고려 중기인 11세기에 창건된 것으로 추정된다. 용암사의 상징인 마애이불입상(磨崖二佛立像)과 절의 창건 관련 설화 때문이다.

고려 제13대 선종(宣宗. 재위 1083~1094)은 셋째부인인 원신궁주 이씨까지 아내로 맞았으나 후사가 없었다. 이것을 걱정하던 궁주의 어느 날 꿈에 두 도승이 나타나 "우리는 장지산 남쪽 기슭 바위틈에 사는데 배가 너무 고프니 먹을 것 좀 주시오"라고 요청하고 사라졌다. 궁주가 이를 왕에게 고하니 왕이 사람을 보내 알아보게 했다. 곧 장지산 아래에 사람 형상의 큰 바위 둘이 서 있다는 보고가 들어왔다. 왕은 이 두 바위에 불상을 새기고 절을 지어 불공을 드렸더니 궁주에게 태기가 있었고 왕자가 태어났다고 한다.

절은 전란으로 소실됐다가 1930년대 재건됐고 '혜음사', '대승사'로 불리다가 용암사로 바뀌었다. 산문을 들어서면 정면에 대웅보전과 석등, 5층 석탑과 범종각이 있는데 석등과 범종은 고 박정희 (朴正熙) 전 대통령이 조성한 것이다. 또 대웅전 왼쪽 구석에 있는 투박한 동자상과 7층 석탑은 1954년 고 이승만(李承晩) 전 대통령이 용암사를 방문, 세운 것이라고 한다.

동자상 옆 계단 길을 100여m 오르면 보물 제 93호 마애이불입상이 우뚝 서 있다. 거대한 천연 암벽에 2기의 마애불을 새겼는데 머리에 돌 갓을 씌운 토속적인 분위기다. 왼쪽은 둥근 갓을 썼고 오른쪽은 4각형 갓을 쓰고 있는데 둥근 갓은 남상(男像), 네모진 갓은 여상(女像)이란다. 세속적인 특성이 잘 나타나는 고려시대 지방화된 불상의 대표작이다. 의주길 제2길을 쌍미륵길이라 이름붙인 것도 이 두 불상 때문이다.

의주길은 용암사 밖 도로인 '혜음로'로 이어진다. 차량들이 씽씽 달리는 인도도 없는 편도 1차선 도로를 조심스럽게 걷다가 용미1리 삼거리에서 길을 건넌다.

삼거리에서 왼쪽으로 간다. '장수마을'을 통과해 포장된 마을길을 계속 따라간다.

오른쪽에 한국정교회(韓國正敎會) 묘지가 있다. 한국정교회는 한국의 동방정교회 즉, 카톨릭도 개신교도 아닌 '그리스정교회' 소속이다. 초기 기독교의 교리를 따르며 1897년 주한 러시아 공사였던 볼랴노프스키가 본국에 사제 파송을 요청, 정교회의 한국 전래가 이뤄졌다. 이런 한적한 길에서 소수 종파인 정교회를 만날 수 있으리라고는 상상도 못했다. 흙 속에서 진주를 캔 기분이다.

다시 도로와 만나면 우측으로 간다. 조금 가면 추모공원을 지나 오른쪽으로 흙길이 있다. 두 갈래 길에서 왼쪽 고산천(高山川)을 따라간다. 조금 가다가 '은곡교' 다리를 건너 반대편 둑길을 걷는다. 한적한 길 왼쪽에는 듬성듬성 공장들이 있고 물 맑은 고산천과 건너편 숲에는 학도 심심찮게 날아든다. 다시 차도와 만나는 지점에서 다리를 건넜다. 사거리에서 왼쪽 마을 안길을 따라 간다. 매운탕집이 유난히 많은 길이다. '우승슈퍼낚시' 삼거리에서 오른쪽으로 가야 한다. '베들레헴쉼터'와 '전주이씨' '효령대군파' '임강부정종회'의 추모공원인 선덕원(宣德園) 앞을 지나고 공장지대를 거쳐 분수2교를 건넜다. 그러자 윤관 장군묘 가는 길 안내판이 보인다. 오른쪽 뚝방 길을 따라 계속 걷다 왼쪽 마을길에서 좌회전, 조금 더 가면 대로가 나온다. 큰 길을 건너 오른쪽에 윤관장군묘역 입구가 있다.

윤관(尹瓘) 장군은 고려 중엽 여진을 정벌하기 위해 별무반(別武班)을 창설, 이들을 이끌고 여진 땅 북간도까지 진격해 9성을 쌓았다. 그러나 여진은 9성의 환부와 강화를 간청했고 고려 조정은 9성을 지키기 어렵다 하여 여진에게 돌려줬다. 먼 훗날, '병자호란'으로 조선의 항복을 받아낸 청나라의 기고만장한 사신들도 의주대로상의 장군 묘역 앞을 지날 때는 모골이 송연했으리라.

현충문 앞을 지나 왼쪽 묘역으로 들어서니 멀리 장군의 묘소가 올려다 보인다. 홍살문 앞에서 오른쪽 길을 따라 올라가 장군묘 앞으로 올라서니 인근 마을과 들판이 모두 내려다 보인다. 장군의 묘역 정비는 400년간 이어져 온 후손 파평윤씨(波平尹氏)와 '청송심씨'와의 갈등이 풀려서 가능해졌다. 필자도 가문 '중시조'인 장군께 재배하고 술 한잔 올렸다. 다시 '광탄천' 변 뚝방길로 내려와 의주길을 걷는다. 파주시 광탄면을 관통하는 광탄천(廣灘川)의 광탄은 '넓은 여울'이란 뜻이다. 양주시 백석면과 광적면에서 흘러 내려오는 물이 합쳐져 이곳에서 넓은 여울이 되어 흐르기 때문에 붙여진 이름이다. 여름날 천변에는 개망초 꽃이 지천에 피어 있다. 의주길은 신산5리를 지나 제4길 파주고을길로 이어지지만 광탄교를 건너 다시 오른쪽 도로를 따라 반대편으로 되짚어 올라가니 '광탄면사무소'가 나온다. 여기서 다시 703번 버스를 타고 서울로 돌아왔다.

지하철 1 · 4호선 서울역 9–1번 출구 — 용암사 — 한국 정교회묘지 — 광탄 면사무소

배싸메무초 걷기 100선
054 수리산임도

임도 정자에서 본 한남정맥 봉우리들

경기도 군포시를 중심으로 안양시와 안산시에 걸쳐 있는 군포의 진산 수리산은 높이 489m로 경기도 도립공원으로 지정돼 있다. 혹은 견불산(見佛山)이라고도 한다. 암봉의 빼어난 형상이 마치 독수리와 닮아 수리산이라 했다고도 하고 신라 진흥왕 때 창건된 군포시 속달동에 있는 절이 신심을 닦는 성지라 하여 수리사(修理寺)라 하였는데 그 후 아예 산 이름도 수리산이라 했다는 설도 있다. 다른 이설로는 조선왕조 때 왕손이 이 산에서 수도를 했으므로 수리(修李)산이라 부르기도 한다. 그 왕손이 수도 중 부처님을 친견했다고 해서 견불산이란 별칭도 생겼다.

수리산은 '한남정맥'(광주산맥)을 구성하고 있는 중요한 산의 하나다. 정상인 태을봉(太乙峰. 489m)을 중심으로 남서쪽으로 슬기봉(451.5m)과 수암봉(395m), 북쪽으로는 관모봉(426.2m) 등으로 구성되어 있다.

특히 수리산은 사방팔방으로 뻗은 임도(林道)가 또 다른 자랑거리다. 임도의 특성상, 산허리를 감아 도는 완만한 경사의 제법 넓은 흙길이 곳곳에서 등산로와 만나면서 길게 이어져 있어 등산객과 가벼운 트래킹을 즐기려는 사람들은 물론, 산악자전거 라이더들도 몰려든다.

무더운 여름날 오후, 이 수리산 임도를 걸어봤다. 지하철 4호선 '수리산역' 2번 출구로 나와 도로를 따라 조금 올라가면 '도장초등학교' 옆으로 등산로 들머리가 있다. 아파트단지들을 끼고 산길을 오르면, 이내 능선길이 나타난다. 울창한 숲길이다. 봄철에는 3번 출구에서 '철쭉동산' 쪽으로 오르면서 꽃구경을 하는 것도 좋다. 묘지 위에서 문득 시야가 트이면 아파트들 너머로 반대편 감투봉(敢鬪峰)이 보인다.

숨이 가빠오고 땀이 목덜미를 적시기 시작할 무렵, 정자가 있는 갈림길이 나온다. 이곳 아래로 '능내터널'이 지나가고 그 너머 감투봉을 지나는 산줄기를 따라가면 전철 1호선 '당정역'까지 갈 수 있지만 반대쪽 슬기봉 방향으로 길을 잡는다. 이 산길은 여름에도 햇살을 보기 어려울 정도의 울창한 숲길로 최고의 삼림욕 코스다.

가파른 오르막길을 잠시 오르니 어느덧 무성봉 정상이다. 한남정맥(漢南正脈) 군포시 구간임을 알리는 안내판이 나그네를 반긴다. 한남정맥은 '백두대간'의 속리산에서 갈라진 '한남금북정맥'의 끝인 안성 칠장산(七長山)에서 시작, 서북쪽으로 김포 문수산에 이르는 산줄기다.

다시 오른쪽 슬기봉 방향으로 간다. 오르락내리락 능선을 따라 가다보면 산불감시용 철탑이 있고 여기선 수리산 주봉 중 하나인 슬기봉 정상의 군부대 시설들이 손에 잡힐 듯 가깝게 보인다. 곧 임도오거리다. 평탄한 임도와 숲속 등산로가 다섯 방향으로 뻗어 있고 정자도 있어 많은 사람들이 쉬어가는 곳이다.

임도오거리에서 12시 방향 슬기봉 등산로를 조금 오르다 왼쪽에 있는 '슬기정'에 올랐다. 서울 쪽으로 이어진 한남정맥 연봉(連峰)들이 한 눈에 들어온다. 정자에서 임도로 내려와 수리사 쪽으로 길을 잡았다. 오른쪽으로 슬기봉을 올려다보고 왼쪽으로 울창한 산림을 내려다보면서 임도를 걷는다. 특히 가을철 단풍이 아름다운 길이다. 임도와 콘트리트 포장도로가 만나는 삼거리 등산안내판 앞에서 우회전, 포장도로를 따라 계속 올라가면 수리사가 나온다. 울창한 숲길이 이어지고 길 옆 계곡에는 맑은 물이 흘러 흐르는 땀을 식혀준다.

'군포 8경' 중 제2경에 해당하는 수리사는 창건된 지 1500년 가까이 된 고찰이다. 전성기에는 36동의 건물과 12개 부속 암자가 딸린 거찰이었으나 지금은 대웅전(大雄殿), 나한전, 삼성각 등과 석가여래좌상, 관음보살상 등이 봉안돼 있다. 수리사 옆으로 수암봉, 슬기봉 및 '너구리산'으로 오르는 등산로가 있다.

다시 삼거리로 돌아 내려와 '덕고개' 방향으로 직진한다. 숲길도 흙길도 아닌

아스팔트 포장도로다. 곧 산골마을인 군포시 속달동(速達洞)이 보인다.

속달4동 마을회관 앞을 지나 '납덕골'에서 다리를 건너 왼쪽 마을길로 들어선다. 수리사와 '대야미역'을 오가는 마을버스가 다니는 길이다. 왼쪽으로 활터인 수리정(修理亭)도 있다. 다시 아스팔트길이 시작되는 삼거리에서 좌회전한다. 이 길을 따라가면 덕고개가 나온다. 도중에 '덕고개 당숲'이 있다. 숲 속 당집에서 지금도 음력 10월 1일이면 마을의 안녕을 비는 동제가 치러지는 숲이다. 2002년 11월 산림청이 주최한 제3회 '아름다운 숲 전국대회'에서 우수상을 차지한 바 있으며 '군포 8경' 중 제4경으로 지정돼 있다.

수령 100~300년 된 고목들이 우거져 있는 이 숲은 조선 중기의 문신 정재륜(1648~1723)과 그의 부인인 효종(孝宗)의 넷째 딸 숙정공주의 무덤이 들어서면서 조성됐다.

덕고개 마루에서 임도오거리에서 내려오는 또 다른 임도와 만난다. 덕고개 마을 뒤로 슬기봉이 우뚝 솟아 있다. 도로를 따라 내려가면 '갈치호수'가 나온다. 수도권의 낚시 명소 중 하나인데 서서히 석양이 내려앉고 있다. 그러나 호숫가 음식점들은 불야성(不夜城)이다. 음식점들 앞을 지나니 왼쪽으로 오르막길 콘크리트 포장도로가 있다. '갈치호수길' 안내판과 어린이 캐릭터 모형이 서 있다. 이 길을 따라 고개를 넘고 동래정씨(東萊鄭氏) 묘역 앞을 지나면 등산로 3거리가 나온다. 임도오거리로 이어지는 또 다른 산길이다. 여기서 오른쪽 고개를 넘어 내려가면 '현대아이파크' 아파트단지가 있다. 이 단지 옆 도로를 따라 계속 내려가면 지하철 4호선 대야미역이 보인다.

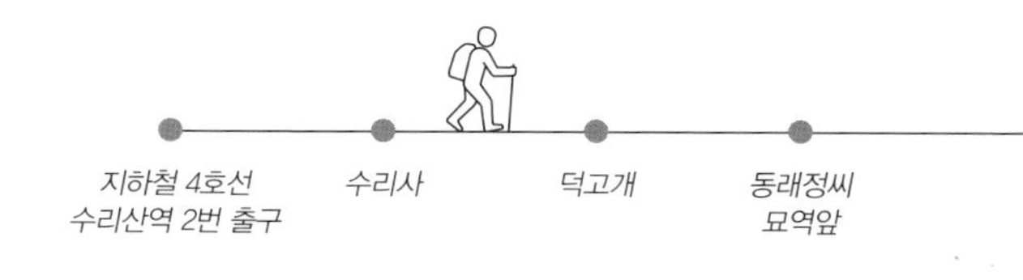

배싸메무초 걷기 100선

055 옛성산길

학들과 함께 청정자연 속에서 노닐다

수도권의 명산인 수락산과 불암산에 둘러싸인 경기도 남양주시 별내면(別內面)은 일제강점기 초기인 1914년 행정구역 개편 때, 양주군 별비면(別飛面)의 '별'자와 내동면(內洞面)의 '내'자를 따서 붙인 이름이라고 한다. '별내면사무소'가 있는 청학리(靑鶴里)는 동편 은행나무에 청학이 살았다고 해서 이런 이름이 붙었다고 전해진다. 우리는 흔히 '청학동'이라면 지리산 청학동을 떠올린다. 하지만 이곳도 청학동이다. 청학리에서 시작되는 수락산 등산로를 따라 '수락산유원지'를 지나면 나타나는 계곡이 바로 청학동인 것. 푸른 학이 노니는 동네 청학동은 깊은 산골로 청정한 자연이 그대로 살아있는 곳이란 이미지를 갖고 있다. 이처럼 청학리는 청정자연이 숨 쉬는 곳이다. 인근 '별내 신도시'엔 고층아파트 단지들이 우후죽순처럼 들어서고, 지하철 8호선 연장구간이 들어올 예정이다. 그러나 정작 별내면사무소 인근 지역은 아직 개발의 손길과는 거리가 먼 한적한 근교 농촌이다. 무엇보다 '청학천'과 용암천(龍岩川) 주변에선 학들이 노니는 모습을 쉽게 볼 수 있어 "과연 청학이구나!" 라는 감탄사가 절로 나온다. 이 청학리에서 '에코랜드'를 거쳐 '퇴뫼산과 '잣고개'를 지나 용암리로 가는 산길을 걸어본다. 이 길은 남양주시가 조성한 트래킹코스인 '다산길' 중 제12코스 '옛성산길'과 대부분 겹친다.

지하철 6·7호선 '태릉입구역' 7번 출구 밖 버스정류장에서 1155번 버스를 타고 30분 남짓 가다가 별내면사무소 다음 정류장에서 내린다. 버스로 온 길을 조금 되돌아가면 곧 옛산성길 안내판이 있고 청학천변 산책로가 나온다. 청학천(靑鶴川)은 수락산유원지에서 흘러내려온 소하천이다. 이 청학천을 따라 하류 쪽으로 조금 내려가면 용암천과 합류한다.

20여분 남짓 하천변을 걷는 동안, 곳곳에서 학들이 길손을 반겨준다. 벌판 한가운데 별내면사무소가 외롭게 서 있다. 자연과 잘 조화를 이룬 친환경적 디자인이 돋보이는 건물이다. 면사무소 앞길은 각종 조각 작품들이 마치 가로수처럼 길 양쪽으로 길게 늘어서 있다. 살아있는 자연과 인간의 예술이 어우러진 아름다운 길이다. 특히 학이 날아오르는 것을 형상화한 작품이 눈길을 잡아끈다.

조금 걸으니 에코랜드가 나온다. 에코랜드는 건설폐기물을 매립하면서 친환경적으로 처리하고 그 매립지(埋立地)를 공원 및 체육시설로 꾸며 남양주의 새 명소가 된 곳이다. 이곳의 인공폭포와 연못은 물이 폐기물 매립지로 스며들어 오염되지 못하도록 한 결과물이다. 아래쪽 매립장은 인조잔디가 깔린 축구장 등 운동시설로 변신해 시민들의 벗이 됐고 산 위쪽에는 지금도 매일 수십 대의 덤프트럭들이 폐기물을 쏟아 붓고 있다.

에코랜드 맨 위에는 야구장이 있다. 이곳은 조망명소이기도 하다. 맞은편 국사봉과 그 너머 수락산(水落山)이 손에 잡힐 듯하다. 수락산의 온전한 경관이 여기처럼 잘 보이는 곳도 드물다. 야구장 옆에서 퇴뫼산 산길이 시작된다. 해발 367m의 퇴뫼산은 남양주시의 별내면 광전리와 진접읍 내각리 및 내곡리 경계에 위치한 산이다. 지역 주민들은 남쪽에 있는 '옛성산'까지 포함하여 함께 퇴뫼산이라부른다.

퇴뫼(堆山 혹은 堆峯)산은 힘센 장사가 흙을 날라다 쌓은 산이란 의미가 있다.

어원학적으로 '퇴뫼'는 '갈라져 나온 산'이라는 의미를 갖는다고 추론하기도 한다. 이 산은 태봉마을 동쪽에 위치하여 '태봉(胎峯)'이라고 불린다. '태봉'이라는 이름은 왕자의 태가 묻힌 산이라는 데서 유래한다.
'퇴뫼산성'은 산 정상부를 둘러싸고 있는 석축산성이다. 별내면 광전리에 있는 이 산성은 포천지역에서 한강유역 아차산성(阿且山城)에 이르는 길목에 해당하는 지리적·군사적 요지이다. 출토된 유물을 보아 삼국시대에서 통일신라 시기의 산성으로 추정된다. 옛성산, 옛성산길 모두 이 성에서 유래된 이름이리라. 전체 둘레는 625m 지만 대부분 훼손돼 북서쪽 일부 성벽만 온전한 형태로 남아있다.
성 내부에서 동문지(東門址)와 서문지(西門址) 2개소가 발견되었다. 퇴뫼산 반대쪽 내곡리에는 대궐터도 남아 있다.
밤나무 등 수목이 빽빽해 하늘은 보이지도 않는 좁은 산길을 오른다. 가을철이면 야생 밤과 도토리가 도처에 널려 있어 등산객들에게 풍성한 수확물을 안겨주기도 하는 곳이다. '잣고개' 마루에서 오른쪽 정상으로 향한다. 울창한 숲이 하늘을 가리고 토요일인데도 인적을 찾아볼 수 없다. 곳곳에 멧돼지가 땅을 파헤친 흔적이 있다. 계속 오르니 드디어 무너진 산성 유적이 나타나고 조금 더 가면 정상이다. 정상에만 조금 시야가 트여 숲 사이로 수락산이 보인다. 송신탑 하나만 외롭게 우뚝 서 있고 그 중간에 조그만 퇴뫼산 정상 팻말이 매달려있다.
다시 잣고개로 돌아와 이번에는 용암리방향 능선길을 택했다. 숲이 울창한 능선길은 오르막과 내리막의 경사도가 만만치 않아 제법 땀이 난다. 인적이 없어 길을 헷갈리기 쉽다. 잣나무 숲에서 내뿜는 피톤치드는 온 몸과 마음의 피로를 씻어준다. 산 밑에 내려서니, 얼음같이 차고 맑은 시냇물이 반겨준다. 용암천 상류다. 큰 길을 만나면 도로를 따라 계속 내려오면 청학리가 나온다. 청학리에서 다시 태릉입구로 되돌아갈 수도 있고 반대쪽 정류장에서 '당고개역'으로 나가는 버스를 이용할 수도 있다.

지하철 6 · 7호선 태릉입구역 7번 출구 — *에코랜드* — *퇴뫼산* — *청학리*

배싸메무초 걷기 100선

056 송추계곡길

회룡계곡 올라 송추계곡으로 넘어가다

북한산과 도봉산, 사패산을 잇는 한북정맥(漢北正脈) 산줄기에서 한 여름 더위를 식히기 그만인 대표적 계곡 중 하나로 '송추계곡'이 손꼽힌다. '북한산국립공원'에 속하는 송추계곡은 경기도 양주시 장흥면 울대리에 위치하고 있다. 도봉산 줄기인 오봉산(五峰山) 기슭에 걸쳐지는 계곡으로 약 4km 거리에 소나무(松)와 가래나무(楸)가 많은 계곡이라 하여 '송추'라는 이름이 붙여졌을 만큼 계곡 양 옆으로 많은 소나무, 가래나무를 볼 수 있다. 그 외에도 국수나무, 단풍나무, 갈참나무 등이 어우러져 울창한 숲을 형성하고 있으며 삼단폭포가 시원하게 흘러 맑은 계곡물과 함께 절경을 선사한다.

송추계곡 위쪽에서 사패산 코스와 오봉 코스 약 3시간 정도의 등산코스로 연결된다. 송추유원지(松楸遊園地)는 1963년 서울 '교외선' 철도의 개통과 함께 개발되기 시작했고 수영장, 낚시터 등의 시설이 갖추어져 있으며 근처 농원에서 신선한 계절 과일을 제공받을 수 있다. 서울 근교에 있어 여름철 가족나들이 코스로 각광받는다. 그 반대편 너머에는 '회룡계곡'이 있다. '해골바위능선'과 '범골능선' 사이를 흐르는 계곡으로 경기도 의정부시 도봉산 '회룡탐방지원센터'에서 '회룡사'를 거쳐 도봉산과 사패산 사이 능선 안부에 있는 고갯마루인 '회룡사거리'에 이르는 코스에 있다. 도봉산 내에서는 송추계곡, '용어천계곡' 다음으로 수량이 많고 깊다. 이 계곡 내에 '회룡폭포'가 있으며 회룡사거리에서 도봉산 '포대능선' 및 사패산 방향 '사패능선'과 만난다. 이 회룡계곡에서 흘러내리는 물이 회룡천(回龍川)을 이뤄 흐르다가 '중랑천'과 합류한다. 오늘은 회룡계곡을 출발, 회룡사거리를 거쳐 송추계곡으로 넘어가는 계곡트래킹에 나섰다.

수도권전철 1호선 '회룡역' 3번 출구로 나와 정면 도로를 따라가다가 사거리를 건너 좌회전, 조금 올라가면 오른쪽으로 사패산(賜牌山) 쪽으로 올라가는 길이 있다. 계속 따라 올라가면 회룡천이 나오고 그 천변 길옆에 수령 400년이 훨씬 넘은 회화나무가 있다. 곧 '회룡탐방지원센터'가 나온다. 오른쪽에 북한산 둘레길이 있지만 다리를 건너 직진한다. 곧 오른쪽에 나타나는 북한산 '보루길' 구간 입구를 지나쳐 사패산 방향으로 간다. 길은 시멘트 포장도로다. 삼거리에서 '회룡사' 방향으로 간다. 계곡 다리를 건너 '회룡샘'에서 목을 축이고 계속 오른다.

이윽고 길 오른쪽에 제법 웅장한 폭포가 나타난다. 회룡폭포(回龍瀑布)다. 회룡폭포를 지나면 곧 회룡사다. 회룡사(回龍寺)는 서기 681년(신라 신문왕 1년) 의상대사가 창건했다. 처음엔 '법성사'였으나 1384년(우왕 10년) 무학대사가 중창한 후 조선 태조 이성계와 함께 3년 동안 새 왕조 창업을 위한 기도를 한 후 이성계가 왕위에 올라 절 이름을 회룡사로 고쳤다고 한다.

또 1403년(태종 3년) 태조가 아들 태종 이방원에 대한 노여움을 풀고 귀경한 뒤 이 절로 무학을 찾아왔으므로 무학이 '회란용가(回鑾龍駕)', 즉 왕의 말과 가마가 돌아왔다 해서 회룡사라 했다는 설도 있다. 경내에는 창건주인 의상(義湘)의 사리를 모셨다는 5층 석탑이 있다. 절 뒤로 사패산 암봉이 높이 솟아 있다.

곧 본격적인 산길이다. 계곡을 가로지르는 다리는 튼튼하지만 물은 없는 마른 계곡이다. 숲이 울창한 그늘이어서 그나마 다행이다. 곧 가파른 철계단이 나타난다. 땀을 흘리며 오르고 또 오르면 어느새 고갯마루가 보인다. 여기가 바로 회룡사거리다. 오른쪽은 사패산으로 오르는 사패능선이고 왼쪽은 도봉산(道峰山) 방향 포대능선이다. 직진해 내려가면 바로 송추계곡이다.

조금 내려가니 곧 계곡이 시작된다. 계곡물이 참 맑고 비가 온 지 얼마 되지 않아 수량도 많다. 양말을 벗고 물속에 발을 담그다 아예 옷 입은 채로 누워버렸다. 하지만 물이 차가와 오래 있기 힘들다.

다시 하산을 시작, 삼거리에서 왼쪽 오봉 쪽으로 오르기 시작한다. 지척에 있는 송추폭포(松楸瀑布)를 그냥 지나칠 수야 없다. 암장이 멋진 길을 조금 오르니 두 갈래 물줄기가 쏟아져 내리는 폭포가 나타난다. 수량이 풍부해 제법 폭포답다.

폭포를 배경으로 인증사진을 한 장 찍고 다시 하산길에 오른다. 내려오다 보면 이름 없는 작은 폭포들도 곳곳에 있다.

'송추탐방안내소'를 지나 다리를 건너면 왼쪽으로 '도성암' 오르는 길이 있다. 조금 더 가면 오른쪽에 첫 식당이 있고 시멘트 포장도로가 시작된다. 왼쪽 아래에 또 다른 대형 폭포가 있다. 특별한 이름이 없어 자연폭포(自然瀑布)라 불린다.

'현정사' 입구를 지나 조금 더 내려가니 드디어 유원지가 나온다. 여름방학에다 토요일이라 계곡에는 사람들로 인산인해다. 모두들 즐거운 표정으로 여름날을 즐긴다. 도로 주변에는 음식점들이 즐비하다.

드디어 송추계곡 입구 대로로 나왔다. 도로를 건너 버스정류장에서 34번이나 360번을 타면 3호선 '구파발역'이나 '연신내역'으로 나갈 수 있다. 또 광역버스 3800번은 의정부와 인천을 오가는 버스다.

지하철 1호선 회룡역 3번 출구 → 회룡사 → 회룡 사거리 → 송추폭포 → 송추계곡 입구

057 모락산

전망 좋은 바위산에 남겨진 전쟁의 핏자국

모락산(慕洛山)은 경기도 의왕시 오전동과 내손동 사이에 우뚝 솟아있는 바위산으로 높이는 385m다. 별로 높지는 않지만 산 전체가 바위로 되어 있다. 특히 북쪽 사면은 절벽으로 절경을 이루고 정상 남서쪽 능선은 아기자기한 암릉이어서 높이에 비해 볼 게 많은 산이다. 혹자는 북한산, 도봉산, 관악산, 수락산에 이어 수도권에서 다섯 번째로 조망이 좋은 산이 모락산이라고도 한다.

주능선 전망대에 올라서면 서쪽으로 의왕시와 안양시가 넓게 펼쳐지고 그 너머로 수리산과 관악산이 가깝게 보인다. 북동쪽으로는 청계산과 백운산, '백운호수'의 경관이 시원하다.

세종대왕의 넷째아들인 임영대군(臨瀛大君)이 형인 수양대군의 왕위 찬탈에 충격을 받아 매일 이 산에 올라가 서울을 향해 '망궐례'를 올려 '서울을 사모하는 산'이라는 뜻으로 '사모할 모', '서울이름 락'으로 하여 '모락산'이라 부르게 됐다고 한다. 이 산 동쪽 기슭에 임영대군의 묘와 사당이 있다. 또 임진왜란 때 왜군들이 이 산에서 사람들을 몰아 죽여서 모락산이라고 했다고도 한다.

지하철 4호선 '인덕원역'에서 51번 버스를 타고 계원예술대학교(桂園藝術大學校)에서 하차, 정문 앞으로 가면 '갈미문화공원'이 있다. 여기서 바로 산행을 시작할 수도 있고 계원예대 캠퍼스를 통과해 후문 우측 삼림욕장으로 오를 수도 있으며 좀 더 위쪽 '모락산터널' 위 팔각정에서 능선을 탈 수도 있다. 어디로 오르든 '사인암'에서 만나게 된다.

계원예대 정문을 지나 캠퍼스를 따라 오른다. 학생들 외에 등산객이 자주 보인다.

길 오른쪽 구석에 있는 계원학원 설립자인 전락원(田樂園) 선생의 흉상을 놓치면 안 된다. '파라다이스그룹' 창업자로 '카지노의 대부'로 불렸던 인물이다. 후문을 나와 '갈미한글공원' 앞에서 오른쪽 산길로 접어든다. 모락산은 산행거리는 길지 않지만 가파른 계단과 밧줄을 잡고 오르는 암릉, 전망 좋은 곳이 곳곳에 있어 산타는 재미가 제법 쏠쏠하다. 계단을 힘들게 올라서면 전망대가 나오고 벌판 건너 백운산(白雲山)이 손짓한다. 그 사이로 백운호수가 펼쳐진다. 계단을 계속 오르면 드디어 능선이 나타나고 큰 바위가 보인다. 바로 사인암(舍人岩)이다.

'보리밥고개'부터 본격적 능선길이다. 좀 더 능선을 오르면 제법 넓은 평탄지가 나타나고 선사시대 고분인 고인돌로 추정되는 유적이 보인다. 작은 돌 두 개를 고여 놓고 넓직한 큰 돌로 위를 덮었다.

그 앞에는 한국전쟁(韓國戰爭) 당시 이곳에서 중공군을 무찌른 국군 제1사단 15보병연대의 전승기념비가 있다. 국군 15연대는 1951년 1월 30일부터 31일 사이 모락산에서 중공군과 치열한 전투를 벌여 적 663명을 사살하고 90명을 포로로 잡는 대승을 거뒀다. 아군 전사자는 70명 정도였다. 이 전투는 국군 1사단이 관악산을 거쳐 중공군에게 빼앗긴 수도 서울을 재탈환하는 데 결정적 공헌을 했다.

의왕시는 모락산터널 위에 '평화의 쉼터'를 조성해 놓았다. 평화의 쉼터에는 '모락산 전투'의 역사와 국군 전사자 유해발굴사업, 유해·유품 발굴현황을 설명한 안내판과 표지판, 방문객들이 쉬어 갈수 있는 의자 등이 설치됐다.

이처럼 모락산은 예로부터 조망과 입지조건이 뛰어난 전략적 요충지였다. 산정에는 삼국시대 초기 한성백제(漢城百濟) 시대에 축조된 '모락산성'도 있다. 모락산성은 정상부를 빙 둘러 축조된 테뫼식 석성으로 전체 둘레는 878m다. 험준한 지연지형을 이용, 경사가 가파른 곳은 자연 암반으로 성벽을 대신하고 완만한 곳은 안팎으로 석축을 쌓아 축조했다. 삼국시대에도 이 일대에서 한국전쟁 때 못지않은 격전이 벌어졌으리라. 성내에선 서문 터와 망대 터, 치성 3개소 및 건물터 5개소 등이 확인됐고, 4~5세 기 한성백제 때의 경질토기 편들이 다량 발견됐다.

성터에는 아담한 사각 목제 정자가 쉼터를 제공한다.

다시 300여m 더 가면 태극기가 게양돼 있는 국기봉(國旗峰) 정상이다. 백운산과 광교산, 백운호수와 주변 일대가 파노라마처럼 조망된다. 국기봉에서 남서쪽 'LG아파트' 쪽으로 하산하는 길은 아기자기한 암릉길이다. 전망대에 서면, 의왕시와 안양시 일대의 아파트 숲이 한눈에 내려다보이고 그 너머에서 청계산과 관악산 및 수리산이 손짓한다. 전망대 아래로는 '코끼리바위', '톱바위' 등이 줄지어 나타난다.

암릉길 계단 밑 무궁화(無窮花) 꽃길을 지나면 체육공원이 있고 '모락정'과 초등학교를 지나면 LG아파트가 나온다. 여기서 5-2번 버스를 타면 지하철 4호선 '범계역'으로 나갈 수 있다. 전체적 산행시간은 2시간 반 정도다.
산행코스가 너무 짧아 체육공원 밑 삼거리에서 오른쪽 둘레길을 따라가 본다. 고대 고분으로 추정되는 유적 앞을 지나 오르락내리락 숲길을 따라가다가 삼거리에서 왼쪽 백운동산(白雲童山) 방향으로 간다. 잣나무 숲에서 내뿜는 피톤치드로 가슴 속까지 시원해진다.
곧 '능안고개'를 거쳐 백운산으로 가는 삼거리가 나온다. 하지만 가까운 '절터약수터'로 향한다. 절터약수터는 이름처럼 고찰이 있던 곳이다. 바로 경일암(擎日庵)터다. 경일암의 창건연대는 정확히 알 수 없으나 임영대군의 원찰이었을 것으로 생각되는데 한국전쟁으로 소실됐다. 우뚝한 바위 절벽 아래에 몇 곳의 평탄지가 있다. 석축도 남아 있고 많은 기와편도 밟힌다. 지금도 두 개의 샘물이 흐르고 아담한 정자가 있다. 능선으로 오르면 정상으로 오르는 길이 나타나고 다시 사인암이다. 계원예대로 내려와 인덕원역으로 돌아갔다.

지하철 4호선 인덕원역 — 계원예술대학교 — 모락산성 — 사인암

배싸메무초 걷기 100선

058 장봉도

섬 능선 길에서 망망대해를 바라보다

장봉도(長峰島)는 인천직할시 옹진군 북도면에 속한 섬이다. 섬의 형태가 길고 (長) 봉우리(峰)가 많다고 해서 이런 이름을 얻었다. 신석기시대 때부터 사람이 살기 시작했던 것으로 보이며 고려시대에는 '강화현'의 속현인 '진강현'에 속했다. 고려 후기 몽골군을 피해 강화도 주민들이 이주하면서 본격적으로 개척됐다고 알려졌다. 조선시대에는 '강화도호부'에 속했고 1717년 수군의 진(鎭)이 설치되기도 했다. 면적 7㎢, 해안선 길이 22.5㎞로 전체적으로 북서-남동 방향으로 좁고 길게 뻗은 형태다. 최고봉인 국사봉(151m)를 중심으로 해발 100m 내외의 능선과 낮은 봉우리들이 길게 이어져 있어 섬 트래킹에 최적지 중 하나다. 해안 곳곳에 해식애(海蝕崖)가 발달하여 절경을 이루는 곳이 많다. 동쪽과 서쪽의 양안을 제외하고는 넓은 간석지가 발달했다. 섬 근해는 예로부터 황금 어장으로 유명하다. 천연기념물 제 360호와 361호로 지정된 노랑부리백로와 괭이갈매기도 집단 서식하고 있다. 해변에는 수 십 억년 전 지각변동으로 뒤틀린 암석들이 많이 흩어져 있어 지구의 지각변동 역사를 생생하게 느껴볼 수도 있다. 그 섬에 가고 싶다.

지하철 2호선 '홍대입구역'에서 '인천공항철도'로 갈아타고 '운서역'에서 내린다. 길 건너편 버스정류장에서 222-1번이나 710번을 타고 '삼목선착장'으로 간다. 지하철 5호선 '송정역'에서 공항리무진 버스 6007번을 타고 삼목선착장에서 하차할 수 있다. 삼목선착장에서 장봉도 가는 배는 매시 10분에 있다. 연락선 갑판 위에서 바다를 바라보니 가슴 속까지 시원해진다. 사람들이 던져주는 새우깡 맛에 길들여진 갈매기 떼가 계속 배를 따른다. 30분 쯤 가니 드디어 장봉도 '옹암선착장'에 닿는다.

'장봉바다역'이란다. 선착장에서 버스를 기다리는 사람들을 뒤로 하고 걸어 나오니 바닷가에 인어 동상이 있다.
옛날 장봉도 어느 어민의 그물에 인어가 걸려 나왔다. 상체는 여자와 같고 모발이 길며 하체는 물고기와 흡사했다. 측은히 여겨 놓아주었더니 3일 연속 풍어였다. 그래서 그 인어의 보은(報恩)이라 여기고 감사했다는 전설이 전해져 온다.
썰물 때라 넓은 갯벌 위 곳곳에 배들이 올라앉아 있다. 갯벌 건너 작은 섬까지 길게 다리가 놓여 있고 그 섬엔 정자도 있다. '작은 멀 곳'이란 곳이다. 바다 가운데 있어 가까워도 먼 곳처럼 못 간다고 해서 이런 이름이 붙었다고 한다.
해변길 왼쪽으로 등산로 입구가 있다. 더운 여름날엔 역시 해변보다 숲길이 좋다. 조금 올랐는데 능선이 나타나고 시야가 확 트이면서 서해바다가 넓게 조망된다. 상산봉 정자각을 지나 능선 길을 걷다가 삼거리에서 '혜림원' 방향으로 하산, '꽃누리 화원' 앞과 마을길을 지나면 다시 산길이 이어진다. 정상인 국사봉 가는 길이다.
도중에 '말문고개'가 나온다. 이곳은 15세기 중반부터 19세기까지 '장봉목장' 마성(馬城)이 있던 곳이다. 장봉목장에선 처음엔 소를, 임진왜란 이후엔 말을 방목했고 키우는 말들을 관리하기 위해 해안까지 돌담(마성)을 쌓았다고 전해진다. 지금은 섬을 일주하는 버스가 다니는 도로가 있고 길을 가로질러 아치형 인도교가 있다. 이어지는 숲길을 따라 가니 곧 팔각정이 있다. 여기가 바로 장봉도의 정상인 국사봉이다. 섬 전체와 좌우의 바다가 한눈에 조망된다.

계속 능선을 따라 걷다가 3거리에서 '가막머리' 방향으로 길을 잡는다. 도중에 '장봉3리' 마을길을 지나 다시 능선과 만나는 지점에 나무 정자가 우뚝 서 있다. 가막머리로 가는 능선길은 좁고 길다. 섬 자체가 그렇게 생겼다. 길 양쪽이 모두 바다고 능선 아래는 해식애다.

마침내 가막머리 전망대가 보인다. 여기가 장봉도의 북서쪽 끝이다. 발아래 절벽으로 밀려온 파도가 흰 포말로 부서지고 눈앞은 온통 망망대해(茫茫大海) 뿐이다. 전망대의 절반은 비박족들이 점령했다. 여기서 밤을 보내고 맞는 일출은

정말 환상적일 듯하다. 아래쪽에 바다낚시꾼들도 몇 명 보인다. 아마 비박족의 일부일 게다. 썰물 때면 해안을 따라 '장봉3리', '건어장해변'으로 나갈 수 있다. 물때를 반드시 미리 확인해야 한다. 그 곳에 옹암선착장으로 가는 버스 종점이 있다. 오후 6시가 삼목선착장으로 나가는 마지막 배이므로 늦지 않도록 서둘러야 한다.

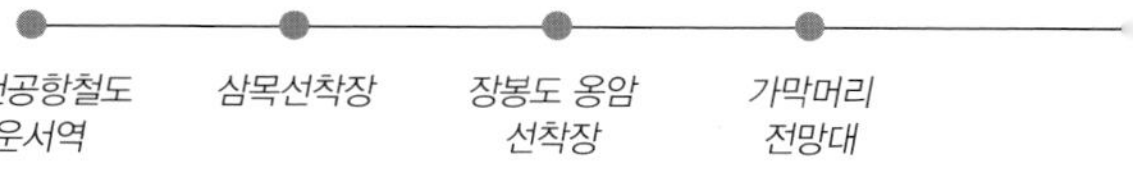

인천공항철도 운서역 — 삼목선착장 — 장봉도 옹암 선착장 — 가막머리 전망대

배싸메무초 걷기 100선

059 인천 청량산

전화 딛고 세계로 뻗어나가는 인천을 굽어보다

서해안 항구도시 인천에는 높은 산이 없다. 대신 바다와 하늘이 맞닿은 시원한 풍광들을 즐길 수 있다. 또 인천, 아니 우리나라의 과거와 현재, 미래도 볼 수 있다.
인천의 해안선은 지난 몇 년 동안 천지개벽을 했다. 굽이굽이 들고나던 해안선은 매립공사를 통해 반듯한 직선이 됐다. 매립된 새 땅에는 고층빌딩들이 높이 솟아올라 신세계를 연출한다. 그 변화를 굽어보며 실감할 수 있는 곳이 청량산(淸凉山)이다.
청량산은 높이 172m의 낮은 산이다. 하지만 해안가에 우뚝 솟은 바위산으로 조망이 빼어나다. 특히 해안 쪽으로는 급경사의 암벽이 발달해 산세도 제법 가파르다. 산 아래는 작은 물길을 경계로 '송도국제도시'가 한 눈에 들어오고, 송도와 '인천국제공항'을 잇는 '인천대교'가 바다 위를 달린다. 송도국제도시와 인천대교는 세계로 뻗어나가는 인천의 미래를 상징한다.
송도는 경제자유구역으로 지정된 국제도시이고 특히 우리나라가 최초로 유치한 대규모 국제기구인 유엔 '녹색기후기금(GCF)' 사무국이 들어서면서 전 세계가 주목하는 미래도시다. 또 인천대교는 총연장 21km의 세계 5위의 사장교다.
바다 위에 고속도로와 '63빌딩' 높이의 교탑(230m)을 세우는 국내 토목공사 사상 최대의 난공사였다. 현대 교량기술의 전시장으로 불릴 정도로 최첨단 공법이 대거 동원됐고 영국의 건설전문주간지 '컨스트럭션 뉴스(Construction News)'가 '세계의 경이로운 10대 건설'에 선정했을 정도다.
청량산은 대한민국 현대사에서 결코 빼놓을 수 없는 곳도 품고 있다. 바로 '한국전쟁'의 분수령이 된 '인천상륙작전' 기념관이다. 잿더미를 딛고 세계로 뻗어나가는

우리나라와 항도 인천의 진면목을 굽어볼 수 있는 곳이 청량산인 셈이다. '인천시립박물관'도 이 산 기슭에 있다.
청량산이란 이름을 지은 이는 고려 말 공민왕의 왕사였던 나옹화상(懶翁和尙)이다. 스님은 산세가 아름답고 좋다는 의미로 이런 이름을 붙였다. 조선 중종 때의 '신증동국여지승람'에도 '깨끗하다' '빼어나다'는 찬사와 함께 청량산이라 했고 일제 때 제작된 관광지도에는 청량산을 '송도 금강'이라 부르기도 했다.
청량산행은 과거 인천과 수원을 잇는 옛 협궤열차가 수도권 전철로 부활한 '수인선' '송도역'에서 시작된다. 송도역 앞에서 택시를 잡아타고 청량산 입구로 향했다.
청량산 입구에는 인천시립박물관이 있다. 박물관 입구에는 인천이 낳은 위대한 고고미술사학자인 우현(又玄) 고유섭(高裕燮) 선생의 동상이 있다. 그 반대편에 인천상륙작전 기념관이 있다. 기념관 뒤에는 '자유수호의 탑'이 우뚝 솟아 있고 앞에는 전투기와 지대공 미사일, 전차, 장갑차 등의 모형들이 관람객들의 눈길을 끈다. 다시 시립박물관 앞으로 올라와 본격적인 산행을 시작한다.
가파른 계단을 오르다보니 얼마 안 돼 배 모양의 전망대가 나타났다. 전망대에 오르니, 인천앞바다가 파노라마처럼 펼쳐진다. 왼쪽은 송도국제도시이고 오른쪽으로는 인천대교와 영종도가 한 눈에 들어온다. 여느 바위산 못지않은 암릉이 이어진다. 오를수록 조망이 더 좋다. 청량산 정상에는 멋진 정자가 있다. '용학유정(龍鶴遊亭)', 용과 학이 노니는 정자란 뜻이다.
이제부턴 평탄한 능선길이다. 다소간의 오르막을 거쳐 '이곳이 정상이 아닐까'

고개를 갸웃거리게 하는 다른 전망대에 도착했다. 전망안내판과 망원경이 설치돼 있다. 반대편 계단을 내려가 체육공원에서 오른쪽 숲길을 따라가니 '연수구 둘레길'이 나온다. 둘레길을 따라 내려가면 '산사랑' 진흙구이 집에서 차도와 만난다. 산사랑을 돌아 골목길로 다시 올라가본다. '법림사'란 작은 절 앞을 지나니 언덕 위로 황금빛 처마로 빛나는 '흥륜사' '정토원'이 보인다.

흥륜사(興輪寺)는 청량산의 대표 사찰이자 인천의 주요 사찰 중 하나로 '대한불교 관음종'의 대본산이다. 이 절을 창건한 이는 바로 고려 우왕 2년(1376년) 나옹화상이다. 스님은 주변 경관이 수려하다 해서 산 이름을 청량산, 절은 청량사라 했다. 1592년 임진왜란 때 소실됐다가 1936년 진명대사가 '진명사'란 이름으로 다시 지었고 1966년 법륜(法輪) 스님이 주지가 되어 크게 중창한 후 1973년 현재의 이름으로 바꿨다고 한다. 절 앞마당에서도 송도와 인천 앞바다가 한 눈에 들어온다.

흥륜사 왼쪽으로 오르는 길을 따라 다시 청량산을 올랐다. 전망대를 지나 정상 못 미쳐 사거리에 도착, 오른쪽 '호불사' 방향으로 하산한다. 연수구 옥련동에 있는 호불사는 오래되거나 큰 절집은 아니다. 그래도 대형 와불과 대웅전 뒤편의 '일붕 대종사상'은 특기할 만하다. 한국 현대불교의 거목이자 서예의 대가였던 일붕(一鵬) 서경보(徐京保) 스님의 동상이다. 절집 앞 데크길을 따라 내려가니 동네 골목길이 나온다. 대로로 나와 다시 택시를 타지 않고 걸어서 송도역으로 가기로 했다. 산이 낮아 운동량이 너무 적어서다. 그래도 20분 남짓이면 송도역까지 갈 수 있다.

배싸메무초 걷기 100선

060 계양산

한남정맥(漢南正脈)에서 솟구친 인천의 진산

계양산(桂陽山)은 '한남정맥' 산줄기에 속하는 산으로 높이는 395m지만 강화도를 제외한 '인천광역시' 전역에서 가장 높은 산이다. '동국여지승람'에는 부평의 진산 또는 안남산(安南山)이라 기록돼 있고 '대동여지도'에도 안남산이라 표기되어 있다. 한때는 아남산(阿南山), 경명산(景明山)이라고도 했다고 전한다. 하지만 조선시대 이래 가장 보편적인 명칭은 계양산이었다.

계양산이란 지명은 옛날부터 이곳에 계수나무와 회양나무가 자생하였기에 계수나무의 '계'자와 회양나무의 '양'자를 합쳐 만든 이름이라고 한다. 계양구의 꽃인 진달래가 유난히 많이 핀다. 정상에 오르면 사방이 탁 트여 있어 서쪽으로는 영종도와 강화도 등 주변 섬들이 한눈에 들어오며 동쪽으로는 '김포공항'을 비롯한 '서울특별시' 전경이, 북쪽으로는 고양시가, 남쪽으로는 인천광역시가 펼쳐진다. 산 아래에는 '계양문화회관'과 '경인여자대학교', '지선사', '성불사', '연무정' 등이 있다.

남단에는 1986년 도시 자연공원으로 지정된 '계양공원'이 들어서 있으며 동쪽 기슭 봉우리에는 삼국시대에 축조된 계양산성(桂陽山城)과 '봉월사' 터·봉화대 등 유적지, 고려시대의 학자 이규보가 거처하던 '자오당' 터 및 초정지가 위치한다. 서쪽으로는 조선 고종 20년(1883년)에 해안방비를 위해 부평고을 주민들이 참여하여 축조한 중심성(衆心城)이 징매이고개(景明峴) 능선을 따라 걸쳐 있다.

산행은 일반적으로 연무정에서 시작하여 팔각정을 거쳐 정상에 오른 후, 남쪽으로 이어지는 능선을 타고 '계산약수'를 거쳐 계양문화회관으로 내려가거나 징맹이고개 쪽으로 능선을 계속 타면 된다. 어느 코스든지 2시간쯤 걸린다. 수도권전철 1호선을 타고 인천 쪽으로 가다가 '부평역'에서 인천지하철 1호선으로 환승, '계산역'에서 내린다. 4번 출구로 나오면 정면에 계양산이 우뚝 솟아 있다. 도로를 따라 계속 직진해 올라가다가 작은 사거리를 건너 조금 더 가면 SK주유소 지나 오른쪽으로 '계양산 삼림욕장' 입구로 들어가는 골목이 나온다.

골목 왼쪽에 지선사(知宣寺)가 있다. 특별할 것 없는 작은 절이지만 주지스님이 비구니여서인지 유난히 예쁜 꽃이 많고 경내가 잘 꾸며져 있다. 삼림욕장에서 바로 산길을 오르지 않고 콘크리트로 포장된 둘레길을 따라 간다. 편도 4차선은 족히 될 정도로 넓은 길이지만 양쪽에 나무들이 빽빽이 늘어서 초록의 터널을 만들어 놓았다. 길가에 고려 후기 대표적 문인의 한 사람인 이규보(李奎報)의 시비가 서 있다.

문순공(文順公) 이규보는 명문장가로 그가 지은 시는 당대를 풍미했다. 무인집권자 최충헌의 발탁으로 벼슬길에 올랐고 몽골군의 침입을 명문인 진정표(陳情表)로 격퇴하기도 했다. 저서에 '동국이상국집', '국선생전' 등이 있으며 작품으로는 '동명왕편' 등이 있다. 둘레길은 계양문화회관으로 내려가는 길에서 끝난다.

이제부터 산을 오르기 시작한다. '계양약수터' 작은 정자 옆에서 본격적인 등산로가 이어진다. 여기서 정상으로 오르는 길은 760m로 매우 짧지만 급경사여서 꽤 힘들다. 그렇지만 가장 일반적 등산로인 연무정에서 오르는 길이나 삼림욕장 코스보다 소요시간이 적고 다른 코스보다 그늘이 훨씬 많아서 여름철일 경우 이 코스를 권하고 싶다. 전망 좋은 바위에 올라서면 인천 시내가 한 눈에 들어온다. 여름햇살과 가파른 산길에 비지땀을 흘리며 쉬엄쉬엄 산길을 오르길 1시간여, 드디어 정상에 도착했다. 통신탑이 내려다보이는 정상 공터에 세워진 정상석에는 계양산이 인천을 대표하는 진산(鎭山)이자 주산이라고 당당히 기록돼 있다.

하산길로는 가장 코스가 긴 연무정 쪽을 택했다. 등산했던 코스와 달리 나무데크 계단으로 잘 정비돼 있는 하산로는 그늘이 없는 대신 조망이 뛰어나다. 인천 앞바다와 영종도(永宗島) 일대가 한 눈에 내려다 보인다고 하는데 오늘은 미세먼지 때문인지 바다가 잘 보이지 않는다.

이따금씩 나타나는 숲길이 정말 반가운 계절이다. 문득 뒤를 돌아보니 계양산 정상이 삼각뿔 모양으로 우뚝 솟아 있고 정상에는 통신탑이 마치 피뢰침처럼 꽂혀 있다. 암릉이나 특별한 굴곡 없는 피라미드 같은 산이다. 그 뒤로 해발 285m의 천마산이 이어져 있다. 계단길을 계속 내려오니 멋진 정자가 서 있다. 정자 위에 오르니 시원한 바람이 온몸을 감싸 흐르는 땀과 쌓인 피로를 단번에 날려준다. 의자에 누워 여름날 오후를 즐기는 사람들은 여유가 넘친다. 산 아래 경인여대(京仁女大) 캠퍼스

옆은 군부대다. 여대 바로 옆이 군부대라니, 행운인지 불행인지…
다시 하산길에 나섰다. 바로 오른쪽이 계양산성 성벽이다. 인천시 기념물 제10호로 지정된 계양산성은 계양산 정상 동쪽 해발 230m지점 작은 봉우리를 중심으로 축조된 삼국시대 석성이다. 봉우리를 감싸는 테뫼식 산성으로 총길이는 1180m, 높이는 7m 정도였을 것으로 추정된다. 성벽 외부는 잘 다듬은 성돌을 쌓아올리고 내부는 흙으로 경사지게 처리한 '내탁식' 성이었는데, 동쪽과 북쪽에 두 개의 성문터와 수구(水口) 흔적이 남아있다. 삼국시대부터 현재까지 군사·교통의 요충지로 인천시는 복원공사를 서두르고 있다.
계양산성을 지나니 이젠 울창한 숲길이 이어진다. 휘파람을 불며 즐겁게 내려오다 보니 어느새 등산로 입구다. 오른쪽에 연무정(鍊武亭)이 있다. '대한궁도협회' 공인 국궁장이다.
길을 내려와 오른쪽 도로를 따라 내려간다. 길 오른쪽 성불사(成佛寺)에선 오대산 '월정사'에 있는 '팔각구층탑'을 쏙 빼닮은 석탑이 눈길을 끈다. 경인여대 정문 앞을 지나 내려오다가 큰 길에서 좌회전, 도로를 따라가면 계산역이다.

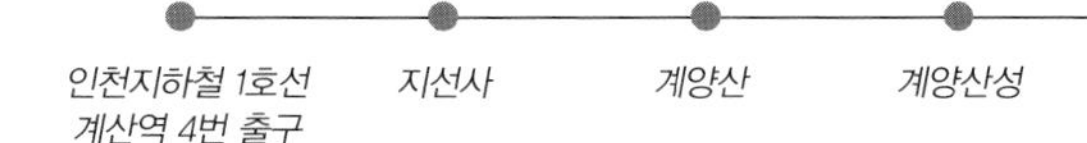

061 무의도

산림욕과 해수욕을 한 번에…
호룡곡산과 하나개

영종도 '인천국제공항' 남서쪽 서해바다에 그림 같이 떠 있는 섬 무의도(舞衣島). 섬의 형태가 마치 장수의 옷을 입고 춤을 추는 것 같아 무의도라 했다는데 대무의도, '큰 무리섬'이라고도 불린다. 행정구역상으로는 인천광역시 중구 무의동이며 부근에 실미도(實尾島)·소무의도·해리도(海里島)·상엽도(桑葉島) 등 부속 도서가 있다. 이 섬이 유명해진 것은 한국영화 최초로 1,000만 관객을 동원한 영화 '실미도'와 드라마 '천국의 계단', '꽃보다 남자', '칼잡이 오수정' 등의 영향이 크다.
북쪽에 당산(124m), 중앙에 국사봉(236m), 남쪽에는 해발 245.6m의 호룡곡산(虎龍谷山)이 솟아 있다. '하나개 해수욕장'과 '실미유원지' 등에는 많은 피서객들이 찾아오며 펜션이 많이 들어서 있기도 하다. 한마디로 산과 바다, 삼림욕과 해수욕을 한 곳에서 즐길 수 있는 천혜의 관광지다. '인천공항철도'가 생기면서 접근성도 훨씬 좋아졌다. 인천공항이 종점인 공항철도가 3~10월 주말에는 용유(龍遊) 임시역까지 운행하기 때문. 공항철도는 '서울역'과 '공덕역', '홍대입구역', '김포공항역'에서 환승할 수 있다. 용유 임시역까지 1시간 정도(홍대입구 기준) 걸린다. 하지만 배차간격이 길어서 시간 맞추기가 쉽지 않다.
'인천공항역'에서 내려 공항 3층 7번 게이트에 가면 무의도 가는 배를 탈 수 있는 잠진도 선착장(船着場)까지 한 번에 가는 2-1번 버스가 있다. 역시 1시간에 1대씩으로 인천공항에선 매시 50분, 잠진도 선착장에서는 매시 5분 출발해 인천공항으로 돌아온다. 이 버스를 놓치면 용유 임시역 가는 전철을 타고 용유에서 거잠포 해변가를 거쳐 잠진도를 잇는 방파제 도로를 걸어 선착장으로 가거나 택시를 이용한다.

잠진도(潛進島)는 밀물이 차오르면 섬이 잠길락 말락 한다고 해서 이런 이름이 붙었다. 바다와 갯벌을 가르며 방파제가 길게 이어져 있다. 썰물을 이용해 조개를 캐는 아낙네들, 갯벌에 올라앉은 고깃배들이 한가롭다. 현재 무의도를 잇는 연륙교 공사가 진행중으로 곧 차량으로 무의도에 들어갈 수 있다. 잠진도 선착장에서 페리호를 타고 약 15분 정도 파도를 가르면 무의도 '큰 무리 선착장'에 도착한다. 배편은 30분 간격으로 있다.

배에서 내리면 선착장 슈퍼 옆으로 등산로가 있다. 섬이라 육지와는 식생이 다르다. 육지의 산에선 보기 힘든, 사람 키보다 조금 더 큰 나무들이 터널을 이룬 울창한 숲길이다. 곧 당산(堂山) 정상에 이른다. 정상에는 큰 나무 밑에 무속인들의 제사 터인 듯한 곳이 있다. 그래서 당산인가 보다.

당산에서 이어지는 등산로를 따라 '실미고개'를 지나 능선에 오르면 오른쪽으로 서해바다 조망이 넓게 펼쳐지고 실미도가 가깝게 보인다. 북파공작원(北派工作員)들이 지옥훈련을 받았다는 영화의 현장 실미도가 바로 저 곳이다. 실미유원지에서 실미도까지 신비의 바닷길이 연결돼 있어, 썰물 때는 걸어서 건너갈 수 있다.

길은 국사봉으로 이어진다. 헬기장에 서니, 건너편에서 국사봉과 호룡곡산이 손짓한다. 국사봉에서는 하나개 해수욕장이 한 눈에 내려다보인다. 국사봉(國史峰)은 그다지 높지 않은 봉우리지만 '고래바위', '마당바위', '부처바위' 등 기암괴석들을 품고 있는 절경이다. 바다와 산이 조화된 풍광으로 '서해의 알프스'라고 불린다. 나라에 큰 일이 있을 때마다 이곳에서 국태민안을 비는 제사를 지냈다고 하며, 등산로 남쪽에 절터가 남아있다. 1950년대 말 이곳 정상에서 금동불상과 수백점의 토우(土偶. 흙으로 만든 인형)가 발견되기도 했다.

다시 호룡곡산으로 가는 길, 섬을 관통하는 도로를 가로지르는 구름다리가 인상적이다. 호룡곡산은 섬 남쪽에 있는 무의도의 최고봉으로 사방의 바다 경관이 참으로 아름답다. 특히 왼쪽에 내려다보이는 소무의도는 대무의도와 연륙교로 이어져 있고 섬을 한 바퀴 도는 트래킹코스가 개발돼 있다.

하산길은 3갈래다. 하나개로 곧장 내려오는 코스와 능선을 타고 '광명선착장'으로 가는 코스, 그리고 능선을 조금 타다가 오른쪽으로 내려와 해변가를 끼고 돌아 하나개로 가는 '환상(幻想)의 길'이 있다. 이름에 끌려 환상의 길 쪽을 택했다. 도중에 부처바위가 있다. 이름처럼 수직 바위에 부처의 형상이 새겨져 있을 법도 한데 오랜 풍상에 흔적은 보이지 않고 제례에 사용됐을 법한 상석만 놓여 있다. 그 위엔 등산객들이 쌓아 올린 돌무더기가 있다.

가파른 길을 따라 내려가니 정상으로 이어지는 또 다른 길과 만난다. 좀 더 가면 계곡이다. 이윽고 왼쪽으로 환상의 길이 시작된다. 이 길은 해안가 해식애(海蝕崖) 위로 산허리를 감아 도는 코스다. 솔숲이 울창한 길이지만 바로 아래는 깎아지른 절벽이고, 그 밑으로 파도가 하얗게 부서진다.
오른쪽 호룡곡산 정상으로 직통하는 등산로 입구를 지나면 드디어 하나개 해수욕장이다. 하나개는 바닷가에 늘어선 기암괴석과 더불어 물안개가 자욱하게 피어오르는 신비한 해변으로 널리 알려져 있다. 이곳 안쪽에 들어선 드라마 천국(天國)의 계단 세트장은 마치 동화 속 풍경처럼 연인들의 가슴을 설레게 한다. 주변 솔밭 곳곳에는 방갈로들이 흩어져 있다. 하나개 아래 정류장에서 버스를 타면 큰 무리 선착장까지 바로 나올 수 있다.
밀물이 들어온 후의 바닷가, 파도에 흔들리는 고깃배가 한 폭의 그림 같다. 잠진도에서 거잠포 사이 바닷가에는 조개구이집들이 많다. 맛있는 음식도 여행의 빼놓을 수 없는 즐거움이다.

인천공항역 공항 3층 7번 게이트 — *무의도 큰무리 선착장* — *호룡곡산* — *하나개 해수욕장*

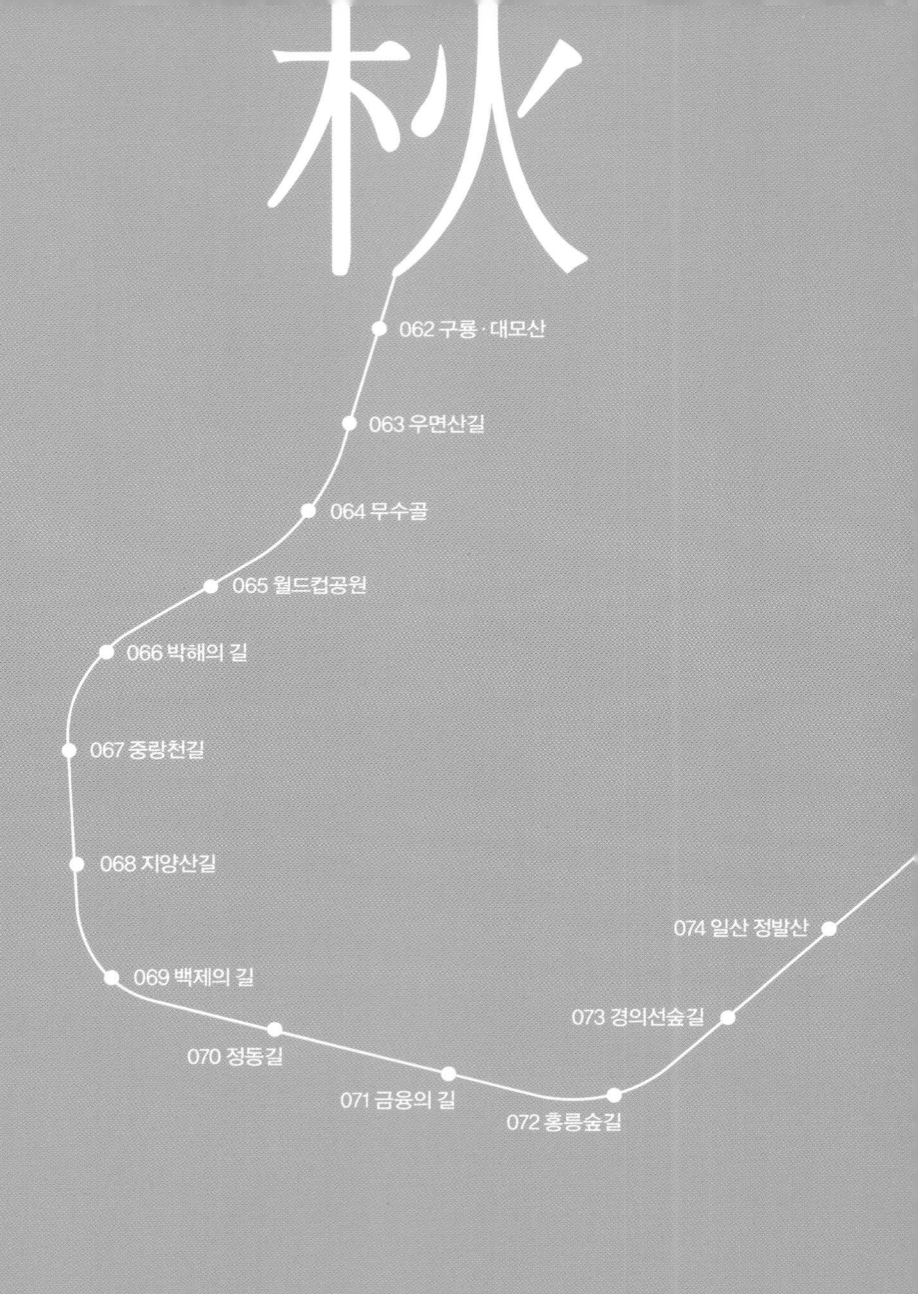
秋
062 구룡 · 대모산
063 우면산길
064 무수골
065 월드컵공원
066 박해의 길
067 중랑천길
068 지양산길
069 백제의 길
070 정동길
071 금융의 길
072 홍릉숲길
073 경의선숲길
074 일산 정발산

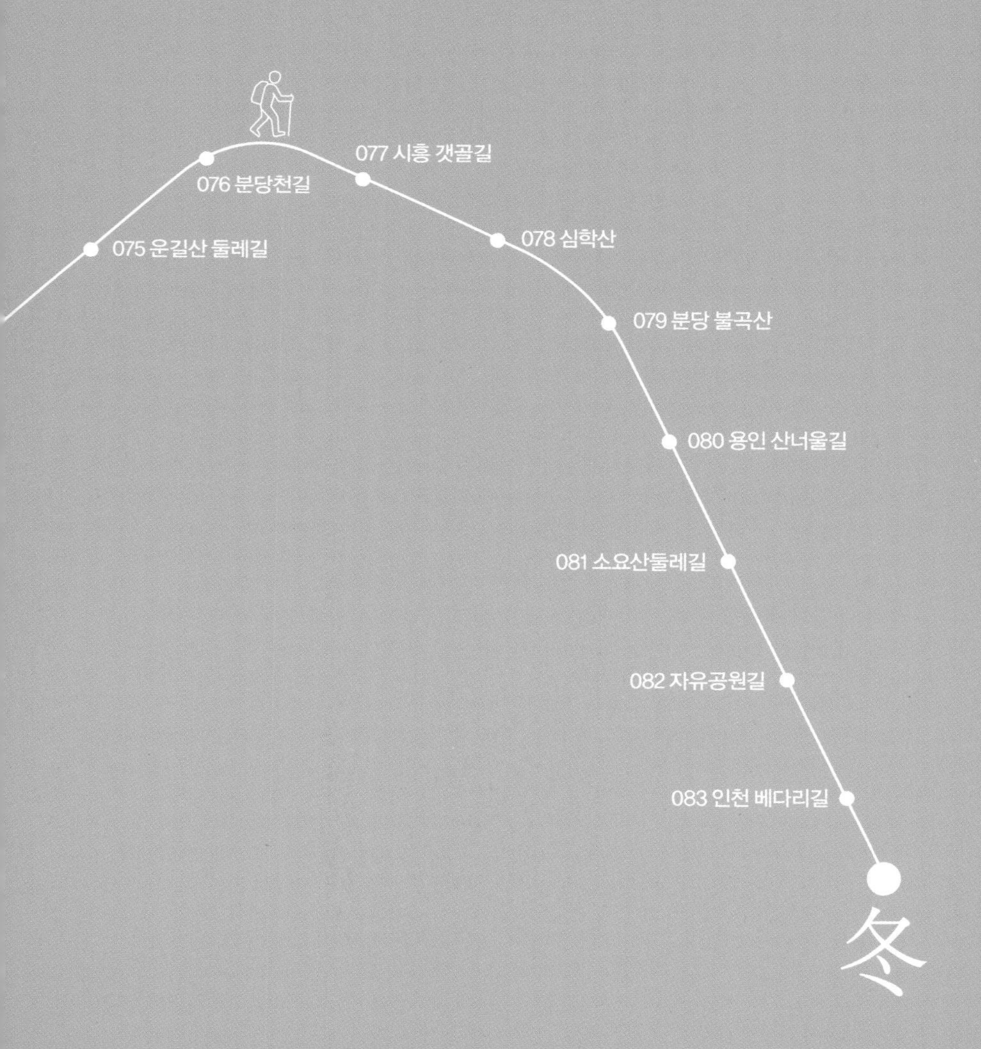
075 운길산 둘레길
076 분당천길
077 시흥 갯골길
078 심학산
079 분당 불곡산
080 용인 산너울길
081 소요산둘레길
082 자유공원길
083 인천 베다리길
冬

배싸메무초 걷기 100선

062 구룡·대모산

강남의 등뼈를 걷다

구룡산은 서울 서초구 염곡동과 강남구 개포동 일대에 위치한 산으로 높이는 306m다. 모두 9개의 계곡으로 이루어져 있다. 옛날 임신한 여인이 용 10마리가 하늘로 승천하는 것을 보고 놀라 소리를 지르는 바람에 1마리가 떨어져 죽고 9마리만 하늘로 올라가 구룡산(九龍山)이라 불리게 됐다고 전한다. 죽은 1마리는 좋은 재산인 물이 되어 양재천(良才川)이 되었다는 전설이다.
이 산의 주봉(主峰)은 국수봉(國守峰)이라고 하는데 조선시대 이전부터 정상에 봉수대가 있어 국가를 지킨다고 해서 붙여진 명칭이다. 이곳에는 바위굴인 '국수방(國守房)'이 있어 봉수대를 관리하는 봉수군들이 기거했다고 한다. 구룡산은 평탄하고 야트막한 산으로 능선으로 이어진 대모산(293m)과 함께 부담 없는 산행이나 아침 운동을 즐기기에 적당한 산으로 시민들의 사랑을 받고 있다.
하지만 이 산들은 근처의 우면산과 함께 서울 강남을 동서로 가로지르는 중요한 산줄기다. 백두대간이 한반도의 '등뼈'라고 한다면 이 산줄기는 서울 강남의 등뼈라 할 수 있다. 오늘 이 강남의 등뼈를 걸어보기로 했다.
지하철 3호선 매봉역 4번 출구로 나와 50m쯤 직진하다가 왼쪽 골목으로 들어서 강남수도사업소 방향으로 400m 가량 가면 '독골공원'과 대치중학교를 지나 양재천 제방이 나온다. 제방길을 따라 왼쪽으로 걷다가 영동3교를 통해 양재천을 건넌다. 다시 구룡터널 방향으로 대로를 따라가다가 구룡초등학교를 끼고 우회전하면 개포파출소 앞에 '달터근린공원'이 보인다.
달터근린공원은 면적 23만2078㎡, 구릉지에 위치하여 녹지가 풍부한 공원이다.

농구장 1개소, 테니스장 1개소, 배드민턴장 4개소가 있다.
나지막한 언덕길인 달터근린공원을 따라 계속 가다가 구룡터널 사거리에서 양재대로를 건너면 구룡산 등산로 들머리가 있다. 매봉역 매봉터널 사거리에서 버스를 타고 올 수도 있다. '대모산 도시자연공원 안내도'가 커다랗게 붙어있고 그 아래 구룡산의 전설을 알려주는 표지석이 있다.
'구암약수터'를 지나면 본격적인 등산길이다. 구룡산에는 신갈나무, 리기다소나무, 아카시아나무, 현사시나무 등이 산재해 있으며, 특히 희귀한 물 박달나무가 자라고 있다. 이 나무는 껍질이 종잇장처럼 너덜너덜 벗겨지는 특징이 있다.
마음 같아선 정상까지 한달음에 오를 수 있을 것 같아도 제법 경사가 급하다.
숨이 가쁘지만 중상 정도의 체력이면 도중에 쉬지 않고도 정상 등정이 가능하다. 정상에는 동판과 헬기장이 있다.
구룡산 정상에서 내려다보는 서울시내 조망은 기가 막히다. 강남 일대와 굽이쳐 흐르는 한강, 그 너머 남산과 북한산, 도봉산까지 손에 잡힐 듯하다. 의정부와 수락산까지 마치 지척 같이 가까워 보인다. 정면에는 하늘을 찌를 듯 솟아있는 '타워팰리스'가 있지만 '강남의 판자촌'이라는 구룡마을도 보인다. 우리 사회 양극화의 한 단면이다.
여기서 대모산 정상까지는 2km가 조금 못되는 능선이다. 철망 울타리를 따라가는 길이다. 철망 너머 남쪽 기슭에는 '헌인릉'이 있다. 헌인릉(獻仁陵)이란 조선 3대 태종과 그 왕비의 능침인 헌릉과 23대 순조 및 그 왕비의 능침인 인릉을 합쳐서 부르는 이름이다. 구룡산 기슭에는 세종대왕릉인 영릉(英陵)이 있었으나 영릉은 1469년(예종 1년)에 여주로 이장했다. 중간에 내려가는 길이 여럿 있으나 모두 무시하고 능선을 따라가다가 철탑에서 오른쪽으로 조금 더 가면 대모산 정상이다.

정상에는 삼각점만 있다. 대모산 정상에서는 잠실 올림픽 주경기장과 한강이 보이고 날씨가 맑은 날은 서울 북쪽 지역까지 조망된다. 대모산 정상 부근에는 삼국시대 신라의 산성으로 추정되는 대모산성 유적이 있다. 대부분 무너져 잔해만 남아있는데 서울시는 오는 2025년까지 이 산성을 복원할 계획이다.

정상에서 다시 오른쪽 수서역 방향으로 길을 잡는다. 3km가 넘는 꽤 긴 능선길이다. 울창한 숲이 한참 이어지고 올망졸망한 봉우리가 연이어 길손을 맞는다.

하산길이지만 이제까지보다 시간이 더 걸린다.

강남에 이런 긴 숲길이 있다는 건 고마운 일이다. 과연 강남의 등뼈답다. 어느새 차 소리가 요란해진다. 큰길로 내려서면, 지하철 3호선 수서역 6번 출구가 보인다.

구룡산 기슭의 구룡사나 도심 속 사찰 '능인선원'을 둘러보거나 매봉역 인근의 매봉산(도곡공원)을 곁들여 산책하는 것도 좋다.

양산의 서울 포교당인 구룡사(九龍寺)는 도심에서 생활불교를 실천하는 현대식 전법도량이다. 지난 1985년 서울 종로구 가회동에서 창건, 양재동으로 이전했다. 대지 700평에 연건평 2200평의 지하 2층, 지상 7층의 건물로 지어진 구룡사의 지상 2~4층 '만불보전'은 통층방 형식으로 된 법당으로 1만 부처님을 모신 전통과 현대식 건축양식이 어우러진 건축물이다. 능인선원도 비슷한 분위기다.

'능히 남을 교화하여 이롭게 한다'는 이념으로 1985년 강남구 서초동에서 처음 개원, 1995년 포이동에 현 도량을 신축해 이전한 현대식 사찰이다. 능인선원은 서울둘레길 대모-구룡 구간의 종점이기도 하다. 서울둘레길은 수서역에서 능선선원까지 두 산 북쪽 기슭을 따라 부드럽게 이어져 있어 시민의 휴식처가 되고 있다.

지하철 3호선 매봉역 4번 출구 — *달터근린공원* — *구룡산* — *대모산* — *수서역*

배싸메무초 걷기 100선

063 우면산길

트래킹과 문화생활, 1석2조의 주말 데이트

우면산(牛眠山)은 서울 서초구와 경기도 과천시에 걸쳐 있는 293m의 야트막한 산이다. 마치 소가 누워있는 듯한 형상이라고 해서 이런 이름이 붙었는데 그 이미지처럼 누구나 쉽게 오를 수 있는 부드러운 흙산이다. 산행길이 짧고 평탄해서 저녁이나 아침에도 오르기 좋은 산으로 시민들의 사랑을 받고 있다.

등산로는 서초구 우면동, 서초동 '예술의 전당', 강남구 양재동과 사당동, 과천시 '남태령'이나 '선바위역'에서 오르는 길 등 다양한 코스가 있다. 산행 시간은 2~3시간 남짓 걸린다. 오늘은 가장 일반적 코스인 예술의 전당에서 오르기로 했다.

지하철 3호선 '남부터미널역'(예술의 전당역)에서 내려 5번 출구로 나와 예술의 전당 방향으로 걷는다. 예술의전당 앞에서 대로를 건너 좌회전, 조금 더 가면 전당 뒤쪽으로 돌아갈 수 있는 등산로가 나온다. 그 옆으로 남부순환도로를 건널 수 있는 보행자 전용의 멋진 다리가 있는데 다리가 인공폭포 가운데를 지나게 돼 있어 보기만 해도 시원해진다.

예술의 전당 뒤로 오르면 곧 대성사(大聖寺)가 나타난다. 대성사는 규모는 크지 않은 절이지만 국내에서 가장 오래된 사찰 중 하나에 속한다. '백제불교 초전 법륜성지(百濟佛敎 初傳 法輪聖地)'라고 쓰여 있는 대성사 입구의 안내판이 이 절의 오랜 내력을 말해 준다. 대성사는 '침류왕' 때인 서기 384년 백제에 처음 불교를 전해준 인도승려 마라난타(摩羅難陀)가 창건했다고 전해진다.

마라난타가 동진(東晉)을 거쳐 백제에 이르는 동안 음식과 기후가 맞지 않아 병에 걸리고 말았는데 이 곳 샘물을 마시고 나았다 한다. 그 이유로 이듬해 이 곳에

'대성초당'을 지었는데, 그것이 대성사의 기원이라는 것. 이후 원효대사, 보조국사 지눌, 무학대사 등 많은 고승들이 이곳을 거쳐 갔다. 근대에는 기미년 3·1운동 당시 민족대표 33인중 한 분이셨던 백용성 큰스님이 주석했던 절이다. 대성사는 목불좌상이 특히 유명하다.

대성사 뒤쪽으로 등산로가 나 있다. 사실은 우면산 정상까지도 대성사 소유 땅이다. 그러나 우면산 등산로 곳곳에는 지난 2011년 7월 우면산 일대를 할퀸 산사태의 흔적이 아직도 선명하게 남아 있다. 큰 비가 와도 흙이 쓸려 내려가지 않도록 돌과 콘크리트로 물길을 새로 내고 사방공사를 한 곳이 우면산에만 여러 곳 있다.

이명박 정부 시절에는 우면산 산사태가 '인재(人災)'가 아니라 '천재(天災)'일 뿐이라고 끝까지 강변했었다. 그러나 그것이 거짓말이었음이 조금씩 드러나고 있다.

대성사에서 30분이면 정상인 '소망탑'에 오를 수 있다. 소망탑 앞 전망대는 서울시가 추천한 조망명소의 하나다. 서울시내 전체가 한 눈에 내려다보이고 남산과 북악산은 물론 멀리 북한산과 도봉산도 손에 잡힐 듯하다.

소망탑에서 과천까지 종주하기 위해 다시 왼쪽 길로 접어든다. 지나가는 사람이 적어 호젓하고 고즈넉한 숲길이 이어진다. 산림욕에 그만인 능선길이다. 능선 위엔 공군부대가 있어 철책을 끼고 걸어야 한다.

군데군데 지뢰 표시가 있어 깜짝깜짝 놀라곤 한다. 서울 강남 한복판의 나지막한 산에 아직도 지뢰밭이 있다니… 그래도 철책 앞에는 작고 예쁜 야생화들이 무리 지어 피어 있어 위안이 된다. 역시 자연은 위대하다.

약수터를 지나 계속 걷다보니 어느새 조망이 탁 트인다. 눈앞에 관악산이 웅장한 자태를 드러냈다. 이곳 우면산이 '삼관우청광' 종주코스의 가운데임을 실감하는 순간이다. 삼성산-관악산-우면산-청계산-수원 광교산을 잇는 삼관우청광 코스는 강북의 '불수사도북(불암산-수락산-사패산-도봉산-북한산)' 코스에 필적하는 종주 루트로 산악인들 사이에선 유명한 코스다. 등산 고수들처럼 무박2일 동안 한 번에 주파하지는 못하더라도 2~3구간 정도로 나눠서 조만간 가보리라 다짐해본다.

정면의 하산길로 접어들면 30분 안에 남태령으로 내려가는 길이 나온다. 좀 더 걷고 싶은 마음에 '선바위' 쪽으로 길을 잡는다. 중간 중간에 갈림길들이 나오지만 무시하고 가운데 능선길로 계속 내려가면 그 끝에 지하철 4호선 '선바위역' 3번 출구가 있다.

우면산은 높지 않고 평탄한 산이면서도 볼거리가 적지 않고 자연생태공원이 있어, 부부나 연인의 등산데이트에 좋은 곳이다. 특별한 등산장비나 준비도 필요 없다. 산 근처에 예술의 전당과 '국립국악원'이 있어서 주말에는 문화생활과 트래킹을 겸해서 1석 2조로 즐길 수 있는 것이 장점이다. 우면산에는 대성사 외에도 '보덕사', '장각사', '관문사' 등 크고 작은 사찰들이 기슭에 있다.

보덕사쪽 들머리는 지하철 2·4호선 '사당역' 1번 출구에서 예술의 전당 쪽으로 남부순환도로 따라 1.2Km 가다 보면 SK주유소가 있고 서울시 교육연수원 정문 직전에 오른편으로 보덕사 팻말이 있는 길로 들어가 교육연수원 담을 따라 300m 가면 보덕사 정문 앞이다.

왼쪽으로 우면산으로 들어가는 산책로가 있다. 보덕사에서 10여 분 걸으면 울창한 비자나무와 잣나무 숲을 지나 '성산 약수터'에 이른다. 다시 조금 더 오르면 '범바위 약수터'에 이르고 곧 소망탑에서 남태령으로 이어지는 주능선과 만날 수 있다. 다시 구룡터널 방향으로 대로를 따라가다가 구룡초등학교를 끼고 우회전하면 개포파출소 앞에 '달터근린공원'이 보인다.

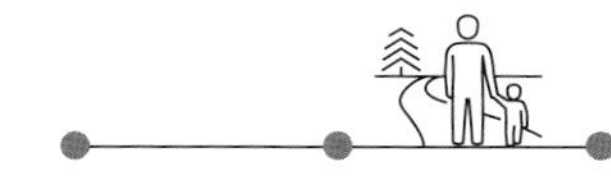

배싸메무초 걷기 100선

064 무수골

산·계곡과 황금 들판… 도봉산 품속에선 근심이 없다

도봉산 동쪽 기슭에는 '다락원', '서원말', '무수골' 등 이름만으로도 정겨운 오래된 자연부락들이 있다. 서울과 경기도 의정부시 경계 인근에는 조선시대 때 공무로 출장을 다니는 관리들이 묵던 여관인 원(院)이 있었는데 그 원에 다락(누각)이 있어 다락원이라 불렸다고 한다. 서원말은 서원(書院)이 있던 마을을 뜻하는 것 같다. 그렇다면 무수골의 유래는 무엇일까.

서울 도봉구 도봉2동 104번지 일대를 의미하는 무수(無愁)골은 '무수울'이라고도 한다. 아무런 걱정 근심이 없는 골짜기란 뜻이다. 조선 세종의 17번째 아들 영해군(寧海君)의 묘가 이곳 무수골에 있었다. 세종이 먼저 간 아들의 묘를 찾아 왔다가 약수터의 물을 마시고 "물 좋고 풍광 좋은 이곳은 아무런 근심이 없는 곳"이라 했다고 해서 이런 이름이 유래됐다고 전해진다.

사실 이런 종류의 지명은 인근 노원구를 포함, 전국 곳곳에 있다. 공통점은 골짜기나 산 밑에 있는 마을로, 물이 많은 곳이라는 점이다. 도봉산 무수골에는 중랑천의 지천인 도봉천(道峰川)이 흐른다.

도봉천은 도봉산 기슭에서 발원, 도중에 용어천계곡과 무수천이 합쳐져 중랑천과 합류하는 길이 3,323m의 하천이다. 냇물 이름에도 '무수'가 붙었다. 무수골 주변은 그린벨트 안에 있어 자연보전 상태가 비교적 양호한 편이다. 더욱이 무수골 골짜기(일명 보문사계곡)는 문사동계곡, 망월사계곡(원도봉계곡)과 함께 도봉산의 3대 계곡으로 손꼽힌다. 능혜사, 이인 신도비, 노비 '금동'의 묘 등이 있다. 무수골은 도봉산 다른 계곡에 비해 등산객이 적은 한적한 길로써 아름다운 자연을 여유롭게 즐길 수 있다. 특히 무수골에서 원통사를 거쳐 우이남능선을 따라 우이동으로 내려오는 코스는 산과 들, 계곡과 사찰이 어우러져 속세의 온갖 근심을 모두 날려버릴 수 있다. 수도권전철 1호선 도봉역 1번 출구로 나가 오른쪽 도봉교 방향으로 길을 건너면 우측으로 도봉천으로 내려가는 길이 있다. 도봉천 옆 산책로를 따라 왼쪽 상류를 향해 걷는다. 도봉교에서 약 900m 정도 걷다가 징검다리를 건넌다. 하천 오른쪽 '도봉분재원'을 지나 조금 더 가면, 무수골 주말농장이 있다. 이곳은 서울 도심 근처에 있는 대표적 주말농장이다. 분양됐음을 알리는 흰 팻말들이 즐비하고 주말이면 남녀노소, 노인과 어린이들까지 많은 사람들이 모여 자신들만의 농작물 가꾸기에 구슬땀을 흘린다. 사실 무수골은 서울에서 흔치 않은 도심 속 농촌이다. 주위에 논밭이 넓게 펼쳐져 있고, 띄엄띄엄 시골의 고향집 같이 허름한 주택들이 있다. 요즘 같은 가을철엔 수확의 풍요로움이 가득하다.

세일교를 건너 하천 양쪽 '북한산둘레길'을 따라가지 말고 정면으로 난 길로 직진한다. 성신여대 생활관인 '난향별원' 옆 숲길을 지나니 제법 넓직한 논배미들이 나타난다. 누렇게 익어가는 벼이삭들이 물결치는 황금 들녘이다. 과연 무수골이다. 원통사 방향 등산로는 제법 가파른 계곡길이다. 만세교를 건너면 본격적인 산길이 시작된다. 성신여대 '난향원' 입구를 지나 '무수골공원 지킴터'에서 오른쪽 자현암 쪽으로 향한다. 자현암(慈賢庵)은 혜향스님이 1943년 폐사터에 창건한 비구니 도량이다. 자현암은 혜향스님이 스승 자현스님의 이름을 딴 암자다. 자현은 '용성' 대선사의 문파로 해방 후 원통사와 자현암 중수뿐 아니라 돈암동 보현사 창건, 중앙승가대학 창립, 불교 복지재단인 '승가원' 창설 등에 크게 영향을 준 비구니 승단의 거목이다. 무수골에서 원통사로 오르는 초입에 자리 잡고 있으며 요사채, 대웅전, 삼성각, 범종각 등의 건물로 이루어져 있다. 경내에 혜향스님의 공로비가 세워져 있다. 자현암 앞을 지나니 계곡 등산로다. 원통사·우이암 방향으로 산길을 계속 올라간다. 제법 땀이 난다. 길 옆 돌무더기 앞에서 잠시 숨을 돌리고, 잠깐의 깔딱고개를 거쳐 철 계단을 오른다. 계단 위 갈림길에서 오른쪽으로 조금 더 가면 원통사(圓通寺)가 있다. 관음신앙의 중심 사찰인 원통사는 보문사(普門寺), 보은사(報恩寺)라고도 한다. 신라 경문왕 때인 863년 도선(道詵) 국사가 처음 창건하여 원통사라 했고 고려 문종 때(1053년)와 조선 태조 때(1392년) 등 여러 번 중창됐다.

절 뒤에는 거대한 바위절벽이 있고 그 위로 우이암(牛耳巖)이 우뚝 서 있다.

소의 귀를 닮았다는 우이암은 도봉산의 대표적 암봉 중 하나다. 원통사 안내판에는 관음보살이 부처를 향해 기도하는 형상이라고 적혀 있다.

뒤를 돌아보니, "아~" 하는 감탄사가 절로 난다. 서울시내 전체가 발아래에 펼쳐져 있다. 불과 한 시간 남짓 올랐을 뿐인데 도봉산은 이런 최고의 조망을 선사한다. 하산길은 철 계단 위 갈림길로 다시 내려와 오른쪽으로 직진, 우이동 방향으로 간다. 고압선 철탑 아래를 지나 방학동과 우이동 방향이 갈라지는 갈림길에서 우이남능선을 탄다. 편안하고 한적한 능선길이다. 문득문득 시야가 트이며 북한산과 오봉, 지나온 도봉산의 봉우리들이 잘 가라 손을 흔든다.

오봉(五峰)은 다섯 개의 암봉(巖峰)으로 이루어져 이런 이름이 붙었으며 오형제 봉우리 또는 다섯 손가락 봉우리라고도 한다. 네 번째 봉우리는 다른 봉우리에 가려 4봉으로 보이기도 한다. 다섯 개의 봉우리가 머리 위에 커다란 돌덩이를 얹고 있는 모양으로 암벽등반의 명소이기도 하다.

한참 내려가면 어느새 우이동계곡이 나타난다. 북한산과 도봉산을 가로지르는 계곡이다. 한일교와 우이치안센터를 차례로 지나면 우이동 도선사입구 로터리다. 여기서 각 방면으로 나가는 버스를 탈 수 있다.

지하철 1호선 도봉역 1번 출구 — 자현암 — 원통사 — 우이동 도선사 입구

065 월드컵공원

풀무골, 난지도를 바꿔놓은 2번의 기적

상전벽해(桑田碧海)란 말이 있다. 뽕나무밭이 푸른 바다가 될 정도로 세상이 몰라보게 달라졌다는 뜻이다. 지난 1970년대 이후 서울 난지도(蘭芝島)가 겪은 변화도 이렇게 비유할 수 있다.

마포구 한강 하류에 발달한 범람원인 난지도는 한강의 북쪽 연안에 치우쳐 있으며 상암동(上岩洞)에 속한다. 옛날에는 난꽃과 영지가 자라던 섬이라 해서 이런 이름이 붙었다. 오리가 물에 떠 있는 모습과 비슷하다고 해서 '오리섬' 또는 압도(鴨島)라고도 불렸다. 그만큼 아름다운 섬이었다. 그런데 1977년 제방이 만들어진 이후 서울의 쓰레기 매립지로 이용되면서 난지도는 쓰레기만 산더미처럼 쌓인 쓰레기섬으로 전락하고 말았다.

그러던 난지도는 다시 1993년 2월 생태공원으로 탈바꿈한다. 거대한 쓰레기 산들이 '하늘공원', '노을공원' 등 멋진 도심 속 휴식공간으로 바뀌어 시민들 곁에 다시 돌아온 것이다. 기적적인 아름다운 섬의 부활이다. 그리고 2002년, 상암 벌은 또 다른 기적의 현장이 된다. '한·일 월드컵' 4강 신화의 현장이 바로 이 곳이다. 상암동과 영욕을 같이 했던 바로 옆 성산동에는 '풀무골'이란 동네가 있었다. 시영아파트에서 불광천 건너 상암동으로 가는 길목에 있던 풀무골은 조선시대 대장장이들이 많이 살았던 데서 유래된 마을이름으로 야동(冶洞)이라고도 한다.

오늘은 이 상전벽해와 기적의 현장을 걸어보기로 했다.

지하철 6호선 월드컵경기장역 3번 출구에서 나와 상암구장이나 월드컵공원 쪽으로 가지 않고 정면에 보이는 산 쪽으로 걸으면 등산로가 보인다.
매봉산이다. 산길로 조금만 들어서면 월드컵경기장 주변과는 분위기가 전혀 다르다. 숲이 울창한 한적한 산길을 노부부가 산책하고 있다. 그들을 따라가 보니, 초가집 한 채가 보인다. 이곳 풀무골의 옛 자취를 되살려 복원해 놓은 대장간이다.
매봉산은 나지막한 언덕이라, 10분도 채 안 돼 정상이다. 하지만 월드컵경기장과 월드컵공원이 한눈에 내려다 보인다. 솔숲 사이로 난 오솔길을 따라 내려오니 월드컵공원 입구 사거리다.
왼쪽으로 하늘공원이 보이고, 도로와의 사이는 '난지천공원'이다. 난지도와 매봉산 사이를 흐르는 가느다란 물길 난지천(蘭芝川)을 따라 명명된 공원이다. 단풍이 만발한 공원길로 앙증맞은 기차가 달려온다. 친환경 에코카인 '맹꽁이 전기차'다. '월드컵공원', 하늘공원, 노을공원, 난지천공원 및 '난지한강공원' 등 이 일대 5개 공원을 오가며 사랑받고 있다.
하늘공원으로 오르려면 구름다리를 건너 지그재그로 이어진 291개 계단을 올라야 한다. 하늘공원 안내소를 지나 공원 입구로 들어서면 거대한 억새밭이 광활하게 펼쳐져 있다. 감탄사가 절로 나온다. 이 계절에 하늘공원을 찾는 이유는 억새가 제철이기 때문이다. 가을바람에 사람 키보다 더 큰 억새들이 하늘거리고 억새밭 너머로 풍력발전기가 한가롭게 돌아간다. 해가 질 때면 은빛 억새는 황금빛 노을을 배경으로 더욱 환상적인 분위기를 연출한다.
억새밭 가운데 밥그릇 모양의 조형물이 있다. 이름도 '하늘을 담는 그릇'이다.
나선형 길을 따라 올라가면 하늘공원 전체는 물론 한강 물줄기도 조망된다. 하늘공원 반대쪽에도 지그재그형 계단이 있다. 계단을 내려와 지역난방공사 앞 도로를 건너면, 노을공원 올라가는 길이 있다.
노을공원은 저녁노을이 특히 아름다워 이런 이름이 붙었다. 하늘공원과는 다르게 넓은 잔디밭 정원과 벤치, 캠핑장, '바람의 정원' 등 여느 공원과 비슷한 분위기로 사람이 적어 오히려 조용한 휴식을 즐길 수 있다. 북쪽 끝 전망대에서 한강을 굽어보면 멀리 행주산성과 가양대교가 지척이다.
'노을계단'을 내려와 한강변 난지한강공원을 끼고 걷는다. 난지1문을 지나면 만나는 메타쉐콰이어길은 오늘 걷기의 '디저트' 격이다. 하늘을 찌를 듯 솟은 메타쉐콰이어

나무들 사이로 걷기 좋은 흙길이 일직선으로 뻗어 있어 최고의 데이트 코스다. 바로 난지한강공원이다. 멋진 앵글을 만들기 좋아 사진작가들도 많이 찾는 곳이다. 이 아름다운 길을 걷다 보면 어느 새 다시 하늘공원 입구에 이른다. 하늘공원 앞에서 구름다리를 건너 '평화의 공원'으로 넘어간다.
평화의 공원의 면적은 135,000평이다. 지난 2002년 한국과 일본에서 공동으로 열린 '제17회 월드컵축구대회'를 기념하고 세계적인 화합과 평화를 상징하기 위한 목적으로 1999년 10월부터 공사를 시작, 2002년 5월 1일 개원했다. 월드컵공원을 구성하는 5개 공원의 하나로 월드컵공원 전체를 대표하는 공원이다.
월드컵경기장과 강북 강변로 사이에 있다. 명칭인 '평화'에는 자연과 인간 문화의 상생, 세계 적대세력의 화합, 기념비적 규모의 거대한 공간과 인근 주민이 체험하는 일상적인 공원의 조화 등 여러 뜻이 함축되어 있다. 8,700평의 '유니세프 광장', 7,400평의 '난지연못', '평화의 정원', '희망의 숲', 월드컵공원 전시관 등이 있다.
월드컵공원을 한 바퀴 돌아 다시 월드컵경기장 전철역으로 나왔다.
이 곳 상암구장을 연고지로 사용하는 프로축구 'FC서울' 서포터즈들이 행인들에게 치킨을 나눠 주며 응원을 당부한다.

지난해 9월 바로 앞에 새로운 볼거리가 생겼다. 1973년 '석유파동' 이후 당시 서울시민이 한 달간 소비할 수 있는 양인 6,907만 리터의 석유를 보관했던 '마포석유비축기지'가 '문화비축기지'로 재탄생한 것. 2002년 월드컵을 앞두고 안전상의 이유로 폐쇄된 후 2013년 시민아이디어 공모를 통해 문화비축기지로 변신했다. 축구장 22개 크기인 14만㎡ 부지 한 가운데에 개방된 문화마당이 자리하고 6개의 탱크가 이를 둘러싸고 있는 형태로 서울의 대표적인 대형 '도시재생 랜드마크'라 할 수 있다. 높이 15m, 지름 15~38m의 기존 유류보관 탱크 5개 중 4개는 시민을 위한 공연장과 강의실, 문화비축기지의 과거와 미래를 기록하는 '이야기관' 등으로 변신했고 신축한 한 개의 탱크는 카페테리아와 원형회의실, 다목적강의실이 있는 커뮤니티센터다. 강연회나 대담, 공연과 전시 등 다양한 용도로 활용할 수 있는 복합문화공간인 점이 문화비축기지의 특징이라고 한다.

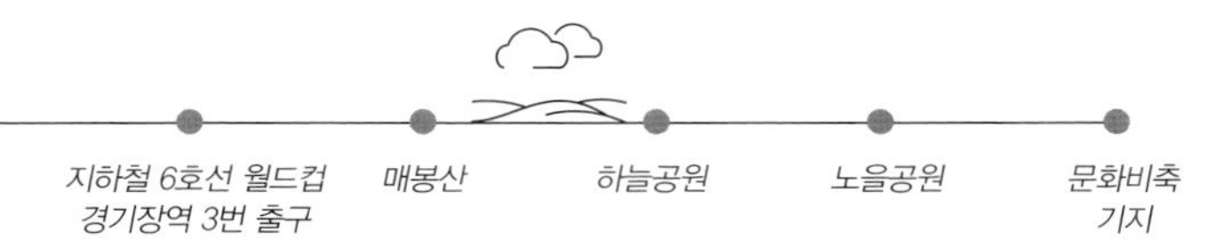

배싸메무초 걷기 100선

066 박해의 길

서울 도심에 살아있는 천주교 박해의 역사

조선후기 100여 년 동안 조선에 전해진 카톨릭교, 즉 천주교(天主敎)는 최대의 정치적, 사회적 갈등요인 중 하나였다. 유일신 신앙, 신 앞에서의 만민평등을 앞세운 천주교는 성리학적 이념이 지배하던 신분제 사회였던 당시 조선에서 이단적 종교이자 사상으로 뿌리 뽑아야 할 대상으로 낙인찍혔다. 특히 조상에 대한 제사문제가 이데올로기적 극한 대립을 불렀다. 그 결과가 박해(迫害)였다.

1791년 '신해박해', 1801년 '신유박해', 1839년 '기해박해', 1866년 '병인박해' 등 4대 박해는 조선지배층의 천주교 탄압의 절정이었다. 1만여 명의 천주교도들이 무참하게 학살당한 후 개항 후에야 겨우 신앙의 자유가 허용된 이 피비린내 나는 참극의 역사는 제정 로마의 기독교 박해와 견줄만한 종교탄압이었다.

서울에서 천주교 박해의 흔적이라면 마포구 합정동의 '절두산(切頭山) 성지'와 용산구 이촌동 '새남터성지'를 같이 떠올리게 마련이다. 하지만 종로구, 중구 등 도심 곳곳에도 박해의 역사가 선명하게 남아 있다. 오늘은 서울 도심의 이 천주교 박해 현장을 따라가 본다.

지하철 1·2호선이 교차되는 '시청역' 9번 출구를 나와 '중앙일보사'를 지나 계속 직진하면 큰 사거리가 나온다. 여기서 길을 건너 '경의선' 철길을 지나면 '서소문근린공원' 입구가 있다. 공원 안으로 조금 들어가면 중앙에 십자가에 못 박힌 예수상이 있는 탑이 있다. '서소문 밖 순교자 현양탑'이다.

조선시대의 사형 집행은 많은 사람들에게 경각심을 주어 범죄를 예방하려는 의도에서 사람들의 왕래가 많은 곳에서 행해졌다. 서소문(西小門) 밖도 이런 이유로 조선

초부터 처형장으로 지정됐다. 바로 현재의 서소문공원 옆이었다. 이곳에서는 신유박해 이래 수많은 천주교 신자들이 형장의 이슬로 사라졌다. 이중 44명의 순교자들이 지난 1984년 '한국 천주교회 창설 200주년'을 맞아 선포된 103위의 성인(聖人)에 포함됐다. 전국에서 가장 많은 순교성인을 배출한 곳이 바로 이곳 서소문 밖인 것이다. 2014년에는 순교자 124위가 추가로 '복자(福者)' 칭호를 받았는데 이 중 다산 정약용 선생의 친형 정약종 등 21명도 서소문에서 순교했다.

서울시는 이곳을 리모델링해 순교 성지로 조성하고 성당을 세우는 한편 다른 순교터인 새남터, '당고개', 절두산, '명동성당', '서대문형무소'와 연결하는 순례자의 길을 조성할 계획이다. 현재 한창 공사중이어서 들어갈 수 없고 올해 9월에 완공된다.

서소문공원에는 또 고려 때 북방 여진족을 정벌하고 9성을 쌓은 '문숙공' 윤관(尹瓘) 장군의 동상이 있다.

서소문 성지를 관리하고 있는 곳은 인근 중림동 '약현성당'이다. 이 성당은 1982년 세워진 우리나라 최초의 서양식 교회 건물이다. '로마네스크' 양식의 벽돌 건물로 명동성당과 함께 한국 근대건축사의 중요한 유산이며 사적 제252호로 지정돼 있다.

약현성당은 박해가 끝난 후 서소문 성지가 내려다보이는 언덕 위에 순교자들의 넋을 기리고 그 정신을 본받기 위해 명동성당보다 먼저 건립됐다. 실제 성당 한쪽에는 '서소문 순교자기념관'도 있다.

성당을 나와 다시 서소문공원을 지나 앞서의 사거리에서 서대문역 쪽으로 간다.
가는 길엔 '국민권익위원회'와 '경찰청'이 있다. 이 전혀 성격이 다른 두 기관 건물을 보면서 권익위가 과연 얼마나 제 역할을 하고 있는가 하는 생각이 들었다.
지하철 5호선 '서대문역'에서 '광화문' 방향으로 길을 틀었다. '적십자병원' 정문 앞 인도에는 '경기감영'터 표지판이 있다. 경기감영도 천주교 박해에 적지 않은 역할을 했었다. '경희궁' 앞을 지나 '서울역사박물관' 앞에는 큰 비석 3개가 있다. 그 중 하나가 흥선대원군(興宣大院君)의 조부 '은신군'의 신도비다. 흥선대원군이 바로 병인박해의 최고 책임자다.
광화문 네거리에서 대각선으로 길을 건너 구 '동아일보사' 사옥이 있던 '일민미술관' 옆에는 '우 포도청 터' 표석이 있고 '영풍빌딩' 옆 '종각역' 6번 출구 앞에는 조선시대 감옥이던 '전옥서 터' 표석이 있다. 반대편 'SC제일은행' 본점 앞에는 의금부(義禁府) 터 표석이 숨어있다. 이들 세 기관 모두 천주교 박해의 실무 악역을 맡았다. 다시 종로3가까지 종로통을 따라간다.
'종로3가역' 9번 출구 구 '단성사' 건물 앞에는 '좌 포도청(捕盜廳) 터' 표석이 있다.
그런데 그 옆엔 '해월 최시형 선생 순교 터' 표석도 보인다. 그는 천주교가 아니라 동학(東學)이다, 즉 지금의 '천도교' 2세 교주였다. 천주교로 대표되는 '서학'이 아닌 동학을 표방했지만 역시 만민평등의 혁명적 교리를 갖고 실제 갑오년 '동학혁명'을 주도했던 선생도 역시 이곳에서 참수를 당했다. 조선의 위정자들은 정치·사회적 지배체제를 위협하는 사상이라면 동서를 막론하고 무자비한 탄압을 가했던 것이다.
계속 길을 걸어 '종묘' 앞을 지나 '종로4가' 네거리를 건너면 '종로성당'이 있다.
성당 본당건물 옆에는 한국 최초의 사제였던 김대건 신부가 형틀을 쓴 채 두 팔을 벌리고 있는 동상이 서있다. '성 안드레아' 김대건 신부는 15세 때 중국 마카오로 유학길을 떠나 1845년 상하이에서 사제 서품을 받았다. 박해에도 굴하지 않고 선교에 진력하다가 1846년 새남터에서 순교했고 1984년 성인에 올랐다. 종로성당은 1995년 7월 종로 본당 창립 40주년을 맞아 이 성상을 건립했다.

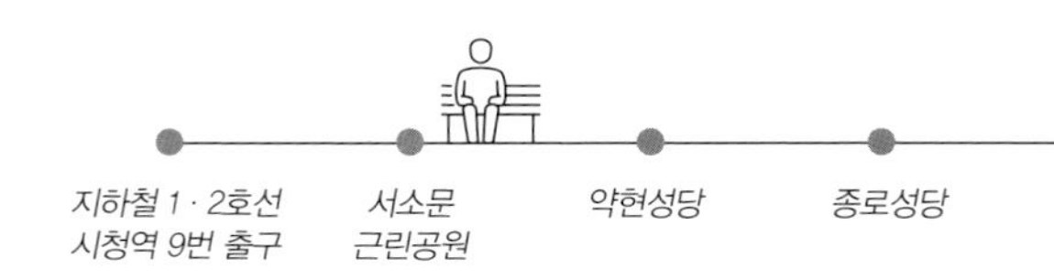

067 중랑천길

두 대학 사이 중랑천 변을 따라 걷다

2013년 10월 서울시는 덕수궁길, 삼청동길, 뚝섬 '서울숲' 등 '걷기 좋은 아름다운 단풍길' 81곳을 선정해 발표했다. 이 총연장 148.54km의 가을 숲길에서는 시민들이 늦가을의 정취와 낙엽 밟는 소리를 만끽할 수 있도록 당분간 낙엽을 쓸지 않고 관리키로 했다. 이 중 성동구 '중랑천'의 '성동교'에서 '군자교'에 이르는 3.2km 구간은 '송정제방길'로 불린다.

송정제방길은 이전부터 '서울시의 대표적 걷고 싶은 거리'로 선정, 시민들에게 사랑받는 길이다. 중랑천(中浪川) 제방에 왕벚나무, 은행나무, 버즘나무 등 5만9,000여 그루의 나무들이 양쪽으로 뻗어 있어 사계절 모두 아름답다. 특히 송정제방이 끝난 후에도 중랑천 제방길과 이어 걸을 수 있어 더욱 좋다. 동대문구 관내의 중랑천 제방길 5.6㎞도 왕벚나무와 느티나무 단풍이 유명해 걷기 좋은 단풍길로 선정됐다.

단풍길 선정 소식을 듣고 바로 중랑천을 찾았다. 성동교로 가려면 지하철 2호선 '한양대역'에서 내려야 한다. 한양대는 필자의 모교다. 오랜만에 모교 캠퍼스를 거쳐 가기로 했다.

정문에서 학생회관 앞 광장으로 오르는 '진사로' 언덕길은 가을색이 짙게 드리워져 있다. 학생회관을 지나니 본관 앞이다. 한양의 상징인 '사자상'이 하늘을 향해 포효하고 있다. 그 왼쪽 '백남음악관' 앞에는 한양대의 설립자인 백남 김연준(金連俊) 선생 동상이 우뚝 서 있다. 백남 선생은 한국 현대음악사의 한 획을 그은 교육자이자 작곡가이며 '대한일보' 사장, 한국정책연구소장, '대한체육연맹' 회장 등을 지냈다. 한양대, 한양여대, 한양초·중·고등학교 설립자이기도 하다.

원형극장과 박물관 앞을 지나 후문으로 나왔다. 바로 성동교가 보이고 그 밑으로 중랑천 둔치로 내려서는 길이 있다. 단풍나무 잎이 온통 붉게 물들고 갈대와 억새가 누렇게 물들어 가는 중랑천은 가을의 정취가 물씬하다.
왼쪽으로 보물 제1738호 '살곶이다리'가 있다. 한자로 전곶교(箭串橋)라고도 하는 이 다리의 원래 이름은 제반교(濟盤橋)였다고 한다. 1420년(세종 3년) 왕명으로 공사를 시작, 63년 후인 1483년(성종 14년)에 완성한 조선왕조 최장의 돌다리였다. 살곶이 다리는 도성에서 동남쪽으로 경상도 봉화에 이르는 간선도로 위에 있어 동대문이나 광희문을 통해 도성을 벗어난 후 만나는 가장 큰 다리로 그 후 송파진(松坡津)에서 배를 타고 한강을 건너 충주 방면으로 연결되었다.
이 유서 깊은 다리를 건너 터널을 지나면 왼쪽 송정제방길로 오를 수 있다. 양쪽으로 도열한 나무들 사이로 왼쪽에 자전거길, 오른쪽엔 보행로가 길게 이어져 있다. 많은 사람들이 자전거를 타거나 걷고 있다.
경기도 양주시 불곡산(佛谷山)에서 발원해 한강으로 합류하는 중랑천은 길이 20km, 최대 너비 150m, 유역면적 288㎢에 달하는 국가하천이다. '청계천', '도봉천', '우이천', '묵동천', '면목천' 등의 지류가 있다.
중랑천 제방을 따라간다. 길 양쪽에 늘어선 은행나무들이 어느새 황금빛으로 물들어가고 물길이 완만한 곡선을 그리는 곳은 전망이 뛰어나다. 길가 벤치 옆에

서 있는 정호승 시인의 작품 '그대 울지 마라 외로우니까 사람이다'가 적혀 있는 나무판이 눈길을 끈다. 가을은 남자의 계절이라 했던가. 외롭게 혼자 걷고 있다.

어느새 송정제방길이 끝나는 군자교가 나온다. '새말정'이 우뚝 솟아있다. 군자교 로터리를 지하보도를 통해 건너 좌회전, 군자교로 진입해 조금 가면 오른쪽 중랑천변으로 내려설 수 있다. 동부간선도로 왼쪽으로 둔치와 산책로, 자전거길이 뻗어 있다.

하천 옆으로 갈대와 물억새가 가을의 정취를 더한다. '중곡 빗물펌프장' 앞 폐쇄된 배수구에는 앙증맞은 벽화들이 길손들의 시선을 사로잡는다. 둔치엔 농구장과 족구장, 테니스장 등 체육시설들이 이어지다가 갑자기 주말농장이 나타난다. 배추, 무, 상추, 쑥갓, 당근 등 가을채소들이 풍성한 계절이다.

'장평교', '장안교'를 지나니 해가 진다. 붉은 저녁노을이 중랑천에 짙게 드리웠다. 어느새 어둠이 짙게 내리고, 차량들과 가로등 불빛이 황금빛 억새에 반사돼 황홀경을 연출한다. 중랑교를 지나 10분 여를 더 걸어야 '동부간선도로' 위를 건너 오른쪽 제방으로 올라설 수 있는 구름다리가 나온다.

제방에서 오던 길을 되돌아가 '중랑교'를 건넌다. 여기부터 동대문구임을 알리는 안내판이 반긴다. 계속 대로를 따라가면 우측으로 전철 1호선 '회기역'으로 가는 이면도로가 있다. 회기역 건너편에는 경희대(慶熙大)가 있다. 경희대도 상징인 '크라운관'을 비롯해 캠퍼스가 아름다운 대학중 하나로 손꼽히며 여러 영화와 드라마의 배경이 된 곳이다. 이렇게 중랑천길을 따라 두 대학 캠퍼스를 이어 걷는 여정을 마무리했다.

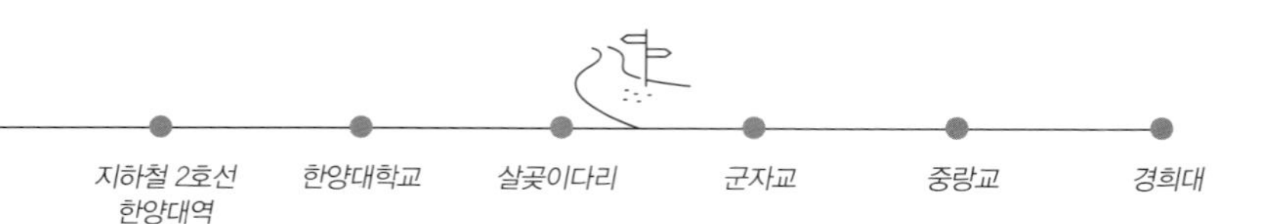

배싸메무초 걷기 100선

068 지양산길

서울 서남부를 대표하는 늦가을 숲길

지양산은 서울 양천구와 구로구, 경기도 부천시에 걸쳐 있는 높이 133m의 나지막한 산이다. 이 지양산(芝陽山)과 와룡산을 잇는 5.9㎞, 2~3시간 거리의 숲길은 서울 서남부권을 대표하는 트래킹코스라 해도 과언이 아니다. 서울시 도보전문가가 추천한 서울생태문화길 우수코스 30선의 하나다. 거리, 난이도 모두 중급 수준으로 편안하고 공원과 연결된 능골산 생태숲 탐방로와 '구로올레길', '부천시 둘레길' 등이 연결되어 있어 원하는 만큼 걷는 거리를 늘릴 수 있다.

지양산은 울창한 숲길로 수많은 오솔길을 품고 있다. 양천구 신월동에 있는 '서서울호수공원'을 출발해서 아름다운 숲길을 따라 북에서 남으로 걸으면 지하철 1호선과 7호선이 교차하는 '온수역'에 이른다. 오늘은 이 지양산의 늦가을 숲길을 걸어본다. 출발점인 서서울호수공원에 가려면 지하철 5호선 '신정역'에서 하차한 후, 1번 출구로 나와 길을 건너 반대방향 버스정류장에서 6625번을 타고 서서울호수공원에서 내리면 된다.

지난 2009년 10월에 문을 연 서서울호수공원은 '물과 재생'을 주제로 한 친환경공원이다. 이곳은 원래 인천시 '김포정수장'이었다가 1979년 서울시에서 인수, '신월정수장'으로 이름을 바꾸고 하루 평균 12만 톤의 수돗물을 공급하던 곳이었다. 그러나 2003년 서울시의 정수장 정비계획에 따라 가동이 중단됐고 서울 서남권의 대표적인 테마공원이자 호수공원(湖水公園)으로 재탄생했다.

공원 입구를 들어서면 우선 대규모 호수가 눈길을 사로잡는다. 축구장 2.5배 크기의 이 호수공원은 특히 가까운 '김포공항'에서 뜨고 내리는 비행기가 상공을 지나갈 때

소리가 81데시벨 이상이면 자동으로 41개의 시원한 물줄기를 뿜어내는 '소리분수'가 볼 만하다. 소음공해를 멋진 볼거리로 바꾼 발상이 탁월하다.
아직 철 늦은 단풍이 남아있는 산책로를 따라 호수를 한 바퀴 돌았다. 한쪽에 '몬드리안정원'이 사람을 맞는다. 옛 정수장 시설을 이용, 곡선을 사용하지 않고 직선만으로 표현한 추상화가 몬드리안처럼 평면과 수직으로 공원을 구성했다.
콘크리트 벽 잔해에 드리운 빛바랜 담쟁이넝쿨이 늦가을의 정취를 더한다.
정원 한쪽에 호젓한 숲길이 있다. 이 길을 따라 10분 여를 가면 서울시와 부천시 경계를 지나는 '경인고속도로(京仁高速道路)'가 나온다. 고속도로 위를 가로지르는 다리를 건너고 마을버스 정류장을 지나 동네 골목길을 오르면 앞에 나지막한 산이 보인다. 이 산이 바로 지양산이다.
낡은 아파트 옆으로 산길이 시작된다. 둘레길 표지판을 따라 온수역 방향으로 길을 잡는다. 인근엔 선사유적지도 있다. 태극기와 새마을기가 있는 작은 체육공원 앞을 지나서 '능고개', 국기봉 방향으로 숲길을 따라간다. 앙증맞은 돌담도 길손을 반겨준다. 한 시간 여 걸었을까. 경숙옹주(敬淑翁主)묘 표지판이 보인다.
오른편 길을 따라 내려가면 왼쪽에 조선 9대왕 성종의 다섯 번째 딸인 경숙옹주와 그녀의 남편인 '여천위' 민자방(閔子芳)의 묘가 있다. 이곳 부천시 작동(까치울)이 본래 민자방의 '여흥민씨' 일가 집성촌이었다. 경숙옹주가 죽자 후손들이 작동 땅을 왕실에서 하사받고 여기에 묘를 쓰게 됐다고 한다.
경숙옹주묘 아래는 터널이다. 이 곳 능고개는 순우리말로 '늘어진 고개'라는 의미가 변한 이름이라고 하는데 지양산의 다른 이름인 봉배산 줄기가 동쪽으로 길게

늘어져 있는 지점의 고개라는 뜻이다. '능너머고개'를 의미한다는 설도 있는데 한자로는 능현(陵峴)이다. 여기서의 능은 경숙옹주묘리라 생각해본다. 누렇게 변한 낙엽송들 사이로 이어진 숲길을 따라간다. 이 길은 '시가 있는 길'이기도 하다. 서정주 시인의 대표작 '국화 옆에서'가 새겨진 나무판이 옆 소나무에 매달려 있다.

곧 국기봉에 이른다. 바로 지양산의 정상이다. 여기서 온수역까지는 2.4km다. 비슷한 거리의 매봉초등학교까지 '구로올레길'을 따라 갈 수도 있다. 구로올레길은 매봉초교를 지나 '계남근린공원'까지 이어져 있다. 서울 양천구 신정3동에 있는 계남공원(桂南公園)은 지난 1971년 8월 6일에 개원한 근린공원으로, 넓이는 44만 173㎡이다. 부천시 원미구 중4동에도 같은 이름의 근린공원이 있다. '계남'이란 인천시 계양구에 있는 계양산(桂陽山)의 남쪽이라는 뜻이다. 등산로를 따라 가면 '정랑고개'를 거쳐 신정산 정상에 오를 수 있는데 산에는 바위가 울었다 하여 '우렁바위'라 불리는 커다란 바위들이 있다. 정랑고개는 예전에 인천으로 가는 지름길이었다고 전해진다. 하지만 당초 목적지였던 온수역 방향으로 계속 간다.

숲길은 '수렁고개'를 지난다. 부천시 작동과 서울 구로구 온수동 사이에 있는 고개로 땅이 매우 질어서 이런 이름이 붙었다고 한다. 터널 위로 생태탐방로가 이어져 있다. 이제부턴 지양산이 아니라 와룡산(臥龍山)이다. 와룡산은 이름처럼 완만한 능선이 오르락내리락 구불구불하게 길게 이어진다.

차돌바위 앞을 지나 조금 가면 '원각사'로 내려가는 샛길이 있다. 원각사는 오래된 절이 아니지만 야외에 있는 대형 미륵불상은 제법 볼 만하다. 아파트단지 옆을 지나 계속 내려오면 어느 새 산길이 끝난다. 구로올레길 표지판 앞을 지나 골목길을 내려와 대로에서 좌회전하면 온수역이 나타난다.

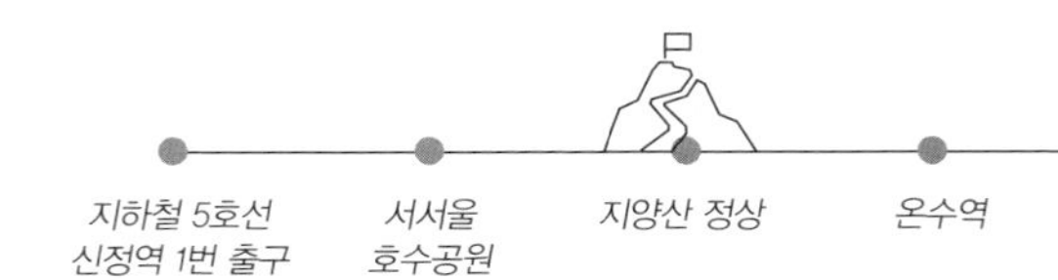

배싸메무초 걷기 100선

069 백제의 길

한 뿌리 고구려와 백제, 왜 그렇게 싸웠을까

서기 475년 고구려 장수왕(長壽王)의 군대가 노도처럼 쳐들어와 백제의 수도 한성, 즉 하남위례성(河南慰禮城)을 함락시키고 백제 개로왕을 사로잡아 아차산성 밑에서 목을 베었다. 개로왕의 아들 문주왕이 겨우 웅진(熊津. 지금의 충남 공주)으로 탈출해 백제는 사직을 보존할 수 있었다. 이는 고구려에게는 영광의 역사지만 백제의 입장에선 처절한 패배의 기록이요 반드시 갚아줘야 할 치욕이었다.

그렇지만 그 100여 년 전에는 정반대였다. 371년 백제의 근초고왕(近肖古王)은 고구려 평양성을 공격, 고국원왕을 전사시켰다. 이때가 백제의 전성기였다.

서울 도심 속의 백제를 찾아나서 보자. 백제의 첫 도읍지였던 하남위례성은 지금의 서울 강동구 천호동·풍납동에 남아있는 풍납토성(風納土城)이라는 설이 현재까지는 가장 유력하다. 올림픽공원 내 몽촌토성은 도성의 외성쯤으로 추정된다. 경기도 하남시에 있는 이성산성 또는 천안 직산의 위례성이라는 이설(異說)도 있으나 소수 의견일 뿐이다.

지하철 5호선과 8호선이 교차되는 '천호역' 10번 출구로 나와 강변 쪽으로 조금만 걸으면 왼쪽으로 토성이 나타난다. 사적 제11호 풍납토성의 정식 명칭은 '광주 풍납리 토성'이다. 한강변 평지에 위치한 판축 토성으로 한강유역 일대에서 발견된 백제유적 중 최대 규모를 자랑한다. 남북으로 길쭉한 형태로 원래 둘레가 3.5km 이상이었을 것으로 추정되나 현재는 2.2km 정도만 남아 있다.

판축(版築) 토성은 초기 백제의 대표적 축성양식이다. 나무상자를 이용, 모래와 점토를 교대로 벽돌 모양으로 다져 쌓는 기법이다. 기저부의 폭은 43m, 높이는 11m가 넘는 거대한 규모다. 천호역 근처엔 꽃밭과 산책로도 조성돼 있다. 주택가를 지나는 성곽은 중간 중간 끊어져 있지만 따라가는 데 어렵지는 않다.
토성 남쪽 끝에서 육교 밑을 지나 '풍납 나들목'을 통해 한강공원으로 나왔다. '올림픽대교' 바로 왼쪽이다. 이제 한강을 따라 걷는다. 정면에 '잠실철교'와 '잠실대교'가 한강을 가로지르고 왼쪽으로는 '현대아산병원'이 우뚝하다. 곧 '성내천'이 한강과 합류하는 지점이 나타난다. 여기서 성내천을 계속 따라 올라가면 오른쪽 위로 몽촌토성(夢村土城)이 있다.
풍납토성에서 대로를 따라 강동구청역을 지나 '성내천 유수지공원' 남쪽으로 돌아가도 '올림픽공원'으로 들어가는 입구가 나온다. 올림픽공원 내 푸른 잔디가 덮인 구릉이 바로 몽촌토성이다.
사적 제297호로 지정된 몽촌토성은 둘레 약 2.7km, 높이 6~7m로 3세기 초에 축조된 백제 초기의 토성이다. 해발 45m 내외의 자연 구릉에 쌓은 판축 토성으로 비상시 군사방어용으로 사용됐을 것으로 보인다.
올림픽공원 내에 있는 연못은 원래 이 토성의 방어용 해자(垓子)였다. 또 토성 남·북쪽에는 목책(木柵)구조물도 발견된 특이한 토성구조여서 삼국시대엔 매우 견고한 큰 성이었을 것으로 추정된다. 성내에선 백제 때의 집터와 창고 등 건물유적도 구경할 수 있고 '한성백제박물관'에는 이곳에서 발견된 각종 유물들을 전시하고 있다. 올림픽공원에는 '한성백제 백제학연구소'도 있다. 여기까지 온 김에 '세계평화의 문'도 놓칠 수는 없다.
성곽 언덕길을 오르내리며 걷다보면 어느새 올림픽 체조경기장 앞이다.
다시 핸드볼경기장을 거쳐 벨로드롬 뒤쪽에 나 있는 출구로 나오면 대로 건너편에 '방이초등학교'가 있다. 방이초등학교 오른쪽 골목길로 접어들어 10여 분 남짓 직진하면 '방이동 고분군'이 있다.

사적 제270호로 지정된 방이동고분들은 처음엔 백제유적으로 알려졌으나 무덤 양식이나 출토된 유물로 미뤄 지금은 신라인들의 것이라는 관측이 유력하다.

무덤양식은 횡혈식 석실분(굴식돌방무덤)으로 돌을 쌓아 무덤방을 만든 후 한쪽으로 널길을 내고 외부는 흙으로 덮었다.

반면 '석촌동고분군'(사적 제243호)은 전형적인 백제 초기 적석총(積石塚, 돌무지무덤)이다. 오던 길을 따라 계속 걸어 '송파대로'를 건너고 10분 정도 더 가다가 'KCL 아파트'와 SK주유소 사이 골목길로 들어서면 석촌동고분군이 나온다. 석촌동(石村洞)이란 동네 이름도 이 고분에서 유래됐다.

석촌동고분군은 정방형 계단식으로 돌을 쌓아올린 피라미드형 고분으로 3~5세기 초기 백제의 왕족무덤들로 추정된다. 고구려 수도였던 집안에 있는 장군총(將軍塚) 등 적석총들과 거의 유사한 형태여서 두 나라가 한 뿌리에서 나왔음을 대변해 준다. 같은 조상을 두고도 원수처럼 처절하게 싸웠던 두 나라. 자연 지금의 남북한이 떠오른다.

이곳엔 적석총이 4기 남아있고 무덤은 무너졌으나 적석총의 내부 구조를 보여주는 유적도 2곳 있다. 덕분에 적석총이 외부는 정사각형이지만 내부는 원형임을 알 수 있다. '천원지방'(하늘은 둥글고, 땅은 네모나다.)는 고대인들의 관념이 반영된 것이다. 양 옆으로 소형 토광묘(土壙墓)도 2기 발견됐는데 왕릉을 지키던 관리인들의 무덤이 아닐까 생각해 본다. '석촌동고분공원' 정문을 나와 직진하면 지하철 8호선 '석촌역'이 있다.

지하철 5 · 8호선 천호역 10번 출구 — 광주 풍납리토성 — 몽촌토성 — 석촌동 고분군

배싸메무초 걷기 100선

070 정동길

망국을 넘어 독립으로 이르는 길

덕수궁(德壽宮) 돌담길은 서울시내에서 가장 아름다운 길 중 하나로 손꼽힌다. 수많은 사람들의 향수와 낭만이 정동길에 깃들어 있다. 그런데 덕수궁 돌담길에는 괴담이 하나 있다. 연인끼리 함께 걸으면 헤어진다는 속설이다. 왜 이런 괴담이 생겼을까. 그만큼 한 커플이 결혼까지 무사히 골인하는 게 어렵고 이 길을 찾는 사람들이 많다는 두 가지 사실이 결합된 결과가 아닐까. 하지만 필지는 구한말 정동길 주변의 아픈 역사를 떠올려 보게 된다.

1895년 '을미사변'으로 사랑하는 아내를 잃은 고종은 1896년 일본세력에서 벗어 나고자 왕세자와 함께 덕수궁 인근에 있는 러시아공사관으로 피신(아관파천)했다가 1년여 만에 덕수궁에 돌아와 대한제국(大韓帝國)을 선포한다. 참혹하게 피살된 명성황후의 원혼 때문인지 부친 흥선대원군에 대한 반감 때문인지는 모르지만 그는 정궁인 '경복궁'을 마다하고 작고 초라한 덕수궁, 당시 이름은 경운궁(慶運宮)에서 황제 자리에 올랐다. 그러나 일제에 의해 끝내 망국의 군주 신세로 전락, 연금당한 채 이 궁에서 한 많은 일생을 마쳐야 했다. 그 후 36년 간 계속된 일제의 압제에서 벗어나기 위해 헤아릴 수 없이 많은 순국선열들이 뜨거운 피로 삼천리 화려강산과 만주 땅 등 세계 각국을 적셔야 했다.

정동길은 지하철 1·2호선 '시청역'에서 시작된다. 1번 출구로 나와 뒤를 돌아보면 덕수궁 정문인 '대한문'이 웅장하게 서 있다. 이 문은 원래 덕수궁의 정문이 아닌 동문이었다. 이름 또한 대안문(大安門)이었던 것을 1904년 대화재 이후 1906년 재건하면서 대한문으로 바뀌었다. 그런데 왜 대한(大韓)이 아닌 대한문(大漢門)일까.

덕수궁 돌담길은 항상 많은 사람들이 걷고 있다. 왼쪽 위로 '서울시의회 별관'이 있다.

돌담길을 돌아가면 사거리가 나온다. 오른쪽은 주한 미국대사 관저로 가는 길이고 정면에는 유서 깊은 '정동제일교회'가 나온다. 교회 옆에 100주년 기념탑이 우뚝 서 있다.

네거리 한 구석에는 이문세의 '광화문 연가' 노래비가 오가는 사람들을 붙잡는다. 정동교회 왼쪽에는 '주한 러시아대사관'이 있고 그 옆에는 옛 '배재학당' 터인 '배재공원'과 '배재학당 역사박물관'이 있다. 배재학당(培材學堂)은 1885년 8월 미국 선교사 아펜젤러가 설립, 이 땅에 처음 서양문물을 소개한 신교육의 발상지였다. 1984년 2월 배재학당의 후신인 '배재중학교', '배재고등학교'가 강동구 고덕동으로 이전하면서 그 터에 배재공원과 역사박물관이 조성됐다.

다시 사거리로 돌아와 정동길을 따라간다. 정동교회 건너편 '정동극장' 옆 골목길 안에는 덕수궁의 별궁 격인 중명전(重明殿)이 숨어 있다. 사적 제124호 중명전은 황실 도서관 용도로 사용됐으나 1901년 화재로 전소된 후 재건되어 지금과 같은 2층 벽돌 건물의 외형을 갖추게 됐다. 건물의 설계자는 '독립문'을 설계한 러시아 건축가 사바찐(A.I. Sabatin)이다. 1904년 경운궁 대화재 이후 고종황제의 편전으로 사용됐던 중명전은 중요한 역사의 현장이다.

1905년 11월 을사늑약(乙巳勒約)이 이곳에서 불법적으로 체결됐으며 고종이 늑약의 부당함을 국제사회에 알리고자 1907년 4월 20일 헤이그 밀사로 이준 등을 파견한 곳도 중명전이다. 일제는 '헤이그 밀사사건'을 빌미로 고종황제를 강제 퇴위시켰다. 다시 정동길로 나와 '신아일보사' 앞을 지난다. 1980년 전두환 군사정권의 언론통폐합으로 강제 폐간당한 신문사다.

맞은편에 '이화여고 100주년 기념관'이 있다. 1886년 처음 문을 연 '이화여자고등학교', 당시 이름인 이화학당(梨花學堂) 뿐만 아니라 '창덕여자중학교', '창덕여자고등학교', '예원학교' 등이 있는 정동은 우리나라 근·현대 여성교육의 요람이었다. 인근엔 구한말 최초의 프랑스어 학교도 있었다고 한다.

정동길 오른쪽 언덕길을 따라 '정동공원'을 지나면 아관파천(俄館播遷)의 현장인 옛 러시아공사관(사적 제253호)이 나온다. 당시는 덕수궁의 일부였던 주한 미 대사관저 및 구 미국공사관과 담 하나를 사이에 두고 붙어있었는데 당시엔 궁과 통하는 지하 비밀통로가 있었다고 한다. 지금은 공관은 사라지고 흰색 종탑만 외롭게 남아있다. 인근엔 1888년 설립된 국내 최초 카톨릭 수도원인 '정동수녀원'이 있었다. 이화여고 옆 창덕여중 교정 안에선 서울성곽의 흔적이 발견됐으며 1896년 세워진 프랑스 공사관 터임을 알려주는 돌비석도 남아 있다.
정동길 끝에는 '경향신문사'가 있고 그 위 고개는 한양도성의 서대문이던 돈의문(敦義門)이 있던 터다. 돈의문은 1915년 일제가 도로확장공사를 하면서 철거해버렸다. 돈의문 터 오른쪽 '강북삼성병원' 내에는 백범 김구 선생이 말년에 거처하던 '경교장'이 있다. 사적 제465호 경교장(京橋莊)은 해방으로 귀국하신 백범 선생의 거처로 당시의 '금광왕' 최창학이 바친 곳이다. 이곳에서 백범선생은 안두희의 '흉탄'에 서거하셨다. 경교장 내에서 선생의 우국충정의 생애를 가슴 깊이 느낄 수 있다. 이렇게 덕수궁에서 '서대문독립공원'에 이르는 길은 '망국을 넘어 독립으로 이르는 길'이다.
서대문 로터리에서 '독립문' 쪽으로 우회전, 길을 걷다 보면 '영천시장' 앞 인도에 1896년 독립협회(獨立協會)가 '모화관'을 개축, 건립한 '독립회관'이 있던 자리임을 알리는 자그마한 표지석이 있다. 조금 더 가면, 길 건너에 독립문(獨立門, 사적 제32호)이 우뚝 서 있다. 독립문은 독립협회가 1898년 자주독립의 정신을 북돋우기 위해 국민모금운동을 통해 과거 중국 사신을 영접하던 '영은문'을 헐고 세웠다. 영은문은 지금 독립문 바로 앞에 돌기둥 2개(주초, 사적 제33호)만 남았다. 그 뒤로

지하철 1 · 2호선 시청역 1번 출구 — 정동제일교회 — 중명전 — 경교장 — 서대문 독립공원

서대문독립공원이 넓게 펼쳐져 있다. 1910년 망국 이후 36년 동안 처절한 피의 독립투쟁이 전개됐다. 그 독립투사, 의사·열사들의 위패가 모셔진 곳이 독립관(獨立館)이다.

잠시 순국영령들께 묵념을 올리고 돌아서면 독립협회를 만든 서재필선생의 동상이 반긴다. 그 뒤에 '3·1독립선언기념탑'이 우뚝 서 있다. 조각가 김종영의 작품으로 1963년 '탑골공원'에 처음 건립됐다가 이곳으로 옮겨 왔다. 태극기를 들고 만세를 부르는 군중들과 '기미독립선언서' 전문이 새겨져 있다. 독립공원 오른쪽에 지하철 3호선 '독립문역'이 있다.

배싸메무초 걷기 100선

071 금융의 길

한국금융 100년사, 이 길에서 이뤄졌다

지난 1990년대 후반까지만 해도 우리나라의 금융산업은 이른바 '조상제한서'로 불리는 5대 시중은행, 즉 조흥·상업·제일·한일은행 및 '서울은행'이 주도하고 있었다.
조흥은행(朝興銀行)은 구한말인 1897년 2월 1일 우리나라 최초의 은행인 '한성은행'으로 처음 출발, 1943년 10월 '동일은행'과 합병하여 상호를 조흥은행으로 변경한 은행이다. 1999년 4월 '충북은행'과 '강원은행'을 합병하기도 했다.
'상업은행', 즉 한국상업은행(韓國商業銀行)은 1899년 '대한천일은행'으로 발족하여 '원산상업은행', '조선실업은행', '대동은행', '삼남은행', '북선(北鮮)상업은행'과 차례로 합병했으며 이어 '부산상업은행', '대구상공은행'을 각각 매수하고 1950년 한국상업은행으로 상호를 변경했다. 또 제일은행(第一銀行)은 일제 때인 1929년 7월 1일 '조선저축은행'으로 출발, 1950년 5월 '한국저축은행'으로, 이어 1958년 12월 제일은행으로 바뀌었다.
한일은행(韓一銀行)의 경우는 1932년 '조선신탁'으로 처음 설립돼 1946년 '조선신탁은행', 1950년 '한국신탁은행'으로 바뀌었다가 1954년 '한국상공은행'과 합병, 상호를 '한국흥업은행'으로 변경했다. 다시 1960년 정부소유 주식이 삼성그룹에 불하되면서 한일은행으로 재탄생했다.
서울은행은 훨씬 늦은 1959년 서울은행(서울에 본점을 둔 지방은행)으로 시작, 1962년 전국은행으로 발전했고 1976년 '한국신탁은행'을 흡수합병, '서울신탁은행'으로 상호를 변경했다가 1995년 다시 서울은행이 됐다.
이 5대 시중은행을 주축으로 '신한은행', '한미은행', '하나은행', '보람은행',

'동화은행', '동남은행', '대동은행', '평화은행' 등 후발 시중은행들이 추격하고 있었고 다른 한편에서는 국책은행인 '한국산업은행', '한국외환은행', '중소기업은행', '국민은행', '한국주택은행' 등이 정책금융을 담당하면서 받쳐주던 것이 1990년대 후반까지의 한국 금융계 구도였다.

이런 구조를 송두리째 무너뜨린 것이 바로 1997년 외환위기다. 관치금융과 대규모 부실채권으로 IMF 위기를 초래한 주범으로 낙인찍힌 은행들은 대대적인 구조조정의 대상이 됐다. 동화·동남·대동은행은 아예 폐업을 해버렸고 상업은행과 한일은행은 1999년 1월 합병, '한빛은행'으로 바뀌었다가 2001년 '우리금융지주회사'로 편입되면서 현재의 '우리은행'이 됐다. 평화은행도 우리은행에 흡수됐다.

조흥은행은 신한은행(新韓銀行)에 흡수 합병돼 2006년 4월 1일 지금의 신한은행으로 다시 출범했으며 서울은행은 하나은행에 인수를 당해 2002년 9월 현재의 하나은행으로 바뀌었다. 제일은행은 2000년 1월 미국 투자회사인 '뉴브리지캐피탈'에 매각됐다가 다시 2005년 4월 영국 '스탠다드차타드은행'이 인수, '한국스탠다드차타드제일은행'(약칭 SC제일은행)으로 상호가 변경됐다. 이렇게 조상제한서 5대 시중은행은 역사 속으로 사라졌다.

반면 신한은행과 하나은행은 작은 후발 은행으로 출발, 메이저 5대 시은을 인수하면서 일약 한국금융의 대표 주자들로 성장했다. 불과 5~6년 만의 상전벽해(桑田碧海) 같은 변화다. 또 국민은행은 주택은행과 대등 합병, 현재 한국 최대 시중은행으로 변신했고 외환은행은 '하나금융지주회사'에 인수돼 하나은행과 합병했으며, 한미은행은 미국 '씨티은행'에 인수돼 '한국시티은행'으로 바뀌었다.

지하철 1호선 종각역 네거리에는 SC제일은행 본점 건물이 우뚝 서 있다. 건물 곳곳에 외환위기 당시 '눈물의 비디오'를 찍으며 정든 직장을 떠나야 했던 옛 제일은행원들의 한이 서려 있다.

종각에서 명동 방향으로 걷다가 청계천을 건너면 왼쪽으로 옛 조흥은행 본점 건물이 나온다. 지금은 신한은행과 '신한카드' 등이 공존하고 있다. 한쪽에 조흥은행이 만든 '광통교(廣通橋)' 모형이

남아 있어 그 시절의 추억을 떠올리게 한다.
조금 더 가면, 구한말의 중세 유럽풍 옛 건물이 하나 있다. 우리은행 종로지점으로 사용되고 있는 이 건물은 서울시기념물 제19호 옛 '광통관'으로 1909년 대한제국 '탁지부'에서 지은 것이다. 이는 구한말 대한천일은행(大韓天一銀行) 본점으로 사용됐던 건물로 100년도 넘은 건물이 지금도 은행지점으로 사용되고 있으니 살아있는 대한민국 은행사 박물관인 셈이다. 그 안에는 대한천일은행, 지금의 우리은행 설립자인 고종황제의 흉상이 있다.
명동 입구 을지로1가 네거리에 서면, '롯데호텔'이 보인다. 호텔이 세워지기 전 1950~1960년대 초반, 이곳에는 산업은행 본점이 있었다. 산업은행은 청계2가 '삼일빌딩'으로 옮겼다가 지금은 여의도에 둥지를 틀었다. 그 맞은편엔 한국전력 서울본부로 쓰이는 장중한 르네상스식 석조건물이 있는데 문화재청으로부터 등록문화재 제1호로 지정돼 있다.
국민은행 구 본점(자산관리플라자) 바로 옆 'IBK저축은행'이 있는 'SK명동빌딩'이 바로 옛 서울은행 본점 건물이다. 두 빌딩 사이 골목길로 접어들어 모퉁이를 돌아가면 증권사 지점들이 몰려있는 '증권빌딩'이 나온다.

그 바로 앞 상가건물에 옛 증권거래소가 있었다. 거래소가 여의도로 옮길 때까지 이 골목은 한국 증권산업의 요람이었던 것. 옛 증권거래소는 일제 때 쌀과 콩 등을 선물 거래하던 미두취인소(米豆取人所) 건물을 그대로 사용, 근대문화유산으로도 지정됐었다. 그러나 낡은 옛 건물을 철거하고 돈 되는 상가를 지으려는 자본의 논리 때문에 반대여론에도 불구, 포크레인의 굉음 속에 영원히 사라져버렸다.

다행이 명동성당으로 통하는 명동중앙로 변에 있는 옛 '국립극장' 건물은 살아남았다. 이곳은 외환위기 이전, 종합금융업계 선두권 회사였던 대한종합금융(大韓綜合金融) 본점이 있던 건물로 지금은 '명동예술극장'으로 운영되고 있다.

다시 대로변으로 나와 길을 건너면 과거 한일은행(현 한진빌딩)과 상업은행(현 한국은행 별관) 본점으로 쓰이던 건물들이 나란히 있고 그 뒤로 한국은행(韓國銀行) 본점이 보인다.

르네상스 풍의 멋진 건축물인 한은 구관은 사적 제280호로 지정된 문화재다. 일본인 건축가 다쓰노 긴꼬가 설계, 1907년 착공해 1912년에 완공됐다. 한은은 1911년 설립된 '조선은행'을 모태로 하며 1950년 대한민국의 중앙은행으로 재탄생했다. 구관 건물은 그 100년을 넘는 세월 동안 변함없이 이 자리를 지키며 한국 금융사의 영욕을 묵묵히 지켜봐 왔다. 이 건물은 지금 한은 화폐박물관으로 운영되고 있다.

한은 정문 맞은편 남대문시장 입구에는 또 다른 르네상스식 석조건물이 보인다. 서울시 유형문화재 제71호로 지정된 이 건물은 1935년 SC제일은행의 전신인 조선저축은행(朝鮮貯蓄銀行)의 본점 건물로 처음 지어진 것이다. 지금은 SC제일은행 제일지점으로 사용되고 있는 이 건물 역시 한국금융사의 살아있는 역사 중 하나라 할 수 있다. 한은은 지금 신관건물 전체가 리모델링 중이고, 남대문 옛 삼성전자(현재 강남역 로터리로 이사) 빌딩에 세들어 있다. 한은 건물이 어떻게 재탄생할지 기대된다.

지하철 1호선 종각역 네거리 — *SC제일은행 본점* — *광통관(우리은행 종로지점)* — *한국은행 본점* — *옛 조선저축은행 본점 (현 SC제일은행 제일지점)*

도심 속 '허파' 홍릉숲의 단풍과 주변 문화재들

서울 안암동 '고려대학교' 캠퍼스는 전체적으로 말굽자석 모양으로 가운데가 움푹 들어가고 양쪽으로 길게 늘어진 모양새다. 그 가운데 부분에 지하철 6호선 '안암역'이 있고 개운사(開運寺), '보타사' 등의 절들과 귀중한 문화재들이 숨어 있다.

필자는 이 절들을 둘러보고 고려대 캠퍼스를 통과, 개운산에 올랐다가 고려대역으로 내려와 '정릉천'을 건너 '세종대왕기념관'과 '홍릉수목원'을 거쳐 '경희대학교' 방향으로 넘어가는 코스를 자체 개발했다.

코스의 하이라이트는 역시 홍릉수목원(洪陵樹木園)이다. 홍릉수목원은 서울 시내에 있는 유일한 수목원이자 국내 최초로 조성된 수목원이다. 1922년 고종의 비 명성황후의 능이 있던 청량리동 지역에 임업시험장을 설립하면서 조성됐다. 전체 면적 44만㎡이다.

'산림청'도 여기 있다가 대전으로 옮겨갔고 현재는 국립 산림과학원(山林科學院)이 있다. 도심 속 '허파'라 할 홍릉수목원은 주말에만 일반인들에게 개방하고 있다. 단풍이 절정인 계절에 홍릉숲길을 걸어보자.

안암역 2번 출구로 나온 후, 뒤로 돌아 사거리에서 오른쪽 개운사길을 따라 올라간다. 얼마 지나지 않아 개운사 일주문이 보인다. '조계종' 직할교구 본사인 '조계사'의 말사인 개운사는 대형 사찰이다.
1396년(태조 5년) 무학(無學)대사가 동대문에서 5리 지점 안암산 기슭에 절을 창건하고 이름을 영도사(永導寺)라 했다. 1779년(정조 3) 홍빈의 묘가 옆에 들어 서자, 절을 동쪽으로 2마장쯤 되는 곳에 옮겨 짓고 개운사로 이름을 고쳤다.
중앙승가대학교(中央僧伽大學校)도 이 절에 있다. 주차장 오른쪽의 즐비한 석비들이 개운사의 내력을 대변해준다. 정면 돌계단을 오르면 특이한 형태의 불상과 삼층석탑이 있고 그 오른쪽으로 언덕길을 올라가면 웅장한 대웅전과 부속 건물들이 있다.
개운사가 크고 화려한 절이라면 인근 보타사(普陀寺)는 개운사의 암자 중 하나인 작은 절이다. 그러나 이렇다 할 문화재가 없는 개운사와 달리 보물로 지정된 문화재가 2개나 있다. 개운사를 나와 골목길 네거리에서 오른쪽 길을 따라 올라간다. 곧 1845년 창건된 대원암(大圓庵)이 나온다. 탄허(呑虛) 스님이 '신화엄경합론' 역경작업을 했던, 불교사에서 의미 있는 곳이다.
보타사는 대원암 왼쪽으로 더 올라가야 한다. 보타사 대웅전은 아담한 건물이다.
그러나 그 대웅전 안에 있던 금동보살좌상은 보물 제1818호로 지정됐다. 또 그 뒤에 있는 마애보살좌상은 보물 제1828호가 됐다.
보타사 마애불(磨崖佛)은 화강암 암벽에 조각된 고려시대 마애불상이다. 높이 5m, 폭 4.3m의 거대한 보살상이다. 'ㄱ'자로 파낸 천연 암벽에 돋을새김으로 조각한 모습으로 넓은 어깨와 높은 무릎 등 당당한 신체를 보여주고 있다. 전문가들은 '보도각 백불'이라 불리는 서울 홍제천 변 옥천암(玉泉庵) 마애보살좌상과 함께 고려 말 불교미술의 형식을 보여주는 중요한 예라고 평가한다.
다시 개운사 옆으로 내려와 정면에 '안암학사'란 현판이 붙어 있는 고려대 캠퍼스로 들어간다. 아스팔트 언덕길을 따라 오른다. 단풍이 물들어가는 캠퍼스 길은 아름답다. 정면에 '민족문화연구원'이 보인다. 고대정신을 상징하는 곳이다. 그 앞 은행나무가 노랗게 물들었다. 좀 더 올라가 고대 캠퍼스를 벗어난다.
건너편에 있는 산이 개운산(開運山)이다. 도로를 따라 올라가면 오른쪽에 산 오르는 길이 보인다. 테니스코트와 배드민턴클럽, 산책로를 지나 개운산 정상에는 넓은 운동장과 식당이 있다. 여기에서 보는 북한산 조망도 괜찮다.
다시 고대 후문쪽으로 내려와 이번엔 고대 캠퍼스를 오른쪽으로 끼고 길을 따라 내려간다. 홍릉수목원 방향으로 가려면 고대 앞 3거리에서 길을 건너 왼쪽 경희대 방향으로 가야 한다. 정릉천을 건너 '한국국방연구원'과 '카이스트' 앞을 지나는 길,

노란 은행나무 가로수가 멋지다. 곧 홍릉숲 입구가 보인다. 그 옆에 '홍릉' 옛 터임을 알리는 돌비석이 있다. 1897년 을미사변(乙未事變)으로 명성황후가 일본 낭인들에게 시해당하자 조선정부는 처음 이 곳에 묘를 쓰고 홍릉이라 했다. 그러나 1919년 2월 경기도 남양주시 금곡동으로 이장, 고종황제와 함께 합장했다. 수목원 경내로 들어섰다. 울창한 숲에 식재된 나무들이 모두 다른 종으로 고르게 분포돼 있다고 하니 놀라울 따름이다. 단풍으로 물들어가는 주말의 홍릉숲 산책로엔 제법 사람들이 많다.

홍릉숲에서 반드시 봐야 할 것은 2가지다. 그 하나가 산림과학원 건물 뒤에 있는 '홍림원(洪林苑)'과 '반송'이다. 1892년생인 반송은 홍릉숲에서 가장 오래된 나무이자 가장 멋진 나무다. 전문가들은 전국에서 가장 아름다운 소나무 중 하나로 꼽는다. 또 '금강송'과 한국 특산종으로 서양에서 크리스마스트리 나무로 잘 알려진 구상나무 등도 볼거리다.

다른 하나는 산기슭 산책로 중간에 있는 홍릉 옛 터다. 산림과학관 앞을 돌아 홍릉수목원 정문을 나선다. 길 건너 '세종대왕기념관'도 들러야 한다. 세종대왕의 능인 영릉(英陵)은 원래 부친 태종의 능인 '헌릉' 인근 강남구 내곡동 대모산 기슭에 있었다. 그런데 길지가 아니라는 이유로 예종 때 지금의 경기도 여주시 왕대리로 옮겼다. 이때 능만 옮기고 부속 석물들은 그대로 두었다가 1974년 이 곳으로 옮겨왔다. 보물 제838호인 수표(水標)와 서울특별시 유형문화재 제2호인 세종대왕 신도비(神道碑), 구 영릉 석물 37점이 그것이다.

1970년 '세종대왕기념사업회'가 건립한 '세종대왕기념관'에는 세종 관련 많은 문화재와 고문헌들이 전시돼 있다. 그 앞에는 대왕의 동상이 인자한 미소를 짓고 있다. 또 국어학자 주시경(周時經) 선생의 스승 무덤과 '한국영화진흥위원회'도 여기 있다. 세종대왕기념관 옆에 있는 사적 제361호 영휘원(永輝園)과 숭인원(崇仁園)은 고종황제의 후비인 순헌황귀비 엄씨, 의민황태자 이은의 큰 아들 이진의 묘다.
홍릉숲에서 경희대로 넘어가는 언덕길은 은행나무 가로수길이다. 노란 은행잎들이 눈부실 정도다. 경희대 입구 삼거리에서 길을 건너 오른쪽으로 내려가면 전철 1호선 '회기역'이 나온다.

지하철 6호선 안암역 2번 출구 — *개운사* — *개운산* — *홍릉수목원* — *세종대왕 기념관*

배싸메무초 걷기 100선

073 경의선숲길

의주행 기차가 지나던 철길, 이젠 도심 속 쉼터로

경의선(京義線)은 일제 때 서울을 기점으로 개성, 평양을 거쳐 압록강 변 국경도시 신의주에 이르는 복선철도로 총길이 518.5km에 달한다. 1906년 4월 3일 용산~신의주 간 철도가 완전 개통돼 서울~부산간 경부선(京釜線)과 함께 한반도의 주요 종관철도(縱貫鐵道)로서 수많은 지선이 연결돼 승객과 화물을 실어 나르는 전국 교통의 대동맥이었다.

그러나 1945년 남북 분단으로 서울~개성 간 74.8㎞ 구간으로 단축 운행되다가1951년 6월 12일 운영이 완전 중단돼 분단의 상징물이 됐다. 그러다 지난 2000년 6월 남북정상회담이 평양에서 열린 후 경의선 복원사업이 구체적으로 논의된 후, 2003년 6월 14일 연결식이 군사분계선(MDL)에서 열렸다. 2009년 '서울역'에서 '문산역'까지 광역 복선전철이 개통됐다. 아울러 문산역에서 임진강 너머 '도라산역'까지 'DMZ 트레인' 관광열차가 운행중이다.

경의선은 2014년 12월 서울 '용산역'에서 구 중앙선(中央線)과 연결돼 문산에서 경기도 '용문역'으로 이어지는 경의중앙선(京義中央線)으로 거듭 태어났다. 또 서울시내 중 '가좌역'에서부터 용산역 사이 구간은 철길이 지하화됐다. 그 결과 지상에 남겨진 철길이 공원으로 탈바꿈한 것이 바로 '경의선숲길'이다.

2005년부터 시작된 경의선의 지하화로 남겨진 좁고 긴 지상구간을 공원화한 것으로 조성은 2009년부터 시작돼 2016년 5월 21일 전구간이 완공됐다. 전체 면적 약 101,668㎡ 총 연장 6.3km, 폭 10~60m의 선형(線形) 공원이다. 신의주행 기차가 지나던 철길이 도심 속 시민들의 쉼터로 탈바꿈한 것.

전철역 기준으로는 가좌역 – '홍대입구역' – '서강대역' – '공덕역' – '효창공원역'을 거쳐 '용산문화체육센터'까지 이어진다.
특히 홍대입구역 근처 연남동 구간은 미국 뉴욕 맨해튼의 '센트럴파크'와 닮았다 하여 '연트럴파크'라는 별칭을 가지고 있다. 많은 젊은이들이 모여들면서 상가가 형성되고 서울의 상권지도까지 바꿔놓았다는 평을 듣고 있다. 낙엽이 쌓이는 늦가을 날, 이 경의선숲길을 걸어본다. 경의중앙선 가좌역 1번 출구로 나와 홍제천(弘濟川)을 가로지르는 다리를 건너 굴다리 앞 삼거리에서 직진, 오른쪽 철길로 올라서면 경의선숲길이 시작된다. 억새가 하늘거리는 시멘트 길을 사람들이 걷고 있다. 조금 내려가니 본격적인 도심 공원의 모습이다. 곧게 하늘로 뻗은 메타세쿼이어가 두 줄로 길게 늘어서 있고 한편엔 맑은 시냇물이 흐른다. 군데군데 옛 철길이 그대로 복원돼 있어 호기심을 자극한다.
연남동 구간에 들어서니 과연 연트럴파크라는 별명처럼 젊은이들의 물결이 넘친다. 길옆은 온통 젊은 취향의 카페와 음식점, 술집, 화장품 가게, 기념품점들이 즐비하다.
홍대입구역을 지나면 갑자기 공사구간이 나타난다. 4번 출구에서 동교동삼거리 쪽으로 내려와 왼쪽 첫 번째 골목길에서 좌회전, 예술작품 같은 조형물과 화장실이 눈길을 끄는 어린이놀이터를 지나고 다시 공사장 사잇길을 지나 상가 앞에서 우회전해 쭉 따라가야 한다.
곧 온전한 경의선숲길이 다시 나타난다. 정면에 '경의선책거리'란 조형물이 보인다.
경의선책거리는 1년 중 매주 월요일을 제외한 312일 책을 파는 난장(亂場)이 열리고 저자로부터 직접 책에 대한 설명을 들으며 책을 고를 수 있는 곳이다. 2016년 10월 개장한 전국 최초의 '책 테마거리'다.
'오늘 당신과 함께 할 책은 무엇입니까' 조형물, '시민이 사랑하는 책 100선' 도서의 텍스트를 형상화한 '텍스트의 숲' 조형물, '책거리'란 이름의 간이역사와 보존된 철길 등 색다른 볼거리도 많다. 가상의 역인 '책거리 역'은 '서강역'과 '세교리역' 사이란다. 책거리를 지나 조금 더 가니, 옛 철길 건널목인 듯한 지점에 차단기가 남아있고 역무원(驛務員)과 아이를 업은 여인 조형물이 눈길을 끈다. 서강대역을 지나니 보존된 철길 사이로 꽃밭을 만들어놓았다. 철길에서 노는 아이들 조형물을 보니 철길 옆에서 어린 시절을 보낸 필자의 추억이 아련해진다.
틀만 만들어 놓은 간이역(簡易驛) 모형 앞에는 '서울-신의주 사이' 간이역이라는 안내판이 있다. '대흥로'를 건너니, 경의선숲길 전체 구간을 알려주는 지도 안내판이 반갑다. 그 길 끝에는 경의선 공유지를 이용한 '시민들의 삶 놀이터'가 서민들의 애환을 담아낸다.
이제 '공덕동로터리'다. 또 공사장이 발길을 막아서면서 길손을 헷갈리게 한다. 공덕역으로 내려갔다가 10번 출구로 가는 길을 찾아야 한다. 10번 출구에서 길을 따라 조금 가면, 다시 숲길 공원이 나온다. 숲길을 계속 따라가면 사거리 건너에 효창공원역이 보인다. 조금 더 가면 경의선숲길의 끝이다. 오래된 기관차와 객차를 전시해 놓았고, 철도역 플랫폼도 재현돼 있다.
다시 사거리로 돌아와 가까운 효창공원(孝昌公園)에 들러보기로 했다.
효창공원은 원래 조선 정조의 장자로 세자책봉까지 받았으나 5세의 어린 나이로 죽은 문효세자의 묘인 '효창원'이었으나 지금은 고양시 서삼릉(西三陵)내 의령원으로 옮겼다. 현재는 윤봉길, 이봉창, 백정기 등 삼의사(三義士)와 백범 김구선생, 임시정부 요인인 이동녕, 차이석, 조성환 선생의 유해가 안치되어 있다.
'효창운동장' 앞을 지나 정문인 '장열문'을 들어선다. 동쪽으로 30m되는 곳에 임시정부요인 묘소가 있고 북쪽으로 30m 쯤 올라가면 삼의사묘가 눈에 보인다. 삼의사묘 옆에는 이봉창의사 동상이 있다. 그 위쪽이 백범(白凡)선생 묘소다. 문이 잠겨 있어 직접 참배를 드릴 수 없는 게 안타깝다.
그 옆에 '백범기념관'이 있고, 의열사(義烈祠)에는 공원 내에 묘역이 있는 독립운동가 7분의 영정이 모셔져 있다. 묘역들을 잇는 길은 새빨간 단풍잎으로 뒤덮여 있다.
다시 공원 입구로 내려와 앙증맞은 초가집 모형 오른쪽에 난 계단을 따라 올라가면 왼쪽에 원효대사 동상이 우뚝 솟아있다. 그 오른쪽에 공원 출구가 있다. 삼거리에서 길을 건너 내려가면 '숙명여자대학교' 정문이 보인다. 계속 길을 쭉 따라 내려가 대로를 건너고 굴다리를 통과하면 지하철 4호선 '숙대입구역'이다.

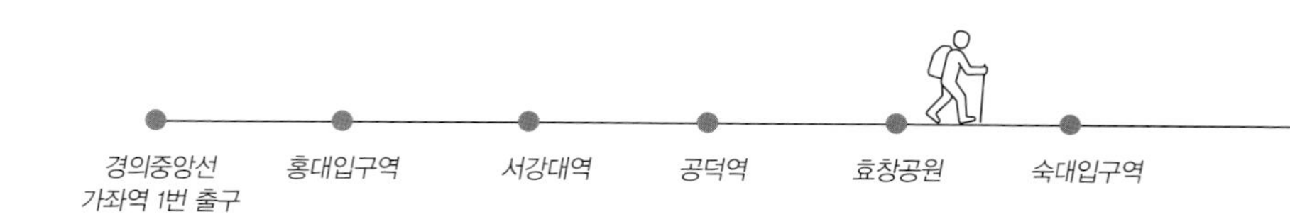

배싸메무초 걷기 100선

074 일산 정발산

신도시에 살아있는 자연과 전통문화, 맛과 멋

일산 신도시의 한복판에 있는 정발산(鼎鉢山)은 높이가 87m. 산이라고 하기에도 민망한 곳이다. 경기도 고양시 일산동구 정발산동에 위치한 산이다. 한자 표기로는 正鉢山, 鼎發山이라고도 한다.

산 이름의 유래에는 두 가지 이야기가 있다.

첫째는 산 밑 마두1리에 정씨가, 그리고 마두2리에는 박씨가 각기 집성촌을 이루고 살았기 때문에 산 이름을 '정박산'이라고 부르다가 나중에 정발산이 되었다는 설이다. 둘째는 정씨 성의 판서가 조상 묘소를 이 산에 모시게 되었는데 그때부터 산에 꽃이 만발하게 피었다고 해서 정발산이라고 부르게 됐다는 것이다. 따라서 정발산은 한자음변(漢字音變)된 표기명이라 할 수 있다.

지금은 일산 신시가지의 중앙공원으로 이용되고 있다. 일산에서 가장 높은 주산이며 유일한 녹지공원으로 시민들에게 없어서는 안 될 곳으로 사랑을 받고 있다.

마두1동, 마두3동, 그리고 장항2동에 걸쳐 있으며 정상에서는 일산 신시가지와 호수공원(湖水公園)이 한눈에 내려다보인다.

정발산 일대에는 면적 64,000평의 대규모 시민공원이 조성되어 있다. 정발산 중앙공원이다. 소나무, 잣나무 등이 울창한 숲을 이루고 있으며 자연 식생이 잘 보존되어 꿩, 다람쥐는 흔히 볼 수 있을 만큼 다수 서식하고 있으며 토끼, 올빼미, 오소리 등이 발견되기도 한다. 운동과 삼림욕을 겸해 많은 사람들이 찾는다.

지하철 3호선 정발산역 3번 출구로 나오면 우측에 바로 등산로 입구가 있다. 하지만 바로 올라가면 멋진 전통정원(傳統庭園)을 놓치게 된다. 미술관, 음악당, 도서관,

공연무대 등이 모여 있는 '고양아람누리' 뒷길을 따라 조금 올라가면 정원이 나온다. 멋들어진 정자와 연못, 물레방아 등이 갖춰져 있다. 그 옆으로 등산로가 있다. 울창한 숲 사이로 산책길이 잘 정비돼 있다. 정발산은 높이가 얼마 되지 않아서 금방 정상이 나타난다. 정상에는 전통적인 누각 건축기법으로 지어진 평심루(平心樓)가 있다. 누각에 오르면 앞이 확 트이면서 일산신도시가 한눈에 들어온다. 누각 이름처럼 마음이 평안해진다. 일산 시내를 한눈에 내려다볼 수 있는 곳 가운데 소나무 한 그루가 시계를 반반씩 나누며 자라고 있다.

정발산 정상에서는 2년에 한 번씩 도당(都堂)굿이 벌어진다. '말머리굿'이라고도 부르는 도당굿은 경기 북부지역 도당굿의 계보를 잇고 있으며 마을의 안녕과 풍년, 질병 예방을 기원하며 봄철에 길일을 잡아 행해진다. 5명의 무속인과 악사 등 10여 명이 참여하는데, 이들은 고양지역에서 대대로 그 일을 이어가고 있다.

도당굿의 유래에 대해서는 이런 전설이 전해진다.

옛날 한 노인의 꿈에 붉은 옷을 입은 동자가 정발산으로 다가오자 산신령이 꾸짖어 쫓아버렸는데, 당시 주변 마을들은 모두 괴병이 돌아 많은 사람들이 죽었으나 정발산 아래 마을만 무사했다고 한다. 그래서 사람들은 노인이 꿈에서 본 정발산 산신령(山神靈)이 괴병을 쫓아버렸다며 산신령을 모시는 도당굿을 지내게 됐다는 것.

정상에서 북동쪽으로 포장도로가 나 있다. 그 길을 따라 숲길을 걸으면 배수지를 이용해 만든 '정발산파크' 골프장이 있고 갈림길에서 계속 왼쪽으로 가면 생태연못이 나온다. 2개의 연못가에 갯버들과 꽃창포 등 29가지 초목이 식재돼 있어 수변 생태 관찰 체험학습장으로 활용되고 있다. 생태연못을 지나면 곧 공원 입구다. 반대쪽으로 대로를 건널 수 있는 예쁜 육교가 있다.

길을 건너면 바로 '밤가시공원'이다. 예로부터 정발산 주변에 밤나무가 많아 온통 밤가시 천지였다고 해서, 이런 공원 이름이 붙었다. 정발산에 와서 북쪽 끝, 저동고등학교 맞은편에 있는 '밤가시 초가'를 보지 못하면 손해다. 경기도 민속자료 제8호로 지정된 밤가시 초가(草家)는 조선후기 중부지방 전통적인 서민 농촌주택의 전형적 구조를 보여준다. 대략 약 150년 전에 지어진 초가집으로 추정되는데 목재는 모두 밤나무를 사용했다. 밤가시 초가 밑 고풍스런 기와집이 멋스러움을 더한다. 고양시 민속전시관인 이곳에선 밤가시 초가를 비롯한 고양시 일대 민속에 대한 문화해설 등 각종 프로그램이 연중 펼쳐진다.

밤가시공원에서 조금만 더 가면 경의중앙선 철길이 나오고 그 건너가 유명 카페촌인 '애니골'이다.

행정구역상 풍동인 이곳이 1970년대부터 널리 알려졌던 '백마(白馬)' 카페촌이다. 당시 '애니골'이란 카페가 유명해지면서 이 동네까지 애니골로 불리게 됐다는데 '화사랑', '이종환의 쉘부르'를 비롯해 오랜 전통과 명성을 지닌 맛 집들이 즐비하다. 20~30대 젊은이들은 젊은이들대로 '7080세대'는 또 그들대로 맛과 멋, 사랑과 낭만을 즐기려 이곳에 모여든다.

다시 정발산을 넘어 지하철역으로 향한다. 이번에는 정상을 지나 가장 긴 능선길을 택했다. 도중에 있는 '연리근'을 그냥 지나쳐선 안 된다. 가까이 자라는 두 나무가 서로 합쳐지는 현상을 연리(連理)라 한다. 뿌리가 붙으면 '연리근(根)', 줄기가 붙으면 '연리목(木)', 가지가 붙으면 '연리지(枝)'라 부른다. 이렇게 두 몸이 하나가 된다는 뜻으로 각각 부모의 사랑, 부부의 사랑, 연인의 사랑에 비유되어 '사랑나무'로도 불린다. 이 정발산의 연리근은 잣나무 2그루의 뿌리가 서로 하나가 됐다.

좀 더 내려가면 정발산역이다. 걷기코스가 좀 짧아 아쉬운 사람은 가까운 일산호수공원을 도는 것도 좋다. 애니골에서 인근 경의중앙선 백마역을 이용, 서울로 돌아와도 된다.

배싸메무초 걷기 100선

075 운길산 둘레길

두물머리 경치를 보고자 구름도 쉬어 가네

조선 초의 문인 서거정(徐居正)이 "동방 사찰 중 제일의 전망"이라고 극찬했다는 수종사(水鐘寺)는 운길산 중턱에 있다. 이 수종사에서 내려다보는 '양수리' 경치가 그렇다는 얘기다. 옛 풍광은 보지 못했지만 지금은 '팔당호'가 생겼으니 그 시절보다 더 좋지 않을까.

운길산(雲吉山)은 경기도 남양주시 조안면에 있는 산이다. 높이는 610.2m. 북한강과 남한강이 만나는 '두물머리'(양수리) 북서쪽에 솟아 있다. '구름이 가다가 산에 멈춘다'고 하여 운길산이라고 불렸다. 아마 구름도 이 산에서 내려다보는 두물머리의 경치에 취해 쉬어 가는 게 아닐까.

사진 애호가들에게 운해 촬영지로도 유명한 곳이다. 산수가 수려하고 교통이 편리하여 가족 산행이나 가벼운 주말산행지로 널리 알려졌다. 주변에 '양수리', 팔당호, '서울종합영화촬영소', '금남유원지' 등이 있고 수종사까지 볼거리도 많다.

남양주시는 이 운길산 기슭을 돌아가는 둘레길도 만들었다. 바로 '슬로시티길'이다. 이 슬로시티길과 수종사가 오늘의 행선지다. '경의중앙선' 전철은 '청량리역'에서 1호선과 갈라진다. '경춘선'과도 일부 구간이 일치한다. 이 경의중앙선 '운길산역'에서 내려 1번 출구로 나온다. 역 광장에 슬로시티길 안내판이 있다. 곧 숲길이 시작된다. 오른편 길을 따라 간다. 산길을 조금 오르니 멋진 풍광이 펼쳐진다. 야산 너머로 한강이 유장하게 흐른다.

한강을 가로질러 두 개의 다리가 나란히 남양주시 조안면과 양평군 양수리를 이어 준다. 왼쪽은 폐쇄된 옛 '중앙선' 철교로 지금은 '4대강 자전거길'의 일부이고 오른쪽은 새로 놓은 다리다. 조금 더 오르니 전망대다. 여기서 오른쪽으로 하산, 자동차가 다니는 1차선 이면도로를 건너면 논밭 사이로 데크길이 이어져 있다.
'운길산 친환경체험농장' 입구다. 길 양쪽은 친환경 농법의 현장이다. 농약 대신 오리와 우렁이로 잡초와 해충들을 없앤다. 데크길 끝에서 운길산 등산로와 만난다. 콘크리트로 포장된 등산로 입구를 따라가지 않고 오른쪽 슬로시티길 계단으로 향한다. 조금 오르니 멋진 목제 팔각정이 보인다. 이 곳은 '2011 세계 유기농대회정(世界 有機農大會亭)'이다. 아시아 최초로 '2011년 제17차 세계유기농대회'가 이 곳 조안면 일원에서 개최된 것을 기념해 건립한 정자다. 그 정도로 이 일대는 대한민국 친환경 유기농업의 메카 중 하나다. 얼마 더 가면 수종사 가는 등산로가 나온다. 여기까지 와서 수종사를 안보고 그냥 가면 안 될 일이다. 조금 힘들어도 가쁜 숨을 내뿜으며 오르노라면 절로 기분이 좋아진다.
수종사(水鐘寺)의 창건 연도는 확실하지 않지만 1439년(조선 세종 21년)에 세워진 태종의 다섯째 딸 정의옹주의 부도가 있는 것으로 보아 그 이전일 것으로 추정되며 1458년(세조 4년)에 왕명으로 크게 중창되었다. 일설에는 세조가 직접 창건했다는 이야기도 전해진다.
금강산을 순례하고 돌아오던 세조가 날이 저물어 두물머리에서 하룻밤을 묵게 됐다. 그 날 한밤중에 어디선가 종소리가 들려오는 것이 아닌가. 이상하게 생각한 세조는 날이 밝자 그 종소리를 따라 운길산을 올라갔다. 종소리가 들리는 곳에 바위굴이 있었고 그 굴속에 18나한이 앉아 있었다. 굴속에서 물 떨어지는 소리가 암벽을 울려 마치 종소리처럼 들린 것을 알게 된 세조는 그곳에 절을 짓게 하고 18나한을 봉안한 후, 이름을 수종사라고 했다고 한다.
약사전 앞에는 아무리 큰 가뭄에도 마르지 않는 샘물이 있어 찾는 사람이 많다. 서거정이 극찬했듯이 수종사의 진면목은 이곳에서 내려다보는 두물머리와 팔당호의 경치다. 맑은 날 수종사에 가면 북한강과 남한강이 그려놓은 최고의 산수화를 감상할 수 있다.
대웅전 앞을 지나 불이문(不二門)을 들어서면 키 40m, 둘레 7m가 넘는 은행나무 두 그루가 서 있다. 수령은 500년이 훨씬 넘는다. 그 앞에서 내려다보는 두물머리와 팔당호의 풍광이 수종사의 백미다. 절집 안에 있는 찻집에서 그윽한 다향에 취할 수 있는 것도 수종사의 별미다. 찻집 보살의 잔소리가 거슬려도 아름다운 경치와 어울리면 그 조차 정겹다.
다시 올라온 길을 내려와 슬로시티를 따라간다. 이윽고 변협·변응성장군 묘가 보인다. 변협(邊協) 장군은 1555년(명종 10년) 을묘왜변(乙卯倭變) 때 해남현감으로 왜구를 격파했으며 1587년(선조 20년) '전라우방어사'로 녹도·가리포의 왜구를 격퇴했다. 죽은 지 2년 후 임진왜란(壬辰倭亂)이 일어났는데 선조는 변협 같은 장수가 없음을 안타까워했다고 한다. 나중에 좌의정에 추증됐다.

그의 아들 변응성(邊應星)은 임진왜란 때 이천부사로 여주목사 원호(元豪)와 협력하여 남한강 중류 지역에서 적의 보급로 경비대를 섬멸했다. 1596년 이몽학(李夢鶴)의 난이 일어났을 때 용진과 여주 '파사성'을 수비했다. 사후 병조판서에 추증됐다.

슬로시티를 따라가다가 송촌1리에서 도로를 건너 '송촌유기농단지'로 들어선다.

이 곳은 유기농 딸기의 명산지다. 5월 딸기 철에는 유기농 체험과 최고의 맛을 자랑하는 딸기를 맛볼 수 있다. 유기농단지를 지나면 북한강변이다. 강가를 따라 4대강 자전거길과 트래킹 코스가 두물머리를 향해 뻗어 있다. 아까 운길산에서 본 다리들이 보인다.

멋진 현수교를 통해 늪지대를 건넌다. 현수교는 대개 다리를 지탱하는 철제 와이어를 감은 아치형 파이프가 양쪽에 있지만 이 다리는 하나로 양쪽을 연결한 게 이채롭다. 다리를 건너니 강 쪽으로 돌출한 공원이 보인다. 바로 '물의 정원'이다. 이 곳을 지나면 곧 오른쪽으로 운길산역이 보인다.

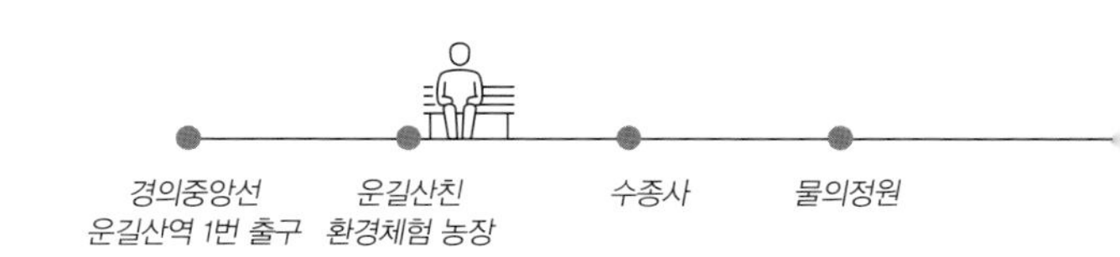

076 분당천길

분당의 동맥 분당천을 따라 호수 2곳 돌기

우리나라 최초의 신도시인 분당을 관통하는 분당천(盆唐川)은 분당 주민의 건강을 지켜주는 동맥이라고 해도 과언이 아니다. 경기도 성남시 분당구 율동 소재 영장산(靈長山. 매지봉)에서 발원하여 '분당저수지', 분당동 '안말', 내정동 숲을 지나 '탄천'으로 유입되는 하천이다. 길이는 3.64km이며 유역면적은 11.51㎢이다. 1970년대 국립지리원 간행 지형도에는 분당천을 '순내천(숲내천)' 또는 '수내'로 표기하고 있고, '숲안마을'(분당구 수내동에 있던 자연마을)에서는 '앞개울' 또는 '벌치개울'이라 불렀다. 안말(분당동에 있던 자연마을)에서는 '뒷개울'이라 불렀다.

분당천이 '분당중앙공원' 동쪽을 지나는 구간에는 면적 13,000㎡, 평균 수심 2m, 담수량 26,000㎥ 규모의 호수공원이 조성되어 있다. 바로 '분당호'다. 상류의 분당저수지는 분당호보다 훨씬 규모가 크다. '율동자연공원'으로 개발돼 많은 시민들이 애용하는 도심 속 휴식처다. 분당중앙공원, 분당호, 분당저수지와 율동자연공원을 잇는 분당의 동맥을 따라가 보자.

지하철 '분당선' '서현역'에서 내린다. 3번 출구를 빠져나가 성남대로를 따라 오른쪽으로 간다. '서현사거리'에서 건널목을 대각선 방향으로 건너 계속 대로를 따라가면 왼쪽으로 분당중앙공원 출입구가 있다.

공원 안으로 들어서면 양쪽으로 산책로가 있다. 왼쪽 길로 가면 야외공연장을 지나 산 정상을 오를 수 있고, 오른쪽은 분당천을 따라가는 길이다. 어느 길로 가든 나중에 만나게 된다. 하지만 두 길 다 택하지 않고 가장 왼쪽의 산길을 택했다.

소나무와 활엽수들이 어우러진 숲길을 따라 조금 오르니 '한산이씨 세계지산'이라 새겨진 돌비석이 있다. 이곳은 분당의 진산인 영장산의 일부로 고려 말의 대유학자인 목은 이색(李穡)의 후손인 '한산이씨' 일족의 선산, 즉 세장산(世葬山) 묘역이다. 이 비석은 경기도 지정 문화재 기념물 제116호이기도 하다. 지난 1989년 분당 신도시 개발계획에 따라 묘역 전체가 수용당하기 직전, 학계를 중심으로 문중 원로들과 지역 주민들의 건의로 문화재 보존지구로 지정돼 시민공원으로 조성됐다.

길을 조금 따라가니 영장대(靈長臺)라는 누대가 있다. 이곳이 이 세장산의 정상이다. 영장대 밑 길을 따라 분당천 쪽으로 가기 위해 오른쪽 능선을 내려간다. 곧 산길이 끝나고 산책로와 만나게 된다. 분당천변 산책로와 만나는 지점에 '이정룡(李廷龍) 신도비'와 '이경류(李慶流) 정려비'가 있다. 이색의 12대손인 이경류는 '임진왜란' 때 병조좌랑으로 상주전투에서 장렬히 전사했다. 그의 손자 이정룡은 김제군수를 역임했다.

조금 걸으니 분당호가 보인다. 왼쪽의 단아한 초가집은 경기도 문화재자료 제78호인 '수내동 가옥'으로 19세기 말 경기지역 민가의 전형적 모습을 보여준다. 그 오른쪽에는 조선 선조 때 좌찬성까지 역임한 '아천부원군' 이증의 사우(祠宇)도 있다. 오른쪽 호수변으로는 2층 누각인 '돌마각(突馬閣)'이 있다. 호수 안에는 전통 조경 기법에 의해 2개의 중도를 만들고 전통적 석조 교량 2개를 설치했다.

분당호 주변 산책로를 한 바퀴 돌고 분당천 둔치로 내려선다. 중앙공원을 뒤로

하고 분당천 산책로를 따라 계속 걷는다. 맑은 시냇물 양 옆의 나무들이 푸르름을 벗고 화려한 색채의 단풍 옷으로 갈아입을 준비에 바쁘다. 얼마나 걸었을까, 주변의 아파트 단지들이 뒤로 멀찍이 물러나면서 길은 율동공원으로 이어진다. 드디어 분당저수지다.

분당저수지 주변을 빙 도는 산책로를 따라 걷는다. 드넓고 푸른 호수 한쪽에는 분수가 시원스레 물을 뿜고 번지점프대가 우뚝 솟아있다. 점프대에서 뛰어내린 청년의 비명소리가 호수 전체를 뒤덮는다. 반대편 라이브카페 '호반의 집' 앞과 갈대밭이 가을의 정취를 더하는 생태공원을 지난다. 오른쪽으로 독립운동가 한백봉(韓百鳳) 선생의 집터가 보인다. 선생은 광주지역 3·1운동을 주도하고 '신간회'와 '물산장려운동', 농민운동 등에 투신했다.

호수 근처에는 선생의 집안인 '청주한씨' 묘역도 있다. 조선 세조 때의 문신 '문정공' 한계희의 후손들이다. 한계희(韓繼禧)는 세조의 신임이 두터워 우승지, 좌승지, 이조참판, 이조판서, 중추부사를 역임했다. 예종이 즉위하자 남이(南怡)를 제거한 공으로 '추충정난익대공신' 3등에 책록되고 서원군(西平君)에 봉해졌다.

성종이 즉위해서는 '순성명량경제좌리공신' 2등에 책록되었으며 벼슬이 좌찬성에 이르렀다.

청주한씨 묘역 신도비 및 사당인 '영모재'와 분당저수지 사이엔 책 테마파크가 있다. 전국에서 유일한 책을 주제로 조성된 테마파크다. 세계 각국의 문자와 우리의 자랑스러운 한글에 대한 기록들이 석벽에 새겨져 있다. 책 테마파크 앞 넓은 잔디밭의 조각공원이 오가는 이들의 눈길을 붙잡는다.

다시 율동공원 사거리 정류장으로 나가 15번 버스를 타면 서현역으로 돌아올 수 있다. 하지만 다시 분당천을 따라 걸어서 서현역으로 돌아왔다. 왕복해도 4시간이면 충분하다.

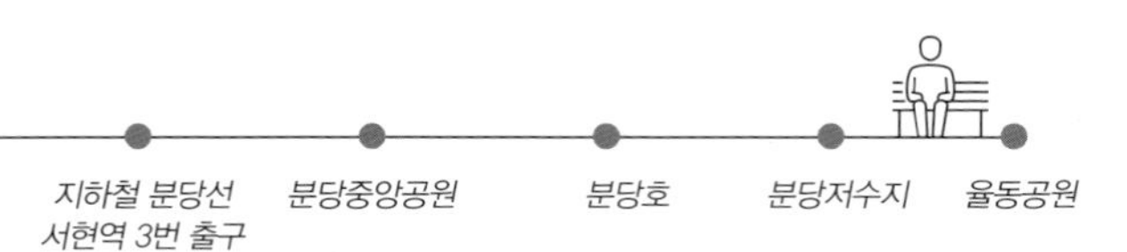

배싸메무초 걷기 100선

077 시흥 갯골길

육지와 바다의 만남, 늦가을 내만갯골과 소래포구

경기도 시흥시가 조성한 올레길은 '늠내길'로 불린다. '늠내'라는 말은 '뻗어나가는 땅'이란 뜻이다. 이 단어는 고구려 장수왕 시절에 백제의 영토였던 이곳을 차지한 후 부르던 지명인 '잉벌노(仍伐奴)'에서 비롯됐다. 잉벌노의 당시 표현이 '늠내'였던 것. 늠내는 또 건강하게 성장하는 생명도시 시흥의 뻗어나가는 기상과 은근하게 뿜어내는 아름다운 자연의 향기가 묻어나는 도시라는 의미도 내포하고 있다.

이 늠내길에는 모두 3개의 코스가 있다. 이중 가장 특별한 코스가 바로 '갯골길'이다. 갯골길(16km)은 시흥시청에서 시작, '장현천' 방죽을 따라 '소래포구' 입구까지 갔다가 원점 회귀하는 코스다. 갯골길은 경기도에서는 유일한 내만갯골을 따라 조성됐다.

내만갯골은 밀물 때면 바닷물이 육지 안까지 갯고랑을 따라 밀려들어오는 갯벌골짜기다. 소래포구에서 마치 나뭇가지처럼 육지로 뻗은 갯골은 뱀처럼 구불구불한 사행성(巳行性)이다.

바닷물이 드나들기 때문에 과거에는 이곳에 염전을 조성, 소금밭을 일구었다. 이 '소래염전'은 1990년대 후반 역사 속으로 사라졌지만 쇠락한 소금창고와 물탱크가 과거의 유산처럼 을씨년스럽게 남아 있다. 그러나 2000년대 이후 이곳의 폐염전과 갯벌이 다시 부활하고 있다. 갯벌의 생태적 가치에 주목한 시흥시가 이 곳을 '갯골생태공원'으로 조성하면서 부터다.

장현천 방죽을 따라 길게 조성된 갯골길은 폐염전(廢鹽田)과 드넓은 갈대밭 등 갯골을 따라 펼쳐진 다양한 표정의 갯벌을 돌아볼 수 있어 걷는 재미와 생태체험,

'두 마리 토끼'를 다 잡을 수 있다. 특히 늦가을과 초겨울의 쓸쓸한 분위기와 딱 어울리는 코스다. 갯골길의 출발점은 시흥시청이다.

수도권 전철 1호선인 경인선 '소사역' 1번 출구로 나와 63번이나 63-1번 버스를 타면 시흥시청에 갈 수 있다. 시흥시청 정문에 안내판이 있고 팜플렛도 무료로 배포한다.

시흥시청 옆 장현천을 따라간다. 실개천 수준의 작은 개울이다. 그러나 큰 비가 오면 이곳까지 숭어 떼가 물줄기를 거슬러 올라온다고 한다.

1km 정도 가면 왼쪽으로 '쌀연구회' 건물이 보인다. 시흥 들녘에서 수확한 쌀을 도정하는 곳이다. 갯골길은 원래 쌀연구회에서 들녘으로 난 길을 가게 돼 있지만 장현천 방죽을 따라가도 갯골생태공원에서 두 길이 만난다.

장현천을 따라 2km 정도 걸어 '군자갑문'을 지나니 바다냄새가 난다. 갯골의 시작이다. 배수갑문을 지나면 본격적으로 갯벌이 시작되고 장현천은 바닷물과 만나 걸쭉한 뻘밭로 변한다. 2층 나무 정자에 오르니 드넓은 갯골 벌판이 눈앞에 넓게 펼쳐진다. 작은 다리를 건너 갯골생태공원으로 들어섰다. 공원 내에는 산책길과 염전 체험장, 옛 소금창고, 생태탐방로 등이 조성돼 있다.

앞쪽에 높은 전망대가 보인다. 나선형으로 구불구불 이어진 계단을 오르다보면 약간 아찔한 느낌마저 들지만 꼭대기에 서면 갯골과 드넓은 갈대밭 너머로 인천 '송도국제도시'까지 손에 잡힐 듯하다. 갯벌생태공원을 지나면 방죽길이 이어진다. 이곳은 특히 늦가을~초겨울이면 갯벌을 붉게 물들이는 퉁퉁마디(함초)가 볼거리다. 소금기가 있어야 자라는 함초는 이곳에 바닷물이 드나든다는 명백한 증거다.

어느새 광활한 갈대밭으로 들어섰다. 어른 키보다 더 높게 웃자란 갈대숲 사이로 좁은 길이 길게 뻗어있다. 이 길을 걷다보면 어느 새 갈대 속에 묻혀 자연의 일부가 된다.

갯벌생태공원에서 1.3km 가면 '섬산'이다. 장현천에 물을 보태는 작은 개울이 이곳에서 갈라져 나가고 이 개울을 따라가는 산책로가 조성되었는데 그 끝이 섬산이다. 전해지는 이야기에 따르면 큰 비가 내렸을 때 떠내려 온 산이라고도 하고 논 가운데 섬처럼 있어 섬산이라 불렀다고도 전한다.

갯골길은 '방산대교'를 건너 시흥시청으로 돌아가게 돼 있다. 하지만 우린 곧장 소래포구로 가기로 했다. 도로 밑 굴다리를 지나 월곶 방향으로 길을 잡는다. 붉은 함초밭과 갈색 갈대밭이 어우러진 아름다운 풍광 너머로 '월곶(月串) 신도시'의 고층 건물들이 묘한 조화를 이룬다. 신도시 시가지와 월곶역 앞을 지나니 마침내 바닷가가 나온다.

제방 길을 조금 가니 지금은 폐선된 옛 '수인선' 철교가 있다. 지금은 산책 명소가 됐다. 추억의 협궤열차였던 수인선(水仁線)은 지금은 전철로 다시 태어났는데 현재는 오이도~인천 구간만 개통돼 있고 오이도~수원 구간으로 이어질 예정이다. 철교 오른쪽으로 소래포구가 한 눈에 들어온다. 썰물 갯벌 위에 올라앉은 고깃배들 위로 어시장이 활기차 보인다. 철교를 건너 오른편 어시장으로 들어섰다. 각종 생선과 해물들을 비롯한 먹거리들이 눈과 코를 자극하고 상인들의 호객소리가 시장에 가득하다.

바닷가에선 횟집들이 도로 옆에 돗자리를 길게 깔아 놓고 손님들을 맞는다.

오늘은 날씨가 포근해 야외에서 음식을 먹는데 별 지장이 없다. 해풍을 맞으며 갈매기 소리를 음악 삼아 싱싱한 생선회와 굴, 멍게 한 접시를 놓고 소주잔을 기울이는 호사를 누려본다. 이 곳은 지난해 3월 큰 불이 나 많은 점포들이 소실되고 상인들은 몽골텐트를 치고 임시어시장으로 영업을 하고 있는데 기존 어시장부지에 현대화된 새 어시장이 설립될 예정으로 상인들은 임시이사 준비를 마쳤다.

어느 새 석양이 내리고 밀물이 포구 안으로 밀려들고 있다. 소래포구에서 '월곶역'으로 나가 수인선을 이용, '오이도역'에서 지하철 4호선을 갈아타거나 '원인재역'에서 '인천지하철' 1호선을 환승 다시 '부평역'에서 1호선 경인선으로 바꿔 타면 서울로 돌아올 수 있다.

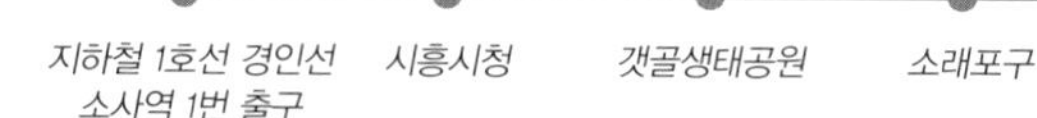

배싸메무초 걷기 100선

078 심학산

한강 하류에 홀로 솟아 낮지만 존재감 큰 산

심학산(尋鶴山)은 경기도 파주시 교하읍 서남단 한강변에 위치한 산이다. '신증동국여지승람'에는 심악산(深岳山)으로 기록돼 있다. 주맥은 고양시의 고봉산이다. 홍수 때 한강물이 범람해 내려오는 것을 막았다고 해서 '수막' 또는 물 속으로 깊숙이 들어간 뫼 뿌리라고 해서 심악산이라 불렸으며, 심학산이란 명칭은 조선 영조 때, 궁궐에서 기르던 학이 도망갔는데 이 산에서 찾았다는 데서 유래했다.

심학산은 높이가 해발 194m에 불과하다. 산 취급도 받지 못할 높이다. 그러나 산은 높이로만 말하는 게 아니다. 산이 솟아난 자리에 따라 높이는 숫자에 불과할 수 있다. 평야지대에서는 낮은 산도 사방을 아우르는 전망대로서 위엄과 존경을 받는다. 심학산이 바로 그런 산이다.

심학산은 '파주출판단지' 뒤편에 있다. 자유로(自由路)를 따라 북쪽으로 달리다 보면 한강을 바라보며 우뚝 솟아 올라 있다. 주변에 산이 없는 너른 벌판이어서 이 산의 존재감은 훨씬 부각된다. 심학산 정상에서 서쪽을 바라보면 한강의 유장한 물줄기가 등 뒤에서 시작해 눈앞을 한 바퀴 돌아나간다.

심학산이 있는 교하(交河)는 한강과 임진강 두 물줄기가 만나는 곳이라는 데서 유래한 지명이다. 이곳에서 조금 더 가면 북녘 땅이 보이는 오두산 '통일전망대'가 있는데

그 인근에서 두 강이 합류해 서해로 흘러들어간다. 한 풍수지리 연구가는 이 곳 교하가 장차 통일한국(統一韓國)의 도읍지가 될 자리라고 주장하기도 했다.
심학산은 동에서 서로 길쭉한 모양새다. 정상은 서쪽의 중심에 솟아 있다. 동쪽 끝 동패리 교하 배수지(配水池)까지 주릉을 따라 등산로가 잘 조성되어 있다.
어른 셋이 나란히 걸어도 좋을 만큼 길이 넓다. 작은 산치고는 제법 숲도 깊다.
등산로를 뒤덮은 활엽수림은 한낮에도 숲 그늘을 만들어준다. 그러나 주릉에 난 등산로만 오가기에는 조금 아쉽다. 그래서 만든 것이 둘레길이다.
심학산 둘레길은 2009년 가을에 완공됐다. 심학산을 한 바퀴 도는 이 길의 총길이는 6.8km. 2시간이면 넉넉하다. 둘레길은 오르막과 내리막이 거의 없다. 산의 7부 능선을 따라 길이 조성됐는데 깊은 숲이 좋다. 맨발로 걸어도 좋을 만큼 부드러운 흙길이 이어진다. 둘레길은 곳곳에서 주릉 등산로와 이어진다. 또 주릉 등산로의 고도차가 50m 내외에 불과해 주릉과 둘레길의 경계를 넘나들며 걷기를 즐길 수 있다.
지하철 2·6호선 '합정역' 2번 출입구에서 2200번 버스를 타고 '심학교' 정류장에서 내린다. 심학교에서 '헤르만하우스' 쪽을 보면 가지런히 늘어선 집들 뒤로 심학산이 보인다. 헤르만하우스 옆길로 들어서 좁은 흙길을 따라간다. '돌곶이마을' 꽃 축제장을 지나 포장도로에서 오른쪽으로 가면 산길이 시작되는 갈림길에 심학산 산림공원(山林公園) 표지판이 있다. 맞은편에는 멋진 카페 '아이노스'가 있다.
여기가 배 밭 입구다. 길 양쪽에 과수원이 넓게 펼쳐져 있다. 곧 배 밭이 끝나고 울창한 숲길이 시작된다. 납작한 돌들을 징검다리처럼 깔아놓은 길이다.
가파른 길을 조금 오르면 돌탑과 작은 정자가 있다. 여기서 오른쪽 길이 정상에오르는 등산로다. 제법 가파른 길이지만 낮은 산인만큼 오래지 않아 산 정상이다.
정상 전망대에서의 멋진 조망에 감탄사가 절로 나온다. 날씨만 좋으면 '인천대교'나 강화도, 북한 개성의 송악산(松岳山)이 눈에 잡힐 듯이 가깝게 보인다고 한다.

산 높이를 생각하면 믿기지 않을 정도의 장쾌한 조망이다.
정상에서 내려와 배수지 방향으로 둘레길을 따라간다. 오른쪽 바위 위로 정자 하나가 보인다. 그 옆을 지나쳐 조금 가면 헬기장이 있고 곧 길 오른쪽에 '천부경(天符經)'이 새겨진 '선도문화 천부경비'가 서 있다.
얼마 후 왼쪽으로 '약천사' 내려가는 갈림길이 나온다. 조금 돌아가더라도 약천사는 꼭 들를 필요가 있다. 약천사(藥泉寺)는 고려시대 절터로 알려진 자리에 1932년 중창한 사찰이다. 원래 '법성사'였던 절 이름을 '약사여래불'을 상징하는 '약'과 약수 샘을 의미하는 '천'자를 따서 약천사로 고쳤다.
약천사의 상징은 높이 13m에 이르는 거대한 노천 불상이다. 2008년 남북통일을 기원하는 마음을 담아 조성했다는 이 대불은 '남북통일 약사여래대불(藥師如來大佛)'이라 불린다. 왼손에 약병, 오른손에 환약을 쥔 약사여래불은 인자한 미소를 짓고 있다. 왼쪽 위에 있는 대웅전이 초라해 보일 정도로 단번에 눈길을 사로잡는 큰 불상이다. 예로부터 많은 사람들이 마시고 병을 고쳤다는 약수 물을 한 바가지 들이켜고 다시 가파른 오르막길을 올라 앞서의 둘레길로 합류, 배수지 방향으로 간다.
울창한 숲 사이로 넓고 걷기 편한 흙길이 이어진다. 문득 시야가 트이는 공동묘지 위에선 교하 일대와 한강 하류가 내려다보인다. 길을 따라 계속 가다가 삼거리에서 배수지로 향한다. 곧 교하배수지가 나온다.
배수지에는 쉼터와 화장실 등의 시설이 있다. 이곳에선 일산(一山) 일대 아파트 숲이 한 눈에 내려다보인다. 배수지에서 반대쪽 산남리 방향 둘레길로 들어섰다. 동서로 길게 누운 심학산의 반대쪽 산허리를 돌아가는 길이다. '솔향기쉼터'를 거쳐 계속 길을 따라가면 낙조전망대(落照展望臺)가 나온다. 저녁 무렵 서해로 넘어가는 아름다운 해넘이를 감상할 수 있는 곳이다. 이윽고 배 밭에서 처음 올라왔던 정자가 보인다. 여기서부터 왔던 길을 되짚어 산을 내려간다. 다시 심학교(尋鶴橋) 정류장에서 2200번 버스로 서울로 돌아왔다.

지하철 2 · 6호선 합정역 2번 출구 — *심학산정상* — *약천사* — *낙조 전망대*

배싸메무초 걷기 100선

079 분당 불곡산

미륵불이 솟아난 골짜기에 우뚝 솟은 산

불곡산(佛谷山)은 전국 여러 곳에 있는데 부처님이 있는 골짜기를 품은 산이란 뜻이다. 대표적인 산이 경기도 양주시와 성남시 분당에 있다. 이름이 한자까지 똑같아 혼동하기 쉽다. 분당의 불곡산은 높이 345m로 성덕산(聖德山)이라고도 한다. 분당 정자동 주민들이 이 산을 성스러운 산으로 여기고 산신제를 지낸 것에서 유래해 이런 이름이 붙었고 현지에서는 효종산(孝鐘山)이라고도 한다. 다른 이름으로는 부성산(浮聖山)이라 불리기도 했다고 전한다.

광주 쪽 지역 주민들의 구전에 따르면 지금의 '골안사' 자리에서 '미륵불이 땅에서 솟아올랐다'고 해서 불곡산이란 이름이 붙었다고 한다. 해방과 '한국전쟁'을 겪을 때까지 인근 주민들은 지금의 골안사를 불곡사(佛谷寺)라 불렀고 산 이름도 불곡산으로 불렀다. 현재의 서울대병원 뒤쪽에 불곡사란 절이 있었기 때문에 붙여진 이름이라고도 전한다.

경기도 성남시 분당구 정자동과 광주시 오포읍에 걸쳐 있는 산으로, 오포읍에 있는 문형산(文衡山, 497m)과 함께 굴곡진 산세를 이룬다. '한남정맥' 검단산과 남한산으로 연결되는 낮지만 비중있는 산이다. 정상에 서면 분당 신시가지와 용인 수지, '죽전지구'가 한눈에 들어오고, 동쪽에는 문형산이 보인다.

산행은 수내동, 불정동, 정자동, 구미동에서 각각 시작하는데, 불정동에서 시작하여 '불정고등학교'와 급수대를 거쳐 능선을 타고 정상에 오른 다음 남릉을 따라 구미동으로 내려오는 코스는 2시간이 걸린다. 구미동에서 출발, 정상을 거쳐 광주시 오포면의 문형산 혹은 영장산(靈長山)과 연결된 종주코스도 있다.

불곡산에서 영장산으로 넘어가는 '태재고개'까지 갔다가 되돌아와 '대광사'를 거쳐 '구미중학교'로 하산하면 3시간 반 정도 소요된다.

지하철 분당선 '오리역'에서 내려 3번 출구에서 나온다. 대로를 따라 조금 걷다 농협을 끼고 '드마리스' 앞에서 좌회전, 사거리를 지나 탄천을 가로지르는 '오리교'를 건넌다.

탄천(炭川)은 경기도 용인시에서 발원하여 서울 송파구와 강남구를 거쳐 한강으로 흘러드는 길이 35.6㎞의 국가하천으로 한강의 대표적 지류의 하나다. 유역면적은 302㎢에 달한다. 탄천 둔치에는 걷거나 자전거를 타는 시민들이 많다.

사거리를 2번 지나면 오른쪽으로 '구미초등학교'가 있다. 산 밑 학교답게 숲이 울창하다. 삼거리에서 구미초교를 끼고 오른쪽으로 돌아 올라가면 길 건너 약수터를 지나 등산로가 나온다.

울창한 숲 속에 넓은 등산로가 이어지고 적지 않은 시민들이 산을 오른다. 구미동 갈림길과 소나무숲 속 작은 정자 앞을 지난다. 이 길은 성남시 '시계등산로'의 일부다. 불곡산에서 영장산, 요골산, 망덕산(望德山. 일명 왕기봉), 검단산을 거쳐 남한산성(南漢山城)이 있는 청량산으로 이어지는 25km 가까운 산길이다.

불곡산 정상에 가기 전 대지산(320m)이란 봉우리도 있다. 오른쪽 용인 수지에서 오르는 길이 합류하는 지점을 지나 계속 오르니, 대지산 정상에 쉼터와 운동기구들이 있다. 여기서 불곡산으로 가려면 삼거리에서 왼쪽 길로 가야 한다.

잠시 내리막길을 내려가 사거리에서 직진한다. 조금 더 가면 왼쪽으로 골안사(骨安寺)로 내려가는 길이 있다. 골안사로 가려면 급경사 계곡길을 600여 미터 내려가야 한다. 하지만 불곡산의 유래가 된 고찰인 만큼, 돌아가더라도 한 번 둘러볼 만한 가치가 있다.

골안사는 조선 후기에 창건된 절로 원래 이름은 '불곡사'였으나 '분당신도시' 개발로 고향을 떠난 사람들이 다시 찾아올 때 향수를 느낄 수 있도록 하자는 취지에서

이곳의 옛 지명인 '골안'을 따서 지금의 이름으로 바꾸었다. 대웅전(大雄殿) 외에는 이렇다 할 건물도, 볼 것도 없는 초라한 사찰이다. 대웅전 안에 봉안된 삼존불 가운데 중앙의 본존불은 원래 석불인 것을 도금한 것이다. 다른 절 같으면 일주문이 있음직한 곳에는 돌무더기 위에 앙증맞은 작은 불상이 모여 있다.

여기서 불곡산 정상으로 가려면 다시 능선 위로 올라야 한다. 사실 골안사는 등산로 초입에 있다. 내려왔던 계곡 오른쪽길이 아니라 왼쪽 길로 오르면 길이는 900여 m로 길어지지만 경사도는 오른쪽 길보다 훨씬 낮다.

가쁜 숨을 몰아쉬며 능선에 올라 조금 가면 전망대가 있다. 이곳에선 분당 시내 전체가 한 눈에 내려다보인다. 그 너머에 형제봉과 수원 광교산(光敎山), 의왕 백운산과 바라산 및 우담산이 손에 잡힐 듯하다. 조금 더 가면 정상이다.

네모진 나무 정자와 각종 운동기구들이 있다. 정상에는 나무들에 가려 조망이 없지만 항상 사람들로 붐빈다. 여기서 영장산으로 넘어가는 태재고개(해발 170m)까지의 거리는 2km이고, 처음 산행을 시작했던 구미동까지는 3.7km다. 태재고개까지 갔다가 돌아올 수도 있고 그냥 하산할 수도 있다.

하산길은 대광사(大光寺)·'구미중학교' 방향을 택했다. 산불감시탑을 지나 다소 가파른 길을 내려간다. 길 옆에는 등산객들이 쌓은 돌탑들이 있다. 이윽고 왼쪽 아래로 거대한 사찰 건물이 보인다. 대광사는 종단 천태종(天台宗)이 분당신도시 포교를 목적으로 1997년 6월 19일 기공식과 함께 창립했다. 2000년 3월 24일 원통보전을, 같은 해 10월에는 대불보전을 낙성했다. 소백산 '구인사'가 본산인 천태종이 수도권 대표 사찰로 건립코자 총력을 기울인 곳이다.

대광사 옆으로 내려오니 소공원 밑에 대로가 있다. 건너편이 구미중학교다.

여기서 좌회전, 도로를 따라가다 골안사 입구 사거리에서 오른쪽으로 길을 건너 20여 분 계속 가면 오리역이다.

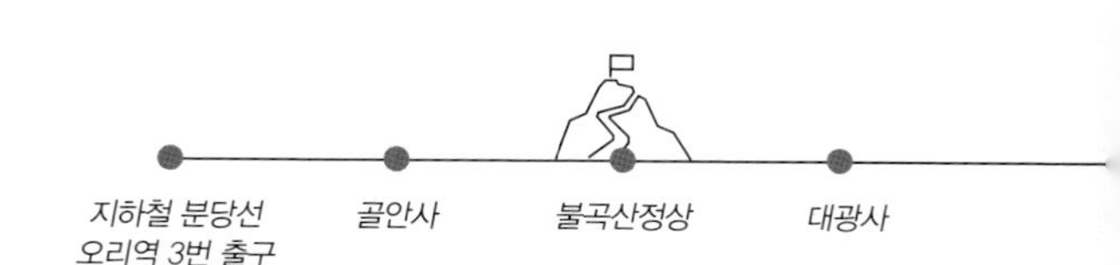

배싸메무초 걷기 100선

080 용인 산너울길

조광조 개혁정신 곱씹으며 광교산 자락을 걷다

'용인 너울길'은 경기도 용인시가 조성한 트래킹코스다. 용인의 나지막한 산이 마치 물결처럼 보이는 모습에서 착안한 명칭으로 관광지 및 문화유적지, 등산로, 공원 등을 연결해 역사와 문화, 자연생태를 어우르는 명품 산책 공간으로 조성했다. 너울길은 '광교산 너울길', 용인 '문수봉·성지순례 너울길', '구봉산 너울길',
'부아산(負兒山) 너울길', '민속촌 너울길', '대지산 너울길' 등 6개 코스가 있다.
이중 1코스 광교산 너울길은 '산너울길'이라고도 한다.
'심곡서원' – 조광조 선생묘 – '매봉약수터' – '천년약수터' – '서봉사'지 – '법륜사' – '손골성지'에 이르는 10.8km 구간이다. 절반 정도는 용인시 수지구 상현동에서 해발 582m 광교산(光敎山)을 오르는 등산로와 일치하고 다른 코스들보다 대중교통 접근성이 좋다. 오늘은 이 산너울길을 따라가다가 광교산 형제봉(448m)을 오르기로 했다.
수도권전철 1호선 '수원역'에서 7번, 7-2번, 60번, 660번, 720-2번 버스를 타고 '상현교차로'에서 내린다. 길을 건너면 산기슭에 조광조(趙光祖) 선생 묘가 있다. 선생의 호는 정암(靜庵), 시호는 문정(文正)이다. '무오사화'로 유배 중이던 김굉필(金宏弼)에게 수학했고, 중종 때 '성균관' 유생들을 중심으로 한 '사림파'의 절대적 지지를 바탕으로 '도학정치'를 기치로 개혁의 선봉에 섰다.
정몽주 선생의 '문묘' 종사, 여씨향약(呂氏鄕約) 간행, 현량과(賢良科) 실시, 소격서(昭格署) 폐지 등 급진적 개혁정책을 추진했다. 그러나 '반정공신'을 중심으로 하는 홍경주·남곤·심정 등 '훈구파'의 반격에 밀려 유배됐다가 사약을 마시고 죽었다.

바로 기묘사화(己卯士禍)다. 그러나 결국 사림파가 승리, 선조 때 신원되어 영의정에 추증되고 문묘에 종사됐으며, 전국의 많은 서원과 사당에 제향됐다.

선생의 묘소는 정경부인으로 추증된 이씨 부인과의 합장묘다. 묘 앞에는 대리석 비석과 평상석·향로석, 좌우에는 망주석·문인석 등이 있다. 묘역 입구에 있는 신도비는 선조18년 건립된 것으로 높이 244㎝, 폭 93㎝, 두께 34㎝의 대형 대리석 비석이다. 비 앞면 상단에는 '문정공 정암 조선생 신도비명'이라 쓰여 있다.

묘역 앞에서 길을 건너 조금 가면 오른쪽으로 심곡서원(深谷書院) 가는 길이다. 심곡서원은 조광조 선생을 배향하는 서원이다. 효종 원년(1650년) 처음 설립됐으며 설립과 동시에 '심곡'이라는 사액을 받았다. 이 서원은 흥선대원군의 서원 철폐 당시에도 존속한 47개 서원 중 하나다.

산너울길은 심곡서원을 출발, 조광조 선생묘 우측 등산로 입구에서 본격적으로 시작된다. 조금 오르니 돌무더기 속에 '산너울 1길' 표지판이 보인다. 곧이어 나무 기둥에 붙어 있는 표지판의 매봉약수터 방향으로 간다. 철조망(鐵條網) 옆으로 좁은 산길이 나 있다. 주말에도 사람이 별로 없는 호젓한 길이다. 대형 나무 안내판을 지나 낙엽 쌓인 철조망 옆 산길을 계속 오르니 문득 넓은 길이 나타난다. 이제까지의 좁은 산길과 비교하면 대로 수준이다. 하지만 군부대 문 앞을 지나면 길은 다시 좁아진다. 얼마 후 반가운 약수터가 나타난다. 매봉약수터다.

매봉약수터에서 이어지는 길도 비교적 넓고 평탄하다. 소나무 등 침엽수와 활엽수들이 어우러진 숲길은 낙엽이 잔뜩 쌓여 늦가을과 초겨울의 정취가 완연하다.

이윽고 '버들치고개'에 도착했다. 이 고개에서 산너울길은 '수원둘레길'과 만난다. 수원둘레길은 수원시의 대표 트래킹 코스인 '수원 팔색길' 중 여섯 번째 코스인 '육색(六色) 길'이다. 수원시를 둘러싸고 있는 산들을 이은 총 거리 60.4km의 긴 등산로다.

다시 길을 따라 간다. 가끔씩 '용인-서울고속도로'와 '광교신도시'가 조망된다. 힘든지도 모르게 계속 완만한 오르막이 이어진다. 별다른 변화가 없는 길이 계속돼 지루함을 느낄 때 쯤이면 천년약수(千年藥水)터에 도착한다.

용인시 성복동에 있는 천년약수터는 수백 년 전부터 샘물이 지표로 솟아 올라 많은 인근 주민들이 애용해 왔다.

광교산의 여러 약수터 중에서 수질이 가장 우수한 것으로 정평이 나 있다. 또 매봉약수터는 한 수로에만 물이 졸졸 나오는데 여기는 3개 관로에서 수량도 제법 많다. 꽤 많은 사람들이 운동을 하고 있는 약수터 옆으로 가파른 등산로가 나 있다.
여기서 산너울길은 우회전해 서봉사지와 법륜사(法輪寺)를 거쳐 천주교 손골성지로 이어진다. 또한 수원둘레길은 막걸리를 파는 노점 앞에서 좌회전, 수원과 용인 시계를 지나 계속된다. 하지만 가운데 등산로를 따라간다. 바로 형제봉 쪽 가는 등산로다.
이의동 갈림길에서 '백년수' 정상을 거쳐 형제봉(兄弟峰)으로 향한다. 문득, 길 양옆으로 쌓아 놓은 돌무더기가 보인다. 한국전쟁 때의 국군 전사자 유해를 발굴한 곳이라는 표시다. 국난을 당해 조국을 위해 한 목숨 바친 호국영령들의 넋을 잠시 기려 본다. 곧 형제봉 데크 등산로가 보인다. 380개의 계단이 이어지는 곳이다. 계단 길을 가쁜 숨을 몰아쉬며 오르고 또 올랐다. 계단이 끝나고 조금 더 가니, 밧줄 두 개가 드리워진 가파른 암릉길이 나타난다. 이런 구간이 한 두 곳 쯤 있어야 산행의 재미가 있다.
암릉을 오르니 사방의 시야가 확 트이면서 수원과 용인 시내가 한 눈에 조망된다.
만추의 광교산은 붉은 단풍 대신 빛바랜 누런 색깔로 가득하다. 그 가운데 홀로 독야청청(獨也靑靑)한 소나무 아래로 수원시내의 아파트 밀집지대가 손에 잡힐 듯하다. 형제봉은 여기서 지척인데 조망은 훨씬 못하다.
벌써 짧은 늦가을 해가 저물 조짐이다. 정상인 시루봉으로 가지 않고 온 길을 되돌아 가다가, 백년수(百年水) 정상에서 오른쪽 수원 방향으로 하산한다. 백년수 약수터에서 잠시 목을 축이고 내처 내려가니, 산기슭에는 아직 단풍 색깔이 선명하다.
영동고속도로 밑 굴다리를 통과해 계속 하산하면 문암골(하광교동)이 나온다.
여기서 광교저수지(光敎貯水池)와 만나고 저수지 옆길을 따라 내려가 방죽길을 지나 버스정류장에서 13번, 13-3번 버스를 타면 수원역으로 나갈 수 있다.

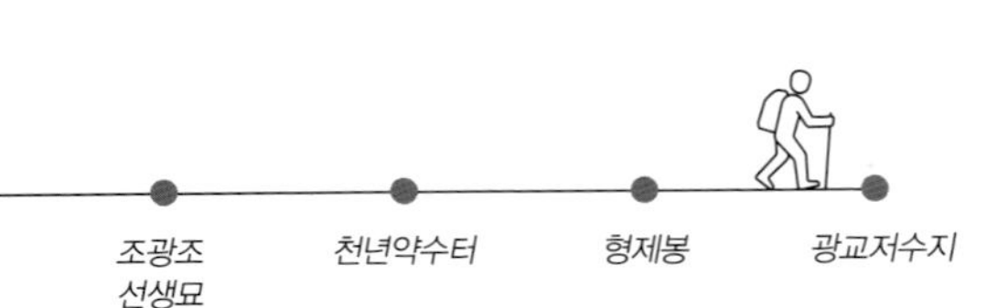

배싸메무초 걷기 100선

081 소요산둘레길

원효대사 소요하던 산에 동족상잔의 비극이…

'경기도 동두천시와 포천시 신북면에 걸쳐 있는 소요산(逍遙山)은 높이 536m로 그리 높지는 않으나 '경기의 소금강(小金剛)'이라 불릴 정도로 아름다운 한 수, 이북 최고의 명산이다. 석영암반의 대암맥이 병풍처럼 늘어서 마치 성벽을 이루고 있는 듯하며 봄철 철쭉, 가을 단풍이 특히 유명하다. 고려 광종 때 현자들이 거니는 산이라 하여 이런 이름이 붙었다고 한다.

소요산은 특히 신라의 고승 원효(元曉) 대사와 관련된 이야기와 유적이 많다.

원효대사가 직접 창건한 '자재암', 수도했다는 '원효대'와 '원효굴', '원효폭포', '원효샘' 등이 그것이다. 산 중턱에 있는 자재암은 원효가 초막을 짓고 수행 도중 관세음보살을 친견, '자재무애'의 수행을 쌓았다고 해서 자재암이라 한다.

요석공주(瑤石公主)와 관련된 곳도 있다. 그녀가 머물렀다는 별궁 터와 공주봉이 그것이다. '삼국유사'에 따르면, 김춘추의 둘째누이인 요석공주는 첫 남편을 백제와의 전투에서 잃고 홀로 되었는데, 불심이 깊었던 공주는 원효에 대하여 깊은 관심을 가지고 있었다. 두 사람은 태종무열왕의 허락을 받고 인연을 맺어 설총을 낳았다. 이후 원효는 스스로 파계한 소성거사(小性居士)라 하며 무애의 보살행을 행하였다. 결혼 전 원효는 거리에서 다음과 같이 외쳤다고 한다. "누가 자루 빠진 도끼를 주겠는가? 내가 하늘을 떠받칠 기둥을 깎으리라" 이는 새 시대의 지평을 열어보이리라는 사상 선언이다.

소요산에는 '하백운대', '중백운대', '상백운대', '나한대', 정상인 의상대(義湘臺), 공주봉 등의 암봉이 자재암과 계곡을 병풍처럼 둘러싼 말굽 모양의 산세다.

원효폭포, '옥류폭포', '청량폭포', '선녀탕' 주변엔 여름철마다 피서객들로 북적댄다. 오늘은 등산로 초입에서 능선을 타고 하백운대까지 오른 후, 자재암을 거쳐 하산하는 트래킹 코스를 짰다.

소요산은 전철을 이용, 서울에서 한 번에 갈 수 있다. 배차간격은 1시간에 3~4대 정도. '소요산역'에서 내려 큰 길을 건너 우회전, 조금 가면 왼쪽으로 소요산 가는 길이 있다. 음식점 거리를 지나면 바로 길 왼쪽에 홍덕문(洪德文) 추모비와 비각이 있다. 홍덕문은 1919년 3·1 만세운동 당시 이 지역에서 시위를 주도하다 일제 고문의 후유증으로 순국한 애국지사다. 주등산로는 자재암으로 오르는 길이지만홍덕문 추모비 뒤 삼림욕장 길을 택했다.

만추의 산길, 맨 아래쪽에는 단풍이 조금 남아있지만 산에는 이미 나무들은 앙상한 가지만 남았고 길에는 낙엽만 가득하다. 나무들은 저 맨 몸으로 다가오는 겨울을 견뎌야 한다. 어느 새 팔각정(八角亭)이 나타났다. 등산객들의 소중한 쉼터다.

발길을 재촉해 야외무대 갈림길에서 정상 방향으로 계속 오른다. 왼쪽으로 공주봉이 보인다. 능선길은 완만한 편이지만 길 오른쪽은 아찔한 낭떠러지다.

너덜지대를 지나니 암릉길이 시작된다. 공주봉은 자욱한 운무에 휩싸여 아름다운 자태를 잘 보여주려 하지 않는다. 입석 바위 사이 소나무 한 그루가 외롭다.

일주문 위에 이르렀다. 이제 하백운대까지는 1.0km 남았다. 바위 위에 등산객들이 쌓은 작은 돌탑 앞을 지나니 구름 사이로 하백운대가 보인다. 내처 산길을 오르니 드디어 해발 440m의 하백운대(下白雲臺)다.

여기서 중백운대까지는 0.4km. 그러나 자재암 쪽으로 하산한다. 자재암까지 0.65km의 하산길은 '악' 소리가 나는 급경사로 대부분 가파른 계단길이다. 필자도 이 계단길이 싫어 삼림욕장 능선길을 택했었다. 하지만 이따금씩 전망이 트이면 정면의 공주봉과 의상대는 물론 상백운대와 나한대도 조망할 수 있다.

산행거리가 너무 짧은 듯하여 자재암을 50m 남겨둔 삼거리에서 왼쪽 길을 올라

선녀탕(仙女湯)을 들렀다가 하산키로 했다. 밧줄을 잡고 오르내리는 암릉이 산행의 맛을 더한다. 가을 가뭄이 계속돼 선녀탕과 계곡은 물이 말라 실망스런 수준이다. 다시 발길을 돌려 하산키로 했다.
어느 새 발밑으로 자재암이 보인다. 암자 입구 원효샘에서 옛날 대사처럼 샘물을 한 바가지 마셨다. 이 샘은 차(茶)의 달인이기도 했던 원효가 발견한 석간수로 고려, 조선시대에도 시인 묵객들의 발길이 끊이지 않았던 전국적으로 유명한 차문화 유적지다. 그 바로 앞에는 암굴을 불당으로 꾸민 나한전(羅漢殿)이 있고 그 옆 바위 절벽에선 청량폭포가 쏟아져 내린다. 멋진 쌍사자석등 2개가 나란히 있는 자재암에선 조선 세조 10년에 간행된 '반야바라밀다 심경약소' 언해본이 완벽한 채 발견돼 보물 1211호로 지정, 보관되고 있다. 자재암을 벗어나 하산하다보면 오른쪽에 '백운암'과 추담선사(秋潭禪師, 1898~1978) 부도탑도 보인다. 작은 나무다리를 건너고 계단을 올라 전망대에 서면, 정면으로 원효대가 우뚝 솟아 있다. 해탈문을 지나 108계단을 내려가니 기암절벽 사이로 원효폭포(元曉瀑布)가 있고 그 반대편에는 원효가 수행정진을 했다는 바위동굴인 원효굴이 있다. 그 앞 다리는 속세를 떠난다는 '속리교'다. 평범한 나그네도 이 길을 걷는 것 자체가 수행자가 된 느낌이 들게 마련이다.
자재암 일주문을 나왔다. 입산할 때는 여기서 입장료를 내야 한다. 왼쪽에 계곡, 오른쪽에는 깎아지른 암벽 사이로 아스팔트 포장도로가 나 있다. 이 길에는 아직 단풍이 꽤 남아있다. 도중에 요석공주 별궁 터와 이태조(李太祖) 행궁지도 만날 수 있다. 조선 태조 이성계도 산수 좋은 이곳에 머물렀었나 보다. 하지만 소요산은 원효의 수행과 로맨스 등 아름다운 얘기들만 있는 게 아니다. 계곡 건너편에는 독립유공자추모비와 반공희생자위령탑이 있고 인근에 '한국전쟁' 관련 유물을 전시한 자유수호평화박물관(自由守護平和博物館)도 있다. 20세기 이후의 소요산에는 독립항쟁과 '동족상잔'의 피의 역사가 짙게 드리워져 있다.
소요산역 인근에 '벨기에·룩셈부르크 참전기념비'도 빼놓을 수 없다. 두 나라는 한국전쟁 당시 각각 육군 1개 대대와 1개 소대병력을 파병, 452명의 사상자를 내면서 풍전등화(風前燈火)의 대한민국을 구하는 데 일조했다.

배싸메무초 걷기 100선

082 자유공원길

인천에 선명히 남은 외세침탈, 전쟁의 상처

예나 지금이나, 인천은 우리나라와 세계가 만나는 관문이다. 외국에서 한국에 들어올 때도 한국에서 해외로 나갈 때도 대부분 인천을 거친다. 기존의 인천항에다 영종도에 '인천국제공항'이 건설되면서 인천의 이런 역할은 더욱 커졌다.

인천이 이 땅의 관문이 된 것은 조선이 쇄국정책을 청산하고 일본과 체결한 1876년의 '강화도조약' 이후부터다. 일단 개국(開國)을 한 조선은 미국, 영국, 프랑스, 독일, 러시아 등 서구 열강들과 차례로 수교를 했고, 기존의 '상국'이었던 청나라까지 뒤얽혀 약육강식(弱肉強食) 제국주의 외세침탈의 흑 역사가 시작됐다. 개항장이었던 인천은 열강들의 각축전 무대였다. 항구 주변이 일본과 청나라, 서양 각국의 조차지가 돼 조계(租界)들이 생겼다.

1950년 한국전쟁 당시, 인천은 다시 전 세계의 주목을 끌게 된다. 북한군의 남침에 일방적으로 밀리던 전세를 일거에 역전시킨 '인천상륙작전'의 현장이었기 때문.

이런 외세침탈과 동족상잔의 상흔(傷痕)을 인천은 지금도 고스란히 간직하고 있다. 서양문물이 가장 먼저 상륙한 고장답게, 인천에는 '한국 최초'라는 수식어가 붙은 근대문화유산들이 즐비하다.

한국의 근대, 구한말로의 시간여행은 수도권전철 1호선 종착역인 '인천역'에서 시작

된다. 인천역광장 길 건너편에 대형 '패루'가 있다. 바로 '인천 차이나타운' 입구다. 패루란 마을 입구나 도로를 가로질러 세운 중국식 전통 대문. 차이나타운은 구한말 청나라 조계를 중심으로 중국인들이 모여 살면서 형성됐다. 중국풍의 화려한 건물들 일색으로, 대부분 중국요리집이다. '한국 속 중국'이라고나 할까.

차이나타운 언덕길을 조금 오르면, 유서 깊은 중국음식점 '공화춘(共和春)'이 보인다. 1905년 청나라 청년 우희광이 인천의 청국 조계에 음식점 겸 호텔인 '산동회관(山東會館)'을 개업했다가 1912년 '신해혁명'으로 중화민국이 건국되자 '공화국 원년의 봄'이란 뜻으로 공화춘이라고 개명했다고 한다.

그러나 지금의 공화춘은 그 공화춘이 아니다. 옛 공화춘은 1984년 문을 닫았고 인근 골목에 남아있는 그 건물(인천시 유형문화재 246호)은 '짜장면 박물관'으로 탈바꿈했다. 인천시 중구에서 건물을 매입, 내부에 전시공간을 마련해 2012년 짜장면 박물관을 개관했다.

공화춘은 짜장면의 발상지로 알려져 있으나, 이 또한 확실치는 않다. 짜장면은 중국인 상인들과 노동자들을 위한 값싸고 간편한 음식으로 만들어진 것이다. 처음에는 산동지방의 토속면장에 고기를 볶아 얹은 것이었는데 1950년대 화교들이 한국식 춘장을 개발, 오늘날의 짜장면이 됐다. 공화춘 앞 삼거리에서 오른쪽으로 조금 가면, 왼편에 '삼국지 벽화의 거리'가 있다. 유비·관우·장비의 '도원결의' 장면에서부터 '적벽대전', 촉한의 멸망과 진(晉)의 삼국통일에 이르기까지, '삼국지연의' 주요 장면들이 벽화로 그려져 있어 눈길을 사로잡는다.

차이나타운 위쪽 응봉산은 전체가 1888년 설립된 국내 최초의 서양식 공원인 '자유공원'이다. 처음엔 만국공원(萬國公園)이라 불렸는데 자유공원이 된 것은 인천상륙작전을 총지휘한 더글라스 맥아더 장군의 동상이 건립된 1957년 10월 3일부터다.

제3 패루인 '선린문(善隣門)'을 지나 왼쪽으로 자유공원 기슭 둘레길을 걷는다. 언덕길 왼쪽으로 언더우드와 아펜젤러 기념탑이 있다. 조선의 복음화에 일생을 바친 장로교 선교사 언더우드와 감리교의 아펜젤러 선교사가 1885년 4월 5일 제물포에 상륙한 것을 기념하는 조형물이다.

조금 더 걸으면 골목 안에 '인천기상대'가 있다. 1904년 세워진 우리나라 최초의 기상대다. 그 옆 전통의 명문고인 제물포고 앞길을 조금 걷다보면 자유공원 안내판과 광장이 나온다. 자유공원 정상에는 1982년 12월 세워진 '한미수교 100주년 기념탑'이 우뚝 솟아 있다. 탑 아래쪽 '석정루'에 오르면 인천항이 한눈에 내려다보인다.

광장 너머에는 자유공원의 상징인 맥아더장군 동상이 서 있다. 이 자리에는 한국 최초의 서양식 건물인 독일 무역회사 '세창양행'의 직원 사택이 있었다고 하는데 인천상륙작전(仁川上陸作戰) 때 함포사격으로 파괴됐다. 자신이 벌인 작전으로 부서진 건물터에 맥아더의 동상이 세워진 것. 동상 뒤, 언덕 아래에는 '학도의용군 기념탑'이 있다. 북한의 남침으로 백척간두에 선 조국을 지키기 위해 피를 흘린 청년학도들의 넋이 서린 탑이다. 이 탑 정면 골목을 따라 내려가면 인천 유형문화재 49호인 홍예문(虹霓門)을 만날 수 있다. 응봉산 자락을 뚫고 석축으로 아치형으로 쌓은 석문이어서 이런 이름이 붙었는데, 구한말 일본 공병대가 조계지 확장을 위해 1906년 착공, 1908년 완공했다. 원형이 그대로 남아있어 당시 일본의 토목공법을 알 수 있는 귀중한 사료다.

길을 건너 골목길로 들어서 다시 자유공원 둘레길을 걷는다. '인천시 역사자료관'과 '구 제물포구락부'(인천시 유형문화재 제17호) 건물 앞을 지나 조금 더 가면 인천시 기념물 제51호 '청일조계지 경계계단'이 나온다. 이곳은 말 그대로 구한말 청국조계와 일본조계의 경계에 쌓은 계단이다. 오른쪽엔 일본식 전통 목조건물이 있고, 오른쪽은 차이나타운이다. 계단 양쪽의 석등들도 양식이 다르다. 계단 위쪽에는 중국 칭다오시가 기증한 공자상이 서있다.

계단 아래 우측 골목엔 1885년 이전 건립된 한반도 최초의 서양식 호텔인 대불(大佛)호텔 자리가 있고 그 옆이 '개항박물관'이다. 이곳은 원래 '일본제1은행' 인천지점 건물(인천 유형문화재 7호)이었고 일제 땐 '조선은행' 인천지점이었다.
자유공원 주변엔 이런 근대문화유산 건축물들이 즐비하다. 인천 유형문화재 제49호로 지정된 인천 중구청 건물은 1883년 처음 지어진 것으로 일본 거류민들을 보호하기 위한 일본영사관이었다가 인천부청사, 인천시청사 등으로 이어져 내려왔다. 또 '일본18은행' 인천지점(인천 유형문화재 50호, 현재 인천개항장 근대건축전시관), 1892년 건축된 '일본58은행' 인천지점(인천 유형문화재 19호) 등 많은 근대 건축물들이 120년 전 개항장 인천의 당시 모습을 간직하고 있다.
청나라 영사관 터 및 회의청, '인천 근대박물관', 옛 '일본우선'(주) 건물, 대한통운 창고 등 1930~1940년대 건물을 리모델링한 복합 문화예술공간 '인천아트플랫폼'도 있다. 한중 문화교류의 전당인 '한중문화관'과 그 앞 왕희지 동상도 빼놓을 수 없다.
이렇게 많은 볼거리들이 좁은 지역에 몰려있는 곳은 전국 어디서도 찾기 어렵다. 넉넉잡아 2~3시간이면 다 돌아볼 수 있다. 인근에 있는 '신포시장'은 쫄면의 발상지로 알려져 있으며 닭 강정, 중국식 호떡인 '공갈빵', 냉면과 만두 등이 유명한 맛의 거리다. 걷다가 허기가 지면 시장에 들러 배를 채우고 가자.

지하철 1호선 인천역 — *인천 차이나타운* — *짜장면박물관* — *홍예문* — *개항박물관*

배싸메무초 걷기 100선

083 인천 배다리길

외세에 맞선 민중의 혼, 시민·미술운동으로 부활

인천에서 '배다리'라면 동구 금창동, 창영동, 송현동, 숭의동 일대를 말한다. 정식 행정지명은 아니지만 인천에서 오래 산 사람들은 누구나 아는 동네다. 수도권전철 1호선과 인접한 구도심이지만 인천에서 가장 개발이 지체된 곳의 하나다.

배다리란 명칭은 19세기 말까지 '수문통' 갯골에서 이곳까지 큰 갯고랑으로 이어져 '배가 닿는 마을'이란 의미에서 이렇게 불렸다고 한다. 밀물 때면 포구를 따라 들어온 바닷물이 긴 갯고랑을 이루어 작은 배를 댈 수 있었다. 그 배에 실려 온 해산물과 인근의 농산물들이 모여들어, 배다리에는 옛날부터 큰 시장이 발달했다. 1900년 완공된 우리나라 최초의 철도인 경인선(京仁線)은 인천을 남북으로 양분했고 두 지역은 다른 길을 걸었다. 철도 남쪽 제물포 해안은 개항장이 되면서 근대도시로 급속히 발전한 반면, 북쪽은 항구에서 밀려난 조선인들이 모여 사는 배후지였다. 철도 북쪽이면서도 항구와 가까운 배다리 지역은 전통문화와 근대문화가 만나는 곳이었다. 그런 이유로 해서 이 동네엔 근대문화유산도 적지 않게 남아있다.

수도권전철 1호선 '동인천역'에 내려 4번 출구로 나오면 바로 오른쪽이 '중앙시장'이다. 중앙시장은 '배다리 시장'의 옛 명맥을 잇는 인천의 대표적 전통시장이지만 1990년대 이후 인천의 중심상권이 신개발지역으로 이전해 가고 백화점과 대형마트에 밀리면서 옛 영화를 되찾기 위한 영세 상인들의 몸부림이 한창이다.

철로 바로 옆으로 한복집들이 즐비한 시장통을 빠져나와 국민은행을 끼고 돌아 왼쪽으로 가면 배다리 삼거리다. 삼거리에서 진행방향으로 직진, 조금 걸으면 왼쪽 위로 '수도국산(水道局山)'이란 동산이 있다.

수도국산은 1904년 항일 의병들이 강제 이주당해 정착한 곳이며 한국전쟁 때의 피난민들과 1960~1970년대 산업화시대에 모여든 도시빈민들까지 약 3,000여 서민가구가 모여 살던 전형적인 '달동네'였다. 공식 기록에는 3,000가구지만 실제로는 3만여 가구가 살았을 것으로 추정된다. 지금도 허름한 서민주택들이 모여 있는 달동네다. 원래 이름은 송림산이었는데 송현 배수지가 설치돼 인천의 수돗물을 공급하던 곳이어서, 수도국산이라 불리게 됐다. 지금은 '송현근린공원'이 조성돼 많은 시민들의 사랑을 받고 있다.
이 수도국산 마루에 지난 2005년 근현대 생활사전문박물관인 '수도국산 달동네박물관'이 설립됐다. 어려웠던 시절, 민중들의 삶을 그대로 재현해 놓았다. 수도국산에서 다시 내려와 도로를 건너면 옛 성냥공장 터가 있다. 일제강점기 일본인들은 이 일대에 성냥공장, 간장공장, 고무공장 등을 건립하고, 배다리 조선인들의 노동력을 헐값으로 착취했다. '인천의 성냥공장' 여공으로 대표되는 근대화의 애환이 서린 곳이다. 그러나 한말 의병의 후손들이 다수 섞인 배다리 사람들은 이 땅을 침략한 외세에 마냥 굴종하지만은 않았다.
1919년 3·1 만세운동이 일어나자, 3월 6일 배다리 시장에서 인천 지역 최초로 만세운동이 벌어졌다. 7일에는 인천지역 유일의 보통학교인 '인천공립보통학교'(현 창영초등학교)의 어린 학생들이 '인천상업학교'와 동맹, 만세운동을 주도했다. 인천공립보통학교는 이토 히로부미의 암살을 시도했던 애국지사 정재홍(鄭在洪) 선생이 설립한 '천기의숙'이 모태가 되어 1907년 4월 개교한 학교여서 민족의식이 남달랐다. '창영초등학교' 교정에는 지금도 '인천 3·1운동 기념비'와 1922년 건립된 붉은 벽돌조의 옛 교사(인천시 유형문화재 16호), 이 학교 출신으로 월남전에서 부하들의 목숨을 구하고 산화한 강재구(姜在求) 소령의 흉상 등이 있다.
창영초등학교 바로 옆은 '영화초등학교'·'영화여자정보고등학교'다. 이 영화학교는 1892년 조지 존스(한국이름 조원시) 목사와 마거릿 벵겔 선교사가 세운 '영화학당'(남녀매일학교로 개명)'의 후신이다. 바로 우리나라 최초의 사립학교인 것이다. 조원시 목사는 1895년 배다리에 한국 최초의 자립 예배당을 세웠다. 영화학교는 교회 내 학교였다. 이 학교 출신인 김활란(金活蘭), 서은숙(徐恩淑), 김애마(金愛痲) 등은 한국 여성계의 지도자가 됐다. 영화초등학교에 남아있는 옛 본관동 건물(인천 유형문화재 39호)은 1910년 3월 준공됐다.
영화학교를 나와 '우각로'를 따라 '창영감리교회'를 지나면 왼쪽으로 '여선교사 기숙사'(인천시 유형문화재 18호)가 보인다. 1905년 세워진 이 건물은 미국 감리교회가

파견한 여자 선교사들의 합숙소로 근세 북유럽 르네상스식 건축물이다.
다시 '인천세무서'를 지나 대로에서 우회전하면 '도원역'이 나온다. 하지만 역으로 가지 않고 철길 옆 골목길로 내려선다. 이곳에 경인철도 부설 당시의 철도 최초 기공지가 있다.
이 동네 숭의동은 우각로(牛角路), 우리 말로 '쇠뿔고개'라 불린다. 배다리의 골목길은 특이한 풍경을 지니고 있다. 개발에서 소외된 서민 동네이면서도 낡고 허름한 건물들의 벽과 담이 온통 다양한 벽화들로 장식돼 있다. 이 곳이 문화예술의 거리라는 것이 실감난다. 이 동네가 청년 미술운동의 메카가 된 것은 무분별한 개발로부터 배다리를 지키기 위해 문화예술단체들이 대거 모여 들었기 때문. 지난 2006년 안상수 전 인천시장은 낙후된 구도심 개발을 한다면서 주민의견 수렴 없이 강제동의, 전면철거 방식으로 배다리의 재개발을 밀어붙였다. 그러자 지역 주민들과 문화운동가들은 배다리의 역사와 문화를 보존하는 '역사문화마을 만들기' 운동으로 맞섰다. 2010년 후임 송영길 전 시장과 동구청은 재개발계획을 취소했다. 산업도로를 내기 위해 수도국산에 터널을 뚫다 중단한 현장, 집들을 철거한 도로부지에 꽃을 심어 조성한 '배다리 에코파크' 등이 그 치열했던 날들의 흔적이다.
우각로 골목 안의 '스페이스 빔'도 그 유산이다. 이곳은 1930년대 지어진 '인천양조장' 건물이었는데 대안미술공간이 입주해 다양한 실험적 창작활동을 벌이는 동시에 배다리 보존운동의 근거지 역할을 하고 있다. 근대문화유산이 21세기 첨단 예술운동의 산실이 된 셈이다. 스페이스 빔 앞에 있는 설치미술 작품 '깡통로봇'은 새로운 배다리의 문화적 아이콘이다.

우각로를 빠져나오면 책방거리가 나온다. 헌책방들이 모여 있는 이 곳은 가난했던 시절, 향학열을 불태우던 젊은이들의 향수가 서린 '인천 지성의 산실'이다.

다시 중앙시장 입구다. 여기서 왼쪽 철교 밑을 지나 대로를 따라 계속 직진, 언덕을 넘어간다. 한국 최초의 극장인 '애관극장'으로 가는 길이다.

애관극장은 1895년 인천의 갑부인 정치국(丁致國)이 세운 공연장인 협률사(協律舍)에서 출발했다. 협률사는 1902년 조선 왕실이 서울 정동에 세운 공연장이나 1908년 이인직이 만든 '원각사'보다 앞선 한국 최초의 공연장(극장)으로 인형극, 신파극, 창극 공연 등이 열렸다.

그러나 당시 건물이 한국전쟁 때 불타 없어지는 바람에 지금 자리에 다시 신축됐다.

애관극장에서 '경동사거리'로 내려와 좌회전, 다음 골목을 따라 올라가면 1889년 프랑스 '외방선교회'의 빌렘 신부가 처음 창건한 '답동성당'이 있다. 애초 고딕양식이었던 본당 건물은 1937년 개축공사로 로마네스크 양식으로 바뀌었다. 정면에 3개의 종탑을 세우고 붉은 벽돌을 쌓아올렸으며 중요한 곳에는 화강암을 사용했다. 역사적, 예술적 가치를 인정받아 국가 사적 제287호로 지정됐다.

다시 대로로 나가 우회전, 큰 길을 따라가면 우리은행 인천지점이 있다. 1899년 5월 10일 개점했다는, 본점이 아닌 지점으로는 우리나라 최초의 은행 점포라고 한다. 그 앞을 지나 직진하면 곧 '동인천역'이 보인다.

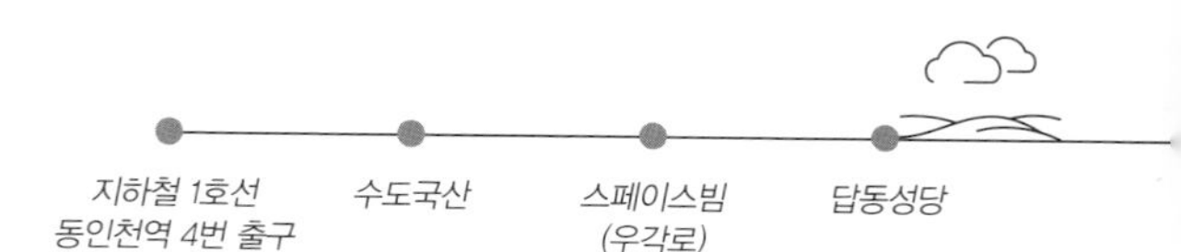

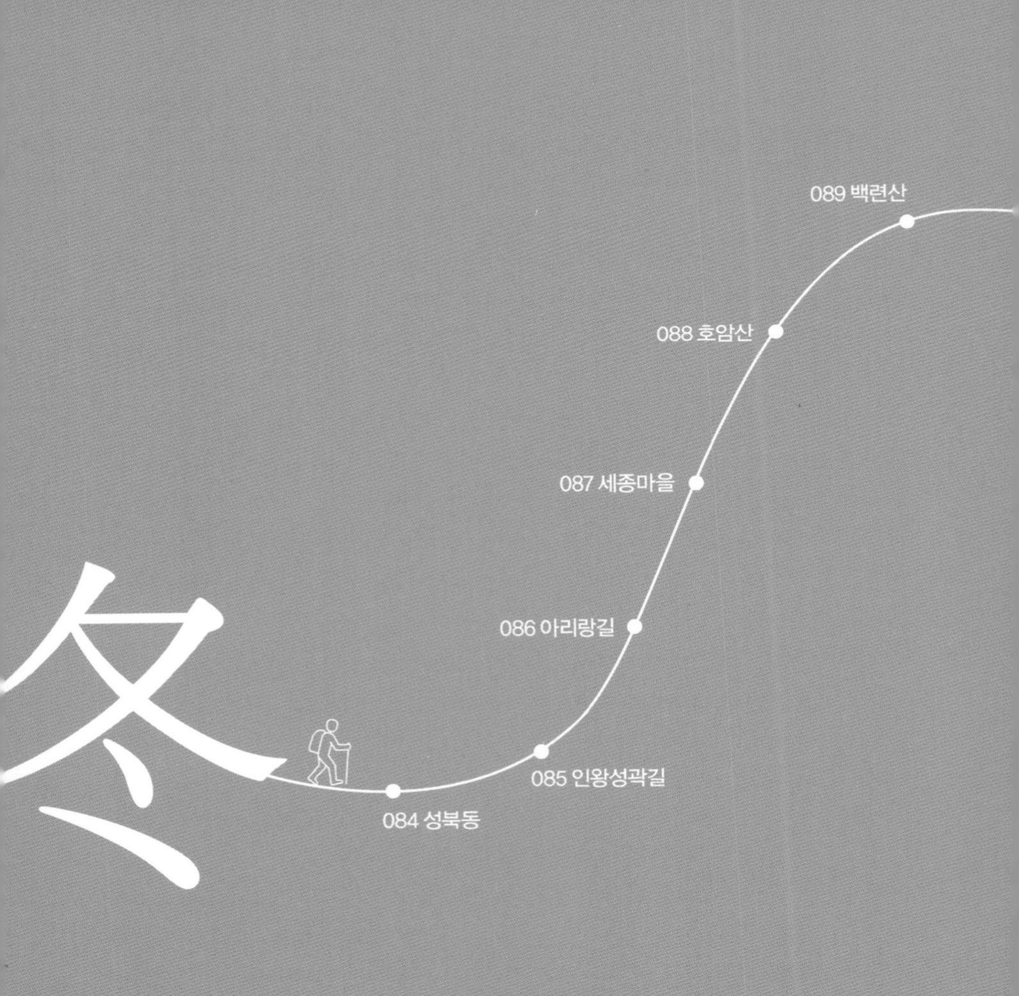
冬
089 백련산
088 호암산
087 세종마을
086 아리랑길
085 인왕성곽길
084 성북동

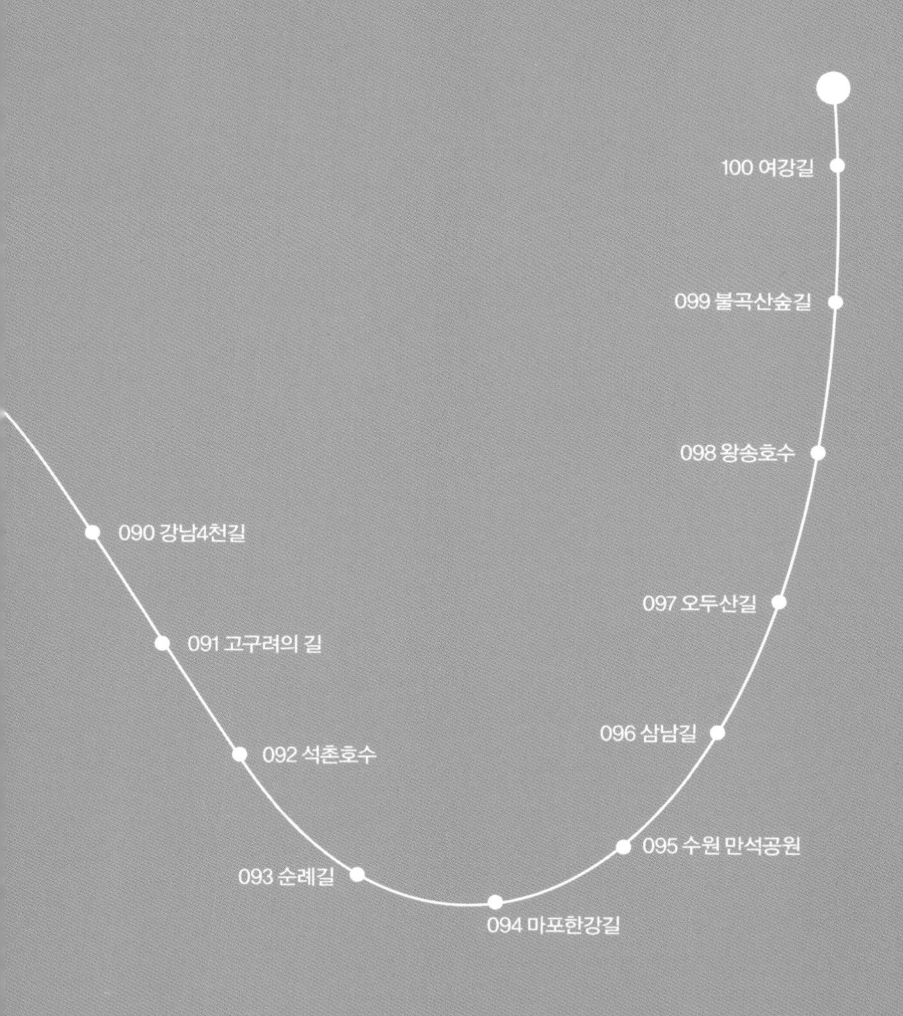

100 여강길
099 불곡산숲길
098 왕송호수
090 강남4천길
097 오두산길
091 고구려의 길
096 삼남길
092 석촌호수
095 수원 만석공원
093 순례길
094 마포한강길

배싸메무초 걷기 100선

084 성북동

부촌에 남아있는 만해·법정스님의 발자취

서울성곽 바로 북쪽 동네인 성북동(城北洞)은 조선시대 도성 수비를 담당했던 어영청의 북둔(北屯)이 영조 41년(1765년)에 설치된 연고로 이런 동명이 붙었다.
김광섭의 시 '성북동 비둘기'로도 유명한 곳이다.
지하철 4호선 한성대입구(삼선교)역 5번 출구로 나와 길을 따라 성북1치안센터와 성북동주민센터, 신한은행을 지나면 왼쪽으로 '최순우 옛집' 가는 골목이 있다.
한국 고미술의 거목으로 황수영, 진홍섭과 함께 '개성 3걸'로 불렸던 고 혜곡 최순우 선생은 전 국립박물관장이자 미술사학자로 한국 미술사에 큰 자취를 남겼다. 선생이 살던 옛집은 지난 2002년 재개발로 사라질 위기에서 '내셔널트러스트 운동'을 통해 모금한 시민기금으로 복원한 '시민문화유산' 제1호다. 한국미의 아름다움을 설파하면서 국민 필독서가 된 선생의 명저 '무량수전 배흘림기둥에 기대서서'가 탄생한 곳이기도 하다.
다시 큰 길로 나와 대로를 건너면 오른쪽에 사적 제83호인 선잠단지(先蠶壇址)가 있다. 선잠은 누에치기를 처음 시작했다는 중국 고대 전설상의 제왕 황제(黃帝)의 비 서릉씨를 잠신(蠶神)으로 모시고 누에농사의 풍년을 빌었다는 데서 유래한다. 조선 정종 2년(1400년) 건립된 선잠단에서는 매년 정월 5일 잠신을 모시고 제사를 지내면서 역대 왕비가 직접 양잠과 비단을 짜는 시범을 보였던 곳이다. 역대 왕들이 직접 농경 시범을 보였던 제기동의 선농단(先農壇)과 대비되는 유적이다.
선잠단지를 지나 계속 대로를 따라 올라간다. 하나은행을 지나 성북다문화빌리지센터에서 오른쪽 골목으로 들어서면 고풍스런 한옥 수연산방(壽硯山房)이 보인다.

'문인들이 모이는 산 속 작은 집'이란 뜻의 수연산방은 서울시 민속자료 제11호로 근대 소설가 상허 이태준의 고택이었다. 1933년에 지어진 개량 한옥으로 별채 없이 사랑채와 안채를 결합한 본채로만 이루어져 있다. 상허는 이 집에서 1933년부터 1946년까지 머물면서 '달밤', '돌다리', '황진이', '왕자 호동' 등의 작품을 집필했다. 현재는 그의 외종손녀가 당호인 수연산방이란 이름의 전통찻집을 운영하고 있다.
대로로 돌아와 멋진 한옥 고급 음식점인 '이향' 앞에서 길을 건너 조금 더 오르면 왼쪽에 서울시기념물 제7호 심우장(尋牛莊)으로 가는 골목길이 있다. 성북동은 예로부터 부촌의 대명사 중 하나였다. 강남이 1970년대 이후 형성된 아파트 위주의 부촌이라면 성북동에는 전통적인 부자들이 사는 대저택들이 즐비하다. 고 박태준 포스코 명예회장이 살던 곳도 이곳 성북동이다. 하지만 성곽 바로 밑 언덕배기는 과연 이곳이 성북동인가 고개를 갸웃거릴 정도로 서민들의 낡고 허름한 집들이 다닥다닥 붙어있고 곳곳에 연탄재가 쌓여 있는 달동네다.
그 좁은 골목 속에 심우장이 숨어 있다. 심우장은 일제 때 독립투사이자 시인이며 한국 근대 불교의 거목이었던 만해(卍海) 한용운 선생의 유택이다. 남향 일색인 다른 집들과 달리 심우장은 북향집이다. 만해스님이 이 집을 지으면서 조선총독부를 마주보고 살 수 없다며 도심을 등지고 동북향으로 지었기 때문이다.
깔끔하게 보존되고 있는 심우장에는 지금도 스님의 체취가 또렷이 남아있다. 생전에 쓰시던 서적과 필적, 방석, 이부자리, 솥 등 유품들과 마당의 나무 한 그루가 스님의 맑은 정신과 기개 높은 삶을 대변해 준다.
다시 큰 길로 돌아 나와 길을 건너고 삼거리에서 수월암을 끼고 오른쪽 길로 돌아들어가 길을 따라 올라가다가 사거리에서 대각선으로 길을 건너 왼쪽 길로 간다. 팔정사 앞을 지나 계곡길을 따라 계속 올라가면 오른쪽에 삼청각(三淸閣)이 보인다. 아름다운 주변 경치와 궁궐처럼 고풍스런 건물을 자랑하는 이곳은 1970년대의 이른바 '요정정치'의 중심지로 남북적십자회담이 열린 적도 있다.
지난 2000년 5월 서울시가 도시계획시설상의 문화시설로 지정한 후 인수 리모델링을 거쳐 현재의 삼청각으로 거듭났으며 지금은 세종문화회관이 운영을 맡고 있다. 외국인들에게 한국의 전통문화를 알릴 수 있는 체험 공간 역할을 하고 있으며 드라마 '식객(食客)'의 촬영장이기도 하다.
삼청각 앞을 지나 삼거리에서 오른쪽 길을 택한다. 이 일대는 주한 외교사절들이 모여 사는 고급 주택가다. 성채 같은 대저택에 각국의 국기가 펄럭이고 국기가 새겨진 문패가 달려있는 이곳은 성북동에서도 특이한 분위기의 부촌이다. 계속 길을 따라

가다가 정법사 앞 삼거리에서 우회전해서 길을 따라 내려간다. 사거리를 지나 조금 더 가면 길상사가 나온다.

과거 고관대작들이 드나들던 고급 요정이었던 대원각의 소유주였던 고 김영한씨(여)가 법정(法頂)스님의 무소유의 가르침에 감명을 받아 당시 시가 1,000억 원에 달하는 부지와 건물을 기부, 길상사가 됐다고 한다. 법정스님은 그녀에게 길상화(吉祥花)라는 법명을 지어주고 절 이름도 길상사라 했다. 원래 불가에서 길상화는 관세음보살을 의미하며 길상사는 길상화가 핀 곳에 지은 절이다. 김영한씨가 '보살님'인 셈인데 그래서인지 이곳 길상사 마당에 서 있는 관음보살상은 일반적인 보살상과는 전혀 다르게 현대적이고 일상에서 쉽게 만날 수 있는 여성을 연상시킨다. 스님들이 묵언 수행중인 고요한 겨울 산사는 도심 속 흔치 않은 몸과 마음의 휴식처다. 길상사에서 길을 따라 계속 나오는 골목길들을 무시하고 계속 직진해서 내려오면 다시 선잠단지가 나온다. 여기서 대로를 따라 계속 가면 지하철 4호선 한성대입구역 6번 출구다.

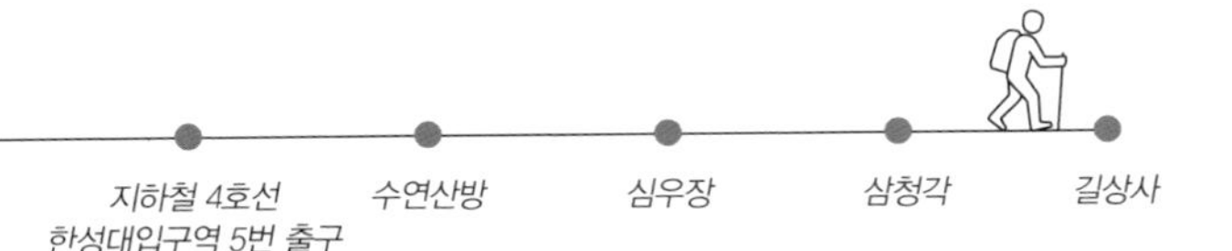

배싸메무초 걷기 100선

085 인왕성곽길

애국, 독립운동과 친일의 길을 가른 것은?

인왕산(仁王山)은 높이 338m의 나지막한 산이지만 전체가 화강암으로 이루어진 서울의 진산 중 하나다. 능선을 따라 서울성곽이 이어지고 동북쪽에 북악산, 서남쪽에는 무악재를 지나 안산과 연결된다.

특히, 풍수지리상 조선왕조 한양 도성의 '우백호' 격에 해당되는 산이다. 이에 따라 개국 초기에는 서산(西山)이라 부르다가 세종 때부터 인왕산이라 불렀다. 인왕이란 불법을 수호하는 금강신(金剛神) 이름인데 조선왕조를 수호하겠다는 뜻에서 산 이름을 개칭했다고 전해진다.

일제는 인왕산의 한자 표기를 '仁旺'이라 했으나 지난 1995년 옛 지명을 되찾았다. 예로부터 경치가 아름답기로 유명, 인왕산을 배경으로 그린 산수화가 많은데 특히 중국의 화풍에서 탈피해 실제 산천을 답사하고 그 모양, 그대로 그리는 '진경산수'의 개척자인 겸제 정선의 인왕제색도가 유명하다.

인왕산은 경복궁과 청와대를 한 눈에 내려다볼 수 있어 군사적 이유로 1968년 1월 21일부터 출입이 통제됐다가 1993년 3월 25일 시민들의 품으로 돌아왔다.

서울성곽길을 따라 인왕산을 오른다. 인왕성곽길은 중구 정동에 경향신문사 건너

편 강북삼성병원 앞에서부터 시작된다. 지하철 5호선 서대문역 4번 출구에서 나와 강북삼성병원 앞으로 간다. 강북삼성병원 바로 앞이 한양도성의 서대문이던 돈의문이 있던 자리다.

여기서 그냥 지나쳐선 안 될 곳이 있다. 강북삼성병원 입구를 들어서면 바로 오른쪽에 있는 경교장(京橋莊)이다. 사적 제465호인 경교장은 백범 김구 선생이 사저 겸 집무실로 사용하던 건물이다.

강북삼성병원을 나와 서울시교육청 앞을 지나면 오른쪽 위로 일부 복원된 성곽이 보인다. 여기가 '월암근린공원'이다. 공원 한 구석 하늘거리는 억새가 늦가을의 정취를 더한다.

월암근린공원이 끝나는 곳에 붉은 기와를 얹은 빨간 벽돌집이 보인다. 이 집은 서울시 등록문화재 제90호인 홍난파 가옥(洪蘭坡 家屋)이다. 집 앞에는 홍난파의 흉상도 서 있다. 원래는 독일인 선교사를 위해 지어진 것으로 1930년대 서양식 주택의 특징을 잘 보여준다.

이 집에서 홍난파는 6년간 말년을 보내면서 많은 작품을 작곡했다. 그는 '고향의 봄' '봉선화' 등 주옥같은 명곡들을 남긴 한국 근대음악의 개척자다. 그러나 말년에 친일 행각으로 큰 오점을 남겼다. 서양식 주택에서 살았기 때문일까. 아니 집이 무슨 문제겠는가. 사는 사람이 문제지.

주택가에서 성곽은 끊어졌다. 하지만 성곽길임을 알려주는 표식을 따라 골목을 돌아나가면 얼마 안가 성곽이 다시 나타난다. '옥경이슈퍼' 앞에서 성곽 밖으로 잠시 나와 오른쪽 좁은 골목길로 나가면 거대한 은행나무가 한 그루 있다.
임진왜란(壬辰倭亂) 때 '행주대첩'을 이끌었던 도원수 권율장군이 직접 심었다는 수령 400여 년의 '행촌동 은행나무'다. 바로 여기가 권장군의 집터였다. 그 맞은편에는 또 다른 2층 벽돌조의 서양식 건물이 있다.
이 건물은 '딜쿠샤(Dilkusha)'라고 명명됐다. 딜쿠샤란 힌두어로 '이상향' 또는 '행복한 마음'이라는 뜻이다. 이 건물은 '3·1 독립만세운동' 소식을 전 세계에 타전한 미국 UPI 통신사 특파원 알버트 테일러가 1923년 지은 집이다. 그는 이 집에서 살면서 3·1운동을 해외에 알리고 한국의 독립운동가들을 지원했다. 그러나 일제에 의해 6개월간 수감생활을 한 끝에 1942년 강제 추방당했다.
다시 성곽길로 돌아와 성벽을 따라 오른다. 곧 인왕산이 웅장한 모습을 드러내고 보는 이들은 곧 압도된다. 봉우리들 사이 안부로 성곽이 뻗어 있다. 성곽을 따라 오르는 길은 제법 가파르다. 땀이 흐르고 숨이 가빠진다. 오른쪽으로 인왕산 치마바위가 넓게 펼쳐져 있다. 가까이 군부대가 있고 곳곳에 병사들이 경계를 서고 있다.
전망대에서 뒤를 돌아보니 서울 시내 중심가가 한 눈에 내려다보이고 남산도 지척이다. 성곽은 구불구불 능선을 따라 흘러내려간다. 왼쪽을 보면 북악산 밑으로 경복궁과 청와대 안마당까지 내려다보인다. 인왕산은 청와대 안마당을 굽어볼 수 있는 유일한 곳이다.
드디어 정상. 호랑이 등 같이 생긴 바위 위에 조그만 삼각점이 있다. 서울시내와 북악산, 남산은 물론 북한산 산줄기들이 손에 잡힐 듯하다. 하지만 정상 옆 전경 초소는 기이한 부조화(不調和)다. 성곽길을 따라 부암동 방향 쪽으로 하산한다.
감시탑 앞 전망대는 인왕산에서 가장 전망이 좋은 곳이다. 성벽 왼쪽으로 멋진 암릉이 보인다. '기차바위'다. 기찻길처럼 좁고 길게 이어진 암릉길로 사람들이 줄지어 오가고 바위 곳곳에 소나무들이 북한산을 배경으로 늘어서 이리 오라 손짓한다. 뒤돌아본 인왕산 정상부는 거대한 바위의 성채 같다. 그 밑에 있는 마치 치마폭을 펼쳐놓은 듯하다고 해서 '치마바위'라 명명된 바위절벽은 초보 암벽등반 훈련장이기도 하다.
전방의 눈 쌓인 평창동 일대 풍광도 아름답다. 성곽길을 다 내려와 부암동 고개에 내려서기 직전, 윤동주 시인이 자주 올랐다는 '시인의 언덕'과 '윤동주문학관'을 지난다. 독립운동에 가담했다는 죄목으로 수감되고, 끝내 감옥에서 세상을 떠난 윤동주 시인.

경교장 — 홍난파 가옥 — 인왕산 — 윤동주 문학관

인왕 성곽길에서 만난 백범 선생과 권율장군, 시인 윤동주, 그리고 외국인이면서 한국의 독립운동을 돕다가 일제에 의해 고초를 겪은 알버트 테일러.
이들과 반대편에 홍난파가 있다. 독립운동과 애국, 친일 간의 갈림길에서 이들을 갈라놓은 것은 과연 무엇이었을까? 인왕산 오르는 길은 다양하다. 반대편 부암동에서 오르거나 홍제동에서 올라 기차바위를 지나 주능선에 오를 수도 있고 반대쪽 '사직공원'이나 '수성동계곡', '무악재'나 무악동 쪽에서 오르는 이들도 많다.
'인왕스카이웨이'를 따라가는 산책로도 걸을 만하다. 이 길에선 구한말 때만 해도 경복궁에까지 출몰했었다는 '인왕산 호랑이' 조형물이 눈길을 끈다.

배싸메무초 걷기 100선

086 아리랑길

강비의 원(怨)이 아리랑의 한(恨)을 불렀을까

우리 민족의 대표적 민요인 '아리랑'이 유네스코 세계무형문화유산으로 등재됐다.

아리랑은 지역별로 다양하게 전승된다. '정선아리랑', '밀양아리랑', '진도아리랑', '경복궁아리랑', '강원도아리랑', '독립군아리랑', '연변아리랑' 등 종류가 많다. 이 중 정선·밀양·진도아리랑이 '3대 전통아리랑'으로 꼽힌다. 하지만 가장 많은 국민들이 알고 있으며 가장 널리 불리고 있는 아리랑은 '서울아리랑'이다. 이 아리랑은 전통적으로 구전돼 내려온 게 아니라 일제 때 민족영화인 나운규(羅雲奎) 선생이 창의적으로 윤색, 인위적으로 변이된 것이므로 '신민요 아리랑'으로 분류된다. 이 아리랑은 나운규의 대표작인 영화 '아리랑'에 삽입된 주제가였다.

서울 성북구에는 '아리랑고개'가 있다. 돈암동에서 정릉동으로 넘어가는 고개로 옛날에는 정릉으로 가는 고개라 하여 '정릉고개'라 하였으나 1926년 나운규가 이 고개에서 영화 아리랑을 촬영한 뒤부터 아리랑고개로 불린다. 한국전쟁 때 후퇴하던 북한군에 피랍돼 끌려가던 납북 인사들도 이 고개를 넘어 북으로 향했다.

오늘은 이 아리랑 고갯길을 따라가 본다.

지하철 4호선 '성신여대입구역' 6번 출구로 나오면 바로 '아리랑로'다. 이 길을 따라 아리랑고개를 오른다. 이 길은 성북구가 영화 테마의 거리로 단장해 놓았다.

인도 바닥에는 '쿠오바디스', '벤허', '사운드 오브 뮤직', '사랑은 비를 타고', '라쇼몽', '이유 없는 반항' 등 세계영화사를 빛낸 걸작들의 포스터와 감독 및 주연배우 이름을 새긴 동판들이 길게 이어져 있다.
얼마 되지 않아 길 오른쪽으로 '나운규테마공원'이 나온다. 이 테마공원에는 춘사(春史) 나운규의 사진과 인물소개, 영화 아리랑의 포스터와 주요 장면, 출연배우들 및 당시의 신문광고 사진 등이 붙어있고 한쪽엔 아리랑 촬영 세트장을 축소한 모형이 전시돼 있다.
다시 길을 따라가니 곧 '아리랑시네센터'다. 성북구에서 운영하며 상업영화는 물론 저예산 독립영화도 많이 상영한다. 고갯마루 사거리에서 반대편으로 길을 건너 좌회전, 이번에는 능선길 도로를 따라간다. 차들이 달리는 도로지만 사실은 북악산으로 이어지는 능선이다. 아파트와 빌라단지 앞 등을 굽이굽이 돌아 20여 분을 가면 왼쪽 버스정류장 위로 '적조사'라는 사찰이 보이고 정면에는 정릉으로 가는 표지판이 있다. 여기서 오른쪽 주택가 골목길로 들어선다. 빌라 앞 골목을 200여 미터 내려가면 정릉 입구가 나온다.
사적 제208호이자 유네스코 세계문화유산 '조선왕릉'의 하나인 정릉(貞陵)은 조선 태조(太祖) 이성계의 두 번째 왕비였던 신덕왕후(神德王后) 강씨의 능이다. 처음 능지를 정한 곳은 안암동이었으나 1409년(태종 9년) 이곳으로 옮겨졌다. 이것은 오로지 태조가 강비(康妃) 소생의 제8왕자 방석(芳碩)을 세자로 책봉한 데 대한 태종(太宗)의 반감에서 나온 처사였다.
태종 이방원은 '왕자의 난'이라 불리는 쿠데타를 일으켜 방석과 방번 형제를 죽이고 정권을 장악, 잠시 형(정종)을 옹립했다가 자신이 직접 왕위에 올랐음은 다 아는 일이다. 그러고도 분이 다 풀리지 않았는지 태종은 능을 옮긴 지 한 달이 지나 정자각을 허물고 석물들을 묻어 없애고 청계천에 있던 흙다리가 무너지자 정릉의 십이지신상 등의 석물을 실어다 돌다리를 만들게 했다. 이것이 광통교(廣通橋)다.
이렇게 자신의 친아들 둘을 무참히 죽이고 사랑하는 남편을 핍박해 반강제로 선위케 하고 왕이 되었으며 그것도 모자라 자신의 무덤까지 철저히 파괴했으니 저승에서나마 강비는 얼마나 원한이 컸을까. 여자가 원한을 품으면 오뉴월에도 서리가 내린다고 했다. 혹시 강비의 원혼(怨魂)이 이곳 아리랑고개의 한(恨)을 부른 건 아닐까?
다시 골목길을 올라와 가던 길을 계속 따라간다. 곧 북악산 '북악하늘길'로 이어지는 삼거리가 나온다. 여기서 왼쪽 성북구민회관 방향으로 내려간다.
구민회관과 동구여중, 동구마케팅고, 삼선중으로 이어지는 가파른 언덕길을 내려가면 왼쪽으로 지하철 4호선 '한성대입구역'이 보인다.

여기서 끝내기는 좀 부족해 성북동 길을 좀 더 걷기로 했다. 다시 큰길로 나와 길을 건너 조금 올라가면 오른편에 선잠단지(先蠶壇址)가 있다. 다시 길을 따라 계속 올라간다. 성북파출소 앞을 지나 초등학교 앞 3거리에서 오른쪽 골목으로 들어서 조금 올라가면, 왼쪽에 간송미술관이 있다.

간송미술관은 전통미술품 수집가인 간송 전형필(全鎣弼) 선생이 세운 한국 최초의 근대식 사립미술관이다. 전형필 선생은 우리 문화재와 미술품들이 일본인에 의해 해외로 유출되는 것을 막기 위해 전 재산을 털어 이들을 수집했다. 이 미술관은 그의 수집품을 정리, 보관중이다.

훈민정음(訓民正音), 고려청자 '상감운학문매병', 조선백자, 신윤복과 김홍도 및 정선의 작품들, 안평대군과 김정희 및 한석봉의 글씨를 비롯해 국보급 문화재만 10여 점이 있다. 다른 미술관과 달리 전시보다는 미술사 연구 역할을 주로 한다. 그래서 미술관 내부는 매년 봄과 가을에 1번씩 열리는 전시회 때만 일반에 공개된다. 입구 근처에 전형필 선생의 흉상이 보인다. 그 근처엔 수집품의 일부인 불상과 석탑, 석등 등의 문화재들이 흰 눈에 덮여 있다. 여기서 오늘의 걷기를 마무리하고 한성대입구역으로 되돌아갔다.

지하철 4호선 성신여대입구역 6번 출구 — *아리랑로* — *정릉입구* — *간송미술관*

087 세종마을

"서촌 아니다. 세종마을이라 불러 달라"

'서촌'은 경복궁 서쪽에 있는 마을들을 일컫는 별칭이다. '북촌 한옥마을'과 대비해 서촌이라 불리게 됐다. 인왕산 동쪽과 경복궁의 서쪽 사이 일대다. 효자동, 창성동, 통인동, 통의동, 누상동, 누하동, 옥인동, 청운동, 신교동, 궁정동, 사직동, 체부동 등을 모두 포괄한다. 골목을 돌아 나가면 바로 동 이름이 바뀌는 곳이 이곳 서촌 일대다. 북촌은 조선시대 사대부 집권세력이 모여 살던 곳으로 으리으리한 대형 한옥들이 다수 모여 있지만 서촌은 과거 역관이나 의원 등 중인이 주로 살던 곳으로 한옥들도 1910년대 이후 개발계획에 따라 대량으로 지어진 개량 한옥이 많다. 골목들이 좁고 미로같이 얽혀 있어 길 찾기가 만만치 않다. 하지만 근대화·민주화시대를 숨 가쁘게 달려온 우리들이 잃어버린 어릴 적 추억의 편린들이 고스란히 남아있다. 그러나 주민들은 이 동네를 서촌으로 부르는 것은 역사적 근거가 없다며 거부하고 있다. 실제 서촌은 서소문 혹은 정동 일대였다는 것. 주민들은 이곳이 세종대왕의 탄신지라는 점에서 '세종마을'로 불리길 원한다. 종로구 관계자도 "경복궁 서쪽이라 서촌이라 한다면 북촌은 경복궁의 동쪽이니 '동촌'이라 불러야 할 것"이라며 "하지만 세종마을이란 명칭에는 역사적 근거가 있다"고 말했다. 그렇다니 필자도 이 곳을 세종마을이라 부르기로 하고, 골목길 걷기에 나섰다.

지하철 3호선 '경복궁역' 3번 출구로 나와 자하문로를 조금 걷다가 오른쪽 골목으로 들어가면 조선 영조의 잠저(왕이 되기 전 살던 집)였던 창의궁(彰義宮)터 및 추사(秋史) 김정희 선생 집터가 있다. 이곳은 '통의동 백송' 터이기도 하다.

통의동 백송은 높이 16m, 둘레 5m에 달할 정도로 크고 아름다워 지난 1962년 천연기념물 제43호로 지정됐다. 그러나 1990년 7월 태풍으로 넘어져 고사되고 지금은 그루터기만 남은 상태다.
백송 터를 지나 왼쪽 골목으로 돌아가면 통의동 한옥마을이다. 다시 오른쪽 골목의 한옥들 사이로 걸으면 곧 경복궁이 보인다. 영추문(迎秋門)이 웅장하게 서 있다. 길 옆으로 '보안여관'이란 허름한 여관이 하나 있다. 80년 역사의 이 여관은 광복 이후 지방에서 올라온 많은 예술가들이 장기 투숙했던 곳이다.
다음 골목에서 길을 건너 왼쪽으로 조금 들어가다 다시 오른쪽 골목길로 들어선다. 창성동 한옥마을이다. 미로 같은 골목을 요리조리 빠져 나가면 골목길 사거리 너머에 쌍홍문(雙洪門)터 표지판이 있다. 조선 중기의 이름난 효자였던 조원과 그의 아들들인 조희신, 조희철을 기려 조정에서 두 개의 효자문을 내렸고 그래서 쌍홍문이라 했다. 효자동이란 동네 이름도 여기서 유래했다고 한다.
조금 더 가면 오른쪽 골목 안에 해공(海公) 신익희 선생 가옥이 있다. 선생은 대한민국 임시정부에 참여했던 독립운동가 출신으로 정부수립 후 정계에 투신, 국회의장을 지냈고 민주당 대통령후보로 이승만 독재정권에 맞서다 유세도중 갑자기 서거했다. 서울시기념물 제23호인 이 집은 선생의 삶을 상징하듯 대문 옆에 대형 태극기가 펄럭인다.
골목길을 따라 끝까지 걸어 나가면 큰 사거리가 나온다. 여기서 대각선 방향으로 길을 건너 왼쪽 길을 조금 올라가면 '국립 서울농학교'가 있다. 농아들의 배움터로 유난히 노거수(老巨樹)가 많은 이 학교 교정 뒤쪽에는 선희궁(宣禧宮)터가 숨어있다.
선희궁은 영조의 후궁이자 비극적인 최후를 맞은 사도세자의 생모인 '영빈 이씨'를 제사하기 위해 세운 사당이다. 한때 정조, 순조, 문조(순조의 아들이자 헌종의 부친인 효명세자의 존호. 익종이라고도 한다), 헌종, 철종의 어진을 모시기도 했다. 손자인 정조를 살리기 위해 친 아들 사도세자의 '비행'을 영조에게 고발, 뒤주에 갇혀 숨지게 한 영빈의 심정을 말해주는 듯하다.

서울농학교와 바로 옆 '서울맹학교' 사이 담에는 이 학교 학생들이 그린 담장벽화들이 빼곡하다. 초등학생의 작품 같이 서툰 그림들이지만 장애학생들의 마음을 대변하는 것들이다.
도로건너편에는 '우당기념관'이 있다. 독립투사인 우당(友堂) 이회영 선생의 기념관이다. 일제에 나라가 망하자 선생은 형제들(이건영, 이석영, 이철영, 이시영, 이호영)과 함께 전 재산을 처분, 가족들과 함께 만주로 건너가 '신흥무관학교'를 세우고 독립군을 양성했으며 비밀결사와 대한민국임시정부 등에서 독립투쟁에 앞장서다 순국했다. 우당기념관 앞길을 따라가다 보면 조선 광해군 때 지은 별궁 자수궁(慈壽宮)터가 있다.
조금 아래 '통인시장' 입구에서 맞은편 골목길로 들어간다. 100여m 가면 오른쪽 골목 안에 '박노수 가옥'이 보인다. 서울시문화재자료 제1호인 이 집은 1937년 친일파인 윤덕영이 딸을 위해 지은 집이다. 조선말의 한옥양식과 중국식, 서양식 양식이 뒤섞여 있는 건물로 나중에 한국화의 거장 박노수 화백이 살면서 작품 활동을 했기 때문에 이런 이름이 붙었다.
다시 옥인동 골목을 따라 끝까지 올라가면 인왕산 기슭 '수성동계곡'이 나오고 '기린교'로 추정되는 작은 돌다리가 있다. 겸제 정선의 그림에 등장하는 다리로 안평대군 집터의 일부다.
다시 통인시장 앞으로 돌아 나와 가던 방향으로 계속 걷다가 2번째 삼거리에서 왼쪽 길을 따라간다. 길옆에 한국의 대표적 시민단체인 '참여연대'가 있다. 계속 따라가면 다시 '자하문로'가 나온다. 사거리 왼쪽 10여 미터 지점에 '세종대왕 탄신지' 표석이 있다. 이 인근 태종 이방원이 왕위에 오르기 전 살던 잠저에서 세종이 셋째 아들(충녕대군)로 태어난 곳이다. 사거리를 대각선으로 건너 내려가면 '경복궁역'이다.

지하철 3호선 경복궁역 3번 출구 — *통의동 백송터* — *우당기념관* — *세종대왕 탄신지터*

배싸메무초 걷기 100선

088 호암산

호랑이산 등줄기를 걸으며 역사를 만나다

서울 금천구 호암산(虎岩山)을 올라 보기로 했다. 조선 건국과 한양천도 직후 태조 이성계의 꿈에 자주 나타나는 등 새 왕조를 위협했던, 그래서 무학대사가 산꼬리에 호압사(虎壓寺)를 세우고 그 기운을 누르게 했던 호랑이 형상의 바위산, 바로 그 호암산이다.

관악산 바로 옆 산이 삼성산이고 그 삼성산의 한줄기인 '장군능선'이 경인교대를 빙 돌아 뻗어나가다가 장군봉을 거쳐 다시 솟구친 산이 해발 325m의 호암산이다. 정상부를 밑에서 보면, 영락없이 호랑이의 등을 닮았다. '민주동산'이라고도 불리는 호암산의 능선은 계곡을 따라 길게 이어져 전철 1호선 '석수역'과 '관악역' 근처까지 계속된다.

삼성산의 또 다른 줄기도 이곳에서 끝난다. 마치 말굽자석처럼 두 산줄기가 경인교대 골짜기를 감싸고 나란히 달려 내려가 비슷한 지점까지 이어지는 것. 호암산 등산로는 여러 방향이 있지만 오늘은 '관악구 민방위교육장'에서 시작하기로 했다.

지하철 2호선 '신림역' 4번 출구에서 10번 마을버스를 타고 종점에서 내려 조금 올라가면 민방위교육장이 있다. 그 앞길을 직진하면 '관악산생태공원' 입구가 나온다. 이 공원에는 인공연못이 있다. 연못가에 갈대를 심어 습지 식물들의 생태를 관찰할 수 있게 돼 있다. 그 옆으로 길이 여러 갈래지만 공원 꼭대기에서 산 능선으로 올라설 수 있다. 삼거리 표지판 앞에서 '호압사' 방향으로 길을 잡는다.

아파트단지 사이로 숲길이 이어진다. 어느 새 호암산 봉우리가 올려다 보이고 이내 호압사 앞 네거리에 도착했다. 여기서 직진, 가파른 계단을 오른다. 그 위엔 암릉길이 기다리고 있다. 흐르는 땀을 훔치며 바위능선 위로 올라섰다. 이 산 정상은 민주동산, 혹은 국기봉(國旗峰)으로 불린다.
갈림길에서 '삼막사' 방향으로 능선을 따라가면, 헬기장 옆으로 태극기가 나부끼는 바위가 있다. 그 위가 바로 호암산 정상이다. 시계가 확 트이면서 안양, 시흥, 서울 '금천구' 일대가 한눈에 조망된다. 반대편은 깎아지른 바위절벽이다.
다시 갈림길로 돌아와서 '한우물' 방향으로 간다. 멋진 암릉길이 오르락내리락 계속 이어진다. 이 암릉의 조망은 환상적이다. 수도권 일대가 파노라마처럼 발아래 펼쳐진다. 온통 아파트 숲으로 가득하다.
뒤를 돌아보니 장군능선 너머로 관악산 정상이 손에 잡힐 듯 가깝다. 등성이를 오르다보니 예사롭지 않은 돌무더기가 있다. 무너진 성벽의 흔적 같다.
이 곳엔 통일신라시대부터 '호암산성'(사적 제 343호)이 있었다. 호암산 정상을 중심으로 빙 둘러 쌓은 테뫼식 산성이다. 호암산성은 산마루를 둘러쌓은 석성으로 둘레는 1,250m이며, 그 중 약 300m 구간에 성의 흔적이 남아있다. 길 왼쪽 위에는 석구상(石狗像)이 보인다. 조선시대 것으로 추정되는 개의 석상으로 사실적으로 잘 조각되어 이목구비가 뚜렷하고 발과 꼬리도 잘 묘사돼 있다.
그 아래 산등성이를 돌아가면 한우물이 나온다. 한우물은 '큰 우물'이란 뜻으로 호암산성 방어를 위해 판 우물이다. 이곳은 조선시대 우물이고, 인근에 통일신라 때 판 우물도 있다. 길이 22m, 폭12m의 연못으로 네 주변을 화강암으로 쌓았으며 용보(龍洑)라는 별칭을 가지고 있다. 가뭄 때에는 기우제를 지내고 전시에는 군사용으로 대비했다 한다.

이 연못 모양의 우물이 만들어진 정확한 시기는 알 수 없으나 보수를 위한 발굴 당시 확인된 바로는 삼국시대에 만들어진 연못이 현재의 연못 밑에 묻혀 있었으며 그 위에 어긋나게 축석한 연못이 다시 조선 초기에 만들어졌음이 밝혀졌다.
호암산에서 삼성산 가는 길에는 '찬우물'도 있다. 등산객들의 목을 축여주는 고마운 샘물이다.
한우물 바로 옆은 '불영암'이다. 아담한 대웅전 법당 앞에는 길 양쪽으로 멋진 돌탑들이 늘어서 있다. 그중 한 탑은 부처님의 얼굴을 네 개나 지고 있다. 한쪽엔 돌절구와 맷돌 등, 산성지에서 발굴된 유물들을 전시하고 있다. 암자 뒤에는 바위 위에 큰 불두(佛頭)가 사바세계를 굽어보고 있다. 불영암에서 내려다보는 조망도 일품이다.
다시 한우물 위 등산로로 돌아가 길을 따라 간다. 이젠 하산길이다. 옛 기와조각과 토기파편이 발에 채일 정도로 흔해 이곳이 역사유적지임을 실감케 한다. 성벽 흔적인 듯한 곳을 지나 왼쪽에 서 있는 바위가 마치 꽃봉오리 같다.
문득 뒤를 돌아보니 관악산 정상과 삼성산 정상이 서로 가까워 보인다. 이미 그만큼 멀어졌다는 증거다. 석수역 방향으로 능선을 계속 내려갔다. 도중 삼거리에서 석수역은 오른쪽, 왼쪽은 관악역 방향이다. 관악역 방향으로 능선을 조금 더 탈수도 있지만, 벌써 저녁이 가까운 시간이라 석수역으로 내려가기로 했다.
문득 산길이 끝나고 서울둘레길 안내판이 서 있다. 마을 안길을 계속 따라 내려가면 이내 석수역이 보인다.

배싸메무초 걷기 100선

089 백련산

서울 도심의 잘 알려지지 않은 일몰·일출 명소

서울시는 해마다 1월 1일이면 각 자치구들이 서울시내 19곳의 일출 명소에서 해맞이 행사를 갖는다. 이 일출명소에 백련산은 빠져 있다. 이웃 안산, 인왕산, 봉산에 가려 백련산은 상대적으로 소외됐다.
백련산(白蓮山)은 서울특별시 은평구와 서대문구에 있는 나지막한 산이다. 높이는 216m다. 천년 고찰인 '백련사'가 이 산 기슭에 있어 이런 이름이 붙었다. 백련산은 이웃 산들과 함께 할 때 더욱 빛나는 산이다. 안산이나 인왕산과 이어 걷는 사람들이 많다. 특히 수도권 최고 명산인 북한산이 그렇다.
숲 속에 들어앉아 있으면 숲 전체를 바라볼 수 없다. 같은 이치로 북한산을 한 눈에 보려면 백련산에 올라야 한다. 백련산은 북한산(北漢山)의 4분의 1 정도 높이지만 조금만 오르면 북한산의 장대함을 한 눈에 담아낼 수 있다.
백련산 능선은 홍은동 뒤편의 '북한산 둘레길' '옛 성길' 구간 출발점인 '장미공원' 뒤쪽과 연결된다. 반대편 '탕춘대성'과도 가깝다. 은평구도 백련산과 북한산을 잇는 생태연결로를 조성했다. '산골고개' 생태통로를 통해 41년간 단절된 북한산과 백련산을 연결, 동물들의 이동이 가능하게 하는 '그린네트워크'를 구축하기 위한 것이다. 백련산은 서울 도심에서 일몰과 일출을 즐기기에도 그만이다.
'힐튼호텔'과 아파트단지를 품에 안고 말굽처럼 돌아가는 형세라 낮은 산임에도 조망명소가 각각 다른 방향으로 4곳 있어 자치구들이 추천하는 인왕산이나 안산보다 더 좋을 수 있다.
새해 첫 날 백련산을 오른다. 지하철 3호선 '홍제역' 4번 출입구로 나와 직진하면 사거리가 나온다. 맞은편으로 길을 건너 왼쪽으로 조금 가다보면 '손동현내과'와 주택가 사이로 등산로 입구가 있다. 눈 쌓인 산길을 겨우 10여 분 올랐는데 시야가 확 트이면서 왼쪽으로 인왕산, 오른쪽에는 안산이 한 눈에 들어온다.
길을 따라 조금 더 오르니 사각형 나무 정자 옆에 태극기가 펄럭인다. 여기가 첫 번째 조망명소다. 인왕산과 안산이 발아래로 굽어보일 정도다. 눈과 낙엽이 쌓인 유순한 능선길이 이어지고 소나무 숲 사이로 드디어 북한산 연봉들이 모습을 드러낸다. 곧 북한산 조망점 바위가 나타났다.
바위 위에서 마주보는 북한산의 위용은 장대하다. 전 세계 어느 나라도 수도 안에 이토록 아름답고 당당한 산을 갖지 못했다. 세계 으뜸 산을 제대로 보기 위해서라도 백련산은 가 볼만한 곳이다.
능선을 따라 길게 이어진 일품 산책로는 아파트단지를 둘러싸고 타원형으로 돌아간다. 운동기구와 벤치들이 모여 있는 곳 정자 옆에는 '녹신약수터'가 있다. 약수물 한 잔으로 목을 축이고 팔각정 방향으로 길을 따라 걸음을 계속한다.
눈길 옆 소나무 숲이 울창하다.
정상에는 2층 팔각정이 있다. '은평정(恩平亭)'이다. 은평정에 오르면 여의도에서부터 한강을 따라 '당산철교', '양화대교', 선유도, '성산대교', '월드컵경기장', '하늘공원', '노을공원', '가양대교', '방화대교', '봉산', '행주산성', '김포대교'는 물론 멀리 계양산까지 조망된다.
은평정 옆으로 태극기가 휘날리고 그 아래엔 '매바위'가 있다. 이곳은 조선시대 때 왕실 전용의 매 사냥터 중 하나였다. '매바위제' 행사는 '서울정도 600년' 기념 캡슐에 보관됐을 정도로 지역의 대표 문화행사로 매년 음력 10월 '상달'에 거행된다.
다시 능선길을 따라 간다. 운동기구가 모여 있는 정자를 지나 조금 더 가니 KBS 송신탑들이 우뚝 솟아 있다. 원뿔 모양의 돌탑이 눈을 이고 있는 모습도 정겹다. 이윽고 네 번째 조망명소가 나타났다. 여기선 정상과 반대로 여의도부터

인왕산까지가 파노라마처럼 조망된다. 청계산, 관악산, 삼성산도 손에 잡힐 듯 가깝게 보인다. 이젠 본격 하산길이다.

백련산길 출구엔 근린공원 안내판이 있다. 여기서 오른쪽 차도를 따라간다. 백련산에 와서 백련사를 보지 않고 가면 섭섭하기 때문이다. 입구에 늘어선 부도탑과 석비들이 백련사의 내력이 만만찮음을 대변하고 있다. 일주문에는 '삼각산(三角山) 정토(淨土) 백련사(白蓮寺)'란 현판이 걸려있다. 옛 사람들은 백련산도 북한산(삼각산)의 일부로 여겼던 것이다.

백련사는 신라 경덕왕 6년(서기 747년) 진표율사(眞表律師)가 부처님의 정토사상을 널리 펴기 위해 창건한 국내 최초, 최대의 정토 도량이다. 원래 절 이름도 부처님이 계시는 청청한 도량이란 의미에서 정토사(淨土寺)라 붙였다. 그러다 조선 세조의 장녀인 의숙공주의 원찰로 지정되면서 백련사로 개명했다고 한다.

'아미타불'을 모신 '극락보전'이 이 절의 본당이다. 절집 지붕 너머로 석양이 지고 있다. 황홀할 정도로 아름다운 일몰이다. 절 입구에서 마을버스를 탈 수도 있지만 좀 더 걷기 위해 '홍제역'까지 걸어가기로 했다. '서대문문화체육회관'과 '홍제초등학교' 앞으로 지나면 큰 도로가 나온다. 왼쪽으로 길을 따라가다가 사거리에서 대각선 방향으로 길을 건너면, 우측으로 홍제천(弘濟川)이 있다.

이제 홍제천을 따라간다. 왼쪽 길 건너에 있는 힐튼호텔의 불빛이 휘황하다. 대형 크리스마스트리가 밝게 빛난다. 홍제천을 계속 따라가면 오른쪽으로 인왕산, 왼쪽으로는 상명대가 나온다. 상명대 캠퍼스를 지나 탕춘대성을 따라가면 북한산 둘레길 중 옛 성길 구간과 만날 수 있다.

지하철 3호선 홍제역 4번 출구 — *백련산 정상* — *백련사* — *홍제천*

양재천 따라 내려가고 탄천 따라 올라가고

'양재천'은 경기도 과천시 갈현동 관악산 남동쪽 계곡에서 발원, 과천시를 관통한 뒤 다시 서울 서초구와 강남구를 동북 방향으로 가로질러 흐르다가 개포동 일대에서 탄천과 합류, 한강으로 흘러드는 하천이다. 총 연장 7.9km, 유역 면적 62.62㎢, 평균 하폭 90m인 서울 강남을 대표하는 하천이다. 원래 한강으로 직접 흘러 들어가는 사행천(蛇行川)이었으나 지난 1970년대 초 한강 및 시가지 개발사업으로 탄천의 지류가 됐다. 원래 '공수천'이라 불리기도 했으나 1970년대 이후 양재동 지명을 따라 양재천이 됐다. '양재(良才)'란 어질고 재주 있는 사람들이 많이 살고 있는 곳이라는 뜻이다. 조선시대 때는 하류 탄천과의 합류부 여울이 특히 세다고 해서 '한여울'이라 불렀다고 한다. 또 하도(河道)에 형성된 여울에 백로가 빈번히 날아들었으므로 '학여울'이라고 불렀다는 설과 함께 김정호 선생의 '대동여지도'에는 학탄(鶴灘)이라고 기록되어 있다. 강남구 대치동 514번지 일대가 학여울 터이며 지금은 지하철 3호선의 역 이름이 됐다.

양재천은 1995년 국내 최초로 자연형 하천 복원사업이 추진돼 너구리와 희귀 텃새인 황조롱이(천연기념물 제323호), 수리부엉이(천연기념물 제324호) 등의 조류가 서식하며 잉어가 산란을 하고 백로·왜가리 등 여름철새가 날아드는 생태하천으로 자리 잡았다. 양재천길은 2007년 당시 건설교통부 지정 '한국의 아름다운 길'에 선정

되기도 했다. 이 양재천의 제1지류가 여의천(如意川)이다.

여의천은 청계산에서 발원, 구룡산 계곡을 흐르는 물줄기와 청계산 신원동에서 내려오는 개울이 합쳐져 '양재시민의 숲' 앞 영동1교 부근에서 양재천과 합류한다. 길이는 3.3㎞로 그 옆으로 경부고속도로가 지나간다. 지하철 신분당선 '양재시민의 숲역' 5번 출구로 나오면 바로 여의천을 만날 수 있다. 재시민의 숲과 여의천 사이 뚝방길을 따라가면 곧 양재천과의 합류지점이 나온다. 이제부터는 오른쪽 양재천길을 따라 내려간다.

친환경적으로 복원된 양재천 양쪽으로 갈대밭이 발달돼 있고 자전거도로를 겸한 보행로 오른쪽으로 양제천 제방이 있다. 그 사이로 태양광발전 집열판을 매단 가로등들이 뻗어 있다. 양재천길은 '삼호물산' 사거리와 천변무대, STX 연구개발(R&D)센터 앞을 차례로 지난다. 사람 키만 한 갈대들 위로 보행자다리가 양재천을 가로지른다. 고개를 왼쪽으로 돌려보니 강남 부촌의 상징 '타워팰리스'가 마치 하늘을 뚫을 것처럼 기세 좋게 솟아있다.

앞쪽에 얼음썰매장이 나타났다. 어린이들이 썰매에 앉아 얼음을 지치면서 즐거워하는 모습을 보니 어린 시절 고향마을 논바닥에서 썰매를 타고 놀던 추억이 아련히 떠오른다. 사실 이 얼음썰매장은 여름에는 '양재천 벼농사학습장'으로 쓰인다고 한다. 양재천 양옆으로 오래된 저층아파트들이 줄지어 나타난다. 이 아파트들은 잇따라 재건축되면서 강남 집값 폭등의 주인공들이 됐다.

어느 새 갈대들의 키가 더 높아지면 '탄천'과의 합류지점이다. 생태학습전시관이 있다. 양재천이 유입되는 탄천은 경기도 용인시 구성읍 청덕리에서 발원, 성남시와 서울 송파구·강남구를 거쳐 한강으로 유입된다. 유역면적 302㎢, 총연장 35.6㎞에 달하는 한강의 지류 준용하천이다. 순 우리말로는 '숯내'라고 하며 성남시의 옛 지명인 탄리(炭里)에서 유래됐다. 탄리는 지금의 성남시 태평동·수진동·신흥동 일대에 해당하는 곳으로 '숯골', '독정이' 등의 자연마을이 있었다.
조선 경종 때 남이(南怡) 장군의 6세손인 남영(南永)이 이 곳에 살았는데 그의 호가 탄수(炭)이고 탄수가 살던 골짜기라 하여 '탄골' 또는 '숯골'이라 불렀으며 탄골을 흐르는 하천이라는 뜻으로 탄천이라 부르게 됐다고 전한다. 일설에는 중국의 동방삭(東方朔)과 관련된 전설에서 유래됐다고도 한다.
중국 신화에서 동방삭은 '서왕모'의 '천도복숭아'를 훔쳐 먹고 3,000갑자(1갑자인 60년의 3,000배, 즉 18만년)를 살았다고 하는데, 탄천 근처에 살았다. 그가 번번이 저승사자를 피하자 '옥황상제'가 탄천에 저승사자를 보내 숯을 씻도록 했다. 이를 본 동방삭이 숯을 물에 씻는 까닭을 묻자 저승사자는 "검은 숯을 희게 하려고 씻고 있다"고 대답했다. 동방삭이 "내가 3,000갑자를 살았지만 당신같이 우둔한 자는 못 봤다"고 말하자 저승사자는 그가 동방삭임을 알고 붙잡아 옥황상제에게 데려갔다는 것. 이때부터 숯내 또는 탄천이라 부르게 됐다는 얘기다.
탄천은 생태하천으로 복원된 양재천과 달리 자연 그대로의 하천 모습을 간직하고 있다. 양 옆으로 광활한 갈대밭이 있어 산책로에서 물줄기가 보이지도 않고 요즘 같이 수량이 적은 계절이면 자갈밭과 수초들이 그대로 노출돼 있다. 인위적 준설(浚渫)을 하지 않았다는 뜻이다. '탄천2교'에서 '대곡교'에 이르는 6.7km 구간 '탄천 생태·경관보전지역'은 모래톱과 수변습지가 발달된 자연형 하천으로 평균 하천폭은 240m. 정화시설에서 정수된 물이 곳곳에서 탄천으로 흘러들고 봄~가을이면 '야생초화원'에 꽃이 만발하게 핀다. 하천 건너편 붉은 벽돌조 건물 멋진 예배당 옆에는 '배명중·고등학교'가 있다.
갈대밭 사이로 난 나무판자 산책로가 겨울 천변의 운치를 더한다. 수서동 '광평교' 옆으로 사람과 자전거가 양재천을 건널 수 있는 다리가 있다. 이 다리를 건너 이번엔 양재천을 오른쪽으로 끼고 걷는다. 이 길은 '송파 워터웨이(송파+Water Way)'의 일부이기도 하다. 송파구는 하천과 호수로 둘러싸인 수변도시를 표방, 주변 탄천·'장지천'·'성내천'·'감이천'과 '석촌호수' 및 '올림픽공원'의 물길을 연결, 이 길을 조성했다. 워터웨이를 따라가면 탄천의 지류 중 하나인 장지천(長旨川)과 만나게 된다. 장지천이 흐르는 장지동은 마을이 길기 때문에 붙여진 이름이라고도 하고, 잔버들이 많아 이렇게 불렸다고도 전해진다.
장지천을 거슬러 조금 올라가면 왼쪽 제방 위로 '가든파이브'가 위용을 자랑한다. 아직은 규모에 비해 속이 덜 채워진 가든파이브와 한국 경제가 동반 성장하기를 기원해 본다. 장지천이 '송파대로'와 만나는 지점인 '장지교사거리'에서 좌회전, 조금 더 걸으면 지하철 8호선 '장지역' 3번 출구가 나온다. 이 여의천–양재천–탄천–장지천을 이어 걷는 길을 '강남4천길'이라 부르자. 3시간이면 된다.

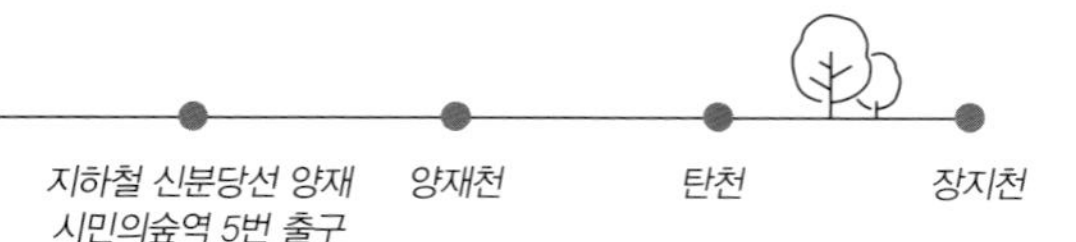

배싸메무초 걷기 100선

091 고구려의 길

21세기 서울에서 고구려를 만나다

새벽부터 겨울비가 뿌리다가 날이 개니 청명한 푸른 하늘이 제 모습을 드러냈다. 발길이 절로 아차산(峨嵯山)으로 향한다. 아차산은 높이는 287미터로 얼마 안 되지만 백두대간에서 갈라져 나온 한북정맥(漢北正脈) 산줄기의 남쪽 끝자락이 한강을 바라보며 우뚝 솟아 있어 조망이 서울시내에서 둘째가라면 서러울 정도다. 예전에는 남쪽을 향해 불뚝 솟아오른 산이라 하여 '남행산'이라고도 하였고 마을사람들은 '아끼산'·'아키산'·'에께산'·'엑끼산' 등으로 부르기도 한다. 어떤 기록엔 악계산(嶽溪山)이라 했다.

현재 아차산의 한자 표기는 '阿嵯山', '峨嵯山', '阿且山' 등으로 혼용되는데, '삼국사기'에는 아차(阿且)'와 '아단(阿旦)' 2가지가 나타나며 조선시대에 쓰여진 고려역사책인 '고려사'에 아차(峨嵯)가 처음으로 나타난다. 특히 조선 태조 이성계의 이름이 '단(旦)'이기 때문에 이 글자를 신성하게 여겨 단 대신 모양이 비슷한 '차(且)'자로 고쳤는데, 이때 아차산도 음은 그대로 두고 글씨를 고쳐 썼다고 한다.

이설도 있다. 점을 잘 치는 것으로 유명한 홍계관의 소문을 들은 명종이 그를 불러 쥐가 들어 있는 궤짝으로 능력을 시험하였는데 그가 숫자를 맞히지 못하자 사형을 명하였다. 그런데 암쥐의 배를 갈라보니 새끼가 들어 있어서 '아차'하고 사형 중지를 명하였으나 이미 때가 늦어 홍계관은 죽었고 그 이후, 사형집행 장소의 위쪽 산을 아차산이라고 불렀다는 것.

아차산은 서울의 대부분과 경기도 구리 및 남양주 일대를 한 눈에 내려다 볼 수 있어 예로부터 최고의 군사적 요충지였다. 삼국시대 때도 한강유역을 놓고 고구려,

백제, 신라가 치열하게 맞부딪혔던 역사의 현장이기도 하다.

아차산 산행길은 영화사(永華寺) 앞에서 시작된다. 지하철 5호선 '아차산역' 2번 출구로 나와 사거리에서 좌회전, 길을 따라 올라가다가 삼거리에서 우회전해 조금 더 오르면 영화사가 나온다. 영화사는 작은 절이지만, 신라 문무왕 때 의상대사(義湘大師)가 창건했다는 유서 깊은 사찰이다. 처음에는 화양사(華陽寺)라고 하다가 1907년에 지금의 자리로 옮기면서 영화사라고 개칭했다. '고구려정' 쪽으로 방향을 잡고 완만한 경사의 산길을 오르기 시작한다. 울창한 소나무 숲의 솔향기가 반겨준다.

고구려정(高句麗亭)은 과거 팔각정이 있던 자리에 지난 2009년 7월 광진구가 다시 건립한 정자다. 고구려식 기둥과 기와, 고분벽화의 '사신도' 단청문양 등 남한에서 최초로 고구려 건축양식을 재현했다. 21세기 서울에서 고구려를 만난 셈이다. 고구려정에서는 시계가 확 트여 서울 시내가 한 눈에 내려다보인다.

조금 더 올라가면 '해맞이광장'이 나온다. 서울에서 최고의 조망명소 중 하나로 꼽히는 이곳에서는 매년 1월1일 새벽이면 새해 떠오르는 태양을 보며 소원을 빌려는 인파로 붐빈다. 아차산이 있는 서울 광진구와 경기도 구리시는 고구려에 대한 자부심이 대단하다.

광진구는 매년 '고구려 한마음축제'를 개최하고 '고구려역사문화관'도 건립했으며 구리시는 고구려의 도시임을 천명, 테마공원을 조성하고 시내 한복판에 광개토대왕 동상과 비석 모형도 세워놓았다. 두 지방자치단체의 고구려사랑은 아차산과 용마산 일대에 몰려있는 고구려 보루(堡壘) 유적(사적 제455호)에서 출발한다. 보루란 사방을 조망하기 좋은 낮은 봉우리에 쌓은 소규모 석축 산성으로 수십에서 수백 명의 고구려 병사들이 주둔했던 곳이다. 아차산에는 총 6개의 고구려 보루성 유적이 있는데, 제4보루는 구리시가 복원해 놓았다.

복원된 보루 위에 올라 팔당 쪽 한강을 바라보니 가슴이 시원해지고 스트레스가 절로 날아간다. 한강 왼쪽으로 천마산과 고산, 오른쪽으로 예봉산과 검단산이 날 오라 손짓한다. 역사는 흐르고 흘러도 이 산천은 옛 모습 그대로이리라.

아차산 북단의 4보루에서 오던 길을 되돌아 내려가 '아차산성'(사적 제234호) 입구 '낙타고개'에서 구리 쪽으로 길을 잡았다. 산을 반쯤 내려가면 '온달샘'과 석탑이 있다. 고구려 온달(溫達) 장군과 평강공주(平岡公主)의 이야기는 한국인이면 모르는 사람이 별로 없을 게다. 신라에 빼앗긴 죽령이북의 땅을 되찾기 위해 출전한 온달장군은 신라군의 화살에 그만 전사하고 만다. 그 전장이 바로 아차산성 일대였다는 것이다. 일설에선 충북 단양의 '온달산성'이라고도 하는데 당시 신라가 한강유역을 완전히 장악하고 있었다는 점에서 아차산성이 보다 신빙성이 있다.

한을 품고 죽은 온달장군의 관은 땅에 붙어 떨어지지 않았는데 급히 달려온 평강공주가 위로하며 쓰다듬자 그제야 떨어졌다고 한다. 구리시 '아치울'에서는 해마다 '온달장군 추모제'가 열린다. 온달샘 물을 한 바가지 들이켜며 그들의 애절한 사랑과 조국애를 생각해본다. 샘 앞에는 기단과 옥개석 2개만 남아있는 석탑도 있다.

인근에 의상대사가 처음 창건했다는 대성암(大聖庵)도 빼놓을 수 없다. 범굴사(梵窟寺)라고도 하는 이 절 뒤에는 의상이 수도할 당시 쌀이 나와 많은 사람들을 공양했다는 동굴도 있다. 절 마당에서 내려다보는 한강 조망이 기가 막히다.

온달샘 아래 '우미내마을'에는 구리시가 '고구려대장간마을'을 조성해 놓았다.

고구려 때의 촌락과 무기를 만들던 대장간, 망루, 물레방아 등을 재현, 체험학습장으로 꾸몄다. 광개토대왕이 주인공이었던 MBC 드라마 '태왕사신기(太王四神記)'는 물론 '신의', '닥터진', '자명고', '시크릿 가든'의 촬영장이기도 하다.

우미내마을은 주위의 산이 바위산임에도 불구하고 소나무가 잘 자라고 베어내도 움이 잘 튼다고 해서 붙여진 이름이라고 전해진다. 또 '우미내 계곡'이 소의 꼬리처럼 가느다란 모양이어서 한자로 우미천(牛尾川)이라 했다고도 한다. 더 내려가면 대로가 나오고 길을 건너지 않고 버스를 타면 곧 지하철 5호선 '광나루역'이다.

지하철 5호선 아차산역 2번 출구 — 영화사 — 해맞이광장 — 고구려 대장간 마을

배싸메무초 걷기 100선

092 석촌호수

문화예술과 역사가 어우러진 호수길

서울 송파구 잠실의 '석촌호수'는 원래 한강의 샛강이 변신해 생긴 인공호수다. 한강의 토사가 쌓여 형성된 부리도(浮里島)라는 섬이 있었는데 이 부리도를 중심으로 남과 북으로 '송파강'과 '신천강'이라는 샛강이 흘렀다고 한다.

지난 1971년 4월 부리도의 북쪽 물길을 넓히고 남쪽 물길을 폐쇄, 섬을 육지화하는 '한강 공유수면 매립공사'로 현재의 잠실동과 신천동이 생겨났다. 그때 폐쇄된 남쪽 물길이 현재의 석촌호수로 남게 된 것이다. 그 후 '송파대로'가 호수를 가로질러 지나가게 되면서 '동호'(105,785㎡)와 '서호'(112,065㎡)로 구분됐다. 산책로로 이어져 있는 동호와 서호를 합친 전체 둘레는 2.5km이다.

원래 이곳은 옛날 '송파나루'가 있었던 한강의 본류였다. 송파나루는 고려와 조선왕조에 이르는 동안 한성과 충청도, 전라도, 경상도로 이어지는 중요한 뱃길의 본격 출발지였다고 한다.

도심 속 호수공원으로 잘 정비돼 있는 이곳엔 항상 많은 이들이 찾는다. 사람들은 대부분 호수 바로 옆 포장도로를 걷거나 자전거로 돌고 있다. 하지만 호수변만 돌아서는 석촌호수의 참맛을 제대로 느낄 수 없다.

일단 호수를 한 바퀴 돈 후에는 나무와 꽃이 식재된 화단 위로 나있는 길을 걸어보자. 그래야 호수도 내려다보면서 곳곳에 숨어 있는 다양한 볼거리들을 만끽할 수 있다. 동호 주변 도로와 화단 사이엔 흙길이 있다. 좁지만 도심에서 흔치 않은 맨땅을 밟을 수 있고 양쪽으로 꽃과 나무들이 반겨준다. '수(水)'라는 작은 갤러리도 있다.

호숫가에는 수변 무대가 있고 그 주변에는 의사자(義死子)들의 흉상이 있다.

의사자 고 최진희씨는 1998년 8월 강원도 양양군 일출휴게소 앞 해상에서 단신으로 바다에 뛰어들어 익사 직전의 어린이 2명을 구하고 자신은 파도에 휩쓸려 끝내 헤어 나오지 못했다.
시와 벤치가 있는 호숫길을 계속 돌아간다. 동호 남서쪽 끝에는 송파나루 표지석이 있고, 그 앞에 호수를 굽어보며 '송호정(松湖亭)'이란 멋진 정자가 있다. 송파의 호수에 있는 정자란 뜻이다.
그 앞에서 서호 쪽으로 송파대로를 건너면, 나룻배 모양의 조형물이 눈길을 끈다. 화단 벽을 배 같은 유선형으로 두르고 그 안에 금속제 돛대 2개를 세운 후, 마치 돛을 편 것처럼 수많은 둥근 구멍들이 뚫린 금속판들을 이어 붙여 놓았다.
다시 호숫가 정원으로 들어서면 '매화단지'가 있다. 송파구가 자매도시인 전남 광양시로부터 매화나무들을 기증받아 2009년 조성한 곳이다. 매화단지를 지나면, 꽃나무 정원 사이에 나무판을 일정한 간격으로 깔아놓은 예쁜 흙길이 나온다. 오른쪽 호숫가 벤치에선 연인들이 밀어를 속삭이고 카페 '고고스'도 보인다.
좀 더 가니 '장미원'이 나타난다. 여름철이면 형형색색의 화려한 장미꽃들이 자태를 뽐내는 정원인데 겨울엔 좀 을씨년스럽다.
길 옆에는 '송파를 빛낸 얼굴'이라는 고(故) 한유성 옹의 흉상이 있다. 그는 '송파산대놀이(중요 무형문화재 49호)'와 '송파 다리밟기'의 계승 발전에 평생을 바친 예인(藝人)이다. 1973년 송파산대놀이 인간문화재로 지정됐고 1989년에는 송파 다리밟기의 인간문화재로 지정됐다.
국가지정 중요 무형문화재 제49호인 송파산대놀이는 서울·경기지역에서 전해지는 산대도감극(山臺都監劇)의 일종으로 음악 반주에 맞춰 춤이 주가 되고 몸짓과 대사가 따르는 탈놀음이다.
송파지역에서 정월대보름·단오·추석 등의 명절에 연중행사로 놀아 왔는데 단오절에는 1주일씩 계속되기도 했다. 주제는 승려의 타락, 가족관계의 갈등 등이다. 이 놀이는 탈만도 33종류나 되는데 대부분 바가지로 만든다. 또 송파 다리밟기는 서울시 지정 무형문화재 제3호로 지정돼 있다. 이런 전통유희들의 본고장이어서인지, 석촌호수 서쪽 수변무대를 지나면 '롯데월드' 맞은편에 '서울놀이마당'이 있다. 각종 음악과 춤, 연희, 마당놀이 등을 상설 공연하는 곳으로 전통예술의 요람 같은 곳이다. 운 좋으면 돈 주고도 보기 힘든 공연을 공짜로 즐길 수 있다.
서울놀이마당을 지나니 조각공원이 나온다. 동자들이 트럼펫을 불고 바이올린과 첼로를 켜는 형상의 조각품 등 다양한 작품들이 전시돼 있다. 예쁜 와인바 '호수

잠실 석촌호수 — 장미원 — 서울 놀이마당 — 삼전도비

(hosoo)'를 지나면 숲속에 사적 제101호 삼전도비(三田渡碑)가 있다.

삼전도비는 1639년(인조 17) 병자호란에서 패배, 삼전도의 치욕을 겪으며 굴욕적인 강화협정을 맺은 조선이 세운 청태종(清太宗) 공덕비다. 청나라에 항복하게 된 경위와 청태종의 침략 행위를 공덕으로 찬양하는 글을 새긴 것. 정식 명칭은 대청황제공덕비(大清皇帝功德碑)다. 한쪽 면에는 한자, 다른 쪽 면에는 만주어와 몽골어 문자가 새겨져 있는 점이 특이하다. 거북이 모양으로 대리석을 조각한 받침대 위에 비문을 새긴 몸돌을 세우고 맨 위에는 '이수'로 장식했다. 우리 입장에선 수치스런 역사의 유산이고, 그래서 이 비석도 여러 차례 수난을 겪었지만 그것 또한 우리 민족이 안고 가야 할 과거임에 분명하다.

석촌호수의 볼거리로 서호 내 섬에 있는 '롯데월드 매직아일랜드'도 결코 빼놓을 수 없다. 삼전도비에서 좌회전, 송파대로를 따라 조금 걸어 '롯데호텔' 앞을 지나면 지하철 2·8호선 '잠실역'이 나온다. 몇 년 전부터 이 석촌호수의 수위가 계속 내려가고 있다. 원인도 잘 모르고, 한강물을 계속 쏟아 부어도 소용없다고 하니 안타까운 일이다.

배싸메무초 걷기 100선

093 순례길

애국지사들 묘역과 3·1운동 유적지 이어 걷기

'북한산 둘레길'의 제1구간은 '소나무숲길'이다. 서울 강북구 우이동 '우이령' 입구에서 시작해 '우이분소', 손병희선생 묘소, '만고강산' 약수터를 거쳐 '솔밭근린공원'에 이르는 길이 3.1km, 소요시간 약 1시간 30분 거리의 코스다.
이 구간은 소나무가 유난히 많아 이런 이름이 붙었다. 빽빽한 소나무 숲에서 뿜어져 나오는 솔 향이 온 몸을 감싸 몸과 마음이 모두 상쾌해 진다.
또 2구간은 '순례길'로 명명됐다. 솔밭근린공원에서 출발해 이준(李儁) 열사 묘역까지 2.3km, 1시간 10분 남짓한 짧은 코스다. 하지만 순례길은 독립유공자 묘역들이 조성돼 있는 구간으로 애국선열들의 불굴의 독립정신을 생생하게 느껴볼 수 있는 곳이다. 이 열사 묘를 비롯해 이시영 선생, '광복군 합동묘소' 등 모두 12기의 독립유공자 묘소들이 산재해 있다. 4월 민주혁명의 주인공들이 잠든 '4·19묘지'가 있는 곳이기도 하다.
기왕이면 트래킹을 하면서 조국 독립을 위해 한 목숨 바치신 애국지사들의 묘역들도 함께 둘러보면 어떨까. 이 1~2 구간은 상대적으로 거리도 짧고 난이도도 낮아 아이들과 같이 걸어도 무리가 없다.
2구간 이준열사 묘역부터 시작해 1구간 끝 우이동까지 걷기로 했다. 열사 묘역 입구로 가려면 지하철 4호선 '수유역' 1번 출구로 나와 마을버스 '강북01번'을 타고 '통일교육원'에서 내리면 된다. 통일교육원 정문 왼쪽에 순례길 입구가 보인다.
곧 왼쪽 위로 일성(一醒) 이준 열사의 묘소가 나온다. 열사는 1907년 7월 네덜란드 헤이그에서 열린 '만국평화회의'에 참가하기 위해 '을사늑약'이 조선의 뜻이 아니라

일제의 강압에 의한 것이라고 폭로하는 고종황제의 밀서를 품고 이상설, 이위종 선생과 함께 떠났다. 그러나 일본, 영국의 방해로 회의 참가가 불가능해지자 원통함을 이기지 못하고 순국했다. 열사의 유해는 헤이그 '에이켄 두이넨 묘지'에 묻혔다가 지난 1963년에야 저승에서도 잊지 못하던 조국에 돌아와 이곳에 안장됐다. 묘역에는 헤이그에서 가져온 묘비와 석판도 있다.

조금 더 가면 가인(街人) 김병로 선생의 묘가 나온다. 김병로(金炳魯) 선생은 변호사로서 독립지사나 민족운동 지도자들의 무료 변론을 도맡았다. 해방 후에는 초대 및 제2대 대법원장을 역임하신 분이다. 다음 삼거리에서 둘레길을 벗어나 왼쪽 위 이시영 선생 묘역으로 올라간다. 이시영(李始榮) 선생은 부유한 가문이면서도 전 재산을 처분하고 만주로 이주, 독립군 양성기관인 '신흥무관학교'(현 경희대의 시초)를 설립한 5형제 중 한 분이다. 상하이 '대한민국임시정부'에서 법무 및 재무 분야 임원으로 활약했고 광복 후 초대 부통령이 됐으나 이승만 당시 대통령의 전횡과 친일파 등용에 반대해 사직했다.

바로 밑에는 광복군(光復軍) 17용사들을 합장한 묘소가 있다. 이승만 전 대통령이나 반대파였던 이 선생보다 조국 광복을 위해 전장에서 직접 싸우다 산화한 이 무명용사들이 더 반갑다. 이들 묘역에서 360m 더 올라가면 독립운동가이자 전 국회의장인 해공 신익희 선생의 묘소가 있다. 선생도 이승만 정권의 반대파였다.

다시 둘레길로 돌아와 코스를 따라 내려간다. 곧 단주 유림(柳林) 선생 묘소가 나온다. 선생은 아나키스트이자 독립운동가로 상하이 임시정부 국무위원과 의정원 의원을 역임했으며 해방 후에는 아나키즘 정당인 '독립노동당' 당수로 활동했다. 유림 선생 묘소 앞 눈 덮인 계곡에는 특이한 다리가 놓여있다. 물에 강한 물푸레나무를 'Y자' 형으로 거꾸로 박고 그 위에 굵은 소나무와 참나무로 골격을 만든 다음, 솔가지들을 빽빽하게 가로질러놓아 상판을 만들고 그 위를 다시 흙으로 덮었다. 바로 '섶다리'다. 매년 추수를 마친 후 10월 하순경 마을사람들이 힘을 합쳐 만들었다가 이듬해 여름 장마로 떠내려갈 때까지 사용했다는 옛 다리다.

계곡 왼쪽 위 도로변에는 강북구가 '근현대사기념관'을 새로 개관했다. 동학혁명에서부터 1980년대에 이르기까지 민중들의 항일투쟁과 민주화운동의 역사를 둘러볼 수 있는 곳이다. 인근에는 김창숙, 양일동, 김도연, 서상일 선생의 묘소들이 있다.

심산 김창숙(金昌淑) 선생은 유림 출신의 독립투사로 '을사5적' 처단을 요구하는 상소를 올려 옥고를 치렀고 1919년 '파리강화회의'에서 대한독립을 호소했으며 임시정부 의정원 부의장을 지냈다. 해방 후 성균관대를 설립했으며 이승만 정권의 부정선거를 규탄하기도 했다.

현곡 양일동(梁一東) 선생은 '광주학생운동'을 주도했고 무정부주의 단체에서 독립운동을 하다가 해방 후 국회의원을 5차례 지내면서 신민당 원내총무, 민주통일당 대표를 지냈다.

상산 김도연(金度演) 선생은 1942년 '조선어학회 사건' 때 옥고를 치렀다. 해방 후 1948년 제헌의원에 당선되고 대한민국 초대 재무부장관이 됐으나, 야당인 민주당에서 이승만 정권에 맞섰으며 1965년 '한일협정'에 반대해 의원직을 사퇴했다.

동암 서상일(徐相日) 선생은 일제 때 항일무장투쟁 단체인 대동청년당(大東靑年黨)을 조직해 독립운동을 벌였고 만주로 망명, 투쟁을 계속했다. 해방 후에는 제헌의원에 당선됐고 혁신계 사회민주주의 정치가로 '진보당', '사회대중당' 등에 관계하기도 했다. 진보당은 역시 독립운동가였던 조봉암 선생이 이끌다 사형당한 그 정당이다. 김구·김규식 선생을 포함, 왜 애국지사들은 거의 다 이승만의 반대파가 됐는지 여러 가지를 생각하게 한다.

이윽고 강재 신숙(申肅) 선생 묘소가 나온다. 선생은 3·1 운동에 앞장섰고 '대동단'에 가입, 임시정부 설립에 관여했으며 독립군 참모장으로 활약했다. 왼쪽에 '보광사'가 보이고 조금 더 가면 오른쪽으로 4·19 묘지가 있다. 조국독립을 위해 투쟁했던 순국선열들이나 민주주의 수호를 위해 독재정권에 목숨을 걸고 맞섰던 민주열사들의 애국 혼과 정신은 서로 상통하는 것이다.

능선길을 계속 따라 내려오면 소나무 숲길 구간 입구가 있고 곧 솔밭근린공원이 나타난다. 우이동 덕성여대 맞은편에 있는 솔밭근린공원은 도심 주택가이면서도 100년 된 소나무 1,000여 그루가 빽빽해 그 향기에 취할 정도다. 공원을 지나 골목길을 조금 오르면 동양화재(현 메리츠화재) 중앙연수원이 있고 곧 둘레길 입구가 나온다. 만고강산 약수터를 지나 곧 의암 손병희(孫秉熙) 선생의 묘소에 도착한다. 선생은 해월 최시형 선생의 뒤를 이어 동학의 제3세 교조가 됐고 동학을 천도교(天道敎)로 개명해 중흥시켰다. 1919년 3·1운동을 조직하고 민족대표 33인의 영수로 독립만세운동을 주도했다. 이후 서대문형무소 복역 중 병보석으로 출감했다가 1922년 5월 세상을 떠났다.

이제부턴 주택가 골목이다. 길을 조금 따라가면 서울시 유형문화재 제2호 '봉황각'이 있다. 봉황각(鳳凰閣)은 의암 선생이 1912년 천도교 수련을 통해 국권회복의 기틀을 마련하고자 건립한 수련도장으로 3·1운동의 거점이기도 했다.

조금 더 가니 드디어 우이동계곡이다. 아직 얼음이 녹지 않은 계곡을 따라 계속 내려가면 이 구간 종점인 우이령 입구가 나온다. 여기서 120번, 153번 시내버스를 타고 지하철 수유역 3번 출구에서 내리면 된다.

지하철 4호선 수유역 1번 출구 — *이준열사 묘소* — *근현대사 기념관* — *손병희 선생의 묘소* — *봉황각* — *우이령 입구*

배싸메무초 걷기 100선
094 마포한강길

꽃잎처럼 스러져간 사람들, 강물은 무심하다

"洋夷侵犯 非戰則和 主和賣國 (서양 오랑캐가 침입하는데, 싸우지 않으면 화친하자는 것이고, 그것은 나라를 파는 것이다). 戒我萬年子孫 丙寅作 辛未立 (우리의 만대 자손에게 경계한다. 병인년에 짓고 신미년에 세우다)"
서울 마포구 합정동 한강변에 있는 낮은 언덕인 절두산 한 모퉁이에 있는 척화비(斥和碑)에 새겨진 비문이다. 조선은 병인년에 프랑스군의 강화도 침공으로 '병인양요'를, 신미년에는 미군과 '신미양요'를 각각 치렀다. 당시 집권자 흥선대원군(興宣大院君)은 쇄국의 의지를 굳건히 하고 외세의 침입을 경계하기 위해 전국 각지에 척화비를 세웠다.
문제는 애꿎은 천주교도들을 쇄국의 '희생양'으로 삼았다는 것이다. 병인년에 수천 명의 천주교도들이 죽음을 당했다. '병인박해'다. 바로 이 곳 절두산에서 가장 많은 신도들의 목이 떨어졌다. 그 전까지 양화나루(양화진)의 '잠두봉'이라 불리던 이곳이 절두산(切頭山)이 된 연고다. 여기서 그리 멀지 않은 망원한강공원에는 지난해 새 명소가 생겼다. 퇴역한 해군 '함수리 285 고속정'과 전함 '서울함'(952함)이 상시 전시되고 있는 '서울 함상공원(艦上公園)'이 그것이다.
한파가 다소 풀린 겨울날 오후 두 곳을 중심으로 마포한강길을 걸어본다. 지하철 6호선 '마포구청역'에서 내려 7번 출구로 나왔다. '성산로'를 따라 조금 걸으면 '불광천' 변으로 내려갈 수 있는 길이 나온다. 불광천 변에는 따뜻해 진 날씨에 사람들이 걷거나 자전거타기를 즐긴다. 하지만 하천은 얼어붙어 있다.
곧 '성산교' 밑 불광천과 '홍제천'이 만나는 지점에 이른다. 이제부턴 홍제천 길이다.

사람은 좀 더 많아졌고 물도 불었다. 20~30분 정도 천변을 따라가면 드디어 한강이다. 드넓은 한강도 강변은 두꺼운 얼음으로 채워져 있다. 바로 '망원한강공원(望遠漢江公園)이 있다.

망원동이라는 동네이름은 조선시대 한강변의 명소인 망원정(望遠亭)이 있던데서 유래됐다고 전한다. 강변과 강 위에 대형 함선 두 척이 보인다. 바로 서울함상공원이다. 안내센터에서 티켓을 한 장 끊으면 두 배를 모두 돌아볼 수 있다. 안내센터 2층에 잠수함도 한 척 전시돼있다. 어뢰 등 각종 무기와 전자장비들, 그리고 병사들의 생활공간이 있는데 너무 비좁아 답답함을 넘어 '폐쇄공포증'을 느낄 것 같다.

참수리 285정에 올랐다. 해군함정 중 가장 작은 군함이지만 연안방어에 큰 역할을 하는 녀석으로 '연평해전(延坪海戰)'의 주인공이었다. 285정 옆에는 거대한 프로펠러가 전시돼 있다. 갑판 양쪽으로 31mm주포와 기관포, 발칸포 등이 위용을 뽐낸다. 가운데는 함장이 지휘하는 함교다. 영화 '연평해전'의 장면 장면들이 생생하게 떠오른다.

서울함으로 발길을 옮겼다. 크기와 레이더·주탑 및 함교의 높이, 포의 크기 등에서 참수리와는 비교가 되지 않는다. 서울함은 1985년 취역한 '울산급 호위함'이라고도 불리는 한국형 호위함(護衛艦)이다. 현역시절 대한민국 해군의 주력 전투함의 하나로 76mm 함포 2문, 40mm 쌍열포 3문, 어뢰 6발, 폭뢰 12발, '미스트랄' 대공미사일 등을 갖추고 있으며 승무원은 150명이었다.

다시 한강변을 걷는다. 겨울 오후 강물에 비치는 햇살은 강렬하지만 바람은 제법 차다. 체육공원과 자전거도로 사이 흙길을 따라 걷는다. 강변에는 드넓은 억새밭과 갈대밭이 펼쳐져있다. '난지생명길' 2코스다.

어느 새 '양화대교(楊花大橋)'가 보인다. 양화대교 밑을 지나면 바로 왼쪽 위가 바로 천주교 '절두산 순교성지(殉教聖地)'다. 계단을 오르면 '순교현양탑'이 우뚝 솟아 있고 양화대교 반대편에는 '천주교 꾸르실로교육관'이 있다. 한 구석에는 초기 천주교의 중요 인물인 이승훈 동상도 있다. 오른쪽으로 돌아 들어가면 오른쪽으로 절두산 표지석이 눈길을 사로잡고 그 길을 따라 오르면 오른쪽 계단 위로 성당이 있다. 많은 신도들이 미사를 드리는 중이다. 성당 밑 공원에는 조선인 최초의 사제로

1846년 순교한 김대건(金大建) 신부의 대형 입상이 있고 강변에는 그의 좌상도 있다. 한 구석에는 지난 2016년 방한한 프란치스코 교황의 좌상과 기념물도 돌아볼 수 있다.

강물은 꽃잎처럼 스러져 간 그 시절 그 사람들의 아픈 역사를 생생하게 지켜봤지만 그저 무심하게 흐른다. 강 반대편으로 절두산성지를 빠져나와 작은 사거리에서 대각선방향으로 길을 건너 조금 도로를 따라가면 왼쪽으로 '양화진 외국인선교사묘원(外國人宣教師廟院)'이 나온다. 구한말 기독교를 전하다 이 땅에서 숨을 거둔 이들이 묻힌 곳이다.

절두산이 천주교 성지라면 이곳은 개신교의 성지인 셈이다. 여기엔 베델, 베어드가족, 스크랜턴, 언더우드, 아펜젤러, 에케르트, 켐벨, 테일러, 헐버트 등 총 417명의 '벽안'의 서양인들이 묻혀있다. 동산 하나가 온통 십자가와 묘비들의 숲이다.

한국 개신교 역사의 본격 창시자 중 1인이라고 해도 과언이 아닌 언더우드목사의 묘를 한 무리의 사람들이 돌아보고 있다. 비석에는 원두우(元杜尤) 목사의 묘라고 돼 있다. 언더우드를 한자로 음차해 표기한 것이다.

묘원 한 쪽에는 고종황제의 주치의로 한국독립에 앞장서 독립유공자로 건국훈장을 받은 미국인 헐버트의 묘도 있다. 또 영국 언론인 베델의 묘와 석비가 배설(裵說)이라는 한자로 표기돼 있다. 베델은 구한말 '대한매일신보'를 창간해 항일언론운동에 앞장섰다. 그는 일제의 '눈엣가시'였으나 일본의 동맹국인 영국 국민이라는 점에서 어쩌지 못했다. 역시 독립유동자로 건국훈장을 받았다. 묘원 한쪽에는 '한국기독교선교기념관'과 '양화진홍보관 100주년 기념교회'도 있다.

묘원을 나와 고가도로 밑 이면도로를 건너 좌회전, 언덕길을 따라 올라가면 지하철 2·6호선이 교차하는 '합정역'이 있다.

지하철 6호선 마포구청역 7번 출구 — 홍제천 — 망원한강공원 — 절두산 순교성지 — 양화진 외국인 선교사 묘원

배싸메무초 걷기 100선

095 수원 만석공원

일제 잔재 뿌리 뽑고, 정조의 '부국강병' 꿈 되살려야

경기도의 도청소재지이자 인구 130만이 넘는 전국 기초지방자치단체 중 가장 인구가 많은 '광역시급' 대도시인 수원(水原)에는 큰 강이 없다. 하지만 도시 이름 '수원'처럼, 중·소규모의 하천들은 많다.

국가하천인 황구지천(黃口池川)과 수원천(水原川), 호매실천(好梅實川), 서호천(西湖川), 원천천(遠川川) 등은 물론, 이들 하천으로 흘러드는 소하천들이 종횡으로 흐른다. 또 '광교저수지', '일월저수지', '원천저수지', '신대저수지', '파장저수지', '서호', '만석거', '왕송호수' 등 크고 작은 인공호수들도 많다.

이 물줄기들을 표시한 물길지도를 보면 한 가운데쯤에 위치한 것이 송죽동에 있는 만석거(萬石渠). 수원시 향토유적 제14호로 지정된 만석거는 정조 19년(1795년)에 축조된 조선시대의 방죽으로 수원에서는 '조기정 방죽'으로 더 잘 알려져 있으며 지금은 주변이 공원화돼 '만석공원'으로 불린다. 평균수심은 1.8m다.

정조는 수원화성을 축성하면서 화성을 중심으로 동서남북에 네 개의 호수를 파고 제방을 축조했다. 이중 북문인 장안문(長安門) 북쪽에 판 것이 만석거다. 이 저수지가 생긴 이후, 과거 황무지였던 땅에서 쌀 1만석이 더 생산됐다 해서 이런 이름이 붙었다.

화성 동쪽 지금의 수원시 지동에 축조한 것은 그 흔적을 찾을 수 없으며 서쪽에 쌓은 것이 수원시 서둔동의 축만제(祝萬堤), 즉 지금의 서호다. 남쪽에 만든 것은 사도세자 묘역인 화산 현릉원(顯隆園) 앞의 만년제(萬年堤)로 지금은 화성시 태안읍 안녕동에 있다. 이들 호수에는 안정적 수리농경으로 농업생산력을 높이고백성들의 삶을 보살피고자 하는 정조의 뜻이 담겨있다. 또 자신의 친위부대인 장용위(壯勇衛) 장졸들의 급료나 기타 경비에 충당하기 위한 화성둔전(華城屯田)에 물을 대기 위한 목적도 있었다. 즉 정조의 '부국강병(富國强兵)'과 '국태민안(國泰民安)'의 꿈이 담긴 호수들인 것이다. 만석거는 지금도 호수 아래쪽 밭의 농업용수로 활용되고 있으며 그 물이 흘러 서호천으로 합류하고 다시 정조가 조성한 또 다른 인공호수인 서호로 흘러든다.

오늘은 서호천을 따라 만석공원까지 가서 호수를 한 바퀴 돌고 서호로 돌아오기로 했다. 수도권전철 1호선 '화서역' 3·4번 출구에서 대로를 따라 조금 걷다가 오른쪽 육교를 통해 철길을 건너면 바로 서호가 있다. 서호를 따라 오른쪽으로 더걷다보면 곧 서호천이 나온다.

서호천은 수원시의 북쪽 파장동 광교산줄기에서 발원, 서호를 거쳐 장지동에서 황구지천과 합류하는 하천. 중간에 '이목천', '송죽천', '매산천' 등의 소하천이 유입된다. 수원시가 실잠자리, 백로, 왜가리, 참붕어가 살 수 있는 생태하천으로 복원했다. 서호천을 따라가다 오른쪽에서 흘러드는 영화천(迎華川)을 거슬러 올라가야 만석거로 갈 수 있다. 영화천은 1.32km 길이의 서호천의 한 지류다.

겨울날 오후 영화천에는 눈발이 계속 흩날린다. 이 물줄기를 따라 40~50분 정도 걷다가 복개도로 밑 콘크리트 수로 구간을 지나니 드디어 만석공원이 보인다. 왼쪽에 2층 누각인 '여의루'가 우뚝 서 있다. 누각에 오르니, 만석거가 한 눈에 조망된다. 만석거도 서호와 마찬가지로 호수 한 가운데에 작은 섬을 만들고 다양한 초목과 꽃들을 심는 등 조경에도 신경을 많이 썼다.

정조는 부친 사도세자의 능인 '융릉'으로 행차할 때, 이곳도 항상 들렀다고 한다. 호수 남단의 약간 높은 곳에는 영화정(迎華亭)을 세우고 정자 위에서 만석거 주변을

돌아볼 수 있도록 했다.

정조 19년(1796년) 만석거 옆에 건립된 영화정은 화성 축조공사의 전 과정을 기록한 '화성성역의궤(華城城役儀軌)'에서도 그 존재를 확인할 수 있다. 원래는 좀 더 남서쪽에 있었으나 1996년 복원하면서 현재의 위치로 옮겨졌다. 이곳에서 신·구관 수원부사, 수원유수들이 관인을 인수인계하고 업무를 시작했다고 한다.

영화정을 지나 조금 더 가니 멋진 돌다리가 있다. 만석거로 흘러드는 소하천을 건너는 다리로 아치모양의 홍예를 9개 만들어 물이 흐를 수 있도록 했다. 화성의 화홍문이나 최근 복원한 남수문도 이런 형태로 이뤄져 있다.

호수는 어느 새 어둠이 짙게 내리고 눈이 쌓이고 있지만 낙조를 즐기는 사람들, 걷거나 뛰거나 혹은 자전거를 타는 사람도 많다. 호숫가 한쪽엔 연꽃 밭이 넓게 펼쳐져 있고, 그 사이로 목제 산책로도 조성돼 있다. 그런데 이 만석거는 한때 '일왕저수지'라고도 불렸다. 정조가 축조한 호수 이름이 '일왕(日王)' 이라니…. 일제의 잔재다. 가까운 곳에 있는 '일월(日月)저수지'도 마찬가지다. 부끄러운 왜색의 뿌리를 뽑고 정조대왕의 부국강병의 꿈을 오늘에 되살리는 것은 우리들 후손의 책임이다.

만석거를 한 바퀴 돌아 영화천, 서호천을 거쳐 다시 서호로 돌아왔다.

배싸메무초 걷기 100선

096 삼남길

길에서 정조대왕, 권율장군, 공자를 만나다

'삼남길'은 한반도의 남쪽 끝인 전남 해남에서 시작해 강진, 나주, 광주, 전북 완주, 익산, 충남 논산, 공주, 천안, 경기 평택, 수원, 서울 남태령을 거쳐 남대문까지 1천여 리에 이르는 조선시대 10대 대로의 하나였다.
이 길은 한반도의 대동맥 같은 길로 대표적인 용도는 군사용 및 경제용이었다. 임금께 올리는 진상품도, 전란 때 상경한 호남의 근왕병들도 이 길을 따라 이동했고 과거를 보러 한양으로 올라가는 선비들과 등짐을 진 보부상들도 이 길을 이용했다. 한양에서 이 길은 다시 압록강 변 의주까지 이어지는 '의주대로'와 연결된다.
코오롱스포츠는 '걷기 좋은 길'을 목표로 해남에서 서울까지 500여 km에 달하는 삼남길 트레일코스를 개척하고 있다. 해남 '땅끝탑'에서 시작되는 전남구간 일부에 이어 최근에는 경기도와 함께 경기구간도 개통했다. 완성되면 국내 최장거리 트레일워킹 코스가 된다.
경기구간 삼남길 중 5구간 '중복들길(7km)'부터 걷기를 시작했다. 수도권전철 1호선 '화서역' 2번 출구로 나와 '서호꽃뫼공원'을 지나면 '서호천'이 있다. 서호천은 이름이 없었지만 정조가 서호(西湖)를 조성하면서 이름을 얻었다. 서호는 화성 축성 후 농업 생산력 증대를 위해 화성 인근에 조성한 인공저수지의 하나다. 서호에서 '향미정'을 거쳐 서호천변을 따라간다. 천변으로 걷기 좋은 산책로가 이어져 있다.
중보교를 지나니 곧 옛 '수인선' 철교가 나타난다. 수인선은 일제 치하인 1937년 개통된 국내 유일의 협궤 열차였다. 선로 폭이 1m도 채 안 되는 좁은 열차이고 속도도 사람이 달리는 수준으로 느렸지만 수원과 인천을 이어주는 편리한 교통수단으로

지역 주민들과 관광객들에게 사랑받았다. 하지만 경제개발로 교통수단이 발달하면서 경제성이 떨어져 지난 1995년 말 폐선됐다.
이후 17년 만에 오이도~인천 송도 구간이 복선전철로 개통됐고 2014년 12월 송도~인천역 구간, 2018년 12월에는 수원~한대앞역 구간도 열릴 예정이다.
옛 수인선 협궤 선로는 대부분 사라졌지만 이곳엔 당시의 철교와 선로가 일부 남아있다.
다시 서호천을 따라 계속 걷는다. 건너편은 '수원공군비행장'이다. 천변에 넓게 펼쳐진 갈대밭이 햇살에 반짝이고, 겨울 철새들이 열심히 먹이를 찾고 있다. '평리교'에서 서호천을 건너간다. 왼쪽 벌판 너머로 '동탄신도시'가 보인다. 곧 서호천과 광교산에서 흘러내린 수원천이 합류하는 지점이 나온다. 이제부턴 국가하천인 '황구지천'이다.
'배양교'에서 다리를 건너 황구지천을 따라간다. 이제부턴 경기삼남길 6구간 '화성효행길(6.8km)'이다. 행정구역도 수원시에서 화성시로 바뀌었다. 잠시 후 길은 황구지천변을 떠나 들판을 가로질러 '배양리'로 향한다. 꼬불꼬불한 길을 따라 시골마을과 언덕, 들판을 지나면 용주사(龍珠寺)다. 용주사는 정조가 부친의 명복을 빌기 위해 세운 절이다.
용주사 앞에서 잠시 큰 도로를 따라가다가 오른쪽으로 내려서서 들판 길을 간다. 중간 타이어가게 앞에는 타이어로 만든 말 탄 기사상이 서있다. 다시 황구지천과 재회한다. 눈 덮인 둑길 양옆으로 갈대들이 가로수처럼 늘어서 멋진 풍광을 연출한다. 어느새 '세마교'다. 다리를 건너면 오산시다. 다시 7구간 '독산성길(7.2km)'이 시작된다. 도로 옆으로 등산로가 있다. 표식이 잘 돼 있어 길 찾기는 쉽다.
곧 포장된 임도가 나오고 다시 산림욕장과 독산성으로 가는 넓은 흙길이 시작된다. 독산성(禿山城)은 별로 높지 않아 금방 오를 수 있다. 하지만 주변에 높은 산이 없고 벌판에 우뚝 솟아 있어 사방이 잘 내려다보인다. 화성, 오산, 동탄신도시, 수원시내 등이 모두 조감되고 황구지천이 발아래를 흐른다.
산림욕장 표지판 앞에서 오른쪽 아스팔트 포장도로를 따라 올라가면 보적사(寶積

寺)가 있다. 이 절은 백제가 독산성을 처음 축성한 후 성내에 승전을 기원하며 창건했다고 한다. 경내에는 정조가 용주사를 건립할 당시 재건했다는 주법당인 '약사전'과 요사채 3동이 있다.

보적사를 나오면, 바로 독산성 성곽이 이어진다. 사적 제140호로 지정돼 있는 독산성은 '독성산성'이라고도 한다. 평지에 우뚝 돌출한 전략적 요충지로, 백제가 처음 쌓았다. 이후 통일신라, 고려를 거쳐 조선시대에는 '남한산성', 용인 '석성산성'과 함께 도성 남쪽을 방어하기 위한 삼각체제의 한 축이었다.

이곳 정상에 있는 세마대(洗馬臺)는 임진왜란 당시 권율장군과 인연이 깊은 곳이다. 전라도관찰사 겸 순변사였던 장군이 근왕병을 이끌고 북상중 이 성에 주둔하자, 적장 가토 기요마사가 수만 병력으로 성을 포위했다. 가토는 이 벌거숭이산에 물이 없을 것이라고 판단, 물 한 지게를 들여보내 조롱했다. 사실 독산성의 최대 약점은 물 부족이다. 그러자 권장군은 기지를 발휘, 산꼭대기에서 말에게 흰쌀을 부어 멀리서 보기엔 마치 목욕시키는 것처럼 보이게 했다. 이에 가토는 성에 물이 많다고 오판, 철수했다는 것. 이후 장군은 다시 북상, '행주산성'에서 적을 대파하게 된다.

독산성은 산 정상을 빙 둘러 축조한 테뫼식 석성으로 성벽은 잘 보존돼 있지만 여장과 성문 문루 등은 모두 없어졌다. 덕분에 눈 쌓인 성곽길은 더욱 고즈넉하고

아름답다. 성곽길을 걸으면 수원, 화성, 오산, 용인 일대가 한눈에 내려다보이고 황구지천은 멀리 평택, 안성으로 흘러간다. 서문에서 독산성을 나와 산 밑으로 내려간다. 주차장에서 잠시 도로를 따라가다가 우측 '성심학원' 앞에서 들판 길로 내려섰다. 밑에서 올려다보니 독산성의 전모가 한눈에 들어온다.

'세마대승마장'을 지나 길은 꼬불꼬불 이어진다. 고속도로 옆길을 따라가다 오른쪽 낮은 산 고갯길을 넘어가자 오산 '금암동 지석묘군'이 있다. 이어 '세교지구6단지' 아파트가 나온다. 이제부터는 경기삼남길 8구간인 '오나리길(5.3km)'이다. 큰 도로를 따라 조금 가다가 오른쪽으로 삼남길이 이어진다.

조용한 산길, 숲길을 따라 걷다보면 약수터를 지나 궐리사(闕里祠)에 이른다. 궐리사는 경기도 기념물 제147호로 조선 중종 때의 문신이자 공자의 후손인 공서린(孔瑞麟)이 서재를 세우고 후학을 가르치던 곳이다. 1793년(정조 17)에 왕이 옛터에 사당을 세우게 하고 공자가 살던 곳의 이름대로 지명을 '궐리'로 고쳤다.

전국적으로 공자를 모시는 사당은 단 두 곳뿐이며 특히 국가에서 세운 사당은 이곳이 유일하다고 한다.

궐리사에서 잠시 도심지를 지나가면 '오산천' 길로 합류할 수 있다. 이 길을 따라 걷다보면 어느새 평택으로 가는 길목에 있는 '맑음터 공원'에 이른다. 수도권전철 1호선 '오산역'에서 서울로 돌아올 수 있다.

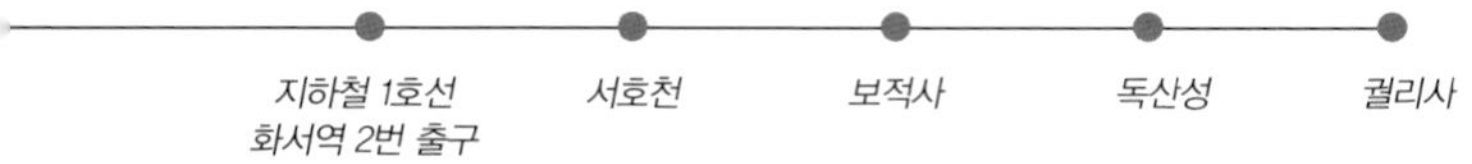

지하철 1호선 화서역 2번 출구 — 서호천 — 보적사 — 독산성 — 궐리사

배싸메무초 걷기 100선

097 오두산길

'헤이리 예술인마을' 찍고 오두산 '통일전망대'로

'경기도 파주시 탄현면에 있는 '헤이리'는 예술인들의 꿈이 영글고 있는 마을이다. 지난 1998년부터 380여 명의 미술가, 음악가, 작가, 건축가 등 예술인들이 회원으로 참여해 살림집과 작업실, 미술관, 박물관, 갤러리, 공연장 등을 계속 짓고 있다. 건물 하나하나가 그대로 예술작품인 이 마을은 예술인들을 위한 실험적 공동체이기도 하다.

마을 이름은 파주지역에 전해져 내려오는 전래농요 '헤이리 소리'에서 따왔다고 한다. 창작공간이자 전시공간, 공연공간, 축제공간, 교육공간, 담론공간, 작품 판매공간, 국제교류공간 및 주거공간을 겸한 예술인들의 특별한 마을로 주말이면 수많은 젊은이들이 모여드는 명소이기도 하다.

이 헤이리에서 멀지 않은 곳에 오두산(烏頭山)이 있다. 오두산은 해발고도 110m의 나지막한 언덕이지만 한강과 임진강, 그리고 두 강이 합류해 서해로 흘러들어가는 조강(祖江)이 합류하는 지점에 우뚝 솟아 있고, 절경을 이루며 옛날부터 천혜의 요새로 꼽혀 왔다. 특히 강 건너가 바로 북한인 남북 대치의 현장으로 개성 송악산까지 손에 잡힐 듯하다.

지난 1992년 통일전망대가 건립되고 '통일동산'도 조성돼 수많은 내·외국인 관광객들이 모여드는 국제적 안보관광지로 발돋움했다. 오늘은 헤이리 예술인마을을 거쳐 오두산 통일전망대까지 걸어본다.

서울에서 헤이리를 대중교통으로 가려면 지하철 2·6호선 '합정역' 2번 출구에서 2200번 버스를 타는 게 가장 편리하다. '자유로'를 신나게 달려 40~50분이면

헤이리 입구에 도착한다. 지하철 3호선 종점인 '대화역'에서 900번 버스를 타도된다.
버스정류장 앞 헤이리 '1번 게이트'로 간다. 헤이리는 초입부터 예술적인 분위기를 물씬 풍긴다. 눈길 닿는 곳이 모두모두 작품이다. 공짜로 즐기는 호사에 눈이 휘둥그레진다. 상어 조형물이 거꾸로 매달린 건물을 지나가니 '커피박물관'이 있다. 지붕 위엔 커피 주전자가 매달려 있고 1층 카페 '로즈' 입구 옆에는 앙증맞은 소형 자동차에 그림을 그려 놓았다.
철사를 얼기설기 엮어 만든 남성의 나신상(裸身像)은 특히 여성들에게 인기다. 극 사실적인 이 조형작품은 남성의 나체가 여체보다 더 아름다울 수도 있음을 보여준다. 반면 한 카페 앞에 있는 미국 여배우 안젤리나 졸리의 모형은 남성들의 눈길을 사로잡는다. 조금 더 가니 길 한쪽에 빨간색 버스가 서 있다.
손으로 만든 모형 자동차다. 책 박물관과 나무 장승 앞을 지나 무료 개방되는 '못난이 유원지' 체험박물관 앞에는 빨간 2층 버스들이 있고 버스정류장 표시도 있다. 이 정류장 앞을 지나는 것은 헤이리 내의 유일한 대중교통수단인 노란색 버스다.
마을 골목길을 따라 '사파리 테마파크', '화폐박물관', '재미있는 추억박물관', '어린이 토이박물관' 앞을 차례로 지났다. 흰 천으로 만든 모형 눈사람도 헤이리 풍경에 힘을 보탠다. 지붕 위에 헬리콥터가 올려져 있는 건물이 유난히 눈길을 끈다.
'한국근현대사박물관'이다. 이 박물관 앞에는 1950~1980년대의 추억을 되살려 주는 온갖 잡동사니들이 모여 있다. 옛 모습 그대로의 가게와 담배가게 표지판, 버스정류장 표지판, 리어카, 대형 짐자전거, 빨간 우체통, 경운기, 기름 짜는 기계, 가래떡 뽑는 기계, 대형 브라운관 텔레비전, 진공관 라디오, 화로, 다이얼식 전화기… 박물관 안에선 60년대 골목길 체험을 할 수 있다.
근현대사박물관 옆에 있는 출구를 통해 헤이리 마을을 벗어났다. 오두산으로 가려면 도중에 있는 성동리 사거리를 대각선으로 건너 통일동산(統一童山) 방향으로 가야 한다. 이 길은 '평화누리길'의 일부이기도 하다. 평화누리길은 파주시, 김포시, 고양시 및 연천군이 힘을 합쳐 조성한 둘레길로 경기도내 최전방 지역을 연결한 길이다. 정부가 조성키로 한 '코리아둘레길'의 일부이기도 하다.
성동리~오두산 구간은 '파주시 둘째길'에 해당된다. 도로를 따라 걷다 보면 오른쪽으로 보행자 전용 쪽문이 있다. 쪽문을 들어서면 오두산을 오르는 완만한 경사의 콘크리트 포장길이 나온다. 눈 쌓인 길바닥에 '우리의 소원은 통일' 등 통일을 염원하는 글들이 원형으로 적혀 있다. 대로를 가로지르는 다리 위에선 임진강과 그 너머 북한 땅이 보인다. 맑은 날엔 개성 송악산도 선명하게 조망된다.
오두산은 까마귀 머리 같은 형상으로 보인다고 해서 이런 이름이 붙었다. 조선 전기에는 '오도성산(烏島城山)'이라 불렸고 '구조산(鳩鳥山. 비둘기산)'이라는 별칭도 있다. 이 산에는 사적 제351호인 오두산성이 있다.
정상을 둘러싼 테뫼식 산성인 이 성이 백제와 고구려 간 격전의 현장이던 관미성(關彌城)이라는 설이 유력하다. 고구려 광개토대왕은 서기 396년 수군을 이끌고 관미성을 급습, 점령해 백제의 기세를 꺾었었다.
통일전망대는 산 정상에 있다. 전망대 앞 주차장에서도 임진강과 그 너머 북한 땅이 손에 잡힐 듯하다. 성동리 사거리로 돌아 나와 버스를 타면 서울로 돌아올 수 있다.

지하철 2 · 6호선 합정역 2번 출구 — 헤이리 — 한국 근현대사 박물관 — 오두산성

배싸메무초 걷기 100선

098 왕송호수

호숫가 갈대밭과 예쁜 자연학습공원이 볼만

서울에서 지하철 1호선을 타고 수원 쪽으로 가다 보면 '의왕역'을 지나자마자 오른쪽으로 제법 큰 호수가 보이는데 이것이 왕송호수(旺松湖水)다. 경기도 의왕시 월암동(月岩洞)에 있는 왕송호수의 규모는 넓이 1.65㎢, 제방길이 640m로 의왕역 남쪽 도보로 20분 거리에 있다. '부곡하수종말처리장'이 가동되고 난 후 수질개선이 이루어져 왜가리, 청둥오리, 원앙 등 각종 철새들이 많이 찾고 있다.

왕송호수는 한 바퀴 도는 거리가 6km에 이르는 꽤 큰 인공호수다. 수면이 넓어 호반의 정취를 한껏 느낄 수 있고 왜가리, 두루미, 청둥오리, 원앙 등 각종 철새들의 군무를 감상할 수 있다. 왕송호수는 의왕시와 수원시 사이 개발제한구역에 걸쳐 있어 날 것 그대로의 자연을 느낄 수 있다. 석양이 내리는 갈대밭 너머 보이는 호수는 말 그대로 한 폭의 그림 같다.

의왕역(義旺驛) 일대는 우리나라 친환경 철도운송의 메카다. 국내 물류의 한 축을 차지하는 철도 화물운송의 총본부 격이 이 곳 '의왕역 차량기지'로써 지난 1991년 생긴 국내 최초의 내륙 컨테이너기지도 이곳에 있다. 철도파업이라도 생기면 최고 뉴스의 현장이 된다.

의왕역은 1905년 1월 경부선 개통시 '부곡역'에서 시작, 2004년 현재의 이름으로 바뀌었다. 2013년 전국 유일의 철도특구로 지정됐으며 국립 '한국교통대학교'(옛 철도대학)과 '철도박물관', '한국철도기술연구원', '한국철도인재개발원' 등도 이곳에 있다. 매년 5월 '가족의 달'에는 철도박물관과 왕송호수, 자연학습공원 일원에서 '의왕철도관련 축제'가 개최된다. 의왕역 구내에도 '의왕철도산업홍보관'이 있다.

의왕역 2번 출구로 나와 삼거리에서 직진, 오른쪽으로 철도 선로 옆 담을 따라간다. 볼 품 없는 시멘트 블록담장에 각양각색의 벽화들이 빼곡하다. 지난 2012년 '의왕백운예술제'를 앞두고 '계원디자인예술대학' 학생들이 그린 작품들이다.

이윽고 철도박물관 입구가 나온다. 철도박물관은 1935년 건립된 옛 철도박물관을 모태로 1988년 1월 26일 '의왕시 철도교육단지' 내에 개관됐다. 100년이 넘는 한국의 철도 역사가 오롯이 보존, 전시되고 있다. 철도박물관 오른쪽으로 기찻길 밑을 통과할 수 있는 굴다리가 있다. 굴다리를 지나니 눈 앞에 왕송호수가 펼쳐진다.

호수를 오른쪽으로 끼고 아스팔트길을 걷다 보면 의왕시가 세운 걷기명소 안내판이 나온다. 그래도 호수 동쪽은 반대쪽보다 도로가 잘 정비돼 있지만 인도가 없이 차도 한 쪽으로 위험하게 걸어야 하는 게 흠이다. 한쪽에 새로 조성된 레일바이크길, '의왕레일파크'는 2016년 6월 개장한 의왕시의 새 명물이다.

호수를 따라 4.3km를 달리는 레일바이크는 4인당 32,000원. 하지만 호수를 따라 그냥 걷기로 했다. 좀 더 걸으면 도로 왼쪽으로 '의왕조류생태과학관'이 있다.

지하 1층, 지상 3층의 조류생태과학관은 상설전시실, 기획전시실, 영상실, 정보자료실, 전망휴게실, 수장고, 학예실, 시청각실 등을 갖추고 조류 체험학습과 호수 습지환경에 대한 연구관찰을 주요 테마로 운영중이다. 이어 화장실 너머에 '의왕 자연학습공원'이 있다.

의왕시는 이 일대를 환경생태공원으로 꾸미기 위해 토종 꽃과 식물을 중심으로 한 자연학습공원을 조성했다. 원래 왕송호수의 수질개선을 위한 정화시설로 출발한 이곳은 이젠 토종 꽃들과 수변 식물, 굽이굽이 돌아가는 물길과 산책로용 데크길이 어우러진 생태체험 학습장으로 꾸며졌다. 자연학습관 건물 1층엔 각종 민물고기들

이 헤엄치는 수조들이 있고 2층은 호숫가 동·식물 학습자료실, 3층은 철새 조망을 위한 전망대로 활용된다. 그 옆에는 간이 동물원도 있어 동물들이 손님들에게 재롱을 부린다.
자연학습공원을 지나면 곧 호숫가 길이 끝난다. 고깃집 사유지가 호수변을 점유하고 있다. 대신 의왕시는 호숫가를 따라가는 나무 데크길을 조성했다. 데크길 위에서 보는 호수 수면에 햇살이 반짝인다. 사유지를 빙 돌아가면 정면 '대우 푸르지오' 아파트단지 쪽으로 데크길이 뻗어 있고 그 주변에 갈대밭이 넓게 펼쳐진다. 갈대밭 속 솟대들이 눈길을 끈다. 도중에 다른 마을로 가는 자전거 길도 있다.
데크길을 따라 가면 호수의 남쪽 끝 제방에 이른다. 여기는 수원시에 속한다.
길이 640m인 제방길은 포장은커녕, 땅이 다져지지도 않아 푹신푹신하다. 날만 따뜻하다면 신발을 벗어 들고 맨발로 걷고 싶은 생각이 절로 들 법한 흙길을 도시 주변에서 만나는 것은 흔치 않은 행운이다.
호수 반대쪽은 아직 정비가 제대로 되지 않은 구간이다. 호수와는 멀찍이 떨어져 논밭 사이로 나 있는 좁은 포장도로를 걷다가 정면에 차량이라도 오면 한 쪽으로 비켜줘야 한다. 중간에 연꽃테마파크가 있고 곳곳에 멋진 음식점이 있다.
호수 북쪽 갈대밭을 끼고 호숫가를 걸을 수 있는 산책로와 '왕송 인공습지공원'에는 많은 사람들이 걷고 있다. 습지공원을 따라가다보면 왼쪽에 의왕역으로 갈 수 있는 굴다리가 보인다.

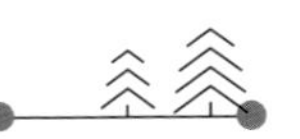

지하철 1호선 의왕역 2번 출구 — 철도박물관 — 왕송호수 — 왕송 인공습지공원

배싸메무초 걷기 100선

099 불곡산숲길

관아터 인근 임꺽정 생가, 민중의 함성이 들린다

경기도 양주시에 있는 불곡산(佛谷山)의 높이는 465m이다. 불국산(佛國山)이라고도 부른다. 양주시 유양동과 백석읍 간 경계를 이루고 있으며 김정호 선생의 '대동여지도'에는 '양주의 진산'이라고 나와 있다. 별로 높지 않고 밋밋해 보이지만 암릉과 경사진 능선이 많아 산행의 재미를 제법 느낄 수 있다. 서울에서 가까워 당일 산행코스로 좋다.

산 중턱에는 신라 때인 898년(효공왕 2년)에 도선국사가 창건하였다는 '백화암'이 있다. 창건 당시에는 불곡사(佛谷寺)라고 불렀다고 하는데 이 이름이 그대로 산 이름이 됐다. 산기슭에는 양주목사가 400여 년간 행정을 펴던 동헌과 경기도 유형문화재 제82호인 '어사대비', '양주향교'(경기도 문화재자료 제2호), '양주 별산대놀이'(중요 무형문화재 제2호) 전수회관, 양주 목사가 휴식을 취하던 '금화정', 경기도 기념물 제143호인 '양주산성', 조선의 의적(義賊)인 '임꺽정 생가터' 등이 있다.

양주시는 기존 등산로와 별도로 둘레길인 '불곡산숲길' 트래킹코스 28km를 개발, 지난 2012년 개통했다. 불곡산숲길은 총 5개 노선으로 제1구간 '산대숲길', 제2구간 '전통문화숲길', 제3구간 '명상숲길', 제4구간 '샘내숲길' 및 제5구간 '양주산성숲길'로 이뤄져 있다. 이중 2구간 전통문화숲길'(8.3km)은 양주시청–'별산대놀이마당'–임꺽정 생가터–'선유동천 쉼터'–'대교APT' 앞–'김승골 쉼터'–'광백저수지'(전망대)–26사단 앞을 잇는 코스다. 문화재 등 볼거리가 많은 제2구간 전통문화숲길을 걸어본다.

수도권전철 1호선을 타고 의정부를 지나 '양주역' 1번 출구로 나오면 오른쪽으로 길이 있다. 그 도로를 따라 북쪽으로 발걸음을 옮긴다. 곧 대로와 만나고 출발한

지 15분 정도면 양주시청이 보인다. 이 구간은 양주역 2번 출구에서 버스를 갈아타고 지날 수도 있고 제3구간 명상숲길을 따라가도 시청이 나온다. 양주시청 오른쪽에서 불곡산 등산로가 시작된다.

조금 오르면 삼거리가 나타난다. 오른쪽이 정상으로 가는 등산로이고 정면으로는 트래킹 코스인 불곡산숲길이다. 불곡산숲길을 따라 직진한다. 산의 2~4부 능선을 따라가는 길이다. 전망이 트인 곳에선 도봉산과 사패산 능선이 아주 시원하다. 돌연 나타난 '군사시설 보호구역이므로 출입을 금한다'는 경고문을 무시하고 내쳐 가면 군부대 위 산길로 이어지고 말라 버린 계곡 길을 따라 산자락을 빙 둘러 돌아나가면 갑자기 한옥지붕들이 보인다. 바로 양주향교(楊洲鄕校)다. 조선 태종 원년(1401년) 건립된 이 지방 유학과 교육의 요람이었다. 그 앞에는 수령 약 500여 년이 된 느티나무가 세월을 버티고 서 있다.

양주향교 앞은 잘 포장된 도로다. 곧 '양주 별산대놀이 전수관'과 놀이마당이 나온다. 양주 별산대(別山臺)놀이는 조선시대 이래 한양과 경기도의 '애오개', '녹번', '사직골' 등에서 전해져 내려온 '본 산대놀이'의 한 분파다. 조선말 순조·헌종 때부터 양주읍에서 해마다 부처님 오신 날이나 단오, 한가윗날 등에 치러졌다.

놀이마당을 지나니 곧 양주 관아터가 나타난다. 즐비한 비석들 오른쪽으로 양주목 동헌이 복원돼 있다. 그 뒤에는 활터가 있고 그 옆에 어사대비(御射臺碑)가 서 있다. 어사대비는 조선 정조가 직접 여기서 활을 쏘았다는 것을 기념해 세운 비석이다. 1792년 9월 정조가 '광릉'에 행차하던 길에 양주 관아에 3일 간 머물면서 백성들의 민정을 살피고, 이곳 사대에서 신하들과 함께 활을 쏜 후 잔치를 베풀었다. 이를 기념해 당시 양주목사 이민채가 정조 16년(1792년) 이 비석을 건립했다. 활터와 어사대비 뒤로 다시 산길이 시작된다. 정면 앞 사패산 위로 저녁노을이 붉다.

다시 오른쪽으로 정상에 오를 수 있는 길이 있는 삼거리를 지나 계속 직진하면 왼쪽 아래로 임꺽정 생가터가 숨어 있다. 임꺽정은 '상놈 중의 상놈'이라는 '백정' 출신으로 임거정(林巨正), 임거질정(林巨叱正)이라고도 한다. 홍길동, 장길산과 함께 조선 3대 대도로 손꼽혔던 그는 경기도, 황해도, 강원도 일대를 누비며 관아와 부호들의 곳간을 털어 헐벗은 백성들에게 나눠주었던 의적패의 우두머리였다. 3년 이상 계속된 '임꺽정의 난'은 조선전기 민란 중 가장 규모가 컸고 장기간 지속됐다. 민초들의 가슴속에 의적의 이미지로 살아 있는 그는 잘못된 정치와 부패한 권력에 저항했던 민중들의 희망이었다.

양주 관아터, 임금이 활을 쏘았던 바로 뒷산에 나라를 뒤흔든 대도의 생가가

있었다니, 그 시절 민중들의 함성이 들리는 듯하다. 계속 길을 따라가면, 선녀가 목욕하고 갔다는 바위(선유동천 바위)가 있다. 백화암(白華庵)으로 올라가는 산길 옆 계곡인 이곳은 물이 맑고 경치가 빼어나 선녀들이 내려와 목욕을 하고 올라갔다는 전설이 전해진다. 바위에는 '선유동천(仙遊洞天)'이란 글씨가 새겨져 있다.
오른쪽에 우뚝 솟은 불곡산 정상을 바라보며 눈과 얼음에 덮인 계곡을 지난다.
잠시 안전로프가 있는 암릉을 지나 계속 전진한다.
오르락내리락 언덕길을 계속 따라가니 세심문(洗心門)이 나온다. 대형 돌기둥 두 개가 바짝 마주서 있고 그 위로 넓적한 개석이 마치 가로질러 놓인 것처럼 보이는 세심문을 통과, 50여 미터 떨어진 계곡에서 손을 씻으면 마음마저 깨끗해진다고 한다.
김승골 쉼터에는 앙증맞은 캐릭터 모형이 길손들을 맞는다.
이 코스의 후반부 광백저수지는 불곡산과 도락산 사이에 있다. 도락산은 해발 440.8m로 불곡산과 이어 등반하면 좋다. 종점인 26사단 앞에서 양주역으로 돌아가는 버스를 탈 수 있다.

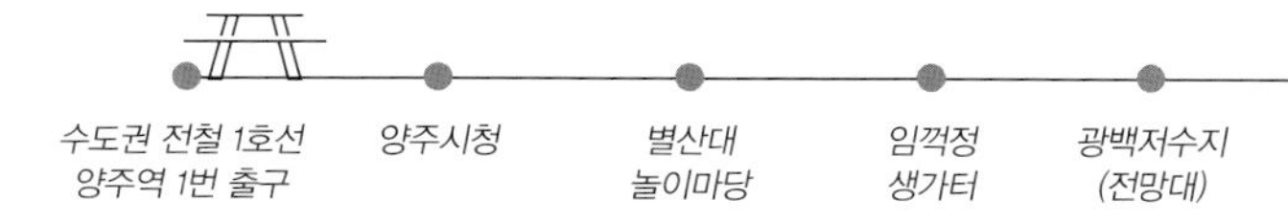

전철로 찾아가는 남한강…
강가의 절집 신륵사

12월을 코앞에 둔 초겨울 날, 그 동안 벼르던 여주의 '여강길'과 신륵사(神勒寺)를 찾았다. 여주시는 경기도 동남권의 도농복합도시다. 세종대왕릉인 '영릉', 명성황후 생가, 효종대왕릉, '목아박물관', '해여름 빌리지' 등의 관광지가 있다.

하지만 여주 최고의 명소는 뭐니 뭐니해도 남한강과 신륵사다. 남한강의 여주 구간은 특히 여강(驪江)이라고 부른다. 남한강이 강원도 원주에서 흘러나오는 섬강(蟾江), 용인에서 발원한 청미천(淸渼川)과 만나는 지역이 바로 여주의 점동면 삼합리(三合里)다.

'세종실록지리지'에 "여강은 부의 북쪽에 있는데 나룻배가 있다"고 했고 '신증동국여지승람'에도 "여강은 곧 한강 상류이며 주 북쪽에 있다"고 했으며 '대동지지'에는 "여강은 곧 한강 상류인데 주치(州治)를 감싸 안고 돌아 서북쪽으로 흐른다. 강 가운데 양도(羊島)가 있고 동쪽 연안으로 '보은사'(신륵사의 다른 이름)가 있다"고 기록하고 있다. 풍수상 여강의 의미는 한양의 명당수인 청계천(內水)에 대해 객수(客水, 外水)인 한강과도 같은 것으로 '해동지도'와 '여지도' 등에서는 여강(呂江)으로 표기되어 있다. 이 여강을 중심으로 여주시가 조성한 트래킹코스가 바로 여강길이다.

여주시 봉미산에 있는 신륵사는 신라 진평왕 때 원효대사가 창건하였다고 하나

확실한 근거는 없다. 고려 말인 1376년(우왕 2년) 나옹(懶翁) 혜근선사가 크게 절을 일으켰으며 1472년(조선 성종 3)에는 영릉의 원찰로 삼아 보은사라고 불렀다.
절 이름의 유래는 미륵(혜근)이 신력으로 용마를 제압하였다고 해서 신륵사라고 했다고 한다. 고려 때부터 '벽절'이라 불려지기도 했는데 경내의 동대위에 있는 다층전탑을 벽돌로 쌓았기 때문이다. 특히 다른 고찰들은 대개 산에 있지만 신륵사는 강가에 있다는 점이 이색적이다.
남한강과 신륵사는 2016년 가을 '경강선' 전철이 생기면서 수도권 주민들에게 성큼 가까워졌다. 서울과 강릉을 잇는 경강선의 첫 번째 구간이 성남시 판교에서 시작, 광주와 이천을 거쳐 여주까지 연결됐기 때문. 1시간에 3번쯤 다니는 경강선에 몸을 실었다. 여주까지는 40분 정도 걸린다.
'여주역'을 나와 좌회전, 도로를 따라간다. 작은 다리를 건너 향교로를 만나면 오른쪽 길을 따라간다. 도로 중간 골목안 200m 지점에 여주향교(驪洲鄕校)가 있다. 다시 길을 따라가다 큰 도로를 만나면 우회전, 조금 내려가면 세종대왕 동상이 반겨주는 로터리가 나온다. 여기서 왼쪽 도로를 따라간다. 이 길은 여주시내의 중심대로다. 도중에 '여주우체국', 고속버스터미널, '여주경찰서' 등 주요 기관들이 있고 맨 끝은 '여주시청'·시의회 건물이 있다.
시청 앞에서 우회전, 삼거리를 거쳐 '성동사거리'에서 대각선 방향으로 보면 언덕 위에 2층 누각이 우뚝 서 있다. 이곳은 '영월공원'이고 누각은 영월루(迎月樓)다. 경기도 문화재자료 제32호 영월루는 원래 군청 정문이었는데 1923년 이곳으로 옮겨 왔다고 한다. 누각에 올라서면 여강의 유장한 물줄기와 여주 시내가 한 눈에

굽어보이는 여주 최고의 전망을 자랑한다.
영월루 아래엔 보물 제91호인 여주 창리 3층 석탑과 제92호 여주 하리 3층석탑이 나란히 서 있다. 고려시대 작품들로 추정된다.
영월루 절벽 밑에 있는 '여주8경'의 제2경이라는 마암(馬巖)을 놓쳐서는 안 된다.
이 바위 아래서 기이한 말 두 마리가 나왔다 해서 마암이라는데 평평한 바위에 '마암'이라는 큰 글씨가 음각돼 있다. 여주의 대표적 성씨인 '여흥민씨'가 여기서 탄생했다는 설화도 있고 이규보, 이색, 서거정, 김상헌, 정약용 등 유명한 시인 묵객들이 다녀간 곳이란다.
'여주대교'를 통해 여강을 건넌다. 다리 한 쪽으로만 사람이 다닐 수 있다. 건넌 후 오른쪽 길로 접어든다. '여주도서관', '여주박물관', 식당가, '임진왜란' 때 이 지역에서 전공을 세운 원호(元豪)장군전승비를 지나 쭉 들어가면 신륵사 일주문이 우뚝 서 있다.
불이문(不二門)을 들어서니 오른쪽 강가에 소박한 누각이 보인다. 강 건너편엔 황포돛배 한 척이 유유히 떠 있다. 구룡루(九龍樓) 옆으로 돌아 들어가니 이 절집의 본당인 극락보전(極樂寶殿)이 있다. 극락보전(경기도 유형문화재 제128호) 앞 신륵사 다층석탑은 보물 제225호로서 우리나라 석탑들이 대부분 화강암으로 만들어진 것과 달리 흰 대리석 석탑이다.
이 밖에도 이 절에는 중요문화재가 즐비하다. 보물 제180호인 조사당(祖師堂), 보물 제226호 다층전탑, 보물 제228호 보제존자석종(普濟尊者石鐘), 보물 제229호 보제존자 석종비(普濟尊者石鐘碑), 보물 제230호 대장각기비(大藏閣記碑), 보물 제231호 석등이 있다. 구룡루·명부전·시왕전·산신당·육각정 등도 유형문화재로 지정돼 있다. 특히 다층전탑(多層塼塔)은 국내 유일한 고려시대 벽돌탑이고 완벽한 형태로 남아있는 하나 뿐인 전탑이기도 하다. 보제본자석종은 돌로 만든 종으로 고려 말의 대표적 부도작품이다. 절 동쪽 강변에도 작은 삼층석탑이 있고 그 옆에는 6각 정자 강월헌(江月軒)이 있다. 탑이 있는 지점은 나옹선사의 화장지이고 강월헌은 나옹의 당호란다.

다시 신륵사 일주문을 나와 여주대교 쪽으로 발길을 옮긴다. 오른쪽으로 여주도자쇼핑몰인 '도자세상'과 고인돌 1기가 보인다. 여주대교 앞 사거리에서 이번에는 반대편 '세종대교' 방향으로 여강의 뚝방길을 따라간다. 강변 드넓은 갈대밭의 갈대와 억새들이 햇빛에 하얗게 빛난다. 초록색 우레탄이 깔린 방죽길 양편에는 벚나무들이 호위병들처럼 길게 늘어서 있다. 봄철이면 새하얀 벚꽃터널이 장관일 듯하다. 고수부지에도 '현암지구공원', 야외무대, 수상센터 등 각종 시설들이 즐비하지만 이 계절에는 별 쓸모가 없다. 그런데 모터보트들이 몇 척 계류된 곳에선 이 추운 날에도 수상스키를 즐기는 이가 있다. 길 오른 쪽에는 '해동대현(海東大賢)' 목은 이색 선생 추모비가 보인다.

어느새 '박씨개들'을 지나 뚝방길 끝 공원에 이르렀다. 원래 계획은 여기서 세종대교를 건너 여주시내로 돌아오는 것이었다. 그러나 아뿔싸! 도로를 걸어 야산을 돌아가 보니, 세종대교는 인도가 없는 자동차전용도로였다. 할 수 없이 다시 뚝방길로 여주대교로 돌아와야 했다.

하지만 여행이란 게 원래 생각대로 잘 안되는 게 상례 아닌가. 강변 갈대와 물억새길에서 아쉬움을 달래 본다. 마포대교 건너 성동사거리에서 이번에는 시청쪽으로 가지 않고 세종대왕동상 로터리로 직행했다. 여기서 개천변 자전거도로를 따라가다가 삼거리에서 좌회전, 대로를 따라가면 오른쪽에 여주역이 보인다.

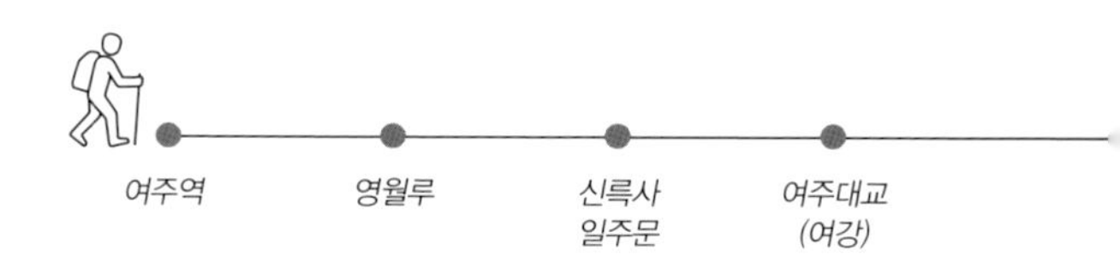